2013 第捌辑

中国建筑史论汇刊

王贵祥 主编
贺从容 副主编
清华大学建筑学院主办

中国建筑工业出版社

内容简介

《中国建筑史论汇刊》由清华大学建筑学院主办,以荟萃发表国内外中国建筑史研究论文为主旨。本辑收录论文18篇,分为佛教建筑研究、建筑文化研究、古代建筑制度、城市、园林、乡土建筑研究、英文论稿专栏五个栏目。其中《隋唐时期佛教寺院与建筑概览》结合文献史料,系统分析了隋唐时期的佛寺建造概况、隋唐佛教寺院的平面布局及其建筑类型;《唐道宣关中戒坛建筑形制及其历史影响初考》、《南北朝至隋唐时期佛教寺院双塔布局研究》、《陵川崇安寺西插花楼探析》对佛教建筑形制进行了梳理与分析;有关建筑文化的研究成果有《藉古代地中海地区屋瓦的若干资料之助看秦瓦历史中的几个问题》、《蒙古帝国之后的哈剌和林木构佛寺建筑》、《建筑文化理念引领下的建筑史教学方法的研究》、《试论中国传统建筑群空间格局与易经卦象之关联》、《画格与斜线在金元时期楼建筑壁画中的使用方法》;《高平崇明寺中佛殿大木尺度设计初探》与《〈营造法式〉中的"骑枓栱"辨析》对古代建筑制度进行了探讨;城市、园林及乡土建筑研究有《金中都历史沿革与文化价值》、《明代〈二园集〉研究》、《高檐巨桷的郭裕居住建筑》、《明代南直隶建城运动之探讨》。上述论文中有多篇是诸位作者在国家自然科学基金支持下的研究成果。英文论稿专栏的三篇文章则为国内学界同仁带来几位学者在海外关于中国建筑史研究的最新成果。

书中所选论文,均系各位作者悉心研究之新作,各为一家独到之言,虽或亦有与编者拙见未尽契合之处,但却均为诸位作者积年心血所成,各有独到创新之见,足以引起建筑史学同道探究学术之雅趣。本刊力图以学术水准为尺牍,凡赐稿本刊且具水平者,必将公正以对,以求学术有百家之争鸣、观点有独立主张为宗旨。

本辑收录的大部分论文为清华大学与国外学者共同组织的"中国建筑史高端论坛"的论文成果。2012年10月27、28日,在墨尔本大学建筑学院,十几位中国建筑史研究的海内外知名学者齐聚一堂,发表他们的最新研究成果,分享他们对中国建筑史研究的最新见解。论坛给予每位学者充裕的发表与讨论时间,以形成充分的学术认知与碰撞,论坛提交论文,多为国内外这一领域的最新成果。类似高端学术论坛,还将在海内外不同地区继续举行,本刊将持续关注,并将相关高水平论文及时收录发表,提供一个中国建筑史研究前沿的学术交流平台。

Issue Abstract

Journal of Chinese Architecture History, a journal run by the School of Architecture, Tsinghua University, is committed to collecting and publishing research papers written by Chinese and foreign authors on the history of Chinese architecture. This issue collects 18 articles, encompassing five sections, namely, Study of Buddhist Architecture, Study of Architectural Culture, Ancient Architectural Systems, Study of Urban Architecture, Gardens and Vernacular Buildings, and English Papers. In particular, the *An Overview of Buddhist Temple and Architecture in Tang and Sui Dynasties*, combining historical documents and records, systematically analyzes the construction profile, plan, layout and architectural types of Buddhist temples during the Sui and Tang dynasties. *A Preliminary Study on the Architectural Form and Historical Influence of the Guanzhong Precept Altar by Daoxuan in the Tang Dynasty*, *A Study on the Layout of Twin Pagodas in the Chinese Buddhist Temples from the Northern and Southern Dynasties to the Sui and Tang Dynasties*, and the *My Views on Chahua Tower of Chong'an Temple in Lingchuan* review and analyze the structure of Buddhist Architecture; Articles about research results in architectural culture include *Comparative Type and Function of Roof Tiles in Qin China and Greco-Roman World in the Late Bronze Age*, *Wooden Buddhist Temples in Karakorum during the Post-Mongol Era*, *On the Teaching Methods of Architectural History under the Concept of Architectural Culture*, and *Expatiate on the relationship between the Chinese traditional architectural pattern and the divinatory symbols of I Ching* and *The use of the grid system and diagonal lines in the depiction of Lou architectural paintings in Chinese murals in the Jin and Yuan dynasties*; *Preliminary Investigation into the Dimensional Design of the Timber Structure of the Mid-Hall of Chongming Temple in Gaoping County* and *Analysis of Qi Bracket Sets on the Yingzaofashi* study the ancient architectural systems; Articles concerning studies on urban architecture, gardens and vernacular buildings include *History & Development and Cultural Value of Zhongdu of the Jin Dynasty*, *Study on Record of Two Gardens of Ming Dynasty*, *Residential Houses in Guoyu Village-High Eaves and Large Rafters*, *A research on the constructive movement of city-wall in Nanzhili Prefecture in Ming Dynasty*. Most of the articles show research results obtained by authors with the support of National Natural Science Foundation of China. The three in "English Papers" section introduce the newest results achieved by scholars in their overseas studies of Chinese architectural history to domestic colleagues in the field.

The papers collected in the journal sum up the latest findings of the studies conducted by the authors, who voice their insightful personal ideas. Though they may not tally completely with the editors' opinion, they have invariably been conceived by the authors over years of hard work. With their respective original ideas, they will naturally kindle the interest of other researchers on architectural history. This journal strives to assess all contributions with the academic yardstick. Every contributor with a view will be treated fairly so that researchers may have opportunities to express views with our journal as the medium.

Most articles collected in this issue are from High-level Forum on Chinese Architectural History co-organized by the Tsinghua University and overseas scholars. On October 27 and 28, 2012, a dozen of famous scholars engaged in research on Chinese architectural history from at home and abroad gathered in School of Architecture, University of Melbourne, published their latest research results and shared their new understanding in this regard. During the Forum, every scholar had enough time to release his/her result and discuss it with others so as to promote cross-fertilization. Papers submitted to the forum were mostly the latest results in the field from home and abroad. Such high-level academic forum will also be organized in different regions at home and abroad. The Journal will keep following it, collect and publish related high-level papers so as to provide a platform for academic communication at the forefront of the research on Chinese architectural history.

谨向对中国古代建筑研究与普及给予热心相助的华润雪花啤酒（中国）有限公司致以诚挚的谢意！

主办单位	Sponsor
清华大学建筑学院	School of Architecture, Tsinghua University

顾问编辑委员会 / **Advisory Editorial Board**

主任 / **Chair**

庄惟敏（清华大学建筑学院院长） / Zhuang Weimin(Dean of the School of Architecture, Tsinghua University)

委员（以姓氏笔画为序） / **Editoral Board**

王其亨（天津大学） / Wang Qiheng(Tianjin Univ.)
王树声（西安建筑科技大学） / Wang Shusheng (Xi'an University of Architecture and Technology)
刘　畅（清华大学） / Liu Chang(Tsinghua Univ.)
吴庆洲（华南理工大学） / Wu Qingzhou (South China University of Technology)
陈　薇（东南大学） / Chen Wei(Southeast China Univ.)
钟晓青（中国建筑设计研究院） / Zhong Xiaoqing (China Architecture Design & Research Group)
侯卫东（中国文化遗产研究院） / Hou Weidong(Chinese Academy of Cultural Heritage)
晋鸿逵（故宫博物院） / Jin Hongkui(The Palace Museum)
常　青（同济大学） / Chang Qing(Tongji Univ.)

境外委员（以拼音首字母排序）

爱德华（柏林工业大学） / Eduard Koegel(Berlin Institute of Technology)
包慕萍（东京大学） / Bao Muping(University of Tokyo)
傅朝卿（台湾成功大学） / Fu Chaoqing(National Cheng Kung Univ.)
国庆华（墨尔本大学） / Guo Qinghua(The University of Melbourne)
韩东洙（汉阳大学） / Han DongSoo(Hanyang Univ.)
何培斌（香港中文大学） / Ho Pury-peng(The Chinese University of Hong Kong)
妮娜·科诺瓦洛瓦（俄罗斯建筑科学院） / Nina Konovalova (Russian Academy of Architecture and Construction Sciences)
梅晨曦（范德堡大学） / Tracy Miller(Vanderbilt Univ.)
王才强（新加坡国立大学） / Heng Chyekiang(National University of Singapore)

主编 / **Editor-in-chief**

王贵祥 / Wang Guixiang

副主编 / **Deputy Editor-in-chief**

贺从容 / He Congrong

编辑成员 / **Editorial Staff**

贾珺　李菁　刘晨　荷雅丽　玛丽安娜　廖慧农 / Jia Jun, Li Jing, Liu Chen, Alexandra Harrer, Marianna Shevchenko, Liao Huinong

编辑 / **Editors**

张弦　袁增梅 / Zhang Xian, Yuan Zengmei

编务 / **Editorial Assistants**

毛娜　吴雅琼　马冬梅 / Mao Na, Wu Yaqiong, Ma Dongmei

目 录

佛教建筑研究/1

王贵祥	隋唐时期佛教寺院与建筑概览	/3
敖仕恒	唐道宣关中戒坛建筑形制及其历史影响初考	/65
贺从容	陵川崇安寺西插花楼探析	/91
玄胜旭	南北朝至隋唐时期佛教寺院双塔布局研究	/131

建筑文化研究/145

国庆华	藉古代地中海地区屋瓦的若干资料之助看秦瓦历史中的几个问题	/147
包慕萍	蒙古帝国之后的哈剌和林木构佛寺建筑	/172
刘临安	建筑文化理念引领下的建筑史教学方法的研究	/199
徐怡涛	试论中国传统建筑群空间格局与易经卦象之关联	/207
王卉娟	画格与斜线在金元时期楼建筑壁画中的使用方法	/214

古代建筑制度/255

徐扬 刘畅	高平崇明寺中佛殿大木尺度设计初探	/257
朱永春	《营造法式》中的"骑枓栱"辨析	/280

城市、园林及乡土建筑研究/287

王世仁	金中都历史沿革与文化价值	/289
李菁	明代南直隶建城运动之探讨	/301
贾珺	明代《二园集》研究	/334
李秋香	高檐巨桷的郭裕居住建筑	/377
孙诗萌	南宋以降地方志中的"形胜"与城市的选址评价：以永州地区为例	/413

英文论稿专栏/437

Eduard Kögel	Networking for Monument Preservation in China: Ernst Boerschmann and the National Government in 1934	/439
C. K. Heng and Y. Wang	Reconstructing the Residential Wards in Tang Period Chang'an Based on a Theoretical Ward Categorization System	/473
Chen Liu	The Pillnitz Castle and the Chinoiserie Architecture in Eighteenth-Century Germany (Attached with Chinese translation)	/489

古代建筑测绘实例/559

张亦驰（整理）	山西平顺古建筑测绘图	/561

Contents

Buddhist architecture······1

An Overview of Buddhist Temple and Architecture in Tang and Sui Dynasties
.... Wang Guixiang 3

A Preliminary Study on the Architectural Form and Historical Influence of the
Guanzhong Precept Altar by Daoxuan in the Tang Dynasty ·················· Ao Shiheng 65

My Views on Chahua Tower of Chong'an Temple in Lingchuan ············ He Congrong 91

A Study on the Layout of Twin Pagodas in the Chinese Buddhist Temples from the
Northern and Southern Dynasties to the Sui and Tang Dynasties ······ Hyun Seung Wook 131

Chinese ancient architectural culture······145

Comparative Type and Function of Roof Tiles in Qin China and Greco-Roman
World in the Late Bronze Age ··· Guo Qinghua 147

Wooden Buddhist Temples in Karakorum during the Post-Mongol Era ············ Muping Bao 172

On the Teaching Methods of Architectural History under the Concept of
Architectural Culture ·· Liu Lin'an 199

Expatiate on the relationship between the Chinese traditional architectural pattern
and the divinatory symbols of I Ching ································· Xu Yitao 207

The use of the grid system and diagonal lines in the depiction of Lou architectural paintings
in Chinese murals in the Jin and Yuan dynasties ···················· Huichuan Wang 214

Ancient architecture system······255

Preliminary Investigation into the Dimensional Design of the Timber Structure of the
Mid-Hall of Chongming Temple in Gaoping County ················ Xu Yang, Liu Chang 257

Analysis of Qi Bracket Sets on the Yingzaofashi ·················· Zhu Yongchun 280

Ancient city, garden and Vernacular architecture······287

History & Development and Cultural Value of Zhongdu of the Jin Dynasty
··· Wang Shiren 289

A research on the constructive movement of city-wall in Nanzhili Prefecture in
Ming Dynasty ·· Li Jing 301

Study on Record of Two Gardens of Ming Dynasty ·················· Jia Jun 334

Residential Houses in Guoyu Village-High Eaves and Large Rafters ············ Li Qiuxiang 377

"XingSheng" in Chorography Since Southern Song Dynasty and City Site Selecting:
Case Study on Yongzhou Area ·· Sun Shimeng 413

English papers······437

Networking for Monument Preservation in China: Ernst Boerschmann and the
National Government in 1934 ·· Eduard Kögel 439

Reconstructing the Residential Wards in Tang Period Chang'an Based on a Theoretical
Ward Categorization System ·················· C. K. Heng and Y. Wang 473

The Pillnitz Castle and the Chinoiserie Architecture in Eighteenth-Century Germany(Attached with
Chinese translation) ·· Chen Liu 489

Chinese ancient architecture surveying······559

Shanxi Pingshun Temple Cartographic ·················· Zhang Yichi(edited) 561

佛教建筑研究

隋唐时期佛教寺院与建筑概览

王贵祥

(清华大学建筑学院)

摘要：自公元581年隋代建立,至公元907年唐代灭亡,在自6世纪末至10世纪初的这300余年里,中国佛教达到了其鼎盛阶段,出现了十余个各具特色的佛教宗系,而由帝王提倡,国家参与的大规模佛寺建造活动,使佛寺建筑也臻于极盛。有隋一代全国有寺3792所,盛唐时期全国有寺5358所,经过安史之乱摧残之后的晚唐时期,全国仍有寺院4600所。而唐代寺院已经开始出现定型化趋势,唐释道宣的《祇洹寺图经》与《戒坛图经》中所描述的理想寺院形式,为后来唐代寺院定型化起到了一定的推动作用。而唐代寺院在佛殿规模,楼阁建造,庭院配置等方面,都达到了前所未有的规模、尺度与数量,如规模最为宏大的寺院中,可以有数十座,甚至近百座院落,数千间房屋。而唐以后的佛寺中,再难见到如此宏伟巨大的佛寺建筑群。

关键词：隋唐佛教,佛教寺院,国家建造,寺院格局,类型建筑

Abstract: It is the most important period of Chinese Buddhism and Buddhist temple construction since the year of 581 AD to the year of 907 AD. It is the so called Sui and Tang Dynasties. During this 300 year more period the Chinese Buddhism and Buddhist temple construction reach its highest point. There were more than 10 Buddhist groups in this time. As the emperor cared the Buddhism very much there were many nationally constructed Buddhist temples during this period. There were 3792 Buddhist temples in Sui dynasty and 5358 Buddhist temples in the high Tang dynasty. After the period of troublous of An Lushan and Shi Siming, there were still 4600 Buddhist temples in the later-Tang period. It is important that the Buddhist temple in Tang dynasty had become finalizing its design in plan. The two sutras of "Zhi Huan Temple Plan" and "Jie Tan Temple Plan" that Tang monk Dao Xuan wrote had described the standard plan of Tang period Buddhist temple. The plan had must influenced the temple development in Tang dynasty. It reached the highest point in the scale of Buddhist temple, as well as the construction of multi-storied building and the courtyard arrangement. There had built many Buddhist temples with large size and huge scale. The largest temple in Tang dynasty had arranged with 120 courtyards and several-thousands rooms. We could hardly see such a big Buddhist temple after Tang dynasty.

Key Words: The Buddhism of Sui and Tang Dynasties, Buddhist Temples, Nationally Constructed Buddhist Temples, the Plan of Buddhist Temples, Building Types in Buddhist Temples

一 隋唐时期的佛寺建造概况

公元581年隋代建立,以及589年隋完成南北方统一,结束了自3世纪初至6世纪末3个世纪的分裂与动荡。之后的37年,是中国佛教史上的重要时期,隋代文、炀二帝,对于佛教表现出积极

护持与鼓励的态度。正是从隋代开始,由帝王下达敕诏,在全国范围内的许多州郡,同时建立同样名称的寺院,并且同时在各地建造舍利塔,使佛教寺塔建造,成为一种国家行为。隋代还对佛经的搜集、整理、翻译、保藏,起到关键性历史作用。因数百年分裂与战乱而分散各地的佛经,在隋代初年,被搜集、保存在专门寺院中,并设置了国家级佛经翻译机构——翻经院。同时,隋代寺院,在南北朝寺院基础上,进一步发展完善,开始出现建筑布局较为完整、建筑空间较为宏大的大寺院格局,为中国佛教寺院建筑格局在唐代的初步定型,打下了一个基础。

尽管有唐一代统治者,特别是初唐高祖与太宗,在对佛教的护持与鼓励方面,缺乏隋代文、炀二帝的热情,并且对于佛教采取了一定的限制措施,如太宗贞观年间的"简僧"政策等,以及明确提出"道先释后"政策,因而多少对初唐佛教寺塔建造起到一些遏制作用。但由于唐代国祚久远,自高宗以后的历代统治者,特别是武后时期,对佛教及其建筑投入极大热情,从而将唐代佛教及其寺院建筑推向了高潮。盛唐时期的稳定与繁荣,以及自南北朝以来数百年的积淀与发展,使唐代佛教涌现出一种迸发性效果,出现十余个佛教宗系,如天台宗、华严宗、唯识宗、法相宗、三论宗、净土宗、律宗、禅宗、密宗、三阶宗等。同时,随新译佛经的传播,也出现了诸多信仰上的变化,这些都对唐代佛教及寺院建筑发展,起到积极推动作用。

唐代佛教,臻于中国佛教史高峰,唐代佛寺建筑也达到了佛教建筑史上的高潮,无论是佛寺的数量还是规模以及寺院建筑的庄严与华美程度,都达到了前所未有的水平。

1. 国家参与佛寺建造

特别值得一提的是,隋唐两代统治者多次以国家名义,在全国范围内广泛建造寺塔。隋文帝在五岳名山各建立一座佛寺,并在其龙潜的 45 个州各建立一座大兴国寺。之后,又多次向全国各州郡分发舍利,在各地同时建造百余座舍利塔。唐代延续了隋代这种以国家名义在全国范围内大规模建造佛教寺塔的做法,并将这一做法推向极致。如太宗贞观年间,曾在其征战过的地方建造寺院。

据《法苑珠林》,贞观三年(629 年)冬,太宗曾"令京城僧尼七日行道,所有衣服悉用檀那。藉此胜因,竭诚忏荡。战场之处,并置伽蓝,昭仁等觉十有余寺。"❶《广弘明集》中所收《唐太宗于行阵所立七寺诏》列出了太宗在这一年所建的 7 座寺院,分别是豳州昭仁寺(破薛举处),吕州普济寺(破宋老生处),晋州慈云寺(破宋金刚处),汾州弘济寺(破刘武周处),洛阳邙山昭觉寺(破王世充处),郑州等慈寺(破窦建德处),洺州昭福寺(破刘黑闼处)。这七座寺院"并官造,又给家人车牛、田庄,并立碑颂德。"❷ 这还仅是太宗为在"战场之处,并置伽蓝"而建的 10 余所寺院中的一部分。太宗此举既有抚恤

❶[唐]释道世.法苑珠林.卷一百.传记灾第一百.兴福部第五

❷[唐]释道宣.广弘明集.卷二十八.启福篇第八.唐太宗于行阵所立七寺诏

战死疆场的将士,以期追福之意,也有安抚旧属的政治动机。

此后,武则天为了表现其统治合法性,并彰显内容中包含女王下世为阎浮提主内容的《大云经》,诏令天下各州建"大云经寺"。宋人所撰《长安志》中描述了这一过程:

> (怀远坊)东南隅大云经寺。本名光明寺,隋开皇四年,文帝为沙门法经所立。时有延兴寺僧昙延,因隋文赐以蜡烛自然发焰,隋文帝奇之,将改所住寺为光明寺。昙延请更立寺,以广其教。时此寺未制名,因以名焉。武太后初幸此寺,沙门宣政,进《大云经》,经中有女王之符,因改为大云经寺。遂令天下每州置一大云经寺。❶

唐中宗李显继承了其母这一做法,中宗继位后,诏令天下:"诸州置寺、观一所,以'中兴'为名。"❷后来由于臣下劝谏,认为"中兴"不妥,应称"龙兴",遂于神龙三年(705年)二月下诏:"改中兴寺、观为'龙兴',内外不得言'中兴'。"❸唐代各州郡都曾建有龙兴寺,现存保存较为完整的北宋寺院正定隆兴寺,就是在唐龙兴寺基础上建造的。

唐玄宗开元时期,又一次以国家名义,在全国范围内设"开元寺"。据《唐会要》:"天授元年十月二十九日,两京及天下诸州,各置大云寺一所。至开元二十六年六月一日,并改为开元寺。"❹这一次天下普置开元寺,是在武则天所置大云寺的基础上,将大云寺改为开元寺而实现的。也就是说,这一年并非都在各地建造了新寺,而是将旧有大云寺改换了寺额。这当然是一个聪明方法:既不大动干戈,又达到了在全国各州置开元寺的目的。

从后世文献中,我们知道仍有一些地方的大云寺保持了大云寺额,而一些开元寺,也可能是开元年间首创的。但是,至少在唐代有过三次以帝王敕诏名义,在全国范围内先后设置大云(经)寺、龙兴寺、开元寺的做法,其寺院建造与设置,遍及天下各州郡。这一做法,在唐以前及唐以后都十分罕见。说明佛教寺塔的大规模建造,在唐代成为了国家建造行为的一个组成部分。

2. 隋代佛寺建造简述

为对隋唐两代佛寺建造的总体情况加以描述,我们不妨借用史料中一些总结性文字,对这一时期佛寺做一整体性概览。

唐释法琳所撰《辩正论》,对隋文帝时期所建佛寺,作了一个概略性描述:

> 及登大位爰忆旧居。开皇四年奉为太祖武元皇帝元明皇太后。以般若故基造大兴国寺焉。般若寺往遭建德内外荒凉。寸栌尺椽扫地皆尽。乃开拓规摹备加轮奂。七重周亘百栱相持。龛室高竦。栏宇连袤。金盘捧云表之露。宝铎摇天上之风。
>
> 又以太祖往任隋州。亦造大兴国寺。
>
> 京师造大兴善寺。大启灵塔。广置天宫。像设凭虚。梅梁架迥。

❶ 钦定四库全书.史部.地理类.古迹之属.[宋]宋敏求.长安志.卷十.唐京城四
❷ [后晋]刘昫.旧唐书.卷七.本纪第七.中宗睿宗
❸ [后晋]刘昫.旧唐书.卷七.本纪第七.中宗睿宗
❹ [宋]王溥.唐会要.卷四十八.议释教下.寺

> 璧珰曜彩。玉题含晖。画栱承云。丹炉捧日。风和宝铎。雨润珠幡。林开七觉之花。池漾八功之水。召六大德及四海名僧。常有三百许人。四事供养。
>
> ……
>
> 又于亳州造天居寺。并州造武德寺。前后各一十二院。四周间舍一千余间。供养三百许僧。
>
> 始龙潜之日。所经行处四十五州。皆造大兴国寺。
>
> 于仁寿宫造三善寺。为献皇后造东禅定寺。
>
> ……
>
> 其五岳及诸州名山之下。各置僧寺一所并田庄。
>
> 仁寿元年文帝献后及宫人等。咸感舍利普放光明。砧捶试之宛然无损。于四十州各造宝塔。光曜显发神变殊常。具如王劭所纪。❶

如上历数文帝所建寺院：

① 将同州般若寺改为大兴国寺，寺为"七重周亘，百栱相持"，寺内建有舍利塔，其塔"金盘捧云表之露。宝铎摇天上之风。"

② 因其父曾任隋州，乃建隋州大兴国寺。其寺当与襄阳、江陵、晋阳各立一寺为同时所建。

③ 在京城建大兴善寺，寺内有塔。

④ 为副僧人昙崇所愿，在开皇初建寺9所。

⑤ 于亳州建天居寺，并州建武德寺。寺有12座院落，院四周僧舍1000余间。

⑥ 在龙潜所经45州，造大兴国寺，总有45座寺院。

⑦ 在仁寿宫造三善寺，并为皇后造东禅定寺。

⑧ 于五岳及诸州名山下各置僧寺一所。将前文所载在五岳下各立一寺，扩大到"诸州名山之下"，其数量不再是5座。

⑨ 于40州造舍利塔。《广弘明集》云，仁寿元年于30州同时起造舍利塔；《法苑珠林》云，仁寿二年于53（疑为54）州造舍利塔。这里所云为40州，不知是指哪一次，但据《续高僧传》，因舍利之缘，"前后建塔百有余所"，这里的40州，似也无大矛盾。文帝时造舍利塔总数约为110余座。

法琳在《辩正论》中，对隋文帝在其在位24年的"营造功德"，及写经造像诸功，作了一个总结：

> 自开皇之初终于仁寿之末。所度僧尼二十三万人。海内诸寺三千七百九十二所。凡写经论四十六藏。一十三万二千八十六卷。修治故经三千八百五十三部。造金铜檀香夹纻牙石像等。大小一十万六千五百八十躯。修治故像一百五十万八千九百四十许躯。宫内常造刺绣织成像及画像。五色珠幡五彩画幡等不可称计。二十四年营造功德。弘羊莫能纪。隶首无以知。❷

由此可知隋文帝时期，全国有寺3792所。相比较之，炀帝时期新建寺

❶ [唐]释法琳.辩正论.卷三.十代奉佛上篇第三

❷ [唐]释法琳.辩正论.卷三.十代奉佛上篇第三

院并不很多,但炀帝对佛教的护持与扶植,也得到了佛教史传作者的肯定。唐释道宣在《续高僧传》中特别赞扬了隋炀帝弘传佛法的功绩:

> 炀帝定鼎东都,敬重隆厚,至于佛法弥增崇树。乃下敕于洛水南滨上林园内,置翻经馆,搜举翘秀,永镇传法。登即下征笈多并诸学士,并预集焉。四事供承复恒常度,致使译人不坠其绪,成简无替于时。❶

关于隋代文、炀二帝在佛教寺院营造方面的事迹,可以用如下两条史料加以概括:

> 右隋普六茹杨氏二君三十七年,寺有三千九百八十五所。度僧尼二十三万六千二百人。译经二十六人八十二部。然有隋建国佛教会昌,文帝创启灵仪祯瑞重沓,炀帝嗣膺宝历兴建弥多。❷

上文中"普六茹"为"普六茹"之误。据《隋书》,隋文帝杨坚:"从周太祖起义关西,赐姓普六茹氏,位至柱国、大司空、隋国公。"❸从行文中可知,隋之文、炀两代全国有寺3985所。唐释法琳,在其前有关文帝建寺总结中,提到了"海内诸寺三千七百九十二所。"也就是说,在炀帝当政14年中,全国范围仅增加寺院193所。这一点或更加凸显了文帝重视构塔建寺、炀帝重视佛典搜集二者间的差别。

❶[唐]释道宣.续高僧传.卷二.隋东都雒滨上林园翻经馆南贤豆沙门达摩笈多传

❷[唐]释法琳.辩正论.卷三.十代奉佛上篇第三

❸[唐]魏徵等.隋书.卷一.帝纪第一.高祖上

3. 唐代佛寺建造简述

为对唐代佛教有更为深入的认识,不妨将唐代佛教史作一个简单分期。粗略地说,唐代佛教发展大约可分为五个较明显的时期。

第一个时期,初唐高祖、太宗、高宗时期,约自618年至683年;

第二个时期,武后、中宗、睿宗时期,从高宗晚年至中宗、睿宗,约自684年至711年;

第三个时期,盛唐时期,包括玄宗开元、天宝年间,及肃、代时期,约自712年至779年;

第四个时期,自德宗,经宪、穆、敬、文,至武宗初年。约自780年至840年;

会昌法难为一个转折点,会昌以后唐代佛教的鼎沸状态遭到重挫。会昌一朝,始自841年,迄至846年。

第五个时期,自宣宗大中复法,迄至唐末。约自847年至907年。

从大中复法,直至唐末,经懿、僖、昭宗,至哀帝,其国势渐弱,国家已无力大规模提倡佛法,佛教进入衰败期,唯有等待五代时期一些地方割据政权,再给疲弱的唐末佛教多少注入一点活力。五代之后的佛教及其建筑,有赖辽、宋、金统治者的提倡与振兴。现存佛教建筑中,时代较早且较重要者,多数为两宋、辽、金时代遗存。

第一个时期,为初唐时期,主要是高祖、太宗与高宗三代。高祖与太宗,对于佛教热情并不很高,甚至采取过"简僧"政策。及玄奘归来,太宗初改对佛教态度。太宗晚年,对佛教态度大变,在玄奘请求下,太宗允诺度僧,于贞观二十二年(648年)九月下诏:"京城及天下诸州宜各度五人。弘福寺宜度五十人。计海内寺三千七百一十六所,计度僧尼一万八千五百余人。"❶ 这里不仅看出太宗对佛教在态度上的转变,也给出了贞观时期全国寺院总体情况:贞观末年,全国有寺3716所。

比较隋文帝时全国有寺3792所,炀帝大业末年,有寺3985所。因隋末战乱,及初唐简僧汰寺,寺庙遭毁不在少数,则武德初至贞观末32年间,寺庙总数大致维持在3716所左右,比隋末大约减少了270所,这还应该算是一种持平状态,显然是初唐二帝对佛教采取的不抑不扬态度所致。

高宗时期,情况有了一些好转,据《法苑珠林》统计,历高祖、太宗、高宗,"三代以来,一国寺有四千余所,僧尼六万余人,经像莫知亿载,译经一千五百余卷。"❷ 以前述贞观末年寺有3716所,到高宗之末,寺有4000余所。据《唐会要》:"天下寺五千三百五十八,僧七万五千五百二十四,尼五万五百七十六……新罗、日本僧入朝学问,九年不还者,编诸籍。会昌五年,敕祠部检括天下寺及僧尼人数,凡寺四千六百,兰若四万,僧尼二十六万五百人。"❸ 这里的两个数字,一是有寺5358所,应是盛唐开元天宝的寺院总数;二是会昌灭法前,有寺4600所。自盛唐至晚唐,佛寺数量明显减少,显然由于天宝末"安史之乱"所造成。当然,会昌灭法对佛寺建筑的摧残,造成了比"安史之乱"更惨重的后果。唐末之后,中国佛教鼎盛期已过,佛教居于社会生活中心地位的情势一去不复返,如唐代般大规模、大尺度佛教寺院建造,再难见于史籍。

4. 唐代佛寺的标准图式

有唐一代,佛寺趋于成熟化、整合化与初步定型化。这一点可从道宣所撰两部图经中观察出来。道宣先后撰写两部图经,一部是《中天竺舍卫国祇洹寺图经》(下称《祇洹寺图经》),一部是《关中创立戒坛图经》(下称《戒坛图经》)。《祇洹寺图经》,虽然是在描述中土流传有关天竺舍卫国祇洹寺情况,但实际却是对中土地区自南北朝以来佛寺的一个总结,其中也包含对中土帝王宫殿空间形式的借鉴。《戒坛图经》中,也提到一座佛寺,从上下文可知,这部图经中描写的佛寺,仍是指所谓的祇洹寺。两者的寺院格局与空间形式,大略相近。但《戒坛图经》只是一个简述,《祇洹寺图经》的描述远为细致得多,重要的是,两部图经关于中心佛院建筑,在基本相同的建筑配置上,有一点些微差异。以笔者的理解,两部图经,撰写于不同时间,作者对于当时寺院相关资料的掌握,也可能有所不同,故在两部图经中,有关中心佛院空间布局上出现的一些差异,恰恰在一定程度上,反映了唐代早期佛寺平面布局上的一些不同。因此,仍可以说,这两部图经,提供了两个唐代佛寺建筑群典型平面与空间模式。❹ 特别需要提出的一点是,这两部图经,并非作

❶ [唐]释慧立. 大唐大慈恩寺三藏法师传. 卷七

❷ [唐]释道世. 法苑珠林. 卷一百. 传记灾第一百. 兴福部第五
❸ [宋]王溥. 唐会要. 卷四十九. 僧籍

❹ 傅熹年. 中国古代建筑史. 第二卷. 北京:中国建筑工业出版社,2001:476-480

者自己的凭空杜撰,也不是简单地从天竺僧人那里传译而来,其文依据,是前辈僧侣所留文字或口述资料,如两部图经中反复提到隋初僧人灵裕法师所撰写的《寺诰》:

> 自大圣入寂以来千六百岁。祇园兴废经二十返。增损备缺事出当机。故使图传纷纶藉以定断。其中高者三度殊绝。自余缔构未足称言。隋初魏郡灵裕法师名行凤彰。风操贞远撰述《寺诰》,具引祇洹。❶

文中还几次提到灵裕法师另外一篇文字:《圣迹记》:"裕师《圣迹记》总集诸传,以法显为本。"❷ 说明,灵裕法师所依据的资料,是从东晋僧人法显(334—420年)的相关资料中获得的。

据道宣所述,其文字中虽有所征引,也有一定想象成分:"由是搜采群篇,特事通叙。但以出没不同,怀铅未即,忽于觉悟,感此幽灵。"❸ 由此可知,他或也参考了当时中土各地寺院,甚至宫殿建筑,并附之以想象,才描绘出他笔下那宏大、庞杂、瑰丽、奇幻的佛国建筑群。

❶[唐]道宣.中天竺舍卫国祇洹图经.序
❷[唐]道宣.中天竺舍卫国祇洹图经.卷下

❸[唐]道宣.中天竺舍卫国祇洹图经.卷上

二 隋代佛教寺院的平面布局

隋代国祚较短,尽管其在佛教建筑发展上的表现波澜壮阔,但就佛寺格局来看,似乎很难在短短37年中,出现与南北朝寺院格局截然不同的局面。因此,可将隋代佛寺看做对南北朝寺院格局发展的一个总结。结合南北朝与隋代史料,对从南北朝到隋这一时期佛寺平面布局作一简单梳理。

1. 以塔为中心式格局

以塔为中心寺院格局,可能是中国佛寺最早的平面形式。从文献中来看,这种以塔为中心的寺院,至少存在过两种不同建筑格局。

(1)以塔为中心,四周匝以廊阁庑房

其基本的特征是以塔为中心,四周匝以庑房廊阁。有两个众所周知的例子:一个是三国时人笮融"以铜为人,黄金涂身,衣以锦彩,垂铜盘九重,下为重楼阁道,可容三千人"❹的浮图祠;另一个是魏明帝于其宫之东所设的佛图,"魏明帝曾欲坏宫西佛图。外国沙门乃金盘盛水,置于殿前,以佛舍利投之于水,乃有五色光起,于是帝叹曰:'自非灵异,安得尔乎?'遂徙于道东,为作周阁百间。"❺这里的"周阁百间"十分形象地描述了这种寺院的平面形式:中央为塔,周匝百间廊阁,平面很可能是一方形,建筑格局很像中国早期的祭祀建筑,其中央设明堂,四周用庑房围合成一个方形庭院,在四个方向上设门(图1、图2)。如经考古发现的西汉南郊礼制建筑。亦即,这样的寺院,在四周廊阁中央也应设有门。

❹[晋]陈寿.三国志.卷四十九.吴书四
❺[北齐]魏收.魏书.卷一百一十四.志第二十.释老十

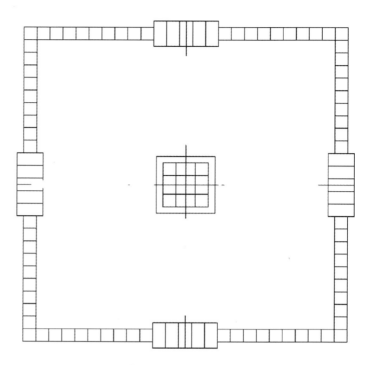

图 1 以塔为中心，周阁百间的曹魏佛寺

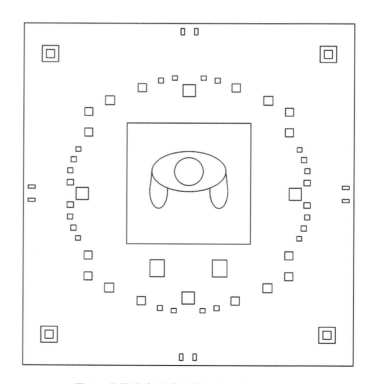

图 2 北周武帝所造佛像与周围塔空间示意

(2) 以塔与佛像为中心，周围环以小塔及造像

前文中提到北周武帝宇文邕于武成二年（560年），"为文皇帝，造锦释迦像，高一丈六尺。并菩萨圣僧，金刚师子，周回宝塔二百二十躯。莫不云图龙气，俄成组织之工。"❶寺院中心应该是一座佛塔，塔内有释迦牟尼像，塔周围环绕布置菩萨、圣僧、金刚、狮子等雕像220躯（图3）。

❶[唐]法琳.辩正论.卷三.十代奉佛上篇.第三

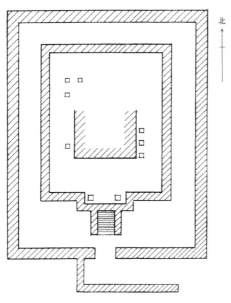

图3　方山中心塔式寺院

（来源：东汉魏晋南北朝佛寺布局初探）

以一座大塔为中心，塔内置佛，塔周围密密麻麻设置大量菩萨、圣僧、金刚、狮子及220座小塔。这种平面形式，与以小乘佛教为主的东南亚佛寺（图4、图5）形式十分相似。说明这时的中国佛教，在部分领域，尚处在以"声闻道"为主的小乘佛教影响下。尽管，其中可能已开始有"菩萨道"大乘佛教影响痕迹，但其寺院格局仍较多受到天竺、西域佛寺影响。

图4　以小佛塔环绕大佛塔的尼泊尔佛寺

（来源：http://www.google.com.hk/imgres? q=尼泊尔佛寺）

图5 以小佛塔环绕大佛塔的云南潞西佛寺

（来源：http://www.google.com.hk/imgres? q=云南潞西佛寺）

还有一条资料，可以证明这一时期中国佛教，受小乘声闻乘修四谛法影响尚为明显的例子，是说在北朝至隋代的寺院中，曾经有如小乘佛教"四面佛"形象的存在：

> 邢州沙河县四面铜佛者，长四尺许。隋初有人入山，见僧守护此像，因请供养，失僧所在……后人于寺侧，获金一块，上有二鸟形，铭云："拟镀四面，佛因度之。"佛形上遍是鸟影。❶

这种雕刻有鸟形纹样的四面佛造像形式，很可能受到小乘佛教影响。其出现与北周皇帝所造中央设塔，塔内有佛，四周围以大量小塔、菩萨、圣僧、金刚、狮子雕像做法如出一辙，都具有明显受到声闻道小乘佛教影响痕迹。

宿白先生认为，"隋代佛寺仍沿前期以佛塔为主要建置的传统布局。"❷隋文帝时尤其重视建塔，在仁寿年间前后几年时间，在全国110多个州同时起塔。其中，很可能有不少州的寺院，是以文帝所立舍利塔为中心而构建的。

2. 前塔后殿式格局

宿白先生在《东汉魏晋南北朝佛寺平面布局初探》中以5世纪末为界将

❶[唐]道宣.广弘明集.卷十五.列塔像神瑞并序唐终南山释氏

❷宿白.隋代佛寺布局.魏晋南北朝唐宋考古文稿辑丛.北京：文物出版社. 2011：248

东晋南北朝时期佛寺平面发展分为前后两期。前期仍然延续东汉以来"以佛塔为中心",周围环以匝房寺院布局形式;后期,寺院布局趋于复杂,这一时期典型寺院布局是"前塔后殿"式格局。❶

其中最著名者,为北魏洛阳永宁寺。永宁寺格局呈南北略长(约305米),东西稍短(约215米)的矩形。寺开四门,南门为楼三重,通三阁道,东西两门两重楼,北门仅用简单的乌头门。中心偏南位置是巨大的九层木塔,所谓"中有九层浮图一所,架木为之。"在"浮图北有佛殿一所,形如太极殿……僧房楼观,一千余间。"❷显然是一座前塔后殿布局寺院(图6、图7)。

❶宿白.东汉魏晋南北朝佛寺布局初探.魏晋南北朝唐宋考古文稿辑丛.北京:文物出版社.2011:230-247

❷[北魏]杨衒之.洛阳伽蓝记.卷一.城内

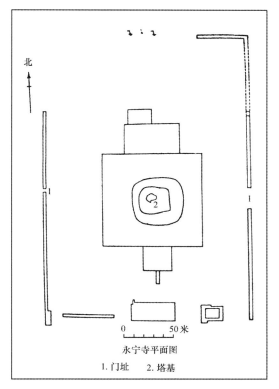
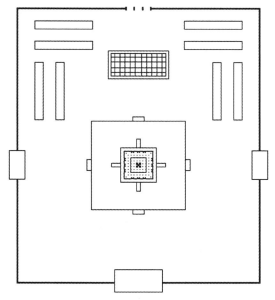

图6 北魏洛阳永宁寺遗址平面
(来源:汉魏洛阳故城研究)

图7 北魏洛阳永宁寺平面示意图

《法苑珠林》中记载由释道安弟子昙翼在荆州长江南岸所创寺院,其最初建造的主殿为十三间,通梁长五十五尺,也是一座巨大佛殿。南朝宋时,大殿前加建了一座佛塔:"殿前塔宋谯王义季所造。塔内塽像,忉利天工所造。"❸这一记载恰好印证了"前塔后殿"格局是一个在南北朝时逐渐形成的过程。

宿白先生举出两个南朝寺院例子,来说明这种"前塔后殿"格局。一个是广州宝庄严寺:

夫宝庄严寺舍利塔者,梁大同三年(537年)内道场沙门昙俗法师

❸[唐]释道世.法苑珠林.卷三十九.感应缘.总述中边化迹降灵记

所立也……说大同三岁,届于兹邑……此寺乃曩在宋朝,早延题目。法师聿提神足,愿启规模。爰于殿前,更须弥之塔,因缘盛力,人以子来。❶

另一个是荆州导因寺:

> 昔日导因,今天皇寺是也。见有栢殿五间两厦。梁右军将军张僧繇。自笔图画。殿其工正北卢舍那相好威严。光明时发。殿前五级亦放光明。祥征休咎故不备述。由此奇感聊附此焉。❷

两个例子,都将佛塔布置在佛殿之前,这种布局形式分布范围较广,南朝有荆州导因寺、广州宝庄严寺,北朝有洛阳永宁寺。宿白先生还特别举出受到南北朝佛寺格局影响的百济佛寺。如建于威德王时(554—597年在位)的扶余邑中部的定林寺(图8);三记圣王(523—553年在位)所建位于今公州市斑竹洞的大通寺(图9),以及扶余邑金刚寺与陵山里古寺(图10)等,都采用了前塔后殿式格局。❸

宿白先生认为,隋代仍然继续了这种"前塔后殿"式寺院格局。他举出两个例子,一是隋京邑清禅寺,二是1973年中国科学院考古研究所于唐长安青龙寺遗址范围西部发现的一座早期寺院遗址(图11):

> 寺周绕廊庑,西、北两廊保存尚好,南、东两廊亦有遗迹可寻。据廊庑遗迹可复原此寺院的大致情况:南北长约140米,东西宽约100米。南廊址正中有门址。门址后有长宽约15米的方形塔基址。塔基址中部有长宽约4.4米、深1.8米的方形地宫遗址。塔基后约50米处,有长50余米、宽30余米的长方形佛殿遗址。佛殿遗址两侧有复廊址与东西廊址相接。❹

❶ [唐]王勃.广州宝庄严寺舍利塔碑.全唐文.卷一百八十四

❷ [唐]释道宣.续高僧传.卷三十三.荆州内华寺释慧耀传

❸ 宿白.东汉魏晋南北朝佛寺布局初探.魏晋南北朝唐宋考古文稿辑丛.北京:文物出版社.2011:243-244

❹ 宿白.隋代佛寺布局.魏晋南北朝唐宋考古文稿辑丛.北京:文物出版社.2011:248

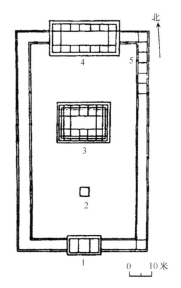

图8　百济定林寺平面

(来源:宿白.东汉魏晋南北朝佛寺布局初探)

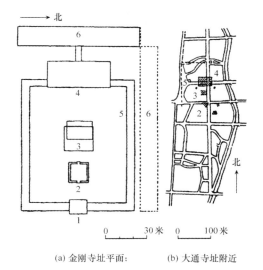

图9　百济金刚寺、大通寺遗址

(a) 金刚寺址平面;　(b) 大通寺址附近

(来源:宿白.东汉魏晋南北朝佛寺布局初探)

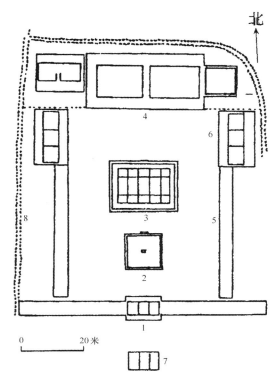

图 10　百济陵山里寺遗址

（来源：宿白．东汉魏晋南北朝佛寺布局初探）

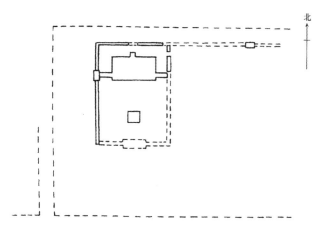

图 11　唐代长安青龙寺遗址

从隋代碑刻所记，还可以看到这种"前塔后殿"式寺院格局痕迹：

　　于是灵刹霞舒，宝坊云构。峥嵘醽蕠，穹隆谲诡。九重一柱之殿，三休七宝之宫，雕梁刻桷之奇，图云画藻之异。白银成地，有类悉觉之谈；黄金镂楯，非关勾践之献。其内闲房静室，阴牖阳窗，圆井垂莲，方疏度日。曜明挡于朱户，殖芳卉于紫墀……夜漏将竭，听鸣钟于寺内；

晓相既分,见承露于云表。❶

这是一座有佛塔、佛殿、钟楼(钟台?)的寺院。从其上下文:"九重一柱之殿,三休七宝之宫"中可知,这应是一座前塔、后殿式格局的寺院。所谓"九重一柱之殿",实为文中所说的"灵刹霞舒"、"见承露于云表"的佛塔,有"九重"之高,塔内有中心柱,曰之"一柱","三休七宝之宫"指位于高大台基上的佛殿。

敦煌莫高窟隋代洞窟第302窟(584年)覆斗式天花西侧斜面上绘有一座寺院❷(图12)。寺中主要建筑是一座单檐四阿顶大殿,殿前在沿轴线位置上有一座方形佛塔。塔似为单层,四坡塔顶上为方形刹基,上有覆钵、塔刹。塔前有人在砍伐、运送树木,似乎这是一座建造中的佛寺。殿后有一个围墙围合的院落,其中有树木、僧人,似是寺后僧舍区域。这幅壁画提供了隋代时"前塔后殿"寺院格局的一个例证。

3. 前殿后堂式格局

北魏时代亦出现一种前为佛殿,后为讲堂的佛寺平面。寺见于北魏《洛阳伽蓝记》中所载洛阳建中寺,"建义元年,尚书令乐平王尔朱世隆为荣追福,题以为寺。朱门黄阁,所谓仙居也。以前厅为佛殿,后堂为讲堂。金花宝盖,遍满其中。"❸寺院原是一座住宅,在住宅布局中,应有一主要建筑轴线,沿轴线前后布置前厅、后堂。在改造成寺院后,人们在保留住宅旧有建筑的同时,将其纳入佛寺空间模式,将住宅前厅改为佛殿,住宅后堂改为讲堂,因而形成"前殿后堂"式寺院(图13)。

图12 敦煌莫高窟第302窟壁画中的佛殿与佛塔
(来源:敦煌石窟全集·建筑画卷)

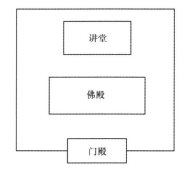

图13 前为佛殿、后为讲堂北魏寺院格局示意

讲堂,有时亦称般若堂,如南陈释慧勇"住大禅众寺十有八载,及造讲堂也,门人听侣经营不日,接溜飞轩,制置弘敞,题曰般若之堂也。"❹显然,代表了佛之智慧的般若,成为传播佛教义理之所讲堂的代称。由此出发,还可以对一些早期佛寺加以观察,如东晋高僧慧远所创庐山东林寺:"因以为名东林之寺。远自创般若、佛影二台,谢灵运穿凿流池三所。梁孝元构造重

❶[隋]张公礼.龙藏寺碑.[清]严可均辑.全隋文.卷二十二

❷ Janet Baker. Flowering of a foreign faith: new studies in Chinese Buddhist art. Marg publications. 1998: 32-33

❸[北魏]杨衒之.洛阳伽蓝记.卷一.城内

❹[唐]释道宣.续高僧传.卷七.陈杨都不禅众寺释慧勇传

阁，庄严寺宇，即日宛然。"❶慧远最早创寺时，设置了两座建筑，一为般若台，意为讲堂；一为佛影台，意为佛殿。

《续高僧传》谈及隋及初唐苏州僧人法恭，极力赞其文才："然其广植德本遐举胜幢。宝殿临云金容照日。讲筵初辟负笈相趋。谈疏才成名都纸贵。加以博通内外。学海截其波涛。鸿笔雕章。文囿开其林薮。"❷但从行文中，可以看出，他所居止的寺院，是以佛殿与讲堂为主而架构的，很可能也采取了"前殿后堂"式格局。而经考古发掘发现的长安西明寺遗址也多少透露了这样一种"前殿后堂"式寺院格局的信息（图14）。

❶[清]严可均辑.全隋文.卷三十二.[隋]释智顗.与晋王书请为匡山两寺檀越

❷[唐]释道宣.续高僧传.卷十四.唐苏州武丘山释法恭传

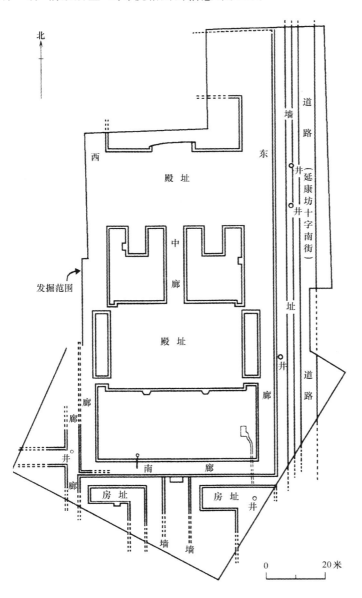

图 14 长安西明寺遗址平面

另有释慧主,"大业中,敕还本州香林寺。常弘四分为业。武德之始,陵阳公。临益州,素少信心,将百余驮物行至始州。令于寺内讲堂、佛殿、僧房安置,无敢违者。"❶寺内主要建筑为讲堂、佛殿、僧房,彼此关系亦可能遵循前佛殿、后讲堂,讲堂之后或之旁设僧房的格局。

4. 前塔后堂式格局

从史料中观察,南朝寺院中,讲堂一度甚至比佛殿有更重要的地位。南朝寺院中多突出讲堂位置。如南朝大庄严寺:

> 庄严讲堂,宋世祖所立。栾栌增映延衰遐远,至于是日不容听众。执事启闻,有敕听停讲五日,悉移窗户四出檐溜。又进给床五十张,犹为迫迮……又于简静寺讲十地经。堂宇先有五间,虑有迫迮又于堂前权起五间,合而为一。❷

庄严寺与简静寺,十分突出讲堂地位。庄严寺讲堂因听讲人多,不得不将四周窗子向檐溜处移出。据《陈书》:"六月丁卯,大雨,震大皇寺刹、庄严寺露盘、重阳阁东楼、千秋门内槐树、鸿胪府门。"❸说明寺内另有佛塔。另据《续高僧传》:"以庄严寺门及诸墙宇古制不工,又吴虎丘山西寺朽坏日久,并加缮改事尽弘丽。"❹知庄严寺有寺门、墙宇。一座寺院,有寺门、墙宇之设,应是一组庭院,庭院中心设置佛塔的可能性较大,则塔后为讲堂,也是一种顺理成章的布置。

还可以举出几个例子。一是谢灵运在其山居之侧建造的寺院:

> 四山周回,双流逶迤。面南岭,建经台;倚北阜,筑讲堂。傍危峰,立禅室;临浚流,列僧房。对百年之高木,纳万代之芬芳。抱终古之泉源,美膏液之清长,谢丽塔于郊郭,殊世间于城傍。❺

这座寺院中有塔、有讲堂、有禅堂,也有经台,唯独没有提到佛殿。这在重义理、讲玄学的南朝佛寺,可能是一种常见现象,即寺院以佛塔、经台、讲堂、僧房为主要构成元素。既然南朝寺院中,重视讲堂地位,且有佛塔的设置,可能会参考"前塔后殿"格局,采用"前塔后堂"式平面。

《广弘明集》收录了一首南朝人游钟山明庆寺的五言诗,其中有:"鹫岭三层塔,菴园一讲堂。驯鸟逐饭磬,狎兽绕禅床。"❻诗中提到的佛塔与讲堂,应是寺中最重要的两座建筑,其取前塔后堂式格局的可能性,应该大于诸如"前堂后塔",或"塔堂并列"等可能性。还有一个可能是前塔后堂式寺院的例子:

> 释明达……欲构浮图及以精舍。不访材石直觅匠工,道俗莫不怪其言也。于时二月水竭,即下求水。乃于水中得一长材,正堪刹柱,长短合度,佥用欣然,仍引而竖焉……创修堂宇,架塔九层。远近并力一时缮造。役不逾时,歘然成就……隋始兴王还荆州,冬十二月终于江陵。❼

寺中主要有两座建筑,一个是代表佛的九层浮图,另一个是代表僧的精舍。从行文看,释明"架塔九层"、"创修堂宇",实际上使寺中包括了一座塔,

❶[唐]释道宣.续高僧传.卷二十一.唐始州香林寺释慧主传

❷[唐]释道宣.续高僧传.卷五.梁杨都庄严寺沙门释僧旻传

❸[唐]姚思廉.陈书.卷五.本纪第五.宣帝

❹[唐]释道宣.续高僧传.卷五.梁杨都庄严寺沙门释僧旻传

❺[南朝梁]沈约.宋书.卷六十七.列传第二十七.谢灵运传

❻[唐]释道宣.广弘明集.卷三十.同庾中庶吾周处士弘让游明庆寺

❼[唐]释道宣.续高僧传.卷二十九.梁蜀部沙门释明达传

一座讲堂(堂宇),以及相应的僧舍(精舍)。这种以讲堂、佛塔为主要构成要素的寺院,可能是南朝佛寺较多见的。从格局上,这时的塔必居于中心,若前有寺门,后有精舍,讲堂之位置,亦应靠近精舍,从而呈前塔后堂式格局(图15)。

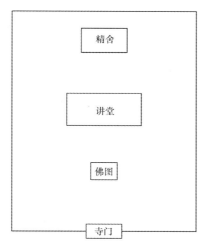

图15　前为佛塔,后为讲堂、精舍寺院平面示意

隋代寺院中亦有此格局,如隋蒲州栖岩寺,于仁寿年间起塔:

　　舍利在讲堂内,其夜前浮图上,发大光明,爰及堂里,流照满室。将置舍利于铜函,又有光若香炉,乘空而上,置浮图宝瓶,复起紫焰,或散或聚,皆成莲华。❶

这里清晰地说明了讲堂之前为浮图,浮图上所发大光明,"爰及堂里,流照满室"。然其中却未提及佛殿。显然,这座栖岩寺是一座"前塔后堂"式寺院。

5. 前塔后殿,殿后为堂式格局

据《魏书·释老志》,早在北魏天兴元年(398年),已有了将佛塔、讲堂、禅堂,及可能是佛殿早期形式的须弥山殿设置在同一寺院之中的做法:

　　是岁,始作五级佛图,耆阇崛山及须弥山殿,加以缋饰。别构讲堂、禅堂及沙门座,莫不严具焉。❷

耆阇崛山,即印度灵鹫山,是佛说法之处。须弥山是佛教宇宙观中的世界中央之山,这里应是表现佛的象征。故以耆阇崛山或须弥山为殿名,可能是佛殿名称的一种形式。如建于清乾隆二十六年(1761年)的承德避暑山庄珠源寺,寺中主殿是"大须弥山殿"。所以,在这里可以将"耆阇崛山及须弥山殿"看做佛殿的别称。显然,这座北魏早期佛寺,最初是一座前塔后殿式寺院,其后,又别构讲堂、禅堂,及象征僧房的"沙门座"。可以将这座寺院看做是前塔、后殿,殿后为讲堂、禅堂、僧房的格局(图16)。

由此推测,自南北朝至隋代的佛寺发展,虽然有一些踪迹可寻,但难以

❶[隋]安德王雄等.庆舍利感应表.[清]严可均辑.全隋文.卷八

❷[北齐]魏收.魏书.卷一百一十四.志第二十.释老十

一言以蔽之。或有以塔为中心者,或有前塔后殿,或前塔后堂者,或有前殿后堂者,抑或仅有讲堂或仅有佛殿,并在讲堂或佛殿周围环以僧房、禅舍的可能。

这座尼寺,主要是由佛塔、讲堂,与塑有卧佛与七佛的佛堂组成的。从叙述顺序上,可能是一种"前为塔、后为堂,堂后有佛堂"形式的寺院格局。如果将佛堂看做是佛殿早期形式,那么,这也很可能是一座"前为塔、后为讲堂、再后为佛殿"(图17)式寺院,只是其将讲堂放在佛殿之前。

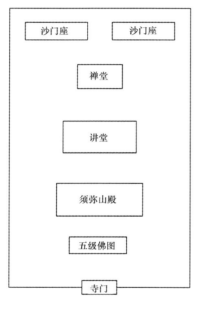

图16 北魏天兴元年佛寺建筑组成示意

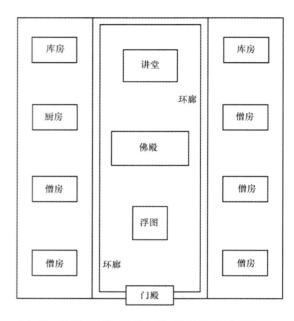

图17 前塔、后殿,殿后为堂,周围环廊,旁设厨库、僧房寺院平面示意

南朝人撰《比丘尼传》也反映了这种情况:"永和十年(354年),后为立寺于定阴里,名永安(今何后寺也)……泰元二十一年(396年)卒。弟子昙罗,博览经律,机才赡密,敕续师任,更立四层塔、讲堂房宇,又造卧像及七佛龛堂云。"❶

另一座同时包含佛塔、佛殿与讲堂的隋代寺院是苏州重玄寺:

释慧岩,住苏州重玄寺。相状如狂,不修戒检,时人不齿。多坐房中,不同物议。忽独欢笑,戏于寺中。以物指撝曰:此处为殿,此处为堂,乃至廊庑、厨库,无不毕备。经可月余,因告僧曰:欲知岩者。浮图铃落,则亡没矣。至期果然。❷

至少在这位疯疯癫癫的隋代僧人眼中,一座寺院应该包括佛殿、讲堂、廊庑、厨库等建筑。寺中原本就有佛塔。在隋代僧人心目中的寺院,很可能就是一座前塔、后殿,殿后设堂,周环廊庑,旁设厨库、僧房的建筑格局(图18)。

❶ [南朝梁]宝唱.比丘尼传.卷一.北永安寺昙备尼传六

❷ [唐]释道宣.续高僧传.卷二十五.隋苏州重玄寺释慧岩传

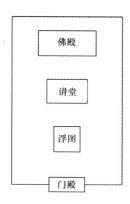

图 18　前为佛塔、讲堂，后为佛殿寺院平面示意

关于讲堂与厨库、仓廪等附属建筑的关系，我们还注意到《续高僧传》中另外一条有关隋代襄州禅居寺的资料：

> 今为寺贫，便于讲堂东北白马泉下洑中迁记。某处为厨库，某处为仓廪。人并笑之。经宿水缩地出，如语便作，遂令丰渥。又遥记云，却后十六年，当有愚人于寺南立重阁者，然寺基业不亏，斗讼不可住耳。永徽中恰有人立重阁，由此相讼，如其语焉。❶

在这座规模不大的寺院中，僧人岑阇梨将寺院附属建筑厨库、仓廪布置在讲堂东北，并预言将来有人在寺南建造重阁，并且因而会引起官司诉讼。显然，这是一座坐北朝南的寺院，南面为正面，故僧人不希望在正面有重阁遮蔽寺院，故而才有斗讼之事。关于这件事情，另有僧人释道辩，在大业年间来游襄部时，也有预言，他"行至禅居寺南岭望云。此寺达者所营。极尽山势。众侣繁盛清肃有余。如何后锐于前起阁。寺僧非唯寡少。更增諠诤。"说明，忌讳在寺之南面建立高阁，可能是出于风水方面的考虑。

但抛开这些细节，至少可以知道，在这座寺院中，讲堂是位于寺内北侧的，僧人岑阇梨又在讲堂东北续建厨库、仓廪。讲堂之南当有佛殿，寺之南当有寺门。《法苑珠林》谈到禅居寺的岑阇梨，同寺沙门智晓"自知终日，急唤汰禅师付嘱，上佛殿礼辞遍寺众僧，咸乞欢喜。于禅居寺大斋，日将散，谓岑曰：往兜率天听《般若》去。"❷ 显然，这座禅居寺中是有佛殿的。只是，在寺门与佛殿之间，是否有佛塔，尚不得而知。若以这一时期佛寺中，多有佛塔之设来推测，这仍可能是一座前塔后殿，殿后为堂，堂后为僧房、厨库、仓廪等附属建筑的寺院。

6．一正二配式格局

晚期佛寺最常见的，中央设一正殿，殿前左右各设一座配殿的"一正二配"式格局，在隋代时已出现。如《法苑珠林》载：

> 开皇十五年，黔州刺史田宗显至寺礼拜，像即放光。公发心造正北

❶ [唐]释道宣.续高僧传.卷三十三.襄州禅居寺岑阇梨传

❷ [唐]释道世.法苑珠林.卷十八.感应缘.汉法内经传.隋沙门释慧意

大殿一十三间，东西夹殿九间，被运材木，在荆上流五千余里，斫材运之，至江散放，出木流至荆州，自然泊岸。虽风波鼓扇，终不远去。遂引上营之，柱径三尺，下础阔八尺，斯亦终古无以加也。大殿以沈香帖遍，中安十三宝帐，并以金宝庄严。乃至榱桷藻井，无非宝华间列。其东西二殿，瑞像所居，并用檀帖。中有宝帐华炬，并用真金所成。穷极宏丽，天下第一。❶

❶ [唐]释道世.法苑珠林.卷十三.感应缘.东晋荆州金像远降缘

这座隋代荆州寺院正殿总面阔13间，殿内设有13组佛帐，正殿前东西各有夹殿9间（图19），显然是后世建筑中"一正二配"式建筑格局的早期形式。只是，以正殿13间，配殿9间，正殿前的庭院应是相当宏阔的。

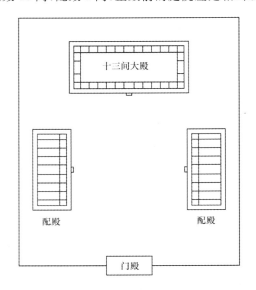

图 19　一正二配的隋代荆州寺院平面示意

成都博物馆所藏一块发现于成都万佛寺遗址上的据称是6世纪中叶的石碑背面，有一幅石刻寺院图❷（图20）。图为一点透视画法。寺位于一高大台基，有宽大坡道引至台基上。沿轴线两侧对称植有两排树木。树下是两排打坐的僧人。轴线尽端是一高大佛座，佛座位于一个更高的台基上。佛坐为须弥座式，下有雕刻莲瓣。座上有佛像及佛背光。佛像前两侧有僧人侍立。重要的是，在中轴线两侧对称布置有两座二层佛阁。佛阁与中轴线通道间有水，水中植荷花。阁前有桥与中轴线部分相接。尽管这里显示的是两座楼阁，但其基本配置，恰与后世常见一正二配式寺院极其吻合。

❷ Janet Baker. Flowering of a foreign faith: new studies in Chinese Buddhist art. Marg publications. 1998:63. 图 12

在麦积山石窟第127窟的一幅西魏时期（535—556年）的壁画，也表现了类似的场景❸（图21）。中轴线尽端是一座单檐大殿，殿内有佛座及佛、菩萨、佛弟子造像。殿前对称布置两座二层楼阁。阁似为砖筑，在一个平坐之上，二层有门，屋顶为四阿。阁前对称种植有4棵高大树木，并绘有对称排列或跪、或立的僧人与信徒。这显然也是一座"一正二配"式格局寺院，只是两侧的配殿，在这里是楼阁。

❸ Janet Baker. Flowering of a foreign faith: new studies in Chinese Buddhist art. Marg publications. 1998:62. 图 10

图 20　成都万佛寺遗址石碑

(来源:Flowering of a foreign faith: new studies in Chinese Buddhist art.)

图 21　麦积山第 127 窟西魏壁画

(来源:Flowering of a foreign faith: new studies in Chinese Buddhist art.)

另外一幅时间稍晚的响堂山北齐石窟（550—577年）的石浮雕，是在佛座两侧对称布置两座高台❶（图22）。佛坐在双层仰莲座上，上有华盖。佛左右簇拥菩萨、天人。两侧建筑，是用立柱支撑的高台，地面四周有石栏杆，二层平坐下有斗栱，平坐亦有木栏杆环绕。平坐上是两座三间九脊顶单檐殿阁。奇怪的是，殿阁正面向着寺之前方，亦即，九脊殿之两山相对，似呈并列式对称布置。这两座高台建筑，可能是文献中常提到的"经台"。据法琳《辩正论》，唐初太宗所建京师弘福寺，有"浮柱绣栭上图云气。飞轩镂槛下带虹霓，影塔俨其相望，经台郁其并架"❷的描述。郁者，立柱森郁、台座高大之意。这里所谓"郁其并架"的经台，可能是这种设置在佛殿前对称且并排而立的高台，将经置于由森郁立柱支撑的高台上，既保证了佛经保藏之安全，也凸显了代表佛法之佛经在寺院中的隆耸地位。

❶ Janet Baker. Flowering of a foreign faith: new studies in Chinese Buddhist art. Marg publications. 1998: 62. 图 11

❷ [唐]释法琳.辩正论.卷四.十代奉佛篇下

图22　响堂山北齐石窟浮雕对峙双台

（来源：Flowering of a foreign faith: new studies in Chinese Buddhist art.）

7. 一阁二楼式布局

除了一殿二配式格局外，在隋初时，还出现一种"一阁二楼"式寺院，即沿南北轴线上布置有高阁一座，高阁两侧夹有二楼（图23）。这一做法见于《续高僧传》所记丹阳龙光寺：

> 在丹阳之龙光寺，及陈国云亡道场焚毁……而殿宇褊狭未尽庄严。遂宣导四部王公黎庶。共修高阁并夹二楼。寺众大小三百余僧。咸同喜舍毕愿缔构，力乃励率同侣二百余僧，共往豫章刊山伐木。❸

❸ [唐]释道宣.续高僧传.卷二十九.唐杨州长乐寺释住力传

这是在原有寺院基础上的一个扩建。寺内原应有佛殿、讲堂、僧房之属，但因原来的"殿宇褊狭"，才修了这座左右夹有二楼的高阁组群。后世宋、金寺院中，多有在正殿前左右对峙两座楼阁做法（图24），其滥觞是否起于此，不得而知。

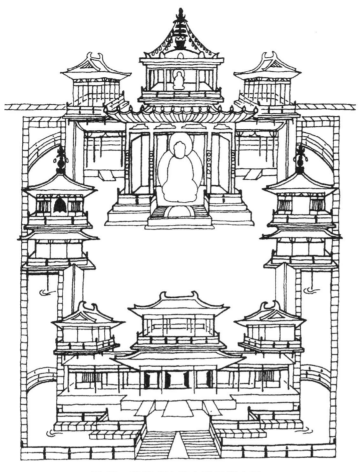

图 23 敦煌 361 窟南壁双阁布局

(来源:萧默.敦煌建筑研究)

图 24 正定隆兴寺大悲阁前双阁

(来源:http://www.9i5c.com/photopath/201105/b_27007.jpg)

在隋代南方寺院中，一座楼阁前，再设两座楼阁的做法，并不罕见，如："右《大业拾遗记》者，上元县南朝故都，梁建瓦棺寺阁，阁南隅有双阁，闭之忘记岁月。"❶瓦官寺虽是一座南朝寺院，但文中所提寺内有阁，阁南另有双阁的情况，所指是隋大业间。

这种东西夹峙两座楼阁做法，在隋唐时渐呈趋势。不仅在寺院，而且在宫殿、衙署建筑中也多有应用。唐长庆二年（822年）所建翰林学士院："乃撤小屋，崇广厦。揭飞梁于层构，耸危楼于上楹，重檐翼舒，虚牖霞驳，甍栋丰丽，栏槛周固。三门并设，双阁对启。延清风于北户，候朗月于南荣。"❷这里用了"三门"这一概念，应是借用佛教寺院"三门"概念，则其双阁对启建筑格局，也可能是从隋唐佛寺建筑中受到的启发。

另据《续资治通鉴》，辽重熙六年（1037年），北方忻、代、并三州地震："乡者兴国寺双阁灾，延及开先祖殿，不逾数刻，但有遗烬。"❸这里的兴国寺应指并州兴国寺，系隋初文帝龙潜45州所建大兴国寺中的一座。寺中"双阁"格局，究竟是唐辽时所添加，还是隋代既有，我们无从知道，但不排除其中可能沿袭了部分隋代制度。

宿白先生根据敦煌隋代洞窟壁画中所绘佛寺，提出"一殿双阁"式平面布局（图25），如宿先生举出"第419、423两窟窟顶前披所绘五间大殿，殿后两侧各绘一座三或四层高阁，如此安排，似是表示两阁之后，还有殿堂建置。"❹这一布局，似乎是在暗示，在殿后另有一组院落，院两侧对峙双阁，阁北是殿？是堂？抑或是阁？无从所知。但至少在隋代时，沿中轴线两侧对峙双阁的空间形式似已形成。

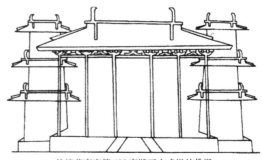

敦煌莫高窟第423窟壁画中成组的佛殿
（据《中国石窟·敦煌莫高窟》二，图版34）

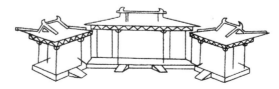

敦煌莫高窟第423窟壁画中成组的佛殿
（据《中国石窟·敦煌莫高窟》四，177页图3）

图25 敦煌隋代洞窟壁画中的一殿双阁形式

（来源：宿白.隋代佛寺布局）

❶[唐]颜师古.隋遗录.卷下

❷[清]董诰等.全唐文.卷六百三十三.[唐]苏冕.翰林学士院新楼记

❸[清]毕沅编著.续资治通鉴.卷四十一.卷四十一.宋纪四十一.景祐四年（辽重熙六年）

❹宿白.隋代佛寺布局.魏晋南北朝唐宋考古文稿辑丛.北京：文物出版社，2011：250.原注参看：中国石窟.敦煌莫高窟二.图版79、84.北京：文物出版社，1984

8. 南阁北塔式格局

隋代还有一种寺院,是在佛塔南设佛阁,事情所记是仁寿二年分送佛舍利于各州建塔的情况,见《全隋文》:

> 安州表云:……又塔南先有佛阁,当时锁闭舍利,于其下立道场,遣二防人看守。忽然阁上有众人行声,看阁门仍闭,又复。❶

当然,这里应该是先有阁,后因敕送舍利而于阁北建塔。若寺中原有佛殿、讲堂,则位于南边的佛阁,可能是设在了与佛殿相对应位置,亦即中轴线南侧。只是仁寿起塔时,又在殿与阁之间树立起一座佛塔。那么其原本形式应是"南阁北殿"式格局,在增设舍利塔后,则成为"南阁、中塔、北殿"式格局。

在佛寺主要轴线上设重阁的做法,可能在南朝时就已开始。东晋庐山慧远所建东林寺,原有般若(讲堂)、佛影(佛殿)两座建筑,后来梁孝元为了庄严寺宇而构建重阁。说明在寺院中建造重阁,是为了彰显寺院之庄严宏伟。《法苑珠林》提到与东林寺相毗邻的西林寺,也有"重阁七间",事记隋天台山瀑布寺沙门慧达,措心于寺院营造,仁寿年间,曾在扬州白塔寺建造了七层木塔,后来受沙门惠云邀请:"遂上庐岳造西林寺,重阁七间,栾栌重叠,光耀鲜华。"❷ 也就是说,隋代时,西林寺仿东林寺,也建了一座重阁,且其阁为"七间"。这显然是一座布置在中轴线上的大型"佛阁"。这座七间佛阁的位置,见于《续高僧传》:

> 晚为沙门慧云邀请。遂上庐岳。造西林寺。晚阁七间栾栌重垒。光耀山势。初造之日誓用黄楠……感得一谷并是黄楠……阁遂得成。宏冠前构。后忽偏斜向南三尺。工匠设计取正无方。有石门涧当于阁南。忽有猛风北吹还正……又为西林阁成。尊容犹阙。复沿江投造修建充满。故举阁圆备,并达之功。❸

这里透露出几条信息:① 佛阁是用黄楠木建造的;② 阁名为"西林阁";③ 阁位于寺院南前部(宏冠前构);④ 阁最初向南微倾,其南有石门涧,在强烈南风下,阁被吹之正。这也从侧面证明,阁之南再无高大建筑。

以西林寺位于寺南的七间佛阁,可推知,东林寺重阁可能也位于寺之南部。以东林寺,先有讲堂(般若)、佛殿(佛影),再加之其南重阁,就造成了"前阁后殿"式平面。安州仁寿起塔,是在先有重阁之北立塔,又形成了前有阁,阁后为塔,再推而延之,塔后有佛殿,殿后有讲堂,堂后有僧房、厨库、仓廪,阁之前再有寺门,则一寺格局可以大备矣!

寺院中建造重阁的原因,可能是要为高大佛像提供遮风避雨空间,如。

> 隋开皇中,释子澄空年甫二十,誓愿于晋阳汾西铸铁像,高七十尺焉……偿大像圆满,后五十年,吾当为建重阁耳……自是并州之人咸思起阁以覆之,而佛身洪大,功用极广,自非殊力,无由而致。开元初,李暠充天平军节度使,出游,因仰大像叹曰:"如此相好,而为风日所侵,痛哉!"即施钱七万缗。周岁之内而重阁成就,只今北都之平等阁者

❶ [清]严可均辑. 全隋文. 卷二十二. [隋]王劭(二). 舍利感应记别录

❷ [唐]释道世. 法苑珠林. 卷三十三. 感应缘. 隋沙门释慧达

❸ [唐]释道宣. 续高僧传. 卷二十九. 隋天台山瀑布寺释慧达传

是也。❶

佛高70尺,以一尺为0.294米计,约高20.58米,则其阁至少高30米。这座高大佛阁,无疑应是布置在寺院中轴线上。是否这座佛阁取代了佛殿位置,居于佛寺中央,不得而知。但这种以佛为室内空间主体的楼阁,不同于前述东西夹峙的双楼或双阁,则可以确知。因此,可知自南朝至隋唐时代,不仅有在主要殿堂前对峙双阁做法,也有将形体硕大的佛阁置于寺院中轴线上的做法。这为后来佛寺空间的进一步丰富,打下了一个基础。

而以高大的佛阁,加之以佛塔、佛殿、讲堂及寺门,则至少到隋代时,沿中轴线展开的佛寺空间进深已十分深邃了。

9. 一殿双塔式格局

宿白先生文章中提到了一种双塔式寺院形式。他举出的例子是《两京新记》卷三中所载长安大云经寺:

> 次南曰怀远坊,东南隅大云经寺。开皇四年(584年),文帝为沙门法经所立。寺内二浮图东西相值,隋文帝立。塔内有郑法轮田僧亮杨契丹画迹,及巧工韩伯通素作佛像,故以三绝为名。❷

大云经寺,寺名是武则天时所改,寺中双塔却是隋文帝时所立,寺名原为光明寺。据《辩正论》卷四,寺中有佛殿(兴像殿)、钟台(起钟台)及"七宝之堂,九层之塔"。说明塔有9层。寺内有佛殿、讲堂、钟台之属。因而,这应是一座在前殿后堂平面基础下,再在佛殿前对峙两座佛塔格局。

一寺双塔的最早例子,见于《南齐书》中所载故事:"帝以故宅起湘宫寺,费极奢侈。以孝武庄严刹七层,帝欲起十层,不可立,分为两刹,各五层。"❸说明,最早建双塔,是出于技术上的不得已。

另外,在南朝陈时,也有因位置不同,同时建造双塔的例子,如南陈太建元年(569年)东阳双林寺傅大士,"遗诫于双林山顶如法烧身,一分舍利,起塔于冢,一分舍利,起塔在山,又造弥勒二像,置此双塔。"❹这种双塔设置,与寺院格局似乎并无什么联系。

然而,在北朝佛寺中,却较早出现将双塔对称布置的例子,如《法苑珠林》谈及五台山中台之上由北魏孝文帝所建的一座寺院:"顶有大池,名太华泉。又有小泉,迭相延属。夹泉有二浮图,中有文殊师利像。"❺这种用双塔夹峙一池做法,应是刻意创造的空间形式,以期隆崇这座具有神圣意味的山池。

在敦煌莫高窟第257窟的北魏壁画中,描绘了一座似用城墙雉堞所环绕的寺院。寺中央是一座高大殿堂,殿堂两侧似为双塔。殿右侧为四层方塔,左侧似兼有寺门作用的三层塔。但从图面上看,两者并非对称布置,似为一在殿侧前,另一在殿侧后。此或也是寺院中,将殿前之塔移之两侧,渐成双塔之制的过渡性阶段❻(图26)。

---

❶ [唐]薛用弱.集异记.平等阁

❷ [唐]韦述.两京新记.校正两京新记.张继.民国二十五年版:14

❸ [南朝梁]萧子显.南齐书.卷五十三.列传第三十四.良政

❹ [清]严可均辑.全陈文.卷十一.[南朝陈]徐陵.东阳双林寺傅大士碑

❺ [唐]释道世.法苑珠林.卷十四.感应缘.唐代州五台山像变现出声缘

❻ 萧默.敦煌建筑研究.北京:中国文物出版社,1989:141

图 26　敦煌莫高窟第 257 窟北魏壁画中一殿二塔格局

(来源：萧默.敦煌建筑研究)

到了隋代,高层木构佛塔建造技术,似已趋于成熟。隋代文献中多次提到高层木浮图的建造。因此,这种在殿前对峙双塔做法,在隋代已成为一种有意识的空间设计。隋文帝时人辛彦之:"迁潞州刺史,前后俱有惠政。彦之又崇信佛道,于城内立浮图二所,并十五层。"❶ 这是地方官在自己治下城市中,同时建立双塔的做法,大约是将寺中双塔布局,外延到一座城市的大空间格局中。

到了唐代双塔对峙于寺前已是一种十分常见的寺院形式,如杭州开元寺,原为梁天监四年(505 年)所建方兴寺,"至开元二十六年(738 年)改为开元寺。庭基坦方,双塔树起,日月逝矣,材朽将倾。广德三年(765 年)三月,西塔坏,凶荒之后,人愿莫展。"❷ 尽管这座唐代佛寺中的双塔,看起来并不像是开元间改名时才有的。

魏州开元寺,原是中宗时所立中兴寺,代宗宝应年(762 年),因获舍利,"遂于寺内起塔二所,而分葬焉……年写《一切经》两本,并造二楼以贮之……噫!建三门惠也,制双塔诚也,缮群经智也,度幼子慈也。"❸ 这无疑是一次建成的双塔,并布置在寺内两侧。此外,还有两楼(双阁)、三门等,说明在唐代时,佛寺内置双塔、双阁、三门等,都是一种十分成熟的寺院空间格局处理方式了。

10. 关于"三门两重,寺房五重"的讨论

《法苑珠林》中记载西晋末弥天释道安弟子翼法师,因避乱而在荆州南岸所建造的西、东二寺,西寺安排原四层寺僧,东寺安排原长沙寺僧。其寺有:

> 寺房五重,并皆七架。别院大小,今有十所。般舟、方等二院,庄严最胜。夏别常有千人,四周廊庑,咸一万间。寺开三门两重,七间两厦。殿宇横设,并不重安,约准地数,取其久故。所以殿宇至今三百年余,无

❶ [唐]魏徵等.隋书.卷七十五.列传第四十.辛彦之传

❷ [清]董诰等.全唐文.卷三百十九.[唐]李华.杭州开元寺新塔碑

❸ [清]董诰等.全唐文.卷四百四十.[唐]封演.魏州开元寺新建三门楼碑

❶ [唐]释道世.法苑珠林.卷三十九.感应缘

忧损败。东川大寺,唯此为高。❶

这座寺院的格局耐人寻味。寺中似有一主院,周围10座别院,如般舟院、方等院等。寺前设三门两重。这可能是一座两层的门楼,其形式为"七间两厦",即两侧可能有两挟屋,形成《营造法式》中所谓"殿挟屋"的形式。也可能是内外两重门,二者都称作"三门"。

三门以内沿轴线可能有一个主院,院内有寺房五重。这里的五重,也可以有两种理解,一种如"五重塔"式的解释,即寺房是叠而为5层的楼阁。但这种可能性不是很大,因为,就那时的结构技术而言,将一个空间不是很大的方形塔,叠造若干层,还需要加中心柱以作为结构的加强,则进深七架的殿堂,再叠为5层,结构技术上的要求,在当时似还难达到。

故而,这里的"寺房五重,并皆七架",应是有5进院落。若以此理解,则中心5重院落,两翼各附5个侧院,恰好有10个别院(图27)。而其所谓"殿宇横设,并不重安,约准地数,取其久故。"似指其主殿主要为单层横置,不设重层,如此才能保证其结构长久。

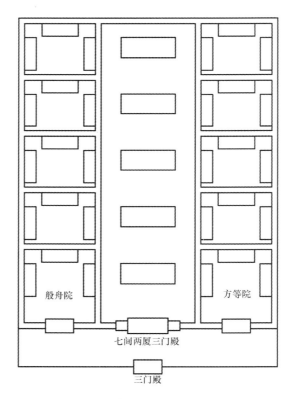

图27 三门两重、寺房五重、别院十所格局推测

由这座寺院的特殊布置可以知道,除了沿轴线布置三门、佛塔、佛殿、讲堂,并环以周廊之外,还可以有更为复杂的寺院空间形式,如五进院落,周环别院,前为重门,殿宇横设等的做法,还有待作进一步探索。

三 唐代寺院基本格局及其建筑类型

有唐一代，中国佛教趋于鼎盛，宗系林立，佛经翻译事业兴旺。由于其国祚长久，和平繁荣时期居多，城市、宫殿、苑囿、陵寝建筑，十分宏大、精美。这无疑会在一定程度上，刺激唐代佛教寺院的建造。但由于天宝末安史之乱、晚唐会昌灭法，及唐末五代战争，使曾盛极一时的唐代两京城市、宫殿，几乎全部化为灰烬，遑论佛寺、道观、民舍？因此，唐代寺院建筑实例遗存，几如凤毛麟角，随着历史文献的遗失，与唐代寺院建筑有关的文献，并不多见。因此，要想对唐代佛教寺院建造情况，作出一个较为完整而细致的叙述，几乎是不可能的。

既然说唐代是中国佛教发展的顶峰，那么，其佛教建筑也应达到最为宏大、辉煌与壮丽的时期。如果将中国佛教建筑史仅仅建构在佛教开始趋于衰落的辽宋以后时期，无疑是对中国佛教建筑史的一种误解。因此，尽管是在极其有限的资料条件下，我们还应尽可能地对唐代佛寺及其建筑加以探究。

1. 唐代寺院规模与空间组织方式

唐代寺院主要特点，一是基址规模大，二是寺内庭院多。如位于长安东南隅的大慈恩寺，"慈恩寺，寺本净觉故伽蓝，因而营建焉。凡十余院，总一千八百九十七间，敕度三百僧。"❶ 由1897间建筑物，组成10余座院落，如果将其想象成一些尺度较平均的院落，则每个院落大约有不少于150间房屋。若再分出院落大小，则大的院落，有可能有数百间房屋之多。另据相关史料，慈恩寺基址规模有半坊之地，则其主要院落的空间亦很宏大。

长安章敬寺，亦以其寺院中的院落多而著称。据宋人撰《游城南记》："章敬寺，《长安志》曰：在通化门外，本鱼朝恩庄也，后为章敬皇后立寺，故以为名。殿宇总四千一百三十间，分四十八院，以曲江亭馆、华清宫观风楼、百司行解，及将相没官宅舍给其用。"❷ 以4130间房屋，分为48座院落，每一院落平均有房屋近100间。若分出主次院落，则寺院中的核心院落，也应有数百间房屋。

另外一个以院落多而著称的寺院，是成都大圣慈寺。宋人撰《成都文类》所收《大圣慈寺画记》：

> 举天下之言唐画者，莫如成都之多，就成都较之，莫如大圣慈寺之盛……今来守是邦，俾僧司会寺宇之数，因及绘画，乃得其详。总九十六院，按阁、殿、塔、厅、堂、房、廊，无虑八千五百二十四间。画诸佛如来一千二百一十五，菩萨一万四百八十八，帝释、梵王六十八，罗汉、祖僧一千七百八十五，天王、明王、大神将二百六十二，佛会经验变相一百五十八堵。夹纻雕塑者，不与焉。像位繁密，金彩华缛，何庄严显饬之如是。❸

这段文字可以说是对一座晚唐寺院的概述。由此，可以一窥唐代寺院之宏大、华美、繁盛、精丽。从寺院空间看，一座有8524间房屋的寺院，分为

❶ [唐]段成式.酉阳杂俎.续集卷六.寺塔记下

❷ 钦定四库全书.史部.地理类.游记之属.[宋]张礼.游城南记

❸ 钦定四库全书.集部.总集类.[宋]扈仲荣.成都文类.卷四十五.记.大圣慈寺画记

96座院落,每座院落平均也有近90间房屋。若以大小院落区分,其大院亦应在百余间房屋以上。

这种超大寺院的规模与形制,无疑受到道宣撰《中天竺舍卫国祇洹寺图经》与《关中创立戒坛图经》两篇文献的影响,这两部图经是在唐以前资料基础上,结合唐代宫殿与寺院现状,对天竺舍卫国祇洹寺的一种追述,亦是对理想佛寺的一种描述,也是对唐代佛教寺院建筑的一个总结。

重要的是,这座寺院正是以庭院繁多而著称。其寺占地80顷,全寺有120个院落,布置在一块东西长近10里(合约3000步)、南北700余步的土地上。用地长宽比接近4∶1。仅从这一点,似也可看出唐代寺院的影响痕迹。因长安寺院,多布置在里坊之中,长安里坊亦为东西长、南北狭的横长形状。而若寺用半坊之地,则如占半坊之地的慈恩寺,恰是东西长,南北狭。同样的情况,按1/4坊用地,如道宣所在的西明寺,依然以东西长,南北狭为特点。道宣正是生活在这样的寺院中,所以很可能在他心目中的大型理想寺院,亦应是一种东西长、南北狭的寺院格局。位于这座理想寺院中心部位的"佛院",却是一个与传统中国建筑空间相吻合的南北长、东西狭的纵长空间。

正如道宣在《祇洹寺图经》中所描述的,在这样一个横长型用地上,布置有120座院落。其中要有水渠、永巷、门桥以及各式各样不同规模与方位的庭院。这其实是一座可以与帝王宫殿相比拟的大型建筑群。其中有东西相对、或南北相对的庭院,及以南北向为中轴线的中央佛院。也许,正是道宣所描绘的这两个院落重重的理想寺院:祇洹寺、戒坛寺,为以重重叠叠的回廊院为空间主旨的唐代寺院,奠定了一个基础。

据宋人的描述,泉州开元寺,就有如《祇洹寺图经》所描述的有120个院落的规模:"泉州……寺院,开元寺(在州西,唐武后垂拱二年,居民黄守恭宅,园中桑树忽生白莲花,因舍宅为寺。又戒坛居殿后,可容千人,堂宇静深,巷陌萦纡,廊庑长广,别为院一百二十,为天下开元寺之第一。东塔咸通间僧文偁造,西塔梁正明间王审知造。)"[1] 宋距唐未远,其说寺有120院,应与事实相差不远。现在观察泉州开元寺,从其中双塔、回廊、大殿等建筑的关系上,还能看出唐代大寺院的遗痕。这种有120院的寺院做法,很可能受到道宣两部图经所描述寺院的影响。

从另外一些史料中观察到,也许正是由于道宣两部图经的影响,唐人在描述一些宏大寺院时,往往尽言其院落繁多。如《大宋高僧传》描述的五台山唐释法照,曾见到一寺:"寺前有大金榜,题曰:《大圣竹林寺》,一如钵中所见者。方圆可二十里,一百二十院,皆有宝塔庄严。"[2] 这种灵验故事式的描述,未必是真实存在的寺院,但由这一描述也可以知道,道宣两部图经中所描绘的理想寺院,在唐代时已深入人心。

唐代寺院中的庭院名目繁多,除了一般与寺院修持生活有关的庭院外,唐代寺院中,还会添加一些与当朝皇帝有关的庭院,如圣容院。长安崇义坊招福寺,"景龙二年,又赐真容坐像,诏寺中别建圣容院,是玄宗在春宫真容

[1] 钦定四库全书.史部.地理类.总志之属.[宋]祝穆.方舆胜览.卷十二.泉州

[2] [宋]赞宁.大宋高僧传.卷二十一.感通篇第六之四.唐五台山竹林寺法照传

也。先天二年,敕出内库钱二千万,巧匠一千人,重修之。睿宗圣容院,门外鬼神数壁,自内移来,画迹甚异。"①此外,这座寺院中还有库院。

《酉阳杂俎》提到的唐代长安寺院,其中院落名目十分多,如靖善坊大兴善寺有行香院、东廊之南素和尚院。长乐坊安国寺有东禅院(亦称水塔院)、圣容院。光明寺有山庭院、上座璘公院。常乐坊赵景公寺有三阶院、华严院、约公院等。安邑坊玄法寺有东廊南观音院,以及曼殊院、西北角院等。光宅坊光宅寺亦有曼殊院。宣阳坊静域寺中则有三阶院、禅院。崇仁坊资圣寺有净土院、团塔院、观音院等。

唐代寺院还有一个重要特征,就是回廊的大量使用。白居易诗《南龙兴寺残雪》,中有:"南龙兴寺春晴后,缓步徐吟绕四廊。"②说明寺院基本特征是由四廊环绕的院落与殿堂构成的。由于院落有大小之分,所以,在主要庭院周围廊外,会有一些小规模廊院。如大兴善寺,"东廊之南,素和尚院。"③玄法寺,"东廊南,观音院。"④静域寺,"佛殿东廊有古佛堂。"⑤崇济寺,"东廊从南第二院,有宣律师制袈裟堂。"⑥资圣寺,"观音院两廊,四十二贤圣,韩干画。"⑦显然,这里有大院、小院之分,这里所说的"东廊",当是大院之东廊。有时或也称"佛殿西廊"、"佛殿东西障日及诸柱上图画,是东廊旧迹。"⑧"佛殿东廊有小佛堂"⑨,由此或可以理解成,佛殿院是一规模较大的中心院落,其东、西廊外,还会排列布置若干小院,小院中一般也设回廊。较小寺院,则将侧面小院称作"偏院",如"成都宝相寺偏院小殿中有菩提像。"⑩这种"偏院"的称呼,与"东廊从南第二院"之说法,显然是两种不同规模的寺院描述。

因此,可以把唐代寺院理解成,其中央核心庭院是若干个前后相叠的"口"字,或"日"字格局,与中央庭院紧邻的两侧庭院,则是两个由若干前后相叠的"目"字组成的空间格局。这样,中心庭院与两廊之外的较小庭院,就组成一个主次相依,大小相辅的有机空间形式。

此外,在严谨整齐的建筑庭院之外,中国佛教寺院还可能将自然景观性园池、山林穿插组织进来,如《续高僧传》提到南朝南涧寺,是一座具有园林化空间的寺院:"未启庄严寺,园接连南涧,因构起重房,若鳞相及,飞阁穹隆,高笼云雾。通碧池以养鱼莲,构青山以栖羽族;列植竹果,四面成阴;木禽石兽,交横入出。"⑪寺院不仅与自然景观相连接,而且在寺宇建筑间,还设有碧池、青山,山中有鸟,池中有鱼,水上有莲,寺院中还列植有竹子、果木。这就使得严整对称的宗教空间中,增加了一些活泼因素。唐代长安寺院中的"山池院"是这一寺院理念的一种延续。

2. 唐代寺院建筑的基本格局

两部图经中描绘的寺院(图28),核心空间是那座在《祇洹寺图经》中详细记述、在《戒坛图经》中简要提到的"佛院"。可以将这座佛院,看做是一座大型唐代佛寺的典型样板。其基本布局特征是:

①[唐]段成式.酉阳杂俎.续集卷六.寺塔记下

②钦定四库全书.集部.别集类.汉至五代.白氏长庆集.卷二十八
③[唐]段成式.酉阳杂俎.续集卷五.寺塔记上
④[唐]段成式.酉阳杂俎.续集卷五.寺塔记上
⑤[唐]段成式.酉阳杂俎.续集卷六.寺塔记下
⑥[唐]段成式.酉阳杂俎.续集卷六.寺塔记下
⑦[唐]段成式.酉阳杂俎.续集卷六.寺塔记下
⑧[唐]段成式.酉阳杂俎.续集卷五.寺塔记上
⑨[唐]段成式.酉阳杂俎.续集卷六.寺塔记下
⑩[唐]段成式.酉阳杂俎.卷六.艺绝

⑪[唐]道宣.续高僧传.卷六.义解篇二.梁大僧正南涧寺沙门释慧超传

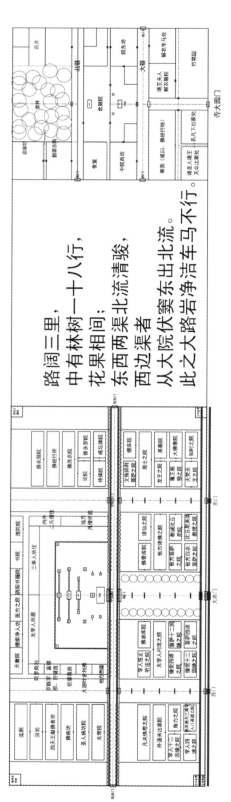

路阔三里，
中有林树一十八行，
花果相间；
东西两渠北流清骏，
西边渠者从大院伏窦东出流；
此之大路岩净洁车马不行。

图28 道宣祇洹寺平面复原示意
（李菁绘）

① 寺前三门楼。门前有乌头门、水渠、石桥，前方还有端门。

② 三门内为方形莲池，莲池两边，东为比丘戒坛，西为比丘尼戒坛。莲池之南，即三门与方池之间，有九金镬。

③ 方池以北为七层佛塔（《戒坛图经》中塔在前佛殿之后，佛说法大殿之前）。佛塔两侧，东为钟台，西为经台，显然也是有依据的。在隋代寺院研究中，已注意到在佛殿前设佛塔的做法。在唐代寺院中，大殿之前设置的是钟楼与经楼，而非后世寺院中的钟鼓楼对峙式格局。

④ 佛塔北为大佛殿（《戒坛图经》中此处为前佛殿）。塔后为殿，正与隋以前寺院中，多有殿前设塔格局吻合。大殿左右对称配置东、西楼，各为三层。

⑤ 前佛殿后为佛说法大殿（《祇洹寺图经》中此处为前佛殿），我们或可将其理解为寺院中的法堂，或讲堂。在大殿后设讲堂（或法堂），也是隋以前寺院中常有的现象。佛说法大殿两侧各有东西配楼，分别为五层。

⑥ 佛说法大殿之后，为三重楼。（《祇洹寺图经》中此处为第二大复殿，复殿两侧为东西楼观。）

⑦ 三重楼（第二大复殿）之北为三重阁（《祇洹寺图经》中为"极北重阁"）。三重阁两侧为东西宝楼，各五层。

⑧ 三重阁之后墙垣两侧角隅，分别为东、西佛库（图29）。

如果忽略《祇洹寺图经》与《戒坛图经》的一些细微差别，可以将这座"佛院"的格局看做唐代人的理想佛寺。也就是说，典型唐代寺院是由乌头门、水渠石桥、三门、方池、左右戒坛、佛塔及左右对峙的钟楼与经楼、佛殿、法堂、后殿（第二复殿或三重楼）、三重阁前后六进院落组成的。中轴线上殿阁重叠，轴线两侧对峙钟、经楼，及东西楼阁，既严谨规正，又起伏跌宕。其中许多特征，如在大殿两侧对称设置楼阁，殿前设钟、经楼，寺院北端设楼阁，阁两侧用连廊、飞桥与两侧配楼相连，这些寺院空间处理方式，不仅见之于宋辽时代寺院实例，也见之于敦煌壁画所描绘的诸多寺院（图30）。

可以透过史料做一些观察，唐高宗永徽四年（653年），蜀净慧寺僧释惠宽示寂：

> 寺内三桥，一当寝，房堂夜梁折，声震寺内。明旦官人、道士咸来恸哭。寺中莲池，池水忽干，红莲变白。寺中大豫樟树，三四人围，忽自流血，血流入涧，涧水皆赤，月余方息。又十七级砖浮图高数十丈，裂开数寸。❶

由此可知，寺前有渠及三桥，寺内有莲池及砖塔。空间构成，略近前述"寺前有桥，寺三门内为方池，方池北为佛塔"的做法。

隋龙盖寺，因寺中起塔瘗舍利：

> 又感一鹅飞至函所……及至埋讫，便独守塔，绕旋而已。又感塔所前池，有诸鱼鳖，并举头出水，北望舍利。❷

❶ [唐]道宣.续高僧传.卷三十一.习禅六.益州净惠寺释惠宽传

❷ [唐]道宣.续高僧传.卷二.译经篇二.隋东都上林园翻经馆沙门释彦琮传

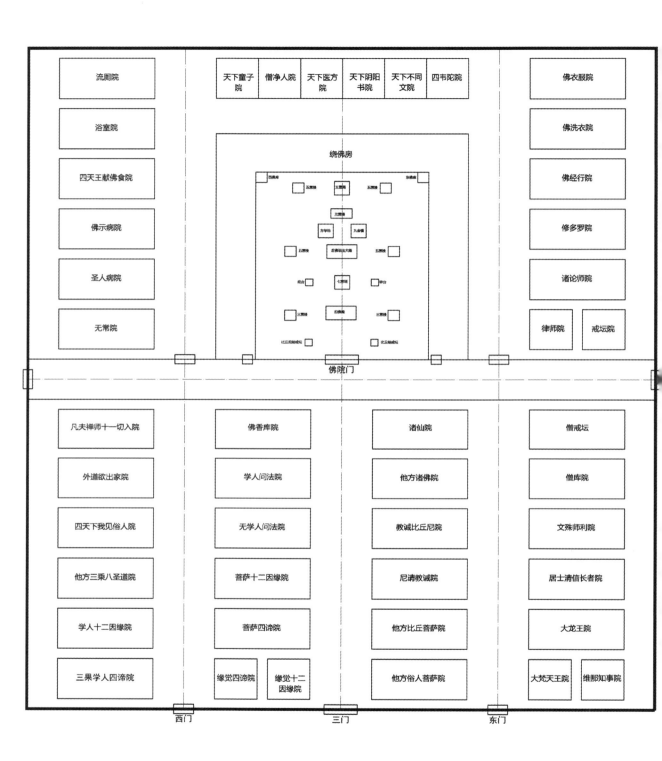

图 29 道宣《关中创立戒坛图经》中心佛院复原示意

(李菁绘)

图30 敦煌壁画中表现的唐代寺院

(来源:敦煌石窟全集·建筑画卷)

这里的空间关系是:其一,寺中仅一塔;其二,塔前有池,池在塔南,正与前述理想寺院格局相合。

唐长安大慈恩寺:

其地高墉负郭,百雉纡馀;层城结隅,九重延袤。于是广辟宝坊,备诸轮奂。瞻星测景,置臬衡绳,玉鸟垂晖,金铺曜彩。长廊中宿,反宇干霄。浮柱绣栭,上图云气。飞轩镂槛,下带虹霓。影塔俨其相望,经台郁其并架。鳌丹青之钜艘,殚藻缋之瑰奇。宝铎锵风,金盘承露,疏钟夜撤,清梵朝闻。❶

从文字的描述看,这是一座很大的寺院,所以才会有"百堞纡馀;层城结隅,九重延衮"的感觉。据《长安志》,慈恩寺位于长安进(晋)昌坊:

> 半以东大慈恩寺。(隋无漏寺之地,武德初废。贞观二十二年,高宗在春宫为文德皇后立为寺,故以慈恩为名……凡十余院,总一千八百九十七间。敕度三百僧……)寺西院浮图六级,崇三百尺。❷

更详细地说明了这座寺院的规模。而从其"瞻星测景,置臬衡绳",可以知道这应该是一座有寺院中轴线、形制端正的建筑群。另从"影塔俨其相望,经台郁其并架","金盘承露,疏钟夜撤"可知,寺院中有左右并列设置的经台,并设有佛塔、钟楼。

另外,《长安志》中说到慈恩寺,"寺西院浮图六级",说明浮图塔不在寺院建筑中轴线上,《法苑珠林》中说:"影塔俨其相望",又暗示可能有两座彼此相望的高塔。我们无法给出结论。可以确知的是,这是一个以院落为主要空间组织方式的建筑群,院落前后相叠,如同"九重延衮"的宫殿。院落周围有类似城垣的围墙环绕,寺内有长廊相接,中轴线上对称布置两座经台,两座佛塔。这与道宣笔下轴线分明,院落丛贯,空间重叠的寺院形式,有一些相似之处,只是两座彼此相望佛塔的做法,稍稍有一些不同。

文献中提到的唐末五代寺院东京大相国寺,格局也与道宣理想寺院接近:"当大顺二年,灾相国寺,重楼三门,七宝佛殿,排云宝阁,文殊殿里廊,计四百余间,都为煨烬。"❸这里提到的几座建筑:重楼三门、七宝佛殿、排云宝阁,恰是可以与道宣理想寺院中轴线上的三门楼、大佛殿(或前佛殿)、极北重阁(三重阁)相对应的。其中在中轴线上的建筑物之缺项,只是佛塔与法堂。而据我们所知,宋代时的大相国寺为寺前双塔制度,故其轴线上不布置佛塔,也说明寺院格局这时已发生变化。至于法堂,这里虽没有提到,但并不能证明寺中没有法堂。而寺内有文殊殿,也证明寺院有受到唐代密宗影响的痕迹。

现存实例中,保存较多宋代建筑的正定隆兴寺,在空间形式上,与这里所说的唐代寺院最为接近。其寺院之前有水渠、石桥之设。山门内是一座大殿(称六师殿,现已毁,仅存遗址),如道宣寺院中的前佛殿,殿后是寺中主殿摩尼殿,如道宣寺院中第二复殿(或佛说法大殿)。摩尼殿后为戒坛,戒坛后为东西对峙的两座楼阁,东为经楼(转轮藏殿),西为慈氏阁。再北为大悲阁,阁两侧用左右对称的两座楼阁,彼此间连以飞廊渡桥。

大悲阁及其两侧楼阁,最接近道宣寺院中在三重阁两侧各建配楼、连以飞廊的做法。今日大悲阁之后院落,是否保存宋代寺院制度,不很清楚。若

---

❶ [唐]释道世.法苑珠林.卷一百.传记灾第一百.兴福部第五

❷ 钦定四库全书.史部.地理类.古迹之属.[宋]宋敏求.长安志.卷八

❸ [宋]赞宁.大宋高僧传.卷十六.明律篇第四之三.后唐东京相国寺贞峻传

宋代时大悲阁后仍有一进院落，则隆兴寺自三门，至寺内最北建筑，恰好也是六进院落。隆兴寺内建筑主要是宋代以后所建，但从寺名可知，这是在唐代古寺"龙兴寺"基础上发展而来的，其中可能保存了部分唐代寺院平面信息。

3. 寺院中的类型建筑

（1）三门

寺院空间最前部，一般为"三门"。三门，意喻有"三解脱门"之意，其语出自《维摩诘所说经》："于一解脱门，即是三解脱门。"❶《出三藏记集》中有："此大法三门，皆有成证"❷，说明佛教思想中很早就有"三门"概念。但真正将寺院建筑门殿称为三门，已是南北朝晚期或隋代以后之事。

《法苑珠林》中提到陈末隋初一座寺院："寺开三门两重，七间两厦。"❸另提到北齐时，沙门实公去白鹿山，"乃见一寺，独据深林。三门正南，赫奕辉焕。前至门所看额，云灵隐之寺。"❹可知三门之谓，可能始自南北朝晚期。唐人撰《续高僧传》记北魏永宁寺，亦用三门概念："正南三门楼，开三道三重，去地二百余尺，状若天门，赫奕华丽。夹门列四力士、四师子。"❺而北魏人撰《洛阳伽蓝记》中只提到："南门楼三重，通三重阁道，去地二十丈，形制似今端门。"❻显然，北魏时寺院之门，似尚未称为"三门"。

三门概念，自唐至五代已十分流行。如唐京兆僧法秀，于开元末入终南山，"见一寺，分明云际，三门而悬巨榜曰：'回向寺。'"❼前面提到五代后唐时期，"宰相国寺，重楼三门，七宝佛殿，排云宝阁，文殊殿里廊，计四百余间，都为煨烬。"❽说明，这时佛教寺院入口，多称"三门"。

三门形式应是十分多样，如前所提"三门楼"、"重楼三门"等，大约都与道宣两部图经所描绘的三门一样。《全唐文》中的《大唐泗州临淮县普光王寺碑》提到："信施骈罗，建置周市，缭垣云矗，正殿霞开，层楼敞其三门，飞阁通其两铺。舍利之塔，七宝齐山；净土之堂，三光夺景。"❾这座寺院三门，也是一座重楼。门内正对正殿，门内两侧，对峙飞阁，与前面所说道宣理想寺院格局相近。寺内另有舍利塔与净土院。但舍利塔位置，似不在正殿前，否则也不会用"正殿霞开"的描述。

唐代寺院中，三门为楼阁者，较为普遍，唐人封演撰《魏州开元寺新建三门楼碑》：

> 既立三门，镇之层楼；又像双阙，校之连阁。甍宇若画，栋楹干云，苹投盖而靡及，嬴抱关而方启。上可以回眺万里，览川原林麓之富；下可以俯瞰万室，察舟车士马之殷。❿

这座三门，是一座重楼式建筑。

除了重楼式三门外，也有以大尺度单层门殿设置三门的做法，唐五台山法华院：

❶[后秦]鸠摩罗什译.维摩诘所说经
❷[南朝梁]僧祐.出三藏记集.卷五.喻疑之六.长安睿法师
❸[唐]道世.法苑珠林.卷三十九.感应缘
❹[唐]道世.法苑珠林.附录.补遗
❺[唐]道宣.续高僧传.卷一.译经篇初.魏南台永宁寺北天竺沙门菩提流支传
❻[北魏]杨衒之.洛阳伽蓝记.卷一.城内
❼[宋]赞宁.大宋高僧传.卷十八.感通第六之一.唐京兆法秀传
❽[宋]赞宁.大宋高僧传.卷十六.明律篇第四之三.后唐东京相国寺贞峻传
❾[清]董诰等.全唐文.卷二百六十三.李邕.大唐泗州临淮县普光王寺碑

❿[清]董诰等.全唐文.卷四百四十.封演.魏州开元寺新建三门楼碑.

忽见一院题曰法华……前有三门一十三间,内门两畔,有行宫道场,是文殊、普贤仪仗。三门外状台山十寺,杳然物外,观瞻恍惚。❶

这里并没有提到三门楼,仅说三门有一十三间,可见是一座大尺度单层殿堂。由此推知,唐代寺院"三门"之谓,并非指三座门,而是指寺院正门。"三门"可以是一座单一门殿建筑,即后世"山门"。

亦有将三门建成亭阁状者,如钱塘慧日永明寺释道潜,"请于山斋行三七日《普贤忏》,忽见遍吉御像在塔寺三门亭下,其象鼻直枕行忏所。汉南国王钱氏命入王府受菩萨戒,造大伽蓝,号慧日永明,请以居之。"❷说明当时作为寺院的三门,或也有用亭式建筑的做法。

值得注意的是,三门概念,并非仅指寺院正门。如唐代长安里坊寺院,有时可能在两个方向临街,亦可能在两个方向上设寺门。常乐坊赵景公寺,"南中三门里东壁上,吴道玄白画地狱变,笔力劲怒,变状阴怪,睹之不觉毛戴……西中三门里门南,吴生画龙及刷天王须,笔迹如铁。"❸说明,这座寺院南、西两个方向都设了寺门,且都称作"三门"。另有平康坊菩提寺,"中三门内东门塑神"。❹崇仁坊资圣寺,"中三门外,两面上层,不知何人画,人物颇类阎令"❺这里何以用"中三门"概念,是否暗喻了,还有"左三门"、"右三门"之意,我们无以得知。以唐代里坊中寺院,多为东西长、南北狭式用地推测,在中门之外,再设左右侧门的可能性,是很大的。唐人房琯撰《龙兴寺碑序》:

程式既定,百工齐举。素无特起,旧有增饰,允正殿之西霤,蔓长庑之南垂。廓开房室,增加厩库,高阁叠起以下覆,三门并建以相挟。❻

这里的三门,用了"并建"、"相挟"之词,说明在一些寺院中,有可能将三座门并列而置。

重要的是,从建筑平面布局的角度看,寺院三门是寺院中轴线上第一座主要建筑,也是寺院建筑空间序列的起点。唐人描绘的贞观三年(629年)所建沧州弓高县实性寺内的宝堂,是从距离新寺300余步的地方移建而来的,在此基础上,又加设三门,创立楼阁。故其颂有曰:"八会云平,三门箭直;宝堂移转,神通智力。飞檐振羽,虹梁动翼;阁似云行,楼如鹤息。"❼从一句"三门箭直",已可以体会到,寺院建筑有严格的中轴线,三门正处于中轴线前端。

关于三门内的塑像配置,由于缺乏相应史料,在隋唐或更早时期寺院中,是否有类似后世寺院山门或天王殿中所配置的天王、力士造像,很难弄清。从佛教史传资料中,只能看到一些蛛丝马迹,如北魏洛阳永宁寺,其寺南门:

正南三门楼,开三道三重,去地二百余尺,状若天门,赫奕华丽。夹门列四力士、四师子,饰以金玉,庄严焕烂。东西两门,例皆如此。所可异者。唯楼两重。❽

说明,在永宁寺南门与东、西二门中,塑有四力士、四狮子造像。这是在

---

❶ [宋]赞宁.大宋高僧传.卷二十一.感通篇第六之四.唐五台山法华院神英传

❷ [宋]赞宁.大宋高僧传.卷十三.习禅篇第三之六.周庐山佛手岩行因传

❸ [唐]段成式.酉阳杂俎.续集卷五.寺塔记上

❹ [唐]段成式.酉阳杂俎.续集卷五.寺塔记上

❺ [唐]段成式.酉阳杂俎.续集卷六.寺塔记下

❻ [清]董诰等.全唐文.卷三百三十二.房琯.龙兴寺碑序

❼ [清]董诰等.全唐文.卷一百七十四.张鷟.沧州弓高县实性寺释迦像碑

❽ [唐]道宣.续高僧传.卷一.译经篇初.魏南台永宁寺北天竺沙门菩提流支传

寺院门殿中塑力士像的较早例子。另据《酉阳杂俎》："洛阳修梵寺有金刚二，乌雀不集。"❶唐人韦述《两京新记》中也记载：

> 永平坊，东门之宣化尼寺。隋开皇五年，周昌乐公主及驸马都尉尉迟安舍宅立。寺门金刚，上人雍法雅所制，颇有灵迹，有一尼常倾心供养。❷

说明唐代寺院入口处，可能多塑有两尊金刚或力士，即后世所谓"哼哈二将"的造像，其作用有如后世山门或天王殿中所塑用以护法的天王及韦驮造像。但唐代寺院三门内，是否有四大天王造像，没有找到相关资料。

唐代以前的寺院，其前部虽未形成如后世天王殿式建筑，但在三门位置，设置一些金刚、力士、狮子、猛虎的做法应是有的。法琳在《辩正论》中提到：

> 彼三天神仙大道，仅有金刚、力士。《度人经》有五色师子。《本相经》云：天尊内有师子、猛虎，守左右，拒天力士，威赫前后者……然金刚、师子，乃是护法善神。❸

从这一点可以知道，在法琳所处的初唐时期，寺院主要入口，如三门处，并非后世天王殿式做法，而是布置以金刚、狮子造像，以起护持一方佛法的功能。

（2）戒坛

在道宣两部图经中，戒坛是寺内重要的建筑配置。若设两座戒坛，分别为比丘与比丘尼授戒，其位置应在寺三门内左右两侧。唐代寺院中有戒坛，有文献可证。唐人李辅撰《魏州开元寺琉璃戒坛碑》就是一例：

> 去太和七年（833年？）四月十九日，因公行寺，自有琉璃坛法，清公为地……一岁而坛上下俱构，贲以琉璃，艧之丹漆。叠午文房，张轩达户。如龙之蟠，如凤之骞……神置其隅，珠内其顶。重级颁平，大光辉映。创于东序，拟议东方。法生于东，我愿无已。❹

由其文推知，戒坛是置于一座建筑物内的，故有"张轩达户"、"珠内其顶"。戒坛亦是布置在寺内东侧。若果在寺院三门以内，大殿之前的东侧，则正与道宣理想寺院中的戒坛位置相合。

戒坛除了设置在山门以内，大殿之前东侧外，也可能设在专门院落中。唐越州法华山寺玄俨于天宝元年（742年），"十一月三日，现疾于绳床，七日午时，坐终于戒坛院。"❺后唐东京相国寺释贞峻："年满于嵩山会善寺戒坛院纳法，因栖封禅寺，今号开宝律院。"❻说明这两座寺院中，都有戒坛院之设。

中国佛教寺院中的戒坛，真正普及应是在唐末、五代，甚至宋代。据《会稽志》：

> 戒坛举天下财（才）二三所，往往行数千里受戒。其后浸多。今处处有之，会稽戒坛在开元寺，赐额曰昭庆。遇圣节则开，以传度其徒，以为盛举。❼

❶[唐]段成式.酉阳杂俎.卷十一.广知

❷[唐]韦述.两京新记

❸[唐]法琳.辩正论.历代相承篇第十一

❹[清]董诰等.全唐文.卷七百四十五.李辅.魏州开元寺琉璃戒坛碑
❺[宋]赞宁.大宋高僧传.卷十四.明律篇第四之一.唐越州法华山寺玄俨传
❻[宋]赞宁.大宋高僧传.卷十六.明律篇第四之三.后唐东京相国寺贞峻传
❼钦定四库全书.史部.地理类.都会郡县之属.[宋]施宿等.会稽志.卷八.寺院

(3) 佛塔

我们仍按道宣《祇洹寺图经》顺序,在寺院三门内置方池,方池以北,大佛殿以南,布置佛塔。三门以内,中轴线上第一座建筑,应是大殿前的佛塔,且是位于中轴线上的单座塔,构成了如南北朝至隋代寺院在"殿前设塔"的寺院格局。

唐邓州宁国寺释惠祥,"住宁国寺。常讲四分及涅槃经……因与四众起浮图,九级高百余尺,今见在。"❶从行文看,这座高近30米的佛塔,应是独立设置的,其位置亦可能在佛殿之前。隋仁寿年广建佛塔,释慧最奉敕赴荆州大兴国寺龙潜道场:

> 又道场前面步廊自崩,僧欲治护,控引未就。及舍利既至,将安塔基,巡行显敞,惟斯坏处,商度广狭,恰衷塔形。有识者云,豫毁其廊,用待安塔。❷

如将这寺中道场,理解为寺之佛殿,殿前有步廊,且崩坏,则这里被看做最适合建塔处,亦是一个"殿前设塔"的例子。

在隋代寺院中,已有双塔之设。如僧慧乘,在隋大业八年(612 年):"于西京奉为二皇双建两塔七层木浮图,又敕乘送舍利瘗于塔所时四方道俗百辟诸侯各出多珍……迎延灵骨至于禅定。"❸这两座七层木塔,矗立在西京禅定寺内。

唐《两京新记》记载的隋东、西禅定寺双塔,其高度在历史上也罕见:

> 大庄严寺。隋初置。仁寿三年,为献后立为禅定寺。宇文恺以京城西有昆明池,地势微下,乃奏于此建木浮图,高三百三十仞,周匝百二十步。寺内复殿重廊,天下伽蓝之盛,莫与为比……隋大业元年,炀帝为父文帝立。初名禅定寺。制度与庄严寺同。亦有木浮图,高下与西浮图不异。❹

这两座木塔,折合为今尺,有97.02米高,在见于记载的中国古代木构建筑中,仅次于北魏洛阳永宁寺塔。从文献中还无法弄清隋大业八年的这两座七层木塔,与《两京新记》上的两座塔,是否是相同的两座塔。

唐长安城中还有另外一座高塔建筑:大慈恩寺西院浮图:

> 半以东大慈恩寺。寺西院浮图六级,崇三百尺。(永徽三年沙门玄奘所立。初唯五层,崇一百九十尺。砖表土心,仿西域窣堵波制度,以置西域经像。后浮图心内卉木钻出,渐以颓毁。长安中更垛改造,依东夏刹表旧式,特崇于前。❺

这也是一座独立设在院落中的佛塔,即今日尚存的西安大雁塔(图31)。唐长安年间重建后的高度为 300 尺,合今 88.2 米。现存大雁塔为七层,高 64.5 米。应是后世重修的结果。对于一座六层塔,经后世修缮改为七层,总高度反而降低,这一点我们还无法给出一个合理解释。但作为一座砖筑佛塔,在当时技术条件下,能够建造到如此高度,亦是令人惊异的。

唐京师弘福寺释智首:"于相州云门故墟,今名光严山寺,于出家、受戒

---

❶ [唐]道宣.续高僧传.卷三十一.习禅六.唐邓州宁国寺释惠祥传

❷ [唐]道宣.续高僧传.卷十.义解篇六.隋西京光明道场释慧最传

❸ [唐]道宣.续高僧传.卷二十四.护法下.唐京师胜光寺释慧乘传

❹ [唐]韦述.两京新记.陈子怡.校正两京新记.第24页.民国二十五年.西安

❺ 钦定四库全书.史部.地理类.古迹之属.[宋]宋敏求.长安志.卷八.唐京城四

图 31　西安慈恩寺大雁塔外观

（来源：http://www.google.com.hk/imgres? q=西安大雁塔）

二所，双建两塔。鋈以珠宝，饰以丹青，为列代之仪表，亦行学之资据，各铭景行树于塔右。"❶又隆州修梵寺："州内修梵寺，先为文帝造塔。有一分舍利，欲与今塔，同日下基。其夜两塔，双放光明。"❷这两座寺院中，都设置了两座塔。但寺中双塔位置，从其行文中，难以了解清楚。

唐时亦开始有塔院之设。《长安志》中记录了长安安仁坊西北隅设荐福寺浮图院："西北隅荐福寺浮图院。院门北开，正与寺门隔街相对。景龙中宫人施钱所立。"❸《大宋高僧传》中有《唐绛州龙兴寺木塔院玄约传》一节。❹五代梁时东京相国寺，内有"东塔御容院"。❺说明，唐末时不仅难见寺内大殿前独立设置一塔做法，且往往会为寺内佛塔设置专门院落。

类似称有"东塔"或"西塔"的寺院，唐代已较多见，如"其天人付授佛牙，密令文纲掌护，持去崇圣寺东塔。大和初，丞相韦公处厚，建塔于西廊焉。"❻这里述说了两座塔，一是东塔，二是寺西廊所建西塔。唐释法慎，曾"依太原寺东塔，体解律文，绝其所疑，时贤推服。"❼五代后唐东京相国寺，除东塔院外，还有西塔院："贞明二年（916年），会宋州帅孔公仰诲风规，知其道行，便陈师友之礼，舍俸财，置长讲法华经堂与西塔院。"❽

相国寺中的东塔，始建于唐代，唐时寺称"建国"，睿宗时，"改建国之榜为相国，盖取诸帝由相王龙飞故也……肃宗至德年中造东塔，号普满者，至代宗大历十年毕工。"❾由此可知，唐代中叶以前，这座寺院已有东、西塔建置雏形。且每座塔，有自己独立院落，院中还有其他堂阁，如东塔院有御容及长讲之所，西塔院有"长讲法华经堂"等。由此可知，晚唐至五代，佛寺基本格局，已比道宣的理想寺院，复杂了许多。东、西塔及东、西塔院的设置，就是一个证明。

❶[唐]道宣.续高僧传.卷二十二.明律下.唐京师弘福寺释智首传
❷[唐]道宣.续高僧传.卷二十六.感通下.隋京师大兴善寺释慧重传
❸钦定四库全书.史部.地理类.古迹之属.[宋]宋敏求.长安志.卷七
❹[宋]赞宁.大宋高僧传.卷七.义解篇第二之四.唐绛州龙兴寺木塔院玄约传
❺[宋]赞宁.大宋高僧传.卷七.义解篇第二之四.梁东京相国寺归屿传
❻[宋]赞宁.大宋高僧传.卷十四.明律篇第四之一.唐京兆西明寺道宣传
❼[宋]赞宁.大宋高僧传.卷十四.明律篇第四之一.唐扬州龙兴寺法慎传
❽[宋]赞宁.大宋高僧传.卷七.义解篇第二之四.后唐东京相国寺贞诲传
❾[宋]赞宁.大宋高僧传.兴福篇第九之一.唐今东京相国寺慧云传

长安怀远坊东南隅大云经寺。

寺内有浮图,东西相值。东浮图之北佛塔,号三绝塔,隋文帝所立,塔内有郑法轮田僧亮、杨契丹画迹,及巧工韩伯通塑作佛像,故以三绝为名。❶

这里"东西相值"的两座浮图,应是唐代寺院双塔形式的典型例证。但在东塔之北,又有北塔一座,令人感觉奇怪。说明唐代寺院,在空间布局上,在对称处理中,也有一些灵活变通做法。

隋唐寺院中用双塔的例子,还有长安法界尼寺:"次南丰乐坊。西南隅法界尼寺。(隋文献皇后为尼华晖令容所立。有前隋双浮图,各崇一百三十尺。)"❷ 说明在寺前有意设置双塔的做法,早在隋代已开始。

现存实例中,福建泉州开元寺,仍保留在大殿前设东、西二塔格局。两塔间距离,约 200 米,合唐尺 680 尺(136 步)。可知其寺院原有规模十分壮观。东塔始建于唐咸通六年(865 年),初为木塔。西塔始建于五代后梁贞明二年(916 年),初亦为木塔。北宋时,双塔改为砖塔,南宋绍定元年至嘉熙元年(1228—1237 年),改为石塔。❸ 由此或可说明,寺前双塔,限于财力物力,并非一时一次能够形成。但其最初规划,似已有双塔之格局,才会有后来的渐次完成。

需要稍加延伸的是,这里所叙述的塔,都是较重要的浮图塔或舍利塔,可以布置在寺院核心空间中,并作为佛的象征而出现。但是,自南北朝至隋唐,出现了一批高僧塔、僧人墓塔。这是一种十分重要的建筑类型,其造型上的多样性与布局上的灵活性,成为中国古代建筑史上一个重要的专门课题。自南北朝至唐代佛教史传文献中,记录了大量僧塔、墓塔。但这些塔,大多数布置在寺院中心庭院外,或主要建筑物外侧一隅,与寺院核心空间在布局上的关联不大,且数量极多(图32)。这里不作详细的讨论,可以留作将来专门的研究论题。

❶ 钦定四库全书.史部.地理类.古迹之属.[宋]宋敏求.长安志.卷十.唐京城四

❷ 钦定四库全书.史部.地理类.古迹之属.[宋]宋敏求.长安志.卷九.唐京城三

❸ 参见 http://baike.baidu.com/view/112329.htm

图32　山东泰安灵岩寺僧人墓塔塔林

从造型上看,隋唐时代佛塔,依然延续南北朝时做法,以方形平面为主,如:"乃指崖嵬高石,可安塔基。虽发诚言,孰为可信。俯仰穿凿洞穴,自然状似方函,宛如奁底。天工神匠,冥期若符。"❶这里的自然状似方函,宛如奁底,就以生动的比喻告诉我们,其寺中的佛塔,是一座形如箱函的建筑物。现存唐代佛塔平面多为方形,也证明了这一点。

(4) 多宝塔

唐代佛寺中还有一种比较多见的建筑物,称为"多宝塔"。多宝塔之称,最早见于鸠摩罗什所译《妙法莲华经·见宝塔品》:

> 尔时佛前有七宝塔,高五百由旬,纵广二百五十由旬。从地涌出,住在空中,种种宝物而庄校之,五千栏楯,龛室千万,无数幢幡以为严饰,垂宝璎珞,宝铃万亿而悬其上。四面皆出多摩罗跋栴檀之香,充遍世界。其诸幡盖,以金银琉璃,砗磲码瑙,真珠玫瑰,七宝合成……此宝塔中有如来全身。乃往过去东方无量千万亿阿僧祇世界,国名宝净。彼中有佛,号曰多宝……尔时多宝佛,与宝塔中分半座与释迦牟尼佛,而作是言:释迦牟尼佛,可就此座。即时释迦牟尼佛,入其塔中,坐其半座,结跏趺坐。❷

佛经上的多宝塔,又称七宝塔。其中有多宝佛与释迦牟尼佛,各坐半侧。塔身平面应为方形(纵广二百五十由旬),塔之高度,是其长、宽尺度的2倍(高五百由旬)。正是基于这样一种具体而宏大细密的描述,历代僧徒,对多宝塔充满憧憬与向往。早在南北朝时,已有人用"多宝"一词为寺院或建筑命名。南朝建康城有"多宝寺":"释道亮,不知何许人,住京师北多宝寺。"❸当时称多宝寺者,并非仅一座寺院,南朝宋时建康城还有"北多宝寺"。❹而据《续高僧传》,南朝益州亦有多宝寺。❺

隋唐时代,关于多宝塔的讨论多了起来,唐人撰《广弘明集》中多次谈到多宝塔,如:"概闻法身无象,应物有方,故假现全身,置于多宝之塔;权分碎质,流乎阿育之龛。故能聚散随缘,存亡任物,圣力权变,不可思议。"❻

隋代时,已有人对多宝塔形式加以研究,并开始自己探索制作多宝塔。如隋代时,梁武帝之孙萧瑀于"大业中,自以诵《法花经》,乃依经文作多宝塔,以檀香为之。塔高三尺许,其上方厚等,为木多宝像。"❼这是一个多宝塔模型。《大宋高僧传》中提到了一个多宝塔的例子:"忽见一院题曰法华。英遂入中,见多宝塔一座,炜晔繁华,如《法华经》说同也。其四门玉石功德,细妙光彩,神工罕测。后面有护国仁王楼,上有玉石文殊、普贤之像。"❽这座多宝塔,很可能是模仿了佛经的描述,将平面定为方形,在四个方向上,各有一门。此外,唐代有一种泥塑"多宝塔善业泥"(图33),是在一块十余厘米见方的方砖上,雕刻一座多宝塔。塔外观为方形,有三层。首层雕有两尊佛坐像,分别是多宝佛与释迦牟尼佛。二层与三层,雕有一尊佛像。故宫博物院所藏的一方善业泥(图34),就是这种三层方塔的形式,可以为我们了解唐代多宝塔,提供一个基本的形象资料。

❶ [唐]道宣. 续高僧传. 卷三十. 杂科声德篇第十. 隋杭州灵隐山天竺寺释真观传

❷ [后秦]鸠摩罗什. 妙法莲华经. 卷四. 见宝塔品第十一

❸ [南朝梁]慧皎. 高僧传. 卷七. 义解四. 释道亮二十一

❹ [南朝梁]慧皎. 高僧传. 卷七. 义解四. 释道猷三十一

❺ [唐]道宣. 续高僧传. 卷三十三. 感通篇中. 益州多宝寺猷禅师传

❻ [唐]道宣. 广弘明集. 卷十二. 辩惑篇第二之八. 决对傅奕废佛法僧事(并表)

❼ [唐]唐临. 冥报记. 卷中

❽ [宋]赞宁. 大宋高僧传. 卷二十一. 感通篇第六之四. 唐五台山法华院神英传

图 33 唐代永徽年间所制善业泥
（来源：http：//baike.baidu.com/picview/9128248?）

图 34 北京故宫藏唐代多宝塔善业泥
（来源：http：//baike.baidu.com/picview/9128248?）

另外一座尺度较小的石制多宝塔,是韩国庆州佛国寺内所存新罗时期的多宝塔(图35)。这也是一座三层石塔。首层为方形,二层为八角,三层约近圆形。塔内中央有中心柱,但未见有多宝佛与释迦牟尼佛坐像。这是一座仿木构形式楼阁式多宝塔,且建于与唐代交往较为密切的新罗时期,其中应多少反映了一些唐代木构多宝塔的形象与结构,则是可以推知的。

图35 韩国庆州佛国寺新罗时期所建多宝塔
(谢鸿权 摄)

实例中最为著名的多宝塔,是唐代长安千福寺多宝塔。关于这座塔,清代人徐松撰《唐两京城坊考》中有一个大略描述。塔位于朱雀门西第四街,即皇城之西第二街,街西从北第一坊,安定坊中:"东南隅,千福寺……鲁公所书即《多宝塔碑》也,塔在寺中,造塔人木匠李伏横,石作张爱儿。塔院有石井阑。"❶ 这里提到了颜鲁公的书法名帖《大唐西京千福寺多宝佛塔感应碑》。碑文由与颜真卿同时代人岑勋所撰。由碑文可知,塔为千福寺僧楚金发愿所建。

❶[清]徐松.唐两京城坊考.卷四.西京

关于这座多宝塔的造型与尺度,从碑文字里行间,只能得出一个大略印象:

尔其为状也,则岳耸莲披,云垂盖偃,下刹崛以踊地,上亭盈而媚空,中晻晻其静深,旁赫赫以弘敞。碬磩承陛,琅玕綷槛,玉填居楣,银黄拂户,重檐叠于画栱,反宇环其壁珰。坤灵赑屃以负砌,天祇俨雅而翊户。❶

从上下文,隐约可以看出,这是一座三层木构楼阁建筑,各层似有平坐勾栏,底层为方形(旁赫赫以弘敞),顶层为多角或圆形开敞式亭榭(上亭盈而媚空),首层似为重檐(重檐叠于画栱),檐下有斗栱,基座为石筑。若依《妙法莲华经》中多宝塔的长、宽、高比例,这座塔的高度应是其首层方形基座的两倍。

此外,据唐人黄滔撰《大唐福州报恩定光多宝塔碑记》,唐代福州报恩定光寺,亦有一座多宝塔。但这座多宝塔,却为八角七层造型,塔方 77 尺,塔身高 200 尺,上有塔刹,复高 40 尺。从形式上看,更像一座七层佛塔或舍利塔。❷这也说明,在唐人眼中,多宝塔并无一种十分确定的形式。

但若以其是单座的塔,且有多宝佛与释迦牟尼佛化现之象征,多宝塔应布置在寺院内中轴线上,形成寺院核心空间中一座重要建筑,则是毫无疑问的。因此,如果将唐代寺院中大尺度的木构多宝塔,在布局上考虑为是设置在佛殿之前的单座佛塔,如千福寺多宝塔,由专门为其撰文刻碑推测,塔位于寺内中心部位,应是合乎当时寺院空间布置空间逻辑的。

(5) 佛殿

在《祇洹寺图经》中,道宣提到了大佛殿、前佛殿和第二复殿三座殿堂。而《戒坛图经》中,则仅提到前佛殿与后佛说法大殿两座殿堂。从空间逻辑上看,《戒坛图经》的描述,更接近一般寺院空间配置需求。我们可以将《戒坛图经》中的"前佛殿",看做佛寺主殿——正殿。将其后的"佛说法大殿",看做佛寺中的弘法传讲之所,相当于法堂或讲堂。也就是说,一般情况下,佛寺中应有一座大殿,称作佛殿,以构成寺院的核心空间。一般情况下,佛殿前为佛塔(或位于建筑中轴线上的单座佛塔,或位于佛殿前两侧对峙而立的双塔),或左右对峙的钟台(楼)与经台(藏经楼),如果是殿前塔格局,钟台与经台可位于塔之两侧。

佛殿往往是寺院中最重要建筑,其规模、尺度之大小,往往与一座寺院的地位与等级相联系。因唐代建筑崇尚雄大、质朴,唐代许多大寺院中,都可能建有尺度与规模巨大的佛殿。如唐东都洛阳圣善寺:

东都圣善寺,缔构甲于天下。愚曾看《修寺记》云:"殿基掘地黄泉,以蜃灰和香土错实之,所以备倾蛰也。"乾符初,尝有估客沥愿鼎除殿屋之衣,工徒集金三十万可以涎埴,叠脊峻十有三尺,每瓦邱铁贯之,具率以木者,神功异绩。❸

仅从这里的"叠脊峻十有三尺",就可以知道,这是一座尺度十分巨大的佛殿。其脊高 13 尺,则约合为 3.822 米。如此高大的殿脊,其两侧鸱尾,当有近 8 米高,而其屋顶、屋身会有多么高大,是可以想象的。

长安名寺大兴善寺,基址占地有一坊之大。寺中大殿规模亦十分宏伟,

---

❶ 钦定四库全书.集部.总集类.[宋]李昉.文苑英华.卷八百五十七

❷ 钦定四库全书.集部.别集类.汉至五代.[唐]黄滔.黄御史集.卷五.大唐福州报恩定光多宝塔碑记

❸ 钦定四库全书.子部.小说家类.异闻之属.[唐]高彦休.唐阙史.逸文.东都梵寺

据《续高僧传》：

> 道英喉颡伟壮，词气雄远。大众一聚，其数万余，声调棱棱，高超众外。兴善大殿，铺基十亩。楔扇高大，非卒摇鼓。及英引众绕旋行次窗，声聒冲击，皆为动振，神爽唱梵，弥工长引，游啭联绵，周流内外。❶

由此可知，大兴善寺大殿，仅其殿平面基址面积，就有10亩之多。以一唐尺约为0.294米计，一唐亩为240步，而一步为5尺，则一唐亩约合今518.616平方米，则其大殿基址面积就有5186.16平方米。这大约是现存规模最大单体木构古建筑北京故宫太和殿基址面积的2倍。从古建筑遗存情况看，一般大型单层木构建筑，平面开间超过九间者，其通进深大约只能达到其通面广的1/2。设若将这座兴善寺大殿的通进深想象成为50米（约为170唐尺），则这座大殿的通面广就有103.72米（约为352.8唐尺）。这是一个什么概念呢？我们可以通过史料的比较来加以分析。

据《唐会要》，唐东都洛阳宫正殿乾元殿的长宽尺度，十分惊人："显庆元年，敕司农少卿田仁汪，因旧殿余址，修乾元殿，高一百二十尺，东西三百四十五尺，南北一百七十六尺。"❷ 显然，这座大约长352.8尺、宽170尺的大兴善寺大殿，其基址面积，和长345尺，宽176尺的唐洛阳宫正殿乾元殿的面积基本接近。而唐乾元殿，是在隋洛阳宫正殿乾阳殿旧基上修复而成的。据《大业杂记》，隋洛阳宫："门内一百二十步有乾阳殿。殿基高九尺。从地至鸱尾高二百七十尺。十三间，二十九架，三陛（一作阶）轩。"❸ 由这两条资料可以推测，在隋乾阳殿旧基上建造的唐乾元殿，也是面广十三间，进深二十九架。基于这一分析，这座大兴善寺大殿，也应该有面广十三间、进深约二十九架的尺度规模。如此大规模的殿堂，无疑是当时最高规格的建筑物。关于这一点也可以从《长安志》的描述中找到一点支持："大兴善寺尽一坊之地。寺殿崇广，为京城之最。（号曰大兴佛殿，制度与太庙同。）总章二年火焚之，更营建，又广前居十二亩之地。"❹ 太庙应该属于最高等级的建筑物，则大兴善寺大殿，与太庙制度相同，可知其在唐代建筑中的地位如何了。

一座佛寺大殿，竟然和当时最高等级的皇宫正殿，在制度等级，包括开间、进深及长宽尺度上相接近，是多么令人吃惊的事情。联想到大兴善寺始建于隋代，而隋代又是一个极重佛法的朝代，大兴善寺又是隋代等级最高的佛寺，故其大殿规模如此宏大，也就不会令人感到奇怪了。

大兴善寺占地有一坊之大，其坊为长、宽各350步，则全坊面积约为510.42亩，大约相当于今日尚存北京紫禁城面积的1/2。这样大的寺院规模，其大殿面积有10亩之大，也是恰当的。同时，我们还可以想象，其寺院核心院落的空间亦会十分宏大。

我们或可以透过一条似乎不相关联的史料，从侧面对这一推测加以验证。唐代诗人刘禹锡有一首《再游玄都观绝句》的诗，诗中有谓："百亩庭中半是苔，桃花净尽菜花开；种桃道士归何处？前度刘郎今又来。"❺ 我们知道，长安玄都观，是与大兴善寺对称布置的一座道观，其规模同样有一坊之

❶ [唐]道宣.续高僧传.卷三十.杂科声德篇第十.隋京师日严道场释慧常传

❷ [宋]王溥.唐会要.卷三十.洛阳宫

❸ [唐]杜宝.大业杂记

❹ 钦定四库全书.史部.地理类.古迹之属.[宋]宋敏求.长安志.卷七.唐京城一

❺ 钦定四库全书.集部.别集类.汉至五代.[唐]刘禹锡.刘宾客文集.卷二十四

地。且两座寺观,恰好隔朱雀大街而望。玄都观代表了隋唐时期道教宫观之最高等级者,而大兴善寺代表了隋唐时期佛教寺院之最高等级者,两者相互毗邻,又大约是同时规划建造的,因此,这两组建筑群的规模与尺度,应该是十分接近的。刘禹锡这里所说的"百亩中庭",应是指玄都观正殿前中心庭院的大小。由此我们或可以推测,与其相邻且等级相同的大兴善寺正殿之前的中心庭院,也应该有100亩的占地规模。反之,也可以推知,在这座玄都观,亦应有一座与大兴善寺大殿同等规模的大型道教宫观正殿。

较大的佛寺殿阁,已经出现了宋《营造法式》中所提到的古代建筑中规格较高的"周匝副阶"式制度,且开始有一些装饰的处理:

> 兼造殿阁,廊周匝壮丽,当阳弥勒,丈六夹纻,并诸侍卫。又晋司空何充所造七龛泥象,年代绵远,圣仪毁落。乃迎还流水,漆布丹青,雕缋绮华。❶

这里的佛殿,就是有周匝副阶,故而显得壮丽。殿中供奉的是弥勒佛造像。而在宋代时,这种周匝副阶式做法的殿堂,一般都是重檐屋顶的高等级殿堂式结构。

值得庆幸的是,历史还为我们保留了几座唐代佛寺中的木构大殿,其中最为重要者,就是建于建中三年(782年)的山西五台南禅寺大殿(图36),与建于大中十一年(857年)的五台山佛光寺东大殿(图37),以及大约建于晚唐时期的山西晋城青莲寺下寺大殿等。尤其是佛光寺大殿,为我们保存了极其珍贵的唐代大型木构殿堂的真实样本,使我们对于唐代佛寺大殿,有了一个更为直观的认识。

❶ [唐]道宣.续高僧传.卷十九.习禅四.唐南武州沙门释智周传

图36　五台南禅寺唐代大殿

图 37 　五台佛光寺唐代东大殿

（6）佛堂

从史料中可知，佛寺中有佛殿，或佛堂。两者间究竟如何区别？很难做一个简单的判断。按照道宣两部图经的叙述，在中心佛院中轴线上的建筑，都称为殿，或阁，如大佛殿、前佛殿、第二大复殿、佛说法大殿、极北重阁、三重阁等。但在中心佛院之前或两侧一些较小院落中的主要建筑，则都被称作了"堂"。如"他方白衣菩萨之院，院开北门其内有堂，花树充满。"❶"中央大院，惟受天供，中立□大堂。东西极阔，有大功德事，诸天辄下，为营具膳。堂北大井，东西各一。青石甃砌，涌注无竭。院西南角，有一小院，中有小堂，是维那者监护，住此院。"❷"居士之院。门向南巷开，中有一堂。"❸ 如此等等。

由此推测，在唐人看来，位于一座寺院中轴线上，用来供奉佛像者，可称"佛殿"。而在寺院核心庭院之外的较次要院落中，仍有供奉佛像之功能者，应称"佛堂"。换言之，在较大寺院中，才有佛殿，而在一些小规模寺院，如兰若中，其中心建筑亦可能仅仅是佛堂。如《续高僧传》中记有一寺：其"寺居古堠，惟一佛堂，僧众创停，仄陋而已。"❹ 说明，一座寺院中，有佛堂而无佛殿的情况也是有的。

在较小寺院中，佛堂成为寺院的中心建筑，如："什邡县陈家舍邪信佛，以竹园为寺。（惠）宽指授分齐，尔许可为僧院，中间一分堪立佛堂。即断一竹上竖标云，此分齐处，欲造佛寺。"❺ 这座寺院由两部分组成，一是僧院，一是佛堂，佛堂居于寺院中心。

佛堂应设有佛像，如：

沙门僧护，守道直心，不求慧业，愿造丈八石像。咸怪其言，后于寺北谷中，见一卧石可长丈八，乃雇匠营造。向经一周，面腹粗了，而背着地，以六具拗举之，如初不动，经夜至旦，忽然自翻，即就营讫，移置佛

❶[唐]道宣.中天竺舍卫国祇洹图经.卷上
❷[唐]道宣.中天竺舍卫国祇洹图经.卷下
❸[唐]道宣.中天竺舍卫国祇洹图经.卷上

❹[唐]道宣.续高僧传.卷二十.习禅五.唐京师弘法寺释静琳传

❺[唐]道宣.续高僧传.卷二十五.习禅六.益州净惠寺释惠宽传

堂。❶

这座佛堂中，主要供奉的是一座丈八石佛像。

一座寺院，可能有不止一座佛堂，或其他相关堂阁，如：

> （释解脱）复住五台县照果寺，隐五台南佛光山寺四十余年，今犹故堂十余建在。山如佛光华彩甚盛，至夏大发昱人眼口，其侧不远有清凉山。❷

从其描述的地理位置推测，这座寺院可能是现存唐代木构佛殿的五台山佛光寺。由此可知，在唐会昌灭法前，佛光寺中不仅有一座弥勒阁，还有十余座故堂，可见当时的规模还是很大的。这些故堂中，应该也有佛堂建筑。

寺院中的堂，可以有各种各样的名目，如："武德之始，创立会昌，又延而住。美乃于西院，造忏悔堂。像设严华，堂宇宏丽，周廊四注，复殿重敞。"❸ 这座会昌寺西院的忏悔堂中，仍有佛造像之设，而且还是一座周有环廊，形为重檐的建筑。但因是在西院，虽"堂宇宏丽"，也只称为忏悔堂。

一些寺中设"曼殊堂"。如："释僧竭者。不知何许人也。生在佛家化行神甸。护珠言戒止水澄心。每嗟薪固之夫。不自檀那之度。乃于建中中造曼殊堂。拟摹五台之圣相。议筑台至于水际。"❹ 长安招国坊崇济寺与靖善坊大兴善寺也有曼殊堂："曼殊堂工塑极精妙，外壁有泥金帧，不空自西域赍来者。"❺ 大兴善寺中还有行香院堂、旃檀像堂等。大同坊灵华寺有观音堂、圣画堂、团塔院北堂，宣阳坊静域寺有万菩萨堂，光宅坊光宅寺有普贤堂❻，蜀地龙渊寺有摩诃堂❼ 等。在一些著名僧人圆寂之后，其徒会在寺中设影堂，如长乐坊安国寺有禅师法空影堂，招国坊崇济寺有宣律师制袈裟堂❽ 以及普光堂等，说明堂在唐代寺院中，是一种灵活而多用途的建筑。

如前面所说的"前塔后殿"式格局，一些寺院中，亦有"前塔后堂"式布置：

> 魏李骞、崔劼至梁同泰寺，主客王克、舍人贺季友，及三僧迎引。接至浮图中，佛旁有执板笔者。僧谓骞曰："此是尸头，专记人罪。"骞曰："更是僧之董狐。"复入二堂，佛前有铜钵，中燃灯。劼曰："可谓日月出矣，爝火不息。"❾

同泰寺在南朝时，曾是一座大寺。从这里的描述看，从浮图中出来，复入二堂，似是两座紧邻的建筑，堂内有佛像，像前有铜钵，这座二堂应是一座佛堂，从而形成一个"前塔后堂"式寺院格局。另外一个例子也暗示了"前塔后堂"式空间关系："至华严六地忽有一雁飞下，从浮图东顺行入堂，正对高座伏地听法。"❿ 雁从浮图东侧顺行入堂，堂应是紧邻浮图，在其正北。

与道宣理想寺院中，在三门以内的佛殿与佛塔前，有一方形莲池的情况一样，在较小佛寺中，有可能在佛堂前设莲池。如唐释僧晃"以武德冬初，终于所住之振向寺，春秋八十五矣。初未终前，佛堂莲华池自然枯竭，池侧慈竹无故雕死。"⓫ 这个佛堂莲花池，应是布置在佛堂之前的。

（7）钟楼与经楼

---

❶ [唐]道宣.续高僧传.卷二十九.兴福篇第九.周郿州大像寺释僧明传

❷ [唐]道宣.续高僧传.卷二十六.习禅六之余.代州照果寺释解脱传

❸ [唐]道宣.续高僧传.卷二十九.兴福篇第九.唐京师会昌寺释德美传

❹ [宋]赞宁.大宋高僧传.兴福篇第九之二.唐京师光宅寺僧竭传

❺ [唐]段成式.酉阳杂俎.续集卷五.寺塔记上

❻ [唐]段成式.酉阳杂俎.寺塔记

❼ [唐]道宣.续高僧传.卷六

❽ [唐]段成式.酉阳杂俎.寺塔记

❾ [唐]段成式.酉阳杂俎.卷三.贝编

❿ [唐]道宣.续高僧传.卷八.义解篇四.齐邺东大觉寺释僧范传

⓫ [唐]道宣.续高僧传.卷二十九.兴福篇第九.唐绵州振向寺释僧晃传

唐代寺院中较为引人瞩目的楼台建筑,是钟楼(钟台)与经楼(经台)。较早期寺院中,钟是布置在一座高台建筑,称为钟台。至迟在隋代,寺院中还设有钟台。隋炀帝就曾有诗曰:"幡动黄金地,钟发琉璃台。"❶ 唐代以后的文献,提到寺院之钟,往往与钟楼联系在一起。

❶[唐]道宣.广弘明集.卷三十.隋炀帝.正月十五于通衢建灯夜升南楼

敦煌壁画中寺院前所绘两相对峙的台阁,可能就是钟台与经台(图38)。《酉阳杂俎》中提到:"翊善坊保寿寺,本高力士宅。天宝九载,舍为寺。初,铸钟成,力士设斋庆之,举朝毕至,一击百千,有规其意,连击二十杵。经藏阁规构危巧,二塔火珠受十余斛。"❷ 这里同时提到钟与经藏阁,与经藏阁相对峙的,有可能是钟楼。

❷[唐]段成式.酉阳杂俎.续集卷六.寺塔记下.

图38 敦煌壁画中所表现的殿前双阁
(来源:敦煌石窟全集·建筑画卷)

寺院中有钟楼,还见于如下一条资料:

京辇自黄巢退后,修葺残毁之处。镇州王家有一儿,俗号'王酒胡',居于上都,巨有钱物,纳钱三十万贯,助修朱雀。上又诏重修安国寺毕,亲降车辇以设大斋,乃十二撞新钟,舍钱一万贯。令诸大臣各取意击之,上曰:'有人能舍钱一千贯文者,却打一槌。'斋罢,王酒胡半醉,入来,径上钟楼连打一百下,便于西市运钱十万贯入寺。❶

长安安国寺中,显然有一座钟楼建筑。

《大宋高僧传》中,提到一位五代后晋僧人,为寻邺都西山竹林寺,走到一石柱前,"遂以小杖击柱数声,乃觉风云四起,咫尺莫窥,俄尔豁开,楼台对峙,身在三门之下。"❷从这带有神话色彩的描述中可知,唐末五代时,站在寺院内三门下,看到的是"楼台对峙"式格局。紧邻三门,左右对峙的楼台,可能正是位于佛殿前两侧的钟楼与经藏楼。

还有一条史料可以证明唐代寺院中,佛殿与钟、经楼有密切的空间关联:

因说火灾难测不可不备,云尝有寺家不备火烛,佛殿被焚;又有一寺,钟楼遭爇;又有一寺,经藏煨烬,殊可痛惜。时众不喻其旨,至夜遗火,佛殿、钟楼、经藏,三所悉成灰炭,方知秀预知垂警。❸

显然,这三座建筑物是紧邻在一起的,那么最大的可能,就是在佛殿之前,对峙有钟楼、经楼(图39)。

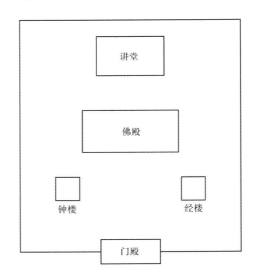

图39 佛殿前对峙钟楼、经楼的唐代寺院平面示意

《全唐文》所收唐太和时人李辅撰《魏州开元寺琉璃戒坛碑》中提到:"寺僧又言:'前有三门,旁有二楼,二楼三门,可以加饰。'公曰:'然。'其亦琉璃。"❹这里也描述了一个前为三门,门内两旁有二楼的做法。此二楼,从位置上看,亦似为钟楼与经藏楼。这说明唐代佛寺布局,是有一些基本规则可寻的。

明确描述寺院内大殿前钟、经楼格局的,有唐人黄滔所撰《泉州开元寺

❶ 钦定四库全书.子部.小说家类.杂事之属.[南唐]尉迟偓.中朝故事.卷上

❷ [宋]赞宁.大宋高僧传.卷二十一.感通篇第六之五.晋襄州亡名僧

❸ [宋]赞宁.大宋高僧传.卷十九.感通篇第六之二.唐洛京天宫寺惠秀传

❹ [清]董诰等.全唐文.李辅.魏州开元寺琉璃戒坛碑

佛殿碑记》：

> 则我州开元寺佛殿之与经楼、钟楼，一夕飞烬，斯革故鼎新之数也……不期年而宝殿涌出……而五间两厦，昔之制也。自东迦叶佛、释迦牟尼佛，左右真容。次弥勒、弥陀佛，阿难、迦叶、菩萨、卫神，虽法程有常，而相貌之欲动。东北隅，则揭钟楼，其钟也新铸，仍伟旧规；西北隅，则揭经楼，双立岳峰，两危蜃云，东瞰全城，西吞半郭。❶

这是一个在佛殿左右对称设钟楼与经楼的寺院实例。钟楼在寺之东侧，经楼在寺之西侧。唯一令人不解之处是，寺中的钟楼与经楼，似乎位于大殿之北的左右两侧。故有"东北隅"、"西北隅"之说。其原因可能是，殿前对峙有东西双塔。现存泉州开元寺双石塔，是南宋时所建。此前，寺内曾有两座木塔。东、西塔位于佛殿之前，则钟、经楼，设在佛殿之后，亦是可能的。

（8）讲堂与法堂

佛经中提到了"妙法堂"与"善法堂"。其本义似是寺院中用于讲经说法之"法堂"的别称："若在妙法堂上，为忉利诸天说法时香。"❷据佛经的描述，法堂还是僧侣聚集听讲之所："比丘集法堂，讲说贤圣论；如来处静室，天耳尽闻知。"❸故而可知，法堂与讲堂，在功能上几乎是一样的。法堂有时还具有议事厅功能："所以忉利诸天，集法堂者，共议思惟，观察称量。有所教令，然后敕四天王。四天王受教已，各当位而坐。"❹或具有佛教义理的思考、研讨之地："何故名为妙法堂？于此堂上思惟妙法，受清净乐。故名妙法堂。"❺

佛经上提到的法堂与讲堂，在建筑等级、装饰水准上，可以与佛殿、佛堂相比拟。如：

> 其善见城内有善法堂。纵广百由旬，七重栏楯，七重罗网，七重行树。周匝挍饰，上覆琉璃。其堂中柱围十由旬，高百由旬。当其柱下敷天地御座，纵广一由旬，杂色间厕，以七宝成。其座柔软，软若天衣。夹座两边，左右十六座。堂有四门，周匝栏楯，以七宝成。其堂阶道纵广五百由旬。❻

显然，在佛经中善法堂有很高地位。其堂内设置，则是在主座前，左右两侧各有夹座。形式很像是一个会议厅。在阿弥陀佛的西方净土世界："其讲堂、精舍、宫殿、楼观，皆七宝庄严，自然化成。复以真珠、明月摩尼众宝，以为交络，覆盖其上。"❼唐开元时的长安青龙、西明、崇福寺中，都设有讲堂："于青龙寺执新《疏》，听者数盈千计，至于西明、崇福二寺，讲堂悉用香泥，筑自水际，至于土面。庄严之盛，京中甲焉。"❽显然，这些寺院中的讲堂，是相当考究的。

正是由于佛经的渲染，中国佛寺中，很早就有讲堂、法堂之设。早在北魏时，讲堂就是寺院中很重要的建筑："是岁，始作五级佛图、耆阇崛山及须弥山殿，加以绩饰。别构讲堂、禅堂及沙门座，莫不严具焉。"❾在更早的东晋及十六国时期寺院中，已经有了讲堂："后至秦建元二十一年（385年）正

❶[清]董诰等.全唐文.卷八百二十五.黄滔.泉州开元寺佛殿碑记

❷[后秦]鸠摩罗什译.妙法莲花经.卷六.法师功德品第十九
❸[后秦]佛陀耶舍、竺佛念.长阿含经.卷一
❹[后秦]佛陀耶舍、竺佛念.长阿含经.卷五
❺[后秦]佛陀耶舍、竺佛念.长阿含经.卷二十

❻[后秦]佛陀耶舍、竺佛念.长阿含经.卷二十
❼[三国魏]康僧铠.无量寿经.卷上
❽[宋]赞宁.大宋高僧传.卷五.唐长安青龙寺道氤传

❾[北齐]魏收.魏书.卷一百一十四.志第二十.释老十

月二十七日,忽有异僧,形甚庸陋,来寺寄宿。寺房既迮,处之讲堂。"❶由史料观察,东晋时的寺院中,讲堂、佛塔、佛堂、僧房,构成了寺院中不可或缺的几个组成部分:"弟子昙罗,博览经律,机才赡密,敕续师任。更立四层塔、讲堂、房宇,又造卧像及七佛龛堂云。"❷

南朝佛教重义理,寺中讲堂亦称般若堂:"住大禅众寺十有八载。及造讲堂也,门人听侣,经营不日,接溜飞轩,制置弘敞,题曰般若之堂也。"❸讲堂内设有讲经高僧的高座:"开皇十二年六月二十四日矣,俗年七十僧腊五十,又当终之日,泽州本寺讲堂众柱,及高座四脚,一时同陷。"❹由于讲堂是信众聚集之所,随着听讲人数的增加,既有讲堂变得狭小,有时不得不采取一些方法扩展空间,如南朝庄严寺、简静寺,原有讲堂听众过满时,就将讲堂外墙移到外檐边缘处,或在旧有讲堂前,再添加五间,以增加室内空间:

> 有敕听停讲五日,悉移窗户四出檐溜。又进给床五十张,犹为迫迮。枕桯摧折,日有十数,得人之盛,皆此类焉。旻因舍什物嚫施,拟立大堂,虑未周用,付库生长,传付后僧。又于简静寺,讲十地经。堂宇先有五间,虑有迫迮,又于堂前权起五间,合而为一。及至就讲,寺内悉满。❺

说明寺院中的讲堂,有可能随着使用需求的变化,加以改造。

为了容纳更多听众,讲堂往往十分宏大,如"杨都讲堂,正论法集,数百道俗,充满其中。"❻唐并州武德寺僧慧觉:"后被请高阳,允当讲匠,听众千余堂宇充溢,而来者不绝,遂停法肆,待有堂宇方可弘导。爰有施主,即为造千人讲堂,缔构斯须,不月便就,既登法座,众引充满。"❼可容数百、上千人的讲堂,其规模与尺度,已是相当宏伟。一些讲堂还建造得十分考究,如唐长安城,"四海向风,学徒麟萃,于青龙寺执新《疏》,听者数盈千计,至于西明、崇福二寺。讲堂悉用香泥,筑自水际,至于土面,庄严之盛,京中甲焉。"❽

讲堂可以布置在寺院中轴线上,也可独立成院,如五代时太原崇福寺有讲堂院,院中有居处之所:"续有诏宣住崇福寺讲堂院。"❾讲堂院可能是四合式院落,堂前左右有庑房轩廊:

> 忽见双阙高门,长廊复院,修竹干云,青松蔽日。门外黑漆,槽长百余尺,凡有十行,皆铺首衔环,金铜绮饰,贮以粟豆。旁有马迹,而扫洒清净。乃立通门左告云:"须前咨大和上。"须臾引入至讲堂西轩廊下,和上坐高床,侍列童吏五六十人。❿

这座寺中的讲堂,有一独立院落,堂前有西轩,轩前有廊。西轩供讲经高僧起居。

法堂与讲堂之间,有怎样的区别,从佛教史传资料中,似还难以理出线索。唐释慧净:"若夫卢舍那佛,坐普光法堂,灵相葳蕤,神变盼响……然僧徒结集,须有纲纪,询诸大众,罕值其人。积日搜扬,颇有佥议。"⓫释慧旷:"于栖霞法堂,更敷大论。新闻旧学,各谈胜解。"⓬这里的两座法堂,亦是僧

❶[南朝梁]慧皎.高僧传.卷五.义解二.释道安一
❷[南朝梁]宝唱.比丘尼传.卷一.北永安寺昙备尼传
❸[唐]道宣.续高僧传.卷七.义解篇三.陈杨都不禅众寺释慧勇传
❹[唐]道宣.续高僧传.卷八.义解篇四.隋京师净影寺释慧远传

❺[唐]道宣.续高僧传.卷五.义解篇初.梁杨都庄严寺沙门释僧旻传
❻[唐]道宣.续高僧传.卷十二.周京师大追远寺释僧实传
❼[唐]道宣.续高僧传.卷十六.习禅初.唐并州武德寺释慧觉传

❽[宋]赞宁.大宋高僧传.卷五.义解篇第二之二.唐长安青龙寺道氤传

❾[宋]赞宁.大宋高僧传.卷七.义解篇第二之四.汉太原崇福寺巨岷传

❿[唐]道宣.续高僧传.卷二十五.感通上.齐邺下大庄严寺释圆通传

⓫[唐]道宣.续高僧传.卷三.译经三.唐京师纪国寺沙门释慧净传
⓬[唐]道宣.续高僧传.卷十.义解篇六.隋丹阳聂山释慧旷传

徒聚集,弘法讲经,僧众议论之所。

与唐同时代的新罗国僧人元晓,曾在法堂中为其国王及大臣,宣讲佛经:"洎乎王臣道俗,云拥法堂,晓乃宣吐有仪,解纷可则,称扬弹指,声沸于空。"❶这里的法堂,其实是一座讲堂。因法堂有讲经弘法功能,所以唐代一些寺院,也称其为"传法堂",如长安大兴善寺释惟宽:"(元和)十二年二月晦,大说于传法堂讫,奄然而化。"❷说明寺中法堂,亦称传法堂。唐代诗人白居易,曾数次造访这座法堂,向僧人惟宽垂问:"白乐天为宫赞时遇宽,四诣法堂,每来垂一问,宽答如流,白君以师事之。"❸

唐代禅宗寺院中,法堂甚至有了比佛殿更重要的地位,所以百丈怀海才有了:"不立佛殿,唯树法堂,表法超言象也。其诸制度,与毗尼师一倍相翻,天下禅宗如风偃草。禅门独行,由海之始也。"❹怀海圆寂于元和九年(814年),说明中唐时的禅寺,已经开始"不立佛殿,唯树法堂"的做法。

在佛教史料中,关于寺院中讲堂或法堂的位置,言之不多。从实例看,日本早期寺院,将讲堂布置在寺院中轴线后部,如奈良法隆寺,将中门、讲堂布置在一条轴线上(图40)。道宣《戒坛图经》中,前佛殿之后,有一座"佛说法大殿",功能大约相当于讲堂或法堂。由此推测,在唐代寺院中,讲堂可能布置在寺院建筑中轴线上,如在寺中大殿之后。也可能有例外,如唐释惠忠,"忠以为梁朝旧寺,庄严最盛,今已岁古凋残,兴怀修葺。遂于殿东,拟创法堂。"❺他将法堂设在了寺院正殿东侧。

图40 日本奈良法隆寺格局

(来源:http://image.baidu.com/i?ct=503316480&z=0&tn=baiduimagedetail&word)

(9)楼阁

唐代寺院中多设有楼阁。除了前文提到的弥勒阁、文殊阁外,如一些龙兴寺中,曾建有"龙兴寺阁"。诗人孟浩然就有《登龙兴寺阁》诗,其中有"阁道乘空出,披轩远目开;逶迤见江势,客至屡缘回"❻句。唐人欧阳詹有《和严长官秋日登太原龙兴寺阁野望》❼及《奉和太原郑中丞登龙兴寺阁》❽诗。亦有称"龙兴寺楼"者,如唐人贾岛有《易州登龙兴寺楼望郡北高峰》❾诗,说明易州龙兴寺,也设有高大的楼阁。

❶[宋]赞宁.大宋高僧传.卷四.义解篇第二之一.唐新罗国黄龙寺元晓传

❷[宋]赞宁.大宋高僧传.卷十.习禅篇第三之三.唐京兆兴善寺惟宽传

❸[宋]赞宁.大宋高僧传.卷十.习禅篇第三之三.唐京兆兴善寺惟宽传

❹[宋]赞宁.大宋高僧传.卷十.习禅篇第三之三.唐新吴百丈山怀海传

❺[宋]赞宁.大宋高僧传.卷十九.感通篇第六之二.唐漳州庄严寺惠忠传

❻钦定四库全书.集部.别集类.汉至五代.[唐]孟浩然.孟浩然集.卷二

❼钦定四库全书.集部.别集类.汉至五代.[唐]欧阳行周文集.卷二

❽钦定四库全书.集部.别集类.汉至五代.[唐]欧阳行周文集.卷三

❾钦定四库全书.集部.别集类.汉至五代.[唐]贾岛.长江集.卷二

著名的庐山东林寺,也设有重阁:"江州郭下焚荡略尽,今在山东林寺重阁上。武德中,石门谷风吹阁北倾,将欲射正,施功无地,僧乃祈请山神,赐吹令正。不久复有大风从北而吹,阁还得正如旧。"❶可知在寺院中设置高阁,是唐代寺院的一个特点。

唐人刘秀撰《凉州卫大云寺古刹功德碑》中,有"四柱成台,远分璎珞。当阳有花楼重阁,院有三门回廊,依宝林而秀出,斡瑶光而直上"❷句,其中透露出一些有趣信息,一是寺内楼台是由柱子支撑而起的("四柱成台"),恰如敦煌壁画中所描绘的样子(图41、图42)。二是寺有三门,门内有回廊,与门相对之南北轴线上("当阳")有花楼、重阁。

❶[唐]道世.法苑珠林.卷十三.敬佛灾第六.述意部第一
❷[清]董诰等.全唐文.卷二百七十八.刘秀.凉州卫大云寺古刹功德碑

图41 敦煌壁画中表现的木构双台

(来源:敦煌石窟全集·建筑画卷)

图 42 新疆博物馆藏唐代木构高台建筑模型

(来源：中国建筑史论汇刊第 5 辑)

唐汴州相国寺释慧云是一位热心造寺建阁的僧人，"务在劝人令舍悭病，随处盖造，葺修寺宇二十余所……时号造寺祖师。云去世后，天宝四载造大阁，号排云。"❶这座排云阁，应是相国寺中的一座楼阁。洛阳圣善寺中亦有一座高大楼阁，称报慈阁。唐人李绰撰《尚书故实》："郑广文作《圣善寺报慈阁大像记》云：'自顶之颠八十三尺，慈珠以银铸成，虚中盛八石。'构圣善寺佛殿，僧惠范以罪没入，其财得一千三百万贯。"❷据《唐会要》，圣善寺是唐中宗为武后所立，寺中报慈阁，是中宗为韦后所立。景龙三年(709年)，"东都改造圣善寺，更开拓五十余步，以广僧房。计破百姓数十家。"❸仅为扩展僧房，就向外拓了 50 多步(约 73.5 米)，说明寺院规模很大。而其寺内阁中有 83 尺高大像，阁本身高度也不会低于百尺(约 30 余米)。

百尺楼阁，在唐代佛寺中比较多见，如"(怀远坊)东南隅大云经寺……此寺当中宝阁崇百尺，时人谓之七宝台。"❹唐韦述《两京新记》记载延康坊"东南隅静法寺。隋开皇十年右武侯大将军陈国公窦机立。西院中有水浮阁。机弟进为母成安公主立。高一百五十尺。皆伐机园梨木充用焉。"这座"水浮阁"高 150 尺，合今尺为 44.1 米，这在古代木构楼阁建筑中，已是相当高大。另据《唐两京城坊考》，长安曲池坊建福寺，也有一座高 150 尺的弥勒阁："东北隅，废建福寺。(龙朔三年为新成公主所立。其地本隋天宝寺，寺内隋弥勒阁，崇一百五十尺。开元二年废。)"❺值得注意的是，这四座楼阁，都位于城市中的寺院内，在当时的城市空间中，应是起到了突出的空间点缀

❶ [宋]赞宁.大宋高僧传.卷二十六.兴福篇第九之一.唐今东京相国寺慧云传

❷ 钦定四库全书.子部.杂家类.杂说之属.[唐]李绰.尚书故实

❸ [宋]王溥.唐会要.卷四十八.议释教下

❹ 钦定四库全书.史部.地理类.古迹之属.[宋]宋敏求.长安志.卷十.唐京城四

❺ [清]徐松.唐两京城坊考.卷三.西京

作用,也为城内的人们,提供了一个登高远望的处所。

唐代佛寺中的楼阁,也有以奇巧取胜的。长安崇仁坊宝刹寺:"北门之东宝刹寺,本邑里佛堂院。隋开皇中立为寺。佛殿后魏时造,四面立柱,当中构虚,其两层阁,栋楼屈曲,为京城之奇妙,故夫寺以宝刹为名。"❶这座楼阁的性质,相当于佛殿,应是一座位于寺中轴线上的两层楼阁。

为了防止居高临视他人院坊,唐代时的一般里坊民居,不允许建造楼阁,如此,则寺中楼阁建筑,就成为官宦、士子登高望远的去处,如:"明皇幸东都秋霄,与一行师登天宫寺阁。"❷"上元县,舟楫之所交者,四方士大夫多憩焉。而邑有瓦棺寺,寺上有阁,依山瞰江,万里在目,亦江湖之极境。"❸连帝王都沉浸于秋日登阁远眺的乐趣中,这些寺院楼阁显然构成了唐代生活中的重要组成部分。

一座寺院可能并非仅有一座楼阁,如前面已提到,不空曾在大兴善寺建造了一座文殊阁,实际上,在这座寺中,还有一座"天王阁":"天王阁,长庆中造。本在春明内,与南内连墙。其形大,为天下之最。太和二年,敕移就此寺。"❹

作为高大建筑的楼阁与佛塔,往往相映成趣。唐代许多寺院以其塔、阁相望著称,《续高僧传》中提到:

> 又和卢赞府游纪国道场诗曰:日光通汉室,星彩晦周朝;法城从此构,香阁本岩峣。珠盘仰承露,刹凤俯摩霄;落照侵虚牖,长虹拖跨桥。高才暂骋目,云藻遂飘飘;欲追千里骥,终是谢连镳。❺

这座长安延福坊纪国寺,规模并不大,至多有1/16坊的基址面积,却也有高阁(岩峣香阁)、佛塔(承露刹盘)。殿阁之间,亦有如敦煌壁画中所描绘的飞虹桥,是一座空间绮丽,建筑精美的寺院。

(10) 香台

隋唐时代寺院中还有一种特殊建筑,称为"香台",事见《续高僧传》:"(释慧乘)开皇十七年,于扬州永福寺,建香台一所。庄饰金玉,绝世罕俦,及晋王即位,弥相崇重。"❻

这到底是怎样性质的建筑,从上下文中不得其详。《法苑珠林》中提到一处藏经之所,亦称香台:"诚曰:大乘也,所谓诸佛智慧,般若大智。于即入净行道,重嘱匠工,令书八部般若,香台宝轴,庄严成就。"❼这里的香台,似是用来储存所书的"八部般若"经的经台。

但从其他资料看,"香台",又像是寺中的一种仪轨设施:"师以手拍香台,僧礼拜。师曰:'礼拜则不无,其中事作么生?'僧却拍香台。师曰:'舌头不出口。'"❽这里的香台,似是一个如同桌案一样的设置,也许就是后世的"香案"。隋代释慧乘所造之"庄饰金玉,绝世罕俦"的香台,则应是一座建筑物,故而称之"建香台一所"。

隋代长安城中还为异僧法安建有一座"香台寺":"文帝,长安为造香台寺。后至东都,造龙天道场,帝给白马,常乘在宫。"❾既称香台寺,寺中应有

---

❶ 钦定四库全书.史部.地理类.古迹之属.[宋]宋敏求.长安志.卷八.唐京城二

❷ [唐]王谠.唐语林.卷五
❸ [唐]李复言.续玄怪录
❹ [唐]段成式.酉阳杂俎.续集第五.寺塔记上

❺ [唐]道宣.续高僧传.卷三.译经篇三.唐京师纪国寺沙门释慧净传

❻ [唐]道宣.续高僧传.卷二十四.护法下.唐京师胜光寺释慧乘传
❼ [唐]道世.法苑珠林.卷三十六.至诚篇第十九之余.求果部

❽ [宋]普济.五灯会元.卷六.青原下五世.覆船洪荐禅师

❾ [唐]道宣.续高僧传.卷二十五.感通上.隋东都宝杨道场释法安传

香台之设。这座香台是经台,还是别的什么特殊建筑,仍是一个令人生疑的问题。

(11) 僧房、食堂与浴室

除了供奉佛、菩萨、天王造像的殿堂,以及弘法开讲用的讲堂或法堂之外,僧人日常生活起居的僧舍,以及厨、厩、库藏、马牛之舍,作为功能性的用房,也是寺院中的基本建筑组成部分。

隋代寺院中,已开始注意寺院中功能性用房的设置:"大业四年。又起四周僧房。廊庑斋厨,仓库备足。故使众侣常续,断绪无因。"[1] 这里提到了僧人居处用的僧房,僧人做饭用餐的斋厨,僧人生活后勤储备之仓库。这些建筑的目的,是为了保证"众侣常续",即寺院僧侣生活得以延续。由此亦可看出,在这时的寺院中,僧房、斋厨、仓库等辅助性用房已得到重视。其僧房是布置在寺院四周的,亦说明僧房在寺院中的位置,在初期虽无一定之规,但不能将其布置在有佛塔、殿堂的寺院中心。其他辅助建筑,如斋厨、仓库无疑也在中心庭院之外布置。

在一些规模较大的寺院,功能性用房越显得重要:

> 开元寺北地二百步,作讲堂七间,僧院六所……建廊厅堂厨厩二百间,枝松杉柽桧一万本……自殿阁堂亭廊庑廪藏,洎僧徒臧获佣保马牛之舍,凡二千若百十间,其中像设之仪,器用之具,一无阙者。[2]

这显然是一座大寺院,其讲堂有七间之大,僧院有六所,还有厨、厩、庖、廪,及佣、保、马、牛之舍。这与道宣理想寺院中所详细描绘的那些功能性生活起居用房已十分接近。

有起居之所,就有饮食之位。食堂在寺院中的位置也渐渐凸显,唐时并州大兴国寺内有食堂:"供给钵器,送至食堂。"[3] 长安胜光寺,有可容纳四百人用餐的食堂:"至于衣食资求,未能清涤。僧众四百,同食一堂。新菜果瓜,多选香美,保低目仰手,依法受之。任得甘苦,随便进啖。皆留子实,恐伤种相。"[4] 这里还提到了用餐时要保持低目仰手的僧侣戒范,吃果菜时要保留子实,以备将来种植的种子。其中其实也体现了一种深刻的宗教精神。

道宣《祇洹寺图经》中详细描述了僧院中的浴室及僧人依序洗浴的情况,这一点无疑也会对寺院有所影响。唐代寺院已有浴室之设,如杭州华严寺玄览:

> 开元十年于寺营浴室,患地势斗高,清泉在下,桔槔无用,汲引步遥,终以为劳。思念不迫,无由改作。忽一宵下流顿涸,踊造浴室所二十余步,清泉迸出,时谓神功冥作。[5]

唐末五代,浴室在寺院中日渐增多,甚至有了专门的浴院。《大宋高僧传》记载了后唐洛阳中滩浴院,寺僧智晖:

> 顾诸梵宫,无所不备,唯温室洗雪尘垢事有阙焉……未期渐构,欲闻皆周,浴具僧坊,奂然有序。有是洛城缁伍,道观上流,至者如归,来者无阻。每以合朔后五日,一开洗涤,曾无眄然。一岁则七十有余会

[1] [唐]道宣.续高僧传.卷二十九.兴福篇第九.唐杨州长乐寺释住力传

[2] [清]董诰等.全唐文.卷六百七十八.白居易.大唐泗州开元寺临坛律德徐泗濠三州僧正明远大师塔碑铭

[3] [唐]道宣.续高僧传.卷二十四.护法下.释昙选

[4] [唐]道宣.续高僧传.卷二十一.明律上.唐京师胜光寺释智保传

[5] [宋]赞宁.大宋高僧传.卷二十六.兴福篇第九之一.唐杭州华严寺玄览传

矣。一浴则远近都集三二千僧矣。❶

这里果真再现了道宣笔下僧院中僧人列队洗浴的宏大场景。智晖还曾"复构应真浴室,西庑中十六形象并观自在堂弥年完备。"❷

宋代以后寺院,随寺基规模的缩小与空间的简化,庖厨、食堂、库藏、浴室、湢池,都成为寺中不可或缺的组成部分,日本禅寺所谓"伽蓝七堂"制度,其布置象征一个人体状,人体两足,正是具有服务性功能的浴厕与厨库(图43)。日本禅寺这一思想,多少受到中国唐宋时代寺院影响。

❶ [宋]赞宁.大宋高僧传.卷二十八.兴福篇第九之三.后唐洛阳中滩浴院智晖传

❷ [宋]赞宁.大宋高僧传.卷二十八.兴福篇第九之三.后唐洛阳中滩浴院智晖传

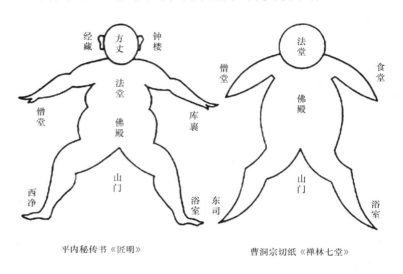

图43 伽蓝七堂示意

(12)关于寺院中的"院"

中国古代建筑空间的构成单元是院落,五代时人词中有:"庭院深深深几许,杨柳堆烟,帘幕无重数。"❸唐释道宣两部图经中描述的理想寺院,应是古代繁复错杂的宫殿与寺院空间的再现。由此,可以推知,这两篇文字,很大程度上,是道宣参考中国宫殿与寺院实际情况,归纳、总结与想象出来的。然而,他那拥有120个复杂院落的大型寺院,也无疑会对其后寺院建造产生影响。至少在唐、五代时,寺院空间主要是由重重院落组成。一座较大寺院,很可能是在一个较大规模的中心寺院周围,丛丛落落地布置一些大大小小的庭院。

❸ 全唐五代词.卷三.五代词.冯延巳.鹊踏枝

寺中有中院,中院周围有三十六院的南朝大爱敬寺,是这种大型寺院的早期形式。隋初所营蒲州普救寺:

> 隋初于普救寺创营大像百丈……即命工匠,图梦所见于弥勒大像前,今犹存焉。其寺蒲坂之阳,高爽华博,东临州里,南望河山。像设三层,岩廊四合。上坊下院,赫奕相临。园硙田蔬,周环俯就。小而成大,咸积之功。❹

❹ [唐]道宣.续高僧传.卷二十九.兴福篇第九.唐蒲州普救寺释道积传

其岩廊四合,上坊下院,说明寺院利用地形高差,创造了一些不同院落。

释僧明在造访五台山时,"忽见山谷异常,廊院周绕,状若天宫。"❶繁复的廊院空间,使人们联想到了帝王的宫殿,从而也与想象中的天宫联系在一起。

寺院中的院落名目也十分繁多。除了道宣两部图经中描写的各种庭院外,许多佛教史传及其他文献中也描述了寺院中诸多不同庭院的名称。如荐福寺中以翻经、译经为主要内容的翻经院、译经院:神龙二年(706年),释义净"随驾归雍京,置翻经院于大荐福寺,居之。"❷唐宪宗朝,河中府为翻译佛经,也"因敕造译经院于太平兴国寺之西偏。"❸因为高僧玄奘的关系,长安慈恩寺中也设有翻经院。❹玄奘刚刚回到中土,在修德坊兴福寺(当时称弘福寺)中一座禅院中译经:"西北隅,兴福寺……沙门玄奘从西域回,居此寺西北禅院翻译。"❺天竺僧人善无畏住长安兴福寺南院,后移住西明寺,开元五年(717年),"奉诏于菩提院翻译。"❻

有以佛塔浮图为中心的庭院,如唐西京慧日寺僧无极高曾"于慧日寺浮图院建陀罗尼普集会坛。"❼唐绛州龙兴寺中有木塔院。长安安定坊千福寺,除了"多宝塔"外,还有西塔院:"千福寺西塔院有王维掩障,一画枫树,一图辋川。"❽寺中是否另有东塔院,我们无从了解。此外,为供奉皇帝御容,在寺院中所设御容院,也是一种常见的庭院。如五代时的东京相国寺,曾有"东塔御容院。"❾

寺院中也会有一些与观音、弥陀、弥勒信仰有关的庭院,如观音院、净土院、弥勒院等。唐杭州龙兴寺有净土院与观音院,洛京长寿寺有净土院。许多寺院中还设有讲堂院,如太原崇福寺,有讲堂院。洛京法林寺有讲院。❿长安佛寺中还有天王院、光佛院,形制壮丽的兴福寺"十光佛院"是一个典型例子:"《宣室志》:长安兴福寺有十光佛院,其院宇极壮丽,云是隋所制。"⓫这座佛院,应该不是寺院的中心庭院,否则,也不会给出一个特别的院额。唐代一些寺院中的庭院,也是风景雅寂的修习空间,如僧一行曾至"天台山国清寺见一院,古松数十步,门枕溪流,淡然岑寂。"⓬

《酉阳杂俎》中描述了寺院中的许多庭院,如行香院、素和尚院、东禅院(水塔院)、圣容院、山庭院、上座璘公院、三阶院、三藏院、华严院、观音院、曼殊院、禅院、万寿菩萨院、库院、净土院、团塔院、般若院、楞伽院等。《大宋高僧传中》提到了戒坛院、楞伽经院、粥院⓭。从这些散乱的记述中,我们无法找出唐代寺院院落设置的规则与方法,然而正因为无规律可循,或也可以由此说明,唐代佛寺院落,很可能是因人而设、因事而设,或因该寺特殊而具体的信仰内容而设。

4. 佛寺建筑的装饰问题

一般认为,唐代建筑以雄壮、质朴为特征,瓦饰以灰黑色筒瓦为主,彩色琉璃瓦比较少用,建筑物上亦无明显色彩装饰。但文献上描述的唐代寺院建筑,还是有装饰痕迹可寻的。《续高僧传》中载襄阳沙门惠普:

❶[唐]道宣.续高僧传.卷三十三.感通篇中.代州昭果寺释僧明传

❷[宋]赞宁.大宋高僧传.卷一.译经篇第一之一.唐京兆荐福寺义净传

❸[宋]赞宁.大宋高僧传.卷三.译经篇第一之三.唐京师满月传

❹[宋]赞宁.大宋高僧传.卷四.译经篇第一之四.唐京兆大慈恩寺窥基传

❺[清]徐松.唐两京城坊考.卷四.西京

❻[宋]赞宁.大宋高僧传.卷二.译经篇第一之二.唐洛京圣善寺善无畏传

❼[宋]赞宁.大宋高僧传.卷二.译经篇第一之二.唐西京慧日寺无极高传

❽[清]徐松.唐两京城坊考.卷四.西京

❾[宋]赞宁.大宋高僧传.卷七.义解篇第二之四.梁东京相国寺归屿传

❿[宋]赞宁.大宋高僧传

⓫[清]徐松.唐两京城坊考.卷四.西京

⓬[宋]赞宁.大宋高僧传.卷五.义解篇第二之二.唐中岳嵩阳寺一行传

⓭[唐]段成式.酉阳杂俎.续集第五、第六.寺塔记.卷上、卷下.并见大宋高僧传

> 时襄部法门寺沙门惠普者,亦汉阴之僧杰也。研精律藏二十余年,依而振绩风霜屡结……又修明因道场凡三十所,皆尽轮奂之工,仍雕金碧之饰。以显庆三年终于本寺。❶

僧惠普一生修建了 30 余所寺院,"皆尽轮奂之工,仍雕金碧之饰",显然是竭尽装饰之能。如此或可推知,以往认为唐代建筑不事装饰的结论,似乎并不十分准确,至少在唐代寺院建筑中,还是采取了一些诸如"图绘"、"雕刻"、饰以"金碧",显其"轮奂"的装饰之工的。

《续高僧传》中还记载了一位僧人,十分专注于寺院装饰:

> 初总持寺,有僧普应者……行见塔庙必加治护,饰以朱粉,摇动物敬。京师诸殿有未画者,皆图绘之,铭其相氏。即胜光、褒义等寺是也。❷

这里不仅提到了对塔庙建筑,饰以朱粉,京师诸殿有未画者,皆图绘之,还特别提出了有关塔庙建筑装饰的目的:

(1)加以治护:起到保护建筑物的作用;

(2)摇动物敬:通过装饰作用,引起信仰者对塔庙建筑的崇敬之心。

由这一段记载,可以清楚地说明,唐人已十分了解在建筑物上施加彩绘,能够起到保护性与彰显性的双重作用。关于寺院塔庙建筑及其装饰,对于信仰者所起的吸引作用,道宣也做了专门论述:

> 建寺以宅僧尼,显福门之出俗;图绘以开依信,知化主之神工。故有列寺将千,缮塔数百。前修标其华望,后进重其高奇。遂得金刹干云,四远瞻而怀敬;宝台架迥,七众望以知归。❸

这是一段多么精辟的论述,既是对佛教寺院建筑所应起到的令四远"瞻而怀敬",使信众"望以知归"的吸引性功能,也强调了通过"图绘"启蒙人们的皈依与信仰之情。

2012 年 9 月 26 日改定
于清华园荷清苑

---

❶ [唐]道宣.续高僧传.卷三十一.习禅六.荆州神山寺释玄爽传

❷ [唐]道宣.续高僧传.卷二十四.护法下.总持寺释普应传

❸ [唐]道宣.续高僧传.卷二十九.兴福篇第九.论

唐道宣关中戒坛建筑形制及其历史影响初考

敖仕恒

（清华大学建筑学院）

摘要：唐乾封二年(667年)，道宣在关中净业寺创立戒坛，并作《关中创立戒坛图经并序》一文，阐述本戒坛形制的来源、依据、造型、尺度、材料等问题，成为我们认识此类戒坛的珍贵历史文献。然而关中戒坛早已毁坏，本文从建筑史研究的角度，基于对戒坛图经的研究，力图结合建筑图示来再现其建筑形制。关中戒坛的创立，实际上是南山律宗创立的基本内容之一，而南山律宗影响深远，因此本文进而考察关中戒坛对后世戒坛形制的影响问题。

关键词：戒坛图经，戒坛，南山律宗，汉地佛寺

Abstract：In the 2nd year of Qianfeng of the Tang Dynasty (667A. D), the Chinese Vinaya master Daoxuan established a precept altar (Jietan) for ordination ceremony in Jingye Buddhist Monastery in the south of the Chang'an City's suburb, which was known as the Guanzhong Precept Altar. Then he wrote a document named *Jietantujing* (*Illustration for the Precept Altar Created in Guanzhong*), in which he introduced the origin, foundation, meaning and the deducing process of architectural scale of the creation. In a sense of historical architecture, he brought us a typical example of the precept altar design in ancient China. In this paper, the author will firstly attempt to study the architectural form of the Guanzhong Precept Altar, and then try to sort out the historical context of influence of it in China.

Key Words：jietantujing, precept Aaltar, nanshan sect, chinese Buddhist monastery

一 道宣关中戒坛与《戒坛图经》及《祇洹图经》

唐初高僧辈出，释道宣（596—668年）则为其一。他少年出家，戒律精严，常居终南山著述编修。他以大乘思想阐扬小乘的四分律法，以适应国情，并撰著南山五大部疏钞（即四分律删繁补阙行事钞、四分律拾毗尼义钞、四分律删补随机羯磨疏、四分律注戒本疏、比丘尼钞等），前后受法传教，弟子达千百人。乾封二年(667年)十月三日，道宣坐化示寂。他倡导的四分律学称为南山宗派，在唐代发展兴盛，影响深远，汉地及日本均有其法脉流传。但汉地南山律宗曾一度失其三大部典籍[2]；至清代末年，由徐蔚如从日本请归，重刊于天津刻经处，遂有弘一法师鼎力复兴的史实。

为适应新兴的四分律法传播和实施，道宣于乾封二年春二月，在终南山净业寺建造了石戒坛

---

[1] 本论文属于清华大学建筑学院王贵祥教授主持的国家自然科学基金资助项目"5—15世纪古代汉地佛教寺院内的殿阁配置、空间格局与发展演变"（编号：51078220）的子课题。

[2] 即《四分律删繁补阙行事钞》、《四分律比丘含注戒本》及《四分律随机羯磨疏》。

一座，为四方岳渎沙门二十余人再受具戒。这就是本文关注的关中戒坛。据史料记载，此戒坛建造以后，即得到印度来华僧人的印证和肯定，谓戒坛形制与天竺者相仿：

> 近以乾封二年九月，中印度大菩提寺沙门释迦蜜多罗尊者，长年人也，九十九夏来向五台，致敬文殊师利。今上礼遇，令使人将送。既还来郊南，见此戒坛，大随喜云，天竺诸寺皆有戒坛；又述乌仗那国东石戒坛之事，此则东西虽远，坛礼相接矣。❶

亦有说法，道宣关中戒坛建成后，还得到宾头卢尊者❷的赞许和肯定，促成他撰写《戒坛图经》流传后世。《宋高僧传》云：

> 尝筑一坛，俄有长眉僧谈道知者，其实宾头卢也。复三果梵僧礼坛，赞曰："自佛灭后，像法住世，兴发毗尼，唯师一人也。"❸

《佛祖统纪》亦云："有长眉僧来谓之曰：(即住世宾头卢)，'昔迦叶佛曾此立坛。'师乃撰《坛经》行于世。"❹

《戒坛图经》，全名《关中创立戒坛图经（并序）》，一卷。中国国家图书馆现藏最早文献，其一题为"中华民国十四年六月，上海涵芬楼影印"自日本《卍续藏经》，其二题为"影印"自《大正新修大藏经》。考《戒坛图经》中有"乾封二年九月"字句，而道宣于同年十月三日圆寂，本文当是其临终的遗作了。

北宋高僧赞宁（919—1001年），太平兴国年间撰写《大宋僧史略》，其中提到了《戒坛图经》，并著《覆釜形仪》作为戒坛形制的补充。南山律学中兴祖师元照（1048—1116年），着力收集道宣著作，撰成《南山律师撰集录》，其中列有"关中创立戒坛图经一卷，乾封二年制，见行"❺以及"祇桓寺图二卷，乾封二年制，未见"❻。也就是说，博通南山律学的元照律师在北宋时，还能看到《戒坛图经》，但是已经见不到《祇洹图经》了。南宋建炎二年（1128年），僧敦炤改建泉州开元寺五级戒坛，有方志记载"特考《古图经》更筑之"❼。此《古图经》，当即是《戒坛图经》。其后景定间（1260—1265年），四明僧人志磐撰写《佛祖统纪》，也述及《戒坛图经》（如上文所引）。可见，时至南宋，《戒坛图经》仍有在汉地流传的史迹。明末清初，南山宗中兴律祖见月读体（1601—1679年），撰《敕建宝华山隆昌寺戒坛铭》❽，也谈到了道宣律师"撰制《坛经》"，但是否亲自读到了原文，还是仅仅从《大宋僧史略》、《佛祖统纪》等文献中看到记载，确实不好断定。清代康熙年间，北京广济寺天浮和尚为了修建戒坛，也曾"详考大藏"，但没有具体提到《戒坛图经》❾。

民国学者蔡运辰（1901—）编著《二十五种大藏经目录对照考释》，将从宋太祖开宝四年（971年）始刻的《开宝藏》起，历代二十五种大藏经目录进行了对照。从中我们可以发现，民国以前，中国历代各版本大藏经中，均未收录有《戒坛图经》；附及考察道宣另外一篇著作《祇洹图经》的收录情况，也是如此❿。这说明两种情况，一是中国历代藏经均未收入这两篇著作，或许只在民间流传；二是宋代以后，这两篇著作也随南山三大部佚

---

❶ 文献[2]："戒坛形重相状第三"

❷ 宾头卢尊者，住世大阿罗汉。《请宾头卢经》曰："宾头卢者，字也；颇罗堕誓者，姓也。其人为树提长者现神足故，佛摈之不听入涅槃，敕令为末法四部众作福田。"据丁福保《佛学大辞典》。

❸ 文献[1]：327-330。毗尼，梵语 Vinaya，又译作"毗奈耶"，意为律。

❹ 文献[3]。《佛祖统纪》卷三下

❺ 文献[37]. 卍新纂续藏经第 59 册. No. 1104. 芝园遗编

❻ 文献[37]. 卍新纂续藏经第 59 册. No. 1104. 芝园遗编

❼ 文献[23]：19

❽ 文献[22]. 卷之六. 碑铭

❾ 文献[28]：176、177

❿ 文献[4]：216、217

失了,而流传到日本的版本得以保存,随着民国时期影印大藏经,从而得以回传。

《戒坛图经》中分别说明了关中戒坛建筑形制及受戒仪式等相关问题。实际上,在道宣较早撰述的《中天竺舍卫国祇洹寺图经》(简称"祇洹图经")中,已经描述过中天竺祇洹寺中的戒坛建筑形制。对照此二者,大体是一致的,故本文对关中戒坛的研究,重点依据《戒坛图经》,而将后者作为参照。

二 关中戒坛创立的前提

就汉地佛教而言,在道宣之前已有戒坛的修建。最早可追溯到宋文帝元嘉年间,"圣僧功德铠者,游化建业,于南林寺前园中立戒坛,令受戒者登坛于上受也"。❶ 其次,据道宣考证,还有东晋法汰于杨都瓦官寺立坛,晋支道林于石城汶洲各立一坛,晋支法存于若耶谢敷隐处立坛,竺道壹于洞庭山立坛,竺道生于吴中虎丘立坛,宋智严于上定林寺立坛,宋慧观于石梁寺立坛,齐僧敷于芜湖立坛,梁法超于南涧立坛,梁僧佑于上云居、栖霞、归善、爱敬四寺立坛,等等。这些戒坛主要分布在渝州至江淮之间的地区,总共有三百余所;而黄河两岸的中原地区以及山东、河北等地,却少有戒坛的记载❷。可见,随着隋唐定都长安,关中戒坛的创立,是顺应佛教时代和区域两个方面发展需要的产物。

1. 戒坛的重要作用

比丘从受比丘戒开始,而戒坛是受比丘戒的专门场所,其建筑规制及法度,直接影响着受戒仪式的宗教体验,是普通建筑物所不可替代的。道宣是这样论述的:

> 比丘仪体,非戒不存;道必人弘,非戒不立。戒由作业而克,业必藉处而生。处曰戒坛,登降则心因发越。地称胜善,唱结则事用殷勤。岂不以非常之仪,能动非常之致。❸

又云:

> 非界咸乖圣则,虽受不获,以无界故。是知,空地架屋,徒费成功;无坛结界,胜心难发。❹

这里,道宣提出了"业必藉处而生"、"以非常之仪动非常之致"等佛教建筑观念。一般误以为佛教讲四大皆空,可能不太在乎、或者是倾向于随意营建其宗教场所,其实并非如此。如法的建筑场所,必然有益于修行活动。戒坛作为一个神圣庄严的特别处所,其建造自然尤为严格。

❶ 文献[2]."戒坛立名显号第二"。汉云功德铠,梵为求那跋摩,参见《高僧传》卷三。

❷ 文献[2].戒坛高下广狭第四

❸ 文献[2].序

❹ 文献[2].序

2. 戒坛形制的来源和依据

如前所述,道宣在《戒坛图经》之前,已经撰述了《祇洹图经》。《祇洹图经》中详细描述了舍卫国祇洹寺(即祇树园)的寺院布局、建筑形制等问题,其中就包括祇洹寺戒坛部分。在《戒坛图经》中,表明其形制直接来源于祇树园"佛制戒坛",要点如下:

其一,佛住世时即创立了戒坛。佛在祇树园,应楼至比丘之请,创置戒坛,共有三座:其一为"佛为比丘结戒坛",位于佛院门东,由大梵天王建造;其二为"佛为比丘尼结戒坛",位于佛院门西,由魔王波旬建造;其三为"僧为比丘受戒坛",位于外院东门南❶。前两座为结戒坛,惟佛能够登临;后者为受戒坛,为僧受戒之所,即关中戒坛的类型(图1)。

❶ 文献[2].戒坛元结教兴第一

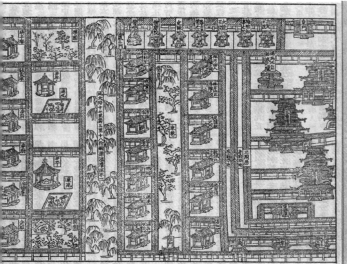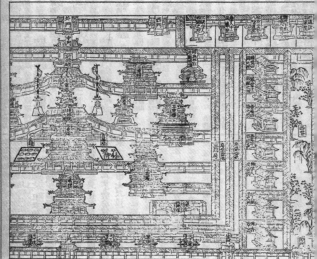

图1 《戒坛图经》中祇树园图

(来源:文献[2]:812-813)

其二,戒坛形制的文献依据是佛经第一次结集的成果。佛涅槃后,大迦叶登戒坛,召集众僧,进行佛经结集。其间,由大迦叶询问阿难,通过阿难的如实回答,对戒坛的形制进行了总结。具体包括戒坛尺度、是否安舍利、四面何物装饰、四面台阶设置、四面塑像、戒坛建筑材料等六个方面的问题:

大迦叶问曰:"汝随如来二十年来,戒坛高下阔狭依何肘量,戒坛上中安舍利不,戒坛四面用何物,砌四面开阶方别多少,绕坛四面作何形像,无石国中土沙作不?"阿难一如此卷中图相,而用答之。❷

❷ 文献[2].戒坛立名显号第二

3. 戒坛性质、内涵的探讨

关于普通"坛"的概念,《说文》云:"坛,祭场也。"初看,似乎坛、场二者是可以通用的。而清代段玉裁《说文解字注》引颜师古(581—645年)进一步解释道:"筑土为坛,除地为场。按,墠即场也,为场而后坛之,坛之前又必除地为场,以为祭神道,故坛场必连言之。"在这里,坛与场是有区别的,区别在于坛是一个土筑的台子,场是一块整洁的平地,而坛往往置于场地之中。

这一点与道宣律师对普通坛场的解释,很有相通之处。道宣云:"场乃除地令净,无诸丘坎,俗中治场令平者是也。戏场、战场例斯可解。至于坛相,则出地立基,四郊祠祭诸坛者是也。"❶但道宣更强调,戒坛与场是不能混淆的。佛在世时,结戒、受戒在戒坛上;佛涅槃时,大迦叶等在戒坛上结集;本土宋文帝元嘉中,圣僧功德铠游化建业,于南林寺前园中立戒坛,令受戒者登坛于上受戒等。这些都说明,戒坛是从佛祖那里代代相传而来,非本土固有。

虽然戒坛也有出地立基的大致形象,但是其具体的形制与内涵却与普通坛墠不同。戒坛如法制作,有深刻的佛法含义。其一,戒坛上以覆釜埋覆舍利子,实际上如同佛塔(Stupa)一般,此处即是普通坛墠所无法比拟的。道宣论述云:"戒坛即佛塔也,以安舍利,灵骨瘗中,非塔如何。"❷其二,戒坛的基本形象为三级,表达"三空"之义。道宣云:"戒坛从地而起,三重为相,以表三空。散释凡惑,非空不遣。三空是得道者游处,正戒为众善之基,故限于三重也"❸。三空是得道者游居的处所,正戒为重善的基础,所以戒坛上,行道者可以登临的部分是一座三重台座的形象。

此外,整座戒坛还代表五分法身。先是,光明王佛之戒坛形制,高为佛之五肘,即表五分法身。释迦佛的戒坛,高度虽然减半为二肘半,其五分法身的表意仍然存在,即通过天帝释增加的覆釜和大梵王增加的无价宝珠两个层次来共同表达❹(表1)。由此看来,完整如法的戒坛应当包括下面三重坛座和上面的覆釜、宝珠,共五个层次。

❶文献[2].戒坛形重相状第三
❷文献[2].戒坛形重相状第三
❸文献[2].戒坛形重相状第三
❹文献[2].戒坛形重相状第三:"昔光明王佛制,高佛之五肘,表五分法身。释迦如来减为二肘半,上又加二寸为三层也。其后,天帝释又加覆釜形于坛上,以覆舍利。大梵王又以无价宝珠置覆釜形上,供养舍利,是则五重,还表五分法身(以初层高一肘,二层高二肘半,三层高二寸,则三分也。帝释加覆釜,则四重也。梵王加宝珠,则五重,五分具也)。"

表1 戒坛层次及表义

五个层次 (从上至下)	五分法身	光明王佛制	释迦佛制		三重坛座
		坛高	坛高	层次	
五	解脱知见	佛之 五肘	佛之 二肘半	无价宝珠 供养舍利	—
四	解脱			覆釜 覆盖舍利	
三	慧			三层 二寸	三空:空、 无相、无愿
二	定			二层 二肘半	
一	戒			初层 一肘	

三 关中戒坛的建筑形制

1. 戒坛的建筑形象

从上述分析,不难想见,道宣所述完整五个层次的戒坛的形象确实如同一座带覆釜的佛塔,如加尔各答印度博物馆藏巴尔胡特窣堵坡栏杆上浅浮雕塔样(图2),及加尔各答罗里延·唐盖(Loriyan Tangai)出土的2—3世纪供养石雕塔(图3),都是这种类型。只不过,戒坛台座为三层,而且台面必然要有足够的僧人活动空间,因此覆釜体量相对于坛面,自然应当小一些。在《戒坛图经》中,道宣对戒坛形象的总体概括是:"既曰坛也,出地层基;状等山王,相同佛座;阶除四列,周绕三重;灵骨作镇,用隆住法。"❶

❶ 文献[2].序后目录

图2 巴尔胡特窣堵坡栏杆上浅浮雕塔样(公元前1—2世纪)

(来源:文献[39]:20)

图3 罗里延·唐盖(Loriyan Tangai)出土的供养石雕塔(2—3世纪)
(来源:文献[7]:150)

据道宣的叙述，戒坛下面两重采用石材砌筑的方形须弥座形式，须弥座上下叠涩收束，四面束腰安置神王龛窟。文中称色道"上三下四，唯多出为佳"[1]，理解为上面叠涩为三道，下面为四道，多出是为了遮护诸窟神王。上层每面七窟，共二十八星宿神像；下层每面随方设像，未标明确切数目。两层周围均有石钩栏，钩栏望柱下狮子、神王相间排列。下两层的四角均有石雕立柱，上层柱外安置四天王像，下层柱外则是金刚力士金毗罗散脂等四角神。四角的栏杆上有石雕衔龙金翅鸟塑像，《祇洹图经》还表明，栏杆上有"金珠台"。三层台面上四角置石狮子，狮子背部有孔，以便插帐杆。戒坛四面有台阶，底层南为双阶，东、西、北面均为单阶；二层东、南、西三面均为双阶，北面仍然为单阶；三层只高佛指两寸，不设台阶[2]。台阶两侧分别布置有神像，数量众多，如图4所示。现将《戒坛图经》与《祇洹图经》中关于戒坛形象的描述对照如表 2。

[1] 文献[2].戒坛高下广狭第四（并引图相）
[2] 台阶的布置应当与受戒仪式有关，僧人上下旋回，阶位有次，如"初十师登坛相，其教授阿阇梨当执香炉前引，从南面下层东阶道，接足而上至层上，东出北回，绕坛一匝，上座在西头，当佛前礼三拜……"等。详见《戒坛图经》及《祇洹图经》。

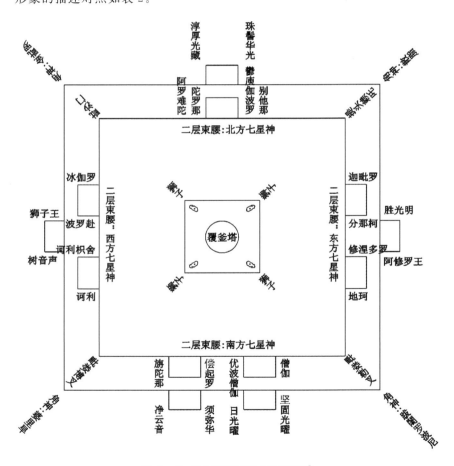

图 4 关中戒坛四周神王布置图[3]

[3] 本文中图片除标明来源外，皆为作者自绘或拍摄。

表 2 《戒坛图经》与《祇洹图经》中关于戒坛形象描述对照表

戒 坛 图 经	祇 洹 图 经
其坛相状：下之二重以石砌累,如须弥山王形,上下安色道。四面坛身并列龛窟,窟内安诸神王。其两重基上并施石钩栏,栏之柱下师子、神王间以列之。两层四角立高石柱出于坛上,柱外置四天王像。既在露地,并镌石为之,使久固也。四角栏上石金翅鸟衔龙于上,表比丘既受戒已,常思惑业而制除也。戒坛周围布列神影者,表护持久固之相也,斯并大圣之羽仪,生善之弘道……下层四角大神,所谓金刚力士、金毗罗散脂,并护佛塔,故峙列四隅,以护持本也……两层色道内龛窟中神,经中大多。今依孔雀王经,明七星神,依方守护……右二十八神方别七龛,依名位列……至于下层亦有龛窟,约方开影,其量则多,临时分像	**其坛相量**：下之二层,四角并安石柱,四天王像当角。而下层高佛一肘,不得过。过则地裂,制心专一,故一肘(……)。第二层高佛一肘半者,同转轮王灌顶之时,踞坐坛上,令诸小王以四海水灌大王顶而受位也。即类比丘初登此坛,绍继佛种位,法久固如佛时也。取佛肘量者,欲令比丘持戒如金刚也(……)。其戒坛牢固,经劫不灰,事同金刚,故以肘为量故也。其坛两重,并安钩栏。其坚柏以上加金珠台。又金翅鸟衔龙同于上(……)。拟新受戒者,以戒自防,继除烦恼,如鸟吞龙故置此像。下层二重类须弥座,并安色道用级相覆。当要四面分龛安神。钩栏柱下师子神王相间而圆。随状雕饰,尽思壮严。上第三重但高二寸,用表二谛(……)。于座四角各安师子,背上有九孔拟安帐柱。下之二层四周阶道各有四神。上层三面各立二阶,北面一阶。下层南面二阶,东西北面各一阶。阶有三坎

虽说"灵骨作镇",《戒坛图经》中,并没有发现关中戒坛设置有覆釜的记载。宋代赞宁(919—1001 年)认为《戒坛图经》缺少覆釜形仪的内容,特别撰著《覆釜形仪》作补充。继而,有高僧广化依照《戒坛图经》和《覆釜形仪》,在大宋东京太平兴国寺内建造了一座完整的南山宗石戒坛❶。可惜的是,《覆釜形仪》已佚,石戒坛也不复存在。

2. 戒坛的建筑尺度

关于戒坛的尺度,道宣律师的原则是："高下制量,定约佛肘;为言广狭,在缘随机,大小无局,出于智者,商度论通"❷。看来,尺度的确定,重点在于高度因佛肘而制定。至于平面尺寸则随缘随机,只要合情合理。在《戒坛图经》中,道宣也举例子,北天竺东石戒坛,"纵广二百步,高一丈许"❸,尺度显然比关中戒坛大得多。如《祇洹图经》所云,高度取佛肘量,重在取比丘持戒如金刚、戒坛经久不坏之意。

(1) 平面

底层：纵广二丈九尺八寸;

中层：纵广二丈三尺;

上层：昃方七尺❹。

上层方七尺,表义七觉意❺。未见前两个尺寸确定依据的说明,当属随机权衡的结果。

(2) 高度

❶文献[10].卷上.立坛得戒："余尝慨南山不明其第四层覆釜形仪制,故《覆釜形仪》,乐者寻之,以辅博知也。今右街副僧录广化大师真绍先募邑社,于东京太平兴国寺,造石戒坛,一遵南山戒坛经,宏壮严丽,冠绝于天下也。"

❷文献[1].目录

❸文献[1].戒坛高下广狭第四(并引图相)

❹文献[1].戒坛高下广狭第四(并引图相)

❺文献[1].戒坛形重相状第三："上坛昃方七尺为量,以表七觉意也。三乘入道不越三十七品,于此品中,七觉意在道思择,其功最高,故在上而列也。"

首先，光明王佛制，坛高佛身之五肘，而释迦佛制尺寸减半，为二肘半。

其次，将佛身尺寸二肘半换算为本土人身尺寸，并折算为唐尺：即一佛肘等于三唐尺，二肘半则为七尺五寸，所谓"检释迦如来一肘，则中人二肘，如来在世倍人。人肘长唐尺一尺五寸，则佛肘三尺"❶。各层高度及考虑因素据《戒坛图经》整理如表3。

❶ 文献[1].戒坛形重相状第三："上坛畟方七尺为量，以表七觉意也。三乘入道不越三十七品，于此品中，七觉意在道思择，其功最高，故在上而列也。"

表 3　戒坛高度尺寸表

戒坛各层（从上至下）	佛身度量	唐尺	考 虑 因 素
三	佛指二寸	四寸	佛指二寸表二谛
二	佛一肘半	四尺五寸	同转轮圣王初登坛上受灌顶之时坛度也
一	佛一肘	三尺	不得过于一肘者，恐地裂故。又表比丘于坛受戒制心专一而不散乱也

对比唐义净法师（635—713年）在《大唐西域求法高僧传》中记载的一例印度那陀寺一座戒坛情状："西畔有戒坛，方可大尺一丈余，即于平地周垒砖墙子，高二尺许，墙内坐基可高五寸，中有小制底"❷，显然尺度又要小一些，形制也相差较大。

❷ 文献[11].卷上

3. 戒坛的方位及周围布置

祇树园佛为比丘、比丘尼结戒坛分别位于佛院内前殿前东西两侧，而僧戒坛位于外院东南方（图1），这给后世戒坛选址提供了参考范例。《戒坛图经》中，道宣还有进一步说明：

原夫戒坛之场随依大界僧住，不可恒准方隅，不定东西，多以东方为受戒之场，由创归于佛法之地也。西方为无常之院，由终没于天倾之位也。从多为相，余则随机。❸

❸ 文献[1].戒坛高下广狭第四（并引图相）

可以这么理解，戒坛位置原本只要随大界僧众而安置，没有说必定位于什么方位上，但多以东方为受戒的场所。因为戒坛为"开法施之初门"（序言），而"戒为众圣之行本，又是三法之命根，皇觉由此以兴慜，凡惑假斯而致灭"（序言），比丘的成立从受戒开始，所谓"创归于佛法之地"，故以东方表之，犹如日出东方、黑暗消灭，因而有别于西方无常终末之位。但是，此举仍然是遵从大多数情形而已，并非为定式。

关中戒坛布置周围有四时花草树木。《戒坛图经》云："坛外四周一丈内，种四时华药；已外植华树八行，种种庄严。"《祇洹图经》亦是如此。另外，坛前或石、或木，置两座明灯，高度超过上层，以便通照戒坛上下，代替宝珠作供养。周围布置示意图如图5所示。

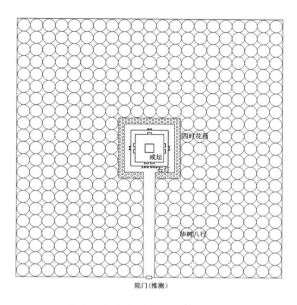

图 5　关中戒坛周围布置示意图

4．关中戒坛参考性复原说明

据上述对关中戒坛形象和尺度的研究，可知此戒坛的复原推想工作重点落在两重须弥座形制的确定上。由于该戒坛早已毁坏，遗址也不复考证，因此复原时参考同一时代的相近实物资料，是最恰当的途径了。

中国须弥座的形制来源于印度，随着佛教的逐渐传入，它逐渐被运用于佛像、佛塔、建筑的基座上。印度方面，巴尔胡特窣堵坡栏杆浅浮雕塔须弥座上下枋突出较小，束腰密布立柱，构造相对简单；罗里延·唐盖出土的供养石雕塔须弥座构造相对复杂，有角柱、隔身版柱及壸门雕像等特征（图3）；还可以参考犍陀罗地区公元2世纪的须弥座形象，为卡特拉出土的一件早期石雕佛像，其台座为须弥座，色道平直，上二下一，侧面雕刻三只狮子，分别位于束腰角部和中部（图6）。❶

本土魏晋时期就已出现须弥座，如云冈石窟、敦煌石窟等。隋代开皇十五年（595年），张留生为亡母造像座，黑白花大理石质地，台面四角有伏兽，座身四角柱位置为高浮雕蹲踞形四神兽，四面为高浮雕人物（图7a）❷。唐代须弥座已相当普遍，除了上述单层以外，如《戒坛图经》描述的两重须弥座也有实例，典型如法藏华严寺造像台座，年代（706年）与关中戒坛最为接近，有学者认为其形制受到了关中戒坛的影响❸。此台座上下色道相对圆润，下层四角及中部有神王像，上层底座有覆莲（图7b）。其他，如山东济南皇姑庵塔、山东阳谷县官庄唐代石塔、法门寺地宫汉白玉双檐彩绘灵帐基座，均具色道平直、层级分明的特征，具有良好的参考价值（图7c～图7e）。

❶文献[7]：56-57

❷清华大学图书馆藏。

❸该佛座为西安碑林博物馆所藏。见：文献[32]。

图 6　卡特拉出土的石雕佛坐像（2 世纪）

（来源：文献[7]：57）

法门寺地宫鎏金铜浮屠（图 8），则可提供栏杆、台阶及其两侧神像构造等形制参考。而晚于关中戒坛的嵩山会善寺琉璃戒坛，由元同律师和一行禅师（683—727 年）建造，现今遗址上散落有残破的石柱一根，立柱一侧石雕天王像，柱下为鬼怪神兽（图 9），可作四角立柱形象参考。

其余要点说明如下：

（1）由于两重须弥座色道（叠涩）上三下四，一般处理上，底座平面尺寸则会大于台面尺寸，今以台面核准戒坛边长尺寸。叠涩不采用混枭线脚及仰覆莲，因唐初这种形制尚不多见，仍取平直叠涩形式。

（2）戒台每层的高度为土衬石到台面的距离，符合《戒坛图经》所言："其下层从地起基，高佛一肘，则唐尺高三尺也。谓在色道下座身为言，余亦同之。"[1]《营造法式》"造坛之制"亦云："自土衬上至平面为高。"

❶ 文献[1]. 戒坛高下广狭第四（并引图相）

(a) 清华大学图书馆藏隋代张留生为亡母造像座（595 年）

(b) 法藏华严寺造像台座（706 年）
（来源：文献[32]：199）

图 7　隋唐须弥座实例

(c) 山东济南皇姑庵塔(717年)
（来源：文献[30]）

(d) 山东阳谷县官庄唐代石塔(754年)
（来源：文献[29]：49）

(e) 法门寺地宫汉白玉双檐彩绘灵帐(盛唐)
（来源：文献[31]：243）

(f) 清华大学图书馆藏唐代大理石四方塔座

图 7　隋唐须弥座实例(续)

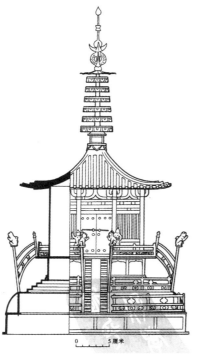

图8 法门寺地宫镏金铜浮屠
(来源:文献[31]上:206)

图9 嵩山会善寺琉璃戒坛残破的天王柱
(来源:文献[9])

(3) 上下两层须弥座束腰四角柱及隔身版柱剔地起突为石狮像。上层神王像每面7龛,下层则视大小为每面11龛。狮子、神王相间排列,上与钩栏蜀柱排列对应。壸门神龛形制来源于清华大学图书馆藏唐代大理石四方塔座(图7-f)。

(4) 上下两层四角的神王立柱,虽有嵩山会善寺琉璃戒坛天王柱作参考,但是该柱残破难辨,又未找到其他确切实例,因此复原图中者仅为示意。

(5) 法门寺地宫铜塔为仿木塔,除了上部塔身以外,下部两层台座栏杆、台阶构造与关中戒坛比较吻合。因此这部分及台阶两侧的神王安置方法均参照其形制,而华版采用常见的"卍"字形,此图案在北魏云冈石窟及隋代开皇四年(584年)阿弥陀佛造像底座上均有出现❶。

❶ 文献[40]:1

(6) 一层台面剩余空间较小,根据图经中的受戒仪轨,僧人需要在台面上周回礼佛,安置台阶后还需要有必要通道,因此台阶不可能太平缓。而《戒坛图经》中没有提到台阶的级数,此据《祇洹图经》为三级,故取底层为三级、二层为五级。

鉴于《戒坛图经》未谈及关中戒坛的覆釜形制部分,本文先不做详细复原研究,仅给出带覆釜塔的剖面供参考(图10)。

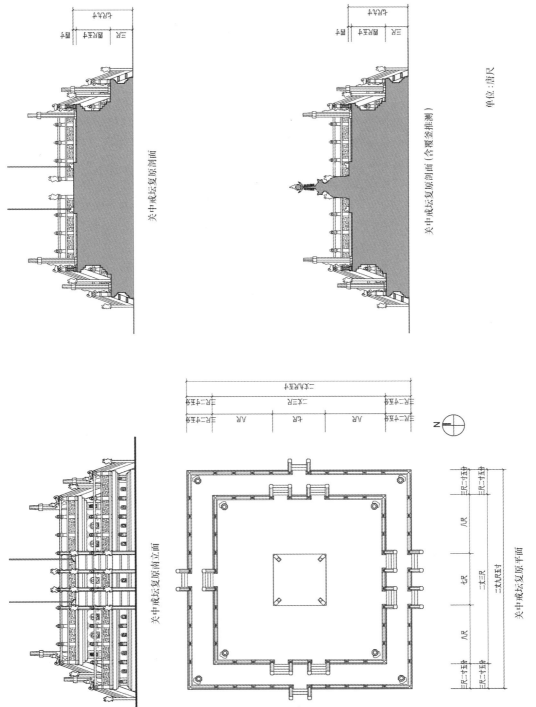

图 10 关中戒坛参考性复原图

四　关中戒坛建筑形制的历代影响

1. 唐五代时期

唐初弘扬四分律的宗派有三：法砺相部宗、怀素东塔宗和道宣南山宗。前两个宗派日后逐渐衰微，而南山宗则盛行于世。东塔宗方面，大历年间，有相国元公载，奏成都宝园寺置戒坛，传新疏❶。南山宗方面，僧道岸曾请唐中宗敕令执行南山四分律，使得江淮间也十分盛行❷。又有僧玄俨"纲纪小乘（南山戒律），演畅大法（大乘佛法）"，于越州法华山寺设戒坛院，建置戒坛❸。东渡日本的鉴真和尚绍继南山，则在奈良东大寺、下野药师寺及筑紫观世音寺立戒坛等❹。

其后，义净法师（635—713年）留学印度那烂陀寺二十五年，归国后遂弘持更具印度特色的一切有部律。据湛如法师研究，义净法师按照印度那烂陀寺戒坛建造了少林寺戒坛（见义净《少林寺戒坛铭（并序）》）❺；金刚智三藏于开元十二年（724年）在洛阳广福寺兴建一切有部石戒坛❻。这类戒坛如确像那烂陀寺所示的形制，则与关中戒坛有很大差别。

此外，唐代还有一种官方支持下的方等戒坛，依大乘方等教义，从而为普遍度僧开了方便之门；有别于依小乘教义之戒坛，受戒者须一一如法才能得戒。先是，代宗永泰元年（765年）三月二十八日，曾敕大兴善寺建方等戒坛，置临坛大德十人，每年度僧，永为惯例。大历二年（767年），朝廷又敕许在会善寺西建立戒坛院，度僧无数。会昌法难后，还俗有过的僧人再度出家，则须事先忏除罪障，进而受戒。在此情况下，如果不是采用方等戒坛，则与律法不合。对于方等戒坛，赞宁论述得非常详细，摘录如下：

> 高宗乾封二年，终南山道宣律师建灵感戒坛方成，有长眉僧坛前赞叹，即宾头卢也。代宗永泰年三月二十八日，敕大兴善寺方等戒坛，所须一切官供。至四月，敕京城僧尼，临坛大德各置十人，永为例程。所言方等戒坛者，盖以坛法本出于诸律，律即小乘教也。小乘教中，须一一如法。片有乖违，则令受者不得戒，临坛人犯罪，故谓之律教也。若大乘方等教，即不拘极缺缘差，并皆得受，但令发大心而领纳之耳。方等者即周遍义也，止观论曰：方等者，或言广科。今谓方者，法也，如般若有四种方法，即四门入清凉池，故此方也；所契之理即平等大慧，故云等也。禀顺方等之文而立戒坛，故名方等坛也。既不细拘禁忌，广大而平等，又可谓之广平也。宣宗以会昌沙汰之后，僧尼再得出家，恐在俗中，宁无诸过，乃令先忏深罪，后增戒品。若非方等，岂容重入。取其周遍包容，故曰方等戒坛也。脱或一遵律范，无闻小过，入僧界法四种皆

---

❶ 文献[1].唐京师恒济寺怀素传：335
❷ 文献[1].唐光州道岸传：338
❸ 文献[1].唐越州法华山寺玄俨传：343
❹ 文献[1].唐扬州大云寺鉴真传：350；及：文献[35]
❺ 见：义净.少林寺戒坛铭并序（全唐文卷914）.转自：文献[38]：94-95.
❻ 见：贞元释教录.卷十四.转自：文献[38]：95.

如,则不可称为方等也。然泛爱则人喜陵犯,严毅则物自肃然。末代住持宜其严而少爱,则为能也。❶

方等戒坛的出现,是值得深思的。引文中,我们也看到,赞宁一方面肯定方等戒坛周遍包容的优点,但也告诫末代住持者,应妥善把握好包容与严格之间的分寸,尤其"宜其严而少爱"。

有唐以来戒坛频开,以至于私自度僧的现象时有发生。元和二年(807年),朝廷禁止私自开设戒坛❷。据《入唐求法巡礼记》,朝廷只指定了五台山和嵩山二处设为合法戒坛:

> 大唐太和二年❸以来,为诸州多有密与受戒,下符诸州,不许百姓剃发为僧。唯有五台山戒坛一处,洛阳终❹山琉璃坛一处,自此二外,皆悉禁断。

嵩山会善寺琉璃戒坛,肇建于一行禅师和元同律师。贞元十一年(795年)陆长源《嵩山会善寺戒坛记》云:

> 先是,有高僧元同律师、一行禅师,铲林崖之欹倾,填乳窦之窈窕。鵩玉立殿,结琼构廊。旃檀为香林,琉璃为宝地,遂置五佛正思惟戒坛……自河洛烟尘,塔庙崩褫,上都安国寺临坛大德乘如,修慈业广,秉律道尊,志度有缘,法庇群动,慨兹堙坠,遂为闻彻。寻有诏,申命安国寺上座藏用、圣善寺大德行严、会善寺大德灵珍、惠海等住持,每年建方等道场,四时讲律。❺

既然是"鵩玉立殿,结琼构廊",此戒坛有可能是建造在室内的;周围有旃檀香林,与关中戒坛四周华树相似;琉璃为地,与图经中乌仗那国东石戒坛类似;而此戒坛特别名为"五佛正思惟戒坛",可见与密教有关。目前,该戒坛遗址在净藏禅师塔东侧,五代时会善寺被毁,戒坛亦遭厄运,今残存天王石柱一根和方形土台子❻。

一行禅师曾于当阳玉泉寺慧真法师处学梵律,深达毗尼,而慧真"十三岁受业于京西开业寺,事僧满意"❼,而满意律学属法砺相部宗,一行学律也当属此派。另外,一行又于金刚智处学密教,复同善无畏三藏译《大日经》❽,故而也受印度密教的直接影响。因此,虽说会善寺琉璃戒坛四角立天王石柱,与关中戒坛相似,但其形制具体关联还不便直接断言。

日僧圆仁入唐求法,正当会昌法难来临之际。开成五年(840年),他沿途看到其他几处戒坛,并留下了珍贵的戒坛史料。

其一,唐州城开元寺戒坛院新置戒坛:

> 〔四月〕十四日……晚际,入戒坛院,见新置坛场:垒砖二层,下阶四方各二丈五尺,上阶四方各一丈五尺。高:下层二尺五寸,上层二尺五寸。坛色青碧,时人云"取琉璃色",云云。❾

此戒坛为两层,尺度与关中戒坛也不尽相同,坛面琉璃色,与嵩山戒坛相似。而此形制与敦煌榆林窟五代第16窟所绘的戒坛图像(图11),又非常相似。榆林窟五代戒坛绘于晚唐五代的《劳度叉斗圣变》中,作方形,上下

❶ 文献[10].卷下.方等戒坛

❷ 文献[16].卷一百七十四.列传.第一百二十四.李德裕
❸ 应为"元和二年"之误,参见:文献[14]:54。
❹ 应为"嵩山",即指会善寺琉璃戒坛,参见:文献[14]:54。

❺ 文献[15].卷上

❻ 文献[14]:55

❼ 文献.玉泉寺志:182-185
❽ 文献[1].唐中岳嵩阳寺一行传:91-92

❾ 文献[14].卷二:252

两层，四面中部单一踏道，底座四周有散水，坛面周边无栏楯。散水、台面及踏道为面砖，作石青色，也即琉璃色[1]。

图 11　敦煌榆林窟五代第 16 窟戒坛
(来源：文献[8]：199)

其二，唐州城善光寺尼众戒坛，以绳为界，平地为坛，甚为随意：

〔四月〕十五日……斋后入善光寺，见尼众戒坛。堂里县幡铺席，以绳界地。不置坛，平地铺着，以为戒坛。明日起首，可行道受戒[2]。

其三，五台山竹林寺贞元戒律院万圣戒坛：

〔五月〕二日，入贞元戒律院。上楼，礼国家功德七十二贤圣、诸尊曼荼罗，彩画〔精〕妙。次开万圣戒坛，以玉石作，高三尺，八角；底筑填香泥，坛上敷一彩毯，阔狭与坛齐；栋梁椽柱，妆画微妙[3]。

观其形制，于室内建造，高三尺、八角，推测为单层，玉石建造，香泥填充，彩毯满铺，雕梁画栋，与关中方形、三层、室外建造的石戒坛差异较大。其做工华美、高贵，自与朝廷的支持有很大的关系，推测就是五台山保留的合法戒坛。

五代时期，周世宗禁佛，废止了大批寺庙，严格控制僧人出家，所谓王公戚里诸道节刺以下，不得奏请建造寺院及开置戒坛。戒坛设于官府，度僧的工作由官府控制[4]。

2. 宋辽至明清时期

经唐武宗及周世宗法难，汉地佛教受到巨大打击。但是，关中戒坛的形制在宋初得到了继承和发展，前述东京太平兴国寺大石戒坛便是例证。

南山宗在宋代又重新兴盛起来，表现出强大的生命力。先有允堪律师（？—1061 年），于宋仁宗庆历七年（1047 年），重建杭州大昭庆寺戒坛，奉旨开戒，岁岁度僧；皇祐年间（1049—1054 年），又于苏州开元寺、秀州精岩寺建戒坛，弘范毗尼[5]。其中之大昭庆寺戒坛更具代表性。

据《杭州大昭庆律寺志》载，此戒坛初由永智律师建于太平兴国三年（978 年），允堪于庆历二年（1042 年）冬依此戒坛精勤行道，七年春三月某夜

晚,感韦陀现身言:

> 今师行道处,是古燃灯佛降生地,最吉祥者。愿师以续燃灯慧命。弟子于西天竺取香泥和白牛粪,及世尊降伏外道处金刚王座下土,四大海心水,具如规制筑坛。使登践受戒者,即入诸佛位,永为佛法四众依止,不堕泥犁。师当荷之。❶

文中未见具如规制的详情,以及与《戒坛图经》的联系。另据寺志记载,戒坛历代毁修,皆依旧制。到了明万历二年(1574年)修缮,"增高一仞,广三寻;四十四年(1616年),镇元等上严金像,下整石基,四面周匝,栏楯精致,历地而上为两层"。❷康熙三十九年(1700年),宜洁律师重建:

> 坛作二层,高六尺,方四面,前后相距三丈九尺,东西相距三丈七尺。每边下斫石龛,列昭灵护戒神六十身,中奉卢舍那佛,隅列宗师四座:曰澄照法慧师、真悟智圆师、大智元昭师,曰万寿戒坛传戒沙门某师。此现在之制度也。❸

若依万历年间的坛制:"增高一仞"应当指增高到一仞❹,折合丈尺为七尺;广三寻,折合为二丈四尺,与关中戒坛高唐尺七尺九寸、底层广二丈九尺八寸还是比较接近的。周围栏楯、历地二层也与关中戒坛相近(后者第三层不明显),但无戒神。此戒坛上,已见到安佛像的做法了。若观清代重立的戒坛,平面尺寸较大增加,去除了栏楯和台阶,换以木梯❺,并明确坛身设石龛戒神、中央为卢舍那佛,而宗师座次也很明确。

北宋时期,允堪之后有著名南山宗律师元照(1048—1116年),"宗承法密,储贰终南,筑两坛而亘古亘今"。❻他精研南山律学,包括《戒坛图经》(如前述),在其《建明州开元寺戒坛誓文》中,特别强调戒坛上要安置戒神:"释迦遗法,比丘恭于娑婆世界南瞻部州大宋国明州开元寺建筑戒坛,敬造护法神王立于坛上。我闻神王有大弘誓,于末法中,护持塔像,住持佛法,利乐群生。"❼想必此坛形制与关中戒坛有很大关联。

南宋时期,建炎二年(1128年),福建泉州开元寺僧敦炤,以天禧三年(1019年)前人所筑戒坛不尽师古,"特考《古图经》更筑之,为坛五级,其间高下广狭之度俱有表法。仍命崇瀼序而纪之石。敕名甘露戒坛"。❽《古图经》即指《戒坛图经》,《开元寺志·敦炤传》云:

> 释敦照,守律精严,以身范物,故四方咸宗师之,其徒万人。宋建炎二年,匡众之暇,览南山《戒坛图经》,因叹寺之戒坛,制度樵陋不尽师古,乃与其徒体瑛等,更筑之。凡五级,轮广高深之尺度,悉手板雠,律法必有据依,无一出私意。❾

可见,此戒坛严格按照《戒坛图经》建造。特别强调戒坛五级、俱有表法,有可能还参照了赞宁《覆釜形仪》,是一座类似东京太平兴国寺那样的石戒坛。该戒坛在元至正十七年(1357年)受灾,洪武年间僧正映重建,虽然依旧非常壮丽,但是制度却与宋代敦炤所建不同❿。

❶ 文献[20].卷之六.戒律.戒坛.79

❷ 文献[20].卷之六.戒律.戒坛.79

❸ 文献[20].卷之六.戒律.戒坛.79

❹ 一种理解为在原有基础上增加一仞,但是参照康熙年间的坛高为六尺,一仞为七尺,如远比七尺还高,前后差别较大,实际上可能性较小,故认为"一仞"即为总高。

❺ 文献[20].卷之六.戒律.戒坛引:"万历年间之增高,前有阑楯,今藏石龛;前者历地有级,今设木梯。既改允堪之旧,且亦每筑而易,观此真圆教法门,无不可者。"作者引方等戒坛的含义说明,历代戒坛修造实际上有变化,若就方等意义上来讲,也是可以接受的。

❻ 文献[36]

❼ 文献[37]

❽ 文献[23]:19

❾ 文献[23].开士志:94

❿ 文献[23].建置志:20:"至正丁酉坛灾。洪武三十三年,僧正映重构,虽壮丽如昔,而制度非复敦炤之旧矣。"

明末清初，中国南方有见月读体(1601—1679年)，在江苏宝华山隆昌寺先于顺治四年(1647年)立木制戒坛，后重新创建石戒坛❶。在《敕建宝华山隆昌寺戒坛铭》中，见月表达了他创立戒坛的律学思想。他认为戒坛首推舍卫国祇树给孤独园的佛制戒坛，此土则肇始于南山道宣，唐代虽有义净法师印度流派的戒坛推行，但唐宋两代的主流仍然是南山规制，隆昌寺戒坛大有力承南山之势，故特匾之以"佛制戒坛"(图12)。然而，此戒坛又采取"仿古更今"的思想，并非一味地照搬。

❶ 文献[22].宝华山志卷三.石戒坛

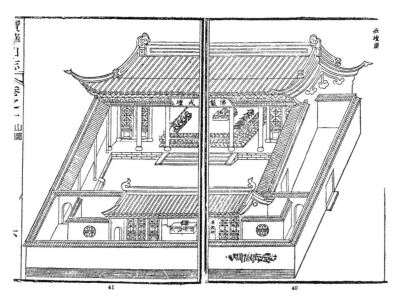

图 12　宝华山志戒坛图
(来源:文献[22])

隆昌寺石戒坛敕建于康熙二年(1663年)，选址于寺院外东南位置闲置场地，与祇园戒坛位于佛院外东南大致相符。戒坛置于一座五间殿堂内，殿堂高四丈，进深三丈六尺，堂前有照壁，两侧翼以走廊，但是强调坛体与房屋相隔离、中正不倚，所谓"坛宇墙壁，俱各离立，不倚不连，以遵律范严密"。❷ 我们知道，关中戒坛位于露天场地上，而此坛置于殿内，特别说明与房屋相隔离，似乎与坛上不得立房屋的规定有关。《戒坛图经》引云："善见云，戒坛上不得立房。纵使王立，有惭比丘别坏，余材草送住寺比丘，唯置佛殿及树木也。据斯以言，明是法住之处，非人所宅。"❸ 由此看来，坛置于佛殿内是可以接受的，但坛上不得住人❹。据《宝华山志》，此戒坛为方形，上下两层，周围栏楯，下有莲座，坛身上下雕刻见月手绘的花纹，极其精美❺。也就是说，与关中戒坛比较，基本的两层是相同的，但此戒坛没有特别说明第三层，也没有提到坛上舍利塔或固定佛像的安置，再者也没有提到戒神。这几点，都是与关中戒坛有区别的。

当代圣严法师《戒律学纲要》中说："再如明末清初的蕅益、见月诸师，因

❷ 文献[22].宝华山志卷三.石戒坛
❸ 文献[1].戒坛高下广狭第四(并引图相)
❹ 史料记载，历史上的确出现过霸占戒坛居住的例子，即是泉州开元寺戒坛在明隆庆年间，为戎器火药诸匠携妻子居住，直至万历二十二年才被驱除。见:文献[23]:19-21.
❺ 文献[22].宝华山志卷三.石戒坛："周以层栏，承以莲座，上下花纹，刻镂极其工丽，皆见月手绘上石，其意匠经营，世称稀有焉。"

其未能遍获南山以下的唐宋律著,虽然宗依南山,仍然未能尽合南山的观点。今人如要治律弘律,首要必须冲破此一难关。"❶ 如此看来,见月当时有可能也未亲自读到《戒坛图经》,隆昌寺戒坛因而有种种差异。

另外,燕京地区五代后属于辽代,著名者有法均(1021—1075年)❷,被辽道宗尊为"传戒大师"。他在咸雍五年(1069年)冬建立戒坛,弘扬菩萨戒法,属于大乘戒坛,在今北京戒台寺。其后,直到明正统年间(1436—1440年)戒台寺重修,有高僧道孚和尚,世称"鹅头祖师",宗南山律法,受英宗器重,于正统六年(1441年)主持重建戒坛,敕之为"万寿戒坛"。现存戒坛即为明代遗物。

此戒坛在大雄宝殿左侧(北侧)另设院落布置,置于戒坛殿中央,由大块青石砌筑而成,平面方形,总共三层,每层均用须弥座,上下枋雕有流云藩草,束腰处雕有戒神龛,四周无栏楯及台阶。戒坛殿内中部四根立柱置于戒坛上层四角上,上方正中装斗八藻井。据查有关数据,戒坛通高3.25米(10.16尺)❸。底层高1.4米(4.38尺),各边长11.30米(35.31尺);中层高0.95米(2.97尺),各边长9.60米(30.00尺);上层高0.9米(2.81尺),各边长8.10米(25.31尺)❹。戒坛上原有高3米高的莲台佛座,供明正统年间铸造的2米高释迦佛坐像和一尊佛母像,1973年均运往浙江国清寺❺(图13、图14)。

前述戒坛多为两层,即使关中戒坛表义为三层,第三层也甚为矮小,而此戒坛第三层非常突出,仅仅比第二层低50毫米,这是前述所未见的。如果说戒坛重建时,还可见到法均戒坛遗迹,那么有可能受此影响,否则或是道孚和尚的创制。而与关中戒坛的直接联系,却因史料缺乏难以考证。此戒坛是目前发现于坛上安佛像的较早一例。

❶ 文献[41]:22
❷ 包世轩《金元时期辽法均"大乘三聚戒本"在燕京流传情况考略》确定,若据王建光《中国律宗通史》,则为"1025-1075"。年代据:文献[24]:166。
❸ 括号内数据,为本文作者直接按"明尺:1尺=0.320米"换算得来的丈尺,仅供尺度对比参照而已。
❹ 戒坛尺寸数据根据:文献[26]:273。
❺ 文献[26]:273

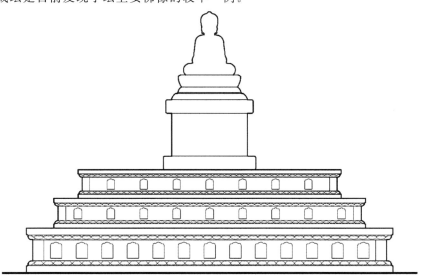

图13 北京戒台寺戒坛立面示意图

图 14　北京戒台寺戒坛照片

有趣的是，我们能够了解的明清时期北京地区三座石戒坛（即戒台寺戒坛、潭柘寺戒坛、广济寺戒坛），均为三层。北京潭柘山龙泉寺（现名潭柘寺），明正统年间（1436—1440 年）诏改广善戒坛❶，其形制如下：

> 戒坛三间，在势至殿前，崇三十七尺，纵广各五十五尺。内玉石须弥戒坛一座，三层。高一丈，纵广各一丈六尺。髹绦严饰，妙华缤纷，使人摄心净念，如对诸天。❷

据史料，时龙泉寺僧道源（1403—1458 年），正统十三年（1448 年）被英宗钦命为戒台寺万寿戒坛传戒大宗师，辅佐道孚主持传戒事宜。天顺元年（1457 年）英宗敕改龙泉寺为嘉福寺，命道源为"嘉福堂上重开山第一代住持"。现潭柘寺塔院内，西竺源公塔有额题"钦依万寿戒坛传戒宗师嘉福堂上重开山第一代住持西竺源公大和尚塔"字样❸。显然，诏改广善戒坛，是明英宗顺应和扩大戒台寺传戒活动的重大举措，且道源和尚常奔走于两寺之间，其形制相互关联是自然的了。广善戒坛通高为一丈，与前者通高的折合尺寸 10.16 尺，基本是同一高度，只是平面尺寸较小。

入清以来，康熙三十二年（1693 年）天孚和尚主持修建北京弘慈广济寺石戒坛。据寺志记载：

> 戒坛三楹，在第一关外东隅，南向。石座三层，周遭栏槛，并白玉石凿成。玲珑花草、云涌兽攒，过于绘画。上供阿育王塔一座，塔内供四大菩萨、梵僧舍利一颗……俱康熙三十二年建。❹

又寺志中王熙《广济戒坛记》云：

> （天孚和尚）详考大藏，宜在寺之东隅，为善神护持之地。坛凡三层，周围遮以栏楯，皆白玉石凿，并白玉石凿成。云涌兽攒，过于绘画。上供阿育王塔一座，塔内贮舍利子一颗……惟都城说戒之地，北则广济，南则闵忠，所设戒坛，皆架木为之，规制未备，且方位失宜，不合大藏。❺

对照分析，就会发现：戒坛位于第一关外东侧、取南向，符合祇园寺"僧为比丘受戒坛"的位置特征。石座三层，其表义与关中戒坛相同，但第三层应当

❶ 文献[27]

❷ 文献[27]

❸ 文献[24].潭柘寺历代弘法高僧事略:460

❹ 文献[28].建置上:64

❺ 文献[28]:176、177

不像关中戒坛那样只高四寸,而是类似本地戒台寺、潭柘寺戒坛的做法,高出许多。然而,其栏楯形制、遍体精细玲珑的花草及瑞兽浮雕,以及坛身无神龛的形制,却又与见月所创宝华山戒坛相像。另据《广济戒坛记》,天孚和尚曾经遍游东南名胜❶,在见月主导下的南山律宗广传时期,没到过江南宝华山的可能性也是很小的。戒坛上面的阿育王塔,像是在力图还原《戒坛图经》所谓坛上安舍利塔的规制。而塔内供四大菩萨,若为文殊、普贤、观音、地藏,则与元明以来国内发展成熟的四大菩萨信仰格局内容又很匹配。由此看来,康熙广济寺戒坛几乎浓缩了南北两地代表性形制特征,真可谓"考据精确、缔造严整"的结果。

❶文献[28].广济戒坛记:173:"(天孚和尚)尝读《法华经》有省,遂遍游东南,穷历名胜"。

目前北京广济寺所存戒坛文物,位于寺院的西侧,而不是东侧,戒坛共为两层,上面所供舍利塔也不见了,其余形制特征亦如上文所述(图15、图16)。而与方志记载不同之处可能是后期改建的结果。

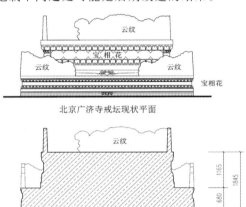

北京广济寺戒坛现状平面

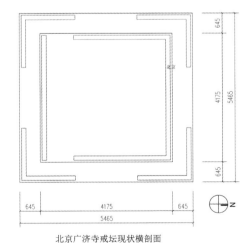

北京广济寺戒坛现状横剖面

图 15 北京广济寺戒坛现状草测图

图 16　北京广济寺戒坛现状

五　余　论

从建筑史学角度,通过对《戒坛图经》的研究,我们确实了解到了唐代本土僧人,基于已有条件,以相当严谨的态度,经过详细的推导,进而设计、建造了一件具有划时代意义的特殊佛教建筑作品。

有唐一代,佛教鼎盛,宗派林立,百家争鸣。基于现有的研究,大致可以梳理出唐代戒坛发展的三个时期。

(1) 四分律戒坛为主时期(唐初—695年):标志是公元667年关中戒坛创立。该时期以南山宗关中戒坛形制为主,而兼有相部宗、东塔宗戒坛。关中戒坛创立之时,虽已有玄奘大师学成归国,但其重点不在律学,未能及时给道宣提供过多的印度戒坛信息。关中戒坛形制特征与北天竺乌仗那国东石戒坛更为接近。

(2) 争鸣时期(695—765年):标志是义净法师学成归国及开元三大士来华。义净法师留学印度的重点便是当时的一切有部律,对其戒坛有实地考察,武周证圣元年(695年)归国后,在嵩山少林寺创建此类戒坛。此外,还有金刚智三藏洛阳戒坛等,共与关中四分律戒坛形成争鸣态势。

(3) 方等戒坛主导时期(765年—唐末):标志是代宗永泰元年(765年)诏建大兴善寺方等戒坛,乃至往后只留五台、嵩山两处合法戒坛。该时期朝廷介入受戒活动的监管,强调周遍包容。

争鸣之中必然会有融合,但限于史料缺乏,以上三类戒坛形制差异及关联还有待进一步研究。难得的是,虽然经过会昌、五代两次法难,关中戒坛形制依然在宋代得到了继承和发展。宋代以降,南山宗经允堪、元照等大师的弘扬,再次取得了汉地律学的主导地位。而明清两代南山律中兴时所建戒坛,其形制与关中戒坛有类似之处,但是差异也是明显的。这可能是因为明清时期南山文献的散失,抑或是基于仿古更今、契合时宜思想的结果。北京地区的戒坛,上有辽代大乘戒坛,明清为南山法脉,三者均为三层(第三层高度显著)的特点;而在康熙朝建立的广济寺戒坛形制上,看到了南北融合的痕迹。

参 考 文 献

[1] [宋]释赞宁. 宋高僧传(上、下). 北京:中华书局,1987
[2] [唐]释道宣. 关中创立戒坛图经(并序). 大正新修大藏经,第四十五卷. 石家庄:河北省佛教协会影印
[3] [宋]景定四明东湖沙门志磐撰. 佛祖统纪
[4] 蔡运辰. 二十五种大藏经目录对照考释. 台北:新文丰出版公司印行,1983
[5] [清]吴树虚. 大昭庆律寺志. 杭州:杭州出版社,2007
[6] 孙儒僩,孙毅华. 敦煌石窟全集·建筑画卷. 香港:商务印书馆,2000
[7] 晁华山. 佛陀之光——印度与中亚佛教胜迹. 北京:文物出版社,2001
[8] 萧默. 敦煌建筑研究. 北京:文物出版社,1989
[9] http://photo.blog.sina.com.cn/list/blogpic.php?pid=584c5425t78cd9e0ce3a3&bid=584c54250100fea9&uid=1481397285/2012.09.03
[10] 释赞宁. 大宋僧史略. 宋咸平二年重更修治
[11] [唐]释义净 著. 王邦维 注. 大唐西域求法高僧传校注. 北京:中华书局,1988
[12] 王建光. 中国律宗通史. 南京:凤凰出版社,2008
[13] [唐]释道宣. 续高僧传. 大正新修大藏经. 论藏. 史传部二
[14] [日]圆仁 撰. 白话文注. 入唐求法巡礼记校注. 石家庄:花山文艺出版,1992
[15] 嵩阳石刻集记(四库本)
[16] [后晋]刘昫. 旧唐书(四库本)
[17] [宋]薛居正. 旧五代史(四库本)
[18] http://www.foyuan.net/article-125236-1.html/2012.9.3
[19] 曾枣庄,刘琳. 全宋文. 卷五三八九. 上海:上海辞书出版社,2006
[20] [清]吴树虚 纂修. 大昭庆律寺志. 杭州:杭州出版社,2007
[21] [清]释鹰巢. (清末民初)释辅仁. (民国)潘宗鼎,检斋居士. 承恩寺缘起碑板录、律门祖庭汇志、扫叶楼集、金陵乌龙潭放生池古迹考. 南京:南京出版社,2011
[22] [清]刘名芳. 宝华山志. 白化文,张智. 中国佛寺志丛刊. 扬州:广陵书社,2006:53-54
[23] [明]释元贤. 泉州开元寺志. 民国十六年(一九二七)重刻本
[24] 包世轩. 抱瓮灌园集. 北京:北京燕山出版社,2011
[25] [辽]王鼎. 法均大师遗行碑铭(并序). 见:全辽文. 卷七
[26] 梅宁华 主编. 北京文物地图集. 北京:科学出版社,2009
[27] [清]神穆德 纂. (清)释义庵 续辑. 潭柘山岫云寺志. 杜洁祥. 高志彬解题.

中国佛寺史志汇刊(第一辑).第44册.台北：明文书局，1980：144

[28] [清]湛佑.弘慈广济寺新志.杜洁祥,高志彬.中国佛寺史志汇刊(第一辑).第44册.台北：明文书局，1980：145

[29] 聊城地区博物馆.山东阳谷县关庄唐代石塔.考古，1987(1)：48-50

[30] http：//hk.plm.org.cn/gnews/200765/20076562713.html/2012.9.13

[31] 陕西省考古研究院，法门寺博物馆，宝鸡市文物局，扶风县博物馆.法门寺考古发掘报告(上、下).北京：文物出版社，2007

[32] 季爱民.从道宣的戒坛设计到法藏的华严寺造像——以碑林藏神龙二年(706年)造像座为中心.唐代论丛(第十一辑).西安：中国唐史学会，陕西师范大学唐史研究所，2009：199-211

[33] 曾武秀.中国历代尺度概述.历史研究，1964(1)：163-182

[34] [清]李元才.玉泉寺志.杜洁祥.中国佛寺史志汇刊(第三辑).第17册.台北：丹青图书公司印行，1985

[35] 管宁.鉴真与西院戒坛.鉴真佛教学院网站：http：//www.jianzhen.net/view.asp? id=11523/2005.6.20

[36] [宋]则安.钱唐灵芝大智律师礼赞文(并序).卍新纂续藏经.第74册.No.1507

[37] [宋]元照.芝园遗编.卍新纂续藏经.第59册.No.1104

[38] 湛如.敦煌佛教律仪制度研究.北京：中华书局，2011

[39] [意]马里奥·布萨利 著.单军，赵炎 译.东方建筑.北京：中国建筑工业出版社，1999

[40] 中国美术全集编辑委员会.中国美术全集：雕塑篇4·隋唐雕塑.北京：人民美术出版社，1988

[41] 圣严.戒律学纲要.北京：宗教文化出版社，2006

陵川崇安寺西插花楼探析

贺从容

(清华大学建筑学院)

摘要：山西陵川崇安寺西插花楼为传统楼阁式建筑，文物部门初步鉴定为元代遗构。本文通过有关碑铭题记的整理分析，西插花楼的建筑测绘勘察，以及西插花楼的形制特征与其他楼阁建筑的比较，对此西插花楼建筑遗构的称谓演变和构造特点进行分析。

关键词：山西陵川，崇安寺，插花楼，藏经阁，形制特征

Abstract：The West Chahua Tower of Chong'an Temple in Lingchuan, Shanxi, is a traditional building of multistoried pavilion type, and dates back to the Yuan Dynasty according to the preliminary evaluation of cultural heritage authorities. It is unusually named as Chahua Tower, which is different from other names of other buildings of ancient Chinese temples. This paper tries to analyze and evaluate the name and function, the construction characters of the unique West Chahua Tower by ways of interpretation inscriptions on stones, measuring and survey, and comparing the construction forms with other towers of ancient China.

Key Words：Lingchuan of Shanxi, Chong'an Temple, Chahua Tower, Depository of Buddhist Texts, construction characters

一　崇安寺插花楼概况与研究现状

2009—2011年之间，为完善国保单位资料，我们应邀测绘考察了陵川县城中最大的佛寺崇安寺。拙文"山西陵川崇安寺的建筑遗存与寺院格局"[2]对崇安寺的历史沿革和寺院建筑格局曾有分析。崇安寺相传始建于后赵石虎时期，经隋唐宋元明清的演变留存至今，2006年，崇安寺作为元至清时期古建筑，被国务院批准列入第六批全国重点文物保护单位名单。寺院位于今陵川县崇文镇北部的卧龙岗上，坐北朝南，现存有前后三进院落，随着卧龙岗的地势微偏东北一西南走向。中轴上从南向北依次为山门（又名"古陵楼"）、当央殿（又称"毗卢殿"，俗称"过殿"）、大雄宝殿和石佛殿，山门两侧有清代建造的钟楼、鼓楼，院落两侧还有多间厢房（图1）。本文要研究的"西插花楼"即位于当央殿西侧。

---

[1] 本文受国家自然科学基金（项目批准号：51078220）资助。文中所用测绘图皆取自2009年7月清华大学建筑学院建筑历史与理论研究所教师与06级24位本科生对崇安寺为期两周的建筑测绘成果。调研工作得到了陵川文物局郑林有、赵灵贵等同志的帮助，得到了清华大学建筑学院07级李苑、赵凯波同学的协助。

[2] 贺从容. 山西陵川崇安寺的建筑遗存与寺院格局. 中国建筑史论汇刊第六辑. 北京：中国建筑工业出版社，2012：86-134

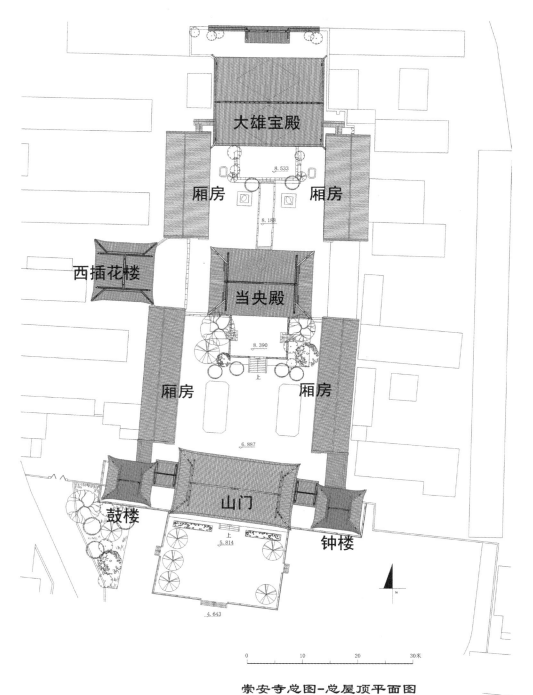

图 1 崇安寺屋顶总平面图

(许玉洁 绘)

《山西古建筑通览》中提到崇安寺有插花楼❶，马晓《中国古代木楼阁》第三章"楼阁构架分类"中提及崇安寺插花楼的叉柱造，将其列入明代楼阁叉柱造的例子，国家文物局公布第六批国保资料中则将崇安寺插花楼视为元代遗构。此外，对于崇安寺西插花楼尚无专门论述。

这座"西插花楼"不仅称谓特殊，在汉地伽蓝配置中引人注意。而且，这座二层木构楼阁建筑造型秀丽有金元之风，构造上有平坐和叉柱造的做法，在晋东南遗构中也属少见，值得深入探讨（图2～图4）。本文通过有关碑铭题记的整理分析，西插花楼的建筑测绘勘察，以及西插花楼的形制特征与其他楼阁建筑的比较，对此西插花楼建筑遗构的称谓演变和构造特点进行分析。

❶李玉明，王宝库 等.山西古建筑通览.太原：山西人民出版社，2001

图2　从第一进院看西插花楼
（自摄）

图3　西插花楼东面
（自摄）

图 4 　西插花楼西面
（自摄）

二　插花楼释名

"插花楼"的称谓不属于汉地佛寺伽蓝殿宇的名称，一般汉地佛寺中未见有插花楼的配置。崇安寺内的配殿为什么被叫做"插花楼"呢，从词义上看，"插花楼"的称谓比较女性化，民间女子的梳妆楼即有称作插花楼，如《中国歌谣资料·五更伴嫁》："左梳右挽盘龙髻，右梳左挽插花楼。"晋东南诸多供奉女性神灵的庙宇中，就常有插花楼、梳妆楼的配置，比如陵川西溪二仙庙、平顺九天圣母庙、壶关九天圣母庙、西李门二仙庙等，意思是为供奉二仙娘娘或圣母梳妆、插花而设立的楼。陵川自北宋以来二仙文化繁盛，插花楼的名称来源有可能受到当地盛行的二仙文化的影响。距崇安寺不到二十公里的陵川西溪二仙庙内，就有供二仙娘娘梳妆的一对梳妆楼，位于殿前两侧，建筑形制与崇安寺插花楼十分相似。

县中老人还提供了另一种解释，说是因为此配殿屋檐翼角起翘形态与新科状元所戴的插花官帽相似，所以后来大家称其为插花楼，以喻高中状元吉祥如意。这种解释是否原意且不论,从中可知的是,插花楼为后来的俗称,之前的佛寺配置原名并非插花楼。

1. 碑铭中的藏经阁

插花楼以前称谓如何,在寺院里具有什么样的功能呢?有两通石碑值得注意:

第一通是山门古陵楼的宋代石门框上门楣处有石刻铭文(图5),记载寺中曾有"经藏":"嘉祐辛丑六月□日,泽州陵川县崇安佛寺,新作经藏山门成具,明日县令河南裴翰俱(俱字待确认)尉县东唐□来观"。说是北宋嘉祐辛丑(1061年)六月,新建的经藏和山门都已建成,第二天县令要来视察。

图5 山门青石门框上的石刻
(赵凯波 摄)

"经藏"起先专指庋藏经卷释典佛像的大型书架(分为壁藏和转轮藏),后来存放经书和书架的建筑也称为经藏,相当于寺院的图书馆资料室,对于汉地佛寺非常重要。南北朝之后,随着佛教译经日增和研讨讲习之风日盛,经藏建筑就成了汉地佛寺中非常重要的配置。随着唐宋楼阁建造技术的发展,为防止经书受潮及合理利用空间,寺院中往往建造楼阁藏经,可称为经藏,后来称之为藏经阁。这通宋代铭文中,经藏和山门并提,至少说明北宋嘉祐辛丑(1061年)寺中已建有藏经建筑。

第二通是寺中现存明天启年间《重修崇安寺碑记》中提到有"藏经阁"一词:"崇安寺陵古刹也。岁久倾圮,有识者,已心忧焉鸣也,韩公率檀福而重葺之:大雄宝殿五楹,当央殿五楹;有古陵楼,有藏经阁,东西禅院并余僧舍若干。"❶说是,邑举人韩国宾(即"韩公")在明天启年间带领乡民重修了崇安寺的主体殿宇,其中包括有藏经阁。

碑文中已将寺中的藏经建筑明确称为藏经阁,应当是楼阁式建筑。晋东南佛寺的主体格局通常比较稳定,殿宇塌毁后通常是在原址上复建。从文物部门的基址考察和寺院格局来看,除去碑文中古陵楼、当央殿、大雄宝殿的位置,寺中只有西插花楼和其东面沿中轴线对称的位置有建造楼阁建筑的可能。虽然到明清时期,汉地佛寺中藏经楼常位居中轴线的最后一进,被建成体量很大的楼阁建筑。但以崇安寺的基址考察情况,大雄宝殿之后没有任何殿基遗存迹象,这种大型后置藏经楼的可能性不大。

2. 钟楼与经藏相对的可能

以汉地佛寺中轴对称的传统格局而言,西插花楼对面有楼阁相对应更加完整。据清道光二十一年(1841年)的《重修崇安寺小记》中载,清道光二十一年(1841年),寺因年久失修,"殿宇剥蚀","东楼一角倾圮",除了后来俗称为东插花楼的楼阁外,崇安寺的资料和传闻中没有出现过其他的东楼。从寺院整体格局看,清乾隆三十四年《重修崇安寺禁约序》中所说"整修当央殿□□东、西、南楼",南楼应指山门古陵楼,东、西楼应指东、西两座插花楼。

另据访谈调查,西插花楼之东曾有东插花楼基址,现已被厢房覆盖。县中老人口述,上辈人见过崇安寺的东插花楼,与西插花楼外观上一模一样,东西对立,老人们对此众口一词,应无误传。陵川文物局的郑林有先生十几年前曾经走访过七十多岁的本慧和尚,本慧和尚介绍他在寺中住时,当央殿两侧有一对插花楼东西对立,可惜东插花楼在抗战之前因客僧用火不慎失火焚毁。

那么前文提到北宋嘉祐石刻中的"经藏"和明天启年碑铭中的"藏经阁",是在东、西插花楼中哪座的位置上呢。在唐宋汉地佛寺的群体布局中,钟楼和经藏已经作为一组对称设置的建筑物,出现在中轴的两侧。钟楼在东、藏经楼在西❷。这在傅熹年先生的《中国古代建筑史(第二卷)》、郭黛姮先生的《中国古代建筑史(第三卷)》和辛德勇先生的"谈唐代都邑的钟楼与鼓楼"❸一文中有全面精辟的论述和实例列举,本文不复累述。以唐宋时的钟楼在东、藏经楼在西的佛寺制度,现有西插花楼的位置上应是藏经楼,东插花楼的位置可能曾是钟楼(图6)。

❶ 碑文全文参见:贺从容.山西陵川崇安寺的建筑遗存和寺院格局.中国建筑史论汇刊第六辑.北京:中国建筑工业出版社,2012:86-134。

❷ 傅熹年.中国古代建筑史(第二卷).北京:中国建筑工业出版社,2009:482

❸ 辛德勇.谈唐代都邑的钟楼与鼓楼.文史哲,2001.4

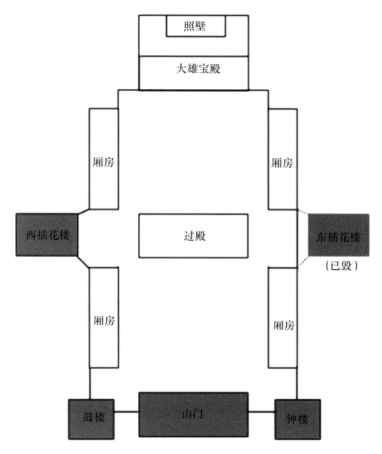

图 6　经藏与钟楼位置示意图

（赵凯波 绘制）

3. 钟楼的可能

与经藏相对的钟楼，在唐宋时期的汉地佛寺格局中，也是常见的重要配置。

查询寺中遗物，确有一口宋代铁钟（高约 2 米，直径长 1.7 米），是口罕见的大铁钟。表面铸有铭文、方格纹及八卦图案，钟上铸有"崇宁元年"字样，是宋徽宗崇宁元年（1102 年）铸造的大铁钟。如此大的铁钟，当属佛寺重器，据村中老人口述自古为崇安寺所铸，一直存于寺内（图 7）。

这口宋代铁钟现悬于清乾隆年间所建钟楼的一层室内，寺中清乾隆年间《重修崇安寺禁约序》记："丙戌夏……又创钟鼓二楼"[1]。放置这口大铁钟后，铁钟四周与砖墙之间不到 2 米的距离，上下距离楼板不到 1.2 米，非常局促，且不说能否声闻百里，即便是敲钟都不太方便。钟楼这个尺度与其

[1] 引自《重修崇安寺禁约序》，该石碑勒石于清乾隆三十四年（1769 年），现存于陵川县城崇安寺内。

图 7 崇安寺宋代铁钟照片
（自摄）

内放置的宋代铜钟尺度颇不相衬，显然不是原配钟楼，以前或有更合适的钟楼放置此铁钟。而插花楼的尺度，放此铁钟非常合适，而且楼高两层，下层空旷，符合钟楼标准。寺中钟楼与鼓楼相对设置于山门之后或山门两侧的形制，到宋元以后才开始出现，明代才开始普及。所以，从建筑尺度和唐宋佛寺东钟西经的格局来看，东插花楼的基址位置，应是宋时寺中钟楼最恰当的选址。

三 西插花楼的建筑勘察

从现场勘察情况看，西插花楼是典型的木构阁楼式建筑（图8、图9），楼高两层，上下层之间设平坐勾栏，两层平面均为方形，面宽、进深均为三间，二层周匝有缠腰。外观二层重檐三滴水，歇山顶，彩色琉璃剪边。

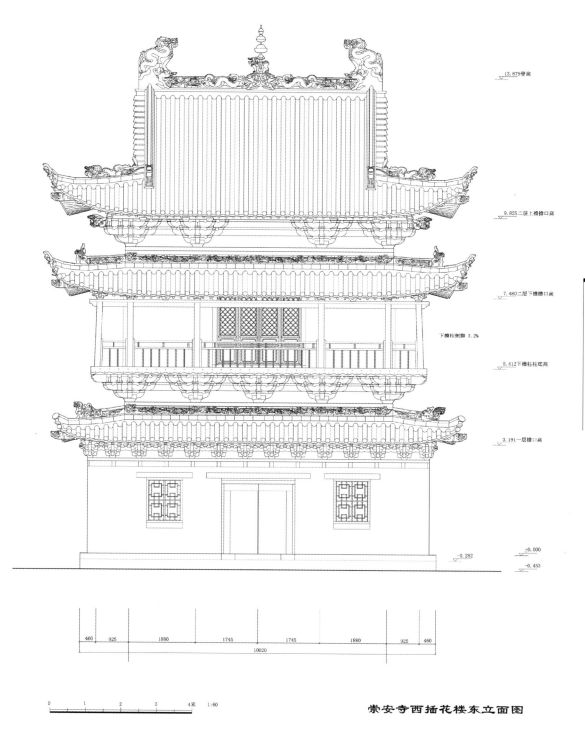

图 8 西插花楼东立面图

(吕晨晨 绘)

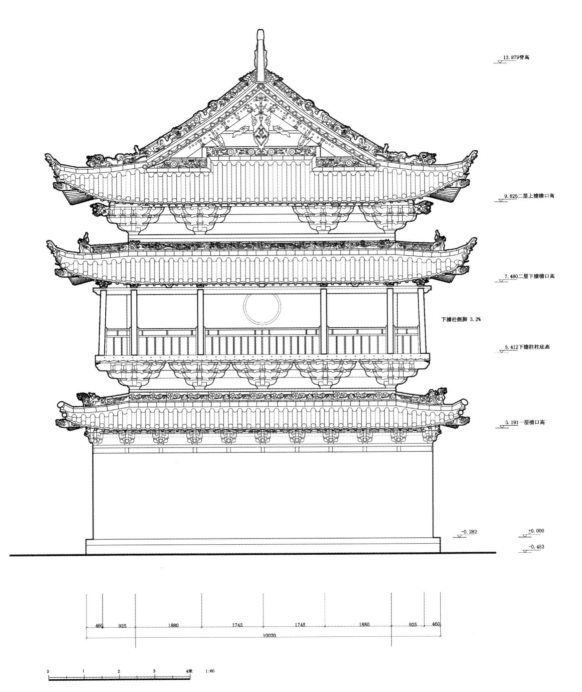

图 9 西插花楼南立面图

(吕晨晨 绘)

1. 平面

整个楼阁坐落在一个方形台基(10.80米×10.60米)上,台基高0.37米,四边均用石砌。

楼阁一层平面近方形,面阔三间共6.52米,进深三间共6.47米,当心间稍大,宽2.63米,次间宽约1.95米。共用檐柱12棵,没有内柱。外侧包有厚约1.5~1.6米的承重墙。厚墙上,仅前檐当心间开门,次间各开一小窗(图10)。

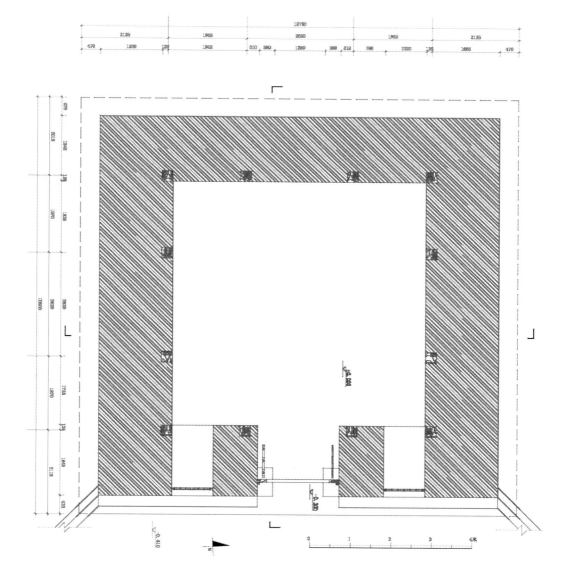

图10 西插花楼一层平面
(张杨 绘)

二层平面有一圈阁身柱和一圈缠腰柱,阁身三间共 7.09 米,当心间稍大,宽 3.46 米,次间宽 1.81~1.82 米。进深三间共 7.02 米。缠腰深 0.9 米,净宽约 0.5 米。二层阁身前檐墙当心间开隔扇门四扇,两山墙当心间开较小的圆洞窗(图 11)。

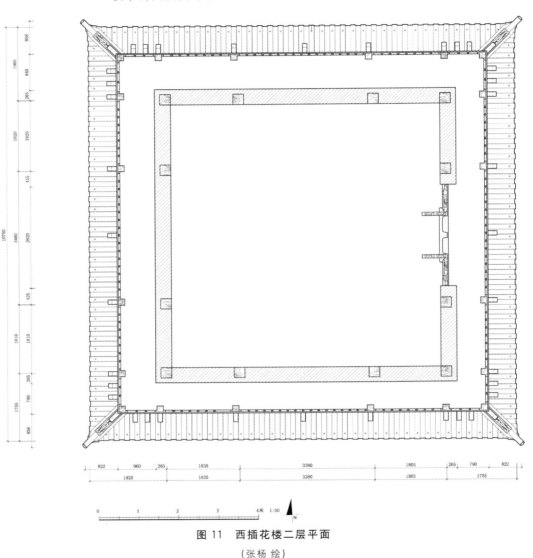

图 11 西插花楼二层平面
(张杨 绘)

2. 屋身、梁架

一层层高 5.527 米。厚约 1.5~1.6 米的承重墙仅高一层,墙顶外侧直接搁置一层檐椽,墙顶内侧略高过一层檐博脊,墙顶置一圈普拍枋,枋上承托平坐斗栱。平坐斗栱上托平坐梁,梁间穿有圆形截面的楼板枋,上铺楼板。平坐上立二层柱(图 12、图 13)。

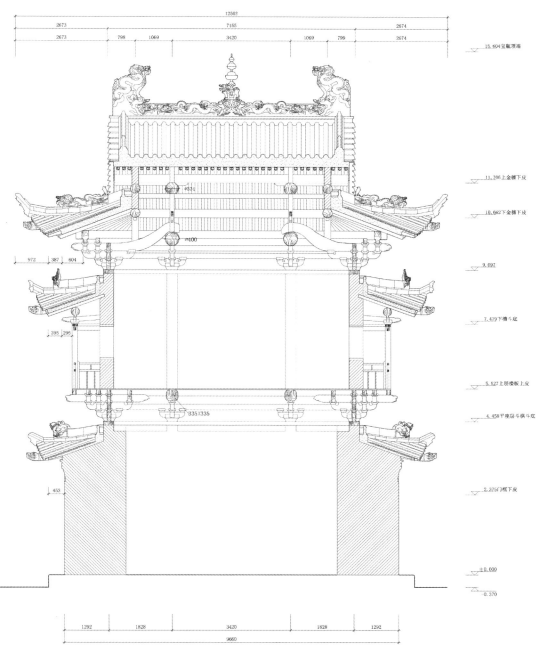

图 12 崇安寺西插花楼纵剖面

(韩天辞 绘制)

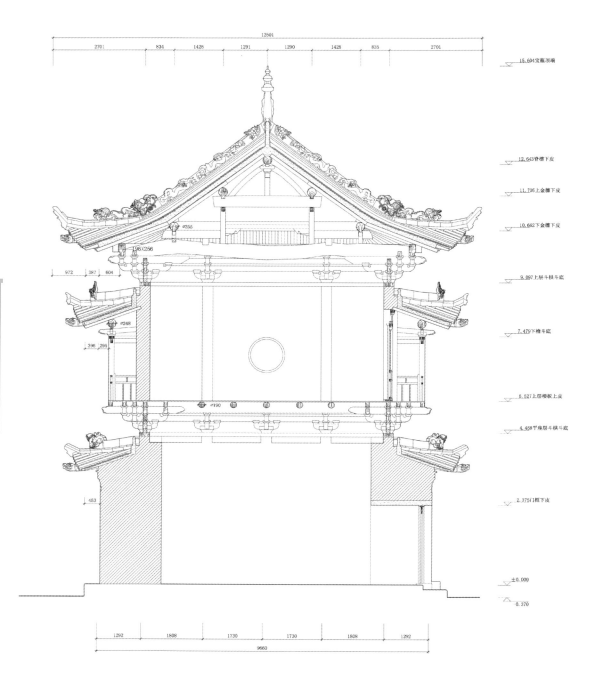

图 13 崇安寺西插花楼横剖面

(韩天辞 绘制)

二层屋架为露明草架。横向看为六架椽屋用两柱，四周有缠腰。二层缠腰柱高1.9米，阁身柱高3.3米。二层缠腰柱有侧脚，约3.2%。阁身柱头施一圈普拍枋，外跳施双杪计心五铺作斗栱，里跳双杪偷心。斗栱上托六椽栿，六椽栿用天然弯木，栿上两端托橑檐枋。脊槫下有叉手，均无托脚，下平槫下有枋辅助稳定。角栿用天然弯木，角栿后尾搭在六椽栿与丁栿交接处，系头栿下于角栿后尾中部和丁栿上置蜀柱，承托系头栿。丁栿也用天然弯木，端头与六椽栿的咬接比较简单随意（图14、图15）。

图14　崇安寺西插花楼缠腰

（自摄）

图15　崇安寺西插花楼缠腰角部

（自摄）

据实测数据,脊槫与上平槫之间架深 1.29 米,架高 0.938 米,举折近 0.73；上平槫与下平槫之间架深 1.425 米,架高 1.043 米,举折近 0.73；下平槫与橑檐枋之间架深 1.4 米,架高 0.675 米,举折近 0.48。坡度比较平缓(图 16、图 17)。

图 16　崇安寺西插花楼二层室内梁架照片
(自摄)

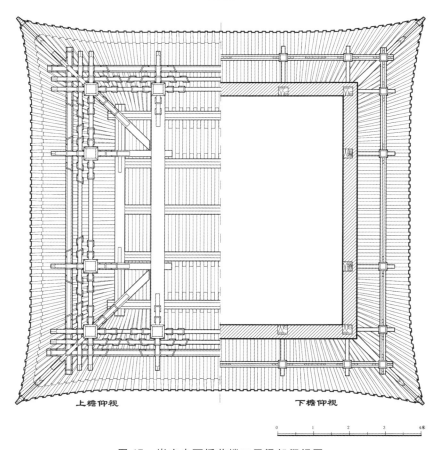

图 17　崇安寺西插花楼二层梁架仰视图
(贾雪子 绘制)

二层缠腰深一架约 0.9 米。缠腰柱高 1.9 米,二层阁身柱高 3.3 米。缠腰柱间有阑额,柱上施一圈普拍枋,枋上置栌斗,斗上顺檐置替木,垂直檐托乳栿前端,乳栿后端插在阁身柱上。替木和乳栿前端上托通替和檐槫。

在屋身立面外观上,底层比较封闭厚实,外表砖墙为近代修缮中砌筑,墙头砖雕斗栱也比较僵化。

3.斗栱

除平坐当心间有 1 朵补间铺作外,其余均无补间铺作。二层只有柱头和角部铺作。平坐和二层阁身柱斗栱均用双杪计心造五铺作,里跳用两跳华栱压于梁下,单材平均高度在 17 厘米左右,足材平均高度在 23 厘米左右,相当于宋《法式》中的六至七等材,以宋《法式》的规定仅小殿亭榭厅堂才用,比之宋代佛寺配阁用材(一至四等材)明显偏小。斗栱的耍头上套龙头装饰。平坐和二层阁身柱斗栱用材和体积都较大,在立面构图上近柱高之一半(图 18～图 20)。

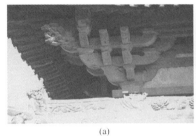

(a) (b)

图 18 崇安寺西插花楼二层斗栱

(自摄)

图 19 崇安寺西插花楼一层平坐斗栱

(自摄)

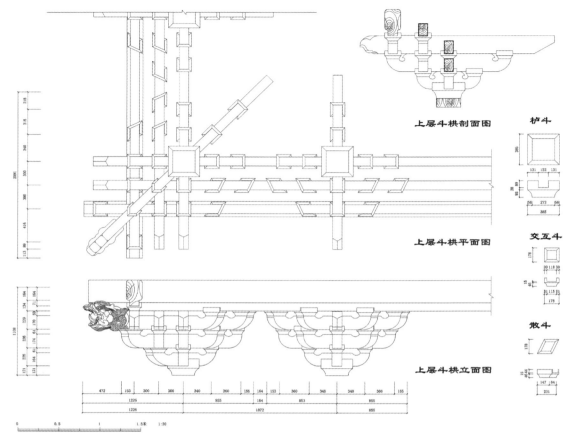

图 20　崇安寺西插花楼阁身柱斗栱立面
（贾雪子　绘制）

4. 屋顶及其他

屋顶为歇山样式，屋面曲线平缓。脊椽不陡，檐椽坡度平缓，明显比当地明清歇山屋面的坡度柔和舒缓，有大方古朴之美（图21、图22）。

屋面施琉璃筒瓦，屋檐彩色琉璃剪边。屋脊均采用黄绿琉璃脊件，正脊两端彩色琉璃龙吻，正中为象驼宝瓶。在垂脊、戗脊和屋面脊瓦上，还有"乾隆年制"等字样，与乾隆三十四年碑记中提到的全面修缮相吻合（图23～图25）。

墙砖尺度较大，超过现代常用砖。平坐补间斗栱大斗下垫砖，可能是修缮时为找平斗底而垫。平坐斗栱间用砖竖铺填补。砖墙外为常见抹灰做法，一层东立面（朝向当央殿）显然已为红漆涂抹。二层当心间正面隔扇门用四宛菱花鱼鳞纹隔扇，平坐外缘用木质直棂勾栏（图26）。

图 21 崇安寺插花楼屋顶
（自摄）

图 22 崇安寺插花楼上层屋顶
（自摄）

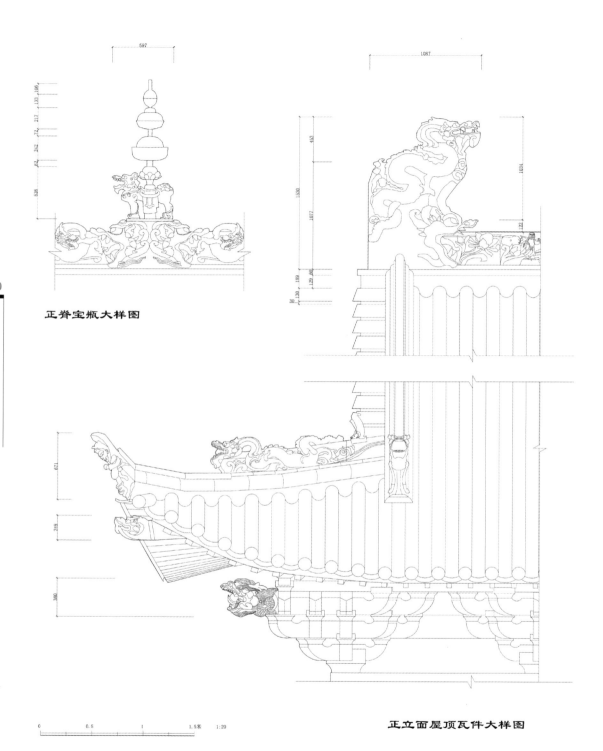

图 23 崇安寺西插花楼正立面屋顶瓦件大样图
（吕晨晨 崔乾旭 绘制）

图 24　崇安寺西插花楼屋脊瓦件字刻
(李路珂 摄)

图 25　崇安寺西插花楼二层上檐瓦件脊饰
(自摄)

此楼阁的屋架形式、当心间次间的间广与柱高之比、斗栱用材,与《法式》规定相近。在角梁、六椽栿采用天然弯木、梁栿搭接比较自由随意等做法上,表现出元代建筑特点。在国家文物局发布的第六批文物保护单位信息中,崇安寺被列为元到明清时期建筑,其中元代建筑即指西插花楼。

5. 其他线索

此外,据郑林有先生口述[1],1983 年陵川古建队整理西插花楼环境时在楼门前基址挖到唐砖(后埋于后院硅化木下),此楼基址上唐时或曾有建筑。

[1] 郑林有先生为前陵川文物局局长,1978-2010 年在崇安寺工作了 32 年,曾专门负责崇安寺修缮。

图 26　崇安寺西插花楼一层砖墙
(自摄)

寺中碑文显示，明清时期对寺中建筑屡有修整，极少新建。现存插花楼二层上檐戗脊上，还保留有一块烧有"乾隆年制"题记的脊瓦，与乾隆三十四年碑文中的修葺时间相对应。1983年修西插花楼角梁时，室内递角梁下方有墨笔楷书"大清乾隆三十一年"（1766年）的题记❶，证明乾隆年间修过角梁。

因此，在西插花楼的位置上可能唐代已有建筑基址，宋代有经藏，明清时有所修葺，1983年又替换角梁修葺屋面，是一座有多次修缮痕迹的楼阁。

四　西插花楼的建筑特征分析

因为晋东南地区的木构建筑构造比较忠实于当时的技术工艺，晋东南木构建筑的细部作法具有较强的时代性，其形制特点也往往成为重要的断代依据。本节选择插花楼的几个细部和形制要点，平坐上下层交接节点、系头栿、铺作、缠腰、叉手、重檐形式等，与晋东南地区的木构节点做法以及宋、金、元时期的楼阁做法进行比较，以期在类型建筑和地域木构的普遍特点中获得对插花楼形制特点的认知。

❶ 郑林有先生口述。

1. 方形平面、减柱等特征

在平面形制上，插花楼呈方形，这种方形平面的模式在木构架趋于成熟的隋唐时期已经定性，可以避免阁身因水平荷载产生扭矩。五代至元的现存小型楼阁平面多为方形，开间进深均为三开间。如开元寺钟楼（五代）、隆兴寺转轮藏阁（宋）、普贤阁（金）、陵川崔府君庙（金）、西溪二仙庙梳妆楼（金）。只有大型楼阁才用矩形和八边形（图27）。

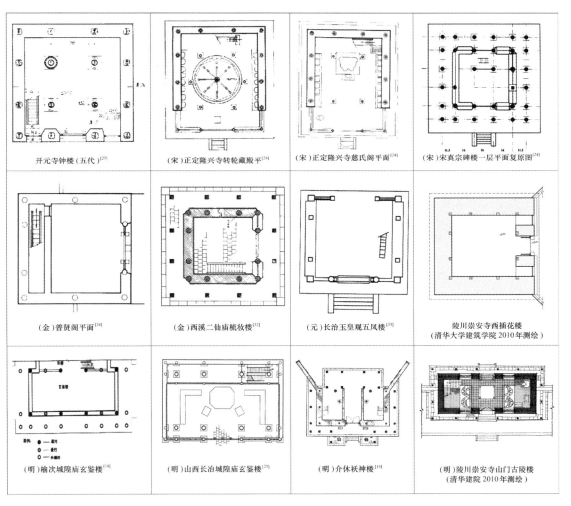

图 27 典型楼阁平面比较
（表中图片来源的参考文献皆标在图名后）

从插花楼平面、剖面和照片可以对照看出，二层室内原来没有内柱，后期修缮中为防止大梁因挠度过大而变形断裂，在每条六椽栿下对应山柱的位置增加了两个支点，共增加四棵直径明显细小得多的内柱。一层室内原来也没有内柱，后期修缮中为确保平坐梁的安全，每条梁下增加了一个支点，共添加两棵内柱（图28、图29）。

图28　一层仰视屋架

（自摄）

图29　二层柱子分布

（自摄）

单层大殿室内平面的减柱做法，在晋东南地区宋、金建筑中已经出现，元代使用更加普遍[1]。在楼阁建筑中，现存最早的楼阁开元寺钟楼（晚唐）中未用减柱，这应与早期楼阁构架十分谨慎有关；到宋、金时期楼阁构架仍然比较规范，但已采用移柱和减柱，如隆兴寺转轮藏殿为放置轮藏，内柱大胆采用移柱，上下层均未用减柱；慈氏阁下层为了放置大佛，减去两棵内柱，到上层又恢复了满堂柱。陵川西溪二仙庙金代梳妆楼的二层、一层平面室内均减去内柱，至今室内大梁下未加支点。

插花楼一层还采用了厚砖墙包外柱的形式，加固了一层外柱网的强度和刚度，更能承担上层荷载，加强楼阁的稳定。这种厚砖墙包外柱的形式在

[1] 李会智.山西现存早期木结构建筑的区域特征浅探（上）.文物世界，2004.2:24-29

陵川礼义崔府君庙(金)、青莲寺藏经阁(宋)的一层外柱中都有出现,是晋东南地区较早楼阁一层结构的常用做法。

2. 平坐叉柱造和永定柱

楼阁最关键的技术在于上层结构的受力支撑方式,反映在构造上就是平坐层与上、下层柱的位置关系。北宋李诫《营造法式》卷四造平坐之制一节中,指出上、下层柱的位置关系有叉柱、缠柱、永定柱三种做法。

叉柱造在宋辽金时期已发展成熟。现存经典的宋、辽、金楼阁遗构中,多用叉柱造:楼阁上层柱根叉立于平坐层的栌斗之上,平坐柱脚开十字口叉立于下层铺作中、柱脚至栌斗之上。通过上层柱中心线比平坐柱子内退,或平坐柱中心线比下层柱内退的方法,实现楼阁上层的收分。如天津蓟县独乐寺观音阁、山西大同善化寺普贤阁、河北正定隆兴寺转轮藏殿等(图30)。

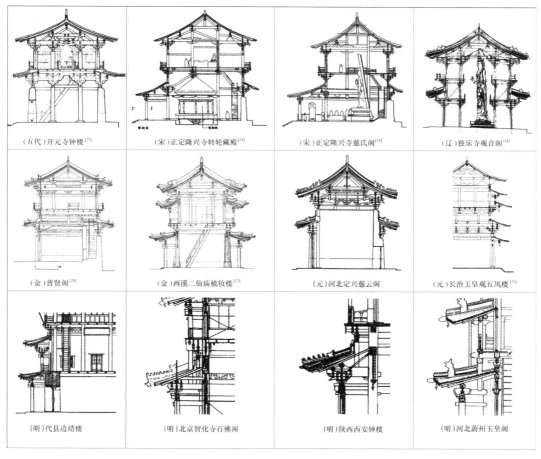

图30 典型楼阁平坐比较

(表中图片来源的参考文献皆标在图名后)

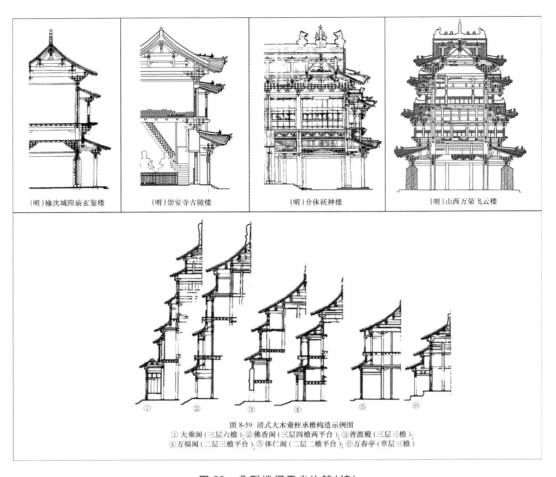

图 8-59 清式大木童柱承檐构造示例图
① 大乘阁(三层六檐);② 佛香阁(三层四檐两平台);③ 普渡殿(三层三檐);
④ 万福阁(二层三檐平台);⑤ 体仁阁(二层二檐平台);⑥ 万春亭(单层三檐)

图 30 典型楼阁平坐比较(续)

这些楼阁的柱子多分三段:上层柱、平坐柱、下层柱,楼阁由各层叠落起来形成,所以在竖直方向缺乏刚性构件,在受到水平荷载时便会产生不均匀变形,使楼阁多少发生倾斜或扭转。叉柱造在受到来自水平方向的外力袭击时最为薄弱,比如,蓟县独乐寺观音阁现状的测绘图中反映出柱的变形严重,其中内柱本应在一条竖直线上,但经过若干次地震,出现了地震残留变形,三段柱子是 s 形,一三层内倾,二层外倾,就是这个问题的典型表现。所以宋金后期的楼阁,逐渐多采用永定柱。

关于楼阁的永定柱❶,《营造法式》中记:"凡平坐先自地立柱,谓之永定柱,柱上安搭头木,木上安普拍方,方上坐斗栱。"即楼阁上层柱仍然靠平坐层传递荷载,但平坐柱不再依附于下层斗栱,而是直接落地,即楼阁的平坐柱与一层柱合二为一。没有暗层,大大简化了平坐结构,也减少了一层水平交接缝,增强了平坐在受到水平方向外力袭击时的刚性,相应减小了水平剪力导致的变形。此外,为了加强永定柱的强度和刚度,往往在直接落地的平坐柱外附一柱,如河北正定隆兴寺慈氏阁(宋)❷、陵川西溪二仙庙梳妆楼

❶ 永定柱有三解:一、双柱并联;二、城墙基内立桩;三、楼阁平坐柱直接落地。三种解释均有自地立柱之意。在此仅讨论楼阁平坐的永定柱造。
❷ 潘谷西.中国古代建筑史(第四卷).北京:中国建筑工业出版社,2001

（金）、河北定兴慈云阁（元）、山西代县边靖楼（明）等。

　　元代以后，木构整体性加强，楼阁式建筑构造产生了较大的革新，内柱逐渐多采用通柱，以童柱承腰檐，使得大量明清楼阁不再具有平坐层，清代很多楼阁内外皆用通柱，大大增强了楼阁的水平抗剪能力。因此目前存留的明清楼阁建筑数量超过宋辽时期数十倍，其中有些经过多次地震侵害仍安然无恙[1]。

　　从西插花楼的现存遗构看，崇安寺插花楼上层柱与平坐斗栱之间采用了叉柱造，平坐柱采用了永定柱的做法。西插花楼山面平坐斗栱内侧有明显的叉柱造做法，上层柱脚开槽叉坐在平坐斗栱上，柱脚至第一层华栱，未到栌斗（图31、图32）。上层柱中心线与平坐柱中心线基本相对，没有收分。前后檐的平坐斗栱上有粗大的平坐梁，所以上层檐柱脚直接落在平坐梁顶。上层角柱落在平坐转角斗栱的正心枋上。上层的荷载传递到平坐梁、平坐斗栱，最终到外围平坐柱子上。平坐柱直接落地，并且与围护墙结合在一起，一层屋檐直接落

[1] 参见 郭黛姮. 中国古代建筑史（第三卷）. 北京：中国建筑工业出版社，2003：227；马晓. 中国古代木楼阁. 北京：中华书局，2007。

图31　北山墙平坐叉柱造
（自摄）

图32　南山墙平坐叉柱造
（自摄）

在墙体外沿,一层外墙客观上起到了类似永定柱外附柱的作用。

楼阁上层柱与平坐斗栱之间采用叉柱造,平坐柱采用永定柱,这与慈氏阁、西溪二仙庙梳妆楼的做法比较类似,最接近的是西溪二仙庙金代梳妆楼的楼阁做法,上下层交接的构造方式几乎一样,仅在细节上略有不同:金代梳妆楼的二层角柱也采用了叉柱造的做法,而插花楼没有;梳妆楼的二层柱脚为圆形,一直叉立到平坐栌斗,而插花楼的二层柱脚为方形,只叉立到一跳华栱;梳妆楼二层的前后檐柱脚和角柱脚也叉立到平坐栌斗,而插花楼二层的檐柱脚仅落到平坐梁上,角柱柱脚落到转角斗栱的正心枋上(图33、图34)。

图33　二仙庙梳妆楼平坐叉柱造

(自摄)

图34　西溪二仙庙梳妆楼叉柱造

(自摄)

从楼阁上层柱与下层交接方式的发展趋势来看，宋以降，尤其到明清，斗栱式微，梁柱的直接交接增多增强。插花楼的造型、格局、开间、尺度与二仙庙的金代梳妆楼十分相似，但叉柱造做法明显趋于省略简化，做法不及金代梳妆楼工整，有加工粗率的趋势，其主要构造的年代应晚于金代梳妆楼，更接近元代木构的风格。

3. 系头栿、丁栿、梁架的做法

崇安寺插花楼的系头栿由角栿和丁栿支撑。角栿上置大斗，系头栿两端落在角栿上的大斗内；丁栿上置蜀柱，承托系头栿中部（图35）。据李会智先生"山西现存早期木结构建筑的区域特征浅探"[1]一文，这种角梁压于平槫与系头栿的交点下的做法，在晋东南地区木构歇山宋代中后期已趋向于程式化的做法。

[1] 李会智.山西现存早期木结构建筑的区域特征浅探（下）.文物世界. 2004.4:22-29

图35 插花楼系头栿、平槫、角栿关系照片

（自摄）

晋东南地区的宋—元木构普遍采用丁栿和角梁后尾承托系头栿。孟超、刘妍的"晋东南地区唐至金歇山建筑研究"[2]一文通过实例调查将承托系头栿的丁栿形式大致分为三种：平直式、斜直式和弯曲式。有内柱的梁架，丁栿可以靠下面的铺作调节高度做成平直式。进深三间无内柱的梁架，横架必用通檐大栿，丁栿搭在大栿之上，这样一来丁栿下皮两端通常不在一个水平面上，于是有了用斜直式或弯曲式丁栿来解决水平高差的做法。李会智先生在文章[3]中也提到宋代多采用直木料加工而成的斜直式丁栿，金代多采用天然弯木或原木加工的弯曲式丁栿，而晋东南现存元代歇山遗构中的丁栿几乎全部为斜直+弯曲式。宋构多在丁栿下使用顺身串，而金、元则无一例，大大简化了丁栿与横架的交接，简省工料。崇安寺插花楼的丁栿用弯木加工，成斜直+弯曲式，没有顺身串，加工简单粗率，趋于元代风格（图36～图38）。

[2] 孟超,刘妍.晋东南地区唐至金歇山建筑研究之一——梁架做法综述与统计分析.古建园林技术,2010.9:3-9,40

[3] 李会智.高平游仙寺建筑现状及毗卢殿结构特征.文物世界,2006.5:33

图 36 崇安寺西插花楼二层室内梁架丁栿照片
（自摄）

图 37 插花楼二层梁架系头栿与丁栿
（自摄）

崇安寺插花楼的丁栿端头与六椽栿的咬接节点加工简单草率，且为了留出角栿与六椽栿的搭接空间，丁栿搭接处下部被削成弓形，仅留上部不到四分之一的厚度，丁栿端头伸出六椽栿，搭头压在递角栿下。其实可以看出，插花楼丁栿的处理并不是常见的梁中受力两头担的受力方式，丁栿上蜀

图 38 丁栿与六椽栿交接处照片
(自摄)

柱的落脚点与丁栿下里跳华栱相对应,使得蜀柱传下的荷载大都由丁栿下斗栱传递到山柱,丁栿的悬空一段主要只承担联系稳定的作用。

不仅如此,插花楼的当心间两缝横架的六椽栿也都使用天然弯木,以减小上平槫下蜀柱的高度。取消贯通的四椽栿,简化成蜀柱间的连枋。平梁(二椽栿)也用略加工的天然原木。整体梁架浑然质朴、制作大胆,非常符合山西元代木构大胆灵活、不拘一格的创造胆略。与西溪二仙庙金构梳妆楼相比可以发现,梳妆楼二层梁架和平坐梁枋格局更加规整,而插花楼的用料显然已有不足,多用天然弯木,这与晋东南地区元代木材短缺的情形仍相对应(图39~图43)。

4. 普拍枋、叉手、斗栱

从普拍枋来看,插花楼阁身一层和二层柱头上均施一圈普拍枋,没有阑额,普拍枋上置斗栱。普拍枋伸出角柱出头,出头为素方,没有任何装饰。缠腰柱头施一圈普拍枋,有阑额,普拍枋断面宽度明显大于阑额宽度(图44~图47)。普拍枋大约是在10世纪初发展起来的构件。在唐代建筑中,几乎不见普拍枋的做法,但宋元建筑中,普拍枋已必不可少。宋辽金时期的普拍枋断面宽度明显大于阑额宽度,明清官式大木结构中,普拍枋已改称为"正心枋",其断面宽度明显小于大额枋,这一方面是因为明清时期的大额枋断面厚度太大,另一方面更重要的原因是明清时期的斗栱尺度明显缩小,承托斗栱的正心枋断面宽度相应也有缩小[1]。宋代阑额与普拍枋都伸出角柱出头,晋东南元代遗构除了用大通檐额之外,普拍枋仍延续宋时出头,如高平清梦观、长治五凤楼、长子县城阳村玉皇庙大殿等。明代仍有些延续,明清时期这个出头被做成了优美的霸王拳。

[1] 王贵祥.唐宋木构建筑在构造与装饰上的一些变化.中国古代木构建筑比例与尺度研究.北京:中国建筑工业出版社,2011

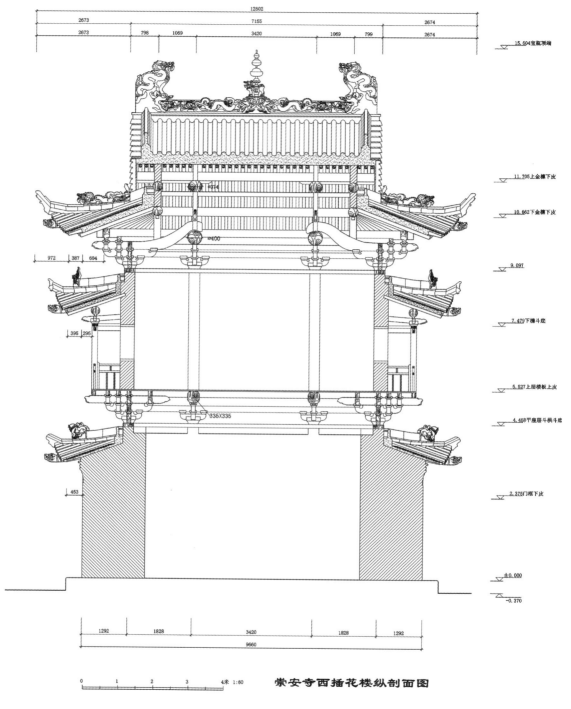

图 39　插花楼上层纵剖面图
（韩天辞 绘制）

图 40　崇安寺西插花楼二层室内明间北横架照片

（自摄）

图 41　崇安寺西插花楼二层室内歇山横架照片

（自摄）

图 42　西溪二仙庙梳妆楼二层室内梁架照片

（自摄）

图 43　西溪二仙庙梳妆楼二层室内梁架照片

（自摄）

图 44　上层屋身普拍枋和转角铺作

（自摄）

图 45　上层屋身普拍枋和柱头铺作

（自摄）

图 46　平坐角柱上普拍枋和斗栱
（自摄）

图 47　平坐柱上普拍枋和斗栱
（自摄）

　　从叉手来看,插花楼的横架处,脊槫下有蜀柱承托,蜀柱头施合㭼稳固,脊槫两侧有叉手稳定托承。无托脚,下平槫下有枋辅助稳定。梁栿之间均设蜀柱支撑,并施合㭼稳固。梁栿、连枋及蜀柱的加工自然朴实、粗糙随意（图 48）。非常符合李会智先生对晋东南地区元代梁栿节点特征的分析❶。

---

　　❶参见 李会智.山西现存早期木结构建筑的区域特征浅探（上）.文物世界,2004.2:24-29;李会智.山西现存早期木结构建筑的区域特征浅探（下）.文物世界,2004.4:22-29。李会智先生将山西古代木构平梁上的叉手做法大体分几个阶段:（1）唐、宋建筑过渡时期的遗构特点:在平梁之上立蜀柱于驼峰之上,脊部由脊槫、捧节令栱、替木组成,叉手捧戗于捧节令栱两侧。梁栿之间开始使用蜀柱,但仍多用驼峰隔垫,且驼峰之上不施纵横相交之斗栱,且平梁与托脚结构,形成了梯形式构架。整体梁架结构简洁,制作规整。如龙门寺西配殿和大云院弥陀殿。（2）宋代平梁之上所施蜀柱都以驼峰承托,几乎都不施合㭼稳固,叉手捧戗顶部襻间的捧节令栱或替木两侧,梁栿之间设蜀柱支撑。如高平崇明寺中佛殿（宋 971 年）、高平游仙寺前殿（宋 990—994 年）、长子崇庆寺千佛殿（宋 1016 年）、高平开化寺大雄宝殿（宋 1073 年）、晋城青莲寺释迦殿（宋 1089 年）、平顺龙门寺大雄宝殿（宋 1098 年）等。（3）金代平梁之上大都施以合㭼,驼峰较少,叉手多捧于脊槫与替木之间。梁栿之间施蜀柱并合㭼稳固。元代梁架结构件与金代相近,但自然朴实、粗糙随意是其主流风格。如陵川西溪二仙庙后殿和梳妆楼（金 1142 年）、陵川南神头二仙庙正殿（金）、陵川龙岩寺释迦殿（金）、陵川白玉宫过殿、沁县普照寺大殿（金大定 1161—1189 年）等。（4）元代横架特点:各栿之间立蜀柱,蜀柱脚均设合㭼稳固。平梁之上设蜀柱、叉手,叉手捧于脊槫与替木之间。纵向蜀柱之间设顺栿串联系。如洪洞广胜下寺后殿（元 1309 年）、芮城永乐宫三清殿（元构,迁建）、晋城青莲寺藏经阁（元 1336 年大修,平梁之上为元代特征）。

图 48　插花楼的叉手照片

(自摄)

从斗栱形式来看,西插花楼二层和平坐柱头铺作外跳均施双杪计心五铺作斗栱,没有用昂。一跳华栱承瓜子栱、慢栱,为计心重栱造。二跳华栱承另栱,另栱托通替和檐榑。外跳栱抹斜面,栱上皮均内凹成半圆形,耍头雕成云头纹样,斗栱的耍头上套龙头装饰,整组铺作有明显的装饰性倾向,偏于元代的风格❶。梁栿采取与柱头铺作分离的做法,柱头铺作里转双杪偷心五铺作,施顺栿楂头托六椽栿,属于晋东南地区自金代开始,比较稳定的柱头铺作里跳形制❷。除平坐当心间有1朵补间铺作外,其余均无补间铺作。二层只有柱头和角部铺作。平坐和二层阁身柱斗栱均用双杪计心造五铺作,里跳用两跳华栱压于梁下,单材平均高度在 17 厘米左右,足材平均高度在 23 厘米左右,相当于宋《法式》中的六至七等材,以宋《法式》的规定仅小殿亭榭厅堂才用,比之宋代佛寺配阁用材(一至四等材)明显偏小。斗栱计心重栱造,扶壁采用"泥道单栱叠素方"的做法,属于晋东南地区宋、金、元扶壁栱的主流形制❸。

5. 外观形式

崇安寺插花楼外观两层三檐,下层为单层腰檐,设于平坐斗栱之下;上层为缠腰式腰檐的重檐歇山顶(图 49)。以张十庆先生在"楼阁建筑构成与逐层副阶形式"❹中以及马晓博士在《中国木楼

---

❶参见 李会智.山西现存早期木结构建筑的区域特征浅探(下).文物世界,2004.4:22-29。据李会智先生的研究,山西地区各区域的铺作特点共性较强,宋代木构建筑的柱头铺作普遍施以真昂,而金代普遍不施真昂,假昂造较多,标志着铺作的作用趋向装饰阶段,如西溪二仙庙后殿。随之带来的是梁架结构更加合理和实用。元代基本延续金代铺作特点,元末趋于华丽。

❷王书林,徐怡涛.晋东南五代、宋、金时期柱头铺作里跳形制分期及区域流变研究.山西大同大学学报(自然科学版),2009.8:79-85

❸徐怡涛.公元 7 至 14 世纪中国扶壁形制流变研究.故宫博物院院刊,2005.5:86-103

❹参见 张十庆.楼阁建筑构成与逐层副阶形式.华中建筑,2001(2),(3):104,96。文中归纳:重层楼阁逐层副阶重檐的形式在唐宋多见,下层副阶一层檐、阁身一层檐,上层副阶一层檐、阁顶一层檐,结构层叠的关系非常工整,如北宋后苑太清楼、汾阴后土祠宋真宗碑阁,以及敦煌壁画中的佛寺配阁等。重层楼阁的出檐方式在宋以后发生变化,出现上层副阶带平坐出檐的形式。随着楼阁各层横向整体性完善,各层之间的纵向整体性加强,重层四檐楼阁逐渐简化成重层三檐楼阁,省去平坐出檐,如:转轮藏、慈氏阁。

阁》中的归纳❶，属于宋以后出现较多的重层楼阁的出檐方式，省去了平坐出檐，是在宋明之间运用比较成熟和普遍的形式。

图49　崇安寺插花楼外立面照片
（自摄）

　　崇安寺插花楼的屋檐形式酷似离崇安寺不远的西溪二仙庙梳妆楼（金）的做法，都是二层三檐的楼阁形式。阁身上下层柱基本对齐，靠底层设置在副阶或外檐墙外侧上的腰檐，起到上层内收的效果。不同的是，梳妆楼的二层阁身采用大面积的格子门窗，插花楼的二层阁身实墙面积较大开窗面积较小。因此二仙庙梳妆楼的空间略显得通透，屋檐形式略显得有层次，更接近宋金绘画中的楼阁屋檐形式（图50、图51）。

　　隋唐宋元时期，楼阁建筑因具有轻盈、灵动的造型效果，视觉上又有高耸、上升、通灵的意向，颇受佛寺建筑的青睐。除了位居中轴线上的大型佛阁之外，大殿两侧的配阁也多采用重阁的形式，高阁居中两阁对峙，或一殿两阁鼎立的格局，形成寺院中轴礼佛空间的高潮，具有极强的感染力，也成为唐宋时期佛寺布局的典型模式❷。崇安寺坐落在陵川县城西北隅的卧龙岗南段上，系城北制高地段。寺居高临下，山门和东西对峙的藏经阁、钟楼，形成了俯瞰全城之势的轮廓，非常利于丘陵佛寺的气势塑造，也为寺院的宗教气氛营造起到较大的促进作用。

❶参见 马晓.中国木楼阁.中华书局,2007:94.。文中归纳:国内现存几个早期楼阁的屋檐形式都比较简单,如正定开元寺钟楼、隆兴寺转轮藏和慈氏阁、大同善化寺普贤阁等,都是二层单檐,一层加单层腰檐。唐以降,重檐流行,宋画中常见楼阁逐层副阶式重檐的形式,宋辽金元现存木构中也有重檐成熟运用的实例出现,如隆兴寺摩尼殿、应县木塔。发展到明清,重檐运用更加普遍,楼阁屋檐呈现出越来越复杂的趋势,如代县靖远楼（明）、万荣飞云楼（明）、介休祆神楼等,与单层木构建筑的屋顶变化趋势一致。

❷参见 韦克威.中国古代楼阁建筑研究.华南理工大学博士学位论文,1995:31;郭黛姮.中国古代建筑史（第三卷）.北京:中国建筑工业出版社,2003:257。

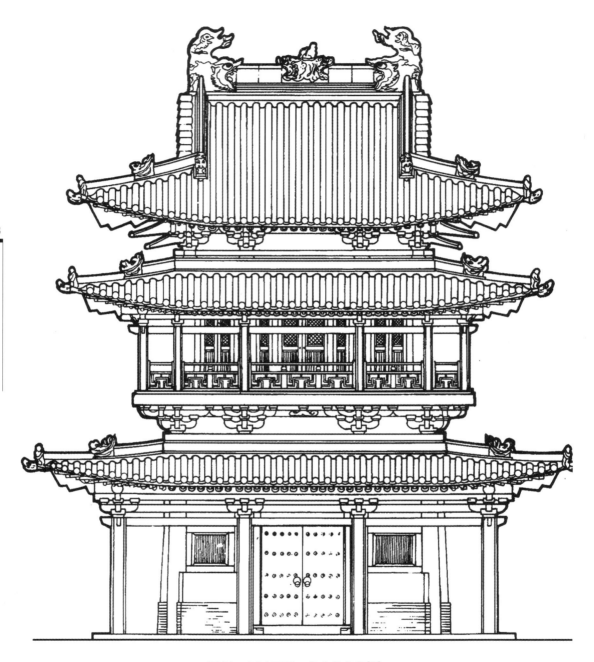

图 50 （金）西溪二仙庙梳妆楼[19]

图 51 西溪二仙庙梳妆楼外立面照片

(自摄)

五 小 结

综上所述，从寺院格局的角度来看，唐宋之际，最迟到宋代，在东、西插花楼的位置上，应存在经藏与钟楼对峙的格局。西插花楼的称谓，抑或是随着佛寺藏经、讲习之风势衰，在当地二仙文化的影响下而得名。

从建筑形制的角度看，现存西插花楼遗构，其平面减柱的方形平面、重楼三檐的造型与其他金、元时期的楼阁相似；普拍枋的特点，应在宋以后；平坐叉柱造和永定柱的构造，趋于金明之间的做法特点；系头栿、丁栿、梁架的做法，具有较强的元构特征；叉手和斗栱的特点，也具有较强的元构特征；整体看来，虽然明清时期和 20 世纪 80 年代局部有修整，但楼阁的主体结构和一些主要节点，仍然呈现出较强的元构特点。

参 考 文 献

[1] 梁思成.营造法式注释(卷上).北京:中国建筑工业出版社,1983:271-280

[2] 陈明达.《营造法式》辞解.天津:天津大学出版社,2010

[3] 陈明达.蓟县独乐寺.天津:天津大学出版社,2007

[4] 莫宗江.山西榆次永寿寺雨花宫.营造学社汇刊第七卷第二期

[5] 李玉明,王宝库 等.山西古建筑通览.太原:山西人民出版社,2001

[6] 李会智.山西现存早期木结构建筑的区域特征浅探(上).文物世界,2004.2:24-29

[7] 李会智.山西现存早期木结构建筑的区域特征浅探(下).文物世界,2004.4:22-29

[8] 孟超,刘妍.晋东南地区唐至金歇山建筑研究之一——梁架做法综述与统计分析.古建园林技术,2010.9:3-9,40

[9] 王贵祥.唐宋木构建筑在构造与装饰上的一些变化.中国古代木构建筑比例与尺度研究》.北京:中国建筑工业出版社,2011

[10] 萧默.敦煌建筑研究.北京:机械工业出版社,2003:226

[11] 王书林,徐怡涛.晋东南五代、宋、金时期柱头铺作里跳形制分期及区域流变研究.山西大同大学学报(自然科学版),2009.8:79-85

[12] 徐怡涛.公元七至十四世纪中国扶壁形制流变研究.故宫博物院院刊,2005.5:86-103

[13] 徐怡涛.长治、晋城地区的五代、宋、金寺庙建筑.北京大学博士学位论文,2003

[14] 马晓.中国古代木楼阁.北京:中华书局,2007.

[15] 马晓.附角斗与缠柱造.华中建筑,2004.3

[16] 北京大学考古文博学院.山西平顺回龙寺测绘调研报告.文物,2003.4:52-60

[17] 杨烈.山西平顺县古建筑勘查记.文物,1962.2:40-51

[18] 李会智,李德文.高平游仙寺建筑现状及毗卢殿结构特征.文物世界,2006.5:31-38

[19] 李会智,赵曙光 等.山西陵川西溪真泽二仙庙.文物季刊,1998.2:3-25

[20] 古代建筑修整所.晋东南潞安、平顺 高平、晋城四县的古建筑.文物参考资料,1958.3:36-37

[21] 古代建筑修整所.晋东南潞安、平顺、高平、晋城四县的古建筑.文物参考资料,1958.4:48

[22] 贺从容.山西陵川崇安寺的建筑遗存和寺院格局.中国建筑史论汇刊第六辑.2011:50-60

[23] 傅熹年.中国古代建筑史(第二卷).北京:中国建筑工业出版社,2009

[24] 郭黛姮.中国古代建筑史(第三卷).北京:中国建筑工业出版社,2003

[25] 潘谷西.中国古代建筑史(第四卷).北京:中国建筑工业出版社,2001

[26] 贺大龙.长治五代建筑新考.北京:文物出版社,2008

[27] 聂连顺,林秀珍 等.正定开元寺钟楼落架和复原性修复(上),(下).古建园林技术,1994.1,2

[28] 贺业矩 等.唐朝宋木结构建筑实测记录表.建筑历史研究.北京:中国建筑工业出版社,1992

[29] 韦克威.中国古代楼阁建筑的发展特征浅探.华中建筑,2001.19(2)

[30] 帅振亚.陵川西溪二仙庙.文物世界,2003.5

[31] 李会智,赵曙光 等.山西陵川西溪真泽二仙庙.文物季刊,1998.2

[32] 杜森.山西早期楼阁营造概念与形态研究.太原理工大学硕士论文,2008

[33] 贺婧.宋金时期晋东南建筑地域文化特色探析.太原理工大学硕士论文,2010

[34] 张藕莲.榆次城隍庙玄鉴楼的修缮.山西建筑,2003.16

南北朝至隋唐时期佛教寺院双塔布局研究

玄胜旭

(清华大学建筑学院)

摘要：佛教寺院双塔布局是由以塔为中心的布局转变为以佛殿为中心的布局的过程中出现的过渡性布局方法。但是，由于中国早期佛教考古发掘资料的缺乏，我们尚不知道其具体的布局情况。因此，本文基于南北朝至隋唐时期的有关佛教历史文献，以及石窟寺及韩日早期佛寺遗址资料，将南北朝至隋唐时期佛教寺院双塔布局进行梳理和分析。

关键词：南北朝至隋唐佛寺，佛寺布局，双塔

Abstract: The Layout of twin pagodas in Buddhist Temples is one intermediary form, which is a part of the development from the layout of a pagoda-centered Temple to the layout of a Buddhist hall-centered Temple. However, there are too few archaeological excavations on early Chinese Buddhist Temples, therefore we do not yet know the specific layout system. This paper studies the layout of twin pagodas in Buddhist temples from the Northern and Southern Dynasties to the Sui and Tang Dynasties, through the analysis of three key aspects. The first is Buddhist historical documents from the Northern and Southern Dynasties to the Sui and Tang Dynasties. The second is an analysis of Grotto Temple such as Yungang Grotto in Datong. The third analysis is South Korean and Japanese early Buddhist temple sites.

Key Words: Buddhist Temples from the Northern and Southern Dynasties to the Sui and Tang Dynasties, The layout of Buddhist Temples, Twin Pagodas

一 引 言

佛教寺院双塔布局，是中国佛教寺院的布局手法之一，也是由以塔为中心的布局转变为以佛殿为中心的布局的过程中出现的过渡性布局方法。虽然在历史文献中可以发现对佛寺双塔有关的记载，但通过对文献记载的分析来推测其具体布局情况确实是有限的。目前，我们所知道的中国佛寺考古发掘资料中，没有找到双塔布局的形式，而且隋唐以前及隋唐时期的佛寺双塔实例很少，如河南安阳灵泉寺双塔（唐）、浙江宁波天宁寺塔（现存西塔，唐）、昆明东西寺双塔（唐代南诏国）、浙江杭州灵隐寺双塔（五代吴越），等等。另外双塔布局实例，如昆明大理崇圣寺双塔（宋初大理国）、江苏苏州罗汉院双塔（宋）、福建泉州开元寺双塔（宋）、福建仙游龙华寺双塔（宋）、山西临猗

---

❶ 本文属于清华大学建筑学院王贵祥教授主持的国家自然科学基金助项目"5—15世纪古代汉地佛教寺院内的殿阁配置、空间格局与发展演变"的子项目（编号：51078220）。

妙道寺双塔（宋）、安徽宣城广教寺双塔（宋）、辽宁北镇崇兴寺双塔（辽）、宁夏贺兰山拜寺口双塔（西夏）、山西太原永祚寺双塔（明）、云南昆明大德寺双塔（明）等都于宋代及宋代以后才建立的。但是，受到中国佛教影响的韩国和日本的早期佛寺遗址中常见此布局形式。通过这些佛寺双塔布局的分析，可以推测当时中国佛寺的布局特征。因此，本文通过文献记载、石窟资料及韩日早期佛寺遗址的整理分析，对南北朝至隋唐时期佛教寺院双塔布局进行研究。

二 文献记载中的双塔布局

1. 单院佛寺中的双塔

文献中对于双塔的记载，在东晋初已经出现了。❶东晋元帝（317—322年在位）时期，武昌昌乐寺内曾建有东、西塔。据唐张彦远《历代名画记》卷五《王廙》记载：

> 王廙，字世将上品上。琅琊临沂人……元帝时为左卫将军，封武康侯。时镇军谢尚于武昌昌乐寺造东塔，戴若思造西塔，并请廙画。❷

东晋长干寺也出现了双塔，据《高僧传》卷十三《竺慧达传》记载：

> （竺慧达）晋宁康（373—375年在位）中至京师。先是，简文皇帝（371—372年在位）于长干寺造三层塔，塔成之后，每夕放光……夜见刹下时有光出……乃于旧塔之西，更竖一刹，施安舍利。晋太元十六年（391年）孝武更加为三层。❸

由这些记载可知，东晋时期佛寺内已经存在东、西双塔布局，但尚不明确其具体布局情况。而且东晋长干寺双塔不是同时建立的，在"旧塔"的西边新建了另外一座塔。

南北朝时期，南朝与北朝佛寺都有双塔布局形式。南朝宋明帝（465—472年在位）在湘宫寺建立双塔，据《南齐书》卷五十三《虞愿传》记载：

> 帝以故宅起湘宫寺，费极奢侈。以孝武（454—464年在位）庄严刹七层，帝欲起十层，不可立，分为两刹，各五层。❹

这里的湘宫寺本来计划建立一座十层塔，但由于当时技术上的限制，不得已改为两座五层塔。

北朝北魏孝文帝（471—499年在位）在五台山上建了很多砖石塔，其中就有双塔形式。据《法苑珠林》卷十四《感应缘》记载：

> 唐龙朔元年，下敕令会昌寺僧会赜往五台山修理寺塔……上有石塔数千所，塼石垒之，斯并魏高祖孝文帝所立……顶有大池名太华泉。又有小泉递相延属。夹泉有二浮图。中有文殊师利像。❺

这说明，此双塔为在一个池子的两旁建造的两座砖石塔。

---

❶ 刘敦桢.中国古代建筑史（第二版）.北京：中国建筑工业出版社，1984：87

❷ [唐]张彦远.历代名画记.卷五.王廙

❸ [梁]慧皎.高僧传.卷十三.竺慧达传

❹ [梁]萧子显.南齐书.卷五十三.列传第三十四.良政.虞愿传

❺ [唐]释道世.法苑珠林.卷十四.感应缘.唐代州五台山像变现出声缘

南朝梁武帝(502—549年在位)分舍利兴建阿育王寺双塔的故事,记载于《梁书》卷五十四《诸夷》:

> 先是,三年八月,高祖改造阿育王寺塔,出旧塔下舍利及佛爪发……至四年九月十五日,高祖又至寺设无捺大会,竖二刹,各以金罌,次玉罌,重盛舍利及爪发,内七宝塔中。又以石函盛宝塔,分入两刹下,及王侯妃主百姓富室所舍金、银、镮、钏等珍宝充积。❶

由此可知,梁武帝在大同三年(537年)改造阿育王寺塔,然后翌年重建双塔,而把舍利分别埋入两座塔的地宫中。

在《续高僧传》中,有隋唐佛寺内建立双塔的记载。如《隋京师大兴善寺释慧重传》记载:

> (仁寿)四年(604年)建塔。又送于隆州禅寂寺……州内修梵寺,先为文帝造塔。有一分舍利,欲与今塔,同日下基。其夜两塔,双放光明。❷

这里的双塔不是同时建立的。又据《唐京师弘福寺释智首传》记载:"于相州云门故墟,今名光严山寺,于出家、受戒二所,双建两塔。"❸说明,释智首在他所出家和受戒的两所寺院内各建双塔。

隋唐长安城内一些佛寺,如光明寺、法界尼寺、保寿寺等也建立双塔。

(1)光明寺(武后天授元年(690年)改名大云经寺),初建于隋开皇四年(584年),寺内建有双塔,据唐韦述《两京新记》卷三记载:"(怀远坊)东南隅大云经寺,开皇四年文帝为沙门法经所立。寺内二浮图东西相值,隋文帝立。"❹

(2)法界尼寺,据《长安志》卷九《丰乐坊》记载:"丰乐坊西南隅法界尼寺,隋文献皇后为尼华晖、令容所立。有双浮图,各崇一百三十尺。"❺

(3)保寿寺,据《酉阳杂俎》续集卷六《寺塔记下》记载:"翊善坊保寿寺。本高力士宅,天宝九载(750年)舍为寺。初铸钟成,力士设斋庆之,举朝毕至,一击百千,有规其意,连击二十杵。经藏阁规构危巧,二塔火珠受十余斛。"❻

除了长安佛寺以外,唐代全国各地的开元寺中也常见双塔布局。据《杭州开元寺新塔碑》记载:

> 杭州开元寺,梁天监四年(505年)豫州刺史谯郡戴朔舍宅为寺,寺号'方兴',名僧惠圆营建之,后处士戴元、范宾恭增饰之,至开元二十六年(738年)改为开元寺。庭基坦方,双塔树起,日月逝矣,材朽将倾。广德三年(765年)三月,西塔坏,凶荒之后,人愿莫展。❼

这里的双塔"材朽将倾",终于广德三年(765年)西塔败坏。此双塔应该是木塔,如果此双塔在佛寺改名时建立,不太可能不到30年就倒塌了。所以此双塔可能在开元年间改名之前已经存在。

又据《魏州开元寺新建三门楼碑》记载:

> 开元者,在中宗时草创,则曰中兴,在元宗时革故,则曰开元……

❶ [唐]姚思廉.梁书.卷五十四.列传第四十八.诸夷

❷ [唐]道宣.续高僧传.卷二十六.感通下.隋京师大兴善寺释慧重传

❸ [唐]道宣.续高僧传.卷二十二.明律下.唐京师弘福寺释智首传

❹ [唐]韦述.两京新记.卷三

❺ [宋]敏求.长安志.卷九.丰乐坊

❻ [唐]段成式.酉阳杂俎.续集卷六.寺塔记下

❼ [清]董诰 等.全唐文.卷三百一十九.[唐]李华.杭州开元寺新塔碑

公顷曾入寺,虔恭作礼,有舍利两粒,降于其瓶,光明圆净,莹彻心目。盖舍利者,非常之瑞虽一粒二粒,乃至多粒,供养功德,以金身等。遂于寺内起塔二所,而分葬焉。❶

魏州开元寺,原来是唐中宗时期所创建的中兴寺。为了把宝应元年(762年)所获的舍利分葬,在寺内建了双塔。

泉州开元寺也设有双塔。目前在佛殿前东西对峙的双石塔是南宋时期所建的。但原来开元寺双塔为木塔,"东塔咸通间僧文偁造,西塔梁正明间王审知造。"❷据此说,双木塔分别于唐咸通六年(865年)和五代后梁贞明二年(916年)建立。虽然此双塔历代屡次重建,但其布局形式仍然保持唐末五代的形式。

2. 多院佛寺中的两所塔院

从南北朝后期开始,佛寺规模越来越宏大,开始出现了具有多院落的大型佛寺,即在中心院落的周围,设立了很多别院。随着此趋势,佛寺布局也有了丰富的变化。其中之一就是塔院的出现,以前在中心院落内设立的塔,由于其地位下降,改将塔设于中心院落外边或周围的塔院内。比如,在长安佛寺中建立的"木塔院"❸、"东塔院"❹、"西塔院"❺、"团塔园"❻等不少塔院。尽管如此,东、西两所塔院同时建立的例子却是不多。

唐长安城安定坊的千福寺,在佛寺内建立东、西塔院,据《历代名画记》记载:"千福寺……东塔院(额高力士书),涅槃鬼神(杨惠之书)……西塔院,玄宗皇帝题额。"❼这里的千福寺原来为章怀太子的住宅,唐高宗咸亨四年(673年)舍宅为寺。虽然我们不知道此佛寺的整体布局情况,但在千福寺内确实有东、西两所塔院。宿白先生认为,这种布局形式应是东西对峙双塔和单设塔院相结合的新布局。❽笔者同意这种观点,东、西塔院的出现,则是单院佛寺中的双塔在隋唐时期佛寺大型化趋势下产生的一种新的布局方式。

但是,在文献中也可见到与上述的多院佛寺东、西塔院有所不同的另外一种双塔布局形式,如北魏晖福寺和隋代禅定寺。

(1) 北魏太和十二年(488年)《大代宕昌公晖福寺碑》中有建立晖福寺的记载:

> 散骑常侍、安西将军、吏部内行尚书、宕昌公、王庆时……乃蟿竭丹诚,于本乡南北旧宅,上为二圣,造三级浮图各一区……崇基重构,层栏叠起。法堂禅室,通阁连晖。❾

这里的王庆时在他家乡的旧宅,是为二圣(孝文帝和文明太后)建立的晖福寺。此寺是由南北两院合成,院内各设一座三层塔,南北两塔对峙,还有法堂、禅室、通阁等建筑。其实,此佛寺与云冈石窟第二期(471—494年)双窟形式(第7和第8窟、第9和第10窟、第1和第2窟、第5和第6窟、第3

❶ [清]董诰 等. 全唐文. 卷四百四十. [唐]封演. 魏州开元寺新建三门楼碑

❷ 钦定四库全书. 史部. 地理类. 总志之属. [宋]祝穆. 方舆胜览. 卷十二. 泉州

❸ [唐]段成式. 酉阳杂俎. 续集卷五. 寺塔记上. 长乐坊安国寺

❹ [唐]张彦远. 历代名画记. 卷三. 西京寺观等壁画壁. 千福寺

❺ [唐]张彦远. 历代名画记. 卷三. 西京寺观等壁画壁. 宝应寺

❻ [唐]段成式. 酉阳杂俎. 续集卷六. 寺塔记下. 崇仁坊资圣寺

❼ [唐]张彦远. 历代名画记. 卷三. 西京寺观等壁画壁. 千福寺

❽ 宿白. 试论唐代长安佛教寺院的等级问题. 文物, 2009(1):37

❾ 赵一德. 晖福寺碑赏析(并注). 2005年云冈国际学术研讨会论文集·研究卷. 北京:文物出版社, 2006:703-721

窟等)有密切关系(图1)。在当时特殊政治背景下,为了"二圣"在地上建立晖福寺等佛寺建筑,在云冈石窟中开凿了双窟。

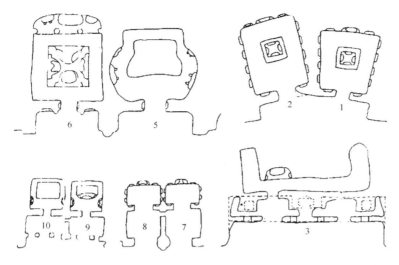

图1 云冈石窟第二期开凿的双窟平面
(宿白.平城实力的集聚和"云冈模式"的形成与发展.中国石窟·云冈石窟一.
北京:文物出版社,1991:191)

(2) 隋大兴城西南隅,曾经有同样制度的两所禅定寺,据《法苑珠林》卷一百《传记篇·兴福部》记载:

> 隋炀帝。(为孝文皇帝、献皇后,长安造二禅定并二木塔,并立别寺一十所,官供十年。)❶

又据《两京新记》卷三记载:

> (永阳坊)半以东大庄严寺,隋初(置),(仁)寿三年(603年)为献后立为禅定寺。宇文恺以京城之西有昆明池,池势微下,乃奏于此寺建木浮图,高三百三十(尺),(周)匝百二十步。

> (和平坊内南北)街西入总持寺。(永阳坊)半已西,大总持寺隋大业元年(605年)炀帝为父文帝立,初名禅定寺。制度与庄严同,亦有木浮图,高下与西(东)浮图不异。武德元年改为总持寺。❷

这里的两所禅定寺(唐武德元年各改为庄严寺和总持寺)位于和平、永阳两坊之半,其制度相同,各建有一座木塔,东西两塔对峙。

上述的晖福寺和禅定寺,具有共同特点:①它们都是特殊政治背景的产物,即为"二圣"所建立,所以出现了双塔;②它们都由两院合成,院内各有一座塔,两塔对峙。虽然此两所佛寺不属于大型多院佛寺,但是它们都是由两所同样的单院佛寺组成。所以从整体看,此形式可以作为双塔布局。我认为此佛寺布局形式,反映了由单院佛寺走向多院佛寺的过渡形式,同时也反映了当时特殊的政治背景。

通过以上分析,文献记载中的佛寺双塔实例可以整理成如表1。

❶[唐]释道世 撰.周叔迦,苏晋仁 校注.法苑珠林校注.卷一百.传记篇.兴福部.北京:中华书局,2003:2894

❷[唐]韦述.两京新记.卷三

表1 文献记载中的佛寺双塔实例

编号	佛寺名称	史料记载	双塔建立年代	同时建立	建塔材料
1	昌乐寺	"王廙,字世将上品上。琅邪临沂人……元帝时为左卫将军,封武康侯。时镇军谢尚于武昌昌乐寺造**东塔**,戴若思造**西塔**,并请廙画。"《历代名画记》卷五《王廙》)	东晋元帝(317—322年在位)时期	不详	不详
2	长干寺	"(竺慧达)晋宁康中至京师。先是,于长干寺造三层塔,塔成之后,每夕放光……夜见刹下时有光出……乃于旧塔之西,更竖一刹,施安舍利。晋太元十六年孝武更加为三层。"《高僧传》卷十三《竺慧达传》)	东晋简文帝(371—372年在位)至东晋太元十六年(391年)之间	否	不详
3	湘宫寺	"帝以故宅起湘宫寺,费极奢侈。以孝武庄严刹七层,帝欲起十层,不可立,分为两刹,各五层。"《南齐书》卷五十三《虞愿传》)	南朝宋明帝(465—472年在位)时期	是	不详
4	五台山内佛寺	"唐龙朔元年,下敕令会昌寺僧会赜往五台山修理寺塔……上有石塔数千所,塼石垒之,斯并魏高祖孝文帝所立……顶有大池名太华泉。又有小泉迭相延属。夹泉有**二浮图**。中有文殊师利像。"《法苑珠林》卷十四《感应缘》)	北魏孝文帝(471—499年在位)时期	不详	砖石塔
5	晖福寺	"散骑常侍、安西将军、吏部内行尚书、宕昌公,王庆时……乃罄竭丹诚,于本乡南北旧宅,上为二圣,造三级**浮图各一区**……崇基重构,层栏叠起。法堂禅室,通阁连晖。"《大代宕昌公晖福寺碑》)	北魏太和十二年(488年)	是	木塔
6	阿育王寺	"先是,三年八月,高祖改造阿育王寺塔,出旧塔下舍利及佛爪发……至四年九月十五日,高祖又至寺设无遮大会,竖**二刹**,各以金罂,次玉罂,重盛舍利及爪发,内七宝塔中。又以石函盛宝塔,分入两刹下,及王侯妃主百姓富室所舍金、银、镮、钏等珍宝充积。"《梁书》卷五十四《诸夷》)	南朝梁大同四年(538年)	是	不详
7	修梵寺	"(仁寿)四年建塔。又送于隆州禅寂寺……州内修梵寺,先为文帝造塔。有一分舍利,欲与今塔,同日下基。其夜**两塔**,双放光明。"《续高僧传》卷二十六《感通下》《隋京师大兴善寺释慧重传》)	隋文帝(581—604年在位)时期	否	不详

续表

编号	佛寺名称	史料记载	双塔建立年代	同时建立	建塔材料
8	释智首在他所出家和受戒的两所寺院	"于相州云门故墟,今名光严山寺,于出家、受戒二所,双建**两塔**。"(《续高僧传》卷二十二《明律下》《唐京师弘福寺释智首传》)	释智首(567—635年)	不详	不详
9	光明寺	"(怀远坊)东南隅大云经寺,开皇四年文帝为沙门法经所立。寺内**二浮图**东西相值,隋文帝立。"(《两京新记》卷三)	隋开皇四年(584年)	是	不详
10	法界尼寺	"丰乐坊西南隅法界尼寺,隋文献皇后为尼华晖、令容所立。有**双浮图**,各崇一百三十尺。"(《长安志》卷九《丰乐坊》)	隋文献皇后(543—602年)	是	不详
11	禅定寺	"隋炀帝。(为孝文皇帝、献皇后,长安造二禅定并**二木塔**,并立别寺一十所,官供十年。)"(《法苑珠林》卷一百《传记篇·兴福部》)	隋炀帝(605—618年在位)时期	是	木塔
12	保寿寺	"翊善坊保寿寺。本高力士宅,天宝九载(750年)舍为寺。初铸钟成,力士设斋庆之,举朝毕至,一击百千,有规其意,连击二十杵。经藏阁规构危巧,**二塔**火珠受十余斛。"(《酉阳杂俎》续集卷六《寺塔记下》)	唐天宝九年(750年)以后	不详	不详
13	千福寺	"千福寺……**东塔院**(额高力士书),涅槃鬼神(杨惠之书)……**西塔院**,玄宗皇帝题额。"(《历代名画记》)	唐咸亨四年(673年)以后	不详	不详
14	杭州开元寺	"杭州开元寺,梁天监四年(505年)豫州刺史谯郡戴朔舍宅为寺,寺号方兴,名僧惠圜营建之,后处士戴元、范宾恭增饰之,至开元二十六年(738年)改为开元寺。庭基坦方,**双塔**树起,日月逝矣,材杇将倾。广德三年(765年)三月,西塔坏,凶荒之后,人愿莫展。"(《杭州开元寺新塔碑》)	从梁天监四年(505年)至唐广德三年(765年)之间	不详	木塔
15	魏州开元寺	"开元者,在中宗时草创,则曰中兴,在元宗时革故,则曰开元……公顷曾入寺,虔恭作礼,有舍利两粒,降于其瓶,光明圆净,莹彻心目。盖舍利者,非常之瑞虽一粒二粒,乃至多粒,供养功德,以金身等。遂于寺内起**塔二所**,而分葬焉。"(《魏州开元寺新建三门楼碑》)	唐宝应元年(762年)	是	不详

续表

编号	佛寺名称	史料记载	双塔建立年代	同时建立	建塔材料
16	泉州开元寺	"泉州……寺院,开元寺(在州西,唐武后垂拱二年,居民黄守恭宅,园中桑树忽生白莲花,因舍宅为寺。又戒坛居殿后,可容千人,堂宇静深,巷陌紫纡,廊庑长广,别为院一百二十,为天下开元寺之第一。**东塔**咸通间僧文偁造,西塔梁正明间王审知造。)"(《方舆胜览》卷十二《泉州》)	东塔:唐咸通六年(865年) 西塔:五代后梁贞明二年(916年)	否	木塔

三　石窟寺中双塔的表现

石窟寺中双塔的表现,主要出现于石窟壁面的雕刻,以云冈石窟为代表。云冈石窟中的双塔表现,为在中国石窟中最集中、最明显的。如云冈石窟第 2 窟东壁中层第 2 龛、第 5 窟南壁明窗东西侧、第 6 窟东、西壁中层南侧及南壁、第 10 窟前室北壁中部、第 11 窟东壁第 3 层中部、第 11 窟南壁明窗西壁、第 11—9 窟等都有双塔雕刻(图 2)。由此图可以知道,云冈石窟中的双塔雕刻主要位于佛龛、明窗、门洞的左右侧面。所以,有人认为这不是真正的双塔表现,而是柱子的装饰性表现或者为了弥补空间的装饰性处理而已。❶ 但我认为,石窟中的双塔雕刻应该受到当时地上佛寺的影响。因为,① 如前所述,当时已经存在与晖福寺一样的两塔对峙的佛寺布局;② 这些双塔雕刻集中见于云冈石窟第二期开凿的双窟中,这意味着此双塔雕刻与"二圣"、"双窟"、"双塔"、"双寺"都有密切的关系。

❶ 这是日本学者山本荣吾在《双塔式伽蓝配置の发祥と传播—日本宗教建筑史の基础问题 3》(建筑史研究会.建筑史研究 no.40.彰国社,1976)中提出的观点。因找不到原本,不得不从韩国金尚泰写的《新罗时代伽蓝的构成原理及宗教的相关关系研究》(弘益大学博士论文,2004:75)中再引用。

(a) 第 2 窟东壁中层第 2 龛　　　　　　(b) 第 5 窟南壁明窗东侧(左)、西侧(右)
(中国石窟·云冈石窟一:图版 12)　　　　(中国石窟·云冈石窟一:图版 48,49)

图 2　云冈石窟中的双塔雕刻

(云冈石窟文物保管所编.中国石窟·云冈石窟一、二.北京:文物出版社,1991)

(c) 第10窟前室北壁中部
(中国石窟·云冈石窟二:图版48)

(d) 第11窟南壁明窗西壁
(中国石窟·云冈石窟二:图版97)

(e) 第11窟东壁第3层中部
(中国石窟·云冈石窟二:图版48)

(f) 第11—9窟
(中国石窟·云冈石窟二:图版128)

图2　云冈石窟中的双塔雕刻(续)

　　除了石窟雕刻之外,成都市商业街出土的南朝佛教石刻造像中,也发现了双塔表现(图3)。此石刻为一佛四菩萨造像,佛与菩萨身后为一莲瓣形大背光。背光上有雕刻,可以分为内外两层,其内层中央佛像左右侧各有三弟子和一座塔。塔为方形三层塔。这是推定于南朝梁代的石刻,所以可以推测南朝梁代佛寺中存在双塔布局。❶

❶张肖马,雷玉华.成都市商业街南朝石刻造像.文物,2001(10):13

图 3　成都市商业街南朝石刻造像中双塔雕刻
[张肖马,雷玉华.成都市商业街南朝石刻造像.文物,2001(10):13]

四　佛寺遗址中的双塔布局

目前,在中国佛寺遗址中,尚没有发现双塔布局的实例。但在韩国统一新罗时期(676—935年)、日本飞鸟白凤时代藤原京(694—710年)和奈良时期平城京(710—784年)的佛寺遗址中,可以看到一些例子。

韩国佛寺的双塔布局,集中地出现于统一新罗时期,其他朝代不常见。可以认为,双塔布局是统一新罗时期佛寺的代表性布局形式。以庆州四天王寺(679年)为代表,在中轴线上,设有山门、佛殿(也称金堂)、讲堂,在佛殿前左右设立东西两塔,整个佛寺周围设有回廊。此布局形式持续到感恩寺(682年)、望德寺(685年)、千军洞寺址(8世纪初)、佛国寺(751年)、远愿寺(8世纪中)等,到高丽初期(10世纪上半叶)几乎消失了(图4)。通过此图的佛寺布局来看,所有的双塔都是在中心院落内设立的,这就是统一新罗佛寺双塔布局的重要特征。

对于双塔的规模及建筑材料而言,统一新罗早期佛寺(四天王寺、望德寺)的双塔为规模较大的木塔,但其他佛寺的双塔基本上都是石塔,而且其规模变小了。由此可知,统一新罗佛寺的双塔,从规模较大的木塔变为规模较小的石塔。

日本佛寺的双塔布局,出现于飞鸟白凤时代藤原京(694—710年)和奈良时代平城京(710—784年)的一些佛寺。目前所发现的最早的双塔布局为药师寺(680年),以后在大官大寺(7世纪下半年)、兴福寺(710年)、大安寺(716年)、元兴寺(718年)、东大寺(751年)、唐招提寺(759年)等的佛寺布局中继续看到(图5)。

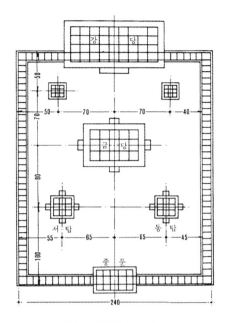

(a) 四天王寺(679 年)

([韩]朱南哲.韩国建筑史.
首尔:高丽大学出版部,2000:124)

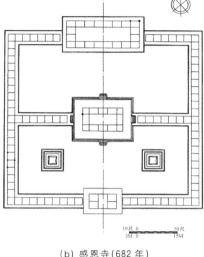

(b) 感恩寺(682 年)

([韩]朱南哲.韩国建筑史.
首尔:高丽大学出版部,2000:126)

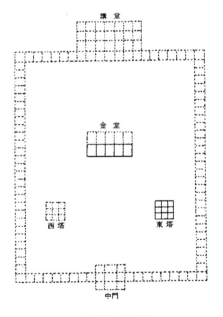

(c) 望德寺(685 年)

([韩]大韩建筑学会.韩国建筑史.
首尔:技文堂,2003:236)

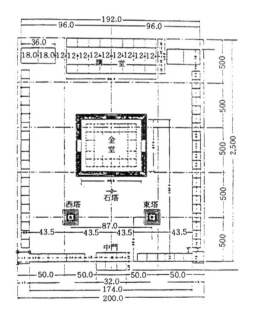

(d) 千军洞寺址(8 世纪初)

([韩]大韩建筑学会.韩国建筑史.
首尔:技文堂,2003:240)

图 4 统一新罗佛寺中双塔布局

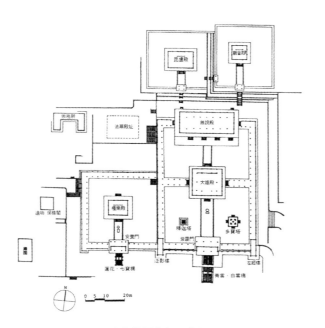
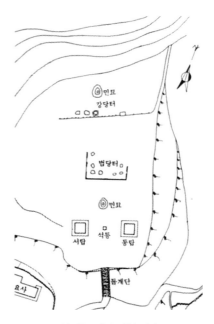

(e) 佛国寺(751年)

([韩]朱南哲. 韩国建筑史.
首尔:高丽大学出版部,2000:129)

(f) 远愿寺(8世纪中)

([韩]文化遗址发掘调查报告(紧急发掘调查报告书Ⅰ).
庆州文化才研究所,1992:162)

图 4　统一新罗佛寺中双塔布局(续)

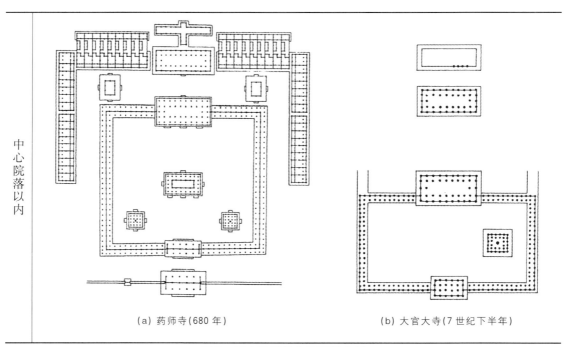

(a) 药师寺(680年)　　　　　　　　　(b) 大官大寺(7世纪下半年)

图 5　日本早期佛寺的双塔布局

(太田博太郎. 南都六宗寺院の建筑构成. 日本古寺美术全集・第二卷. 法隆寺と斑鸠の古寺. 集英社,1979:92-96)

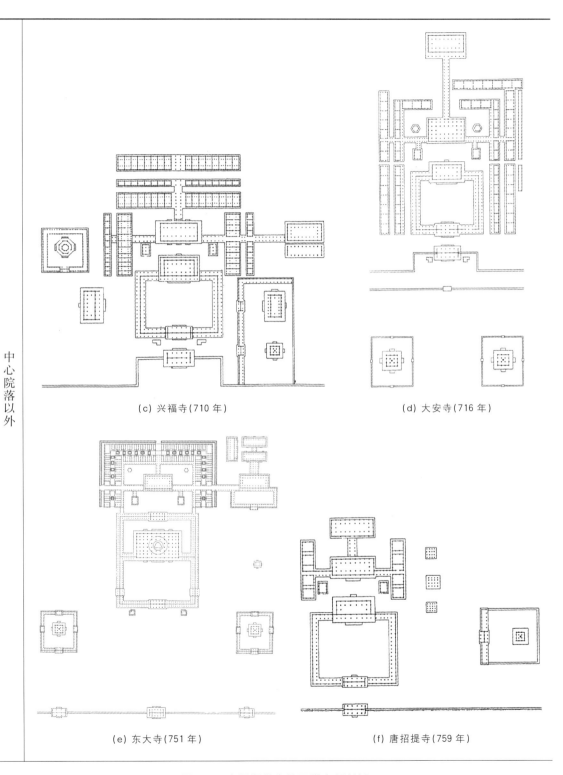

(c) 兴福寺(710年) (d) 大安寺(716年)

(e) 东大寺(751年) (f) 唐招提寺(759年)

图 5　日本早期佛寺的双塔布局(续)

❶ 日本学者小野胜年,按塔位于院落内还是院落外,把日本佛寺双塔布局分为"药师寺式"和"东大寺式"。本文也按他的说法进行分类。见：小野胜年.日唐文化关系中的诸问题.考古,1964(12):623。

❷ 日本白凤时代,尤其天武天皇(631-686年)时期,在外交方面,676年新罗统一了朝鲜半岛,新罗使者来到日本,天武天皇也向新罗派遣遣新罗使,与新罗保持外交联系,因此与当时同新罗对立的大唐断绝外交关系(参考 http://www.hudong.com/wiki/天武天皇)。

通过这些平面布局可以看出,日本佛寺的双塔布局分为两类。❶ 第一类是在白凤时代建于藤原京的药师寺和大官大寺。此两所佛寺的双塔位于中心院落以内,与同时期的统一新罗的双塔布局相同。日本白凤时代与统一新罗交流比较多,但与唐朝交流尚不多,所以可以说当时佛寺双塔布局受到了统一新罗佛寺的影响。❷ 第二类是在奈良初建于平城京的一些佛寺,如兴福寺、大安寺、元兴寺、东大寺、唐招提寺等。这些佛寺的双塔位于中心院落以外前方两侧,塔周围有围墙或回廊,形成了塔院形式。该时期是与唐朝交流频繁并积极学习唐文化及制度的时期,因此这些佛寺的布局应该受到唐代多院佛寺的东西塔院的影响。对于双塔的建筑材料而言,日本的双塔一直以木塔为主,这一点与统一新罗的双塔有所不同。

从韩日早期佛寺遗址看,两国双塔布局的出现时期比较一致,从7世纪下半叶开始延续到8世纪。但其发展过程有些不同。统一新罗佛寺一直坚持在中心院落内设立双塔的形式,日本白凤时代也与统一新罗一样,但奈良初期改变了布局方法,即双塔设于中心院落以外前方两侧。由此可知,统一新罗和白凤藤原京的佛寺双塔布局,都受到初唐或其以前单院佛寺中的双塔布局影响；奈良平城京的佛寺双塔布局,受到盛唐时期多院落佛寺的东西塔院的影响。

五 结 论

通过对文献记载、石窟寺中资料及韩日早期佛寺遗址的分析,对南北朝至隋唐时期佛教寺院的双塔布局进行研究,可以得出以下结论：

（1）中国佛寺双塔布局,在东晋时期已经开始,经过南北朝、隋唐时期一直继续并发展。通过韩日佛寺双塔遗址的分析可知,中国佛寺双塔布局应该在初唐及盛唐时期（约7—8世纪）最为鼎盛。韩国统一新罗和日本飞鸟白凤藤原京、奈良平城京的佛寺双塔布局,就是一个证明。

（2）随着隋唐时期佛寺大型化的趋势,佛寺内双塔位置,由在中心院落以内佛殿前左右两侧,转变到在中心院落以外前方两侧或者在中心院落周围别院内。

（3）在文献记载的双塔建造过程中可以发现,一些佛寺双塔是在具体明显的目的或情况下才建立的,而且都与数字"二"有密切关系。比如,"帝欲起十层,不可立,分为两刹,各五层","隋文献皇后为尼华晖、令容所立","上为二圣,造三级浮图各一区","为孝文皇帝、献皇后,长安造二禅定并二木塔","有舍利两粒"等。

建筑文化研究

藉古代地中海地区屋瓦的若干资料之助看秦瓦历史中的几个问题

国庆华

(澳大利亚墨尔本大学建筑学院)

摘要：本文把目前所能看到的若干春秋战国时代秦瓦的考古资料,与已知的建筑学资料和原理相比较,初步做一重新整理,看看现有的解释是不是能站得住。利用中国文明以外——早期希腊和罗马时代的若干屋瓦资料,尝试做一些新角度的观察,看看什么新问题可以发现出来。

关键词：陶瓦,类型,使用,制作,秦国,希腊,罗马时代

Abstract：This paper discusses type, utilization and production of Chinese architectural terracottas in the Warring States period with particular reference to roof tiles of the Qin (677B. C. —A. D. 215). The principle method of the study is comparison within the materials and cross-referencing relevant materials. Archaic architectural terracottas in the Mediterranean are observed as similar parallels. The great interest of this study is not about who invented what or whether independently. The intention is to raise questions emerged from observations solely on architectural appraisal and discuss problems. This study is presented as a first step in the process of understanding Chinese roof tiles in the early historical period in a wider picture.

Key Words：roof tiles, type, use, manufacture, Qin China, Greco-Roman World, late Bronze Age

对瓦的关注一直集中在瓦当,瓦当著录的历史可追溯到宋代,直到今天依然是热点领域——众多学者重视瓦当上的纹样和文字,研究其风格演变[1]。许多考古调查发掘报告尽量注意花纹美观、有文字的瓦当,却忽略了大量的瓦片的叙述。瓦作为建筑材料引起考古学者的关注,始于20世纪70年代发掘西周和秦国建筑遗址[2]。周原和雍城发掘之后,罗西章先生和尚志儒先生先后发表文章,分别归纳周瓦和秦瓦,讨论种类、规格和制法[3]。

尽人皆知,瓦顶是中国建筑的重要特征,为中国建筑史研究的重要内容。中外学者至今对于中国古建筑的研究虽多,其利用到考古学资料的却为数较少。对瓦没有进行详尽的专题研究,尤其对早期历史不甚了解,以至于唐之前的建筑复原图中屋面部分含糊不清,特别是脊端、屋角和檐口充满了问题。

---

[1] 陕西省考古研究所.雍城秦汉瓦当集粹(四卷).西安:三秦出版社,2008;申云艳.中国古代瓦当研究.北京:文物出版社,2006;徐锡台 等.周秦汉瓦当.北京:文物出版社,1988

[2] 陕西周原考古队.陕西岐山凤雏村西周建筑基址发掘简报.文物,1979(10):27-34;尹盛平.扶风召陈西周建筑群基址发掘简报. 文物,1981(3):10-22

[3] 罗西章.周原出土的陶制建筑材料.考古与文物,1987(2):9-17;尚志儒.秦瓦研究.文博,1990(5):252-260

本文的主要研究对象是秦瓦，特别关注秦统一以前的历史时期。为什么要研究秦瓦？因为秦承前制，用新制，承前启后，是中国历史文明的关键环节。关于秦人起源和秦文化渊源，一直有东来说和西来说两种不同意见。迄今，从考古学资料上，研究战国时代青铜器的学者，认同秦铜器群在战国早、中期之际或战国中期偏早阶段，风格发生了突变。两大群各自的变化是连续的，但两大群之间截然不同：前者来源于西周文化属春秋群，后者吸收三晋和巴蜀文化属战国群❶。秦瓦的情况如何呢？秦瓦的起源和早期形式诸多问题是令人瞩目的重要问题。

作者想藉本文，把目前所能看到的若干春秋战国时代秦瓦的资料，与已知的建筑学资料和原理相比较，初步做个重新整理，看看现有的解释是不是能站得住。利用中国文明以外——早期希腊和罗马时代的若干屋瓦资料，尝试做一些新角度的观察，看看有什么新问题可以发现出来。地中海地区，在世界上的其他古文明中，是时间和纬度平行存在屋瓦的地区❷。这与其说是一篇对秦瓦使用、功能和制作之原始的讨论，毋宁说是一篇将秦建筑活动留下的屋瓦遗存置于相关的考古资料中观察、寻找问题的文章。

一　秦　瓦　资　料

从考古学资料上能够看到，秦瓦有几种主要类型：槽形板瓦、弧形板瓦、半圆瓦、半圆筒瓦和带瓦当的筒瓦。板瓦用来覆盖屋面，筒瓦覆盖两行板瓦间的缝隙。瓦当是筒瓦端头部分。瓦当有半圆瓦当、大半圆瓦当和圆瓦当。在春秋战国时代秦国的都城雍城（公元前677—383年）遗址，发现大量的槽形板瓦和半圆瓦❸；在秦都城咸阳（公元前350—206年）只见弧形板瓦。带瓦当的大半圆筒瓦出土于陕西和辽宁及宁夏大型秦朝宫殿遗址❹。

简单地说，雍城之前，没有发现秦瓦。春秋时期的秦瓦，有槽形板瓦和筒瓦两类。弧形板瓦出现在战国中期，盛行于战国中晚期。圆瓦当出现在战国中期。秦瓦以槽形板瓦、半圆瓦、带瓦当的大半圆筒瓦和带梯形平台的筒瓦为最独特。据现有考古资料，他们只流行于秦国或秦朝，用于大型建筑，为后世所不见。

雍城在今陕西省凤翔县南。考古学者在发掘这座都城的宫殿、宗庙和陵园遗址时，发现了来自不同时期的丰富遗物，包括整瓦和残片。这些瓦绝大多数为灰色，仅个别呈红色。雍城秦瓦资料主要有：

1973—1974年发掘的位于凤翔姚家岗的春秋晚期宫殿建筑遗址，出土资料为❺：

凹字形三角纹板瓦、素面半瓦当、细绳与抹光带纹相间的筒瓦和饕餮纹贴面砖。贴面砖为不规则半圆形平面状，上边平齐，面饰浮雕饕餮纹。

1976—1977年发掘的凤翔姚家岗春秋凌阴遗址，出土遗物主要有❻：

❶ 梁云. 战国时代的东西差别——考古学的视野. 北京：文物出版社，2008：33

❷ 西方考古学资料丰富，陶瓦是一个重要的研究领域，其分析研究可为我们参考，但不在本文的范围之内，将在另文中发表。

❸ 秦置都雍城的年限有不同之说：公元前677—383年和公元前677—294/250年。见：田亚岐等. 秦雍城置都年限考辩. 文博，2003（1）：45-50；徐卫民. 秦都城研究. 西安：陕西人民出版社，2000

❹ 宝鸡市考古工作队，眉县文化馆. 陕西眉县成山宫遗址试掘简报. 文博，2001（3）：3-17

❺ 曹明檀等. 凤翔先秦宫殿试掘及其铜质建筑构件. 考古，1976（2）：121-128

❻ 雍城考古队. 陕西凤翔春秋秦国凌阴遗址发掘简报. 文物，1978（3）：43-47

凹字形板瓦(有绳纹和三角纹两种,后者少)和筒瓦(带或不带半圆瓦当)全身满饰绳纹和抹光带相间。

1977—1980年发掘的位于南指挥公社的秦公陵园,清理出[1]:

凹字形板瓦(绳纹)和弧形板瓦(素面局部绳纹)、筒瓦(带半瓦当,或有唇无当)或素面,或绳纹,或绳纹和抹光带相间。

1981—1984年发掘的春秋中晚期马家庄(1、3、4号)宫殿区,发现[2]:

凹字形板瓦(三角纹和绳纹两种)、筒瓦(有当有唇、无当有唇、无当无唇)、大型筒瓦(绳纹夹抹光带)、素面半瓦当。

2005—2006年发掘的战国早期豆腐村制陶作坊遗址,出土[3]:

槽形板瓦,分三型:底略弧;平底;外侧一端饰三角回纹、弧形板瓦:两端大小不一(饰绳纹,或间有抹光带)、筒瓦(有唇或无唇;内侧麻点纹,外侧绳纹或有抹光带)、瓦当(半瓦当,圆瓦当)绳纹,或素面,或文字,动物/植物纹、凤鸟纹贴面砖和方砖。

以上内容是从考古报告上摘录出来的。考古学者称的凹字形板瓦和槽形板瓦是一类瓦件(本文采用后一个名称)。还有,饕餮纹贴面砖和凤鸟纹贴面砖在类型上没有区别(为了便利,本文统称半圆瓦)。我请读者记住它们的类型,不必在意它们的名称。

瓦的形制不同,无疑在于屋顶的使用位置不同。没有直接考古资料说明它们用在哪儿、如何用。考古学者掘出来的雍城建筑,只有残高十几厘米的基址。我们对于秦瓦为何槽形、半圆、整圆,还没有什么具体的认识。尤其是半圆瓦和带瓦当的大半圆筒瓦,更难猜其用途。

[1] 陕西省雍城考古队.凤翔秦公陵园第二次钻探简报.文物,1987(5)

[2] 陕西省雍城考古队.凤翔马家庄一号建筑群遗址发掘简报.文物,1985(2):1-29;韩伟,焦南峰.秦都雍城考古发掘研究综述.考古与文物,1988(5,6):111-126

[3] 田亚岐,王保平.秦雍城豆腐村制陶作坊遗址发掘简报.考古与文物,2011(4):3-31

二 槽形板瓦

槽形板瓦发现于春秋中晚和战国早期的雍城遗址中,其主要特点为:平底,立边,截面槽形。瓦两头不同宽,一端窄一端宽,窄端沿口减薄。相对斜坡屋面说,瓦的大头在上,大头承接另一瓦的小头,一片片前后叠压,不会脱落。

它们的形状和大小有别。大号瓦:长70~76厘米、大头宽28.5~28.8厘米、小头宽27~28厘米、立边高5.4~6厘米。中号瓦:长42~47厘米、大头宽23.5~28厘米、小头宽23.5~24厘米、立边高5.2厘米。小号瓦长约为中号瓦的一半,约1尺长(1秦尺=23.1厘米)。

大、中号瓦的小头端(前半端)的底面饰三角几何纹带,每条宽约10厘米。大号瓦:三条纹带,占总长度的3/7(图1);中号瓦:二条纹带,占2/5。另外,三角纹槽形板瓦的小头端,有一探出的小边,其长1~2.5厘米(图2)。尚先生推测:三角纹槽形板瓦沿着屋檐使用,纹饰部分悬挑出去。带半圆瓦当的筒瓦用在檐口处,其半瓦当与槽形板瓦的出檐扣合。半瓦当的厚度与槽形板瓦出檐的长度相当。无论是从秦瓦形制方面看,还是比照其他文明的类似出土实物,这个推测是可以成立的。

作者在2012年年底在陕西省考古研究所雍城工作站,亲自观察槽形板瓦底面的三角纹带。纹带特点为:同心三角,相邻倒置,成行排列;线条平直,粗细一致,当为烧成瓦前浅刻而成。刻画时似乎辅以直尺,并且迅速(图3)。初看有两种标准三角纹,互相交错,重复使用,用画图方法核对,发现没有任何两组三角纹完全重合。如果三角纹是装饰,装饰是为了观看,但是,三角纹很浅,自地面向上看,未必醒目。所以,我的看法是三角纹暗示它还有其他功能。

图1 三角纹槽形板瓦

[凤翔马家庄一号建筑遗址出土.考古与文物,1982(5)]

图2 槽形板瓦一端出小檐
(雍城考古工作站)

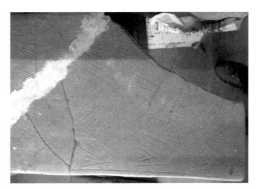

图3 槽形板瓦底面上的三角纹
(雍城考古工作站)

1. 带洞的槽形板瓦

尚志儒先生在《秦瓦研究》一文中收录了一个带大圆洞的槽形板瓦,称特殊式。在凤翔翟家寺采集,瓦长 42.4 厘米,大头宽 31 厘米,小头宽 29.7 厘米,立边高 5.5 厘米。瓦身中部开一圆孔,孔径 20 厘米(图 4)。因为是采集来的孤例,也乏其他证据可资利用,尚先生没有对它进行讨论。2012 年年底,作者向雍城考古队长田亚岐先生请教该瓦的功能,他考虑有两种可能:有建筑构件由圆洞通过或收集雨水;圆洞下面接管,引水向下。

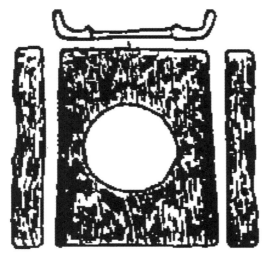

图 4 大圆洞秦瓦
[凤翔翟家寺采集.文博,1990(5)]

我们明白这不是个简单问题,决非靠想象能回答的。在收集的考古资料中,我想简略地叙述一下地中海地区的类似槽形板瓦,因为它们值得研究古建筑的中国学者注意。在希腊、意大利和小亚细亚(Asia Minor)都有槽形板瓦❶。屋瓦于公元前 7 世纪在希腊出现,然后传到意大利。槽形板瓦,在罗马帝国的地域内都可见到,叫 tegula,这个术语已被收入英文建筑词典。槽形板瓦中心开圆洞的例子在意大利较普遍。瑞典古典学院驻罗马发掘队,在 20 世纪六七十年代,发掘了位于意大利中西部的古伊特鲁斯坎人(Etruscan)的聚居地❷聚居地在公元前 6 世纪下半叶被放弃,遗址在现代被称为 Acquarossa。在这里发现了许多带圆洞的槽形板瓦,考古学者称它们为天窗瓦(Skylight-tile)。报告中有如下的描写:涂红褐色,瓦长 65~66 厘米,宽 48.5~49 厘米,厚 1.4~2.4 厘米。瓦的四角均在底面被削斜,下角可能在出窑前,上角在出窑后。圆洞居中,距左边 12 厘米,距右边 11 厘米,距上边 20 厘米,距下边 20.5 厘米。圆洞直径 25.5~26 厘米,周边隆起,边

❶ Matthew R. Glendinning, A Mid-Sixth-Century Tile Roof System at Gordion. *Hesperia*, 1996, 65 (1): 99-119

❷ 伊特鲁斯坎文化在公元前 8 世纪的意大利发展起来,公元前 7 世纪受到希腊文明的影响。瓦在意大利用了最多两代人就发展起来了。伊特鲁斯坎建筑受希腊建筑影响,但创造了自己的风格,并深刻地影响了罗马建筑。Helle Damgaard Andersen. *Etruscan Architecture from the Late Orientalizing to the Archaic Period (c. 640-480 B. C.)*. PhD diss., Univ. of Copenhagen, 1998

[1] *Acquarossa*. vol. 6. The roof-tiles. Part I: catalogue and architectural context (results of excavations conducted by the Swedish Institute of Classical Studies at Rome). Stockholm: Svenska institutet i Rom, 1986, 6: 38-40

高 4.1～4.9 厘米。洞上设盖，盖和瓦之间有梢连接，盖可开关（图 5a）[1]。考古学者整理、记录、称重量、把瓦按顺序排对，然后做了复原。图 5b 展示的是 6 号房子屋顶的局部，所用的瓦是在 6 号基址出土的，部分来自 4 号基址。考古发掘的实物，部分收藏在伊特鲁斯坎博物馆（Etruscan Museum of the Rocca Albornoz, Viterbo），包括用实物复原的瓦顶。文字资料有 1986 年出版的展览目录，由瑞典驻罗马古典学院编著，意大利文版，书名 Architettura etrusca。

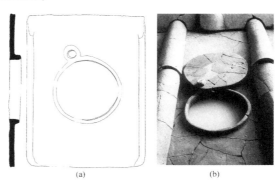

图 5 伊特鲁斯坎瓦和屋顶复原（局部）

(*Acquarossa*. 卷 6-1:38；卷 6-2:91)

2. 特殊槽形板瓦

凤翔马家庄一号建筑群遗址出土一种形状奇特的槽形板瓦。考古报告记录了特征和尺寸：瓦的两头宽度相差悬殊；大头一端中部有圆角长方缺口。瓦长 24 厘米，残宽 15 厘米，绳纹（图 6）。同一遗址发现另一种非普通的槽形板瓦，平面梯形，长 20.6 厘米，大端宽 8.7 厘米，小端 4.1 厘米，高 2.4 厘米（图 7）。考古学者对它们在建筑中的使用位置没有认识。

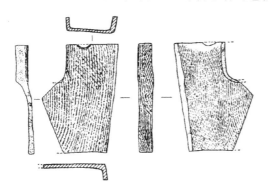
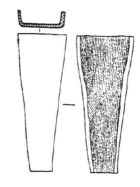

图 6 圆角缺口的槽形板瓦　　　　图 7 平面梯形的槽形板瓦

[马家庄一号. 文物, 1985(2)]　　　　（马家庄一号）

在这种情况下，我们不妨继续观察地中海地区的资料。以下是两个考古资料，一个来自另一处伊特鲁斯坎遗址，关注点是带洞槽形板瓦的形状；另一个是罗马时期的屋顶，关注点是特殊槽形板瓦的使用位置。它们在时间上相差几百年。

在意大利中北部，距离 Marzabotto 市不远，有一个公元前 5 世纪伊特鲁斯坎人的城址。遗址中出土的文物收藏在当地博物馆里（Museo Nazionale Etruso），包括考古发掘的带洞槽形板瓦。注意图 8，带洞的槽形板瓦与上面讨论的例子不同。这里的洞为长方形，洞盖是推拉式的。这种长方洞叫 Opaion，意为：屋顶上走烟的窗[1]。伊特鲁斯坎瓦的资料展示有多种方法开洞。另外，请注意转角的做法，两个斜屋面汇合处盖筒瓦。

[1] Federica Borrelli. *The Etruscans Art*, *Architecture and History*. Los Angeles: J. Paul Getty Museum, 2004

图 8　带洞槽形板瓦和屋顶转角做法
（Museo Nazionale Etruso）

平面梯形的槽形板瓦从西罗马帝国时代（公元 286—476 年）遗留下来。学者们根据对遗物的研究，认为这种特殊的槽形板瓦用作排水沟（gutter）。换言之，特殊槽形板瓦用在两个斜屋面的汇合处，用于排水。英国学者根据屋瓦的自然法则和建筑的一般规律作了复原（图 9）[2]。这个排水沟在现代汉语中称为天沟。有意思的是，明清建筑天沟用的底瓦即槽形，称为沟筒[3]。比较伊特鲁斯坎的屋角用筒瓦的做法，用槽形板瓦形成天沟是一个非常不同的设计。这些资料对世界建筑史来说非常有意思，但它们回答不了秦瓦的问题，考古学者一定要找到可靠的实物资料才成。

[2] Tony Rook. "Tiled Roofs" in Alan Mc Whirr (ed.), *Roman Brick and Tile*: *Studies in Manufacture, Distribution and Use in the Western Empire*. BAR International Series 68, 1979: 295-301

[3] 刘大可. 中国古建筑瓦石营法. 北京：中国建筑工业出版社, 1993: 187

图 9　角脊上用槽形板瓦设天沟，罗马四阿屋顶（设想复原）
（Alan Mc Whirr (ed.). Roman Brick and Tile: 296)

3. 槽形板瓦制法

尚先生在《秦瓦研究》中推测雍城瓦的制法有两个特点：手制（泥条盘筑）和模制。槽形板瓦一律采用长方体内模制法。工序为：长方体外蒙以绳纹编织物，按着泥条盘筑，泥条外再蒙绳纹编织物，通过拍打、挤压、制成瓦胎。然后，取下编织物，稍事晾晒，取出内模，从瓦胎的外侧面切割，一分为二（图 10）。各类瓦上留下的迹象表明，切割工具是竹、木或绳；方法有直切和斜割。

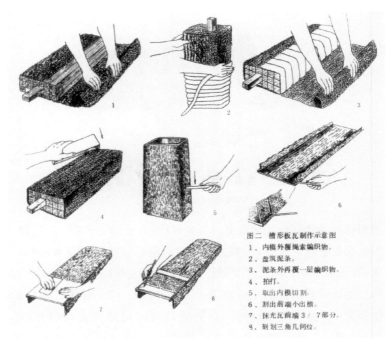

图 10 尚氏槽形板瓦制作示意图

[文博，1990(5)]

这是观察后的推想，并基于筒瓦是盘筑的理论，缺乏充分的根据。这里，作者有三点质疑：①长方体模加泥胎重量大约 8 公斤。图 10 里的第 4 种方法拍打、挤压，会导致下面的泥片挤压出来；②长方模加泥胎要躺倒、竖立 4 次以上，陶工的体力要求与瓦的质量影响成反比；③按照图 10 里的第 7 种方法，在槽形泥胎上抹光和刻画有问题：强度太低，不经磨压；相反，费工且质量不保。秦始皇陵（公元前 246—208 年）出土的弧形板瓦不见泥条盘筑痕迹，可能是用厚度均匀的泥片敷在内模拍打制成❶。显然，泥条盘筑不是唯一的做法，坯与模的隔离材料也有多种❷。

作者观察雍城出土的槽形板瓦，它们表面平滑，工具痕迹是方向一致和连续的。就工具痕迹而言，雍城槽形板瓦和伊特鲁斯坎瓦没有区别，瓦厚都

❶陕西省考古研究所，秦始皇兵马俑博物馆. 秦始皇帝陵园考古报告(2000). 北京：文物出版社，2006：45
❷许卫红. 凤翔邓家崖遗址秦瓦内壁纹样. 秦文化论丛，2003(00)：404-412

在1厘米左右。但是,在制法上,伊特鲁斯坎瓦,与尚先生诠释的雍城槽形板瓦,有许多显著的基本不同。

制瓦在意大利南方、西西里岛和希腊存在很多地方差别,但基本方法都是框筑,与制砖坯或土坯同理。做筒瓦最基本的工具是一个长方形木框,一根长于边框的木棍和一个半圆模子(图11)。木框和模子的尺寸和形状决定瓦的尺寸和形状。工作程序为:在工作面上撒小石子,或砂子,或土;把和好的泥团放到木框内,用手摊平后,使木棍反复滚压;然后将压好的泥片移到模上成形,用拍子压紧❶。以上资料来自德国考古学家 Roland Hampe 和 Adam Winter 于 20 世纪 50 年代在希腊、塞浦路斯和意大利南部的制陶调查,并牵涉人类学、手工业史资料之使用。

❶ Roland Hampe, Adam Winter. *Bei Töpfern und Zieglern in Süditalien, Sizilien und Griechenland*. Mainz,1965

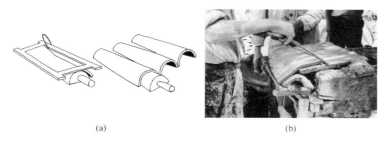

(a)   (b)

图 11　制筒瓦工具：长方形框和半圆模子

(Bei topfern und zieglern in suditalien, sizilien und griechebland. 图18和图版55-3)

制作槽形板瓦同样需要一个木框,不同的是,框的四角各有一"耳",四耳帮助形成两个竖起的边槽。工作程序为:在托板上撒土或沙防沾;将泥团放入木框内,用木板反复压平,同时推着泥"骑"耳;成型后,轻轻提起木框。然后,将槽瓦与托板一起拿走阴干(图12)。所有的槽形板瓦不是一次成型的,在雅典卫城 Mycenaean 喷泉发现的槽形板瓦,其立边(5厘米高)是粘上的❷。

❷ Oscar Broneer. A Mycenaean Fountain on the Athenian Acropolis. *Hesperia*, 1939, 8(4):317-433 (409)

❸ Philip Sapirstein. *The emergence of ceramic roof tiles in archaic Greek architecture*. PhD diss., Cornell University, 2008

❹ Winter, N. A.. *Greek architectural terracottas from the prehistoric to the end of the Archaic period* (Oxford Monographs on Classical Archaeology), 1993

图 12　槽形板瓦制作,德国现代手工陶瓦

(Formsteine Terracotta)

目前希腊发现最早的屋瓦是公元前7世纪神庙上的遗物❸。神庙无存,地点在科林斯(Corinth),多立克建筑(Doric)的诞生地❹。神庙遗留下来的屋瓦为S形,换言之,底瓦和盖瓦是联体的,本文称仰俯连瓦。学者们研

[1] Philip Sapirstein. How the Corinthians Manufactured their first roof tiles. *The Journal of the American School of Classical Studies at Athens*, 2009, 78(2): 195-229; William Rostoker, Elizabeth Gebhard. The Reproduction of Roof tiles for the Archaic Temple of Poseidon at Isthmia. *Journal of Field Archaeology*, 1981(8/2): 211-227

究屋瓦实物和传统工艺，提出了两种制作假说[1]，并动手复制仰俯连瓦以验证其假说。他们使用的制作工具同样为底板、边框和木板。但是，底板是S形的，边框亦为S形的。仰俯连瓦的上下两面弧线不同，一次成型。制法一：底板的形状是瓦的上表面的形状，边框的轮廓给出瓦的下表面的形状。换言之，制作时瓦的上下面，与使用时相反。因为，"瓦唇"等细部均在瓦的底面，制作时朝上，可以用刀或刮子直接做出（图13）。制法二：底板的形状是瓦的下表面的形状，边框的轮廓给出瓦的上表面的形状。制作时，将泥团置于框内，木棍搭在边框外，沿着边框的起伏轮廓线，反复滚压。然后，拿掉边框，用刀或刮子切薄瓦边，即作出瓦唇（图14）。俯仰连瓦与普通板瓦、筒瓦比较，在造型上复杂，但工艺上相同。制作工艺的简单和造型复杂的增加一定是相辅相成的。

图13 仰俯连瓦制法一：瓦唇在脱开底模前做成
[Journal of Field Archaeology, 1981(2):221]

图14 俯仰连瓦制法二用的底板和边框
[Journal of the American School of Classical Studies at Athens, 2009(2):208]

地中海人的木框制片成型法与秦人的"泥条盘筑和内模制法"根本不同。秦槽形板瓦制造工艺未经研究，现有的资料还不能胜任复原的目的。但与西方制瓦特征相对照，大致的趋势也不无可说。我个人大胆推测：瓦坯先制成平片，在平片上画三角纹，再弯成槽形。要得到接近事实的结论，还需要做许多的工作。

4. 槽形板瓦:从排水瓦到屋面瓦?

希腊的考古资料展示,槽形板瓦不仅用在屋面,还用在地面;不仅用在建筑,而且再利用到墓室中排水。一个约公元前 1300 年的村庄遗址,叫 Zygouries,坐落在 Cleonae,位于横跨 Argolid 地区的古通道附近。村庄遗址由许多两开间的房子组成。其中有一个陶作坊,建在坡地上。作坊有 5 个房间,编号为 30 号的房间非常窄小:4.65 米长,1.4 米宽。地面是坚硬的白胶泥,最引人注意的是沿右墙的排水道,由槽形陶瓦组成(图 15)。四片陶瓦仍保留在原地,其余的部分被跌落的石块毁了。平均瓦长 92 厘米,一头大一头小,大头 38 厘米宽,小头 24 厘米。大头接另一瓦的小头。排水道沿坡向下,上端略高于地面,可以想象它穿过墙壁进入隔壁房间,那里有相关遗物为证。这么宽的排水道在这么小的房间用途不明,也许它引水入坊或排水出坊,亦不清楚排水道是如何走出作坊的[1]。排水道实例引起学者们怀疑,槽形板瓦的原始功能是地面排水,而不是屋面排水。

[1] Carl W. Blegen. Zygouries: A prehistoric settlement in the valley of Cleonae. Harvard University Press, 1928: 34-35

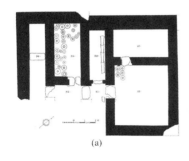 

(a) (b)

图 15 陶作坊平面和房间 30 号遗址

(Zygouries, 1928)

类似的考古资料在中国同样存在——赵王城的槽形瓦。赵邯郸故城(公元前 386—228 年)是战国时期列国都城遗址中保存最好的标本。2007—2008 年和 2010 年考古发现了城垣陶瓦和排水槽[2]。赵王城的城垣为夯土墙,城墙宽 15.1 米。西城东南角保存较好,其内侧建有附加墙,断面成台阶状,台阶面上铺瓦保护,弧形板瓦和筒瓦相配使用。城垣排水槽由槽形瓦组成(图 16)。做法是,在城壁内侧筑斜面,然后沿斜面自下至顶,一一相压地安放槽形瓦。关于槽形瓦尺寸,编号 ZD04P:2 的瓦:长 44.5 厘米,后宽 59 厘米,前宽 52.5 厘米,厚 2.5 厘米。每个槽形瓦内有两个突出物,用以抵住上面的瓦。在形式上,赵王城的槽形水道瓦与雍城的槽形板瓦类似。在技术上,槽形水道瓦是工程用瓦,表示建城技术的显著跃进。《营造法式》上的术语叫:城壁水道。大家都熟知《营造法式》,不必多言。明代城壁水道至今可以在西安城墙上看到(图 17)。

[2] 中国考古新发现年度纪录(2010). 北京:中国文物报社, 2011: 16-18;段宏振. 赵都邯郸城研究. 北京:文物出版社, 2009: 191

图 16　赵王城的槽形瓦、台阶状西城南垣和 3 号排水槽
(左：邯郸博物馆；右：中国考古新发现年度纪录 2010)

图 17　西安城墙内侧的城壁水道
(作者摄)

瑞典考古学者在 Acquarossa 发现带圆眼的槽形板瓦，一或两眼不等，特殊的是圆眼周围做了局部加强，其形状与赵王城槽形瓦内的楔形突出物相似(图 18)。编号 T46b 瓦的年代约在公元前 5 或 6 世纪早期，平面尺寸为 63×48 厘米。圆眼在瓦的中心位置，略靠前。编号 T64 瓦的年代在公元前 510 年左右，尺寸为 58×52 厘米。圆眼在瓦的两侧❶。考古学者认为槽形板瓦用于檐部，钉通过圆孔与下面的屋面材料固定，防止自身滑落；楔形突出物同时起到防止上面的瓦滑落的作用。

❶ Acquarossa. Vol. VI, Part 2：33-34

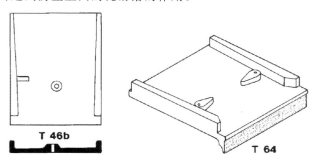

图 18　伊特鲁斯坎槽形板瓦上钉眼处用三角形泥片加强
(Acquarossa, vol. VI, Part 2：33)

古希腊和赵邯郸的考古学上的事实指向一个结论：槽形瓦与排水道有关。从经济上来说，建城垣比造房子更昂贵。从程度上来说，城垣排水更重要。槽形板瓦至少有一点要紧的因素：设计上，适合不同的排水要求，无论是坡屋面、坡墙面、还是坡地面。把关于槽形板瓦的资料联合起来看，槽形板瓦是秦的一项新发展。说到这里，我们须对槽形板瓦这个概念初步作一界说：广泛地讲，槽形板瓦是排水构件。狭义的解释，是一类屋瓦。

秦国和赵国在地理上不相比邻，在槽形瓦上的相似性，我们不得不假定，这一型陶瓦的首次出现，是在春秋战国之前，更大的地理范围内。关于槽形板瓦的历史资料，2004 年宝鸡文物普查队在桥镇遗址发现龙山时期（约公元前 2000 年）的标本（图 19）。报道发表在 2011 年第 3 期《文物》上：

> F1(F＝房子)位于遗址偏北部断崖上，为半地穴式。暴露白灰地面一段，白灰地面距地表 1.5 米、残长 7.5 米、厚 0.03 米。白灰面上部堆积中可见少量龙山文化板瓦、筒瓦、槽形瓦残片。F2 位于 F1 西约 15 米处，亦为半地穴式，暴露白灰地面一段，白灰地面距地表 1.6 米、残长 8.3 米、厚 0.03 米，白灰面上部堆积中可见筒瓦、槽形瓦残片等❶。

图 19　槽形板瓦残片，宝鸡桥镇发现
[文物,2011(3)]

同在甘肃，2001 年在灵台西屯乡桥村遗址发现 3 块槽形瓦，属齐家文化时期（约公元前 2000—1500 年）：两宽一窄。前者一端有洞：长 37.3 厘米，宽 15.8 厘米（有洞端），高 4 厘米；后者残长 14 厘米，宽 5.3 厘米（图 20）❷。

齐家文化时期的一个陶罐，藏在美国旧金山亚洲美术馆。手制红陶，陶盖屋形，"屋顶"四周似乎用"瓦"压边（图 21）。齐家文化时期的建筑特点是浅穴与白灰面❸。浅穴的建筑关键是屋顶。如果用瓦铺屋顶有可能，但当时满铺的可能性，可以说是太小了。到了明清时期，瓦那么发达，民居还只在屋脊和梁架处用瓦，屋面形如棋盘，称"棋盘芯"。依这个思路，瓦很可能仅沿屋顶边沿使用。

❶刘军社.宝鸡发现龙山文化时期建筑构件.文物,2011(3):44-45

❷湛轩业 等主编.中华砖瓦史话.北京:建材工业出版社,2006:44

❸中国科学院考古研究所甘肃工作队.甘肃永靖大何庄遗址发掘报告.考古学报,1974(2):29-62

图20 槽形板瓦和槽形盖瓦
（中华砖瓦史话）

图21 屋形红陶罐（齐家文化）
（旧金山亚洲美术馆）

三 半圆形瓦

这类半圆形瓦件，与半圆瓦当相似，但上边平齐，且形状"不规则"。考古报告称它们为贴面砖，发现于春秋战国时期的雍城遗址中。凤翔姚家岗出土的贴面砖，宽23厘米，高11厘米，厚1.7厘米。豆腐村制陶作坊遗址出土的贴面砖，宽24～21.5厘米，高14～12厘米，厚1.5～1.4厘米。除了它们的尺寸和纹饰，报告中没有其他资料也没做讨论（图22、图23）。

图22 兽面半圆瓦
（陕西历史博物院）

图23 半圆瓦模具
（陕西考古所）

我们在雍城找不到建筑资料，却可以朝有关象征性的遗存上去找线索，来推测当时有关屋顶的情形和半圆形瓦的使用。有些青铜器的器盖为屋形。商晚期安阳殷墟妇好墓出土的偶方彝，器盖做成四阿顶状。说它模仿当时的宫殿设计，反映一些屋脊和檐口的式样和做法，也不是没有可能。四阿屋顶上施正脊和角脊。偶方彝器口和盖口长面前后各出七个突出物（形状前后有别），上下两两相合，排列整齐的突出物颇像屋檐下的椽子头（图24）。如把器口的七个突出物，理解成椽头，盖口的突出物就是带半瓦当的

"筒瓦"了。盖瓦与檐椽"实拍";换言之,平檐口。盖瓦是两坡形,非半圆。椽头饰有兽面图案,无疑有使用功能,可能表示一定的建筑构件,我推测它是"贴面砖",功能不仅是起着装饰的作用,而且还起着遮挡的作用(图25)。如果假设成立的话,偶方彝显示:在檐口,盖瓦的位置正当椽头之上;盖瓦的形状为两坡;椽头被"贴面砖"保护。这似乎是个圆满的解释。但不是所有的问题都清楚,例如,贴面砖如何贴?还待考。

图 24　偶方彝
（国家博物馆）

图 25　器口突出物饰有兽面图案
（偶方彝细部）

如果偶方彝模仿当时的建筑,中国曾经有过两坡盖瓦,似乎并不是不可想象的事。在直接性的考古材料出土以前,我们暂时以不深究为宜。

下面,我想把地中海地区两坡形盖瓦和平檐口的考古资料作一个简贱的介绍,以供秦瓦的进一步研究参考。两坡形盖瓦在希腊,不乏实例可寻。在古典时期晚期,屋顶主要有两种风格:科林斯式(Corinthian)和拉哥尼亚式(Laconian)。前者的特点是由槽形板瓦和两坡盖瓦组成(使用中心在 Gordion)(图26);后者用的仰瓦和盖瓦都是弧形(使用地区在 Sparta)。公元前 5 世纪的雅典帕提农神庙(Parthenon)用的瓦是科林斯式的:槽形板瓦尺寸,长 79.5 厘米,宽 61.2 厘米;两坡盖瓦平面尺寸,长 77.5 厘米,宽 35.5 厘米❶。它们非陶制品,是大理石雕凿出来的。这些石瓦不仅有陶瓦的外貌,实际原型是陶瓦。

❶ Anastasios K. Orlandos. Notes on the Roof Tiles of the Parthenon. *Hesperia* (Supplements), 1949 (8): 259-267 + 462

图 26　希腊中部的南庙瓦顶(South Temple in Kalapodi)（公元前 570 年）
(*Greet Architectural Terracottas from the prehistoric to the end of the Archaic period*)

在古地中海地区,建筑的檐口水平挑出,似乎是大家公认的事实。西方学者根据残留在科林斯（Corinth）遗址上的大量土坯、石块和碎瓦,断定早期的科林斯神庙的墙很厚,下部可能是石材,上面是土坯。图27是复原图,椽子停在墙上,用"飞椽"挑出墙外约40厘米,其上铺瓦❶。随着瓦的使用,要求足够强的木屋架支持沉重的瓦顶,结果土坯墙被石墙取代了❷。

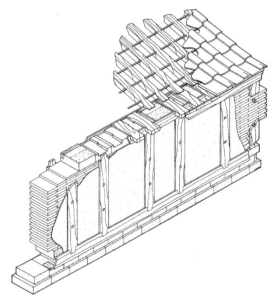

图27　早期科林斯神庙复原图,屋檐水平伸出墙外

[Corinth.2003(20)]

图28是另一个建筑复原图,证明平檐口与厚墙体有关,转引自坪井清足的《東と西の考古学》❸。原始资料来自小亚细亚的一个古聚居地,叫Pazarli,在今土耳其Corum省。那里有新石器时代、Hittite（公元前18世纪至公元前1178年）和佛里吉亚古国（Phrygia）诸多文化层。我们看到屋檐设计与墙体材料有关:土坯墙需要保护;屋面需要组织排水。另外,在Gordion博物馆（安卡拉西南方90公里）,保存公元前6世纪中的佛里吉亚瓦,包括檐口槽瓦和筒瓦❹。

1998年在湖北应城门板湾新石器时代遗址中,发现一座屈家岭文化晚期建筑,用晒干的土坯筑成。平面呈长方形,16.2米×7米,土坯墙厚38～55厘米。土坯长35～44厘米,宽7～25厘米,厚5～7厘米。墙上开多个窗,木窗框痕迹明显。房子建在台地上,台基外有形状规整的散水（图29）❺。这种土坯盖的房子也见于其他地方❻。我们自然地有很多问题,它们的屋顶会不会是四阿顶? 屋顶是什么结构、什么屋面材料、出檐吗? 考古学上的资料离回答这些问题尚远,我们暂且也以不再深究为宜。

---

❶ Robin F. Rhodes. The Earliest Greek Architecture in Corinth and the 7th-Century Temple on Temple Hill. *Corinth*, 2003 (20):85-94

❷ A. Trevor Hodge. *The Woodwork of Greek Roofs*. Cambridge, UK: University Press, 1960

❸ 坪井清足. 東と西の考古学. 东京:草风馆, 2000:113

❹ Matthew R. Glendinning, *Phrygian Architectural Terracottas at Gordion*, PhD, 1996

❺ 国家文物局 主编. 1999 中国重要考古发现. 北京:文物出版社, 2001:7-10; 李桃元. 应城门板湾遗大型房屋建筑. 江汉考古, 2000(1):96+71

❻ 曹桂岑, 马全. 河南淮阳平粮台龙山文化城址试掘简报. 文物, 1983(3):21-36

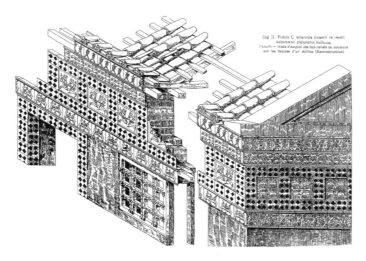

图 28　Pazarli,复原图

(東と西の考古学:113)

图 29　湖北应城门板湾遗址大型建筑(新石器时代)

(1999 中国重要考古发现)

四　带瓦当的大半圆筒瓦

出土的带瓦当的大半圆筒瓦集中在陕西和辽宁秦朝宫殿、行宫和皇陵遗址[1]。它们的尺寸很大,数量不多,与半圆筒瓦一同出土,说明一同使用。不同地点出土的带瓦当大半圆筒瓦,其形制和纹饰基本一致。瓦当模制,"减地平钑"夔纹,细部再施阴刻装饰。夔纹常见于商周青铜器上。辽宁绥中县姜女坟建筑遗址出土多例,瓦长 68 厘米,瓦当直径 52~57 厘米,高 38~44 厘米(图 30)。临潼秦始皇帝陵园内城南垣出土的实例,瓦当直径 52

[1] 辽宁省文物考古研究所.姜女石:秦行宫遗址发掘报告.北京:文物出版社,2010;赵康民.秦始皇陵北二、三、四号建筑遗迹.文物,1979(12):13-16;赵丛苍 等.陕西眉县成山宫遗址的调查.考古,1998(6):84-87;田亚岐 等.陕西千阳尚家岭秦汉建筑遗址发掘简报.考古与文物,2010(6):3-17

厘米，高 38.6 厘米（图 31）。另外，还有采集的一例，直径 62 厘米，被称为瓦当王。

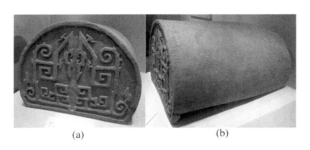

图 30　大半圆瓦
（国家博物馆）

图 31　夔凤纹大半圆瓦当
（秦始皇帝陵园考古报告．2000）

　　这类纹饰见于战国时期鲁国宫殿遗址中出土的"瓦砖"，有关报道和照片见《曲阜鲁城の遺蹟．》[❶]。这个事实令人忆起《史记》卷六所记"秦每破诸侯，写放其宫室，作之咸阳北阪上……"。

　　普通瓦当的用途很清楚，遮蔽筒瓦头，用于屋檐处。但是，带瓦当的大半圆筒瓦的使用位置，一直是个问题。考古学者说，它们俗称"檩当"。但没有讲哪来的俗称，顾名思义，檩当用于檩头。也有人认为叫作"遮朽"，用于梁端。但不知哪种檩头、哪种梁端。在辽宁石碑地遗址，考古学者在房子两端及各组建筑关键部位的门旁发现夔纹大瓦当。它们的使用位置可能是脊端。我们能否证明它们是正脊两端的构件？

　　秦考古资料中有脊瓦出土，而且不同形式的脊瓦。在秦始皇陵园内城南墙试掘时发现两种尺寸的筒瓦：一种是宽 16.5 厘米，长 53~56 厘米（无瓦当和有瓦当）[❷]；第二种是宽 51 厘米，长 67 厘米（无瓦当）。第一种发现的数量远多于第二种，第二种的尺寸远大于第一种（图 32）。依据数量和体形，可以断定第一种是普通筒瓦，第二种是脊瓦。屋脊是两坡屋面交汇处，用大瓦覆盖是必需的。比较脊瓦和带瓦当的大半圆筒瓦的直径，分别是 51 和 52 厘米，它们的尺寸对上了，说明相连使用。换言之，沿屋脊用一连串的大筒瓦；脊瓦的一端有瓦唇，以便互相扣合；带瓦当的大半圆筒瓦用于屋脊两端。

　　至少有两个问题还没解决：其一，脊瓦如何与屋面接？其二，脊瓦遇到筒瓦怎么办？考古学者对秦始皇陵园的廊房做了推测复原，但没有考虑细部，回避了这些问题（图 33）。我们熟悉的传统做法是，用当沟瓦添充筒瓦之间的空隙。战国时代的考古资料中没有当沟瓦。从设计角度出发，槽形板瓦不会与当沟瓦同时使用；当沟瓦和弧形板瓦、筒瓦是一套东西。虽然不清楚很多细节，我们仍可以想象从无当沟瓦到有当沟瓦的屋脊设计的变化。回到间接资料，汉建筑明器显示筒瓦似乎抵在屋脊前（图 34）。

❶ 1942—1943 年日本考古学者原田淑人主持发掘鲁国都城，调查报告见：驹井和爱．曲阜鲁城の遺蹟．東京大学文学部考古学研究室，1951：17，图版 10

❷ 王昌富 等．秦始皇陵内城南墙试掘简报．考古与文物，2002(2)：16-27

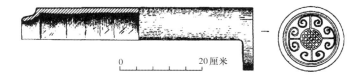

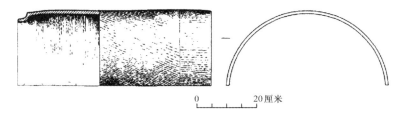

图 32 普通筒瓦(有唇无当和有唇有当)和脊瓦(有唇无当)

［秦始皇陵园出土.考古与文物,2002(2)］

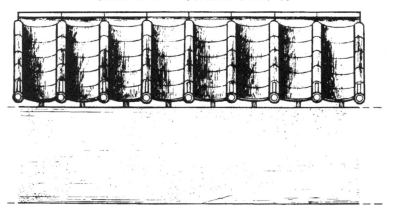

图 33 秦始皇陵园廊房推测复原

(秦始皇陵园考古报告.2000:60)

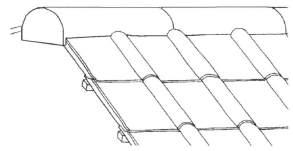

图 34 脊端被带瓦当的大半圆筒瓦封口,筒瓦抵在屋脊前

(设想图)

希腊和罗马时期的脊瓦和封脊做法多样。但原则是在脊瓦的长边开口，以便跨在筒瓦上，或跨过两个相邻的槽形板瓦的立边。下面看两个例子：其一，伊特鲁斯坎正脊，类型三，长55.5～57厘米，宽34.5厘米，厚1.7～2.4厘米。开口直径14.5厘米，高9.8厘米（图35）。其二，堪特堡（Canterbury）弧形脊瓦，发现地点是罗马帝国时期的窑址，位于英国英格兰地区东南❶。瓦长40厘米，一端宽180厘米，另一端宽190厘米，高10厘米。瓦表面刻画格子纹，每面开两方口（图36）。可以设想，相邻槽形板瓦立边的端头被脊瓦覆盖，其上的筒瓦抵在脊瓦上。

图35　伊特鲁斯坎正脊（复原）

(Museo Archologica Nazionale at Viterbo. Source: Architettura etrusca, 1986:68)

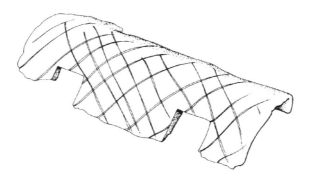

图36　弧形脊瓦

(Roman Brick and Tile:97)

伊特鲁斯坎正脊端头瓦，叫 akroeria（图37），瓦长98厘米，宽31.5～34厘米，厚2.5～3.7厘米。它的特点是"瓦当"特大。仔细观察，它是在普通的半瓦当上高耸一个"透雕"圆盘，上面是两个对称的动物图案（图38）。伊特鲁斯坎脊瓦，长95.5厘米，宽36～39厘米，高15～15.5厘米，瓦背上带高耸的装饰，形状像植物（图39）❷。它们的年代为公元前650或600年。我们知道半圆瓦当的作用，但是，脊头瓦上圆盘、脊瓦背上植物的功能呢？

---

❶ Gerald Brodribb. Roman Brick and Tile. Gloucester: Alan Sutton Publishing, 1987:97
❷ Nancy A. Winter. Symbols of Wealth and Power: Architectural Terracotta Decoration in Etruria and Central Italy, 640-510 B.C. University of Michigan Press, 2009

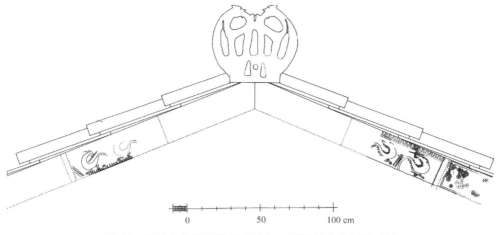

图 37 伊特鲁斯坎正脊端头瓦在 B 区屋顶 1 号（复原图）

（Acquarossa. Vol. 1, Part 2：35）

图 38 伊特鲁斯坎正脊端头瓦

（Acquarossa）

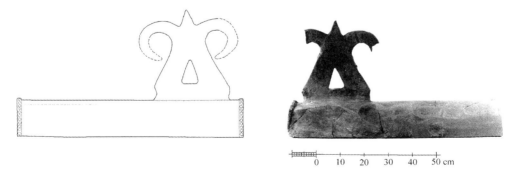

图 39 伊特鲁斯坎脊瓦

（Symbols of Wealth and Power：103）

[1] 河北省文物研究所.战国中山国灵寿城：1975—1993年考古发掘报告.北京：文物出版社，2005
[2] 黄景略.燕下都城址调查报告.考古，1962（1）：10-19＋5；河北省文物研究所.燕下都（二册）.北京：文物出版社，1996

　　我们发现了有意思的事实：战国时代中山国的檐口筒瓦上带树形、燕下都出土的脊瓦上带山形瓦件。好像秦大半圆筒瓦、伊特鲁斯坎脊头瓦，中山国的筒瓦和燕国的脊瓦互相分立，没有什么理由把它们放在一起讨论。它们的各自特征和整体趋势，在我们将它们放在一起观察的时候就可以明显地看出来了。1977年中山王墓出土筒瓦，长90厘米，宽20～23厘米，前端有圆瓦当，后背部开方孔，安插树形瓦件。树形模制，下设圆孔，施小棍插孔固定（图40）[1]。燕下都脊瓦和山形件亦是两个构件，安装时合为一体。山形件中间下部两面均作双鹿浮雕纹，是迄今所见最早的屋脊装饰之一（图41）[2]。学术界称中山国树形瓦件为瓦钉，并认为燕下都正脊山形件为装饰。"树形"和"山形"筒瓦的使用情况，分别在商铜器和汉明器上能看到（图42、图43）。

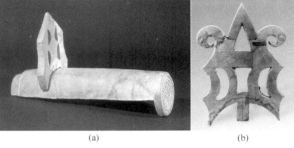

(a)　　　　　　　　　　　(b)

图40　中山国檐口筒瓦和树形瓦件
（战国中山国灵寿城）

(a) 燕下都带山形件脊瓦　　　(b) 山形件下部为双鹿浮雕纹（局部）
　　［燕下都（下）］　　　　　　　　　　（问陶之旅）

图41　燕下都脊瓦和山形件

图42　汉陶楼（局部）　　　　　图43　屋形铜器盖（商）
（河北博物馆）　　　　　　　　　（陕西博物馆）

中山国瓦钉、燕下都山形与伊特鲁斯坎瓦饰的相似特征的事实,使我们面临它们的功能问题。本文只着眼于使用功能,因为它们比较有逻辑性,不言自明。值得注意的事实是,这些瓦件在屋檐或屋脊使用,树形或山形件增加檐瓦和脊瓦的重量。这个道理是很清楚的:重量和下滑成反比。瓦钉的使用就是围绕这类"防止位移"而设计的。这里还要指出的是:中山国筒瓦和树形瓦钉互相垂直,这个事实支持早期建筑檐口水平的推测。这些看起来是细部设计的资料,在研究建筑发展上具有很大的重要性。还有特别值得注意的是,中山国瓦钉、燕国山形与伊特鲁斯坎瓦饰的不同在于造型习尚,而设计观念大同小异。我们看到的是,物质文化特质的兴盛发展有显著的区域性,和由共同问题的作用而来的区域建筑之间的相似性。

五 带梯形平台的筒瓦

最后要讨论的是,秦始皇陵内城南垣附近发现的23件与普通筒瓦不同的筒瓦❶。它们前有圆瓦当,后有瓦唇,半圆筒瓦的背上有一梯形平台。有的在梯形平台下方开洞,似乎洞的大小与筒瓦尺寸相当。从瓦作的一般规律得知:洞可以事先开好,亦可以后砍(图44)。它们长90厘米,高12.5～15厘米,瓦当直径16.4～16.5厘米,梯形平台长42厘米。考古报告说,从它们出土时的分布情况看,并非只用在屋脊,亦在屋顶上使用❷。问题是哪个屋脊、屋顶哪部分及如何放置?

❶陕西省考古研究所,秦始皇兵马俑博物馆,秦始皇帝陵园考古报告(2000).北京:文物出版社,2006

❷赵康民.秦始皇陵北二、三、四号建筑遗迹.文物,1979(12):13-16

图44 上带梯形平台,下开洞的筒瓦

(陕西历史博物馆)

有踪迹可寻可为旁证的还是汉建筑明器。第一类是众多的陶楼,第二类若干证据是陶仓。屋顶上常设飞鸟,不仅设在正脊也设在角脊。这些鸟的下部或许有平台(图45)。同等重要的是,应该重复前面提到的屋瓦营法的一般法则:"跨"筒瓦的脊瓦尺寸较大。这使我们有理由相信,带梯形平台的筒瓦用在角脊檐头,为覆盖筒瓦,它的局部尺寸加大了。

图 45　汉陶楼（局部）
(国家博物馆)

六　结　语

早期希腊神庙是土木建筑，即土坯墙、木制平顶、抹泥或铺草。为保护土墙，屋顶要出檐。在公元前 9—7 世纪初有了坡屋顶，上面盖了瓦。瓦顶防雨，耐久，但重量大。为支撑沉重的瓦顶，始用石墙。约公元前 615 年，石造瓦顶神庙取代了老式建筑。这种双坡、平檐口的瓦顶形式被称做中国式屋顶。这个说法是德国建筑和考古学者孔德威（Robert Koldeway，1855—1925 年）最早提出的[1]。在这里，我无意声称希腊神庙和中国屋顶之间存在联系，而是想指出两点：其一，西方学者没有把西方问题研究的视野局限于西方的地理范围；其二，秦瓦和希腊、罗马瓦有广泛的类似点，由于这方面的研究短少，我们无力解释。但明白，不能走直接接触是解释相似的唯一途径，也不能走以起源之异同来说明文化之异同的路。目前，从建筑与设计的观点可以说，陶瓦的自身法则是秦瓦和希腊瓦相似的基础，它们是一个屋瓦文化连续体的成员。

上面处理的秦瓦考古资料，数量是非常有限的，但是，很显然这批材料包含着相当重大的意义。雍城之前，没有发现秦瓦；雍城内，发现诸多类型秦瓦。雍城秦瓦的原型从哪来？秦受周的文化影响。周瓦至少提供秦瓦一部分原型，但西周不见槽形板瓦，另一部分从哪来？秦文化不是孤立的发展，秦承袭了来自不同方向的不同传统，形成了统一民族与民族文化，标现了一种综合创造力。随之而起的问题更急待解决。这中间最要紧的一个问题是：来自什么不同方向的什么不同传统？秦是怎么综合创造的？

秦槽形板瓦的出现与衰落都相当的突然，它的分布仅在雍城，从类型特点看，相当的一齐。这件事实指向一个结论：槽形板瓦持续的时间不长，不久就被弧形板瓦所代。但不是说，"前无古人"，也非"昙花一现"，秦槽形板

---

[1] Robert Koldeway and O. Puchstein. *Die griechischen Tempel in Unteritalien und Sicilien* (Berlin, 1899). 孔德威曾参与在意大利南部和西西里的大规模发掘希腊神庙。从 1897 年起，在德国东方学会的资助下，他选择巴比伦为主要发掘地，与德国考古学家 Otto Puchstein（1856—1911 年）合作，在那里发掘了 18 年。

瓦之前的龙山时期瓦片，同时的赵槽形水道，和以后的城壁水道，说明它们经历了相当的变化。

春秋战国以前的周文化和春秋战国期间所有的区域文化都在屋瓦的发展和形成上扮演着角色。春秋战国期间的情势比较复杂，几个区域性的文化类型多在考古资料中出现。它们大概不会都是从狭义的周文化发展出来的。我们所见到的是，在秦汉帝国所统一的中国文明形成之前的百花齐放面貌的一个部分。从西周到秦汉屋瓦类型的演变的详细历史还有待进一步的研究。

半圆筒瓦和槽形板瓦在形成的来源上，暗示有别：筒瓦来自陶水管，陶水管有着悠久的历史，槽形板瓦的来源尚不能做确定的判断。这一问题涉及瓦和土坯砖，两者之出现，何者在先？又要引起砖和瓦的辩论——"秦砖汉瓦"还是"秦瓦汉砖"？

靠中国境外的资料和研究作启示，辨认特殊槽形板瓦、半圆瓦和大半圆瓦的使用位置，质疑槽形板瓦制作问题，讨论槽形板瓦的起源问题，其重大意义不限制在中国境内历史问题的解决。"秦砖汉瓦"的资料非常丰富，但是工作做得不够丰富和精确，把瓦的历史向前推溯的话，中间会碰到很多的缺环。因此，秦瓦的研究工作有无量的前途。

（致谢：我的朋友考古学家刘莉教授，对我的研究一贯感兴趣和支持。在陕西考古所孙周勇博士的帮助和允许下，我得以在现场观察周原和雍城出土的陶瓦；另外，雍城考古队队长田亚岐先生提供了学术关切和讨论，谨此致谢！）

蒙古帝国之后的哈剌和林木构佛寺建筑

包慕萍

(东京大学生产技术研究所)

摘要：1586年创建的额尔德尼召位于蒙古帝国迁都大都(今北京)之前的旧都哈剌和林遗址之上,是蒙古国现存最早的藏传佛教建筑。其创建期建筑为木构歇山楼阁之中殿和重檐歇山的东、西佛殿以及两个方形墓塔。

额尔德尼召外部空间最显著的特点是三殿横向一字形排列的布局。作者在文献研究与实地考察的基础上,结合最新的哈剌和林考古发现,在亚洲木构佛寺建筑的文脉中探讨了该寺的空间布局源流,具体分析了三大殿横向一字排列的平面布局与13世纪建于哈剌和林高达300尺的兴元阁、韩国皇龙寺(6世纪创建)以及元大都佛寺的关联。作者进而指出三大殿的室内封闭礼拜廊道并非格鲁派(Gelug-pa),而是13世纪萨迦派寺院做法的遗存。此外,作者还对中殿脊檩上的汉文墨书"提吊"一词进行了考证,指出其为元朝作官名"提调"。

综合额尔德尼召内外空间的设计特征与使用元朝将作官名的史实,作者认为哈剌和林帝都时代的佛教建筑传统直至16世纪仍颇具影响。而将额尔德尼召与同时代内蒙古呼和浩特阿拉坦汗家族建造的大召、席力图召和美岱召进行比较,还可以看出该寺并非单纯模仿大召而建。因此,目前史学界视该寺初期建筑系仿大召的说法尚待商榷。

关键词：额尔德尼召,大召,宗教建筑,藏传佛教,哈剌和林,呼和浩特,蒙古帝国

Abstract: Built in 1586 on the ruined site of Karakorum, which was the old capital of Mongol Empire before it moved to Dadu (now Beijing) in 1264, Erdene Zuu monastery is the oldest existing Tibetan Buddhist temple in Mongolia. Its main compound consists of the central hall, a wooden-structure pavilion of gable-and-hip roofs, and its two flanking halls in the east and the west, both of double-eaved gable-and-hip roofs.

The horizontal line-up of these three halls is the main characteristic of Erdene Zuu's exterior space. The author, by combining textural materials with archaeological evidences, first investigates the origin of the temple's spatial format in the context of Buddhist architecture in Asia in general, and its historical relationship with Xingyuange Pavilion, a 300-Chi tall structure built in Karakorum in the thirteenth century, Hwangyongsa Temple in Korea of the sixth century, and some Buddhist monasteries in Dadu in particular. In terms of the interior space, the author also points out that, goro-yin-zam, or the circumambulation path in each of the three halls of Erdene Zuu, was a conventional design in monasteries of Sa-skya-pa School rather than in the temples of Gelug-pa School. Moreover, the Chinese term "ti-diao" in inscriptions discovered under the top beam of the central hall, according to author's reinterpretation, was the title of the official in charge of building construction in the Yuan dynasty.

Based on the spatial format of both the exterior and interior design and the Yuan official title in the inscriptions, the author concludes that the tradition of Buddhist architecture of Karakorum remained influential in the sixteenth century. Further, through comparison between Erdene Zuu and some contemporary Mongolian temples built by the Altankhan family, such as Ikhe Zuu (1579), Shireetu Zuu (1585), and Maidari Zuu (c.1606) in Hohhot, Inner Mongolia, and the author reveals the uniqueness of Erdene Zuu, which can give evidences to challenge the popular notion that Erdene Zuu's early design imitated Ikhe Zuu.

Key Words: Erdene Zuu monastery, Dazhao, Buddhist Building, Tibetan Buddhism, Karakorum, Hohhot, Mongol Empire

哈剌和林❶是蒙古帝国的首都。1253年窝阔台汗❷在哈剌和林建造都城❸。忽必烈汗定都大都（今北京）之后，哈剌和林变成地方城市，但在蒙古帝国中，比起其他地方城市，哈剌和林仍然占据重要的地位。杭爱山脚下的鄂尔浑河流域从匈奴、回纥到蒙古帝国时代一直是帝王龙兴之地，适于建造城市的地理条件和丰饶的草场都使它一直保持着特殊的重要性。哈剌和林又是蒙古帝国在欧亚大陆范围内建立的驿站交通网的北亚枢纽，即使在蒙古帝国衰亡之后，其交通枢纽的功能依然存在。从15世纪到18世纪末叶，也就是说，直到18世纪末"移动的城市"大库伦（乌兰巴托前身）定居在今乌兰巴托的位置成为蒙古首都之前，哈剌和林一直是喀尔喀❹蒙古最重要的城市。

本文的研究对象就是16世纪末在蒙古帝都哈剌和林的遗址上建造的额尔德尼召（Erdene Zuu）❺，它是蒙古国现存最早的佛教寺院，2004年登录为世界文化遗产。

虽然额尔德尼召是世界闻名的旅游胜地，但是对它的建筑史研究并不充实。在蒙古国出版的关于蒙古历史、建筑史或者文化史的著作中，如D.迈达尔所写的《草原之国蒙古》❻、《蒙古的建筑和城市建设》❼以及达扎布所写的《蒙古古代建筑史》❽等，一定会提及额尔德尼召，但这些论述都停留在介绍历史沿革或代表性建筑的程度。在额尔德尼召申请世界遗产的报告书中，附有总平面复原图，已拆毁的殿堂平面位置也被复原，但是因缺乏足够的历史依据，此复原图的可信度仍待商榷。近年来，刊行了德国和蒙古国联合考古队的成果之一"额尔德尼召建筑沿革"（德文）的短篇文章，文中刊登了额尔德尼召主要三大殿的建筑平面、剖面、立面的实测图，但是，历史叙述基本是上述文献的复述。这次建筑实测本身就是为了即将着手的落架大修工程提供图纸，重点不在历史研究，而且立面图中斗栱的画法出现错误，反映了实测者们对建筑的理解不足。

---

❶ Qaraqorum，本意为黑色的岩石。现代蒙古语表示为 Хархорин。
❷ 太宗，1229—1241年在位。南宋出使蒙古的彭大雅、徐霆的见闻录《黑鞑事略》即是对窝阔台汗时代哈剌和林的记录。
❸《元史》本纪二太宗"七年乙未春城和林作万安宫"。
❹ 蒙古高原以戈壁滩为界限，南侧为南蒙古，北侧为北蒙古。北蒙古也以喀尔喀（Khalkha）部族名称其为喀尔喀蒙古。1691年清朝在多伦诺尔（今内蒙古自治区锡林郭勒盟境内）召集南、北蒙古会盟时，把南、北蒙古分别命名为内蒙古和外蒙古。
❺ "召"为蒙古语音译汉字，在蒙古语中意为佛、佛殿或寺院。罗马字母表示为 Zuu、juu、joo 或者 dzuu，发音相同，但还没有统一拼法。额尔德尼召（Erdene Zuu）是"宝寺"之意。
❻ 原文为俄文，加藤九祚译为日文，新潮选书，昭和63年（1988）：74-75。
❼ Д. Майдар, Монголын архитектур ва хот байгуулалт, Улсын хэвлэлийн газар, 1972
❽ Банзрагчийн Даажав, Монголын уран барилгын түүх, Адмон, 2006

笔者在2000年第一次实地考察了额尔德尼召,从2009年开始进行了为时3年的专项研究❶。笔者发现额尔德尼召不仅仅是1586年(明万历十四年)在草原腹地创建的木构楼阁的实例,而且与哈剌和林13世纪的遗迹也有着千丝万缕的联系,其中不仅有来自中国内地的影响,而且还有西藏、青海、西夏(故地)甚至来自朝鲜半岛的影响,是从亚洲范畴考察木构建筑历史演变的极好素材,因此本文选择额尔德尼召作为研究对象,结合德蒙联合考古队于2010年发表的蒙古帝都哈剌和林最新考古发掘报告作一探讨。

本文着重探讨以下几个问题。

第一,额尔德尼召与13世纪蒙古帝都的佛教寺院有着何种关联?

13世纪的哈剌和林有近10处佛教寺院,其中,藏传佛教萨迦派寺院占有主导地位。勅建兴元阁就是其中的一座。据碑文记载它是高达300尺的木构楼阁。本文在探讨兴元阁与韩国皇(黄)龙寺的关联之上,将提及它对额尔德尼召创建期的木构阁楼的影响。额尔德尼召由当时喀尔喀蒙古最有实力的阿巴泰汗❷创建。因为它建在帝都遗迹之上,创建人又是蒙古汗王,因此本文亦将额尔德尼召与大都皇室寺院的空间构成作一比较,分析其异同点。

第二,额尔德尼召与内蒙古阿拉坦汗❸家族创建的佛寺建筑有何继承关系与不同点?

元朝之后,佛教在蒙古社会日益衰落,而阿拉坦汗是再次复兴了蒙古佛教的蒙古右翼汗❹。1578—1579年间,70岁高龄的阿拉坦汗从呼和浩特启程,亲赴青海湖畔与西藏锁南嘉措高僧会谈,仿照忽必烈汗与八思巴帝师的关系,阿拉坦汗给予锁南嘉措"达赖喇嘛"的封号,锁南嘉措认定阿拉坦汗为"转轮圣王",从此确立了达赖喇嘛活佛制度。1579年,阿拉坦汗在呼和浩特创建大召(Ikhe zuu)❺成为蒙古佛教复兴的新起点。在阿拉坦汗的影响下,阿巴泰汗也皈依藏传佛教格鲁派(黄教),继蒙古帝国之后,阿巴泰汗将佛教再次引进喀尔喀蒙古,创建额尔德尼召。阿拉坦汗和阿巴泰汗在蒙古高原一南一北创建佛寺,掀起了16世纪漠南蒙古和喀尔喀蒙古建造佛寺的高潮。因此,额尔德尼召并不是一个孤例。本文将在16世纪蒙古高原兴建佛寺的时代文脉中,探讨额尔德尼召的建筑形式与空间源流。

第三,探讨额尔德尼召在藏传佛教建筑文化圈中的通性和特殊性。众所周知,无论是蒙古帝国时代,还是16世纪以后的蒙古,奉行的都是藏传佛教,因此本文将分析额尔德尼召平面布局中藏传佛教的影响。将其与西藏寺院与传播地(13世纪蒙古帝国全境,16世纪以后的青海、漠南蒙古、喀尔喀蒙古)现存寺院或遗迹作一比较,从中总结出额尔德尼召继承了哪些要素以及有哪些独创性。

---

❶ 2009—2011年由历史学、考古学、语言学、佛教学、建筑史学等活跃在额尔德尼召研究第一线的学者们组建了蒙古·日本国际合作研究项目,对额尔德尼召进行了综合性学术研究。蒙古国游牧文明研究所A.奥其尔教授(考古学)和日本大谷大学松川节教授(历史学)为项目带头人。笔者为其中一员,担任建筑史研究。

❷ Abatai Khan,因食指带有黑色血块出生而得名。生于1554年,逝世年有几种说法,目前以1588年为通说。详见:乌云毕力格. 阿萨喇克其史研究。

❸ Altan Khan,生卒年1507—1585年,16世纪蒙古右翼汗,Altan意为"金",故领地称为"金国"。在内蒙古土默特草原建造了首都呼和浩特(Hohhot,青城)。

❹ 蒙古中兴之祖达延汗(生卒年1464—1517年,成吉思汗第15世孙)治世38年,他将蒙古重新划分为左翼3万户,右翼3万户,分封给他的11个儿子。察哈尔部、喀尔喀部、兀梁海部为左翼,鄂尔多斯部、土默特部、永谢布部为右翼。统帅左、右翼全蒙古的大汗出自察哈尔部。阿拉坦汗于1542年被封为右翼汗。此外,阿拉坦汗是达延汗第3子的儿子,分封在右翼。阿巴泰汗是达延汗第11子的孙子,分封在左翼。因此,阿拉坦汗与阿巴泰汗属于伯侄关系。

❺ 蒙古语"Ikhe"为"大"之意,"Ikhe zuu"意译为"大寺"。汉字用表意与表音的混合词"大召"来表示。

以上的问题意识以从大到小的顺序叙述，而下文则从额尔德尼召建造活动开始，按照与其建造活动关联的密切程度，依次与内蒙古的实例、大都皇室寺院、蒙古帝国时代的实例进行比较。

一　额尔德尼召的历史沿革及其建筑特征

额尔德尼召是由 400 多米的方形城墙围绕着的寺院建筑群。城内既保留着 16 世纪创建初期的殿堂，也有清朝以后增建的众多建筑。阿巴泰汗于 1586 年创建的中殿（Gol Zuu）[1]是额尔德尼召的第一座建筑[2]。根据《额尔德尼召史》[3]一书，阿巴泰汗过世后，其长子夫妻、孙子夫妻分别建造了右殿[4]和左殿[5]，其后世子孙也一直以额尔德尼召施主的身份，不断地扩建以及维持经营寺院，直至清末，如乐格斯穆贡布殿（三部主尊殿，1630—1640 年建），三层木构殿堂朝克沁·都刚（大集会堂，1764—1770 年建）、藏式三层建筑的拉卜楞（1784 年建）、阿拉坦·索布鲁干（金塔，1799 年建）、各学部的佛殿以及众多的喇嘛住宅等建筑。遗憾的是，大多数建筑毁于 1937 年社会主义时期的肃清运动。现存遗址状况如图 1 所示。寺院城墙上建有 108 座白色喇嘛塔（现存 100 座）。初期营造的三佛殿建筑群在方城的西南角。方城中心略偏东南处可见直径长达 20 米的圆形遗址，这是阿巴泰汗的宫帐，即斡尔朵（ordo）遗址。

1. 三佛殿的平面布局

为了行文方便，笔者将中殿、右殿、左殿合称为三佛殿（Gurban zuu），三佛殿与其前山门、配殿、墓塔等合称为三佛殿建筑群。20 世纪 30 年代破除佛教的运动中，三佛殿建筑群也遭受了破坏，通过 2001 及 2003 年的考古发掘[6]，探测出中殿左前方的观音殿（Janraiseg zuu）和右前方的弥勒殿（Maidar zuu）以及牌楼[7]的平面位置，发表了复原平面图。2010—2011 年，笔者对三大殿进行了平面实测，三佛殿建筑群的总平面如图 2 所示。

---

[1] Gol Zuu 的"Gol"在蒙古语中意为中央、主要的、元祖等。在这里翻译为中殿。
[2] 这里指"固定建筑"中为第一座。之前应已有阿巴泰汗的移动宫帐等可移动建筑。另有口头传承，谓中殿建造之前已有青殿，但是今之青殿建筑是否为创建之时的原物不得而知。因此，本文推定中殿为最古固定建筑物。
[3] H. Хатанбаатар, Эрдэнэ зуугийн түүх, Монголын Үндэсний Түүхийн Музей, Эрдэнэ Зуу Музей, Улаанваатар, 2005
[4] Baruun Zuu, 意为"右殿"或"西殿"。中殿正面朝向东南（中轴线在正北偏东 112 度），故从地理方位来看，"西殿"在中殿南侧，"左殿"即"东殿"在中殿北侧。蒙古以西为尊，故右先于左。目前，右殿的建造年代有 1587 年、1595 年、1600 年等诸种说法，仍无定论。
[5] Zuun Zuu, 意为"左殿"或"东殿"。左殿的建造年代有 1610 年、1630 年等诸种说法。右殿为继承了阿巴泰汗位的二儿子墨尔根（Erekhi Mergan khan）及其妻子建造，左殿为墨尔根汗的长子土谢图汗贡布道尔吉（Gombodorj）及其妻子建造，可见右殿先于左殿建造。
[6] Niel Gutschow, Andreas Brandt. 2005：537-542
[7] 清嘉庆年间增建。牌楼毁于 1937 年，今仅遗留石质柱础。据被毁之前的照片来看，此牌楼与呼和浩特小召牌楼酷似。

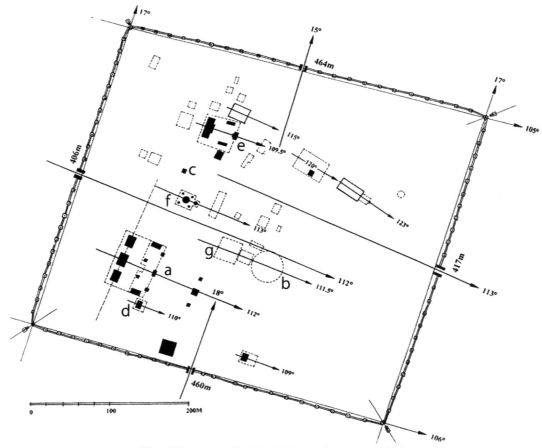

a—三佛殿建筑群；b—阿巴泰汗斡尔朵遗址；c—青殿；d—乐格斯穆贡布殿；
e—拉卜楞；f—阿拉坦·索布鲁干；g—朝克沁·都刚遗址

图 1 额尔德尼召现状总平面图

（据 Andreas Brandt, Niels Gutschow 2001 之 12 页图，笔者加注殿宇名称）

三佛殿建筑群的平面布局有以下特征。第一，它是横长的长方形平面。与 16 世纪佛寺多为纵深布局的特征相反。第二，中殿，右殿，左殿一字型并列布置，有着早于 16 世纪佛寺殿堂的布局特征。第三，三佛殿坐落在高约 1.4 米的台座上，与第一进山门院落形成高低差。台座的长宽比为 2.2∶1，为横长形。第四，山门院落左右两侧的长寿佛殿和弥勒佛殿建于 18 世纪七八十年代[1]。第一进院落最古老的建筑为靠近台座的两座方形墓塔。它们的建造年代与三佛殿接近。值得注意的是，这不是佛舍利塔，而是阿巴泰汗及其孙子第一代土谢图汗[2]的墓塔。笔者将创建中殿的 1586 年到第一代土谢图汗墓塔建成的 1655 年期间定为额尔德尼召建筑的创建期。

---

[1] 佛殿中绘有佛教壁画。详见小野田俊藏论文（Shunzo ONODA. *On the Ganzai Zurag surviving in the Erdenezuu Monastery*, The International Conference on "Erdene-Zun: Past, Present and Future", international institute for the study of nomadic civilazitions, Ulaanbaatar, 2011）。

[2] Tuxeet khan 是世袭称号。第一代为贡布道尔吉（Gombodorji，生卒年 1596—1655 年）。

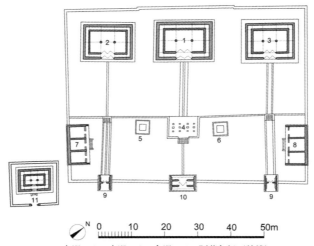

1—中殿；2—右殿；3—左殿；4—阿萨尔门（牌楼）；
5—阿巴泰汗墓塔；6—土谢图汗墓塔；7—长寿佛殿；
8—弥勒佛殿；9—侧门；10—正门；11—乐格斯穆贡布殿

图 2　三佛殿建筑群总平面图（现状）

（据 Andreas Brandt, Niels Gutschow 2001 之 71 页图及包慕萍 2010 年实测数据绘制）

着重观察中殿，左、右殿的话，我们更容易发现它们的特殊性。第一点，三个佛殿都有封闭的内回廊。这个回廊在蒙古语中称为 "goro-yin-zam"，即转经道。第二点，三个佛殿均为两层。只是中殿是无平坐的两层歇山楼阁，一层安置三世佛，二层安置贤劫千佛。左、右殿是重檐歇山（图 3）。第三点，三个佛殿并不是纵深布局而是横向一字排列，具有更古老的伽蓝布局特征，下文将探讨这些特殊性的渊源。

2. 三佛殿的结构特征

近年在中殿脊檩上发现了蒙古文及汉文题记，明确地记载着中殿于 1586 年 5 月开工，1587 年竣工。

但是，很多学术著作和史书都认为额尔德尼召始创于回纥时代或是蒙古帝国时代，阿巴泰汗只不过是对旧迹进行了一些修缮，并不是新建❶。成书于 1841 年的《宝贝念珠》就有"阿巴岱汗建造额尔德尼召的那座呼楞❷原先为窝阔台汗所住，后又由妥欢帖睦尔修葺一新，它位于沙尔嘎阿吉尔嘎山之北，沙尔嘎阿吉尔嘎山又名尚亥图乌拉山，古时又曾叫塔亥山"❸的记载。

---

❶ 如 Sh. 达木丁在《阿拉坦·德伏特鲁》(1964 年)中认为中殿是蒙古帝国时代的建筑。著名蒙古学者 Sh. 比拉认为它是 8—9 世纪回纥时代的佛寺。依钦淖鲁布等在(蒙古文)《额尔德尼召的历史与土谢图汗旗》(1999 年)一书中认为中殿是修葺了窝阔台汗时代的建筑。另 1948—1949 年对哈剌和林进行了考古发掘的苏联学者吉谢列夫在 1961 年出版的《古代蒙古的城市》一书中提及塔亥城就是窝阔台汗的城堡。详见：清水奈都纪 译. エルデネ・ゾー史 16—20 世纪（额尔德尼召史）. 大谷大学文学部学刊，2012：16。

❷ "呼楞"后世用"库伦"，为蒙古语音译词，原意为被圈起来的营地，意译为"院子"或"城"等。

❸ 转载于：蒙古与蒙古人（翻译版）. 第一卷. 呼和浩特：内蒙古人民出版社，1988：458。

图 3 额尔德尼召三佛殿外观
(包慕萍 2010 年摄)

笔者并不否定三佛殿建在 13 世纪遗址之上的可能性。实际上，德蒙联合考古队在最新报告书中已经指出 1949 年以来被比定为窝阔台汗万安宫的遗址并非宫殿，而是佛寺。加之遗址平面是进深、面阔均为 7 间的正方形，有大量的佛教出土物以及距离"勅建兴元阁碑"龟趺不远的诸多条件，断定此处就是兴元阁遗址。德蒙联合考古队又在今额尔德尼召城墙下挖掘出 13 世纪初的城墙❶，因此推断窝阔台汗宫殿遗址应在今额尔德尼召之下。此外，对中殿柱子进行了考古学木质测定，结果表明某根为 13 世纪初的木柱。由于这些新发现，额尔德尼召三佛殿建于 16 世纪之前的说法再次兴起。

新建筑中使用旧木柱是常见现象，如日本法隆寺金堂在重建时利用了旧柱。所以说柱子的年代不等于建造年代。为了判断三佛殿的建造年代，笔者着重观察了斗栱处理。三佛殿中，中殿只用了一跳华栱。右殿下檐使用了三跳昂形斗栱，上檐为两跳昂形斗栱。左殿下檐使用了两跳昂形斗栱，从斗栱的出跳来看，右殿比左殿等级高。中殿因是楼阁，建筑形式与左右殿不同，需另当别论。三殿斗栱的共同特点是柱头科与平身科形式一致，平身科只用一朵。而且，三殿都是在屋檐下使用了斗栱，内部梁架中则完全不用。以上诸特征符合 15 世纪以后斗栱演变的时代特征（图 4）。所以，从三佛殿的斗栱和梁架结构的特征来看，笔者认为三佛殿应是阿巴泰汗新创建的佛殿，而不是修缮了前世的旧物。加之脊檩题记建于 1586 年，结构形式特征与文字记录的年代相吻合。

但是，中殿梁架结构确实遗留着两个古老的特征：其一，它并不是完全的抬梁式，有叉首的遗存；其二，室内两个八角形藏式木柱向明间方向移动了 1.5 尺❷。

---

❶ Fitzhugh, W. W., Rossabi, M., Honeychurch, W., *Genghis Khan and the Mongol empire*, Mongolian Preservation Foundation, Arctic Studies Center (National Museum of Natural History), & Houston Museum of Natural Science, Media, Pa.: Dino Don., 2009：146-149

❷现在中殿只有这两根内柱为藏式八角柱，其他均为圆柱，上有红地金龙彩画。藏式八角柱在构架中十分突兀，也不能否定后世增设的可能性。

图 4　中殿实测剖面图 2003 年 8 月 Bijay Basukala 实测及制图
(引自：Niels Gutschow, Andreas Brandt．2005：355)

二　中殿脊檩题记中的"提吊"释义

在发现中殿脊檩题记之前，对额尔德尼召的创建年代有诸种说法。如 17 世纪的《阿萨喇克其史》[1]和 19 世纪初的《额尔德尼召寺志》分别有建于 1585 年、1589 年之说。但是，近年在中殿脊檩上发现了蒙古文和汉文题记（图 5）。关于题记的文字资料详见松川节的论考[2]。本文着重探讨以下汉文题记。

---

[1] 乌云毕力格著《阿萨喇克其史研究》中认为《阿萨喇克其史》成书于 1677 年，推算额尔德尼召创建于 1585 年。
[2] 松川节，モンゴル仏教史におけるエルデニゾー寺院，日本モンゴル学会 2010 年度春季大会报告，樱美林大学，2010 年 5 月．同，世界遗产エルデニゾー寺院（モンゴル国）で新たに确认された2つの文字资料．日本モンゴル学会纪要，第 40 号，2010

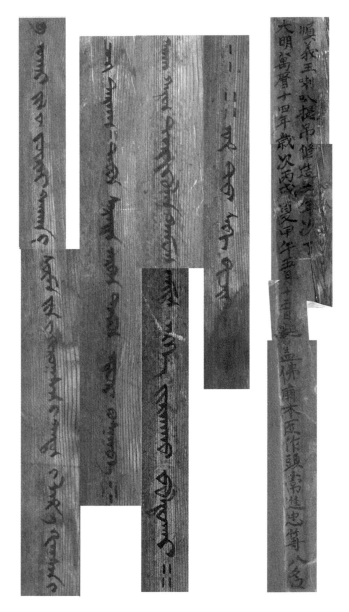

图 5 蒙古文、汉文墨书题字照片

(2009年8月摄,日本大谷大学松川节教授提供)

1. "順義王喇叭提吊修造二年次了";

2. "大明萬曆十四年歲次丙戌夏甲午五月十五日起盖佛廟木匠作頭常進忠等八名"。

题记文中需要解释的词汇为顺义王、喇叭提吊和木匠作头。

顺义王是世袭称号,因此需要探讨是哪一位顺义王。第一代顺义王是阿拉坦汗。第二代是阿拉坦汗的长子僧格都棱,1582—1585年在位。第三代是僧格都棱的长子扯力克,他于1587年接到了明朝册封诏书[1]。从顺义

[1] 万历武功录.卷8.扯力克列传.明代蒙古汉籍史料汇编.第4辑:125

王世袭状况来看，1586年正是第二代和第三代顺义王交替的空白期。根据内蒙古的《阿拉坦汗传》、西藏的《三世达赖喇嘛传》、喀尔喀蒙古的《阿萨喇克其史》这三地的史书中不约而同地记载着在阿拉坦汗的影响下阿巴泰汗笃定了皈依藏传佛教格鲁派信仰的史实，推断尽管1586年时阿拉坦汗已经过世，但是题记所指应该是第一代顺义王即阿拉坦汗。

接下来看一看"喇叭提吊"是什么意思。"喇叭"明显是"喇嘛"的谐音。难解的是"提吊"。现代汉语中"提吊"只能是动词。对照蒙古文题记对应部分"tendün-i lam-a"，可以确定"提吊"不是动词而是名词。那么，"提吊"的含义是什么？

在元代史料中，笔者发现了音同字不同的"提调"。《元代画塑记》有"仁宗皇帝皇庆二年八月十六日敕院史也讷大圣寿万安寺内五间殿八角楼四座令阿僧哥提调其佛像"。[1]

阿僧哥是谁？从《元史》第203卷可以得知，他是阿尼哥的长子。阿尼哥的作品，除了为人熟知的大圣寿万安寺（今妙应寺）喇嘛塔外，还有大都、上都的佛像以及皇家影堂（原庙）中帝王与皇后的肖像织画等。阿尼哥在1273年升为人匠总管，1278年领将作院，晋升为正一品的大司徒。《元史》记载阿僧哥的最终官职也是大司徒。另外，天历二年（1329年）时诸色府的画家李肖岩也是提调职位[2]。

塑像、画像、织像等匠作里的提调是什么性质的职位？《元代画塑记》的另一段记载中有"英宗皇帝至治三年十二月十一日太傅朵解左丞善生院使明理董瓦进呈太皇太后英宗皇帝御容汝朵解善僧明理董阿即令画毕复织之合用物及提调监造工匠饮食移文省部应付"[3]，此文中的"提调"应是此项工程中最高管理职位。《元典章》新集·诏令·今上皇帝登宝位诏"仰各处提调官，常切加意"一文则更明确了提调是官职。因此，可以推论1313年阿僧哥的职位是提调。

元朝时"提调"是什么级别的官职呢？《元史》百官制度中，有提举司，其最高官职是提举，为从五品。此外还有从五品的提点、从七品的提领等，但未见提调。但是，在《元史》百官志以外的记载中可以看到片断的关于提调的官职信息。如至大二年（1309年）四月有"以建新寺，铸提调、监造三品银印"[4]。延祐三年（1316年）八月"置织佛像工匠提调所，秩七品，设官二员"[5]。三品和七品的官位高低差异很大，可见提调的官职根据工程的大小，其职位的高低也相应变动。这一点，清末的实例也可作佐证。如清末创立近代化机构时，把负责人称为"提调"，其级别随新设机构的规模大小而定，或高或低，如洋务运动创建的织造局负责人就是提调。

综上所述，题记中的"提吊"即是元朝"提调"的同音异体字，为营造工程中最高职位。因此也可以推测阿拉坦汗的金国还保留着元朝以来的工匠职能称谓。阿僧哥提调本人是喇嘛，并负责建造佛像事宜，因此再次推测中殿的"喇叭提吊"——即"喇嘛提调"，主要负责佛像工程。

[1] 严一萍选辑.元代画塑记.台北：艺文印书馆（原刻景印），1971：9

[2] 严一萍选辑.元代画塑记.台北：艺文印书馆（原刻景印），1971：3

[3] 严一萍选辑.元代画塑记.台北：艺文印书馆（原刻景印），1971：2

[4] 元史本纪.卷二十三.武宗二

[5] 元史本纪.卷二十五.仁宗二

第二行题记中，佛教寺院不用"寺"而用"庙"。严格地说，"庙"是道教或礼制建筑使用的名称，但汉语中两词混用的现象也很普遍。倒是并题的蒙古文墨书中用了"süm-e（寺）"一词，与今日内蒙古及蒙古国用"zuu（召）"表示佛殿和寺院的用法不同。因此，笔者再次查询了蒙古文《阿拉坦汗传》中"寺"和"佛殿"用语，书中使用了 süm-e、süm-e keyid、keyid，只有呼和浩特的大召写作 juu sikamuni süm-e（召释迦牟尼寺，即释迦牟尼佛寺）[1]。

额尔德尼召题记写于 1586—1587 年，《阿拉坦汗传》成书于 1607 年。可见，在蒙古高原，16 世纪末至 17 世纪初，表示寺院或佛殿的词汇有 13 世纪以来的 süm-e 和借用藏语"寺院"之意的 keyid，"zuu（juu）召"只有最初的单纯的"佛"的含义，还没有今日泛指寺院或佛殿的内涵。何时"zuu 召"变成表示寺院或佛殿的单词，这是一个新的疑问，有待今后探讨。

常进忠是"木匠作头"，毫无疑问，他是中殿建筑工程的最高负责人。笔者查阅了阿拉坦汗时代的都城及寺院建造的相关记载[2]，未见常进忠的名字。

阿拉坦汗及其后代建造寺院时，除了蒙古人工匠以外，还有来自山西、宁夏、甘肃、青海、西藏、尼泊尔等处的工匠，其中，山西工匠居多。阿拉坦汗在建造佛寺和城池之时，多次请求山西总督及参政提供工匠和颜料[3]。从额尔德尼召的菱形黄琉璃瓦与绿琉璃瓦搭配的屋顶装饰形式与斗栱样式来看，与内蒙古美岱召以及山西元朝建筑很相似，常进忠的祖籍是山西的可能性很大。

以上是对汉文题记的释义。并题的蒙古文题记内容稍有不同。根据松川节的蒙日对译可知其内容为"狗年，奥其莱汗命令建寺，提顿（tendün-i）喇嘛执行，常达尔汗于五月十五日建造。保佑汗妃及一切众生永远平安。法弟子书[4]"。蒙古历狗年为 1586 年，"奥其莱汗"是阿巴泰汗的佛教称号[5]，"达尔汗"是蒙古语工匠之意，常达尔汗即指常进忠。阿巴泰汗命令"提顿喇嘛"即"喇叭提吊"执行，可见喇嘛提调与常进忠不是同一人物。

蒙文题记中明确记载着阿巴泰汗是创建人，没有提到阿拉坦汗。而阿巴泰汗命令喇嘛提调具体指挥，其下为常进忠，可见喇嘛提调是统筹人物，而常进忠负责建筑工程。

经蒙汉题记对照后，再次确定了"提吊"即是元朝时"提调"之将作官职。"顺义王喇叭提吊修造二年次了"可以解释为"顺义王的喇嘛提调修造，第二年完工"。按照字面解释，这位喇嘛提调是从阿拉坦汗处派遣来的[6]。

三　额尔德尼召与阿拉坦汗家族建造的寺院之异同点

《阿拉坦汗传》、《三世达赖喇嘛传》、《蒙古源流》等史料中均有阿巴泰汗为了参加阿拉坦汗的葬礼，赴呼和浩特会见达赖喇嘛，其后带着阿拉坦汗处的喇嘛、工匠以及佛像回到喀尔喀蒙古，创建额尔德尼召的记载。因此，很

---

[1] 吉田顺一 等译，阿拉坦汗传译注：73、94

[2] [明]万历武功录（第 7～14 卷）. 萩原淳平. 明代古代史研究. 同朋舍，1980

[3] [明]郑洛. 抚夷纪略. 明代蒙古汉籍史料汇编（第 2 辑）. 呼和浩特：内蒙古大学出版社，2006

[4] 同前，松川节"蒙古佛教史中的额尔德尼召寺院"，日本蒙古学会 2010 年度春季大会发言稿。

[5] 阿巴泰汗在呼和浩特与三世达赖喇嘛会面，达赖喇嘛授其"奥其莱"（vcirai khan、金刚手）称号。

[6] 蒙古国的几位学者认为是汉字写错了，把阿巴泰汗误写为"顺义王"。

多现代史学著作中称额尔德尼召仿照呼和浩特大召的式样建造❶。这个看法是否成立，下文则对二者在建筑方面进行了比较。

1. 与大召的比较

阿拉坦汗皈依佛教以来，关于建寺的最早文献是1572年（明隆庆六年）"俺答请工师五采建寺大青山"❷。对此寺到底为今之何寺，虽有诸说，仍无定论。目前，阿拉坦汗于1578年始建，1579年竣工的呼和浩特市大召被认为是蒙古第二次普及佛教的第一座佛寺。

在讨论大召与额尔德尼召异同点之前，有必要首先理清大召的历史沿革与建筑特征。

据《阿拉坦汗传》记载，阿拉坦汗建造了释迦牟尼佛殿，殿内供奉尼泊尔工匠铸造的释迦牟尼银像，达赖喇嘛主持了开光仪式❸。1585年阿拉坦汗逝世，其长子从西藏请来三世达赖喇嘛作法事，并于1587年，在释迦牟尼殿西侧建造了阿拉坦汗舍利塔❹，塔由呼和（青色）斡尔朵（殿宇）覆盖；1588年在漠南蒙古传教的三世达赖喇嘛过世，因此，同一年在释迦牟尼殿北侧建造了三世达赖喇嘛舍利塔；1607年之前，阿拉坦汗之孙温布洪台吉（皇太子）在释迦牟尼殿东侧、其父建造的三世佛佛殿中新置不动金刚像，并在南侧建造了举行祈愿会的佛殿❺。

1632年皇太极进攻呼和浩特时，"以谕旨悬于归化城格根汗庙云，满洲国天聪皇帝敕谕，归化城格根汗庙宇理宜虔奉，不许折毁，如有擅敢折毁并擅取器皿者，我兵既至此，岂有不知之理，毁庙之人决不轻贷虔"❻，因而大召免于战火破坏。后金崇德五年（1640年），土默特都统和喇嘛们扩建大召，把明朝赠与的汉名"弘慈寺"改为"无量寺"❼。

1698年大召都刚大殿（大经堂和佛殿）❽的屋面瓦被换成黄琉璃瓦❾，这是呼和浩特八大寺院中，唯一被允许使用黄琉璃瓦的佛殿❿。都刚大殿至今依然残存部分绿琉璃瓦剪边做法，可以推测早期屋面琉璃瓦是蒙古帝国及元朝时期常用的绿琉璃瓦。

如图6所示，是20世纪50年代大召中轴部分总体布局状况。从南到北依次是山门、天王殿、护法殿（过殿）、都刚大殿（大经堂与佛殿）、大藏经库。护法殿（过殿）的前面和都刚大殿左右前方各有一配殿⓫。山门、天王殿和大藏经库等都是1640年后增建的。

---

❶ 金峰《呼和浩特十五大寺院考》以及乔吉《内蒙古寺庙》等。
❷ 俺答即阿拉坦汗．万历武功录．卷8．俺答列传下．明代蒙古汉籍史料汇编．第4辑：97
❸ 吉田顺一 等译．阿拉坦汗传译注：88、186
❹ 吉田顺一 等译．阿拉坦汗传译注：191
❺ 吉田顺一 等译．阿拉坦汗传译注：203-204
❻《清太宗实录》乾隆版本卷12 庚未条（清朝太祖太宗世祖朝实录蒙古史史料抄．呼和浩特：内蒙古大学出版社，2001：207）。此文中，"格根汗（光明汗之意）"即指阿拉坦汗，格根汗庙即指大召。归化城是明朝赠与呼和浩特的汉名。
❼ 额尔敦昌 编译．内蒙古喇嘛教．呼和浩特：内蒙古大学出版社，1991：65
❽ 蒙古语 Дуган（dugan）来自藏语的'dus khang，本意为集会堂之意。但蒙古的 dugan 比藏语原词所指更广泛，佛殿也称 Бурханы Дуган（borhani dugan）。因为藏传佛教的集会堂与佛殿空间之规模和建筑样式与汉地的大雄宝殿完全不同，这里特意使用了固有名词"都刚大殿"，其前部为大经堂，后部为佛殿。
❾ 额尔敦昌 编译．内蒙古喇嘛教．呼和浩特：内蒙古大学出版社，1991：66
❿ 现今的大召所有殿宇屋顶全部换成黄琉璃瓦，这是2006年翻修时更换的。作为国家级文物保护单位，大召的修理存在很大问题。
⓫ 中轴线院落中的钟楼和鼓楼是1950年以后新建的。

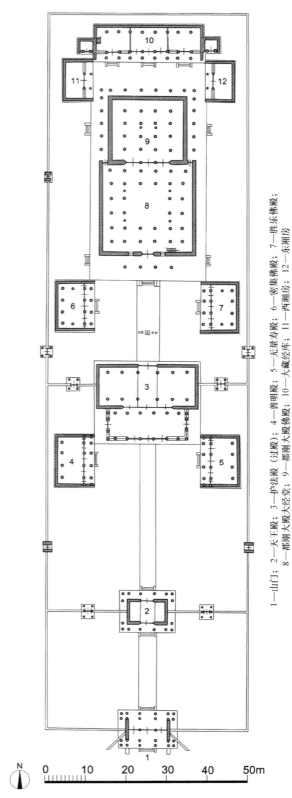

图6 呼和浩特大召总平面（中轴部分）
（据刘致平1957年及包慕萍2006年实测绘制）

1—山门；2—天王殿；3—护法殿（过殿）；4—普明殿；5—无量寿殿；6—密集佛殿；7—胜乐佛殿；8—都刚大殿大经堂；9—都刚大殿佛殿；10—大藏经库；11—西厢房；12—东厢房

将大召清末时的布局与《阿拉坦汗传》记载的初期布局作一比较的话，就会发现两者已经发生了很大差异。今大召都刚大殿之佛殿供奉着释迦牟尼银像（背光雕刻似是清时所为）。两侧有八大菩萨立像，从雕刻手法来看，可以判断菩萨立像是 16 世纪作品❶，再从佛殿木雕龙柱、四壁壁画综合判断，此佛殿应是阿拉坦汗时代创建的释迦牟尼殿。温布洪台吉在释迦牟尼殿"前面"❷建造的佛殿，珠荣嘎和乔吉认为是呼和浩特的小召❸。然而笔者实地考察了今已不存的小召（今小召小学址），其位置在大召东北向，并不在南面，直线距离约 500 米。另外，笔者还确认了今大召都刚大殿南台基下铁狮子上"温布洪台吉造"题铭。所以，笔者推测大召的大经堂或者过殿是温布洪台吉建造的佛殿。《阿拉坦汗传》成书于 1607 年，所以可以说 16 世纪末时，大召的总平面是以释迦牟尼殿为中心，东、南、西、北的四个方向分别布置舍利塔和佛殿，总体平面呈十字伸展的布局方式。

由于西侧的青殿与东侧的不动金刚殿已毁❹，所以也无法考证三殿平面是否如额尔德尼召那样是一字排开的布局。两者在总平面布局中有一个明显的共同点就是都建造了汗的舍利塔。额尔德尼召的三佛殿前有阿巴泰汗及其孙土谢图汗的舍利塔，大召有阿拉坦汗与三世达赖喇嘛的舍利塔。追溯到更早的元代，大都万安寺主殿西侧设有忽必烈的影堂（原庙），东侧为其子裕宗的影堂。元朝皇帝们继位时必新建寺院，逝世后必在其寺中设立自己的影堂，这已是一个惯例。大召和额尔德尼召佛殿的左右、前后设置汗的舍利塔，可谓继承了蒙古帝国皇室的传统。

比较现存大召都刚大殿（图 7）与额尔德尼召中殿（图 8），可以发现明显的不同之处。中殿只有佛殿，没有经堂，面阔 5 间进深 4 间，平面呈 3:2 的横长形，是 2 层楼阁建筑。大召都刚大殿由门廊、大经堂和佛殿前后衔接而成。门廊为两层，面阔 3 间，进深 1 间（10.7 米×3.15 米）。大经堂为 7 间正方形（22.6 米×23.0 米）。最后面的佛殿为方形 5 间，外三面绕一间回廊（22.6 米×16.86 米）。经堂和佛殿内部都是高达两层的大空间，设格子天花吊顶。如何解决总面阔、进深达 23 米的经堂屋顶构架是结构上的难题。大召大经堂采用了平屋顶，只有中央三间突起一层歇山屋顶。独立地看后面的佛殿的话，它是重檐歇山殿。门廊也是歇山顶。这样，都刚大殿的中央部位有三个连续的歇山屋顶。而且，门廊、经堂、佛殿三位一体，三者总体平面为 22.6 米×44.04 米的 1:2 纵长方形。可见，大召的都刚大殿与额尔德尼召中殿无论从殿宇的功能方面，还是平面比例尺度方面来看，两者的做法完全不同。把佛殿单独拿出来作比较的话，大召佛殿为近似正方形的重檐歇山殿，额尔德尼召为面阔、进深为 16.8 米×11.84 米的 3:2 横长形的二层歇山楼阁，正方形的大召佛殿更接近蒙古帝国时代的佛寺和宫殿的平面形式。仅就中殿与现存大召都刚大殿的比较来看，额尔德尼召仿照大召样式建造的说法并不成立。

❶根据与笔者一同实地考察了大召等内蒙古寺院佛像的日本庆应大学佛教美术教授绀野敏文的指教。

❷蒙古文《阿拉坦汗传》中记载温布洪台吉在释迦牟尼殿的前面建造了佛殿。蒙古语"前面"的实际地理方位可指南向或东向。对此文，吉田顺一等译为"南面"。珠荣嘎、乔吉认为是东面。

❸珠荣嘎 译注. 阿拉坦汗传. 呼和浩特：内蒙古人民出版社，1991：178；乔吉. 蒙古佛教史：北元时期（1368—1634 年）. 呼和浩特：内蒙古人民出版社，2008：116

❹现西跨院有护法殿乃春殿，为旧物。东跨院佛殿在"文革"时拆毁，现有玉佛殿新建于 2006 年。

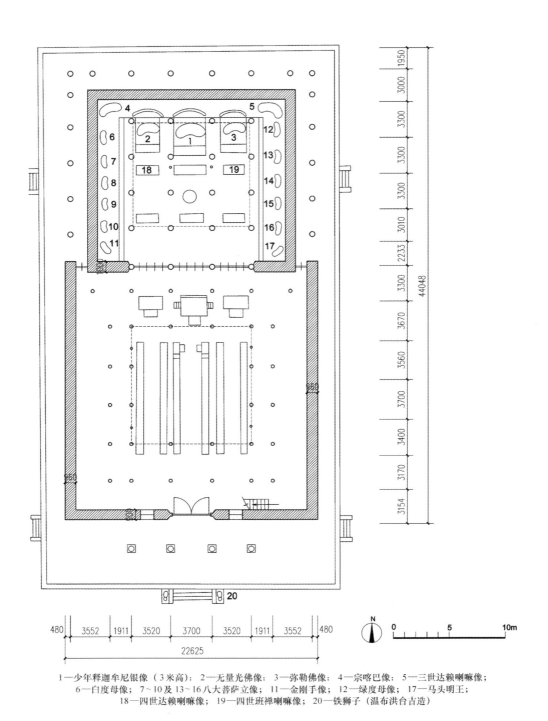

1—少年释迦牟尼银像（3米高）；2—无量光佛像；3—弥勒佛像；4—宗喀巴像；5—三世达赖喇嘛像；
6—白度母像；7~10及13~16八大菩萨立像；11—金刚手像；12—绿度母像；17—马头明王；
18—四世达赖喇嘛像；19—四世班禅喇嘛像；20—铁狮子（温布洪台吉造）

图7 大召都刚大殿平面图

(包慕萍测绘)

接下来对大召都刚佛殿与额尔德尼召三佛殿的佛像作一比较。

额尔德尼召中殿的入口左边为贡布古鲁（Gonbugul）护法神像，右边为吉祥天女像（Bandasam，

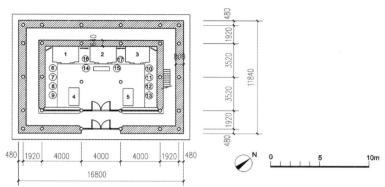

1—无量光寿佛；2—少年释迦牟尼像；3—药师佛；4—贡布古鲁护法神；5—吉祥天女；6~9及10~13八大菩萨立像；
14—日光菩萨；15—月光菩萨；16—阿难（少年相）；17—迦叶（少年相）

图 8　额尔德尼召中殿平面图

(包慕萍测绘)

Lham)，后墙佛坛中间供奉着释迦牟尼佛(12岁像)❶，右侧为无量光寿佛，左侧为药师佛。释迦像前有迦叶和阿难的年轻立像。佛坛之下左右设有日光菩萨与月光菩萨立像，面相也很年轻。左右山墙佛坛上各立四尊立像，为八大菩萨(shehbejad)。中殿二层为贤劫千佛堂。右殿供奉三世佛，中央的释迦牟尼佛像为80岁时的老年像。左殿中供奉宗喀巴像、释迦中年像(35岁像)和观音像，天花板上绘有曼荼罗和真言纹样❷。左、右殿山墙和后墙均有壁画，而中殿一层内墙没有壁画。中殿主尊像与八大菩萨及护法神造像做法与大召的完全不同。特别是大召的菩萨立像，其造型体态抑扬有致，衣纹流畅，完成度很高，从艺术风格来判断，的确为16世纪作品。而中殿的菩萨立像，从艺术造型来看已不是原物，应为清代重塑❸。两寺现存塑像的年代不同，目前两者佛像形式不同，原因在于后世的变迁还是最初就有所不同，有待今后的探讨。

2. 与席力图召、美岱召的比较

呼和浩特的席力图召❹比额尔德尼召中殿早一年即1585年竣工。它是阿拉坦汗之子、第二代顺义王僧格都棱建造的寺院，位于大召东北向，距大召直线距离约250米。经1602年及以后的数次扩建，它成为呼和浩特最大规模的寺院。但是，席力图召的现存主殿都刚大殿是19世纪末大火之后重建的，大经堂后部的佛殿也毁于20世纪40年代的火灾。寺内喇嘛口头传承今"古佛殿"为寺内最早佛殿。此建筑也经历了改建，考古学家宿白对它进行了复原(图9)。它的佛殿室内环绕一圈封闭回廊的平面形式，与中殿平面相似，且建造年代相近。阿巴泰汗来呼和浩特的时间也正是在其竣工之后，因此额尔德尼召初期建筑在平面上最直接的参照物不是大召，有可能是席力图召。

---

❶ Lham Purevjav, *Erdene-Zuu Monastery as a Major Pilgrimage Center of Khalkh Mongol*, The International Conference on "Erdene-Zuu：Past, Present and Future", Ulaanbaatar, 2011：51
❷ Hambo lama Baasansuren khandsuren. *Erdene Zuu：The Jewel of Enlightenment*, the Erdene Zuu Museum, harhorin, 2011：15
❸ 以上关于佛像造像的特征和年代的判定，得到了绀野敏文先生的指教。
❹ 蒙古语Shireetu意为"法座"，指达赖喇嘛坐过的法座，因此得名。康熙三十五年(1696年)得汉名"延寿寺"。

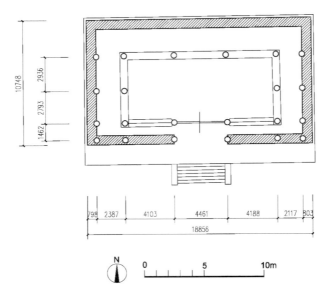

图 9　席力图召古佛殿复原平面
（包慕萍根据宿白复原案重绘）

比起大召和席力图召,美岱召在建筑上与额尔德尼召有更多的相似性,其总平面如图 10 所示❶。

美岱召位于土默特右旗萨拉齐镇,在呼和浩特西,距呼和浩特约 100 公里。因供弥勒佛、蒙古语称"麦达里"而得名,讹化为"美岱"。寺院内遗留殿堂甚多,但只有城门有明确的建造年代。城门石匾有 1606 年阿拉坦汗孙媳乌兰妣吉建造的记载❷。寺院的主殿都刚大殿(大雄宝殿)佛殿里供弥勒佛银像❸。《蒙古源流》记载 1606 年阿拉坦汗孙媳乌兰妣吉主持塑造了弥勒佛像❹,并招请麦达里活佛开光。由此推测都刚大殿的佛殿应建于 1606 年之前。

美岱召里建造年代最有争议的是琉璃殿(图 11)。琉璃殿为重檐歇山三滴水建筑。因此,有一种看法认为它是 1565 年山西白莲教逃亡谋士赵全等为阿拉坦汗建造的宫殿❺。但是,赵全等建造的宫殿在明代史料中除了有重檐三滴水的记载以外,还明确地记载着面阔由 9 间改为 7 间的事实,而琉璃殿面阔 3 间外加一周回廊,因此建筑本身与史料记载并不相符,因此笔者不能苟同"宫殿说法"。琉璃殿的建造年代虽不能确定❻,但从殿内壁画判断,比都刚大殿要早,推测琉璃殿应早于 1606 年。

---

❶本图根据金申论文的总平面图及笔者于 2006 年的实测重新绘制。2010 年出版的《美岱召壁画与彩绘》书中图 3 和图 13 使用了笔者实测的未经修改的底图,有错误。

❷石匾汉文题字如下。上款:元後勅封順義王俺搭呵嫡孫欽陞龍虎将軍天成台吉妻七慶義好五蘭妣吉誓願虔誠敬頼三宝選擇吉地宝豐山起盖靈覚寺泰和門不滿一月工城圓備神力助祐非人所為也

中央:皇圖鞏固 帝道咸寧 萬民楽業 四海澄清

下款:大明金国丙午年戊戌月己巳日庚午時建木作温伸石匠郭江

❸银佛像于"文革"期间被砸毁,银块卖给银行。详见:王磊义,姚桂轩.美岱召遗存之我见.阴山学刊,包头师范学院,2003

❹冈田英弘 译著.蒙古源流:298

❺李漪云著文"大板升城考"认为美岱召就是 1565 年阿拉坦汗建造的大板升城,琉璃殿就是阿拉坦汗的朝殿。

❻乔吉在其著作《蒙古佛教史》中认为美岱召是阿拉坦汗于 1575 年建造的福化寺。此看法亦缺乏确凿的史料依据,有待商榷。

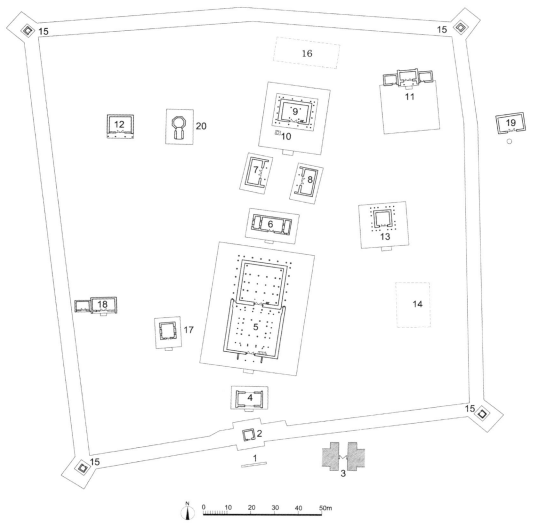

1—照壁（已毁）；2—城门（1606年建）；3—城门剖面图；4—天王殿（已毁）；5—都刚大殿（大经堂及佛殿）；
6—财神庙（已毁）；7—观音殿；8—罗汉殿；9—琉璃殿；10—白塔（已毁）；11—达赖庙；12—西万佛殿
13—太后庙；14—大吉瓦殿（已毁）；15—角楼；16—公爷府（阿拉坦汗后裔住所）；17—乃春庙；
18—活佛府；19—东万佛殿；20—八角殿

图 10 美岱召总平面

(据金申 1984，27 页图及包慕萍 2006 年实测绘制)

美岱召里另一栋清代以前的建筑是太后庙。阿拉坦汗第三夫人（即明代史料中的三娘子）及孙媳乌兰妣吉都曾有太后称谓，到底是哪一位目前有不同看法，但是前者于 1612 年去世，后者于 1626 年去世，因此，可以推断太后庙建于 1612—1626 年之间。

直到 20 世纪初，阿拉坦汗后裔们一直居住在美岱召。后山上还有阿拉坦汗家族的坟墓[1]。自美岱召创建以来阿拉坦汗家族一直以施主的身份扩建及维持着寺庙。

[1] 乔吉. 蒙古佛教史. 呼和浩特：内蒙古人民出版社，2007：39-45

图 11　美岱召琉璃殿外观

(包慕萍 2006 年摄)

美岱召与额尔德尼召有三个相似之处。其一，两者都由方城围绕。美岱召的城墙是一边近 200 米的不规整方形，墙上有四个重檐歇山角楼。额尔德尼召城墙约为 417 米×464 米，也建于 17 世纪初，不过它的城墙上不是角楼，而是 108 个喇嘛塔(图 12)。虽然两者城墙上的建筑形式不同，但美岱召的西南、东南角楼内也设有佛龛，两者区分佛、俗空间界限的功能一致。而且，两者的城墙四角处都做了 45 度角突出的墩台，上面置塔。

图 12　额尔德尼召城墙及其上白塔

(包慕萍 2011 年摄)

第二个相似点为主体建筑为楼阁建筑。内蒙古现存寺院实例中,美岱召琉璃殿是与额尔德尼召中殿相对来说最为近似的建筑。琉璃殿面阔与进深均为5间(14.85米×11.35米),重檐三滴水歇山楼阁,屋顶铺绿琉璃瓦,中央铺菱形黄琉璃瓦。一层回廊披檐柱头出两跳昂嘴形斗栱,样式相同的平身科斗栱一朵。二层屋檐下斗栱为一跳假昂。额尔德尼召中殿为面阔5间进深4间(15.84米×10.88米)的两层歇山楼阁。琉璃殿明间、次间均为3930毫米,中殿的明间、次间为3980毫米,两者开间与进深大小相近。屋顶琉璃的做法更为一致,中殿亦为绿琉璃中央嵌菱形黄琉璃瓦的做法。只是,中殿柱头科和平身科斗栱(一朵)均为一跳华栱。

第三个相似点为祭祀性殿宇的存在。美岱召太后庙与额尔德尼召规模最小的青殿❶(图13)有相似之处。太后庙面阔、进深均3间,外设一周回廊(9.85米×9.5米),方形重檐歇山顶,完全不用斗栱。殿内原有檀香木覆钵式塔,内装太后舍利等装藏,"文革"时遭到破坏。太后庙供奉舍利的功能以及方形平面、不用斗栱等与青寺相似。据额尔德尼召喇嘛的口头传承,青寺是利用了哈剌和林帝都遗址的建材建造的早于中殿的建筑❷,最初用于供奉祖先,为面阔3间进深4间的方形重檐歇山小殿。如前所述,阿拉坦汗的舍利塔殿也叫做青殿,这是两个寺庙中唯一同名的殿堂,用作祭祀的性质也一样。

❶额尔德尼召青寺的现存建筑建造年代不详。室内改作展室做了方格吊顶,不能看到内部结构。
❷清水奈都纪 译. エルデネ・ゾー史 16—20世纪(额尔德尼召史):38

图 13 额尔德尼召青殿

(引自:N.Tsultem. モンゴル曼荼羅 3(寺院建築). 東京:人物往来社,1990:106)

经以上比较可知,额尔德尼召在建设初期时,参照物不仅仅是大召,阿拉坦汗家族在呼和浩特及其附近建造的众多寺庙都有若干之处与额尔德尼召相似,可见综合性地参考阿拉坦汗家族建造的寺庙才是接近史实的状况。

四 与蒙古帝国及其后佛教建筑的比较

在本小节中,笔者拓展了比较的时间和空间范围。空间上扩大到亚洲,具体指西藏、青海、西夏故地、中国内地和朝鲜半岛,时间上溯到13世纪。

1. 兴元阁、皇龙寺与额尔德尼召三佛殿

额尔德尼召两层高度的三栋佛殿一字排列的平面布局从何而来?在内蒙古现存佛寺实例中,虽有楼阁建筑,但没有三栋并列的实例。而13—14世纪的哈剌和林曾有高度的楼阁建筑技术,兴元阁是其代表。

近年来,蒙古国、德国、日本等发表了关于哈剌和林的最新考古挖掘报告。其中,备受瞩目的是一个颠覆性的新结论——即从1949年以来被认为是窝阔台汗的万安宫遗迹,其实是佛教寺院兴元阁❶。

在元朝大臣许有壬1346年撰写的《勅赐兴元阁碑》里❷,关于建筑方面的内容如下:

> 太祖圣武皇帝之十五年,岁在庚辰,定都和林。太宗皇帝培植煦育,民物康阜,始建宫阙,因筑梵宇,基而未屋。宪宗继述,岁丙辰,作大浮屠,覆以杰阁。鸠工方殷,六龙狩蜀,代工使能,伻督络绎,力底于成。阁五级,高三百尺,其下四面为屋,各七间。环列诸佛,具如经旨(标点为笔者加)。

据以上碑文可知兴元阁在窝阔台汗时代奠基,蒙哥汗丙辰年即1256年建造了大浮图,其上覆盖高300尺的木构楼阁。面阔进深均为7间,高5层。碑文的后半部分提到至大辛亥年(1311年)、至正壬午年(1342年)曾修复。德蒙联合考古队挖掘的遗迹平面正是7间×7间、一边约为38米的正方形。7开间的大小不一,明间和稍间同宽,其余四间同宽,前者是后者的1.5倍。础石主要为方形,大础石的边长约为1~2米。

我们熟知的高层木构楼阁有北魏永宁寺塔和韩国皇龙寺塔❸,而对兴元阁则知之甚少。甚至许有壬(1287—1364年)本人在碑文中写到亲眼目睹兴元阁之前,他对岭北省哈剌和林建有天下第一巨阁的传闻颇为怀疑。如今,对兴元阁的最新考古发现证实了13世纪高层木构楼阁技术已经传播到蒙古高原腹地。然而,在游牧社会的蒙古,本来没有建造高层木构楼阁的技术。而且,在一马平川的草原地带,本来也没有必要建造高达90米的楼

❶ Hans-Georg Hüttel. Ulambayar Erdenebat, 2010:8

❷ 许有壬 撰.至正集.第四十五卷.碑志二.勅赐兴元阁碑.元人文集珍本丛刊.七:220

❸ 藤井惠介.「大きなもの」と「小さなもの」.建築雑誌,1988,103(1276):42-45

阁,是什么原因促成了此项营造?营造的范本又从何而来?

众所周知,中国现存最高木构楼阁是67.3米高的山西应县木塔(1056年建)。它的八角形平面与兴元阁7间正方形有很大差异,高度差也不小。在寻找高层楼阁的范例时,额尔德尼召三佛殿一字排列平面即"三金堂式"平面使笔者联想到韩国庆州的皇龙寺❶。皇龙寺创建于567年,649年扩建为中金堂与东金堂、西金堂的三金堂式平面布局(图14)。1096年于中金堂前第六次重建木塔,塔9层,高225尺❷。此次重建使皇龙寺变成一塔三金堂式的平面布局,并成为新罗最大寺院。皇龙寺的建造促成了三韩统一,因此它的政治意义也十分突出❸。皇龙寺塔毁于1238年蒙古军攻打高丽的战火。而18年后,哈剌和林突然出现高达300尺的兴元阁。从建筑角度来看,皇龙寺塔为7间正方9层楼阁,兴元阁是7间正方5层楼阁。无论是形状还是高度,皇龙寺塔与哈剌和林的兴元阁最为接近。

❶兴元阁遗址与额尔德尼召三佛殿相距约700米,与皇龙寺塔后即是三金堂的布局状况不同。
❷尹张燮 著.西垣安比古 译.韓国の建築.中央公論美術出版社,2003:185-186
❸关于皇龙寺得到了韩国蔚山大学韩三建教授的指教。

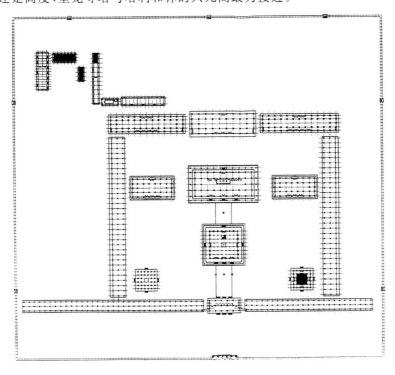

图14 韩国皇龙寺平面图
(引自:尹張燮.韓国の建築.中央公論美術出版社,2003:185)

目前德蒙考古发掘报告书中确定了兴元阁的平面,但是,就目前的平面遗址,无法断定兴元阁的真实高度是否达到90米。不管是否有90米高,兴元阁是高层楼阁。那么,建造楼阁的工匠从哪里来?蒙古帝国在战争时,一定会召集战争地区的工匠,并带回领地。细读《元史》,就会发现自太宗13年(1241年)高丽王族子弟入质蒙古以来,直到忽必烈汗时代,蒙古帝国与朝鲜的关系十分密切。因此,朝鲜半岛的工匠被带到哈剌和林也是有可能的。如果兴元阁果然受到皇龙寺的影响的话,也有同时继承"三金堂式"平面布局的可能性。不过,如今的兴元阁遗址只有塔址,未发现佛殿遗址。许有壬的碑记中也没有提到佛殿,只提到1342年修复时"重三其门,绕以周垣"。

除了朝鲜半岛的实例,元大都的万安寺(1272年建)、普庆寺(1300—1320年建)和护圣寺(1329年建)都存在着三个殿横向排列即"三金堂式"平面布局[1]。特别是护圣寺的左右两殿,分别叫做西殿和东殿,与额尔德尼召三佛殿的命名方式相同。

从以上论述可知,额尔德尼召三佛殿的"三金堂式"布局在16世纪末17世纪初的中国内地、内蒙古、西藏、青海等地没有相似的实例,应是蒙古帝国时代佛教建筑传统的遗存。

2. 转经道(goro-yin-zam)的谱系

额尔德尼召三佛殿都有围绕着殿身的封闭回廊(图15),蒙古语称其为goro-yin-zam,"goro"从藏语来,为绕佛转即巡礼之意,"zam"为"路、道"之意,可译为转经道。进佛殿时,首先按顺时针方向绕着回廊巡礼之后再进入佛殿内。宿白称其为"左转礼拜道",并把与建筑连为一体的回廊叫"内匝礼拜廊道"[2]。

[1] 王璧文. 元大都寺观庙宇建置沿革表. 中国营造学社汇刊, 1936, 6(4): 130-161; 福田美穂. 元朝の皇室が造営した寺院: チベット系要素と中国系要素の融合(Imperial Buddhist Temples in the Yuan Dynasty: The Mixture of Tibetan and Chinese Cultures). 種智院大学研究紀要 9, 2008: 15-30

[2] 宿白. 藏传佛教寺院考古. 北京: 文物出版社, 1996: 191

图15 额尔德尼召中殿转经道

(包慕萍2010年摄)

转经道在中国内地寺院并不常见，而在西藏佛寺中十分发达。拉萨大昭寺在佛殿外围有玛尼回廊，寺院外有八廓街，在城市规模上，有围绕大昭寺和布达拉宫的"林廓"，有三个层次的转经道。目前可以确定额尔德尼召至少有两个层次的转经道，其一是三佛殿内匝转经道，其二是绕方城的转经道。据俄国学者波兹德涅耶夫19世纪70年代的记载，蒙古人到额尔德尼召时，要在2公里外下马，步行到正门外拴马，然后要绕城三圈，之后进寺门❶。

本节要探讨的并不是都市或者寺院规模的转经道，而是对建筑造型有影响的、与佛殿或经堂建筑连为一体的转经道，即宿白定义的"内匝礼拜廊道"。据宿白的考证，内匝礼拜廊道的第一个实例在西藏桑耶寺，8世纪后半叶建造的乌策大殿就附有转经道❷。12世纪时，拉萨大昭寺在佛殿外围、小昭寺则在佛殿内匝增建了转经道。14世纪元朝统治西藏时期，内匝礼拜廊道做法十分普遍，如萨迦南寺康萨钦莫大殿、元朝皇室为施主的日喀则夏鲁寺大殿等。但16世纪之后，西藏的各教派开始取消内匝礼拜廊道。但并不是忽视左转礼拜像、塔的宗教仪轨，而是将礼拜道的位置从殿内移到殿外，如12世纪大昭寺扩建的玛尼回廊那样❸。只有以保持传统著称的宁玛派❹仍兴建内匝礼拜廊道。

16世纪末再度传入蒙古的藏传佛教是15世纪创建的新派格鲁派。那么，格鲁派寺院是否有内匝礼拜廊道的做法？1416年宗喀巴创建了哲蚌寺的集会大殿，其平面为横长形，四周设有回廊，继承了内匝礼拜廊道的传统平面❺。16世纪以后，格鲁派寺院只有在小型的、横长平面的佛殿中附设内匝礼拜道。但是，这种平面并非是格鲁派的特征，而应是更早时期佛殿形式的遗留。因为，格鲁派的三大主寺甘丹寺、哲蚌寺、色拉寺的主要佛殿都是正方形平面，而且不设内匝礼拜廊道。而在黑城（元朝的亦集乃城，今内蒙古额济纳旗境内）发掘的建于14世纪80年代的萨迦派佛寺大黑堂则是有内匝礼拜廊道的佛堂❻。在青海的藏传佛教寺院瞿昙寺（1392年建）❼中也可以找到同类型的佛殿平面。15世纪以后设有内匝礼拜廊道的横长平面佛殿实例有甘肃连城的妙因寺万岁殿（1427年建）和呼和浩特的席力图召古佛殿（1585年建）❽。成吉思汗第6子阔列坚的子孙、元朝封为安定王的脱欢后裔在元朝以后以连城为都，1442年明永乐帝封"鲁"姓，因称"鲁王"❾。而瞿昙寺所在的乐都也是鲁王的统治区域。而西夏故城黑城是连接中国内地与哈剌和林的纳林驿站路的重要枢纽。可见，14—16世纪期间，佛殿平面为横长形式、附设内匝礼拜廊道的实例多见于西夏故地、青海、甘肃、漠南蒙古等蒙古帝国统治地区以及元朝以后蒙古割据统治地域。因此，额尔德尼召三佛殿均有内匝礼拜廊道的平面形式，并不是新引进的格鲁派佛殿的平面形式，而应是蒙古帝国时代的遗产。而有关额尔德尼召的史料中，也确实提到在格鲁派喇嘛到来之前，已有萨迦派喇嘛主持寺庙事宜。

❶ Aleksei M. Pozdneyev. Religion and ritual in society: Lamaist Buddhism in late 19th-century Mongolia: 56-57

❷ 宿白. 藏传佛教寺院考古. 北京：文物出版社，1996：190；陈耀东. 中国藏族建筑. 北京：中国建筑工业出版社，2007：235

❸ 宿白. 藏传佛教寺院考古. 北京：文物出版社，1996：197

❹ 始祖为莲花生，11世纪形成派别。"宁玛"是"古、旧"之意。

❺ 宿白. 藏传佛教寺院考古. 北京：文物出版社，1996：196

❻《黑城出土文书》图1-2中Y2遗址。另参见：宿白. 藏传佛教寺院考古. 北京：文物出版社，1996：252-253。

❼ 据明《太祖实录》第225卷，西宁噶举派喇嘛三剌创建的寺院。1393年三剌向明朝朝贡，得汉字寺名瞿昙寺。

❽ 详见：宿白. 藏传佛教寺院考古. 北京：文物出版社，1996：298。

❾ 详见：赵鹏翥. 连城鲁土司. 兰州：甘肃人民出版社，1994：19。

五 结 语

16世纪末至17世纪初,额尔德尼召的建造活动应是融合利用了蒙古帝国以来积累的智慧。这里所说的来自蒙古帝国的影响,狭义地指哈剌和林,广义地指中国内地(北京等地)、西夏故地、西藏、青海与朝鲜半岛。"三金堂"的佛殿平面布局,佛殿为横长形附设内匝礼拜廊道的平面,佛殿总平面中设置汗王的舍利塔,利用城墙环绕寺院且城墙上设置喇嘛塔等以区别圣俗空间区域的做法,以及保持"提调"的将作官职,可以认为是继承了蒙古帝国时代的传统。特别是后三点,不仅是喀尔喀蒙古,内蒙古的寺院中也有所继承。

而内蒙古阿拉坦汗家族建造的寺院建筑则是额尔德尼召的同时代范本。如阿拉坦汗的首都呼和浩特城(1572—1575年建)、大召、席力图召及其后裔建造的美岱召。特别是美岱召在很多方面与额尔德尼召相似。而来自漠南蒙古的最大影响当然首推从阿拉坦汗处派遣的营造指挥者"喇叭提吊"与木匠作头常进忠。常进忠等8位匠人的存在,使得歇山楼阁的中殿得以实现。值得一提的是,虽然在中国内地有辽代的独乐寺观音阁、应县木塔、北京智化寺万佛阁(1443年建)等众多的楼阁建筑遗存,但是,三个两层高的佛殿一字排列的实例仅额尔德尼召一例。可以说,正是因为额尔德尼召立地于蒙古帝国的故都哈剌和林,才使得三佛殿建筑融合传统的萨迦派与新引进的格鲁派佛寺范式创造而成。

参 考 文 献

中文

[1] [俄]阿·马·波兹德涅耶夫. 蒙古及蒙古人(第一卷). 刘汉明,张梦玲,卢龙译. 呼和浩特:内蒙古人民出版社,1989

[2] 包慕萍. 从蒙古汗城到佛教都市. 地域性建筑(第一期),沈阳建筑大学建筑研究所发行,2008:56-63

[3] 陈耀东. 中国藏族建筑. 北京:中国建筑工业出版社,2007

[4] 金峰. 呼和浩特十五大寺院考. 土默特史料(第6辑). 呼和浩特:土默特志编纂委员会,1982

[5] 李逸友. 黑城出土文书——内蒙古额济纳旗黑城考古报告. 北京:科学出版社,1991

[6] 刘致平. 内蒙古、山西等处古建筑调查纪略(上). 建筑历史研究(第一辑),1982:1-55

[7] 乔吉.内蒙古寺庙.呼和浩特:内蒙古人民出版社,1994

[8] 乔吉.蒙古佛教史-北元时期(1368—1634).呼和浩特:内蒙古人民出版社,2007

[9] 姜怀英,刘占俊.青海塔尔寺修缮工程报告.北京:文物出版社,1996

[10] 王磊义,姚桂轩.美岱召遗存之我见.阴山学刊,包头师范学院,2003,6(5):75-79

[11] 乌云毕力格.阿萨喇克其史研究.北京:中央民族大学出版社,2009

[12] 宿白.藏传佛教寺院考古.北京:文物出版社,1996

[13] [元]许有壬.至正集.元人文集珍本丛刊.第7卷.台北:新文丰出版公司,1985

[14] 赵鹏翥.连城鲁土司.兰州:甘肃人民出版社,1994

[15] 张海斌.美岱召壁画与彩绘.北京:文物出版社,2010

[16] 智观巴·贡劫乎丹巴绕吉.安多政教史.吴均,毛继祖,马世林 译.兰州:甘肃民族出版社,1989

[17] 作者不明.严一萍 选辑.元代画塑记.丛书集成三篇.民国五年上海苍圣明智大学排印本,台北:艺文印书馆,1971

蒙古文

[1] Н. Хатанбаатар. Эрдэнэ зуугийн түүх (额尔德尼召史). Монголын Үндэсний Түүхийн Музей, Эрднэ Зуу Музей, Улаанбаатар, 2005

[2] С. Ичнноров, Ч. Банзргч. Эрдэнэзуу Хийд Ба Түшээт Хаиы Хошуу (额尔德尼召与土谢图汗旗). Урлах Зрдзм, Улаанбаатар, 2007

[3] Čoyiji (乔吉). Siregetü güüsi čorji yin tuqai nökübürilen ügülekü kedün jüil (席力图·固什·乔尔吉生平补叙).蒙古史研究(第一辑).呼和浩特:内蒙古人民出版社,1985:153-164

日文

[1] 岡田英弘 訳注.蒙古源流.東京:刀水書房,2004

[2] 白石典之、D.ツェヴェーンドルジ.和林興元閣新考.資料学研究(第4号).新潟大学大学院現代社会文化研究科プロジェクト「大域的文化システムの再構成に関する資料学的研究」刊行,2007:1-14

[3] N.ツルテム(N. Tsultem) 監修.モンゴル曼荼羅3(寺院建築).東京:人物往来社,1990

[4] 長尾雅人.蒙古学問寺.京都:全国書房,1947

[5] 萩原淳平.明代蒙古史研究(東洋史研究叢刊32).京都:同朋舎出版,1980

[6] 包慕萍.モンゴルにおける都市建築史研究.東京:東方書店,2005

[7] 松川節.モンゴル仏教史におけるエルデニ・ゾー寺院.『日本モンゴル学会2010年度春季大会』報告レジメ.東京:桜美林大学,2010

[8] 松川節.世界遺産エルデニゾー寺院(モンゴル国)で再発見された漢モ対訳『勅賜興元閣碑』断片.大谷学報,2010,89(2):1-18

[9] 森川哲雄. モンゴル年代記. 東京：白帝社, 2007

[10] 吉田順一ほか共 訳注. アルタン・ハーン伝訳注. 東京：風間書房, 1998

[11] 尹張燮. 西垣安比古 訳. 韓国の建築. 東京：中央公論美術出版社, 2003

欧文

[1] Andreas Brandt, Niels Gutschow. *Erdene Zuu：Bemerkungen zum lageplan und zu den Bauten der 1586 begründeten klosteranlage in harhorin. Mongolei*, Bonn, 2001

[2] Hans-Georg Hüttel, Ulambayar Erdenebat. *Karabalgasun and Karakorum：Two late nomadic urban settlements in the Orkhon Valley*. Archaeological excavation and research of the German Archaeological Institute (DAI) and the Mongolian Academy of Sciences 2000-2009, Ulan Bator, 2010：3-20

[3] Nancy Riva Shatzman Steinhardt. *Imperial Architecture under Mongolian Patronage：Khubilai's Imperial City of Daidu*. Doctoral thesis, Harvard University, 1981

[4] Niels Gutschow, Andreas Brandt. *Die Baugeschichte der Klosteranlage von Erdeni Joo (Erdenezuu)*. Claudius Müller, ed. Dschingis Khan und seine Erben：Das Weltreich der Mongolen. Hirmer Verlag. Bonn, 2005：pp. 352-356.

[5] Pozdneyev, Aleksei M.. *Mongolia and the Mongols*. Edited by John R. Kruger; translated from Russian by John Roger Shaw and Dale Plank. The Ulraic and Altaic Series, Bloomington：Indiana University, 1971：61

[6] Pozdneyev, Aleksei M.. *Religion and ritual in society：Lamaist Buddhism in late 19th-century Mongolia*. Edited by John R. Krueger; translated from the Russian by Alo Raun and Linda Raun. Publications of the Mongolia Society, Occasional papers, No. 10. Bloomington, Indiana：The Mongolia Society, 1978

[7] W. W. Fitzhugh, M. Rossabi and W. Honeychurch (eds.). *Genghis Khan and the Mongol Empire*. Journal of Royal Asiatic Society, Washington, 2009, 21 (2)：229-230

建筑文化理念引领下的建筑史教学方法的研究

刘临安

（北京建筑工程学院）

摘要：建筑史是中国大学建筑学专业的一门重要的专业基础课程，由中国建筑史和外国建筑史两个部分组成。本文对于现行的建筑史的教学方法进行了深刻的反思，采用古今的建筑实例说明建筑现象与建筑文化之间的关系，提出了应当以整体建筑文化理念来引领建筑史的教学，通过社会文化的引导路径来展开建筑史的教学。并进一步认为这种教学方法有助于学生从建筑文化的本质上认识与理解建筑现象，树立正确的建筑观。

关键词：建筑史，建筑文化，建筑现象，整体观念，教学方法

Abstract: "Architectural History" is a foundation course for architectural students in China, and the course commonly consists of two parts: History of Chinese Architecture and History of Foreign Architecture. The curriculum and textbook are required coinciding with the norms formulated by the state authority of education. Moreover the teaching methods of architectural history have been implemented by following the tradition of architectural cases plus social history. This paper argues that an overall concept based on the architectural culture should be taken to guide the teaching of architectural history, and the architectural history should be taught from the perspective of cultural context and social development. Furthermore, with this perspective the teaching methods would help students understand architectural phenomenon from the nature of architectural culture and build a correct outlook of architecture.

Key Words: Architectural History, Architectural Culture, Architectural Phenomenon, Overall Concept, Teaching Methods

一　中国大学的建筑史教材的概况

在中国的大学中，建筑史是建筑学专业的基础课程之一，被称为"专业基础课"。这门基础课程分为中国建筑史和外国建筑史两大部分，课时总量在120～160学时不等，开课时间通常安排在第二学年。这门课程使用全国统编教材，也就是说，国家对于这门课程的教学有着统一的基本要求，这是专业基础课程的一个特点。

这种把建筑史划分为中国建筑史与外国建筑史的做法自从20世纪50年代初期就形成了，即新中国建筑学教育开始的时候。中国建筑史教材是东南大学潘谷西教授主编的《中国建筑史》，外国建筑史教材是清华大学陈志华教授主编的《外国建筑史（19世纪末叶以前）》和同济大学罗小未教

授主编的《外国近现代建筑史》。《中国建筑史》更新得较快,至今已经是第六版了;《外国近现代建筑史》更新得较慢,至今仍然是 2004 年的第二版。除了这三部统编教材外,近年来也有其他版本的建筑史著作,例如刘敦桢教授主编的《中国建筑史》、王受之先生的《外国建筑史》等。但是,这些著作通常都作为建筑史课程的扩展读物。

几乎每个中国的建筑学学生都可以发觉《中国建筑史》(潘谷西主编)、《外国建筑史(19 世纪末叶以前)》、《外国近现代建筑史》这三部教材存在着诸多方面的差异。

体例的差异,《中国建筑史》(潘谷西主编)教材的内容主要分为三个部分:第一部分是中国建筑发展的社会现象与技术成就,第二部分是古代建筑的类型特征和典型史例,第三部分是古代建筑的结构特征和营造方法。《外国建筑史(19 世纪末叶以前)》主要依照社会发展的历史线索展开,重点是古埃及、古希腊、古罗马、拜占庭、中世纪、文艺复兴等时期的建筑成就,建筑文化与建筑现象互证,建筑的时代特征明显。《外国近现代建筑史》主要依据建筑发展的成就和影响线索展开,建筑的技术特征和理论要义明显。容量的不同,《中国建筑史》为 86.8 万字;《外国建筑史(19 世纪末叶以前)》为 64.2 万字,《外国近现代建筑史》为 71.0 万字。特点的不同,《中国建筑史》按照中国的历史朝代进行分期,同时兼顾边疆少数民族建筑的选例,侧重于从建筑技术的视角来审视建筑发展的历程;《外国建筑史(19 世纪末叶以前)》和《外国近现代建筑史》按照欧洲社会发展的阶段进行分期,同时兼顾地理特点选择日本、印度以及美洲国家的典型案例,侧重于从社会文化的视角来审视建筑发展的历程。授课时序是不同的,通常先讲授中国建筑史,后讲授外国建筑史,很少同时进行中国建筑史和外国建筑史的讲授。

二 从整体建筑文化理念来认识建筑发展的历程

从本质上讲,建筑文化是人类在社会文明的进程中,在建筑领域取得的思想和技术的进步,即属于建筑学范畴的精神财富和物质财富。从世界文化历史的角度看,建筑文化的状态应当是四海皆有的(universal)、生生不息的(flourishing)和丰富多样的(diverse),不应当存在此消彼长或者此尊彼卑的偏见。

建筑历史应当是基于一种整体建筑文化理念(holistic thinking)的专门表达。从建筑发展的历程看,中西方的许多建筑现象是互为补充的。假如我们把建筑历史进行全景式的展开,就可以发现一些有趣的现象:公元前后古罗马时期的建筑成就不同凡响,砖石建筑的一些做法,例如叠涩、券拱以及繁杂的雕刻装饰,在中国两汉时期的建筑,特别是墓葬建筑中几乎都有所表现[1]。中世纪时期,西方建筑成就处于相对寂落的时候,中国的建筑成就

❶ 刘敦桢 主编. 中国古代建筑史(第二版). 北京: 中国建筑工业出版社, 1984

却令人瞩目,公元 509—523 年建造的嵩岳寺砖塔,高度 41 米,有着复杂的平面形式和精致的立面收分;公元 1056—1195 年建造的佛宫寺释迦塔(俗称应县木塔),高度 67 米,总质量达到 2600 多吨,成为世界现存最高的木结构建筑;公元 1001—1055 年建造的开元寺塔,高度 84.2 米,几乎达到砖结构承载能力的极限。文艺复兴初期,当意大利人菲利波·勃鲁乃列斯基(Filippo Brunelleschi)在潜心建造佛罗伦萨主教堂(Santa Maria del Fiore,1334—1420 年建成)大穹窿顶的时候,中国苏州人蒯氏父子(蒯富、蒯祥)也在带领着工匠们建造北京城的皇宫(1406—1420 年建成)。如今,这两座在同一时代建造出来的宏伟建筑成为世界文化遗产的两颗璀璨明珠❶。建筑发展的历程就像一条涌动流淌的文明之河,虽然时有涨落起伏,但是从未有过干涸或者断流。

❶佛罗伦萨历史中心(包括主教堂)在 1987 年被公布为世界文化遗产,北京故宫 1987 年被公布为世界文化遗产。

反过来,假如缺乏整体建筑文化理念来认识某些建筑现象,就会产生一种茫然不知所措的困惑,导致自大或者自卑的文化心理。例如,中国古代的风水是建筑文化反映出来的一种建筑现象,并不是一种局限于某个洲陆或国家的建筑现象。从中世纪到文艺复兴时期,相地术(arts of earth divination)在世界许多地方都非常流行,不论是文化发达的欧洲还是文化落后的非洲。有学者研究总结出欧洲在文艺复兴时期就流行有七种占卜术❷,所以,相地术是社会文化在某个历史阶段的社会现象,一种四海皆有的现象。但是,当下的社会观点让人觉得似乎只是中国人有风水,或者中国的风水高人一等,西方人开始对中国风水投入了前所未有的关注和热情,试图揭示它的神秘力量,甚至利用西方人的话语来证实风水存在的伟大意义❸。实际上西方人这样做只是出于对中国古代文化要表达的一种客观坦诚的态度,是一种文化尊重应有的礼仪。

❷ Kurt Benesh. Magie der Renaissance. Fourier, 1985

这里以住宅为例进行论述,住宅也是一种四海皆有的建筑文化类型。在住宅文化的背景下,北京的四合院、云贵山地的吊脚楼、西北黄土高原的窑洞与萨伏伊别墅(the Villa Savoye)、流水别墅(the Fallingwater Villa)、范斯沃斯住宅(the Farnsworth House)相比较,除了时代的差别外,都应当具有同等质量的建筑文化意义。这些住宅在建筑理念、地域特性、空间塑造、功能组织、结构实现、材料应用等方面所凸显的意义,都是积极的、活跃的、充满着与时俱进的生命力。这些住宅,不论出自于普通大众之手还是建筑大师之手,只要它们体现出住宅文化的独特性,就应当成为住宅文化多样性大家庭中的一个成员。

❸有学者节引李约瑟的《中国科学技术史(Science and Civilisation in China)》第二卷(科学思想史)的一段话。剑桥大学出版社,1956 年英文版。

从整体建筑文化理念去认识建筑现象,去认识建筑的独特性和多样性,才能够打破狭隘的建筑时空观念产生的建筑偏见,不至于产生错误的理解而导致厚此薄彼的认同。例如重视大师的作品而轻视普通人的作品,重视本民族的作品而轻视外民族的作品,甚至喜好跟随着建筑媒体的导向去认识与理解建筑。秉持整体建筑文化理念去认识建筑发展的历程,可以防止狭隘建筑时空观所导致的偏见,全面和完整地认识建筑,正确理解建筑文化与建筑技术的适宜与统一,有助于建筑学专业的学生建立一种正确的建筑观。

三 建立一种依循社会文化引领建筑发展的教学思路

建筑既是社会文化的产物,也是物质材料的产品,是一个具有双重属性的人工作品。在中国现行的建筑历史教学中,如何表达社会文化与建筑成就之间的关系?能否建立一种依循社会文化引领建筑发展的教学思路?是一项很有意义的工作。例如,在中西方的思想文化中,都具有一种崇敬上天、构想天神的思想意识,在中文里称作"尊天"意识,西方文字大概也有与此相差不多的词语,这种"尊天"意识无疑是中西方共有的一种社会文化。并在这种社会文化的影响下,建筑师创造出各种建筑方法来表达"尊天"意识,例如西方在中世纪产生的哥特建筑。

中国人在表达"尊天"意识时,是通过什么文化路径、采用什么建筑方法实现的呢?当下最为人们所熟知的是一个使用频率很高的词——天人合一。这是中国古典哲学中表达自然与人的关系时所使用的一个精练的说法,一个具有"形而上"意味的哲学专用词。在"天人合一"的影响下,产生了不少具有"形而下"意味的方法用词,例如古籍上多见的"参天法地"、"侔天作制"、"察天观地"等,不一而足。中国人利用天上的繁星建构了一个理想的天国,一幅宏大美妙的宇宙图示。在这个理想天国中,几乎囊括了地上所有的建造对象。完成了天国模式以后,统治者就命令建筑工匠们依照这个天国模式来营造帝王的都城和宫殿,这种方法在中国秦代的咸阳都城和汉代的长安都城都曾被应用过。采用这种建筑方法来表达"尊天"意识就是一种建筑文化的表达路径,即一条由社会文化引领而产生的建筑成就的发展轨迹。

唐宋以后的都城建设都极其重视城市中经线(central longitude)的凸显和统辖,成为一种带有礼制性质的营造规范。在我们的建筑史教学中,由于没有依循建筑文化的发展路径来解释这种城市现象,城市中经线长期被称作城市中轴线,完全屏蔽掉了它生来具有的文化意义,使得学生无法从文化根源上认识和理解建筑现象。城市轴线(urban axis)是西方城市在文艺复兴以后才出现的一种城市规划的方法,它与中国城市的中经线有着完全不同的文化意义[1]。没有文化路径指引的建筑史教学所产生的后果可能会是极其可怕的!如图1所示,这是一个号称中国七大历史名城的一个城市,具有600余年历史的城市中经线被抹杀得不见了,取而代之的是一个类似古罗马城的竞技场(il circo massimo)形成的城市轴线,方向、形状、作用与历史文化名城的内涵完全是风马牛不相及。

[1] 刘临安. 对中国古代城市"中经线"的文化解读. 城市规划学刊,2007(2)

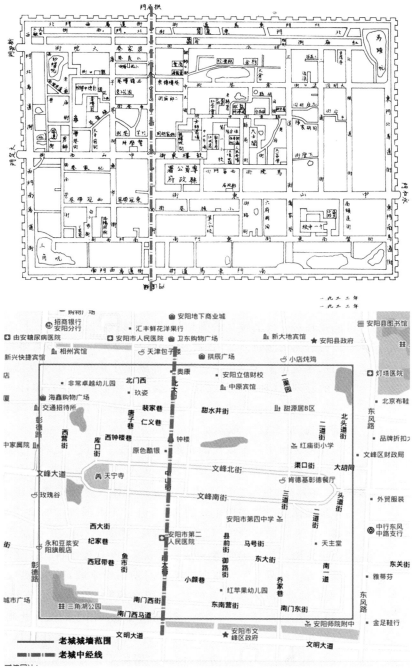

图 1 安阳老城古今中轴线比较图❶

---

❶这是该城市的两幅比较图。上图是 1933 年绘制的,可以清楚地看到由鼓楼、钟楼和中山南街、中山北街形成的城市中经线,它对于城市的统辖作用是绝对的。下图是 2012 年的地图,虽然南大街、中山街、北大街还在,规模和格局未变,但是城市的地标式街道却是东西向的文峰大道了。600 余年的城市文化意蕴消隐殆尽了。民国图来自于北京建工建筑设计研究院承担的该城历史街区保护规划的资料,现代图来自于百度地图。

四 主动地进行中西方建筑文化的比较

为什么古埃及法老的陵墓是四角锥台的造型？为什么秦汉时期中国皇帝的陵墓也是四角锥台的造型？不同的只是中国皇帝的陵墓抹掉了顶端的锥尖，那是因为在那个小平台上要建造一个祭祀皇帝灵魂的享庙。处于尼罗河平原的埃及法老想到的问题，同样是处于渭河平原的中国皇帝未必没有想到。埃及法老和中国皇帝的头脑里为什么会产生如此异曲同工的妙想呢？如何解释这种巧合的建筑现象，大概只有依循文化路径思考这个问题才能够找出符合逻辑的答案。在广袤的平原上，最能够体现帝王气魄和宏大体量的建筑莫过于简洁的几何体，而依靠当时的建造技术和人工力量能够垒筑起来的简洁的建筑形体就是高大的四角锥台。在形式审美的理解上，高大的锥台与山冈相似，秦始皇就把他的陵墓称为"骊山陵"。在中国古代文字中，"陵"的本意就是指"高大的山"[1]。在古埃及的文字里，也非常有可能找到对于法老陵墓的类似注解。在建造技术的条件上，中国人利用的是当时成熟的版筑方法，古埃及人利用的是滚轮、撬杠、桔槔和滑轮的方法。我们从建筑审美的视角上去探究，那就是中国皇帝和埃及法老都怀有统摄天下的心理，这种相似的文化心理会产生相似的审美旨趣，因而对于陵墓建筑产生了几乎相似的建筑审美观念。在建筑文化的层面上比较迥然不同的建筑现象，是比较建筑学的一个重要方向。

这里再引用一个现代的建筑实例来进一步说明这种建筑文化比较的意义。法国建筑师保罗·安德鲁（Paul Andrew）在北京设计的国家大剧院（2007年建成）是一个四周环水的金属壳体。尽管安德鲁建筑师对于这样的建筑形体进行过多种生动的解释，但是从中国古代的建筑文化上就可以找到一个非常贴切的注解，那就是古代的"明堂"建筑。据汉代文献记载，汉武帝想按照古代传统建造一座明堂，苦于没有样子可循。这时有个名叫公玉带的方士就献上了一张所谓黄帝时期的明堂图：图中央有一座高大的宫殿，没有墙壁，以茅草覆盖屋顶，四周环水[2]。以后各代修建明堂，基本是"上圆下方、四周环水"的型制。陕西西安南郊出土的汉代礼制建筑遗址，基本可以印证明堂的样子。明堂建筑的作用是"宣政教化"，具有"发布政令、施行教育、感化文明"的功能，国家大剧院不正是符合这种要求的建筑吗？古代的这段文字不正是对国家大剧院蕴藏的文化内涵的注释吗？当然，我们也可以反过来进行推论，那就是，国家大剧院实质上是中国古代"明堂"的现代体现。在这里，我们钦佩安德鲁建筑师的手法高明，但是我们更敬重我国历史文化的时空深邃。

我们的学生为什么没有能够进行这样生动的建筑比较呢？可能因为我们缺少从建筑文化的路径上认识建筑现象，缺乏整体建筑文化的思路和想

[1] 许慎《说文解字》载："陵，大阜也。"

[2] 胡适. 胡适讲国学. 长春：吉林人民出版社，2008

法,使得学生的视角窄小,思维僵化,形成一种狭隘的建筑时空观。这种狭隘的建筑时空观会对生动有趣的建筑现象产生一种先天的割裂或屏蔽。

五 有效地激发建筑创作的方法

沿着建筑文化的路径去认识与理解建筑现象,就会将建筑作为一个整体建筑文化去认识和理解,并且积极地去寻找建筑之间的联系,这种联系不仅是外在的形体、结构和材料,还包括内在的意义、精神和情感,都会有效地激发建筑创作的灵感。关于这方面的案例可以说是不胜枚举的。保罗·安德鲁设计的国家大剧院的创作灵感来自于一种非洲植物的果实,伍重(Jorn Utzon)设计的悉尼歌剧院的灵感来自于他早餐吃的一个橙子的外皮,也有人把它解读为是帆船或荷花的创意,这些还都是物象之间的转译。现在,许多外国建筑师在中国承担建筑设计或城市规划的任务时,几乎都在积极地了解和学习中国的建筑文化,希望能够在自己的建筑作品与中国的建筑文化之间建立某种意义上的联系,以便更容易地被业主接受。

雅克·赫尔佐格(Jacques Herzog)与皮埃尔·德梅隆(Pierre de Meuron)为第28届奥林匹克运动会在北京设计的国家体育场,巨大的钢梁相互交错穿插,编织成了一个被中国人亲切地戏称为"鸟巢"的体育场。赫尔佐格与德梅隆在谈到建筑创作的感想时,认为他们的创作灵感部分来自于中国古代建筑窗花的认识和理解,成功地把中国普通建筑的一个木质的装饰构件(a wooden component for ornament)转译为一个钢铁的竞技建筑结构(an iron-steel structure for sports)❶。

著名女建筑师扎哈·哈迪德(Zaha Hadid)在中国广州珠江新城设计的广州歌剧院坐落在珠江之畔,面对着珠江、海心沙岛以及数栋超高层建筑形成的背景,建筑的造型立意是"珠江边上两块圆润的石头"。非对称的黑色的大石头(1800座的大剧场)与白色的小石头(400座的小剧场),巨大的体量、复杂的光影、舞动的界面,给身处建筑之中的人们带来一种空间穿越的快感。"圆润双砾"的建筑造型既带有鹅卵石的光滑,又带有砾石的棱角,恰如其分地表达了自然力量与人工力量交织在一起作用。

还有另一个生动的案例,中国的新锐建筑师马岩松在加拿大密西沙加(Mississauga)市设计的 The Absolute Tower 楼群(国际公开招标,2009年建成),每层楼板都有着非线性地伸缩,形成传统高层建筑的垂直线条消失了,取而代之的是水平阳台形成的凹凸有致的建筑曲线。The Absolute Tower 楼群被当地媒体和市民形象地称为"玛丽莲·梦露大厦"。

上述那些建筑师和他们的建筑作品都是他们秉持整体建筑文化理念进行建筑创作的成功案例。

❶ 根据中央电视台 CCTV5 在 2009 年 1 月 14 日的《奥运档案》电视节目中对于赫尔佐格的采访谈话。

六　结　语

建筑绝非只是一个单纯的物质产品，是一个集合了社会文化与物质材料的人工作品。树立整体建筑文化理念，打破建筑成就的地理界限，建立一种依循社会文化引领建筑发展的教学思路，能够有助于学生从建筑文化的本质上认识与理解建筑现象，建立正确的建筑观，更好地激发建筑创作的灵感，丰富建筑创作的思路和方法。

试论中国传统建筑群空间格局与易经卦象之关联

徐怡涛

（北京大学考古文博学院）

摘要：本文以阴、阳观念，解读中国传统建筑的院落空间格局，运用实例分析的方法指出，中国传统建筑的基本空间形态与《易经》坎卦的卦象相呼应，同时，一些重要建筑组群的空间格局，与符合其功能寓意的《易经》卦象存在对应关系，从而使中国传统的建筑空间具有了丰富的文化隐喻。

关键词：易经，卦象，中国传统建筑，建筑格局，隐喻

Abstract：Based on analysis of some real cases, used the idea of Yin-yang to explicate Chinese traditional architectural pattern, the paper pointed out, with different function, Chinese traditional architecture have different architectural patterns, and those patterns have a one-to-one correspondence between some important architectural patterns and some divinatory symbols of I Ching, then, the meanings of divinatory symbols of I Ching becomed metaphors to Chinese traditional architecture.

Key Words：I Ching, Divinatory symbols, Chinese traditional architecture, Architectural pattern, metaphor

阴、阳是《易经》的核心概念，是中国古人观察、分析宇宙万物和社会人生的最基本的思想方法，数千年来，中国古人始终以这种思想方法建构他们的精神和物质世界。因此，中国古代的政治、军事、思想、文化、艺术、技术等等领域，无不浸润着阴、阳的思想，中国传统建筑当然亦不会例外。

自19世纪以来的一百多年间，中外学人对中国传统建筑进行了系统的调查、研究，在中国传统建筑的类型、时代和技术等方面均已取得了较为深入的研究成果，这些研究证明，中国传统建筑是东亚建筑体系的主体，与世界其他建筑体系有着明显的差异性，如以院落为特点的建筑空间组织、以木为主的建筑材料、以及斗栱、榫卯、框架结构等技术特点。无不独树一帜，体现着一以贯之的中华文明之精髓，正如著名建筑史学家梁思成先生在其《中国建筑史》一书中所述："中国建筑乃一独立的建筑体系……一贯以其独特纯粹之木构系统，随我民族足迹所至，树立文化表志……中国建筑之个性乃即我民族之性格，即我艺术及思想特殊之一部，非但在其结构本身之材质方法而已。"

《易经》与中国传统建筑具有广泛而深刻的渊源，历来为学者所重视，已有的主要相关研究有，韩增禄先生《易学与建筑》、王其亨先生对明清陵寝风水的研究、何晓昕先生《风水探源》，等等。本文则试图从《易经》的阴、阳概念入手，来解读中国传统建筑的院落空间格局，以考察中国传统建筑群的布局是否与《易经》卦象存在关联。

早在商周时期，中国建筑即已奠定了院落的组织模式。例如，河南偃师二里头宫殿遗址、陕西岐山凤雏村甲组建筑遗址等，其中河南偃师二里头宫殿遗址年代更早，其二号宫殿遗址的建筑格局如图1所示。

《易经》中对建筑的直接描述较少,在北宋官方颁布的《营造法式》中,引用《易经》中"上古穴居而野处,后世圣人易之以宫室,上栋下宇,以待风雨,盖取诸大壮"来解释建筑,将建筑与大壮卦象联系了起来,由此,著名建筑史学家刘敦桢先生将其书斋命名为"大壮室",以表示致力于建筑历史研究之意。同时,也有观点认为大过卦是对建筑结构的形象表达。但以上观点,均基于单体建筑而言。建筑群与其所处环境之间的关系,则已有风水堪舆学之研究。恰在单体与环境之间,构成中国传统建筑特色之重要一部分的院落空间本身的形态,尚较欠缺以阴、阳观念为视角的审视。

阴、阳是《易经》的精髓,中轴线则是中国传统院落空间的主干,因此,本文以中轴线上的建筑来考察建筑群的阴阳格局。根据阴、阳的本意,单体建筑可定义为阴,院落定义为阳,即所谓反宇向阳。建筑与院落的交替即是阴与阳的交替,由南自北则构成了卦象。

建筑群中的建筑有主次地位之差,因此,在图1所示的河南偃师二里头二号宫殿遗址,由回廊围绕成院落,其中坐落一座主体建筑的格局,成为中国传统院落空间的最基本形态。在这种基本形态中,主体建筑体量大于附属建筑,设为两阴爻,门屋、回廊等附属建筑设为一阴爻,前后院落分别为一阳爻。综合起来,形成了六十四卦中的坎卦。坎卦有险阻之意,其与筑宫室护卫君王之意吻合。另外,坎卦对应五行中的水,而中国古代主要的建筑材料为木,水生木,同时,木的最大威胁是火,而水又克火。再之,坎在先天八卦位于西方,在后天八卦中位于北方,而坐北朝南和坐西朝东,是中国传统建筑最主要的朝向(图2)。因此,坎卦无论在意象、材料和方位上,均与中国传统院落空间的基本形态相吻合。

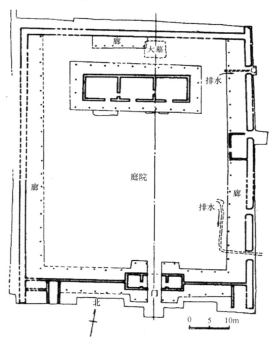

图1 河南偃师二里头二号宫殿遗址平面

(来源:《中国建筑史》编写组.中国建筑史(第三版).北京:中国建筑工业出版社,1997:7)

图2 坎卦[1]

---

[1] 图2、图4、图6、图8、图10,均为作者根据《易经》绘制。

中国传统建筑类型丰富,建筑的功能、意向各有不同,随着时代的发展,同类建筑的格局亦可能有一定程度的演变,因此,虽然基本院落形态的阴阳格局与坎卦相合,但这不代表中国传统建筑的空间格局只与坎卦相关联,实际上,单体建筑组成院落,而单一的院落又组成更大的院落组群,因此,在具体的建筑群实例中,建筑空间的组成形态变化多端,那么这些不同的变化,是否也对应着不同的卦象呢?

本文选取三组明清皇家建筑中的重要院落,尝试检验其卦象寓意是否与建筑群的功能或意向相匹配。

第一例,天安门、端门至午门(图 3)组群。

这组建筑群为皇城大门至宫城大门,构成了都城中轴线上的重要仪礼空间,是臣子觐见帝王的正途。既有建筑史研究指出,从大明(清)门至太和门间的一系列空间形态变化,衬托出太和殿的恢弘雄伟,使走过这个空间的人对皇权产生出臣服之心。

在天安门、端门至午门的建筑组群中,这三座建筑均为主体建筑,分别设为一阴爻,端门到午门之间的院落远大于天安门至端门的院落,因此端门至午门的院落设为两阳爻,天安门至端门的院落设为一阳爻,由南至北,天安门至午门的空间布局构成了井卦。

井卦是井之象,井以汲人,水无空竭,有人君求贤若渴之意。而天安门至午门的空间恰是臣工、藩属入朝觐君王的大道,卦象寓意与建筑功能相吻合(图 4)。

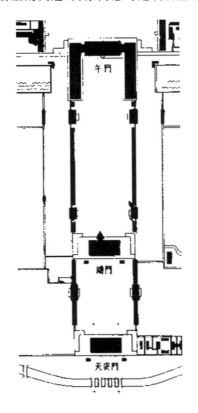

图 3　天安门至午门

图 4　井卦

(来源:刘敦桢 主编.中国古代建筑史.北京:中国建筑工业出版社,1980:283)

第二例，北京故宫前三殿（图5）。

故宫前三殿建筑群在中轴线上由南自北，分别为太和门、太和殿、中和殿、保和殿，是故宫外朝的核心，体现了皇权的至高无上。

太和门设为一阴爻，位于故宫主殿太和殿前的院落是故宫中最大的庭院，设为两阳爻，太和、中和、保和皆为重要殿堂，分别设为一阴爻，则故宫前三殿的阴阳格局为萃卦。

萃卦的释义恰为君臣荟萃一堂，是解释君臣关系的卦象，卦象寓意与前三殿的建筑功能相吻合（图6）。

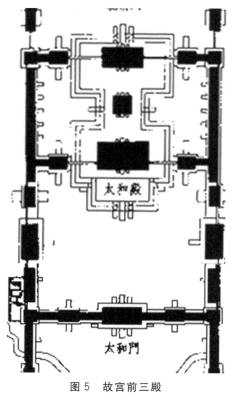

图5　故宫前三殿

图6　萃卦

（来源：刘敦桢 主编.中国古代建筑史.北京：中国建筑工业出版社，1980：283）

第三例，北京太庙（图7）。

中国古代皇帝具有生杀予夺的最高权力，而中国传统文化同时要求帝王具有泽被天下苍生的品行，因此帝王被比喻为太阳，所谓"天无二日，国无二主"。皇帝死后，神主供奉于太庙和奉先殿（又称内太庙）。太庙与故宫奉先殿相比，虽同样供奉祖先，但在太庙里举行的祭祀典礼属于国家大典，具有公示天下的含义，皇帝在此祭祖，既歌颂、缅怀了以往皇帝的功绩，同时也彰显了现任帝王权力继承的合法性。

北京太庙建筑群由南自北，依次为前院、戟门、庭院和三殿。前院设为一阳爻，戟门为一阴爻，庭院为一阳爻，前、中、后三殿同为主体殿堂，设别为三阴爻，则其阴阳格局为晋卦。晋卦为日上地下，为明日升空照耀大地之象，此卦象与太庙的寓意显然有共通之处，因为现任帝王正是通过在太庙祭祀先帝的活动，彰显了自身和先帝的德行，宣示他作为帝王管理万民的合法性，如太阳般的存在（图8）。

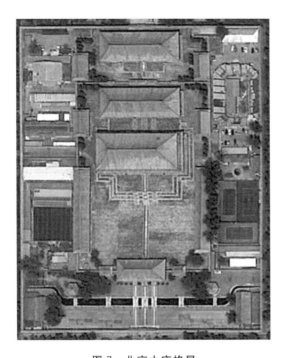

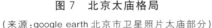

图 7　北京太庙格局　　　　　　　　　　　　图 8　晋卦

（来源：google earth 北京市卫星照片太庙部分）

第四例，晋城小南村二仙庙（图9）。

除北京明清皇家建筑外，本文选取了山西晋东南地区一例典型的宋金时期民间宗教建筑进行验证。

创建于北宋徽宗时期的晋城市金村镇小南村二仙庙，其格局既见于北宋刊刻的创建碑记，同时亦有现存的北宋主殿可资印证，是晋东南民间庙宇格局的重要标尺案例。其建筑格局按自南而北的顺序，门楼为一阴爻，前院为一阳爻，献殿为一阴爻，后院为一阳爻，大殿为全庙主体建筑，设为两阴爻，则其整体形成了蹇卦，寓意命运处于不利局面，"利见大人"，而这与人们去庙宇求神助己以摆脱困境，以及庙宇希望广受信众香火供奉的目的正相吻合（图10）。

综上所述，本文认为，《易经》卦象与中国传统建筑的空间构成存在关联关系，中国传统建筑空间格局的基本卦象为坎卦，同时，一些建筑随其功能需要所产生的空间格局，与符合其功能寓意的卦象相呼应。

需要指出的是：本文所做探索，尚存待进一步深入研究之处，主要体现在以下几个方面。在分析建筑院落的阴阳格局时，存在一定的变通之法。在图1中所示的建筑格局中，如将其主体建筑设为两阴爻，则为坎卦。如突出前、后院的差别，将前院设为两阳爻，主体建筑为一阴爻，则形成困卦。在卦象中，困卦显然与此类建筑的意向不符。而在该遗址之后的大量同类院落格局中，主体建筑更加趋于居中，所以，坎卦符合此类院落格局的特点。而在故宫前三殿和太庙的分析中，三殿之间的间隔均未设为阳爻，因为三殿同处于一个台基之上，可视为一个整体，设为三个连续的阴爻突出了其共同作为主体建筑的地位，否则亦不能合为六爻。因此，用阴、阳概念分析建筑院落空间构成时,要综合考虑建筑的等级、制度和历代变化等因素,在形成卦象时,必须有所取舍,但必须避免随意的取舍变通。如何在建筑类型、时代、地域以及易学流派等复杂因素之中,合理地确定建筑群的阴阳格局,是有待进一步深入研究的问题。

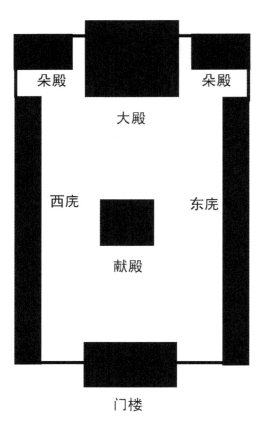

图9　小南村二仙庙北宋格局　　　　　　　　　图10　蹇卦

(来源:徐怡涛.长治、晋城地区五代、宋、金寺庙建筑.北京大学博士学位论文,2003:49)

结　　语

中国古人运用阴阳卦象,布局建筑群,以表达建筑寓意。研究这一现象,有助于我们更深入地理解古人的建筑文化和意匠。虽然这类思想极少见诸文献记录,如宋《营造法式》并未提及建筑院落形态的营造方法,但中国传统建筑的空间形态显然不是随意布局的产物,其所布局规划依据的文化以及技术方法,必然隐藏于文献缺失的表象之下,有待发掘。

本文认为,只有以实证的方法、广泛的视角,才能从客观存在的现象中抽丝剥茧,逐步解读出历史的丰富内涵,并使之成为当代的智慧源泉。本文多存荒疏之处,权作抛砖引玉之用。

参 考 文 献

[1] 苏勇.易经.北京:北京大学出版社,1989
[2] 徐伯安.营造法式.梁思成全集(第七卷).北京:中国建筑工业出版社,2001
[3] 梁思成.中国建筑史.天津:百花文艺出版社,2005
[4] 刘敦桢.中国古代建筑史.北京:中国建筑工业出版社,1984
[5] 韩增禄.易学与建筑.沈阳:沈阳出版社,1997
[6] 何晓昕.风水探源.南京:东南大学出版社,1990
[7] 徐怡涛.长治、晋城地区五代、宋、金寺庙建筑.北京大学博士学位论文,2003

画格与斜线在金元时期楼建筑壁画中的使用方法

王卉娟

（澳大利亚墨尔本大学）

摘要：楼建筑的绘制方法是笔者在《画格与斜线在中国古代建筑壁画中的使用》博士论文中的研究重点之一。论文从绘画者的角度出发，以中国古代绘画理论为基础，具体分析画面上建筑物位置安排的方法、建筑物水平和垂直方向的绘制方法以及建筑物如何在图面上表现出前后感等，结果发现"经营位置"和"向背"（前后感）是绘制楼建筑最重要的原则，而画格与斜线是在绘制时具体运用的方法。

本文是在以上的研究基础上，以两幅元代永乐宫纯阳殿建筑壁画以及一幅金代岩山寺建筑壁画为例，探讨画格与斜线在楼建筑绘制中的运用方法，并试图归纳出金、元时期绘制楼建筑壁画的实际操作方法。

关键词：永乐宫，岩山寺，经营位置，向背，画格，一去百斜

Abstract: This paper discusses the depiction methods used in the Lou architectural mural paintings（楼建筑壁画）of Yongle gong and Yanshan si, two most important architectural paintings depicted in the 12th and 14th century respectively.

This study is an empirical graphic investigation about principles and implementations. The analysis aims at understanding the design and depiction process from the artist's point of view and therefore incorporates an exploration of the painting principles listed in ancient Chinese texts. Two particularly relevant principles have been identified: *Jing ying wei zhi*（graphic composition，经营位置）and *Xiang bei*（the spatial relationship of buildings，向背）. Two methods seem critical for the implementation of these two principles, namely Hua ge（画格）referring to the use of the grid system, and *Yi qu bai xie*（一去百斜）referring to the use of diagonal lines.

Key Words: Yongle gong, Yanshan si, *Jing ying wei zhi*, *Xiang bei*, Hua ge, *Yi qu bai xie*

一 元代永乐宫纯阳殿楼建筑壁画

永乐宫纯阳殿壁画中"纯阳帝君神游显化之图"绘制了52幅吕洞宾的生平故事，每一幅壁画包含了建筑、山水、人物和榜题四个元素。壁画的分布情形为：东、西两墙各有18幅壁画分置于上、下两栏；东北和西北墙各有8幅壁画也分为上、下两栏。壁画中有两栋明显的楼分别为绘于从东墙南端上栏算起第16幅"武昌货墨"（E16）和第20幅"度孙卖鱼"（NE20）（图1）。

[①] 本文中特定词语的用法：①"左"和"右"是面对画面时，观看者的左面和右面；②"画格"是指画面上纵横的网格；③"H"代表画格的水平距离；"V"代表画格的垂直距离。本文中图片除了特别标明外，全部由作者描绘而成。

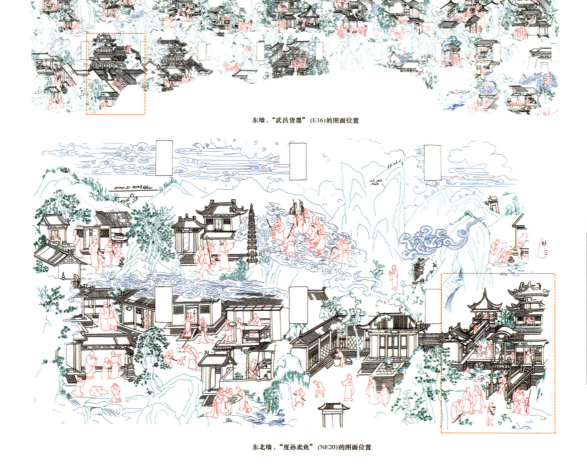

东墙,"武昌货墨"(E16)的图面位置

东北墙,"度孙卖鱼"(NE20)的图面位置

图 1 "武昌货墨"和"度孙卖鱼"在墙面上的位置

在壁画图面的取得上,永乐宫为中国国家重点保护单位,精确的画面无法从原壁面上直接描绘取得。本文所使用的"武昌货墨"以及"度孙卖鱼"线描图是笔者描摹自现有比较精确的出版书籍[1]。

---

[1] 研究中所有建筑壁画的线描图主要描自:萧军 编.永乐宫壁画.北京:文物出版社,2008:184-189、222-227。不清楚的细节则参考:金维诺 编.中国殿堂壁画全集3·元代道观.太原:山西人民出版社,1997:128-166;以及永乐画家范金鳌于2005年提供给作者的其私人描绘的壁画3x5尺寸照片。另外再以作者两度在永乐宫参访期间的现场研究记录作为交互参照。详细的纯阳殿建筑壁画线描图,见王卉娟《永乐宫纯阳殿建筑壁画线描集》。完成的线描图以黑色代表建筑物、绿色代表山石和树木、蓝色代表云和水以及红色代表人物和动物。本文在制作分析用的线描图时,将原线描图中建筑物以外其他元素的颜色以电脑Photoshop软件淡化为35%。如此,一方面可以将建筑物抽离出来单独研究,另一方面也保留了建筑物与其他元素的相对位置。

本文研究过程中对于壁画中建筑物的分析,主要着重其各部位的比例关系而不在其实际尺寸。线描图在描绘过程中所造成的误差值,对分析的结果不造成重要的影响。但是,大约±2%的线描图图面尺寸误差值还是有可能存在。线描图的尺寸误差来源除了在描绘过程中的人为误差以外,还有照片拍摄以及结合时的少许误差和描绘的过程中A3透明描图纸遇热所产生的收缩变形等。虽然《永乐宫壁画》一书,提出了对照片精确度的保证(10页和70页),但是照片拍摄及接合时的些许误差仍然可以用肉眼观察得出来,例如书中184页右下方建筑物的屋脊,186页右下方牌楼的柱子,同一页左上方何仙姑的手臂和手中的篮子等。

1. E16 "武昌货墨"的绘制方法

"武昌货墨"壁画(E16)图面左上部绘有一栋楼,分析图中称甲。右上部绘有一座高台,楼和高台之间有水平方向的桥相连接。图面的左下半部绘有建筑群,称乙。右下半部绘有建筑群,称丙。乙和丙各自包括了一栋水平方向的建筑和一栋向图面右下方延伸的长条状建筑(图2)。

图2 E16建筑物配置

纯阳殿整体壁画并没有以线条明显地分割52幅壁画的单幅图面范围。在每一幅壁画的图面上方,大小尺寸类似的榜题就成为用来界定单幅壁画图面范围的最佳参考位置❶。如图3所示,

---

❶ 在山西以榜题位置作为画面分割元素的有太原多福寺大雄宝殿明代壁画,见:太原市崛围山文物保管所 编.太原崛围山多福寺.北京:文物出版社,2006:141-203。用榜题和线条来分隔故事的明显例子如敦煌莫高97窟北壁壁画,见:罗华庆 编.敦煌石窟全集2·尊像画卷.香港:商务印书馆,2002:186。在山西壁画中以线条分割画面的例子有岱岳庙地藏殿、关帝殿和岳武殿清代壁画,见:柴泽俊.山西寺观壁画.北京:文物出版社,1997:281、283。这种以线条来分割画面的方法常见于汉代的画像石和画像砖中,也是敦煌壁画中用来分隔人物画常用的方法之一。用线条来分隔故事的明显例子如171窟唐代壁画,见:敦煌研究院 编.敦煌石窟全集5·阿弥陀经画卷.香港:商务印书馆,2002:136-147。

试着以 E16 榜题的最右框线到 E18 榜题的最右框线来界定 E16 壁画的水平图面范围。至于垂直和水平画格的尺寸设定,首先尝试以"武昌货墨"的榜题尺寸为参考值,发现画面无法被约 18 厘米宽、39 厘米高的榜题所均分。但是,如果一个画格采用 37 厘米宽(该榜题 2 倍的宽度再加上 1 厘米)、44 厘米高(该榜题的高度再加约 5 厘米),整个画面可以被均分为 4 个水平格以及 4 个垂直格(4H×4V 画格)。依照这样的分格结果,甲建筑(楼)约占图面左上方 4 个画格,其正交歇山顶的中心落在其中一条垂直格线上,其上楼层的平坐底部以及下楼层的阶基顶部分别与画格中的两条水平格线位置重叠。位于甲建筑旁的高台,约占图面右上方 4 个画格。其阶基的顶部与其中一条水平格线位置重叠。乙建筑群和丙建筑群各分别约占图面左下方和右下方 4 个画格。乙建筑群中的水平方向建筑物屋脊线与最下面一条水平格线位置重叠,丙建筑群中的水平方向建筑物屋檐与其中一条水平格线位置重叠。以上分析说明了此幅壁画可能是以 37 厘米宽、44 厘米高的画格尺寸在水平以及垂直方向各均分为 4 个等份。这个尺寸比榜题的尺寸稍大[1]。

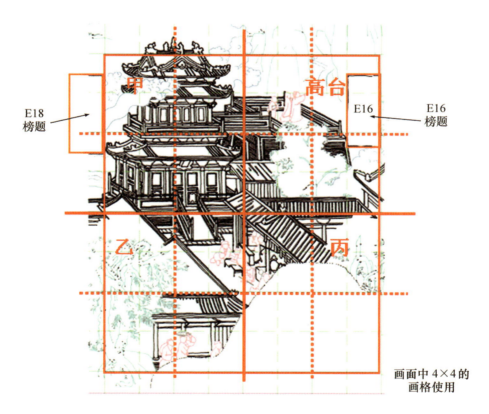

图 3　E16"武昌货墨"的画格使用

---

[1] 纯阳殿壁画榜题大小相似,它们的位置也大致上、下、左、右对齐。如果仔细丈量,每一个榜题的实际尺寸因字数多寡而有不同。

为了要进一步确认这个 37 厘米宽、44 厘米高的画格的准确性，以及了解这个尺寸是否就是绘制图面的尺寸模数，本文测量了图面上所有建筑元素的垂直与水平方向尺寸并分析它们与画格尺寸的关系。结果显示，画格的尺寸和绘制的建筑元素有着明显的比例关系，比如 1 倍、2 倍、1/2、1/3、1/4、1/8、1/10 等（这些数据会在下文中详细介绍）。这样的结果确认了画格为 37 厘米宽、44 厘米高的可行性，以下将以此画格尺寸暂定为绘制建筑物的基本模数作为图面分析之用。

以上"武昌货墨"建筑物图面配置与画格的关系研究至少得到两项结果：

（1）画格被用来经营图面上建筑物的位置。

（2）整幅图面是以 4×4 的画格做垂直和水平方向分割。

2. E16 使用基准线和上方控制点绘制建筑物的水平方向尺寸

甲建筑是一栋两层的楼，也是此壁画中建筑元素最复杂的建筑物。当画面中其他建筑元素的尺寸和画格尺寸成简单的比例关系时，甲建筑上、下楼层建筑元素的水平方向尺寸和画格尺寸却有着复杂的比例关系。这样复杂的尺寸计算，似乎不可能是在绘制现场换算得来的数值，说明在绘制壁画之时，应该有"画诀"、"规矩"等较为简单的尺寸界定法，像大木作及整体建筑设计时有其一定的"规律性"❶。本文以下在研究建筑物绘制方法的同时，也将一并探讨有无像公式一样可以简易套用的绘图方法。

在楼高度和宽度比例的探索过程中，本研究发现若以楼建筑正交歇山顶的中心为整栋建筑的中心点往下画一条垂直线，这条直线会通过阶基踏道与阶基的转角处。若将下楼层最左面阶基与上楼层最左面平坐以一条斜线相联结，并将这条斜线延伸使其与先前的垂直线交会于 A 点，再将建筑物右面的相同部位以另外一条斜线相联结，这条斜线的延伸线竟然也会通过 A 点。垂直线和两条斜线的夹角角度相同。也就是说，从垂直线向左和向右丈量楼建筑最大范围，它们的距离相等。如果再以甲建筑的最下一条水平线（阶基踏道散水的位置）为底线，甲建筑的图面范围几乎可以被一个等腰三角形 ABC 所囊括。

---

❶ "当有口诀。人莫得知"用来猜测吴道子在绘图时使用了口诀，见：张彦远.历代名画记（847）.北京：人民美术出版社，1963：24。关于古代使用"画诀"、"口诀"的研究，见：王树村.中国民间美术史.广州：岭南美术出版社，2004：555-556、565-569。中国建筑设计和施工采用模数制，见：陈明达.营造法式大木作研究.北京：文物出版社，1981：208-209；傅熹年.中国古代城市规划、建筑群布局及建筑设计方法研究.前言：4-9。运用网格在城市规划上，见：同上，图册：3-103。运用网格在单体建筑设计上，见：同上，图册：105-282。古代画论中提到"不失规矩绳墨也"，见：邓椿.画继（宋）.北京：人民美术出版社，1963：94；另外类似的说法有"不失绳墨"，见：郭若虚.图画见闻志（北宋）.北京：人民美术出版社，1963：10；"必求诸绳矩"，见：杨家骆 编.宣和画谱（宋）.台北：世界书局，1967：213；"求合其法度准绳"，见：汤垕.画鉴（1329）.北京：人民美术出版社，1959：75 等。在画论中零星提到有类似画建筑物的"规矩"的有：（楼阁）"画楼台寺屋……盖一枅一栱，有反有正，有侧二分正八分者，……古人画楼阁未有不写花木相间树石掩映者，盖花木树石有浓淡大小浅深正出楼阁远近。且有画楼阁上半极其精详，下半极其混沌，此正所谓远近高下之说也。"见：[明]唐志契.绘事微言（约 1620 年）.收录于：俞剑华 编.中国画论类编.香港九龙：中华书局香港分局，1973：746-747；"楼阁第二层宜浅"，见：[明]龚贤.龚安节先生画诀（约 1670 年）.收录于：俞剑华 编.中国画论类编.香港九龙：中华书局香港分局，1973：783；(论房屋桥梁法)："房屋须要出檐长，初画初学房屋方，莫使雨淋檐柱旁。画楼不可画下层，用树遮隔最浑沦。若画下层出檐深，最为笨拙不得神。庙宇重檐无他奇，上层下层一刀齐。"见：戴以恒.醉苏斋画诀（约 1880 年）.收录于：俞剑华 编.中国画论类编.香港九龙：中华书局香港分局，1973：1006；(画宫室歌)"基址画法，如一棋盘，随界标定，然后立柱，如营造法，随起间架。"收录于：王树村.中国民间美术史.广州：岭南美术出版社，2004：566。

如图 4 所示,这个等腰三角形的功能有四:

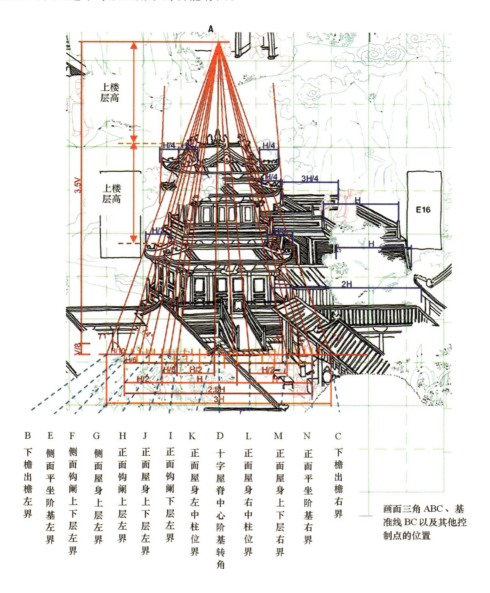

图 4　E16 利用基准线和控制点绘制建筑物的水平方向尺寸

（1）确保建筑物的中轴线垂直：三角形的垂直线 AD 通过建筑物正交歇山顶的正中心以及阶基踏道与阶基的转角处，确保建筑物的中轴线垂直。

（2）界定建筑物图面的最大范围：三角形的左边线 AB 界定下层屋檐出檐的左侧；右边线 AC 界定下层屋檐出檐的右侧。这种左右对称的性质增加了建筑物的稳定感。

（3）界定建筑元素的水平方向尺寸：以画格为尺寸模数，在基准线上（三角形的底线 BC）做不同长度的线段分割。再将这些因为分割而产生出来的控制点例如 B、C、E、F、G、H、I、J、K、L、M 和 N 等与三角形的顶点：控制点 A 相联结。这些斜线界定出建筑元素的水平方向位置，比如楼正面和侧面的水平宽度等。

（4）同时界定上、下楼层建筑元素的宽度：利用以控制点 A 为交会点的斜线通过上、下两个楼层的特性，同时界定出上、下层楼建筑元素的不同宽度，反映出了中国古代楼宽度由下往上递减的建筑形式❶。例如，斜线 AE 同时界定了下楼层阶基和上楼层平坐的左界；斜线 AN 可能界定了建筑物相同位置的右界。斜线 AF 界定了上、下层侧面钩阑左界；斜线 AJ 界定了上、下层正面屋身左界；斜线 AM 界定了上、下层正面屋身右界；还有斜线 AK 以及 AL 可能是用来界定上、下楼层屋身正面中两根柱子的相对位置等。控制点间的距离以画格为尺寸模数，例如控制点 E 在控制点 B 左侧 1/4 画格（H/4）的位置；控制点 J 和 K 的距离以及 L 和 M 的距离都是 1/2 的画格宽度（H/2）。

依照这样的分析结果，建筑物上、下楼层正面宽度和侧面水平方向尺寸的画法应该是：首先参考画格的垂直格线位置定位建筑物的中轴线，也选定一条与画格平行的水平基准线。以画格为尺寸模数，在基准线上设定建筑水平方向元素的尺寸，并确认从中轴线到左、右两端的距离相等（等腰三角形画法）。有了上方控制点 A 以及在基准线上的水平控制点，再配合着斜线的使用，就可以界定出个别建筑元素的位置也同时定位出建筑物上、下层之间的关系位置。这个三角形的宽度为 3 倍的画格宽度（3H），其高度为 3.5+1/8 的画格高度（3.5V+V/8）。控制点 A 在中轴线上方，距离屋脊约整个上楼层高度的位置。图面上最小的单位可能是 1/10 的画格宽（H/10）。至于这个等腰三角形画法的名称，本文将以"上方控制点法"来说明这种使用建筑物正上方的斜线角度控制点来绘制建筑物的方法❷。

在由斜线界定出来的这些建筑元素中可以约略算出楼正面和侧面的水平尺寸比例为 1∶3 到 1∶5 之间，取决于丈量的建筑元素。例如，上层屋身是正面 4 份、侧 1 份；下层屋身是正面 5 份、侧 1 份。唐志契在《绘事微言》中提到"盖一枅一栱，有反有正，有侧二分正八分者。"❸指的可能是斗栱侧面和正面的图面比例为 1∶4。如果这样的比例也适用在楼的其他元素，那么指的应该是上层屋身侧面和正面的水平尺寸比例为 1∶4。至于屋顶出檐的长度，重檐的上、下层似乎都是以 1/4 的画格宽度（H/4）绘制，而下檐是以 1/3（H/3）的画格宽度绘制。其中重檐的上、下檐出檐几乎等长，就像以两条接近平行的线为界，这样的画法可能就是所谓的"上层下层一刀齐"❹。

本文虽然在研究过程中一再使用画格作为尺寸模数，这并不排除在实际绘制现场使用了矩形尺之类工具的可能性。而这个有刻度的工具尺和画格的尺寸应该有直接的比例关系❺。

---

❶ 傅熹年.中国古代城市规划建筑群布局及建筑设计方法研究.北京：中国建筑工业出版社，2001：153："楼……每二层楼身之间都有腰檐平坐、层层叠加、逐层退入、下大上小的多层建筑。"也就是画论中"楼阁第二层宜浅"的根据。

❷ 本文未将这种画法称为"等腰三角形法"，主要是因为中国古代虽然有"勾股定理"，但定理中的三角形是由不等腰三角形构成。古印度的 360 度圆周分度体系虽由唐代天文学家引入，但是并未使角度成为一种计量，而且中国古代一直没有将勾股运算的边值与角度联系起来。有关以上研究参考：李约瑟.中国科学技术史.第 4 卷.天学.香港：中华书局，1982：77；姬永亮.《九执历》分度体系及其历史作用管窥.自然科学史研究，2006，25(2)：122-130；段耀勇.印度三角学对中算影响问题的探讨.自然辩证法通讯，2000，22(130-6)：63-70。

❸ 参考前文"E16 使用基准线和上方控制点绘制建筑物的水平方向尺寸"一节注解。

❹ 参考前文"E16 使用基准线和上方控制点绘制建筑物的水平方向尺寸"一节注解。

❺ 关于永乐宫壁画使用矩尺作为绘制工具的研究，见：Huichuan Wang：117-122。

以上楼建筑水平方向尺寸的研究可以得出：

（1）等腰三角形是绘制楼建筑的基本方法。三角形的垂直线通过十字屋脊的中心和阶基的转角处，确保了建筑物中轴线的垂直；其左右对称的性质增加了建筑物的稳定感。

（2）等腰三角形的顶点为斜线角度的控制点，三角形的底线为基准线，用来安排界定建筑物的最大图面范围、水平方向建筑元素的尺寸以及上、下楼层的相对位置。

（3）画格为尺寸模数。图面上最小的单位可能是画格宽度的1/10。

（4）在绘制的操作方法上，"上方控制点法"将所有斜线交会在一个控制点上，可能就是"一去百斜"的画法。

（5）重檐的上、下层出檐长度相似。

3. E16 绘制建筑物的垂直方向尺寸

在研究绘制建筑物高度的方法时，如图 5 所示，甲建筑垂直方向尺寸与画格高有明显的比例关系。其楼高从下楼层阶基到屋顶最高点是以约 2+4/7 倍的画格高度绘制（2V+4V/7）。阶基加上踏道和散水的高度约为 3/7 的画格高（3V/7）。从下层钩阑往上画，下层屋身高为 4/7（4V/7）、下层斗栱到上层平坐的钩阑底部约为 3/7（3V/7）。从上层钩阑底部到重檐的下檐约为 3/7（3V/7），重檐下檐底部到上檐底部约为 2/7（2V/7），重檐上檐底部到屋脊约为 2/7（2V/7）。再以 1/7（V/7）的画格高度绘制屋脊的脊兽。也就是说，下楼层和上楼层的高度各占了一个完整的画格高，这其中下楼层的屋身和屋顶比例为 4：3，上楼层屋身和屋顶的比例为 3：4。其他在这幅壁画里的建筑物高度似乎也都与画格高度成简单的比例关系。

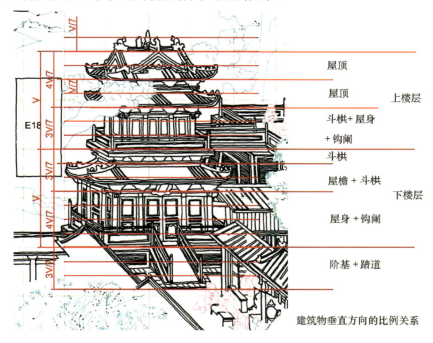

图 5　E16 画格与建筑物垂直方向的比例关系

以上对楼建筑垂直方向尺寸的研究可以得出：

（1）画格为垂直建筑元素的尺寸模数。

（2）上楼层和下楼层的高度相同。

（3）建筑元素高度的最小单位可能是画格高度的1/7。下楼层屋身和屋顶以及上楼层屋身和屋顶的比例为4∶3∶3∶4。

4．E16使用侧面控制点绘制建筑物的前后感

"武昌货墨"壁画图面上的深度以及广度主要由两个方法来表现：绘制建筑物侧面的斜线以及画面中不同角度的长条建筑物。这种画法使整幅画面看起来有位置上的前后感，可能就是画论中所描述的"向背"表现方法❶。以下将针对壁画中建筑物的斜线方向和角度进行分析，以了解位置上的前后感是如何绘制出来的。并以"向背"一词来代表画面中这种表现出建筑物位置上前后感的方法。必须强调的是：本文在研究的过程中利用电脑软件标示出图面上斜线的角度，主要是为了解读图面绘制的方法。复杂的角度计算和定位方法，应该不可能是在现场实际绘制壁画的方法。

如图6所示，如果将画面中用来绘制建筑物的斜线延长，它们最终交会在画面左上方的四个点上。类似之前将所有斜线交会在三角形顶点的画法。中国现存古代画论中并没有清楚描述作画时使用点来控制斜线角度的记录，所以也就没有用来形容这个点的明确用语❷。以下将继续使用"控制点"来反映这些点在图面上的功能。以"侧面控制点"一词来说明这些在侧面的控制点，有别于之前的"上方控制点"。

至于这四个侧面控制点的相关位置，它们垂直排列在从"武昌货墨"左边榜题（E18）右侧框线算起第四个画格的水平距离上方，也就是接近东墙和东北墙交界转角处的画格上。控制点A的高度位置约在从屋脊往上整个楼含阶基和踏道的高度；控制点A和控制点D的距离与此楼不含踏道的总高度相同：2+1/4个画格（2V+V/4）。控制点A与B相距1/2画格（V/2），控制点B和C相距一个画格（V），控制点C和D相距3/4个画格（3V/4）。其中，控制点A、B和C都坐落在左上方壁画画格格线的交叉点上，说明了控制点的设计很可能直接采用了画格格线交汇点的位置。但是，为什么采用这样的距离安排？这些控制点各自的功能为何？为什么要用四个点？以下将从斜线的角度来探讨这些问题。

如图7所示标示了画面中建筑物斜线的角度。"武昌货墨"画面中最小斜线角度为24度，最大48度，二者差距24度。如果单就每一个点的功能上来看，控制点A控制了几乎所有用来绘制高台的斜线角度、丙建筑的斜线角度以及甲建筑的最上面和最下面一条斜线的角度：正交歇山顶和阶基踏道的底部。在以控制点A为交会点的这些斜线中最小角度为29度，最大48度，二者差距19度。控制点B控制了乙建筑的屋脊斜线角度。这些斜线中最小角度为46度，最大47度，二者差距1度。控制点C控制了甲建筑上楼层侧面钩阑和平坐的斜线角度。这些斜线中最小角度

---

❶ 关于"向背"一词的意思和其在建筑画中的用法，见：王卉娟．永乐宫纯阳殿建筑壁画线描集．

❷ 画论中"一去百斜"的"去"，可以解释为"场所"或是"地方"，见：商务印书馆编辑部．辞源．北京：商务印书馆，1999：240。但是，如果要以"去"来说明这是古代对画面中的控制点的形容，还需要更多的考证。

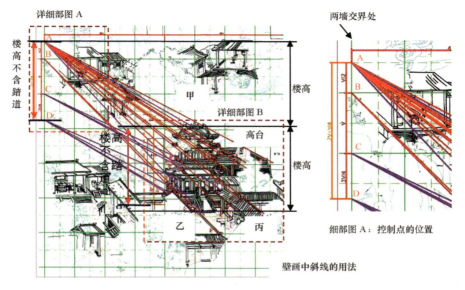

图6 E16 斜线和其侧面控制点的运用以及细部图 A

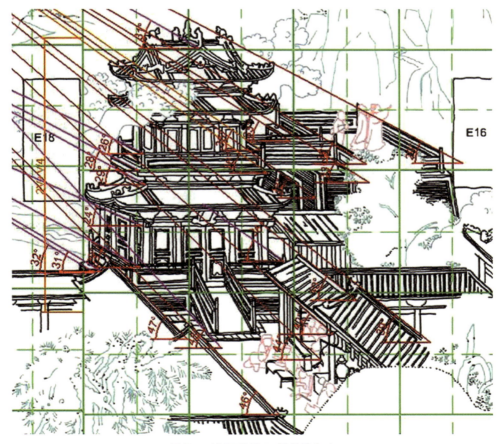

图7 E16 细部图 B：斜线的角度

为26度,最大29度,二者差距3度。控制点D控制了甲建筑下楼层侧面门框、钩阑和阶基的斜线角度。这些斜线中最小角度为24度,最大32度,二者差距8度。从以上数据来看,控制点A应该是画面中的主要控制点,控制了19度的角度范围,并以控制点B、C和D为辅助控制点各自控制了小于8度的角度范围。画面中还有一条位于下楼层右侧钩阑的36度斜线似乎无法与任何一个控制点相连,这条斜线的延伸线通过下楼层下檐的中间点。这种利用建筑元素正面中间点为控制点来制定斜线角度的方法可能是一种简易绘制"向背"的方法,但是仍需要更多的例子来证实。

另一个问题是为什么需要使用四个控制点来绘制这些建筑物?如果只使用其中一个控制点,画面的"向背"效果是否相似?

如图8所示,左边的图面将原有以控制点A为交会点的斜线保留,再将交会于其他控制点的斜线全部移到控制点A。如此,画面中所有的斜线全部由一个控制点来绘制。结果显示,斜线的角度差距为23度。其中最小斜线的角度为29度,最大52度。和原来由A控制点来绘制的19度斜线范围作比较,只多了4度。但是,这样的改变在图面上却对甲建筑"向背"的表现有明显的影响。图8右边的图面示意了甲建筑在改变控制点之前和之后的状况。改变后的建筑物因为侧面斜线的角度变大而显得倾斜,缺少了原有图面中的稳定感。控制点A和B二者的垂直距离只有1/2个画格,如果以B作为所有斜线的控制点,结果可能十分相似。如果单独将控制点B的斜线移到A,甲建筑的阶基、楼层的钩阑以及部分的侧面门窗将会被乙建筑的屋顶所遮蔽,而且街道的宽度也稍微变窄了。

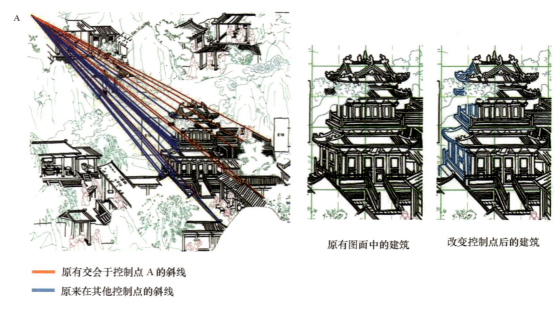

图8 使用控制点A为唯一控制点时的图面效果

图9尝试性的以在距离A下方1+1/2画格的控制点C作为所有斜线的交点,结果显示,斜线的角度差距为30度。其中最小斜线的角度为12度,最大42度。和原来由A控制点来绘制的19度斜线范围作比较,多了11度。采用控制点C作为所有斜线的交点,在图面上对甲建筑"向背"的

表现并没有明显的影响,但是却减少了高台、乙建筑和丙建筑的斜线角度。这样的结果大幅缩小了高台上以及街道中用来描绘壁画中主角吕洞宾的画面空间,而且乙建筑群的屋顶也会因此遮盖了大部分甲建筑的阶基及散水。如果采用比控制点 C 更下方的控制点 D 作为所有斜线的交会点,吕洞宾的故事情节就无法在高台上或是在街道中被描绘出来,也就失去了绘制壁画原有的目的。

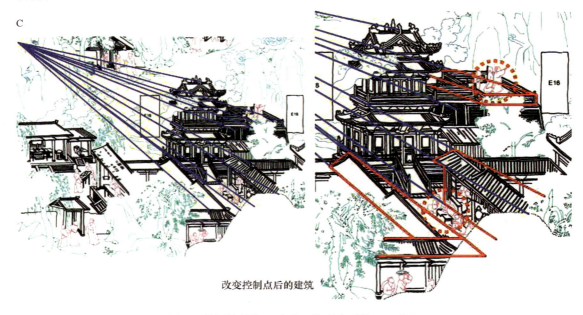

图 9 使用控制点 C 为唯一控制点时的图面效果

至此,似乎可以确定每一个控制点都有其使用的目的,而且也无法替代。控制点 A 是画面中的主要控制点,整合大部分建筑物的斜线,使画面看起来有一致性。控制点 B 辅助控制点 A,扩大画面中街道的宽度,并避免甲建筑被大面积的遮盖。控制点 C 与 D 辅助控制点 A,主要提高甲建筑的图面稳定感。

以上对侧面控制点的研究可以得出:

(1) 一幅画使用一个主要控制点和多个辅助控制点来表现建筑物的"向背"。主要控制点整合大部分建筑物的斜线角度;辅助控制点缩放画面中的空间、避免建筑物之间相互遮掩并提高建筑物的图面稳定感。

(2) 控制点位置的设计采用垂直排列方式,当有多幅壁画同时绘制时,可以是它幅壁画画格的交叉点。控制点的高度位置和控制点间最大距离的设计都与屋身高度有关。

5."武昌货墨"壁画小结

以上对楼建筑物画法的研究可以得到十点结论:
(1) 画格被用来经营图面上建筑物的位置。
(2) 画格为建筑元素的尺寸模数。其垂直和水平方向尺寸和建筑元素的垂直和水平方向尺寸成比例关系。

(3) 画格的交叉点可以被用来当作斜线控制点的位置。

(4) "上方控制点法"是以等腰三角形来概括出一栋楼建筑的最大绘制范围。三角形的垂直线通过十字屋脊的中心和阶基的转角处。连接三角形顶端控制点和三角形底基准线上控制点的斜线，界定了水平方向建筑元素的位置以及上、下楼层间建筑物的相对位置。斜线的运用法是"一去百斜"。

(5) 下楼层的建筑元素高度和宽度都比上楼层大。

(6) 下层屋身：下层屋顶：上层屋身：上层屋顶的高度比例为 4：3：3：4。

(7) 重檐上、下层出檐长度相似。

(8) "向背"的表现方法是描绘出每一栋建筑物的正面和其侧面，并在画面中绘出联系过道或是不同角度的长条形建筑，以达到在图面位置上有前、后、左、右的效果。

(9) "向背"的画法为"侧面控制点法"。主要借助位于建筑物侧面垂直排列的控制点来绘制建筑物侧面的斜线。控制点中有一个主要控制点和多个辅助控制点。控制点的高度位置和控制点间最大距离都与屋身高度有关。

(10) 利用建筑物正面元素的中间点作为控制点来绘制建筑物侧面斜线的角度，可能是一种绘制"向背"的简易方法。

6．NE20"度孙卖鱼"的绘制方法

"度孙卖鱼"壁画（NE20）在画面右上方绘有一栋楼，分析图中称甲，其左侧紧邻的是看起来像小亭的龟头屋。楼门口绘有一座用来与画面下方陆地相连接的长桥。桥头有一座牌楼。画面左上方有两栋小型建筑物，乙和丙，它们之间有一长形的联系桥梁。丙建筑与楼的龟头屋有水平长桥连接。这些分置的建筑物与不同方向的桥梁，在图面上产生了空间上的延伸与变化（图 10）。

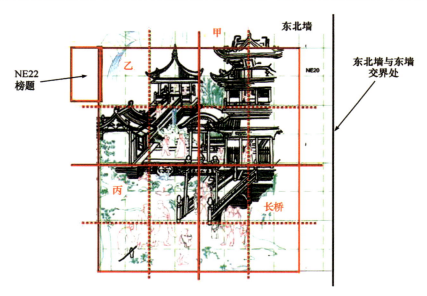

图 10　NE20"度孙卖鱼"的画格使用

7. NE20 建筑物配置与画格的关系

在界定图面范围时，因为壁面东段尽头约 40 厘米左右的图面包括此壁画的榜题位置已经损毁，无法使用之前"武昌货墨"参考榜题框线位置的方法。而且壁画位于两壁的转角处，在绘制时可能会有预留的工作空间。为了找出画格的尺寸，本文首先尝试将 NE22 榜题的右框线到墙壁尽头的范围均分为 4 个画格，结果发现画格与建筑物的位置安排并不吻合。如果以约 21 厘米宽、42 厘米高的 NE22 榜题尺寸为参考值对图面进行画格分割，画格与建筑物的位置安排也不吻合。可以理解的是，如果画格为建筑元素的尺寸模数，那么 52 幅壁画所采用的画格尺寸应该尽可能地相近。这样可以避免因为建筑物间尺寸差异太大，破坏了壁画整体的一致性。因此排除了壁画是将壁面范围直接作 4×4 画格分割的可能性❶。另外，画格的尺寸也不一定是依照榜题的尺寸而设定，榜题的大小可能随着字数的多寡而改变。

为了要继续分析图面，本文尝试以"武昌货墨"的画格尺寸为参考值对"度孙卖鱼"图面进行画格分割。图 10 示意了以 NE22 榜题的右框线为界，以 37 厘米宽、44 厘米高的尺寸进行图面分割的结果。如果还是将画面分为 4×4 的画格，画格到墙面边界大约还有 25 厘米的水平距离。或者是将画面水平方向分为 4.5 个画格，画格到墙面边界大约还有 6.5 厘米的水平距离。这些无法被整除的距离可以暂时被理解为画面紧邻墙角所需的工作空间或是用来绘制整幅壁画的右框线。依照这样的分格方法，建筑物的位置与画格的分配大致吻合。例如：画面中甲建筑约占图面右上部的 4 个画格，其屋顶的山面正中心与其中一条垂直格线位置重叠。其上楼层的平坐与下楼层的阶基也大致与画格中的两条水平格线位置重叠。长桥，位于甲建筑下方约占图面右下方的 4 个画格。其下方起点与其中一条水平格线位置重叠。乙建筑和丙建筑分别各占图面左上方约 1 个画格。图面的左下方主要用来描绘水池景观。

以上对"度孙卖鱼"建筑物图面配置与画格的关系研究至少得到两项结果：

（1）画格被用来经营图面上建筑物的位置。这种画法和"武昌货墨"的画法相同；

（2）整体图面是以 4×4 或是 4×4.5 的画格做垂直和水平方向的分割，并在墙面转角处保留了绘制的工作空间。

为了要更进一步确定这个 37 厘米宽、44 厘米高画格尺寸的准确性，下文将分析它和图面上建筑元素的比例关系。

8. NE20 使用基准线和上方控制点绘制建筑物的水平方向尺寸

甲建筑是此壁画中最大也是最复杂的建筑，当画面中其他建筑元素的尺寸和画格尺寸成简单的比例关系时，其上、下楼层建筑元素的水平方向尺寸和画格却有着复杂的比例关系，似乎不可能是在绘制现场换算的数据。以下将尝试引入"武昌货墨"壁画中所使用的"上方控制点法"以等腰三角形作为套用公式。

如图 11 所示，甲建筑的图面范围几乎可以被一个等腰三角形 ABC 所囊括。这个等腰三角形

---

❶ 在水平方向将 6.89 公尺长的东北墙分为 4 幅壁画，每一幅的平均宽度约为 1.7 公尺；将 13.43 公尺长的东墙分为 9 幅壁画，每一幅的平均宽度约为 1.5 公尺。两壁的单幅壁画宽度差异为 20 厘米。详细壁画尺寸，参见：柴泽俊.山西寺观壁画.北京：文物出版社，1997：50。

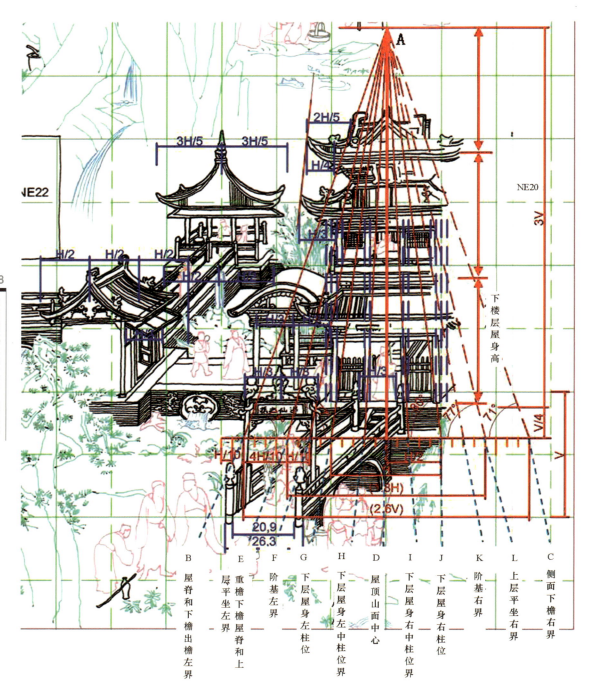

画面三角 ABC、基准线 BC 以及其他控制点的位置

图 11　NE20 利用基准线和控制点绘制建筑物的水平方向尺寸

的顶点位于从下楼层屋身底部算起约 3 个下楼层屋身的高度,三角形的宽度可能是 2+6/10 倍的画格宽(2H+6H/10),其高度为 3+1/4 倍的画格高(3V+V/4)。三角形的垂直线 AD 与其中一条垂直格线位置重叠,图面上它通过建筑物屋顶山面的中心并靠近桥基的转角处。三角形的底线 BC 位于下楼层的下层阶基(桥基正上方)的位置。三角形的左边线 AB,界定图面最左界的图面范围,也就是甲建筑屋脊和下檐出檐的左界;三角形的右边线 AC 可能是界定图面最右侧的图面范围。斜线 AE 界定重檐下檐屋脊和上楼层平坐左界;AF 界定阶基左界;AG 界定下层屋身左柱;AH 界定下层屋身左中柱,等等。

所以,甲建筑下楼层建筑元素的位置是以三角形的底线 BC 为基准线,以画格为模数做不同长度的线段分割,再将这些因为分割而产生出来的控制点等与三角形的顶点,控制点 A 相连接。图面上最小的单位可能是画格宽的 1/10(H/10)。但是,甲建筑上楼层建筑元素的位置主要是由下楼层往上延伸的垂直线来定位。方法是将两支中柱的位置垂直延伸,再将下层两支转角的柱子向内缩减一个柱宽作为上层的柱位,也就是大约 1/10 的画格宽(H/10)。可以理解的是,如果上、下楼层的屋身宽度是由相同的一条斜线来界定,上楼层窄小的屋身会让甲建筑的正面宽度变得比画面中的其他建筑物窄,而且这也会大大缩小其上部重檐屋顶的宽度尺寸(图 12)。

 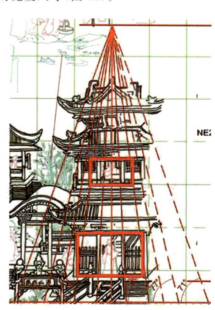

现有图面:上楼层屋身宽度大于其他建筑　　　　　　　**上楼层屋身宽度若由斜线定位**

图 12　NE20 甲建筑物的上楼层屋身宽度

画格为建筑尺寸的模数,例如控制点 B 和 E 的距离是 4H/10;控制点 E 和 F 的距离是 2H/10;控制点 G 和 D 以及控制点 D 和 J 的距离都是 5H/10。也就是说下楼层屋身宽度是由一个画格绘制而成,再将此屋身等分为 3 份,设定两中柱的位置。像这样画格与建筑物尺寸有简单比例关系的现象也反映在画面中其他建筑物的长度上。例如,整个乙建筑和丙建筑的宽度都是以大约 1 个画格宽(H)绘制而成,长桥牌楼的宽度是以 2/3 的画格宽(2H/3)绘制而成等等。至于长桥牌楼前的两支桥头柱的宽度和画格的比例有复杂的比例关系,目前无法解释,必须经由下文中长桥的绘制方法来理解。在屋顶的绘制方法上，重檐的上、下檐出檐长度都是约为 2/5（2H/5）的画格宽。这种出檐长度相似的方法，应该也是"上层下层一刀齐"的画法。

以上水平尺寸的研究中 NE20 和 E16"武昌货墨"绘制方法相似的有："上方控制点法"的等腰三角形用法以及重檐出檐长度"一刀齐"的画法。和"武昌货墨"不同的是，上楼层建筑元素的位置主要是由下楼层往上延伸的垂直线来定位。

9. NE20 绘制建筑物的垂直方向尺寸

在研究绘制建筑物高度的方法时，图 13 标示出画格垂直方向尺寸与建筑物垂直方向尺寸有明显的比例关系。甲建筑的整体高度从下楼层的下层阶基到屋顶山面顶端是 2+5/8 的画格高度（2V+5V/8）。这其中阶基为 1/4 的画格高（V/4），阶基以上到上楼层平坐是一个画格的高度，上楼层平坐到上重檐屋檐也是一个画格。如果细分这些从阶基到重檐屋顶的建筑元素，它们全部是以约 1/7 的画格高（V/7）为绘制的最小单位。

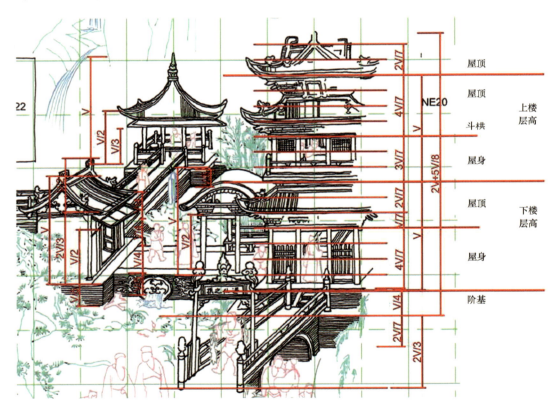

图 13　NE20 画格与建筑物垂直方向的比例关系

例如，下楼层屋身约为 4V/7、下檐约为 3V/7、上楼层屋身约为 3V/7 以及整个重檐约为 6V/7 等。这说明了下层屋身和屋顶以及上层屋身和屋顶的比例也是主要以 4∶3∶3∶4 绘制而成，但是又另外加上了 2V/7 的重檐上檐和底下的高阶基。可以理解的是，如果少了这两部分的高度，甲建筑的图面高度就会相对矮小。尤其是和其左侧上方的乙建筑（小亭）作图面上的高度比较时，较矮的屋脊可能无法充分凸显甲建筑的重要性。在这幅壁画里其他建筑物的高度大致也与画格的高度成简单的比例关系，比如乙建筑、丙建筑以及甲建筑旁边的龟头屋都是以大约一个完整的画格高度所绘制而成。

以上对"度孙卖鱼"楼垂直尺寸的研究可以得知其与"武昌货墨"的绘制方法相似。建筑元素垂直方向尺寸与画格垂直方向尺寸成简单的比例关系；上、下楼层高度相同，屋身和屋顶比例也是主要以 4∶3∶3∶4 绘制而成。其建筑元素高度的最小单位也是 1/7 的画格高（V/7）。

10. NE20 使用侧面控制点绘制建筑物的前后感

由于"度孙卖鱼"壁面东段尽头的图面损毁，甲建筑表现"向背"的方法无法从仅留下的一条位于下楼层屋身侧面的斜线来判断。可以理解的是，在这样有限的转角空间应该无法像"武昌货墨"一样使用侧面控制点来绘制甲建筑的侧面。虽然画面中主要建筑物的侧面无法被完全绘制出来，但是图面上借着斜线的使用、建筑物的错开排列以及桥梁的不同方向等，明显地表现了建筑物位置的前后感"向背"。以下将分析用来绘制长桥、乙建筑和丙建筑这些斜线的用法。

如图 14 所示，如果将画面中的主要斜线延长，它们最终交会在画面右上方也就是东墙和东北墙交界转角处 5 个垂直排列的点上。控制点 A 的高度位置为从阶基到下重檐屋脊的两倍；控制点 A 和控制点 D 的距离与甲建筑整个楼高度相同：2+5/8 个画格（2V + 5V/8）。控制点 A 和 B 的距离为 3/4 个画格（3V/4）；B 和 C 相距 1/2 个画格（V/2）；C 和 E 相距 1+1/2 个画格（3V/2）；D 和 E 相距 1/8 个画格（V/8）。其中控制点 B、C 和 E 分别坐落于画格的交叉点上，说明了控制点的设计采用了画格交叉点的位置。以下将就斜线的角度来探讨每一个控制点的功能。

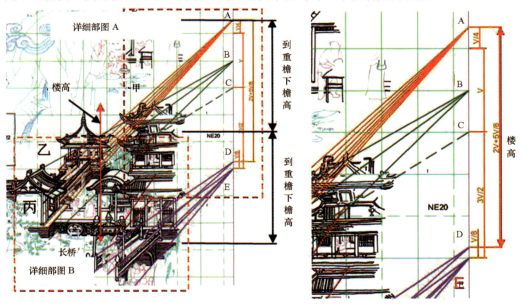

壁画中斜线的用法　　　　　　　　　细部图 A：控制点的位置

图 14　NE20 斜线和其侧面控制点的运用以及细部图 A

如图 15 所示，标示出了"度孙卖鱼"图面上主要斜线的角度。画面中最小斜线的角度为 30 度，最大 57 度，二者差距 27 度。如果单就每一个点的功能上来看，控制点 A 用来绘制乙建筑阶基、丙建筑阶基以及乙、丙建筑间联系桥的斜线角度。在以控制点 A 为交会点的这些斜线中最小角度为 42 度，最大 49 度，二者差距 7 度。控制点 B 控制了丙建筑上、下两条屋顶斜线角度以及其阶基最底部斜线的角度。这些斜线中最小角度为 30 度，最大 45 度，二者差距 15 度。控制点 C 只控制一条 32 度的斜线，那就是丙建筑障日版的下端。控制点 D 以及 E 控制了绘制甲建筑下方长桥的所有斜线。其中控制点 D 用来绘制两边钩阑上部的斜线；E 则是用来绘制桥钩阑下部以及桥基底部的斜线。以 D 为控制点的斜线最小角度为 35 度，最大 43 度，二者差距 8 度。以 E 为控制点的斜线最小角度为 37 度，最大 51 度，二者差距 14 度。至于与甲建筑紧邻龟头屋座椅的角度因为斜线太短，不列入讨论。

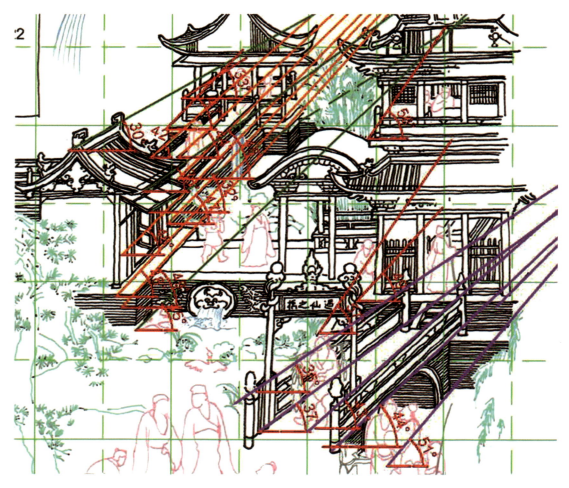

图 15　NE20 细部图 B：斜线的角度

画面中还有 5 条斜线的延伸线似乎无法与任何一个控制点相连，而是分别通过屋身正面建筑元素的中间点上，比如屋脊、屋檐、平坐底部或是普拍方的中间点。这 5 条斜线集中在甲建筑和乙建筑的左侧面，分别是 56 度的甲建筑上楼层平坐、49 度的甲建筑阶基上部、57 度的下阶基上部

（桥基上部）、33度的乙建筑钩阑以及47度的乙建筑阶基。这种利用建筑元素正面中间点为控制点来绘制斜线的方法多次在壁画中出现，应该是一种常用的"简易向背法"。

"度孙卖鱼"在整个画面中没有采用以一个主要控制点整合大部分建筑物斜线角度的方法，而是采用了数个控制点分别控制7～15度的斜线角度。以下研究尝试了解设计多个控制点的原因，以利于归纳出控制点的主要功能。图16示意了以控制点A取代控制点B时的图面效果。图面中A控制点的角度从38度到61度，由原来的14度增加到23度。而且，丙建筑屋檐的斜线与绘制联系桥的斜线因为角度相同而重叠。所以，B控制点设计的原因可能是为了避免不同建筑元素因为使用了相同角度斜线所造成的混淆。也就是说，将每一栋建筑的构建清晰且明显地表现出来应该是画面中的诉求。B控制点的设计也缩小一个控制点所控制斜线的角度。至于只用来绘制丙建筑障日版下端的控制点C，应该也是为了避免斜线间的互相干扰而设计的。控制点D与控制点E只有1/8画格(V/8)的高度不同，由它们二者来控制的斜线角度差距不大。为什么需要在这么短的距离内另外设一个控制点？

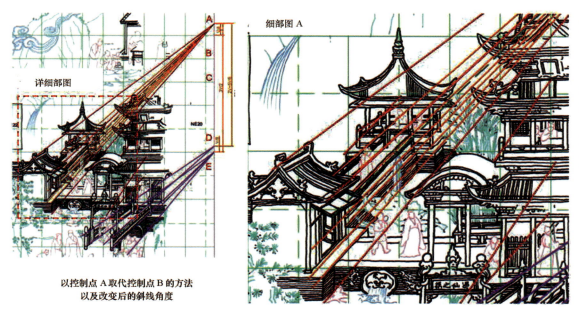

图16　以控制点A取代控制点B时的图面效果

图17示意了使用控制点E取代控制点D时得到的图面效果。由于斜线角度变小，增加了桥梁前、后端钩阑高度尺寸的差异。这样的结果产生了前大后小的图面效果，也影响了桥梁钩阑高度与其他元素的比例关系。比如桥头牌楼以及人物的尺寸会因为钩阑和钩阑柱高度的增加而相对地变小。

如果D控制点的设计就是为了减少图面上前大后小的变形，这就引导到了另一个问题：使用控制点而产生前大后小的图面变化是不是画面中诉求的重点？壁画中乙建筑和丙建筑一上一下分置于画面左上侧。乙建筑似乎是位于较远处的另一头，和较近的丙建筑隔桥相对。它们之间尺寸的差异应该是回答这个问题最好的方法。

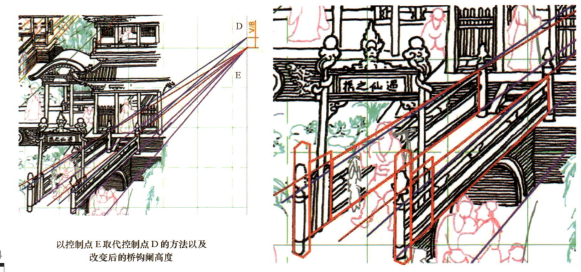

以控制点E取代控制点D的方法以及
改变后的桥钩阑高度

图 17　以控制点E取代控制点D时的图面效果

图18垂直和水平并列显示了乙建筑和丙建筑,并比较了它们的建筑元素比例关系。结果显示:在垂直方向它们的整体高度一样,阶基大小也相同,只在屋顶和屋身高度上有不同的比例变化。在水平方向它们的整体宽度都约一个画格,屋顶的中轴线也都通过整个建筑物的中间点。也就是说,它们是两栋采用同样大小画格绘制出来的大小几乎相同的建筑物。中国古建筑中建筑物屋顶与屋身所占高度比例的变化取决于建筑物形式的不同,而强调攒尖屋顶的描绘应该是绘制亭建筑的重点之一。另外,图面上为了区格丙建筑与桥的宽度,将其屋身拉长。再加上有一座桥梁与右上方的乙建筑拉隔距离,乍看之下丙建筑似乎比乙建筑大。因此,以上图面分析说明了在桥两端的建筑物并没有被刻意地表现出尺寸大小的不同。他们之间前后的关系是以建筑物的位置和斜线的方向来表现。也就是说,画面中并不特别强调近大远小的效果。这再度证明了引入D控制点的设计应该是为了减少图面前大后小的变形。

至于之前提到的甲建筑前长桥桥头的两根柱子宽度无法被简单地转换为画格比例的问题,经由长桥的绘制方法来看,可能是绘制时由接近甲建筑一端往牌楼方向绘制的关系。这说明了,在整体控制上是利用画格确定了甲建筑和桥头牌楼的大致高度位置,然后考虑其桥梁的斜度,设定了其中一个画格的交会点为桥面斜线控制点(E)。由靠近甲建筑一端桥头柱子的桥面开始往牌楼方向画斜线,这两条线与接近桥头牌楼起点的水平格线交会的两点就是两根桥头柱子的宽度。在桥钩阑上部斜线角度太大影响了画面的协调性时,引入了局部调整。于是另外在画格上方1/8的位置(V/8)设立控制点(D)来校正之。因为建筑物总高和画面中控制点间的最大距离必须吻合,所以,以绘制桥钩阑上部的控制点(D)为主要参考点往上,选定了控制点A的位置。所以控制点A并不在画格的交叉点上[1]。这些现象说明了在绘图的过程中先有了一定的整体控制然后使用了

---

[1] 还有一种可能是:先在1/4画格上设控制点A,再以屋身高设D点以及微调的控制点E。不管设计之初是采用哪一种方法,画格与屋身高度都是主要的参考因素。

局部的调整,而且应该是先有了屋身高度后再设侧面控制点的位置。以上对控制点的研究可以得知:NE20 的控制点垂直排列而且主要安排在画格交叉点上,控制点的高度和控制点间最大距离与屋身高度有关。这些和"武昌货墨"的"侧面控制点"一样。不同的是,此壁画在画面中使用了多个控制点来表现建筑物的"向背"。

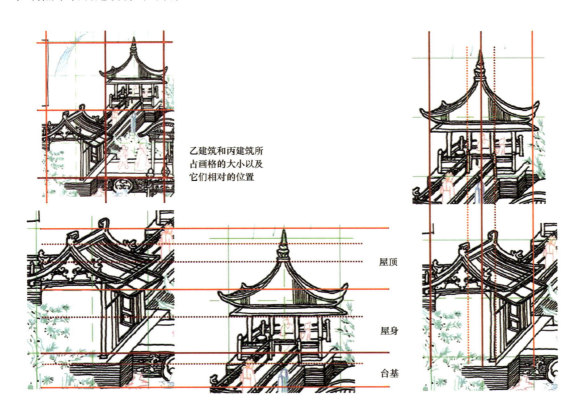

图 18　乙建筑和丙建筑在画面中的位置以及它们建筑元素的比例关系

11."度孙卖鱼"壁画小结

以上建筑物画法研究的结果"度孙卖鱼"和"武昌货墨"相似之处有九点,这些可能就是被广泛采用的绘制建筑物的方法:

(1) 画格被用来经营图面上建筑物的位置。

(2) 画格为建筑元素的尺寸模数。其垂直和水平方向尺寸和建筑元素的垂直和水平方向尺寸成简单比例关系。

(3) 画格的交叉点可以被用来当作斜线控制点的位置。

(4) "上方控制点法"使用等腰三角形来规范一栋楼建筑的绘制范围以及建筑物水平方向尺寸等等。斜线的运用法是"一去百斜"。

（5）重檐上、下层出檐的长度相似。

（6）下层屋身、下层屋顶、上层屋身、上层屋顶的高度比例为 4：3：3：4。

（7）"向背"的表现方法是描绘出每一栋建筑物的正面和其侧面，并由错开排列的建筑物以及不同方向的桥梁等表现图面位置上的前、后、左、右效果。

（8）"向背"的画法为"侧面控制点法"，是利用位于侧面垂直排列的多个控制点来绘制建筑物侧面的斜线。控制点的高度位置以及控制点间最大的距离与屋身高度有关。

（9）利用建筑物正面元素的中间点作为控制点来绘制建筑物侧面斜线的角度，是一种"简易向背法"。

"度孙卖鱼"案例的研究结果和"武昌货墨"差异较大的有两点：

（1）上、下楼层的建筑元素水平宽度相似。上楼层的建筑元素水平宽度是利用其下楼层相对元素的垂直延伸线来界定。

（2）此壁画中使用了多个控制点来绘制建筑物侧面的斜线。

二 金代岩山寺文殊殿楼建筑壁画

山西繁峙岩山寺文殊殿内各壁绘有大量的建筑物。对其北壁西次间所绘的一座小建筑群，柴泽俊称其为金代绘画中的精品，也是我国古代建筑图样中的一则蓝本[1]。傅熹年认为这一组建筑群参差错落，变化丰富，是全殿壁画中建筑形象最复杂的一例[2]。因这幅壁画中的建筑物为《法华经普门品》中一则观音菩萨救苦故事的背景，本文以下称其为"普门品"。此幅壁画虽小，但涵括了五组建筑物，比永乐宫单幅建筑壁画的图面更复杂。以下将以"普门品"壁画中最大的楼建筑为范例，研究其图面上有无使用画格的现象以及其斜线的运用方法。并在文后将研究结果与永乐宫楼建筑的画法作比较，以归纳出金、元时期绘制楼建筑壁画的实际操作方法。

"普门品"壁画因受到国家保护，无法现场拍摄照片[3]。本研究中使用的图面来自于文物出版社出版的《繁峙岩山寺》一书。

1. "普门品"楼建筑的绘制方法

"普门品"是一幅淡墨白描建筑壁画。画面中间有一栋建于高台之上的重檐歇山顶楼建筑，分析图中称甲。其左前方有座一高一低的两层高台，称乙。图面的右前方绘有一横一直的两座重檐歇

---

[1] 原文见：柴泽俊，张丑良.繁峙岩山寺.北京：文物出版社，1990：206。同页中也记载了此壁画主要楼建筑的高度为23厘米。

[2] 原文见：傅熹年.傅熹年建筑史论文集.北京：文物出版社，1998：289。同页中也记载了此壁画中各建筑的结构细节。

[3] 作者2005年在岩山寺实际调研时，虽然该寺已经受到一定程度的保护管理并且禁止对壁画进行拍摄，可惜文殊殿四壁的壁画画面已经模糊不清。作者在此呼吁此壁画急需有效的保护工作，并进行壁画复制以及研究。

山顶建筑,称丙和丁。这两栋建筑前还有一座也是重檐歇山顶的楼建筑,称戊。以及其左右的长条形建筑。

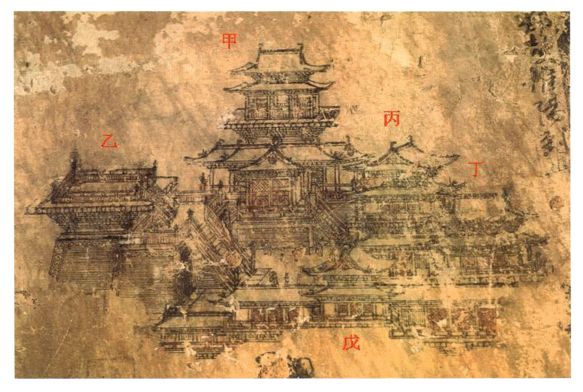

图 19 文殊殿北壁西次间"普门品"楼建筑壁画
(柴泽俊,张丑良.繁峙岩山寺.北京:文物出版社,1990:168)

2."普门品"建筑物配置和垂直方向尺寸与画格的关系

此壁画没有以线条明显地规范出其图面范围,画面上也没有像榜题一样可供参考的尺寸。在进行画格研究时只能借镜永乐宫建筑画的例子,以画格与屋身有明显比例关系作为假设。研究中发现,如果以甲建筑重檐上檐的高度作为比例模数,排除画面最底下的损毁部分,整幅壁画可以在垂直方向等分为 13 份(13V);水平方向等分为 21 份(21H)。如图 20 所示,按照这个画格,建筑物间屋脊的高度距离和画格呈简单的比例关系。例如,甲建筑和丙建筑屋脊高度相差 4 个画格,丙建筑和丁建筑相差 2 个画格,丁建筑和戊建筑相差 2 个画格等。每个画格的尺寸约为 2.7 厘米×2.7 厘米❶。

---

❶这个尺寸的换算是依照柴泽俊和张丑良《繁峙岩山寺》第 206 页中提到的"楼建筑的高度为 23 厘米",设定甲建筑楼屋脊至其台基底部的高度为 23 厘米。

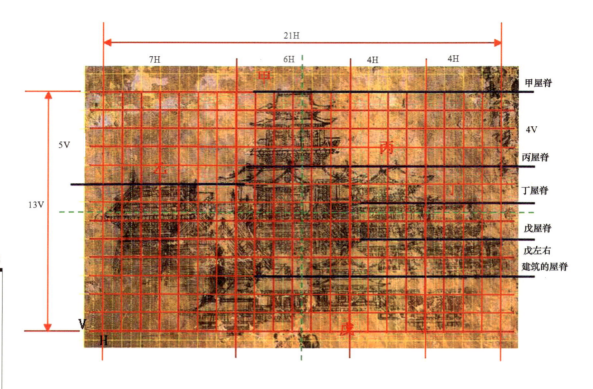

图 20 "普门品"楼建筑的画格

为了要测试这个画格尺寸的准确性,图 21 将建筑物垂直方向的尺寸和画格作比较。甲建筑上楼层的屋脊、屋檐和屋身底部以及下楼层的屋脊、屋檐和阶基顶部的线条分别与画格中的水平格线位置重叠。也就是说,甲建筑上楼层重檐的上檐、重檐间的斗栱加下檐、屋身、平坐和上下楼层间的斗栱以及下楼层的屋顶高度等都是以一个画格的高度绘制而成。这个尺寸模数也用来绘制画面中的其他建筑物[1]。

虽然这个 2.7 厘米的画格尺寸有可能就是此壁画建筑垂直元素的高度模数,但是甲建筑上、下楼层的高度比例为 4∶4.5 比永乐宫的 1∶1 稍大。为了解释这个问题,图 22 以平坐为界并去除阶基的高度,发现其上、下楼层的高度也是 1∶1。而且,下层屋身和下层屋顶以及上层屋身和上层屋顶的比例也是以接近 4∶3∶3∶4 的比例绘制而成。

---

[1] 例如,乙建筑平台底部和上、下两组钩阑顶部的线条都与水平格线位置重叠。其整个平台是以 2 个画格高度画成;平台下的整座斗栱是以一个画格绘成等。丙、丁建筑和戊建筑以及戊建筑旁水平方向建筑群的屋顶高度都和画格高度成简单的比例关系等。

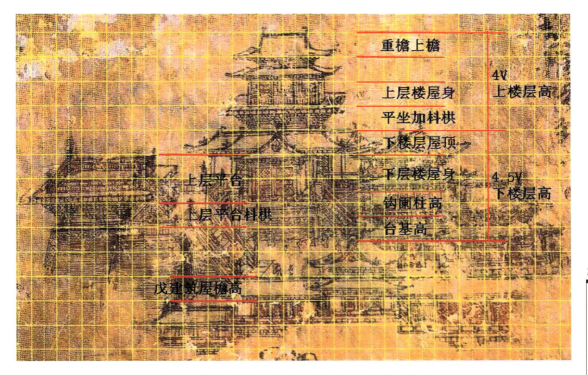

图 21 "普门品"甲建筑垂直方向尺寸与画格的关系

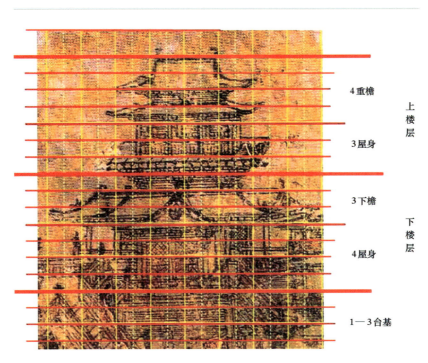

图 22 "普门品"甲建筑上、下楼层屋身和屋顶的比例关系

以上"普门品"建筑物图面配置的方法和甲建筑垂直方向尺寸与画格比例关系的研究结果为：
（1）画格被用来经营图面上建筑物的位置。
（2）整体图面是以 21H×13V 的画格做水平和垂直方向的分格。
（3）画格为建筑元素的尺寸模数。
（4）下层屋身和下层屋顶以及上层屋身和上层屋顶的高度比例为 4∶3∶3∶4。
（5）建筑元素高度的基本单位可能是一个画格高（V）。

在水平方向，"普门品"5 组建筑构图复杂，它们之间前、后、左、右相互重叠，无法明确地分割每一栋建筑物的绘制范围。但是，使用这样的画格尺寸作为分格，甲建筑上楼层正面的中间和整个画面的中间相距 1/2 的画格距离（H/2）。其歇山顶屋脊的中间落在其中一条垂直格线上。丙建筑和戊建筑屋脊的中心也落在垂直格线上（图 20）。虽然画面中各栋建筑物的建筑元素与画格在水平方向的尺寸似乎有一定程度的比例关系，但是换算复杂。这表示屋身和屋脊的宽度以及屋檐的出檐长度等并非单纯由画格的尺寸换算而来。以下将以 2.7 厘米的画格尺寸为绘制建筑物的尺寸模数，对甲楼建筑的画法作详细地图面分析。在研究的方法上，首先测试永乐宫建筑画中所使用的等腰三角形"上方控制点法"，以了解其建筑元素水平方向尺寸和画格水平方向尺寸的比例关系。然后将甲建筑的主要斜线延长，了解其"向背"的绘制方法。

3. 甲建筑的画面三角形 AEQ 和整幅壁画的画面三角形 ABC

甲建筑是壁画中最大也是最复杂的建筑，首先以甲建筑正面歇山顶屋脊的中间点为整栋楼建筑的中间点，往下画一条通过整幅画面的垂直线 AD。在整个画面的下方画一条水平基准线 BC。再将甲建筑下楼层的最左侧出檐以一条斜线与先前的垂直线交会于 A 点，然后将右侧的相同部位以另一条相同角度的斜线相连，这条斜线的延伸线竟然也通过了 A 点。如图 23 所示，甲建筑是以"上方控制点法"绘制而成。它的图面范围几乎可以被一个等腰三角形 AEQ 所囊括。斜线 AE 和 AQ 与水平线的夹角都是 65 度，也就是从垂直线 AD 向左和向右丈量甲建筑的最大范围，它们的距离都是 8 个画格（8H）。A 控制点的位置在距离甲建筑屋脊往上 4 个画格处。这个高度和整个上楼层的高度相同。此外，若同样以 A 为上方控制点，向左、右两边画出斜线来囊括五组建筑物的最大绘制范围，它们被一个等腰三角形 ABC 所含括。斜线 AB 和 AC 的水平线夹角都是 46 度[❶]。如果配合画格的大小尺寸，这个大三角形的基准线 BC 位于戊建筑屋脊往下 5＋1/2 的画格处（5＋V/2）。三角形 ABC 的宽度为 34 倍的画格宽度（34H），高度为 17＋1/2 个画格高度（17＋V/2）。

[❶] 此壁画中乙建筑左侧平台似乎有修改过的痕迹，绘有两条并不明确的平台边界线。左侧斜线（AB）和右侧斜线（AB'）的位置相差半个画格宽。AB 的水平夹角角度为 46 度，AB' 为 47 度。如果依照从垂直线 AD 往两边丈量的距离必须相同这样的原则，46 度的 AB 可能是其原先绘制的线条。

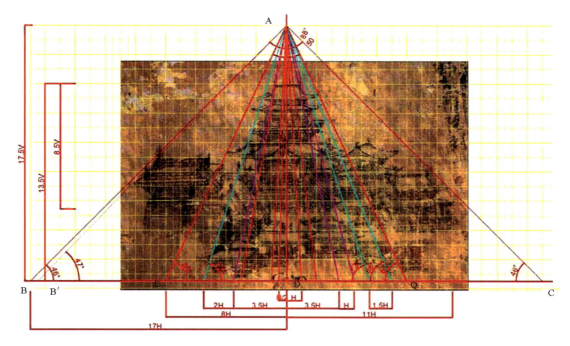

图 23　甲建筑的画面三角形 AEQ 和整幅壁画的画面三角形 ABC

图 24 标示了甲建筑的两条等腰三角形斜线分别交会在 E 和 Q 控制点上。AE 和 AQ 界定了此建筑下楼层最大出檐的位置;控制点 F 和 O 界定了上层平坐和下层龟头屋出檐的最大范围,控制点 F 似乎也界定了下层龟头屋左端屋脊的位置;控制点 P 在控制点 O 右侧一个半的画格处,界定了甲建筑上层平坐的侧面宽度也就是平坐的右后方;控制点 G 和 M 各距离垂直线 AD 有 3+1/2 个画格,界定了重檐和下层屋脊的长度以及上、下层屋身的宽度。还有控制点 N 在控制点 M 的右侧一个画格处,用来绘制上层屋身右后方。控制点 I 和 K 各距离垂直线 AD 一个画格宽,用来界定甲建筑上层正面屋身左、右中柱的位置等等。以 BC 水平线为底,含括甲建筑范围的三角形 AEQ 的宽度为 16 个画格(16H);高度为 13+1/2 个画格(13.5V)。图面上最小的单位可能是 1/2 的画格宽(H/2)。这些以控制点 A 为交会点的斜线不仅仅被用来界定建筑物的细部位置也同时绘制出了上、下楼层建筑物不同的宽度。

此外,甲建筑上楼层重檐屋顶的上、下檐出檐长度差异较大,并不是"一刀齐"的画法,似乎也非由斜线 AE 和 AQ 来界定。如图 25 所示,若将四个出檐以左右两条斜线相连,它们交会在控制点 A 上方两个画格高度的控制点 R。以这个控制点所绘出的 R-R1 和 R-R2 斜线最大夹角为 34 度。控制点 R 也用来界定重檐右侧转角的位置。控制点 R2 和 R3 相距一个画格。研究中尝试以 R 代替控制点 A,作为等腰三角形的顶点,结果发现几个主要建筑元素两边斜线的角度差异较大。所以甲建筑的上方控制点应该还是 A 点,R 为其辅助控制点。

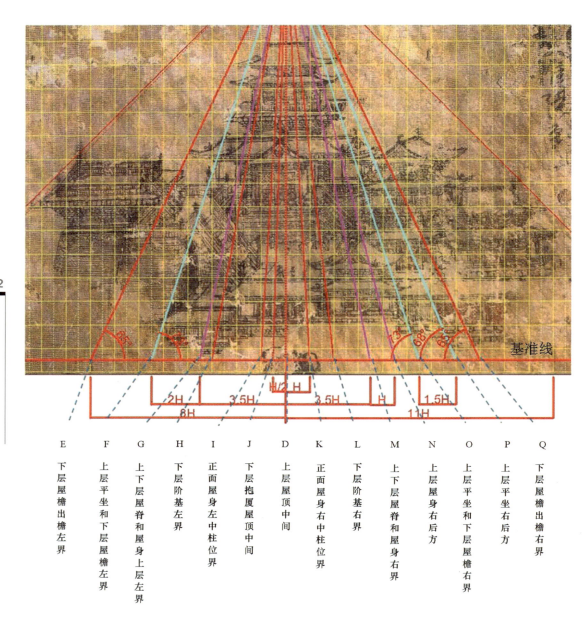

画面基准线以及控制点 D 和 E-Q 的位置

图 24 甲建筑利用基准线和控制点绘制水平方向的尺寸

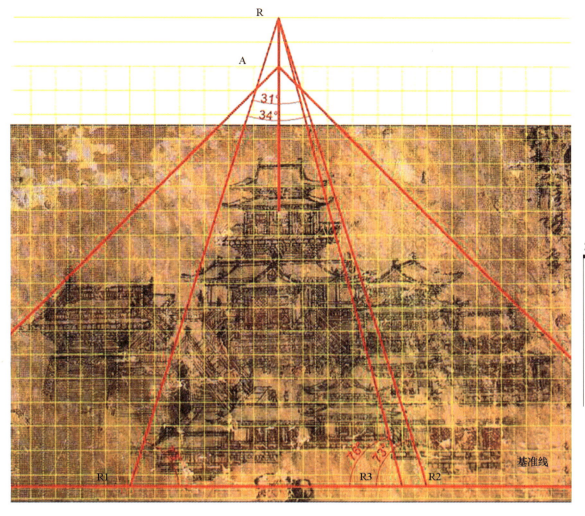

图 25　甲建筑重檐屋顶出檐长度的画法

以上研究说明了"普门品"整体壁画以及甲建筑水平范围设定的方法为：首先参考画格格线的位置定出甲建筑上楼层屋脊的高度及其中间点，往上以整个上楼层的高度设定了控制点 A 的位置。然后以 A 点为三角形的顶点，绘出等腰三角形斜线 AB 和 AC 来规范出画面的最大范围。再以 A 点为三角形的顶点，绘出等腰三角形斜线 AE 和 AQ 来规范出甲建筑的最大范围。之后以 A 上方的控制点 R 绘制出重檐屋顶的出檐位置。因为图面范围都是以等腰三角形来界定，从壁画图面中间到左、右两侧距离相等，使构图呈现了稳定的状态。以上的理解，有助于解释整个画面的中心在甲建筑的屋脊中间，而不是取从最左到最右侧建筑物的一半距离。这就是为什么甲建筑上楼层正面的中间和整个画面的中间有 H/2 的差距。另外，因为建筑元素的宽度、出檐等水平方向长度是受到斜线的控制，所以和画格垂直格线的位置没有直接的关系。

从以上甲建筑水平尺寸的研究可以得出：

（1）"上方控制点法"为绘制楼建筑的基本方法。等腰三角形的垂直线通过屋脊的中间点和阶基的转角处，确保了建筑物中轴线的垂直；其左右对称的性质增加了建筑物的稳定感。

（2）等腰三角形的顶点为斜线角度的控制点，三角形的底线为基准线，用来安排界定水平方向建筑元素大小的控制点。这些控制点界定了建筑物的最大图面范围、水平方向建筑元素的尺寸以及上、下楼层的相对位置。

（3）画格为建筑元素的尺寸模数，图面上最小的单位可能是画格宽度的1/2。

（4）上方控制点也可以有位于同一垂直线上的辅助点，其功能在控制重檐上、下层出檐的长度。

（5）等腰三角形的斜线绘制出了上、下楼层之间建筑物宽度的不同，也反映出了中国古代楼宽度由下往上递减的建筑特点。

（6）在绘制的操作方法上，"上方控制点法"是将所有斜线交会在一个控制点上的"一去百斜"画法。

4. 甲建筑使用侧面控制点绘制建筑物的前后感

"普门品"楼建筑壁画中使整幅画面看起来有位置上前后感"向背"的方法主要有三个：建筑物侧面的斜线、不同转向的建筑以及建筑物间的前后左右重叠等。以下针对甲建筑物的斜线方向和角度进行分析，以了解其"向背"的绘制方法。

如图26所示，标示了甲建筑侧面斜线的水平角度介于24度到64度之间。如果将主要斜线延长，这些线条主要交会在控制点S、T和控制点U上。控制点S是甲建筑的主要控制点，其高度位置在距离甲建筑屋脊往上方4个画格处（4V），与之前的上方控制点A同在一个水平高度上。其水平位置在甲建筑屋脊中心（垂直线AD）右侧9个画格处（9H）。控制点T和S位于同一水平高度，在控制点S右侧5＋1/2个画格（5＋H/2）处；控制点U则位于控制点T的垂直正下方6个画格处（6V）。

控制点S控制了绘制这栋楼建筑上层和下层的主要斜线：上楼层屋檐的所有斜线角度、上楼层屋身的右线、下楼层龟头屋的屋脊和屋身右侧以及下楼层左侧台基的斜线角度。这个控制点可能也控制了上楼层平坐的右侧斜线角度，但是这条斜线有明显修改的痕迹。控制点S所控制的斜线角度从24到52度，二者差距为28度。控制点T控制了一条46度的下楼层阶梯踏步第一阶斜线。此外，画面右侧的控制点U控制了14度的下楼层龟头屋屋檐斜线。可以理解的是如果将控制点T和U的斜线改由S来控制，因为下层阶梯踏步和龟头屋屋檐侧面斜线的角度变大，将会减少甲建筑图面上的稳定性。在上楼层平坐左侧还有一条56度的斜线，这条斜线的延伸线交于上楼层屋脊的中间点。这种利用建筑元素正面中间点为交点来制定斜线角度的方法也见于元代永乐宫的壁画中，应该是一种"简易向背法"的运用。在这条线的左侧似乎有一条被修改过的不明显的斜线，并非由控制点S来控制，其角度约为55度。除了以上这些建筑主要元素的斜线线条外，甲建筑还绘有多条的短斜线，譬如约50到59度斜线绘制而成的上楼层平坐地砖以及由短斜线绘制的下楼层阶梯踏步以及散水等。因为这些重复性的线条很短，虽然有可能是分别以几个控制点绘制而成，在实际绘制的过程中，更有可能是平行线的运用。

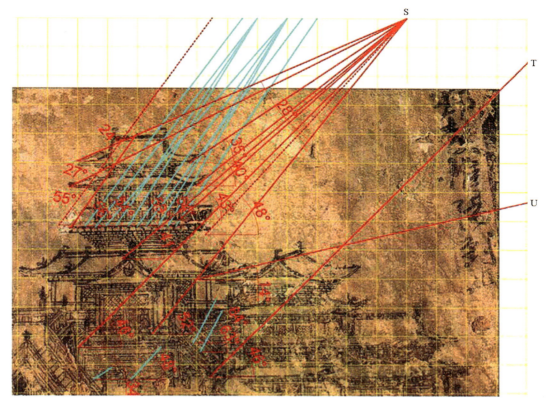

图 26　甲建筑的斜线和其侧面控制点的运用

以上对甲建筑侧面控制点的研究可以得出两个结论：

(1) 画面中使用了一个主要控制点和多个辅助点来表现建筑物的"向背"。

(2) "侧面控制点法"中控制点位置的设计主要采用水平或是垂直排列的方式，它们被安排在画格的交会点上。控制点的高度设计与屋身高度有关。

5."普门品"壁画小结

以上对金代楼建筑物画法的研究可以得到以下十点结论：

(1) 画格被用来经营图面上建筑物的位置。

(2) 画格为建筑元素的尺寸模数。

(3) 画格的交叉点被用来当作斜线控制点的位置。

(4) "上方控制点法"中等腰三角形被用来概括出一栋楼建筑的绘制范围；三角形的垂直线通过屋脊的中间点；位于三角形顶端的控制点和位于三角形底基准线上的控制点界定水平方向建筑元素的位置，以及上、下楼层间的建筑物相对位置宽度。斜线的运用方法为"一去百斜"。

(5) 下层屋身、下层屋顶、上层屋身、上层屋顶的高度比例为 4∶3∶3∶4。

(6) 下楼层的高度和宽度尺寸都比上楼层大。

(7) 上方控制点的辅助点控制了重檐上、下层出檐的长度。

（8）"向背"的表现方法是描绘出每一栋建筑物的正面和侧面，并在画面中绘制部分重叠的、不同朝向的以及长条型的建筑，达到图面上位置的变化效果。

（9）"向背"的绘制方法为"侧面控制点法"：利用位于建筑物侧面的水平和垂直排列控制点来绘制斜线。一幅画中使用一个主要控制点和多个辅助控制点。控制点的高度位置与上楼层屋身高度相同。

（10）"简易向背法"是利用建筑物正面元素的中间点作为控制点来绘制建筑物侧面斜线的角度。

三 金、元时期楼建筑画法

本文以中国古代绘画理论为基础，从绘画者的角度详细分析了元代"武昌货墨"、"度孙卖鱼"和金代"普门品"壁画图面。以下将归纳由分析所得到的金、元时期楼建筑物的绘制方法。

1. 建筑物位置安排的方法

如图27所示，三个案例都证实了画格被用来安排壁画中楼建筑的位置。永乐宫壁画两座楼的位置都在画面的上半部一角，取决于建筑物的朝向，一个在左上方另一个在右上方。"普门品"楼建筑则位于画面的中间上方，约占垂直位置的2/3；水平位置的1/3。这种将较高大的主建筑安排在画面上方的优点除了可以避免对画面中其他建筑物的遮挡外，还可以利用图面下方及侧面的空间来绘制其他类型的建筑物，例如长桥、长条形建筑、高台以及不同朝向的建筑物等等来强化画面中建筑物有前、有后的层次感："向背"。

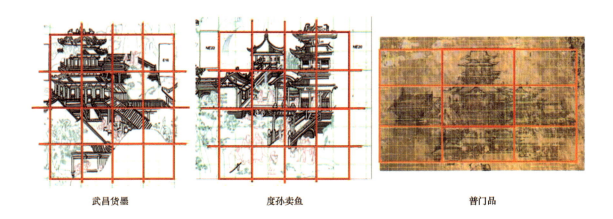

武昌货墨　　　　　　度孙卖鱼　　　　　　普门品

图27　以画格安排建筑物的位置

2. 水平建筑元素的画法

三个案例都使用了"上方控制点法",以等腰三角形在画面上界定出一栋楼建筑的主要绘制范围。三角形的高为建筑物的中轴线,其顶点为上方控制点,其底为设有水平控制点的基准线。这些连接水平控制点与上方控制点的斜线则用来界定下楼层水平方向建筑元素的位置。这种以等腰三角形来控制图面建筑物范围和建筑元素宽度的画法,未见于现有古代文献中,本文仅依其图面上的功能称其为"上方控制点法"。但是以斜线的运用方法而言,这是将多条斜线集中到一个点的"一去百斜"画法。至于上楼层建筑元素宽度的画法,永乐宫"武昌货墨"和岩山寺"普门品"都是以连接到三角形上方控制点的斜线来界定。使用这样的画法,上、下楼层之间宽度差异较大,明显反映中国古代楼宽度由下往上递减的建筑特点。但是在永乐宫"度孙卖鱼"案例中,上楼层的建筑元素宽度是利用其下楼层相对元素的垂直延伸线来界定。使用这样的画法,上、下楼层的建筑元素宽度相似。不论"度孙卖鱼"的画法是因为受到画面空间的限制或是特意凸显主要建筑的尺寸,它和"武昌货墨"分别代表元代两种不同绘制上、下楼层宽度比例的画法。

本研究为了比较案例中三个等腰三角形的比例关系,在"普门品"楼建筑阶基下方比照永乐宫的两个案例画了一条假设的基准线,订出了三角形的高。并标示出这些三角形的高度与平坐的比例、与平坐含侧面的比例以及与下檐出檐的比例。另外也标示出每一个三角形的夹角角度(表1)。结果发现三个案例都采用了一个大约1∶0.7的比例值,其夹角角度约为38度。这样的数值所蕴

表1 等腰三角形长宽比例和楼正面和侧面水平长度比例

		武昌货墨	度孙卖鱼	普门品
三角形高度和宽度比例	到平坐	1∶0.46(26°)	1∶0.47(26°)	1∶0.64(35°)
	到平坐含侧面	1∶0.58(32°)	—	1∶0.71(39°)
	到下层出檐	1∶0.69(38°)	1∶0.67(37°)	1∶0.91(50°)
建筑正面/侧面比例	屋檐比例	5.5/1	—	5/1(下)
	屋身比例	4/1	—	11/1
	平坐比例	3/1	—	6.4/1

含的规律性,将配合以下建筑物垂直元素的分析和斜线画法的了解,进一步归纳出一套比较明确的画法解释。此外,在建筑元素正面和侧面的比例上,比较明显的有"武昌货墨"和"普门品"下楼层屋檐的比例都是接近 5∶1。

3. 垂直建筑元素的画法

在垂直建筑元素上,三个案例的画法相似。如图 28 和表 2 所示,如果将三个案例以接近的高度并列,三栋建筑物的上、下楼层高度相同。如果将每一层的高度均分为 7 个等份,三栋楼建筑的屋身和屋檐高度比例也相同。下楼层屋身和屋顶的比例约为 4∶3,上楼层屋身和重檐屋顶的比例约为 3∶4,阶基的高度则约为 1~3 份不等。唯一例外的是"度孙卖鱼"的重檐屋顶高度又往上提高了 2 份。这项研究说明了金、元时期共用了一套楼建筑垂直高度比例的画法:4∶3∶3∶4。

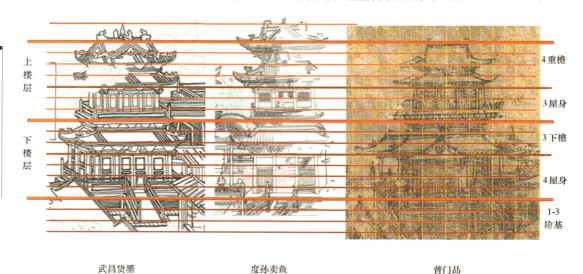

图 28 主要建筑元素的垂直比例关系

表 2 楼建筑主要建筑元素的垂直比例关系

	武昌货墨	度孙卖鱼	普门品
阶基高	3/7	1/7	3/7
下楼层总高	7	7	7
下楼层屋身	4	4	4
下楼层屋檐	3	3	3
上楼层总高	7	7	7
上楼层屋身	3	3	3
上楼层屋檐	4	4+2/7	4

4. 楼建筑水平和垂直方向建筑元素的画法

至此,楼建筑水平和垂直方向建筑元素的画法,可以参考图29总结如下:

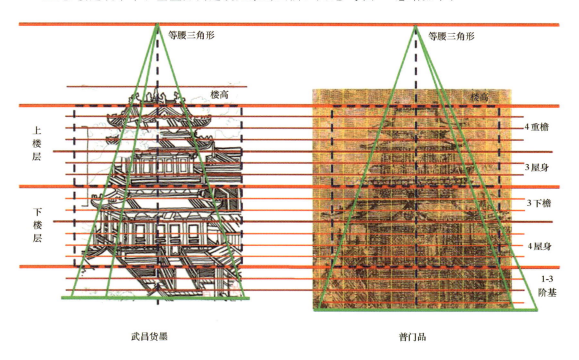

图29　楼建筑正面和侧面水平宽度的绘制方法

（1）以预定的楼高画出一个正方形的四个边,以上方水平线为屋脊;下方水平线为阶基上方。正方形水平方向的一半为建筑物的中轴线,也就是屋脊的中间点;正方形高度的一半为上、下楼层的分界线,也就是上楼层平坐的位置。

（2）在正方形上方以等同于上楼层的高度在中轴线上定出等腰三角形上方控制点的位置。在正方形下方画出整个阶基的高度:大约1/7～3/7的单层屋身高。从阶基底部往下,以小于1/7屋身的高度定出三角形的底:基准线。这条水平线可以之后被用来绘制阶梯踏道散水砖的位置或者只是位于建筑物下方一小段距离的线条,但不是楼建筑主要元素的线条❶。

（3）由上方控制点向正方形下方的两端方向画斜线,这左、右两条斜线和基准线的交会点就是等腰三角形基准线的长度。

---

❶其原因可能是在实际操作时需要在基准线上设点绘制斜线,预留一小段工作空间可以确保整栋楼建筑的所有建筑元素可以被一次完整地绘制出来。

（4）在等腰三角形的范围内，于基准线上取一点设定楼建筑的侧面宽度尺寸，例如"武昌货墨"的例子。或是在等腰三角形的范围外取点，比如"普门品"的例子。

（5）以画格为尺寸模数，在基准线上分别订出其他建筑水平元素尺寸的控制点。以斜线连接这些点和上方控制点，以界定出个别建筑元素的宽度。

（6）将两个楼层高度都各分为7个等份。下楼层以4∶3的比例画出屋身和屋顶的高。上楼层以3∶4的比例画出屋身和重檐屋顶的高。最后以每一份的高为尺寸模数，绘制出各部位建筑物的细部元素。

5. 斜线的画法

如图30所示，三个案例都使用斜线来表现楼建筑的"向背"。这些斜线交会在建筑物侧面以垂直或是水平方式排列的控制点上，本文以其位于建筑物的侧面称其为"侧面控制点法"。以斜线的运用方法而言，"侧面控制点法"和之前的"上方控制点法"都是将多条斜线集中到一个点的"一去百斜"画法。

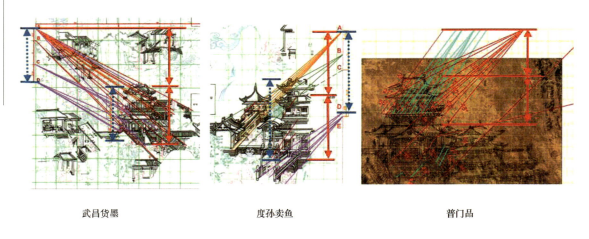

武昌货墨　　　　　　　度孙卖鱼　　　　　　　普门品

图30　壁画中所有斜线的用法

控制点通常设计在画格格线的交会点上，其高度位置以及控制点间的最大距离和楼高度有直接的关系。在"武昌货墨"和"度孙卖鱼"的例子中，控制点间的最大间距和楼建筑的高度相同；控制点的高度位置也参考了楼的高度。在"普门品"的例子中，控制点的高度位置和上层楼屋身高度相同。

表3列举了这些侧面控制点的用法及功能。"武昌货墨"和"普门品"采用了主控制点法，每幅壁画设有一个主要控制点和数个辅助控制点。主控制点的功能在于整合大部分建筑物的斜线角度；辅助控制点避免主要建筑元素被遮掩、缩放画面中的空间大小并提高建筑物图面上的稳定性。

表3 侧面控制点的用法及功能

绘制的方法		功能/目的
主控制点法	一个主控制点	整合大部分建筑物的斜线角度
	多个辅助点	避免主要建筑元素被遮盖
		缩放画面中的空间大小
		提高建筑物图面上的稳定性
多个控制点法		避免相邻建筑物间相同斜线角度的互相干扰
		缩小一个控制点所能控制的斜线角度
		缩放画面中的空间大小
		减少图面上前大后小的变形

"度孙卖鱼"采用了多个控制点法。其壁画中5个控制点的功能在于：避免相邻建筑元素间因为相同角度的斜线而产生的互相干扰、缩小一个控制点所控制的斜线角度、缩放画面中的空间大小以及减少图面上前大后小的变形。本研究三个案例中都使用了以建筑物正面元素中间点为较短斜线角度控制点的方法，这种简易绘制斜线角度的"简易向背法"主要运用在平坐和阶基侧面等部位。此外，"一斜百随"的平行线画法仅运用在散水、地砖和阶梯等重复性的短斜线上。

6. 细部调整

研究案例在绘制时配合图面需求对楼建筑的画法采取了细部调整的明显例子有："度孙卖鱼"加高其楼建筑屋顶以凸显主建筑的高度；还有其在配合楼高度设计控制点最大间距后，又加入控制点E改变桥梁钩阑的高度。此外，在"普门品"壁画中，上楼层平坐左右两侧的修改痕迹，可能也是图面细部调整的结果。

四　金、元时期楼建筑画法小结

以上对"武昌货墨"、"度孙卖鱼"和"普门品"楼建筑壁画分析的结果证实了金、元时期共用了一套绘制楼建筑具体的方法。这些方法规范有：楼建筑的图面范围，屋身侧面范围，建筑元素的宽度、高度，建筑物的侧面斜线以及配合图面需求所作的局部调整等（表4）。

表 4　金、元时期绘制楼建筑物的具体方法及步骤

建筑物画法	方法步骤
绘制楼建筑的图面范围	（1）以预定的楼高画出一个正方形的四个边，以上方水平线为屋脊；下方水平线为阶基上方。 （2）以正方形水平方向的 1/2 为建筑物的中轴线；屋脊的中间点；以正方形高度的 1/2 为上、下楼层的分界线；上楼层平坐的位置。 （3）在正方形上方以等同于上楼层的高度在中轴线上定出上方控制点。 （4）在正方形下方画出整个阶基的高度；大约 1/7～3/7 的单层屋身高。 （5）从阶基底部往下，以小于 1/7 屋身的高度定出基准线的位置。 （6）由上方控制点向正方形下方的两端方向画斜线，定出基准线的长及楼的绘制范围。
绘制屋身侧面的范围	于基准线上，在等腰三角形的范围内或是范围外，取一点设定楼建筑的侧面宽度尺寸。
绘制建筑元素的宽度	（1）以画格为尺寸模数，在基准线上订出建筑水平元素尺寸的控制点。 （2）以斜线连接这些点和上方控制点，界定出个别建筑元素的宽度。
绘制建筑元素的高度	（1）将两个楼层都各分为 7 个等份。 （2）下楼层以 4∶3 的比例画出屋身和屋顶的高；上楼层以 3∶4 的比例画出屋身和重檐屋顶的高。 （3）以每一份的高为尺寸模数，绘制出各部位建筑物的细部元素。
绘制建筑物的侧面斜线	（1）参考楼的高度设定建筑物侧面控制点的高度位置。 （2）参考楼的高度设定控制点间的最大距离，控制点以垂直或是水平方式排列。 （3）利用主控制点法或是多控制点法，以斜线绘制出建筑物的侧面。 （4）以"简易向背法"，绘制建筑物平坐和阶基侧面的短斜线。 （5）以平行线绘制建筑物散水砖和阶梯等重复性的短斜线。
细部调整	配合图面需求所作的局部调整。

五　经营位置、画格、向背以及一去百斜的用法及意义

　　透过以上详细的图面分析，本文总结了"经营位置"除了是以"画格"来安排画面中整栋建筑物的位置外，其作为图面绘制的原则应该更广义地包括了以画格作为建筑物的尺寸模数、控制点的位置参考点以及界定建筑元素的位置等。另一个绘制原则"向背"，除了是以"一去百斜"法、"简易向背法"以及配合了一部分的"一斜百随"法来绘制出建筑物侧面的斜线外，还要包括藉由多栋不同朝向和类型的、甚至部分重叠的建筑物来强调建筑物间位置的前后感。表 5 说明了"经营位置"与"向背"主导了楼建筑的画法，并解释"画格"、"一去百斜"和"一斜百随"的运用方法以及其具体的功能或是目的。

表5 "经营位置"与"向背"在楼建筑中的运用方法以及这些方法的目的

古代画论			绘制的方法		功能/目的
经营位置	画格		从横网格		安排建筑物在画面中的位置
					作为建筑物的尺寸模数
					界定建筑元素的位置
					作为斜线控制点的参考点
向背	一去百斜	建筑物的水平方向元素	上方控制点法（等腰三角形）	顶端为斜线的总控制点	控制所有斜线的角度
				底线为水平控制点的基准线	界定水平方向建筑元素的尺寸，界定上、下楼层间建筑物的相对位置
				斜线	绘制楼建筑的水平元素位置
		建筑物的侧面方向斜线	侧面控制点法	一个主控制点法	主控制点	整合大部分建筑物的斜线角度
					多个辅助点	避免主要建筑元素被遮掩
						缩放画面中的空间大小
						提高建筑物图面上的稳定性
				多个控制点法		避免相邻建筑元素间相同角度斜线的互相干扰
						缩小一个控制点所控制的斜线角度
						缩放画面中的空间大小
						减少图面上前大后小的变形
	一斜百随	平行线			绘制重复性的短线条
	简易向背法	以建筑物正面元素的中间点为控制点绘制建筑物侧面斜线的角度			绘制平坐和阶基等侧面短线条
	部分重叠/不同朝向/类型的建筑物				增加建筑物图面上的方向性及前后感

参 考 文 献

[1] 傅熹年.中国古代城市规划、建筑群布局及建筑设计方法研究.北京:中国建筑工业出版社,2001
[2] 萧军.永乐宫壁画.北京:文物出版社,2008
[3] 金维诺.中国殿堂壁画全集3·元代道观.太原：山西人民出版社,1997
[4] 太原市崛围山文物保管所.太原崛围山多福寺.北京：文物出版社,2006
[5] 罗华庆.敦煌石窟全集2·尊像画卷.香港：商务印书馆,2002
[6] 柴泽俊.山西寺观壁画.北京：文物出版社,1997
[7] 敦煌研究院 编.敦煌石窟全集5·阿弥陀经画卷.香港：商务印书馆,2002

[8] 张彦远.历代名画记(847).北京：人民美术出版社,1963
[9] 王树村.中国民间美术史.广州：岭南美术出版社,2004
[10] 陈明达.营造法式大木作研究.北京：文物出版社,1981
[11] 邓椿.画继(宋).北京：人民美术出版社,1963
[12] 郭若虚.图画见闻志(北宋).北京：人民美术出版社,1963
[13] 杨家骆.宣和画谱(宋).台北：世界书局,1967
[14] 汤垕.画鉴(1329).北京：人民美术出版社,1959
[15] 俞剑华.中国画论类编.香港：中华书局香港分局,1973
[16] 李约瑟.中国科学技术史(第4卷)·天学.香港：中华书局,1982
[17] 姬永亮.《九执历》分度体系及其历史作用管窥.自然科学史研究,2006,25(2)：122-130
[18] 段耀勇.印度三角学对中算影响问题的探讨.自然辩证法通讯,2000,22(130-6)：63-70
[19] 商务印书馆编辑部.辞源.北京：商务印书馆,1999
[20] 山西省古建筑保护研究所,柴泽俊,张丑良.繁峙岩山寺.北京：文物出版社,1990
[21] 傅熹年.傅熹年建筑史论文集.北京：文物出版社,1998
[22] 王卉娟.永乐宫纯阳殿建筑壁画线描集.北京:文物出版社，预定2013
[23] Huichuan Wang. The use of the grid system and diagonal lines in Chinese architectural murals: A study of the 14th century Yongle gong temple supported by an analysis of two earlier examples, Prince Yide's tomb and Yan shan si temple, PhD thesis, The University of Melbourne, 2009
[24] Qinghua Guo. The Mingqi Pottery Buildings of Han Dynasty China 206BC - AD220: Architectural Representation and Represented Architecture, Sussex Academic Press, Brighton, Portland, Toronto, 2010

古代建筑制度

高平崇明寺中佛殿大木尺度设计初探

徐 扬，刘 畅

(清华大学建筑学院)

摘要：高平崇明寺始建于北宋开宝四年(971年)，距今已千年有余而未泯。寺中中佛殿于1999年由文物部门修缮，至今保护完好。该殿形态古朴优美，结构简明合理，具有突出的早期木构特征，但除早期测绘图纸外，研究材料、成果稀缺。2011年11月3日，清华大学建筑学院对大殿进行了三维激光扫描测绘和手工测绘工作，并继而以实测所得资料为基础，试图统计和分析该殿大木尺度设计规律。通过实测以及对于实测数据结果的分析，本文尝试还原部分始建设计场景，探析中佛殿的大木尺度设计方法，得到了如下结论与假说，并据此建立该殿木构架的理想模型：

(1) 崇明寺中佛殿与平遥镇国寺万佛殿建造年代相近，形制相仿。

(2) 营造用尺为一尺合303毫米，通面阔4丈，其中明间面阔1.5丈，次间面阔1.25丈；通进深2.5丈，每间进深1.25丈。

(3) 斗栱材厚10分°，每分°0.5寸，合15.2毫米，足材广21分°。斗栱第一二跳出跳48分°，第三四跳出跳47分°。

(4) 根据雷音过殿的下昂构造方式，即头昂下皮与交互斗口的交接处不用华头子，自承跳斗口外楞出，第二根下昂上皮过耍头上皮与第二跳慢栱上皮的交点，因此第三四总出跳决定下昂斜度，即47分°，而抬高一足材。

(5) 大殿架道实测数据量有限而且离散现象较大，尚难以揭示原始设计意图；折屋之法尚不明确，不排除后代修缮的可能性。

关键词：崇明寺中佛殿，大木尺度，三维激光扫描

Abstract: Chongming Temple in Gaoping County was originally constructed in 971 and survived historic changes and threats of more than 1000 years. The Mid-Hall in the temple was repaired in 1999 and is well preserved today. The hall is outstanding for its elegant and intact wood structure, which is believed to bear characteristics of early-style timber structure but is under-researched apart from some basic measured drawings that call for updates. On November the 3rd, 2011, School of Architecture, Tsinghua University, conducted a survey with 3D laser scanning technique, and further applied statistic analyses on the measurements collected by hand and through picking dimensions from 3D point cloud. The analysis was then developed into an ideal model of the original design and shows the design as follows.

(1) Mid-Hall of Chongming Temple and Wanfo Hall of Zhenguo Temple share similar construction time and style;

---

[1] 本研究为国家文物局"指南针计划"专项"中国古建筑精细测绘"项目的子课题——山西平遥镇国寺万佛殿天王殿精细测绘(项目编号：2010661726)。

(2) The construction Ruler hereof is measure 303mm, which defines a façade of 4 zhang of mid-bay 1.5 zhang and side-bay 1.25 zhang, and a side elevation of 2.5 zhang with 2 bays of 1.25 zhang;

(3) The Cai of Dougong is designed to be 10 fen thick with 1 fen equal to a half cun, and Zucai 21 fen hight, and first 2-step to be 48 fen and second 2-step to be 47 fen;

(4) Ang, the slop cantilever in Dougong is joint into the Dou without using Huatouzi, and a detail adjustment was applied so that the first 2-step is 1 fen longer than the second, while the pitch of Ang is decided by a step of 47 fen and a rise of 21 fen;

(5) The design of the rise of the roof truss remains veiled by the discreteness of data because of both historic reconstructions and deformation of the structure.

Key Words: Mid-Hall of Chongming Temple, Dimensional Design, 3D Laser Scanning

高平崇明寺位于晋东南地区晋城市所辖高平市东南郊郭家庄外以西圣佛山山地农田环境中（图1）。崇明寺院落二进，当央之中佛殿，面阔三间，进深两间，其大部分结构可上溯至北宋寺院营造之初（图2）。

图 1　高平崇明寺所处区域卫星地图❶

---

❶ 本文所用图片皆为作者自绘。

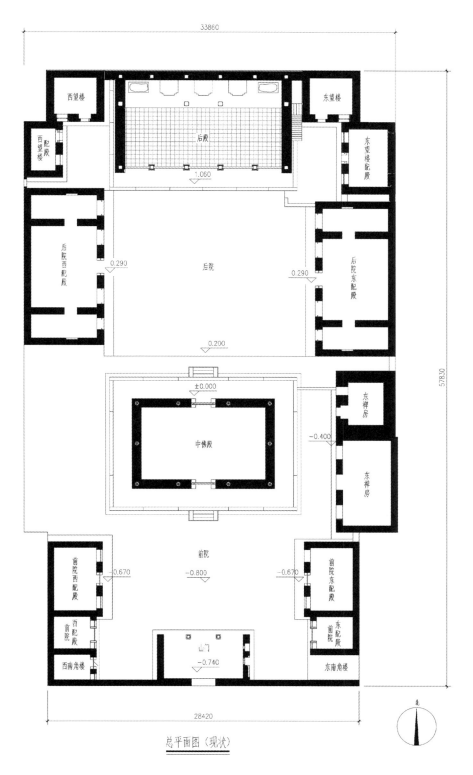

图 2 高平崇明寺总平面图

崇明寺之外，在高平境内周边数十公里的范围内，还保存有西李门二仙庙、游仙寺、定林寺、开化寺、资圣寺等古寺院，共同构成了独具宋金时期木结构建筑特色的历史环境（图3）。从这个意义上讲，针对崇明寺中佛殿的微观研究，是解读高平乃至晋东南地区早期大木设计、风格、工艺的基础性工作。同时应当注意到，崇明寺中佛殿所施双杪双下昂七铺作斗栱为国内现存九处《营造法式》之前的同类斗栱做法之中的重要例证（图4）。对于这种特殊的做法设计及其细节演变的解读是梳理匠作传播、变化、失传轨迹的基础性工作（表1）。

图3　高平崇明寺周边重要早期木结构建筑分布图

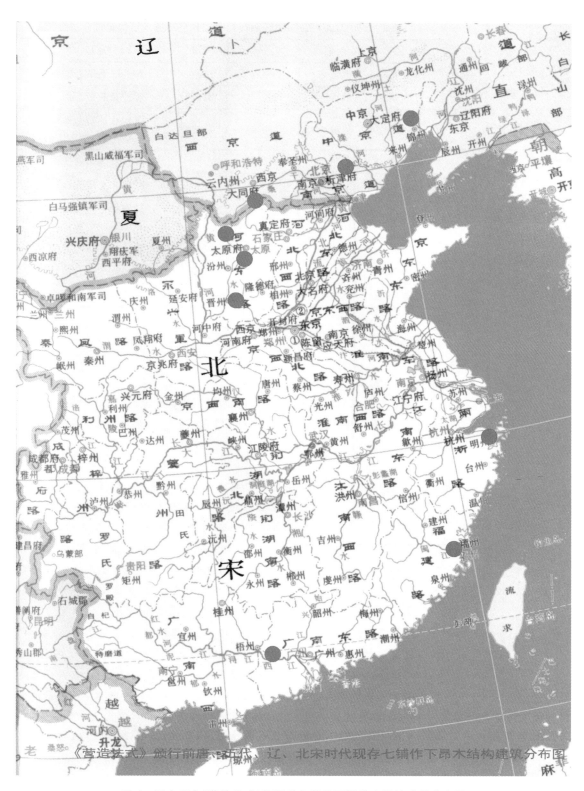

图 4 国内现存《营造法式》颁行前七铺作下昂造木结构建筑分布图

表1　国内现存《营造法式》颁行前七铺作下昂造木结构建筑分布图

建筑名称	寺院名称	始建年代	省份	斗栱形式
东大殿	佛光寺	857年	山西	双杪双下昂七铺作
万佛殿	镇国寺	963年	山西	双杪双下昂七铺作
大殿	华林寺	964年	福建	双杪双下昂七铺作 要头作昂形
中佛殿	崇明寺	971年	山西	双杪双下昂七铺作
观音阁	独乐寺	984年	河北	双杪双下昂七铺作
大殿	梅庵	996年	广东	双杪双下昂七铺作 第二杪作插昂
大殿	保国寺	1013年	浙江	双杪双下昂七铺作
大雄殿	奉国寺	1020年	辽宁	双杪双下昂七铺作
释迦塔	佛宫寺	1056年	山西	双杪双下昂七铺作

一　现有史料

关于崇明寺的营造历史,地方志书中未见明确记载。寺内现存碑刻两通,一通淳化二年碑记(991年),立中佛殿前;另一通成于道光六年(1826年),嵌于后殿东山墙。

淳化二年碑记碑文如下:

[碑阳]创修□□圣佛山崇明寺记若夫邈矣无际疑然不迁者,盖修行之道也。三界茫茫不在法身之外,四生蠢蠢俱□□□□中。夫何有而何无,亦谁人而谁我,自余诸法皆从幻起,离幻为觉,觉非离幻,俱不取亦无所舍,如是谓之觉也。且禅师聚为虚无幻体,含清净之觉心,分明而月满晴空,澄湛而云生迥漠,才离襁褓戏即聚沙,方在绮纨心生救蚁,自非本性澄湛,积习纯洁,□女得□濁染□□,未逾七龄,于净信心,能生一念,一念不息,念无所念,异乎哉。于是知禅师之见性也。禅师讳行颙,谢俗累以拂衣,出凡笼而矫翼,方且誓心,苦节寂虑,遗形斁味,道腴研精,讲糜麻衣粒食,□□□之玄微,执有滞空,皆诸佛之境界,遂乃择其幽稳,设教住持,时到太行顶上,圣佛山前,一□□□曰吉祥之地也。比连上党,南接晋丘,东枕天平,西与浙□,结庐为舍,书课暮持于佛咒大□□□仪哉。邑头李顒等结集两县之英贤,教化三乡之信士,共发最上之乘,同永无碍之智,绍隆三宝,弘益四生,与禅师宿世有缘,道眼相见于此吉祥之地,施□清凉之居,不倦疲赢,取鹤栖之梁栋,远寻哲匠,结构斋堂,志舍青凫,求其大果,奈以无其名额,难备庄严,遂乃禅师行颙直持圣事,奔诣天庭,说有佛之不非,奏无明之不昧,寻蒙勅问,具

奏因依，感流冤之陛懂，勒寺名之忽降，曰崇明之寺。乡间赞欢，郡邑皆迎，乃至于斯，深加珍仰。邑众等转持坚固之心，觉觅如来之果，渐进者不退信心，顿入者能生实相，莫不大事办矣，大缘至矣。三峰取其木植，四海访其明工，刊木雕材，密为基。扶持乎月拱星梁，丹朣兮霞舒锦色。海上之僧伽，遂游而为归依之地；乡中之长幼，往来而为利益之门。有院主僧法元，修崇大果，坚固威仪，盖以大明既登，万物咸睹，知五蕴本空，六尘非有，奈何去无念处起分别心，向不动中生颠倒见，曾不知是法非法，五蕴皆空，非心即心，六尘谁染，则知此路趋真，坦然而直。有供养主法朗，功德主法泣，力扶邑众，心悟真宗，与师弟法能法通齐生一念，邑众等终毕修崇。须凭文字以喻筌题，则镂石雕金不可废也，其心了哉。知身处于浮华，如电如泡，非久者矣，託修崇之道，盖大缘之至矣。乡贡三传□□达撰 木匠人侯琏 石匠人□□

[碑阴]伏以当寺始自开宝之初，有先师行顒挈并携锡而屆于斯，是知佛法遭逢人天会合者矣。且先师行顒真心坚固，□土扶茅，化诱檀□，同求道果。时有邑头李顯真言灌顶，法水洗心，发弘愿于一时，出迷途于万劫，乃以□檀□于□□□雨县，诱信士于三乡，闻者喜跃，而遵依化者坚贞而允听，是乃采梁栋于云峰，建堂厨于金地，霞舒丹□，景枕清幽，塑一殿之真仪，庄严备矣。对四方之胜，异山水奇焉。自以兴于功绩，颇涉辛勤岁月，历二十年余。邑众则三分有一，或有发心于翁父，或有毕手于子孙，盖两世之坚心，望千年之不泯。今于幽谷取之奇石色之若漆，莹之如水，□镌□先代之名，奈了于后来之手，聊伸同志，须述见存，用镌其词，永之为记……淳化二年岁次辛卯七月戊戌朔二十一戊午庆诸讫 应乡贡三传举 李允成书

道光六年碑记碑文如下：

重修圣佛山崇明寺碑列子云西方有圣人鸟，其名曰佛，佛法之行始于汉明帝，自宋齐梁陈元魏以下，事佛渐谨。至唐宪宗令群僧迎佛骨于凤翔，又令诸寺蹐迎供养而佛法始盛。邑之东南有圣佛山崇明寺。考诸旧碑，盖创修于宋开宝时。其地穷而深廓，其有容草木叶茂，迥异嚣尘，泂别有天地，非人间也。第代远年湮，虽屡经修葺，而座殿过廊及东西两□不无残缺，于是寺僧为之恻然，募四方积善之士以为营造计，缺者补之，朴者饰之，规惟由旧制，或□新作。始于嘉庆二十二年正月至二十四年六月告竣。寺僧属序于余，予穷思末为之前，虽美弗彰，莫为之后，虽盛弗传。自兹以往，不惟风雨收除，香花绵于□替；抑亦慈祥普救，呵护极于无穷也。意甚善之，因不揣固陋谨记其事如右云。是为序。大清道光六年岁次丙戌九月吉日

二碑时间跨度达到835年，对于早期建筑的记载，前碑之重要性显著高于后者。二碑记记载了如下建筑活动：

(1) 淳化二年碑记中提到"当寺始自开宝之初"，即公元968至976年

之前段，工程营造"历二十年余"至淳化二年成碑，中佛殿始建年代在公元991年之前，与山西平遥镇国寺万佛殿建造年代相距不远[1]。

（2）同碑记载，"行顒"禅师同"邑头李顯等""结构斋堂"，行顒可称创寺第一主人。

（3）行顒的更大功绩是奔走至国都开封，所谓"直将圣事，奔诣天庭，说有佛之不非，奏无明之不昧"，有幸"寻蒙勅问，具奏因依"，最终得以"感疏冕之陡懂，勅寺名之忽降，曰崇明之寺"。

（4）在寺院建造过程中，"取鹤栖之梁栋，远寻哲匠，结构斋堂"或可说明崇明寺的早期建筑做法带有某些"远来"的特征，或即北宋早期最为"时尚"、"官样"的做法。

（5）从宋至清，"代远年湮"，崇明寺"屡经修葺"但记载匮乏。

（6）时至清代嘉庆年间，崇明寺所经历的修缮工程"缺者补之，朴者饰之，规惟由旧制，或□新作"，中佛殿应属于旧制的延续。

[1] 刘畅，刘梦雨，王雪莹. 平遥镇国寺万佛殿大木结构测量数据解读. 中国建筑史论汇刊(第五辑). 北京：清华大学出版社，2012：101-148

二　平面实测

崇明寺中佛殿用檐柱一周8根，而柱被墙体包裹，难以确定柱脚位置，又因三维激光扫描仪难以俯视扫描而获得露明柱头平面数据，因此选用了通过柱头斗栱的头跳华栱来间接测量大殿平面数据。

具体方案如图所示（图5），是从三维激光扫描仪所得的扫描点云数据中分别量取相邻柱头斗栱头跳华栱侧面间距，为尽量取得足够数据量，每开间和进深都测量相邻柱头斗栱的头跳华栱包括左侧面到左侧面以及右侧面到右侧面在内的距离，以其平均值来确定柱头间距。

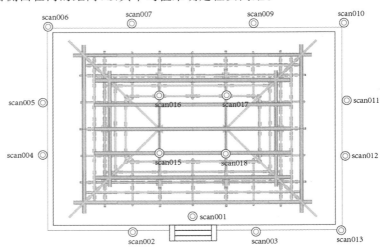

图5　崇明寺中佛殿三维激光扫描布站图

在实施过程中,发现角柱有一定生起,但受限于测量手段和精度,未能发现明显规律。柱头间距测量结果如表2所示。

表2　崇明寺中佛殿柱头间距实测数据统计　　　　　（单位:毫米）

	面阔明间	面阔西次间	面阔东次间	进深南次间	进深北次间
南立面-L	4564	3768	3795		
南立面-R	4554	3769	3791		
北立面-L	4541	3772	3806		
北立面-R	4532	3782	3808		
东立面-L				3773	3797
东立面-R				未及	3790
西立面-L				未及	3781
西立面-R				3789	未及
最大值	4564	3782	3808	3789	3797
最小值	4532	3768	3791	3773	3781
均值	4548	3773	3800	3781	3789

从表2中的数据可以看出,面阔次间和前后进深开间实测值基本相等,均值为3786毫米。进一步计算,可以看出明间面阔是次间面阔(进深)的1.2倍,又结合宋尺的一般范围,考虑到当时设计者可能存在的简明算法,则有如下推算(表3)。

表3　崇明寺中佛殿柱头间距用尺推算　　　　　（单位:毫米/尺）

测量对象	面阔明间	面阔、进深次间	明间与次间面阔(进深)之比
实测均值	4548	3786	1.20
推算用尺	15	12.5	1.20
推算结论	1营造尺＝303毫米		
实测折合营造尺	15.01	12.50	1.20
吻合程度	99.93%	99.96%	—

初步分析可知大殿平面尺丈设计如下:
(1) 立柱层通面阔4丈,其中明间面阔1.5丈,次间面阔1.25丈;
(2) 立柱层通进深2.5丈,每间进深1.25丈。

三　斗栱实测

中佛殿所用外檐柱头斗栱均为双杪双下昂七铺作;面阔、进深方向每间各用补间铺作一朵,其斗栱底部不施栌斗,头跳华栱与泥道慢栱层柱头枋交构,可计为四层铺作——华栱层、异型华栱层、耍头层、衬方头/替木层。

实测过程中,以求在最大程度上把握斗栱空间姿态和形变特点,在每朵斗栱中寻求最接近原始设计的特征数据,因此采取了广泛、全面测量所及的所有斗栱数据的方针,而并非针对一朵所谓的"典型构件"进行穷尽的测量精确化。就具体方法而言,斗栱材厚通过手工多次测量形成数据表,筛选特异值,确定取值区间;而对于斗栱可见构件的相对尺寸——如出跳距离、足材高等,通过三维激光扫描得到的点云数据来提取则更有优势。

首先,根据现场条件,通过手工测量得到斗栱内跳各跳材厚值如表4所示。

❶ 由于现场堆积粮食等物,外檐铺作外跳部分数据测量未及。

表4 崇明寺中佛殿材厚实测数据统计 （单位:毫米）❶

铺作名称	内头跳	内二跳	内三跳
南东头	159	150	152
南西头	149	154	150
北东头	159	150	158
北西头	153	156	158
东头	157	150	150
西头	150	152	142
南东角	151	153	148
南西角	156	158	151
北东角	143	155	154
北西角	144	154	156
南明补	152	149	未及
南东补	155	151	未及
南西补	148	157	未及
北明补	151	149	未及
北东补	154	*162*	未及
北西补	148	148	未及
东北补	156	150	未及
东南补	148	152	未及
西北补	147	158	未及
西南补	156	144	未及
最小值	143	144	142
最大值	159	158	158
去特异值均值	151.8	152.1	151.9
均值	151.8	152.6	151.9
总平均值	151.9		

注:斜体数字为有明显劈裂变形

从以上数据统计可以看出,斗栱材厚基本保持在一个稳定的范围内(142,159),且所及之三跳之间并无用材差异现象,总体均值为151.9毫米。分布情况如图6、图7所示。

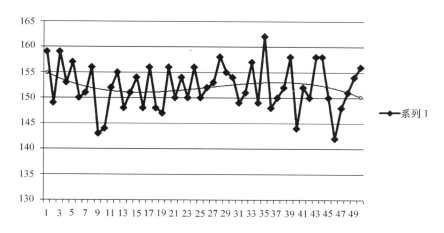

图6　崇明寺中佛殿材厚实测数统计图

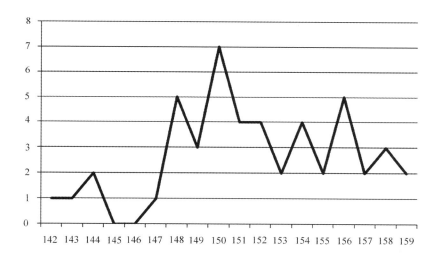

图7　崇明寺中佛殿材厚实测数据分布图

再有,通过三维激光扫描点云文件,本次测绘还提取了大殿斗栱足材广以及第一二跳总出跳、第三四跳总出跳。这组数据是构件间的相对空间关系数据,相对构件本体尺寸来说,不论构件本身尺度因匠人节约木材、便捷施工、历史修缮等因素如何调整变化,构件之间的空间关系相对稳定且难以随意更改,牵一发而动全身,这关系各构造间能否对应吻合等关键问题,因此这组数据也更能反映出原始的设计意图(表5、表6)。

表 5　崇明寺中佛殿柱头铺作结构关系尺寸实测数据统计表　　　　　　　　　　　　　　　　　（单位：毫米）

测量位置	泥道跳高（足材广）				华栱高（足材广）		出跳	
柱头铺作	第一跳	第二跳	第三跳	第四跳	头跳	二跳	头二跳出	三四跳出
南东头-L	304.7	300.8	290.9	297.6	302.1	303.3	747.9	730.6
南东头-R	286.6	305.1	294.4	312.7	307.3	297.0	752.9	730.3
南西头-L	310.8	303.2	294.7	314.5	308.5	300.6	733.2	698.8
南西头-R	308.4	315.2	283.9	310.5	313.0	299.0	730.7	688.8
北东头-L	298.9	297.1	288.4	305.7	306.8	294.4	740.7	723.6
北东头-R	306.0	295.8	307.0	299.6	305.3	292.7	736.4	716.4
北西头-L	305.6	307.8	291.5	324.6	304.0	293.3	733.2	727.9
北西头-R	305.6	305.8	291.6	326.8	305.5	302.5	728.2	718.6
东头-L	303.4	293.0	303.5	306.6	305.4	292.8	734.8	697.7
东头-R	306.4	303.4	301.7	306.9	306.9	283.7	727.0	692.2
西头-L	296.2	312.5	297.4	345.1	312.2	285.4	730.6	697.8
西头-R	301.7	315.2	300.4	341.2	309.4	292.2	734.7	707.6
南东角-L	299.4	306.4	297.3	316.1	298.5	308.9	737.7	746.5
南东角-R	309.4	300.9	293.8	311.2	307.7	299.1	723.0	686.6
南西角-L	293.5	317.7	276.7	309.5	299.9	299.5	721.4	721.9
南西角-R	311.8	306.9	307.4	312.6	304.8	300.3	742.8	703.8
北东角-L	301.2	309.1	287.1	306.7	296.5	309.3	712.3	721.6
北东角-R	297.5	317.3	297.7	303.3	301.7	307.0	726.2	716.2
北西角-L	312.5	303.9	298.5	310.6	298.4	309.3	718.4	741.4
北西角-R	297.6	310.8	298.7	320.1	300.0	301.5	702.3	702.8
最小值	286.6	293.0	276.7	297.6	296.5	283.7	702.3	686.6
最大值	312.5	317.7	307.4	345.1	313.0	309.3	752.9	746.5
均值	302.9	306.4	295.1	314.1	304.7	298.6	730.7	713.5

表 6　崇明寺中佛殿补间铺作结构关系尺寸实测数据统计表　　　　　　　　　　　　　　　　　（单位：毫米）

测量位置	泥道跳高（足材广）				华栱高（足材广）		出跳	
补间铺作	第一跳	第二跳	第三跳	第四跳	头跳	二跳	头二跳出	三四跳出
南明补-L	NA	308.5	308.3	306.2	305.0	316.4	714.1	734.9
南明补-R	NA	305.9	312.2	301.4	306.3	312.1	720.7	725.6
南东补-L	NA	305.5	295.5	312.6	308.6	303.5	726.2	727.5
南东补-R	NA	303.6	298.1	313.9	304.0	311.5	723.3	733.4

续表

测量位置	泥道跳高(足材广)				华栱高(足材广)		出跳	
补间铺作	第一跳	第二跳	第三跳	第四跳	头跳	二跳	头二跳出	三四跳出
南西补-L	NA	308.5	303.6	310.0	319.9	298.8	718.5	729.2
南西补-R	NA	297.7	304.3	309.3	315.0	303.0	714.8	726.6
北明补-L	NA	313.3	308.5	325.7	300.4	321.3	723.3	727.2
北明补-R	NA	310.2	311.9	316.1	308.7	297.7	715.3	730.7
北东补-L	NA	296.9	304.1	309.6	298.4	301.9	720.2	729.9
北东补-R	NA	296.4	304.1	306.3	297.0	309.8	722.1	729.1
北西补-L	NA	307.6	292.7	314.4	301.7	288.8	722.9	710.6
北西补-R	NA	311.7	286.7	321.8	303.7	304.1	721.3	714.5
东北补-L	NA	319.9	298.6	307.0	307.3	311.8	724.4	726.0
东北补-R	NA	319.3	297.1	309.6	307.6	308.7	722.7	722.4
东南补-L	NA	311.1	294.1	315.7	298.7	305.6	727.7	729.4
东南补-R	NA	316.5	292.9	312.5	299.3	309.1	727.3	721.4
西北补-L	NA	307.0	304.1	308.3	295.6	305.0	727.6	743.4
西北补-R	NA	306.5	298.8	313.7	302.6	304.8	729.0	730.0
西南补-L	NA	318.3	313.6	311.3	305.7	317.4	723.1	732.3
西南补-R	NA	317.7	317.3	314.4	308.1	316.6	721.0	742.2
最小值	NA	296.4	286.7	301.4	295.6	288.8	714.1	710.6
最大值	NA	319.9	317.3	325.7	319.9	321.3	729.0	743.4
均值	NA	309.1	302.3	312.0	304.7	307.4	722.3	728.3

通过以上表5、表6的罗列,可以看出:

(1)由于外檐铺作长期受荷载影响,形变情况相当复杂,因此足材数据取值虽多,离散性也较大(图8、图9)。

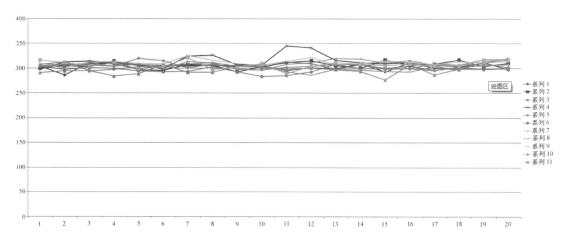

图8 崇明寺中佛殿足材广实测数统计图

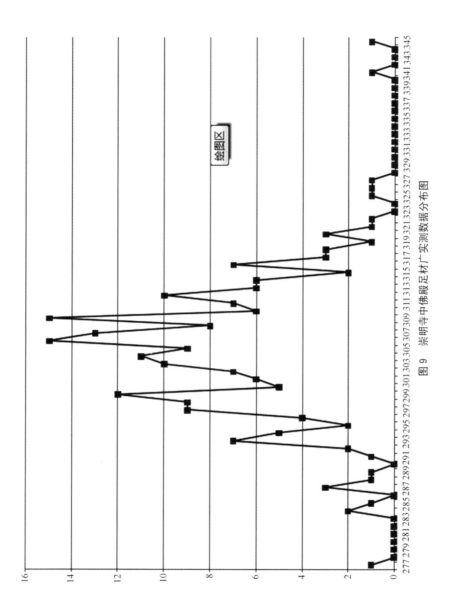

图 9 崇明寺中佛殿足材广实测数据分布图

（2）关于出跳尺度，在测量斗栱出跳时发现一个普遍现象，就是补间铺作和柱头铺作的出跳存在明显差异，从表5中可以看出，柱头铺作的一二跳出之和普遍大于三四跳出之和，而在补间铺作中二者则基本相当，不存在显著差异（图10、图11）。考虑到柱头铺作对于结构的重要性大于补间铺作，构造更加复杂，如有下昂等斜向构件，使得各构件之间的空间逻辑关系相互限制得更加紧密，因而受到后代修缮的人为扰动的可能性小于补间铺作。笔者初步判断，这种现象的成因可能是由于补间铺作为后代所成，而后代修缮的工匠在设计施工过程中并未理解前人的设计意图，最终形成了如此的尺度差异。因此在下文的推算中，将主要选取柱头铺作数据作为分析依据。

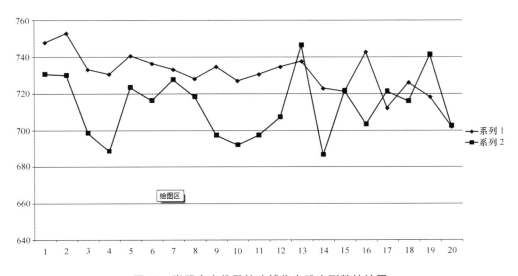

图10　崇明寺中佛殿柱头铺作出跳实测数统计图

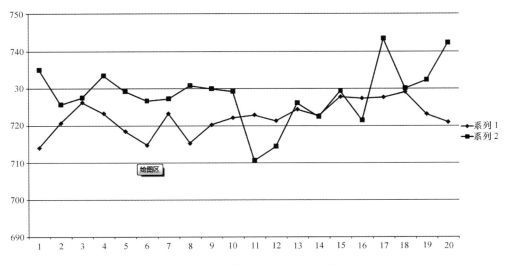

图11　崇明寺中佛殿补间铺作出跳实测数据分布图

四 下昂斜度问题

延续上文所做的斗栱实测数据统计,同时结合上文做出的用尺推算——营造尺长303毫米,可以产生几点初步认识:

(1) 斗栱材厚正好折合半尺,若以此为基准分为10分°,每分°0.5寸。

(2) 与平遥镇国寺双杪双下昂七铺作出跳设计一致,第一二跳总出跳48分°;第三四跳总出跳47分°。

(3) 足材广非常接近20分°,而非《营造法式》规定的21分°。

这一组材份推算属于常规工作,而其中比较超出常规的是足材实测数据现象与现有研究中常见数据规律的矛盾。抽出足材实测数据情况进行归纳得到表7。

表7 崇明寺中佛殿足材高度实测数据统计表 (单位:毫米)

测量位置	均值	最小值	最大值	数据量
泥道第一跳	302.9	286.6	312.5	20
泥道第二跳	307.8	293.0	319.9	40
泥道第三跳	298.7	276.7	317.3	40
泥道第四跳	313.0	297.6	345.1	40
华栱头跳	304.7	295.6	319.9	40
华栱第二跳	303.0	283.7	321.3	40
总平均值	305.2			

如果简单用受垂直荷载影响而实测数据偏小来解释,则附会现有成果的倾向过于显著,说服力有限。有必要结合其他因素进行验证分析,而倾斜构件下昂恰好可以作为演算的入手点。

通过考察交接关系,可以得到中佛殿柱头铺作下昂的以下特点,兹于6朵柱头铺作中选取南立面东柱头和北立面西柱头二朵制图说明(图12):

(1) 头昂下皮与交互斗口的交接处不用华头子,交界点A位于承跳交互斗平上皮开口外棱,与平遥镇国寺万佛殿做法相同,而异于义县奉国寺大雄殿;

(2) 耍头归平,其上平当与第二跳上慢栱外棱相会于C点;由于构件形变、历史改造等原因,目前仍可判断"归平"的原始状况,但构件现状姿态则已无完全吻合原始设计者;

(3) 最外条骑昂交互斗与二昂之交接关系尚难以明确判断——尤其受到历史上更换交互斗、二昂、二昂上皮做出棱处理等影响,但考虑到归平做法的约束,耍头下皮/二昂上皮与相关构件当构成决定下昂斜度的简明三角形——笔者倾向于判定此第三四总出跳结合一足材高度确定下昂斜度。

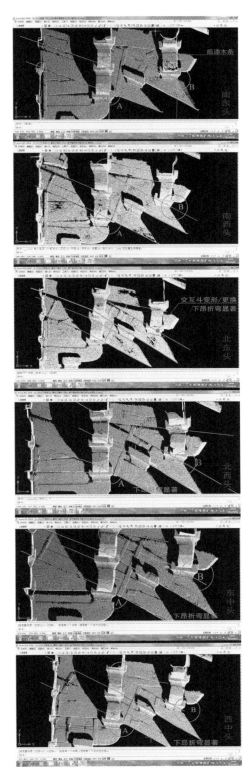

图 12　崇明寺中佛殿柱头铺作出跳实测数统计图

可以将上述实物中的 A、B、C 三点关系抽象如图 13 所示。于是,可以通过计算比较"平出 47 分°抬高 21 分°"与"平出 47 分°抬高 20 分°"二斜度设计,考察哪一种更吻合上述几何约束。

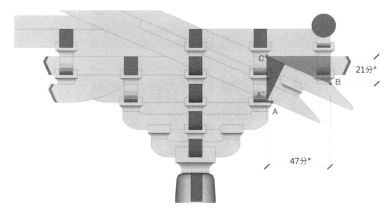

图 13　崇明寺中佛殿柱头铺作下昂斜度设计方法示意图

首先统计两根下昂广的实测数据如表 8 所示。

表 8　崇明寺中佛殿下昂广实测数据统计表　　　（单位:毫米）

测量位置	头昂广	二昂广	从第二跳承跳斗斗口外楞至瓜子栱水平出	上昂上皮与耍头上皮交会处自第二跳抬高
南东头-L	266.9	182.8	49.0	520.6
南东头-R	259.1	185.5	49.6	511.8
南西头-L	255.6	196.7	46.1	517.2
南西头-R	246.5	199.8	41.7	511.2
北东头-L	258.9	195.2	45.5	515.7
北东头-R	250.7	209.4	41.2	515.5
北西头-L	253.4	186.7	38.8	496.6
北西头-R	242.5	193.5	43.3	530.4
东头-L	273.2	196.3	45.2	528.7
东头-R	282.0	212.5	39.8	541.4
西头-L	264.3	176.8	42.8	495.2
西头-R	288.9	167.0	46.4	546.8
南东角-L	279.3	183.5	38.3	508.4
南东角-R	288.4	186.4	47.7	546.6
南西角-L	272.7	192.6	42.0	508.3
南西角-R	281.0	208.6	45.8	538.6

续表

测量位置	头昂广	二昂广	从第二跳承跳斗斗口外楞至瓜子栱水平出	上昂上皮与耍头上皮交会处自第二跳抬高
北东角-L	277.9	176.5	45.5	489.0
北东角-R	278.4	201.6	45.2	537.3
北西角-L	266.0	193.7	38.6	525.8
北西角-R	247.6	202.9	41.2	522.0
最小值	242.5	167.0	38.3	489.0
最大值	288.9	212.5	49.6	546.8
均值	266.7	192.4	43.7	520.4

从中可以得出一个理想斗栱模型中的等式关系：

二昂组合垂高＝二昂广根据下昂斜度基准三角形计算值

＝上昂上皮与耍头上皮交会处自第二跳抬高－从第二跳承跳斗斗口外楞至瓜子栱抬高

于是有表9：

表9　崇明寺中佛殿下昂斜度推算分析表　　　　　　　　　　（单位：毫米）

测量对象与推算	头昂广	二昂广	从第二跳承跳斗斗口外楞至瓜子栱水平出	上昂上皮与耍头上皮交会处自第二跳抬高
均值	266.7	192.4	43.7	520.4
折合分°	17.55	12.66	2.88	34.24
受力情况说明	受压受弯	受压受弯	受压	
变形情况说明	难以判断	变大	变小	
以47/20斜度计算垂高（抬高）	289.8	209.1	18.6	
折合分°	19.07	13.76	1.22	
以47/21斜度计算垂高（抬高）	292.1	210.7	19.5	
折合分°	19.22	13.86	1.28	
以47/20斜度计算垂高＋抬高	517.5 折合34.05分°			
以47/21斜度计算垂高＋抬高	522.3 折合34.36分°			
以47/20斜度计算值与实测吻合度	99.44%			
以47/21斜度计算值与实测吻合度	99.63%			

由表9可以看出，以47/20斜度的垂高计算值是小于实测均值（520.4毫米）的，而以47/21斜度的垂高计算值大于实测值，考虑到足材构件长期

受压变形导致实测值会偏小——而绝不应变大，因此本文更倾向于给出崇明寺雷音过殿下昂斜度符合"平出 47 分°，抬高 21 分°"的基准三角形的结论——此结论与现分析的三个类似实例相一致[1]，即佛光寺东大殿、镇国寺万佛殿、奉国寺大殿。

[1] 刘畅，刘梦雨，王雪莹. 平遥镇国寺万佛殿大木结构测量数据解读. 中国建筑史论汇刊（第五辑）. 北京：清华大学出版社，2012：135

五 屋架实测

本文偏重理解设计者的大木尺度设计思路，因此主要关注了构件间的相对关系以及梁架构件的相对距离，这些数据很适合利用三维激光扫描来提取。而构件本身的尺寸，相对于构件之间的空间逻辑，对于理解设计者的意图来说，则相对次要，并且梁架中各槫、栿、串、额、柱等构件的尺寸更宜采用手工测量取得，但限于工作条件未能及此。同时本次测量为初步踏勘，而非精细测绘，由于梁架间的相互遮挡造成部分数据难以获取，无法实现数据的完整性。

利用室内三维激光扫描点云文件，可以提取明间东、西缝以及东西两山面的架道关系数据，即架道 1（柱心至下平槫）、架道 2（下平槫至上平槫）、架道 3（上平槫至脊槫）的水平距离。考虑到架道分°数和应与开间丈尺折合分°数相关，以此调整均值数据，反映在个别数据之吻合程度上略低于 99%。所得结果如表 10 所示。

表 10　崇明寺中佛殿架道实测数据分析表　　（单位：毫米）

屋架位置	北坡			南坡		
	架道 1	架道 2	架道 3	架道 1	架道 2	架道 3
明间东缝-S	1836.4	1701.2	1725.2	未及	未及	未及
明间东缝-N	未及	未及	未及	1877.5	1693.7	1696.6
明间西缝-S	1841.2	1742.8	1654.4	未及	未及	未及
明间西缝-N	未及	未及	未及	1903.8	1742.5	1629.4
东山-S	未及	1781.3	1681.8	未及	未及	未及
东山-N	未及	未及	未及	1867.2	1731.9	1693.3
西山-S	1858.9	1727.7	1666.8	未及	未及	未及
西山-N	未及	未及	未及	1867.2	1759.6	1614.1
最小值	1836.4	1701.2	1654.4	1867.2	1693.7	1614.1
最大值	1858.9	1781.3	1725.2	1885.2	1759.6	1696.6
均值	1845.5	1738.3	1682	1878.925	1731.9	1658.4

续表

屋架位置	北坡			南坡		
	架道1	架道2	架道3	架道1	架道2	架道3
折合分°	121.41	114.36	110.66	123.61	113.94	109.11
取整分°	120	115	110	120	115	110
吻合程度	98.82%	99.45%	99.40%	96.99%	99.08%	99.19%

橑风槫至下平槫的水平距离无法直接从三维激光扫描点云文件中获取,但其值正好为架道1水平距离与斗栱总出跳距离之和,因此求得橑风槫至下平槫的水平距离均值为1864.5毫米。由于三维激光扫描也无法直接测量下平槫至橑风槫的垂直距离,因此采用了间接测量的方法,即分别测量出下平槫至内第三跳的垂直距离与橑风槫至外檐第三跳的垂直距离,又测得橑风槫至外檐第三跳的垂直距离均值为325.6毫米,因而做差求得下平槫至橑风槫的垂直距离均值为802.1毫米。表11中归纳橑风槫至脊槫之间各步的垂直距离。

表11 崇明寺中佛殿各架道抬高数据分析表 （单位:毫米）

	橑风槫至下平槫	架道2举高	架道3举高
均值	802.1	855.1	1121.7
折合尺	2.65	2.82	3.70
规整尺	2.65	2.85	3.70
吻合程度	99.89%	99.19%	99.94%
折合分°	52.77	56.26	73.80
规整分°	53	56	74
吻合程度	99.56%	99.54%	99.72%

从中可以得出前后橑风槫总距690分°,总举高183分°。"举屋之法"近似于前后橑风槫距四份举一,略有增加。从另一个角度考察,屋顶举折坡度也可能存在其他特殊规律,如由脊槫向下分别为0.67、0.49、0.43,接近0.67即2/3,0.5正是1/2,0.43约为3/7的解读(表12)。

表12 崇明寺中佛殿各架道抬高比率分析表 （单位:毫米）

	水平距离	垂直距离	坡度
橑风槫至下平槫	123	53	0.43
下平槫至上平槫	115	56	0.49
上平槫至脊槫	110	74	0.67
总计	348	183	—

从以上实测数据及分布情况可以发现万佛殿屋架的槫距离散现象较为严重,由于数据量获取、覆盖面有限,又缺乏对于梁上各构件尺度的测量,而屋架存在后代修缮的很大可能性,也很难找到具有揭示作用的片段。因此只能尝试用与前文相同的方法进行分析,所得到的结果并不能作为推荐的结论和假说。

六　结论与讨论

总结上文中对现有各部分实测数据的统计分析,可以得到关于崇明寺中佛殿大木设计丈尺的"理想模型"(图14),并可整理一下要点：

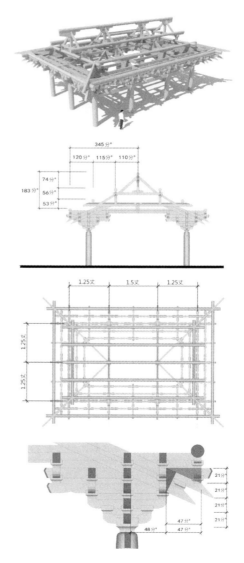

图 14　崇明寺中佛殿木结构丈尺设计示意图

(1) 始建所用营造尺长303毫米；材份制度为每分°0.5寸。

(2) 柱头平面设计与其上架道设计相对应，为面阔明间1.5丈，次间面阔1.25丈；进深二间各深1.25丈。

(3) 架道设计为橑风槫至下平槫6尺，折合120分°；下平槫至上平槫5.75尺，折合115分°；上平槫至脊槫5.5尺，折合110分°。

(4) 屋架举折规律不清，或为后代改造所扰动。

(5) 斗栱材份设计与平遥镇国寺双杪双下昂七铺作一致，材厚10分°；第一二跳总出跳48分°，第三四跳总出跳47分°，共出跳95分°；足材广21分°。

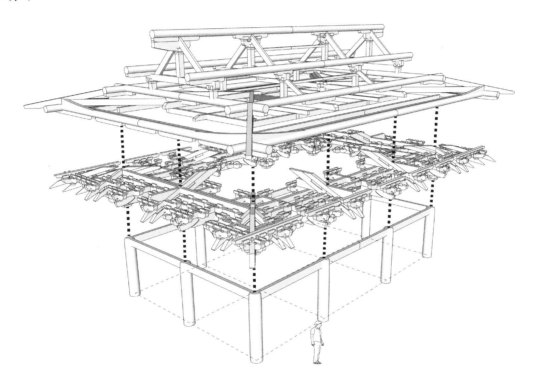

图15　崇明寺中佛殿木结构构成示意图

需要补充的是崇明寺中佛殿与平遥镇国寺万佛殿斗栱材份设计的雷同现象。我们不应忽视榆次永寿寺雨花宫与镇国寺题记存在相类的现象❶，以及其他建筑不同局部的其他暗示同源匠作源流的微观特征。这些特征是否反映出匠作的活动轨迹呢？

回到崇明寺中佛殿与平遥镇国寺万佛殿的斗栱，对比本文开篇提到的那些早于《营造法式》的七铺作实例，北宋早年之双杪双下昂七铺作做法是否经历了五代山西匠人的设计调整？这些调整到底与"取鹤栖之梁栋，远寻哲匠，结构斋堂"的碑刻文字存在什么样的呼应呢？

❶ 刘畅，徐扬. 也谈榆次永寿寺雨花宫大木结构尺度设计——与段智钧先生商榷. 建筑史(第30辑)，北京：清华大学出版社，2013

《营造法式》中的"骑枓栱"辨析

朱永春

(福州大学建筑学院)

摘要:"骑枓栱"是宋《营造法式》中上昂铺作的构件,《营造法式》并未对之详明。既有文献是将骑在上昂之上的重栱判作骑枓栱,存疑较多。文章在《营造法式》文本分析基础上,指出骑枓栱不是斗栱的分件,而是斗栱一组构建的统称。它是上昂铺作中,跨于两跳之间的华栱和枓(或上昂和枓)。

关键词:《营造法式》,上昂,骑枓栱

Abstract: Qi Bracket Sets is the component of Shang'ang in the Yingzaofashi, but the Yingzaofashi doesn't have a detail explanation upon it. Some researchers called the Chonggong on the Shang'ang as Qi Bracket Sets, but it has dispute. This paper based on analysis of Yingzaofashi and point out that Qi Bracket Sets is the Huagong or Shangang between two.

Key Words: Yingzaofashi, Shang'ang, Qi Bracket Sets

"骑枓栱"是宋《营造法式》(以下简称《法式》)在论及大木作之上昂时,引入的一个构造称谓,虽然《法式》卷四大木作制度中的"飞昂"条和卷三十大木作图样中都述及,但何为"骑枓栱",为何称"骑枓栱",《法式》并未明示。梁思成《营造法式注释》中,将骑在上昂之上的重栱,判作骑枓栱,但这与《法式》中所述的骑枓栱特征并不一致。本文在对《法式》文本剖析的基础上,指出:骑枓栱是上昂铺作中,跨于两跳之间的栱和枓(或昂和枓),并对《法式》中所述及的骑枓栱特征,一一加以验证。

一 对《营造法式》中骑枓栱的既有诠释及存疑

梁思成《营造法式注释》中,将骑在上昂之上的重栱[2],判作骑枓栱,将其定义为:横跨上昂背,其平面投影与上昂平面投影成直角正交的栱。"骑"字本义源自骑马,《说文》释:"骑,跨马也。"[3] 位于上昂之上的重栱,与"骑"的形象非常吻合(图1),以致这一判断虽然与《法式》述及的骑枓栱特征多有不符,将骑枓栱释为上昂之上的重栱,并无质疑。此后一般文献均沿用了这一判断[4]。

---

[1] 编者按:本文所提观点,本刊编委持有不同意见,但本着文责自负的原则进行刊登,以供读者自行评判。
[2] 梁思成.营造法式注释.北京:中国建筑工业出版社,1983:118,247
[3] 许慎 撰,段玉裁 注.《说文解字注》(经韵楼藏版).上海:上海古籍出版社,1981:114
[4] 潘谷西,何建中.营造法式解读.南京:东南大学出版社,2005:102;陈明达.《营造法式》辞解.天津:天津大学出版社,2010

首先须注意,重栱本身与偷心造并不相悖。梁思成在作出上述骑枓栱判断时,曾发出疑问:"两跳当中施骑枓栱……宜单用,其下跳并偷心造。但法式卷三十上昂骑枓栱侧样俱用重栱未知孰是?"❶(图1)❷ 显然,《营造法式注释》将重栱等同于计心。从《法式》中"凡铺作,逐跳上安栱谓之计心;若逐跳上不安栱而再出跳或出昂者,谓之偷心"❸(卷四·总铺作次序)看,"计心"还是"偷心",要看跳头上安没安横栱。《法式》在定义偷心时注:"凡出一跳南中谓之出一枝,计心谓之转叶,偷心谓之不转叶,其实一也。"❹ 南中,泛指南方。联系到《法式》中将华栱出跳称"杪",而"杪"的本义为树枝的末梢,《说文》释:"杪,木标末也。"计心与偷心称作"转叶"与"不转叶",是将华栱端头有无横栱形象地比作树梢有无叶子。可见,"计心"还是"偷心",要看跳头上安没安横栱。至于重栱,《法式》曰:"若每跳瓜子栱上施慢栱,慢栱上用素方,谓之重栱。"❺(卷四·总铺作次序)显然重栱定义中并不要求在跳头。但由于除上昂铺作等外,大多重栱都是安在跳头,是计心的,很容易将"重栱"等同于"计心"。总之,上昂铺作中重栱并非位于跳头,与骑枓栱为偷心造不矛盾。

❶梁思成.营造法式注释.北京:中国建筑工业出版社,1983:118,247

❷《营造法式》中繁体字及异体,表示不同的意义。如"枓"表示"枓栱"之"枓",斗表示"斗底"之"斗","鬬"表示拼接。如简化为"斗"就混同了不同词义。因此本文引用中一律尊重原文,不去简化为简体字。文中凡须区别处,也保留繁体字及异体字。

❸李诫.营造法式.北京:中国书店,2006。

❹李诫.营造法式.北京:中国书店,2006。

❺李诫.营造法式.北京:中国书店,2006。

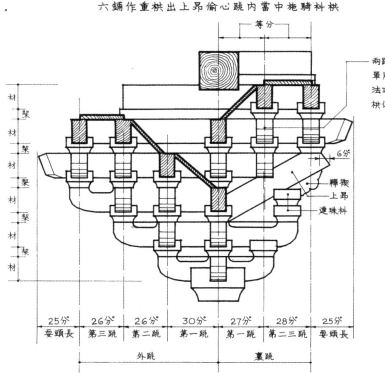

图1 梁思成就《法式》中上昂类型"六铺作重栱出上昂跳内当中施骑枓栱",判断骑枓栱和疑虑
(引自:营造法式注释:247)

虽然,上昂铺作中的重栱不位于跳头,不足以改变铺作是偷心造。但将

骑枓栱判作重栱,仍有一个难以逾越的障碍,是与《法式》中所云骑枓栱为偷心造相悖。《法式》中"计心"或"偷心",是就出跳的华栱或昂而言。例如,在《法式》给出的上昂类型"六铺作重栱出上昂跳内当中施骑枓栱"中(图1),我们可以逐跳称华栱或上昂是计心或偷心,不可称其上的横栱本身(如令栱)是计心。由此可知,如果骑枓栱为偷心造成立,它只能是出跳的华栱或昂。此外《法式》图样的标注,如"六铺作重栱出上昂偷心,跳内当中施骑枓栱"(图2),同样一组构件,既称"重栱",又称"骑枓栱",也不符合《法式》图样的标注的原则。

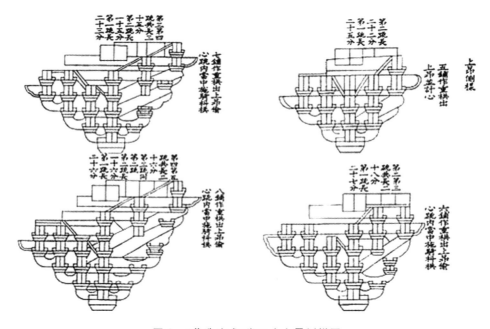

图 2 《营造法式》卷三十上昂侧样图

二 骑枓栱是上昂铺作中,跨于两跳之间的华栱(或上昂)和枓

由上文我们可以知道,如果骑枓栱为偷心造成立,它只能是出跳的华栱或昂。以下我们剖析:

(1)骑枓栱是上昂铺作中,跨于两跳之间的华栱(或上昂)和枓;

(2)依据上昂铺作何属性,称其为骑枓栱。简言之,厘清何为骑枓栱,为何称骑枓栱。

何为骑枓栱,《法式》中关于骑枓栱,主要有卷三十的 3 幅侧样图和下面 3 条文字:

(1)"如六铺作重杪上用者……于两跳之内当中施骑枓栱。"❶(卷四·飞昂)❷

❶ 李诫. 营造法式. 北京:中国书店,2006
❷ 梁思成《营造法式注释》断句:"于两跳之内,当中施骑枓栱。"(《营造法式注释》第 115 页)本文重新断句。

(2)"凡骑枓栱,宜单用其下跳,并偷心造。"❶(卷四·飞昂)❷

(3)上昂条目下,七铺作和八铺作分别有小注:"其骑枓栱与六铺作同"与"其骑枓栱与七铺作同"。❸(卷四·飞昂)❹

首先,《法式》卷三十共给出 4 幅上昂侧样图(图 2),里跳分别为五铺作、六铺作、七铺作和八铺作,其中五铺作上昂铺作中无骑枓栱,标注为"五铺作重栱出上昂,并计心",其他三幅上昂侧样图中有骑枓栱,标注类型均为"□铺作重栱出上昂偷心,跳内当中施骑枓栱"(其中"□"为铺作数)。由此可知:①骑枓栱为偷心;②骑枓栱在"跳内当中"。这也与上述《法式》卷四"飞昂"条的两条文字完全一致。

何为"跳内当中"? 梁思成《营造法式注释》中将其理解为骑枓栱(实为重栱)位于上昂的中部,并在柱中心线与令栱中心线间标出"等分"。但六铺作重栱出上昂中,前后分别为 27 分°与 28 分°(图 1),并不相等。《法式》中八铺作的重栱出上昂中,前后各 42 分°,恰好居中。但七铺作的重栱出上昂中,前后分别为 38 分°与 35 分°,相去甚远。可见,将"跳内当中"理解成重栱位于上昂的中部,与图样不符。从《法式》卷四"飞昂"条"如六铺作重杪上用者……于两跳之内当中施骑枓栱。"❺可知,这里"跳内当中",指的是"两跳之内当中"。对"六铺作重栱出上昂",指的是第一跳华栱与第三跳上昂之间的第二跳华栱(图 3),在施骑枓栱前,只是一跳,其实际份数也约略一跳。作为骑枓栱的第二跳华栱和连珠枓,居"两跳之内当中"。对"七铺作重栱出上昂",骑枓栱为第三跳的上昂和齐心枓,居第二跳华栱与第四跳的上昂"两跳之内当中"(图 4);对"八铺作重栱出上昂",骑枓栱为第四跳的上昂和齐心枓,居第三跳华栱与第五跳的上昂"两跳之内当中"(图 5)。

❶李诫.营造法式.北京:中国书店,2006
❷梁思成《营造法式注释》断句:"凡骑枓栱,宜单用,其下跳并偷心造。"(《营造法式注释》第 118 页)本文重新断句。
❸李诫.营造法式.北京:中国书店,2006
❹《营造法式》陶本中,无七铺作"其骑枓栱与六铺作同"的小注,应当为脱漏。

❺李诫.营造法式.北京:中国书店,2006

❻图 3~图 5 皆为笔者在《营造法式注释》图版基础上改制而成。

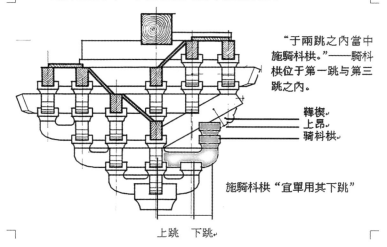

图 3 六铺作重栱出上昂,骑枓栱为第二跳华栱和连珠枓❻

第二,关于第(2)条:"凡骑枓栱,宜单用其下跳,并偷心造。"注意出跳是

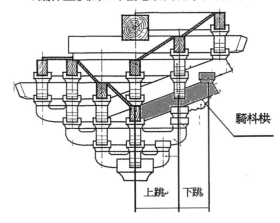

图 4　七铺作重栱出上昂，骑枓栱为第三跳上昂和齐心枓

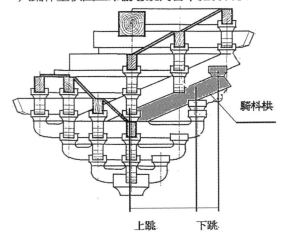

图 5　八铺作重栱出上昂，骑枓栱为第四跳上昂和齐心枓

从中心线向外伸臂，《法式》称"自栌枓心出"。出的起点是过栌枓和柱心的中心线，自然先出的部分称"上跳"，后出的部分称"下跳"。因为上跳已包含在出跳的其他华栱或上昂内，故"单用其下跳"（图3～图5）。此外，不难看出，上述骑枓栱均为偷心。

第三，关于第（3）条两条小注。七铺作"其骑枓栱与六铺作同"，如果六铺作上昂的骑枓栱判为第二跳华栱加连珠，而七铺作上昂的骑枓栱却是上昂加齐心枓，"同"如何解释。问题的关键在于，七铺作骑枓栱与六铺作的"同"指的是什么。

我们不妨看看《法式》其他处是如何处理"同"的。例如，《法式》殿堂八铺作双槽的草架侧样图中，有小注"斗底槽准此，下双槽同"（卷三十一·大木作图样下)。斗底槽准此,指八铺作斗底槽的草架侧样图中以八铺作双槽为准,亦即相同。下双槽同,指下一幅(七铺作)双槽的草架侧样图,也"斗底槽准此",即七铺作双槽同样也适用斗底槽。由此可知,《法式》中"同",是与前面文字相同,关键要看前面说了什么。

稍检《法式》就可以看出,六铺作上昂说的是:"于两跳之内当中施骑枓栱。"因此,七铺作"其骑枓栱与六铺作同",指的是七铺作也是"于两跳之内当中施骑枓栱"。这也可从《法式》图样中文字说明得到验证(图2)。

三 为何称作"骑枓栱"

我们首先注意:《法式》卷三十3幅图有骑枓栱上昂,骑枓栱出跳的分°数均未给出,而是和以后的一跳一并给出(图2)。如六铺作重栱出上昂中,第二跳骑枓栱和第三跳上昂共长28分°。七铺作重栱出上昂中,第三跳上昂(骑枓栱)和第四跳上昂共长35分°。第二,虽然与骑枓栱一起合为两跳,实际长度也约略一跳的分°数。这应该就是《法式》所云的"两重上昂共此一跳。"骑枓栱主要结构机能不在出挑,而在调整它所支承的上昂的倾角,所以骑枓栱出挑分°数并非定值。《法式》所"两跳之内当中",也不意味一定要位于两跳间的中心线上。"骑"的本义为"跨",颜师古注:"骑,为跨之耳。"引申为兼跨两边,如用"骑墙"比喻兼跨两边。《法式》中"骑"的类似用法,还有"骑槽檐栱"和"衬枋头骑槽"。"骑槽檐栱"之"骑",指檐柱缝上的华栱,一半在"槽"内,一半在其外。"衬枋头骑槽",也是因衬枋头一部分横跨在"槽"内,一部分在其外❶。《法式》命名为骑枓栱,应当是其跨在两跳之间。

第二,"骑枓栱"命名中"枓栱"两字,也值得注意。"枓栱"在《法式》中不是指分件,而是一类构造的统称。既然骑枓栱可能是华栱和连珠枓(图3),也可能是上昂加齐心枓(图4、图5),也只有"枓栱"一词,包含华栱和昂两类构件。

❶朱永春.《营造法式》殿阁地盘分槽图新探.建筑师,2006(6)

城市、园林及乡土建筑研究

金中都历史沿革与文化价值

王世仁
（北京市古代建筑研究所）

摘要：金中都作为12世纪中期中国四个独立政权（金、南宋、西夏、大理）中疆域最大的一个王朝的都城，先后存在了62年。然而在相当长的时间里，一直存在对金中都的价值认识不足的问题。本文通过梳理金中都历史沿革，试图从都城四至、城门、规划格局、寺院四方面的推测考证中还原真实的金中都，发掘金中都的文化价值，或可为今后城市建设与规划提供参考与借鉴。

关键词：金中都，历史沿革，文化价值

Abstract: As the capital of the dynasty which boasted the largest territory among the four independent regimes (Jin, Southern Song, Western Xia, Dali) in China in the mid 12th century, Zhongdu (Central Capital) had had a history of 62 years. However, its value hasn't been fully recognized for a long time. By reviewing the history and development of Zhongdu, conjecturing and studying the boundaries, city gate, planning layout and temples, the author attempts to present a truthful picture of Zhongdu and explore its cultural value, which might be used for reference in the future urban construction and planning.

Key Words: Zhongdu of the Jin Dynasty, history & development, cultural value

金朝（1115—1234年）是中国历史上少数民族女真族建立的统治我国东北和华北地区的封建王朝，是12世纪中期中国四个独立政权（金、南宋、西夏、大理）中疆域最大的一个王朝，其第四代皇帝完颜亮于天德三年（1151年）决定扩建辽南京（又名燕京）旧城，贞元元年三月乙卯诏告中外迁都于此，更名为中都，时在公元1153年4月21日，到今年（2013年）已是860周年。金宣宗贞祐三年（1215年）蒙古军占领中都，金帝南逃，作为首都，它存在了62年。

蒙古占领中都后，宫殿被毁，但街市寺庙仍然存在，元大都建成后，此处称为南城。至明军灭元，永乐帝建都，元大都及南城也逐渐湮没在明清街市郊野之中，直到近世，只能依靠少量地面痕迹及文献记录求其形态。自从1929年奉宽发表《燕京故城考》以来，80余年间又有多位学者进行了深入研究，金中都的真实状态陆续显现。

1990年西厢道路建设，西二环路从金宫城中间穿过，彻底破坏了中都的核心部分。1989年新建小区，规划的住宅楼正压在南城墙水关上，所幸经过多方呼吁，当时的市领导决定削减部分住宅，留下水关遗址。但是随着城市建设快速发展，在1947年地形图上有明确标示的长约2200米的西墙遗址，已经荡然无存了。应当承认，在相当长的时间里，我们对金中都价值的认识是不足的。今年（2013年）是北京建都860周年，笔者不揣浅陋，以一个非专业历史考古工作者的身份，在学习以往著作的基础上，再提出一些认识管见，以为建都之纪念。

一　蓟丘与蓟城

周武王初年封帝尧（一说黄帝）之后于蓟，蓟成为西周的一个小诸侯国。有国必有都，这个都就是蓟丘。不久燕国吞并蓟国，迁都于此，是为燕都。"蓟丘"之名始见于《战国策·燕策》，乐毅报燕王书："蓟丘之植，植于汶皇（篁）"，意思是把蓟丘的植物移种到齐国汶水，表示燕国占领了齐国。但蓟丘之"丘"，并不是后人解释的高地，而是一种城邑的称谓。

春秋战国时以"丘"命名的城邑很多，如营丘、雍丘、商丘、章丘、霍丘、宛丘、任丘等等，有些名称一直延续到现在。"丘"也是一种城邑的标准规模，《周礼·地官·小司徒》规定，四井为邑，四邑为丘，宋人考证井方 1 里，则 1 丘为 16 井，即每边 4 里，以西周初年 1 丈约等于 1.8～2.0 米，1 里等于 180 丈折算，则 1 丘每边约 1380 米，与后来唐幽州蓟城的子城基本一致。在已知的战国都城遗址中，赵邯郸的"王城"西南小城南北 1390 米，东西 1354 米，可能原来也是一个"丘"。又山西襄汾县赵康古城北部有一个方形"北小城"，每边长约 700 米，是四分之一的丘，可能原来是一个"邑"。当蓟丘成为燕都后，仍名为蓟，蓟城发展很快，考古发现，在今宣武门东西大街至陶然亭窑台一带有大量战国至汉的陶制井圈，说明当地居民密集。这个范围与后来唐辽城大体吻合，估计当时也筑有城墙，为后代沿用。

汉武帝元封元年（公元前 110 年）天下置 13 州，幽州为其一，是有幽州之始，治所在蓟城。北燕慕容儁于蓟城建都，在燕国宫殿基址上兴建宫室，又为其爱骑"赭白"铸铜像立于东掖门，唐代名铜马门，可见从十六国至唐已建成东墙，它应该也是战国时燕都的东墙。蓟城的北墙，据 20 世纪 70 年代勘探，在白云观以西有土城遗址，城下压有东汉墓葬，则此墙应为西晋至十六国时所筑，但也有可能此城墙原是战国燕都的北墙，在秦始皇三十二年（公元前 215 年）下令堕毁诸侯城时被毁，西汉在"无为而治"的国策指导下，没有大动城工，东汉时在旧墙遗址上建墓，西晋或北燕建都时在原址重新筑城的可能性很大。蓟丘的西、南延线与大城的东北墙围合，便是西晋至唐的蓟城。

但是，北魏《水经注》的一条记载却引起了后人对蓟丘的疑问，其"湿水（又名㶟水）"条记："昔周武王封尧后于蓟，今城内西北隅有蓟丘，因丘名邑也。"直指蓟丘之名来源于蓟城西北隅的高地。笔者认为，从战国以蓟丘为城邑之名到北魏，已过去了一千余年，后代人早已没有了前几代人对"丘"的认识，加之春秋战国时期诸侯"高台榭，美宫室，"盛行在高台上建宫殿，有一些高台被后代沿用。前燕被前秦所灭，蓟城归前秦，不久后燕又攻蓟城，城破前前秦守将焚毁宫室，遗留下个别高台，《水经注》作者郦道元见到的"丘"，可能就是这些高台的遗址。至于蓟丘在城之西南而书中记为西北，完全可能是流布过程中的误记。《水经注》从成书到宋代雕版，约 600 年间辗转传抄，后人校勘出不少错误，误南为北毫不奇怪。为此 20 世纪 70 年代考古工作者在蓟城西北，即今天的白云观以西苦苦寻找蓟"丘"遗迹，而终无所获，倒是 1957 年在今西二环路中部发现有高出路面的土丘，其中出土了战国半圆形瓦当，说明这里才是蓟丘，它既是城邑，也有高丘。

二　唐幽州蓟城与辽南京

隋朝统一全国，文帝时沿用幽州，炀帝改为涿郡，唐又复为幽州，治所皆在蓟城。在历时九百余年间，从战国的燕都到辽朝的燕京，蓟城规制完整定型。

唐、辽城址现在已无地面遗迹，前人都是根据文字描述和少量疑似地貌在地图上推测，因此已发表的两幅辽南京城复原图就不完全一致。一是侯仁之主编《北京历史地图集》1∶2.5万金中都图中标示的辽南京，其南北约3180米，东西约2780米；另一幅是于杰、于光度著《金中都》无比例尺辽南京复原图，从该图与套绘的近代街巷关系推测，其南北约2800米，东西约2900米，总之唐辽古城尺寸仍不明朗。

笔者认为，对古城四至的推测，应当重视文字记载和疑似地貌，但是中国历来文字记载多是文人著述，除非引述工程档案，所记尺寸都不太可靠，须综合各种证据才能确认；疑似地貌经过长期变迁，只能作参考印证，而不能当作非常准确的地标。在这两者的基础上更应当从规划理念方面梳理，从而推测出合理的格局和尺度。

文献记载中有三条最重要。一是《辽史·地理志》记，"城方三十六里"；二是〔宋〕路振《乘轺录》记，"幽州城周二十五里"，"子城幅员五里"；三是〔宋〕许亢宗《奉使金国行程录》记，"燕山府城。周围二十七里"。前人虽然根据记载及疑似地貌和地名认定了南京城的四至，但与上述文献还有不合之处。笔者由比较可靠的金中都四至（详见后文）反推南京城，可以得出比较合理的尺度。

金中都西、南二墙均有可以肯定位置的遗址，20世纪50年代阎文儒教授又经过实地勘测，考虑勘测中的误差，经过校正，按照吴承洛《中国度量衡史》的考证，以宋尺（金用宋制）1尺＝0.307米折算，其城东西为9里（约4973米），南北为8里（约4421米）。北墙辽金共用已是定论，其西面收入2里（约1105米），东面收入1.5里（约829米），南面收入3里（约1658米），则辽南京为东西5.5里（约3039米），南北5里（约2763米）。金中都城长宽比例为1∶0.89，辽南京为1∶0.9，两城比例基本一致。将此尺寸放到现代地形图上，可以看出，南京城的东墙在今烂缦胡同以西，西墙在莲花河南北河道以东，北墙在今头发胡同，南墙在今白纸坊街以南，周围共21里。依此尺寸对比文献，"城周二十七里"应是5×5.5＝27.5方里之数。"城周二十五里"是宋使笔记，作者当时只能估计，不可能实测，不论是记城周或是面积，都还算比较接近。至于《辽史》所记36里，更是元代人修史的记载，那时的南京城已被金中都取代，只能大概估计为每面6里，城方三十六方里。这也就不难理解，《辽史·地理志》记南京城墙厚度只有1丈5尺，作为大城城墙显然太薄。修《辽史》时南京城墙已进入金中都，只有子城基本保存辽城原形，1丈5尺（折约4.6米）应是子城城墙的厚度。

《奉使金国行程录》记燕山府城（即辽南京）"楼台高四十尺，楼计九百一十座"。楼台指的是城墙外凸的马面，上建碉楼，马面与城墙同高，城高40尺，按宋《营造法式·壕寨制度》规定，墙底宽为60尺。金中都南墙水关铺底石面共长21.35米，去掉南北雁翅，直长恰为6丈，辽金共用北城，可证辽城与金城制度相同,辽城周围共长 3780 丈(21 里),布置 910 座楼台,每台间距只有 3 丈,显然很不合理。笔者推测,九百一十应是九十一之误,辽城周减去 8 座城门,楼台的间距约 40 丈,是城高的 10 倍,比较合理。城墙城门两两对称,可布楼台 90 座,多出的一座就是子城东北角的燕角楼。

子城位于大城西南隅,其东北角有燕阁(燕角楼),东、北二墙即可定位,每边长约 1382 米,折合 2.5 里,《乘轺录》记"子城幅员五里",幅员指的是纵横尺度,纵横各 2.5 里共 5 里,路振记载无误。

南京城每面二门,其南墙西门丹凤门,西墙南门显西门为子城城门。西墙北门清晋门正当大城正中,城内檀州街直达东墙北门安东门。北墙东门拱辰门位在今西城区南、北闹市口交叉处,向南正对南墙东门开阳门,两门间为大城南北大街,其位置在今牛街。东墙南门迎春门内有临街之悯忠寺,即现在的法源寺,据此可以定出迎春门至子城东门宜和门,及西墙显西门的位置。南京的宫殿主体轴线之北为子城的北门子北门,再向北通向大城北墙西门通天门。根据城门的位置,可以看出各街的间距有相对整齐的尺寸,也就可以大致划分出里坊的界限如下:

北墙:东城墙距拱辰门 240 丈(约 737 米),拱辰门至通天门 400 丈(约 1228 米),通天门至西城墙 350 丈(约 1075 米)。

南墙:东城墙距开阳门 240 丈(约 737 米),开阳门至丹凤门 400 丈(约 1228 米),丹凤门至西城墙 350 丈(约 1075 米)。

东墙:南城墙至迎春门 210 丈(约 645 米),迎春门至安东门 240 丈(约 732 米),安东门至北城墙 450 丈(约 1381 米)。

西墙:南城墙至显西门 210 丈(约 645 米),显西门至清晋门 240 丈(约 732 米),清晋门至北城墙 450 丈(约 1381 米)。

经过梳理,这些尺寸数字都符合从汉代以来在规划、建筑设计中盛行的"象数"之说,也就是从"天人合一"的理念引申出的以抽象的数字比拟具象的天候,内容非常庞杂。比照上述尺寸的 210、240、350、400、450,21 为三阳与七星的乘积,24 为一年二十四节气,35 为三阳与五中之数,40 为一年四季、大地四方,45 为 N 九五至尊乘积或四方五中之数。

辽南京沿用唐幽州蓟城的格局,城内仍是里坊制,在大街之间垂直划分出矩形的"坊",坊有围墙,前后开门,有门楼坊匾。《乘轺录》记城内共有 26 坊,按照城内大街走向,结合用地尺度,子城以外大体上可以推测出这 26 坊的分布。南京城内街道宽度无记载,参照其前宋汴京及其后元大都街道,推测城门内大街 12 丈(约 37 米),次街 6 丈(约 19 米),小街 3 丈(约 9 米)。26 坊中有 7 个大型坊,19 个中型坊。经过近人研究对照文献,基本可以定出坊名的有归厚、棠阴、甘泉、时和、仙露、敬客、铜马、奉先、罽宾;从属县位置推测,辽西、劝利、平朔、归化在城西,军都、招圣、归仁、遵化、东同寰在城东(图 1)。

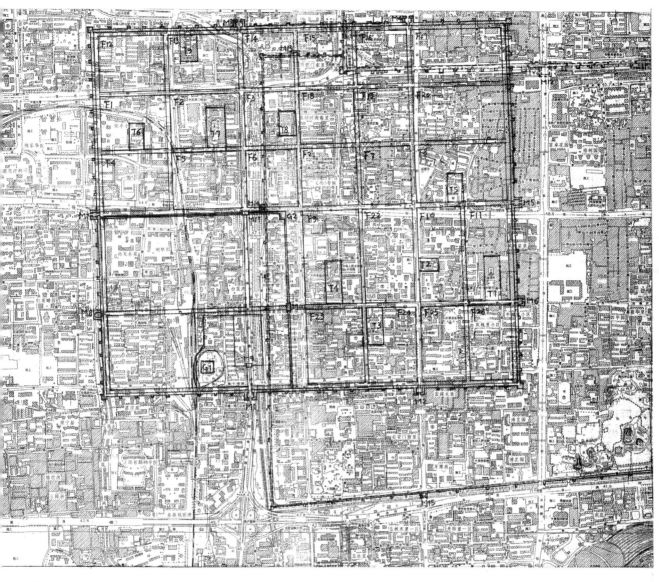

M1 丹凤门	M8 显西门	M15 明清右安门	T5 仙露寺	F3 棠阴坊	F10 厨宾坊	
M2 开阳门	M9 启夏门	G1 瑶屿	T6 辽祖庙	F4 归厚坊	F11 铜马坊	
M3 通天门	M10 宣和门	G2 燕角楼	T7 天王寺	F5 永平坊	F12–F26 待定坊名	
M4 拱辰门	M11 子北门	T1 悯忠寺	T8 昊天寺	F6 显忠坊		
M5 安东门	M12 明清宣武门	T2 伊斯兰礼拜寺	T9 天长观	F7 时和坊		
M6 迎春门	M13 明清西便门	T3 棠效传寺	F1 奉先坊	F8 仙露坊		
M7 清晋门	M14 明清安(宁)门	T4 悯寺延寿寺	F2 甘泉坊	F9 敬客坊		

图 1　辽南京城复原推测图

于杰、于光度《金中都》附辽南京图中，丹凤门外向南凸出一区，正门为启夏门，笔者检读文献，所谓启夏门实为宫殿正门，位在子城以内，南京城的正门还是丹凤门；侯仁之主编《北京历史地图集》金中都图则将前图中的凸出部分向东西取直，于是加长了子城的南北长度，都与笔者推测不同，记此以存疑。

三　金　中　都

金太祖保大二年(1122年)攻陷辽南京,次年交与北宋,名燕山府,二年后又收回,复名燕京。海陵王于天德三年(1151年)下令迁都,扩建燕京城池宫殿苑囿,贞元元年(1153年)正式迁都,更名中都。迁都后把原来上京的宫室官邸全部拆除,二年后又把皇陵迁来,中都正式成为金王朝的首都。

1. 都城四至

金中都的四至,西墙在1947年1:5万地形图中有明确标示;南墙有1989年发现的穿城水关(宋名"水窗")遗址也可以确定;北墙在今白云观迤西土城遗址向东延至宣武门浸水河(原名臭水河)胡同以南头发胡同一线;东墙在今宣武门外大沟沿以西,南北柳巷至陶然亭窑台。以上四至都是学术界的共识。

城墙的长度有四种记载,须加辨识。一是《大金国志》记,"都城周围凡七十五里";二是《日下旧闻考》引《析津志》蔡珪《大觉寺记》,燕京旧城周二十七里,至金天德三年展筑三里,合计共周三十里;三是《明实录》记,洪武元年(1368年)指挥叶国珍测量南城(即金中都旧城),周围共5328丈;四是上世纪50年代北京大学阎文儒教授实地勘测,北墙4900米,南墙4750米,东墙4510米,西墙4530米,合计18690米,折合约6049丈,33.6里。在上述记载中,75里太大,似另有所指,城周30里与阎教授所测比较接近。明初实测数和阎教授所测数应当最可靠。

笔者判断,中都外扩当然是建都的必要,但扩出多少,新墙定在何处,应该有一定缘由。中都建设前曾派人赴开封考察北宋故城,图画宫室。开封内城(唐汴州)周20里155步,与幽州蓟城基本相同,中都扩大至周长34里。中都的北墙也是辽南京北墙,墙外护城河上游通金口河(古车箱渠)故道,向东通过闸河汇入潞河(元通惠河),是一条水运河道,因建城而改河道难度太大,所以北墙仍用原墙延伸。

都城"象数"应为阳极,其数为九,城宽定为9里。阳始之数为三,东西拓展都取3的倍数,西扩390丈(3×130),东扩240丈(3×80),加辽南京城990丈(3×330),共计1620丈(3×540),折为9里。西墙距西湖约1里,既便于引水,又适合防涝。南扩3里,加南京5里共8里,宽长比约1:0.9,与辽南京城一致。以中都东西9里,南北8里与阎文儒教授实测数比较,南北相差约1.3%,东西相差约2%,在用手工实测不太清晰的残缺城墙遗址的条件下,这个数差是可以忽略不计的。中都城总长34里,折合6120丈,与洪武元年实测5382丈相差了738丈。笔者认为,明初标榜恢复汉族传统礼法,排斥"非我族类"的异族法度,金、元法尺必被废除,但明初尚未完全制订新的法度,必然出现一段各种汉尺(唐、宋)混用时期。以洪武5382丈折合公制,则1丈为3.55米,洪武元年实测元大都,东西为1890丈,近人考古实测,北墙6730米,南墙6680米,折合当时1丈为今3.54~3.56米,这个数字在唐代大尺(1大尺=1.2小尺=0.336~0.376米)范围以内。

《金国南迁录》记中都扩建前在内城以外筑东、西、南、北四"子城",中都建成后仍然保留,金末成为保护宗室贵戚的堡垒。四子城在何处,如果"内城"是指中都全城,则又必有外城(或罗城),外城遗迹在何处,这都是学术界长期存在有争议的问题。笔者的看法是,所谓"内城"就是唐辽的子城,中都时已在大城中间,故称为"内城"。西子城大约是原来子城中一部分封闭的宫殿区,东、南、北子城是保留了原来某一两处里坊围合的小城。至于《大金国志》记载城周围七十五里之说,笔者认为是东西9里,南北8里,共72方里的约数(图2、图3)。

图 2　金中都城复原推测图

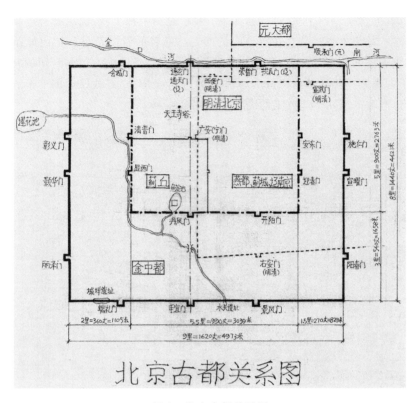

图 3　北京古都关系图

2. 城门

中都的城门，早期文献记载每面 3 门共 12 门，《金史·地理志》记为 13 门，北面多了一个光泰门，近代学者多数认为此门为金世宗在中都东北郊即今北海建大宁宫，为了便于往来特辟此门。笔者认为可能还有一个原因，中都的北护城河上游是金口河，向东汇入潞河，即元代的通惠河，中间的闸河上有三座闸桥，第一桥即在中都东北角，此门也有可能是为了水运货船在闸口上岸入城方便而设，因此也形成了光泰门内大街是一条繁华的商业街。

中都南、北墙城门皆与辽南京城的城门和东、西城墙对应；东、西墙的北面二门也与辽南京城东、西城门对应，只有两座南门即阳春门和丽泽门为南展后新门，其位置据《北京历史地图集》和《金中都》二书所绘，都在南墙内第一横街，但其位置过分偏南，城门交通负荷不均，笔者认为置于第二横街比较合理。

中都的城墙，如前所述与辽南京一致，附墙敌台（马面）间距大约也是 40 丈左右。元代《事林广记》附中都图中，大城和皇城都绘为砖城（图 4）。《金史·地理志》载金世宗大定二十三年（1183）对上京城墙包砖，中都地位高过上京，可能此前已经包砖。海陵王建都扩城，为时汉三年，初时应只是土城，至世宗时再包砖是可能的，但只限于外侧。奇怪的是，至今金代城垣遗址附近，尚未发现一件城砖残件，所以这个问题还有待考古的发现才能定论。

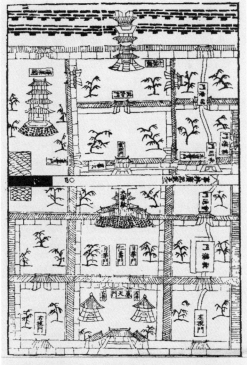

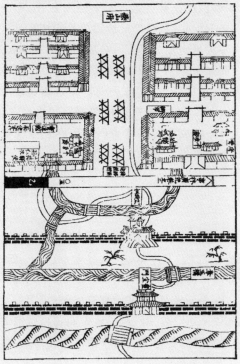

图 4 元《事林广记》中金中都宫殿图

中都皇城的规模无明确记载,近人研究有两种推测,一是于杰、于光度《金中都》认为,皇城东、西、南、北四面都由唐辽子城外扩(但复原图中北墙仍为子城原位);再是侯仁之《北京历史地图集》,只将南墙南扩。前者推论虽然有一些间接文献和疑似地貌为依据,但毕竟不是非常确实;后者加长了唐辽城南北长度,与笔者推测的尺度不同,但皇城南墙南扩,增加了千步廊和两侧馆舍则是事实。

皇城正门宣阳门正对都城正门丰宜门,入门后两侧为千步廊,其南部两侧为接待使者的来宁馆和会同馆。东廊外为太庙,西廊外为衙署。按照《周礼·考工记》"左祖右社"的规制,西廊外应有社稷坛,但中都社稷坛建于世宗大定七年(1167),估计是利用衙署外空地补建。千步廊之后为宫城,正门应天门,原址是辽宫的启夏门,形制仿自宋东京汴梁宫城正门宣德楼。其后是以大安殿为主体的大朝和以仁政殿为主体的常朝。再后为以昭明殿为主体的寝宫。这些宫殿都有比较详细的记载,大体上可以想像出其尺度和形象。大朝东侧为东宫,西侧为宫内御园鱼藻池。常朝和寝宫东侧为皇宫服务机构内省,西侧为祭祀庙堂和偏殿。宫城的西部是皇家大型苑囿,内有大片水面和许多殿阁,通称为同乐园。皇城北门拱辰门即唐辽子城的子北门。整个皇城中宫殿馆阁楼台名目见于记载的不下一百余处。有的只有名称,有的略记方位,有的载有规模,但确切的位置和形态,只有等待考古发掘后才能知道。

3. 规划格局

唐末五代以来封闭的里坊制已逐渐被开敞的街巷制所取代,金中都是在辽南京的基础上改、扩建的,南京原有的里坊格局仍旧保存,只坊墙陆续被临街房屋所取代,而新拓展的部分则全部按横街规划。据记载,中都城内环大城内侧、皇城外侧、城门以内皆为大道,统称为"街",与"街"垂直的称为"大巷",与"大巷"垂直的称为"小巷",街巷宽度大体仍沿用辽制。街巷之间的街区也称为"坊"。东西拓出的部分延续南京坊间街巷,南部则划出四条横街设坊,如此可得 36 坊,加南京原有的 26 坊,共计 62 坊,与记载相符。不过这只是初期规划的格局,随着城市的发展,管理体制的变化,坊的界限数量和名称也有一些变化。从笔者所作街巷复原推测图中可以看出,明清北京南城西部的街巷中,有许多是与金中都重合或基本重合的。

4. 寺院

《日下旧闻考》引〔宋〕洪皓《松漠记闻》:"京师蓝若相望,大者三十有六",这些大寺大都临街,现在可以确定大致位置的约有十几所,其中悯忠寺、崇孝(效)寺、天长观、圣安寺、天王寺还有遗迹。它们中的天王寺和延寿寺值得讨论。

天王寺,明代改称天宁寺,寺在今址,位于金中都延庆坊内。"天王"即佛教诸"天"中之毗沙门天,汉译北方多闻天。《宋高僧传·不空传》载,唐天宝年间蕃兵包围安西,玄宗请不空搬来毗沙门天王率天兵击败蕃兵解围,从此玄宗令各地城门供奉毗沙门天像,许多州县又建天王寺、院。此寺即天宝十四年(755 年)安禄山叛唐前所建。其西邻之奉先坊内还有一座天王院,原是辽代祖庙。辽天祚帝天庆九年(1119 年)在辽王朝即将覆灭的前夕,留守燕京的兵马大元帅耶律淳在天王寺中兴造了一座象征"华严世界"的密檐砖塔。大概是因为唐、辽的天王寺遗留下一座古塔,就被明代文人笔记（如蒋一葵《长安客话》）说成这里是隋代的弘业寺，并前推为北魏的光林寺，这个误传甚至记录在官修的《日下旧闻考》和乾隆的御制碑中，并为近代一些文章引用，必须加以厘清。

隋文帝仁寿元年至四年（601—604年），分三次向全国颁发了111份佛舍利，同时建造了111座统一式样的木构舍利塔。幽州在元年和四年得到两份，元年的一份放在弘业寺，明代文人就把这座弘业寺说成是唐代的天王寺、明代的天宁寺。但隋文帝仁寿元年《立舍利塔诏》明确要求，"就有山水寺，所起塔依前山"；《宋高僧传·宝岩传》明确记载，弘业寺的地形是"依峰带涧，面势高敞"，与蓟城中平坦的里坊完全不同。又山西应县佛宫寺塔发现的辽代刻经和1992年发现的辽天庆十年（1120年）建塔碑记中，弘业寺和天王寺同时存在，可见隋代弘业寺绝非唐代天王寺，真正的弘业寺（北魏光林寺）是在蓟城郊外的西山东麓。仁寿四年获颁第二份舍利，其塔建在城内的智泉寺。此寺原为东魏幽州刺史尉苌命所建，又号尉使君寺，位于子城东门外百余步路北，后来多次失火，又多次扩建，唐大中后改名延寿寺。北宋徽、钦二帝被俘北上，徽宗曾被囚在此寺中，金中都建成后，海陵王改名延寿宫。金世宗大定十一年（1171年）迁建于悯忠寺之东，金末被毁。以上史实均详载于《日下旧闻考》引用的文献中。这里要指出的是，《日下旧闻考》引宋人著《塞北事实》，"燕山京城东壁有大寺一区，名悯忠"，可知悯忠寺东面就是辽南京城的东墙，寺与墙之间不可能再放下一座延寿寺，金世宗时辽墙已平，新筑中都东墙在其中东1.5里，延寿寺应在此范围内，查1947年北平市1∶1.25万地图，南横街北有南半截和丞相相同，其东西间距与悯忠（法源）寺相同，约为110米（36丈），这个地段有可能就是延寿寺范围。

本文所以特别讨论天王、延寿二寺的源流，主要原因是两寺长期被一些文章误记，应当加以厘正，更由于天王寺塔是唐、辽、金三朝古城中唯一现存的地面标识；而延寿寺的前身智泉寺舍利塔是隋仁寿年间全国统一造塔之一，在中国佛教史上也是一件大事，但它的变迁却一直被学者们忽略，以致《金中都》书中所附金中都城图中，把悯忠、延寿二寺都放在辽城以内，而《北京历史地图集》金中都图中竟未标出智泉、延寿二寺，看来校补以上文字未必冗赘。

四　金中都的文化意义

应当说明，本文中推测的各种数字，主要是根据实际地貌及文字记载，在此基础上从文化制度方面进行梳理规整，由于工程实施过程中许多因素的干扰，归整后的数字与实际的数字必然不完全相同。正如唐长安、元大都，在规制上都是四墙相互垂直的正长方形，南和北、东和西应当是同等长度的整数里、丈，而实测尺寸却并不相等，但误差都不超过2‰～3‰，可见是施工或测量时有误差。本文旨在从规划理念方面探讨其广义的文化意义，因而并不拘泥于考古现象的绝对准确。金中都的文化意义有以下几方面：

第一，中都的原基是蓟丘，《周礼》中关于"丘"的规制（4里×4里）在唐、辽城尺度中得到了印证，又有同时期邯郸赵都王城之西小城尺寸与其相近，可证《周礼》中规定的某些制度在西周确实存在过，尽管《周礼》成书或在东周。

第二，《考工记》本来不是《周礼》的组成部分，但因"冬官"佚失，后人将其补入成为《周礼·冬官》。其中记载的王城（"国"）制度："方九里，旁三门……左祖右社，面朝后市"，一直被认为是后市都城规划的依据，但事实是只有金中都比较接近这一制度。中都东西9里，每面3门，朝廷在前

(南),主要商市檀州街在后(北),太庙在左(东),社稷坛在右(西),可以说金中都是中国城市史上践行《周礼·考工记》最全面的都城。

第三,中都东西9里,南北8里,比例约1∶0.9;辽南京东西5.5里,南北5里,比例约1∶0.9;唐长安实测按东西9721米,南北8652米计算,比例接近1∶0.9;元大都实测按东西6730米,南北7590米计算,比例也接近1∶0.9,是否可以推测,古代都城规划中存在过一种1∶0.9的特殊比例理念。笔者认为,自汉武帝时儒学取得正统地位以后,以董仲舒倡导的天人合一为主旨,以抽象数字附会具像事物的"象数"学说编织成了覆盖各个领域的文化网络。天为十,有至上、至尊、终极、圆满的含义,作为天之子的皇帝,理应降等,天子所居的都城,也不能终极至上,1∶0.9的比例,正是体现了天(十)人(九)合一。又以阳为九,阴为八,九九归一为天,四面八方为地,金中都东西9里,南北8里,也符合天地和谐之义。此外,9里还象征阳极,8里象征八柱、八风,中都扩36坊,南京城36方里象征三十六雨、三十六旬,其他如三、二十五、三十、七十二等数字都可以在典籍中找到对应的事物。数象哲学在中国古代纪念(祭祀)建筑中是主导的设计理念,而在城市规划中,目前所知,金中都运用的最多。

第四,金中都是在唐、辽旧城的基础上扩建的,又是在旧里坊制被打破、新街巷制初期规划中兴建的,如何把旧城旧制融合到新城新制中,金中都的规划者孔彦舟发挥出了高超的智慧。从笔者绘制的规划复原图上可以看出,金中都的布局可以说是功能、历史、礼制、象数紧密结合的一个完美的构图。中国历史上不乏旧城改扩建为新城的实例,但如此完美融合的却没有一个超过金中都,它是城市改扩建中文化含量最高的一个典范。

如果我们认识到了金中都重要的文化价值,在实行城市建设的过程中,决策者们就应当在批准建设项的同时,给重要的遗迹留下一些可供日后重见天日的空间,不要再出现西二环路直穿中都核心那样的事情了。

参 考 文 献

[1] 曹子西.北京通史.第一一四卷.北京:中国书店,1994
[2] [宋]徐梦莘撰.三朝北盟会编.上海:上海古籍出版社,1987
[3] [清]于敏中.日下旧闻考.卷三十七、三十八、五十九、六十、六十一.北京:北京古籍出版社,1981
[4] 侯仁之.北京历史地图集.北京:北京出版社,1989
[5] 于杰,于光度.金中都.北京:北京出版社,1989年
[6] 奉宽.燕京故城考.燕京学报.1929(5)
[7] 阎文儒.金中都.文物.1959(9)
[8] 赵其昌.金中都城坊考.首都博物馆国庆40周年文集.北京:中国民间文艺出版社,1989
[9] 赵正之,舒文思.北京广安门外发现战国和战国以前的遗迹.文物参考资料.1957(7)
[10] 王有泉.北京西厢道路工程考古发掘简报.北京市文物研究所编.北京文物与考古.第四辑.1994

明代南直隶建城运动之探讨

李 菁

（清华大学美术学院）

摘要：有明一代，南直隶几乎所有的府、州、县均见修城记录，且在不同时期呈现出不同的阶段特色。本文以明、清及民国所编修的影印本地方志为主要研究资料，在对南直隶境内地方城池修建概况进行详细梳理的基础上，重点对明初期、明中期、明后期的建城运动特点及动因进行分析。

关键词：明代，南直隶，地方城市，建城运动

Abstract：Almost all the city-walls were built in Nanzhili Prefecture in Ming dynasty. In different stages, it took on different faces. Based on the copy books of local chorographies which were edited in Ming and Qing dynasty and Minguo period, the author summarized the movement of city-wall construction in Nanzhili Prefecture, and tried to explore the differect characters and reasons of the construction in the different periods in Ming dynasty.

Key Words：Ming Dynasty, Nanzhili Prefecture, local cities, the movement of city-wall construction

对于明代曾在全国范围内出现过的大规模建城运动，已有学者进行过专门探讨。已有研究多以《四库全书》中的各省通志为主要研究资料展开，对明代全国或各省建城情况作阶段性或区域性的概况考察。与之相对，本文拟以现存明清及民国所编影印本地方志为主要资料，对南直隶地区的建城运动做一个更为细致的梳理。

明代南直隶地区，大致相当于现在的江苏、安徽两省及上海市，还包括江西的婺源县和湖北的英山县。政治方面，这里曾设首都（永乐后南京改为留都）、中都，又有祖陵，经济上还是明代粮食的重要产区，地理上境内有黄河、长江、淮河穿过，并拥有漫长的海岸线。因此在全国城防体系中备受关注。

有明一代，南直隶共设置过14府、17州、16附郭县、80一般县，共127个行政单位。但由于附郭县一般与府同城，故对应的地理单位仅为111个。假设均有修城的情况下，则南直隶应对应地方城池111座（本文中所谓之城池，如非特别说明，均仅指地方城池）。这里有两点需要说明：一是应天府城，由于同时也是都城，故未纳入本文考察范围之内；二为歙县，虽为徽州府附郭县，但在嘉靖年间徽州府城修建同时也开始增筑一附郭新城，故纳入考察范围之内。如此减一增一，明代南直隶地方城池总数仍为111座，此即为本文的主要考察对象。

---

[1] 本论文属国家自然科学基金支持项目，项目名称：《明代建城运动与古代城市等级、规制及城市主要建筑类型、规模与布局研究》，项目批准号为：50778093。

一 明代南直隶修城概况

整理地方志中有关南直隶在明代各时期的建城信息,见表1。

表1 明代南直隶修城概况(111座)❶

编号	名称	入明	宣德	正统	景泰	天顺	成化	弘治	正德	嘉靖	隆庆	万历	天启	崇祯	参考文献
4	句容县	＋	＋	＋	门	＋	修	门	＋	砖	＋	＋	＋	＋	文献[1]:24 文献[2]:246
5	溧阳县	甃	＋	＋	＋	＋	＋	＋	＋	修	＋	修	＋	＋	文献[2]:248 文献[3]:48
6	溧水县	筑	＋	＋	＋	＋	＋	＋	土	石	＋	修	＋	＋	文献[2]:249 文献[4]:234
7	江浦县	筑	＋	＋	＋	＋	＋	＋	迁	＋	＋	筑	＋	＋	文献[5]:555
8	六合县	＋	＋	＋	＋	＋	门	＋	＋	堡	＋	＋	＋	＋	文献[2]:251
9	高淳县	－	－	－	－	－	－	－	＋	土					文献[6]:76
10	凤阳府	土	＋	＋	＋	＋	＋	＋	＋	＋	＋	＋	＋	＋	文献[7]:211
12	临淮县	修	＋	＋	＋	＋	＋	＋	＋	修	修	修	修	＋	文献[7]:212 文献[8]:308
13	怀远县	修	＋	＋	＋	＋	没	＋	砖	＋	＋	＋	＋	＋	文献[9] 文献[8]:308
14	定远县	＋	＋	＋	＋	＋	＋	砖	修	＋	＋	＋	筑	＋	文献[10]:146 文献[8]:308
15	五河县	＋	＋	＋	＋	＋	＋	＋	＋	砖	＋	＋	＋	＋	文献[8]:310
16	虹县	＋	＋	＋	筑	＋	＋	甃	＋	＋	＋	砖	＋	＋	文献[7]:222 文献[11]:95
17	寿州	修	＋	＋	＋	＋	＋	修	＋	＋	＋	修	＋	＋	文献[12]:109 文献[8]:310
18	霍丘县	＋	＋	＋	＋	＋	修	修	砖	＋	＋	＋	＋	＋	文献[12]:109
19	蒙城县	土	＋	＋	＋	修	＋	＋	砖	缩	＋	＋	修	修	文献[12]:109 文献[8]:311
20	泗州	甃	＋	＋	＋	＋	＋	＋	＋	修	修	修	＋	＋	文献[13]:300

❶ 说明:"－"代表地方志中未见前代有修城记录的;"＋"代表前代有修城记录的。

续表

编号	名称	入明	宣德	正统	景泰	天顺	成化	弘治	正德	嘉靖	隆庆	万历	天启	崇祯	参考文献
21	盱眙县	拆	—	—	—	—	—	—	—	—	—	—	—	—	文献[13]:300 文献[14]:135
22	天长县	撤	+	+	+	+	+	+	+	砖	+	修	+	修	文献[15]:177 文献[13]:307
23	宿州	砖	+	+	+	+	+	+	+	浚	+	浚	+	+	文献[16]:88
24	灵璧县	—	—	—	—	—	—	土	石	+	+	+	+	+	文献[17]:183
25	颖州	砖	+	+	+	+	+	+	+	葺	+	+	+	+	文献[18]:799
26	颖上县	砖	+	+	+	+	+	+	+	浚	+	+	+	楼	文献[18]:801 文献[19]:106
27	太和县	+	+	+	+	+	+	+	+	瓮	+	+	+	+	文献[10]:149
28	亳州	土	砖	+	+	+	+	楼	+	+	+	+	+	+	文献[7]:243
29	苏州府	修	+	+	+	+	+	+	+	+	+	+	+	+	文献[20]:1
32	昆山县	+	+	+	+	+	+	楼	+	瓮	+	修	+	修	文献[21]:50 文献[22]:30
33	常熟县	+	+	+	+	+	+	+	+	筑	+	高	+	+	文献[23]:39
34	吴江县	+	+	+	+	+	门	+	筑	筑	+	+	修	+	文献[24]:160
35	嘉定县	+	+	+	+	+	+	+	土	筑	+	+	+	+	文献[25]:180
36	太仓州	门	+	+	+	+	门	+	门	+	+	+	+	+	文献[26]:170
37	崇明县	创	瓮	筑	+	+	+	+	筑	瓮	+	+	+	+	文献[20]:25 文献[27]:811
38	松江府	修	+	+	+	+	+	+	+	葺	+	修	+	高	文献[28]:490
40	上海县	筑	+	+	+	+	+	+	+	筑	+	高	+	+	文献[28]:490
41	青浦县	—	—	—	—	—	—	—	—	—	—	筑	+	+	文献[29]:257
42	常州府	筑	+	+	+	+	瓮	+	修	修	+	葺	+	+	文献[30]:17 文献[31]:112
44	无锡县	修	+	+	+	+	+	修	+	修	+	+	+	+	文献[31]:152
45	江阴县	瓮	+	+	+	+	+	+	瓮	砖	+	瓮	+	+	文献[31]:223

续表

编号	名称	入明	宣德	正统	景泰	天顺	成化	弘治	正德	嘉靖	隆庆	万历	天启	崇祯	参考文献
46	宜兴县	修	+	+	+	+	+	修	石	+	+	+	+	+	文献[32]:253 文献[30]:19
47	靖江县	+	+	+	+	+	修	+	筑	甃	+	+	+	+	文献[33]:928
48	镇江府	甃	+	+	+	+	+	+	+	+	+	筑	+	+	文献[34]:114
50	丹阳县	+	+	+	+	+	+	+	修	+	浚	+	+	+	文献[34]:114
51	金坛县	+	+	+	+	+	+	+	土	甃	+	筑	+	+	文献[34]:116
52	扬州府	改	+	+	+	+	+	+	+	修	+	增	+	+	文献[35]:44
54	仪真县	建	+	+	+	+	+	+	+	甃	+	+	+	+	文献[36]
55	泰兴县	+	+	+	+	+	+	门	+	筑	+	增	+	+	文献[35]:44
56	高邮州	甃	+	+	+	+	+	+	+	补	+	+	+	+	文献[35]:45
57	兴化县	砖	+	+	+	+	+	+	+	甃	+	增	+	+	文献[35]:46
58	宝应县	撤	+	+	+	+	+	+	+	筑	+	增	+	+	文献[37]
59	泰州	砖	+	+	+	+	+	+	+	迁	+	+	+	+	文献[35]:47
60	如皋县	—	+	+	+	+	+	+	门	建	增	+	+	+	文献[35]:47
61	通州	修	+	+	+	+	+	+	砖	浚	修	筑	+	+	文献[35]:47
62	海门县	修	+	+	+	+	+	迁	筑	+	+	+	+	+	文献[35]:48
63	淮安府	增	+	+	+	+	+	+	建	+	修	增	+	修	文献[38]:290 文献[39]:343
65	盐城县	砖	+	+	+	+	+	+	+	修	+	+	+	+	文献[40]:817
66	清河县	+	+	+	+	+	+	建	修	+	修	+	+	修	文献[41]
67	桃源县	+	+	+	+	+	+	修	修	+	砖	+	修	文献[39]:417
68	安东县	+	+	+	+	+	+	土	+	废	+	土	建	修	文献[39]:393
69	沭阳县	—	—	—	—	—	—	—	土	+	+	砖	+	加	文献[42]:265
70	海州	砖	+	+	+	+	+	+	+	增	修	筑	加	+	文献[42]:261
71	赣榆县	筑	+	+	+	+	+	+	筑	+	+	砖	+	甃	文献[38]:290 文献[42]:264
72	邳州	砖	+	+	+	+	+	+	+	筑	筑	+	+	+	文献[43]

续表

编号	名称	入明	宣德	正统	景泰	天顺	成化	弘治	正德	嘉靖	隆庆	万历	天启	崇祯	参考文献
73	宿迁县	—	—	—	—	—	—	—	土	+	迁	+	+		文献[44]:879
74	睢宁县	+	+	+	+	+	+	+	门	甃	+	砖	+	修	文献[45]:241
75	庐州府	筑	+	+	+	+	+	+	修	筑	浚	+	+	葺	文献[46]:132
77	舒城县	+	+	+	+	+	+	+	砖	+	砖	楼	砖	+	文献[46]:141
78	庐江县	+	+	+	修	+	+	+	崇	石	筑	+	土	+	文献[46]:139
79	无为州	葺	+	+	+	+	+	+	筑	甃	+	修	+	加	文献[47]:50
80	巢县	+	+	+	+	+	+	+	+	砖	加	改	+	加	文献[48]:253
81	六安州	甃	+	+	+	+	+	+	新	改	+	+	+	修	文献[49]:516
82	英山县	+	+	+	+	+	+	+	筑	+	+	+	+	迁	文献[49]:516 文献[50]:195
83	霍山县	+	+	+	+	+	+	+	筑	甃	补	+	修		文献[49]:516 文献[51]:206
84	安庆府	修	+	+	+	+	+	+	修	甃	+	+	修	补	文献[52]:490
86	桐城县	+	+	+	+	+	+	+	+	+	砖	+	+		文献[52]:490
87	潜山县	+	+	+	+	+	+	+	+	+	+	+	建		文献[52]:491
88	太湖县	+	+	+	+	+	+	+	+	修	+	砖	砖		文献[52]:492
89	宿松县	—	—	—	—	—	—	—	—	—	—	—	筑		文献[52]:493
90	望江县	+	+	+	+	+	+	+	+	+	+	砖	—	加	文献[52]:493
91	太平府	+	+	+	+	修	+	+	+	+	砖	+	+		文献[53]:92
93	芜湖县											建	+	+	文献[53]:94
94	繁昌县												建		文献[53]:94
95	宁国府	修	+	修	+	+	+	+	+	增	+	+	+		文献[54]:457 文献[55]:211
97	南陵县	—	—	—	—	—	—	—	门	创	+	增	+	修	文献[55]:221
98	泾县	—	—	—	—	—	—	—	门	创	+	+	+	修	文献[55]:223 文献[56]:972
99	宁国县	筑	+	+	+	+	+	+	楼	筑	+	+	+		文献[56]:972

续表

编号	名称	入明	宣德	正统	景泰	天顺	成化	弘治	正德	嘉靖	隆庆	万历	天启	崇祯	参考文献
100	旌德县	−	−	−	−	−	−	−	+	创	+	+	+	+	文献[57]:22
101	太平县	−	−	−	−	−	−	门	+	创	+	增	+	+	文献[56]:973 文献[55]:230
102	池州府	+	+	+	+	+	+	+	筑	+	+	高	+	+	文献[58]:165
104	青阳县	−	−	−	−	−	−	−	−	−	−	创	+	+	文献[59]:935
105	铜陵县	−	−	−	−	−	−	−	−	门	−	创	−	−	文献[59]:943
106	石埭县	+	+	+	+	+	+	+	+	甃	−	−	−	−	文献[59]:953
107	建德县	−	−	−	−	−	−	−	门	楼	+	楼	+	筑	文献[60]:87 文献[59]:954
108	东流县	−	−	−	−	−	−	−	−	−	−	楼	+	筑	文献[59]:955
109	徽州府	筑	+	+	+	+	修	+	+	修	+	+	+	+	文献[61]:255
110	歙县	−	−	−	−	−	−	−	−	−	−	筑	−	−	文献[61]:258
111	休宁县	+	+	+	+	+	+	+	+	建	−	−	−	−	文献[61]:259
112	婺源县	筑	+	+	+	+	+	+	+	筑	−	−	−	−	文献[61]:260
113	祁门县	+	+	+	+	+	+	+	+	筑	−	−	−	−	文献[61]:262
114	黟县	−	−	−	−	−	门	−	−	筑	−	−	−	−	文献[61]:262
115	绩溪县	门	+	+	+	+	+	+	+	筑	−	−	−	−	文献[61]:263
116	广德州	创	+	+	+	+	+	楼	瓦	甃	+	楼	+	+	文献[62]:65
117	建平县	−	−	−	−	−	−	−	−	−	−	−	−	筑	文献[10]:623 文献[63]:399
118	滁州	修	+	+	+	+	修	+	修	修	+	+	+	+	文献[64]:24
119	全椒县	−	−	−	−	门	+	+	城	+	+	+	+	+	文献[64]:27
120	来安县	−	−	−	−	−	土	+	葺	砖	+	建	+	+	文献[65]:173
121	徐州	甃	+	+	+	+	+	+	+	+	+	+	+	+	文献[66]:647
122	萧县	+	+	+	+	+	+	+	甃	楼	+	迁	+	+	文献[66]:664 文献[67]:473

续表

编号	名称	入明	宣德	正统	景泰	天顺	成化	弘治	正德	嘉靖	隆庆	万历	天启	崇祯	参考文献
123	砀山县	—	—	—	—	—	—	—	土	修	筑	砖	+	修	文献[68]:248
124	丰县	修	+	+	+	+	门	楼	+	迁	+	砖	+	加	文献[69]:159
125	沛县	+	+	+	+	+	+	+	+	甃	+	+	+	+	文献[70]:361
126	和州	砖	+	+	+	+	+	+	筑	+	+	甃	+	楼	文献[71]:74
127	含山县	—	—	—	—	—	—	—	土	砖	+	+	+	+	文献[71]:76

整理表1中各时段的修城数量,得表2。为了方便后面的考察,根据各时段的修城次数,先进行分期:第一阶段为入明之初,即洪武、永乐年间的集中修建,共48座,占城池总量的43%,本文称为明初期;第二阶段为宣德至弘治年间,修城41次,但仅涉及32城,占城池总量的29%,本文称为明中期;第三阶段为正德至崇祯年间,修城数量显著增加,南直隶几乎所有的城池均在此时重加修筑,其中又以嘉靖和万历年间修城次数最多,涉及府州县最广,本文称为明后期。

表2 明代各时段南直隶地区所修府州县城次数统计表 （单位:次）

时段	入明	宣德	正统	景泰	天顺	成化	弘治	正德	嘉靖	隆庆	万历	天启	崇祯
数量	48	2	2	4	1	14	18	47	75	9	57	5	33

除此之外,由表1所列,明代南直隶的修城还具有以下特点:

(1) 砖石甃砌的情况:明初甃17城,明中后期甃37城,其中重合部分,即在明初和明中后期均有甃砌的有5城,为苏州府崇明县、常州府江阴县、扬州府兴化县、徐州、和州。

(2) 有24城在明之前未见修城记录,依地方志所载信息来看,它们始建于明代。整理此24城始建之时间,如表3。可见,该时间也集中在明中后期,与南直隶大规模建城的时段吻合。

表3 南直隶地区在明代始建之城的修建时间统计

年代	成化	弘治	正德	嘉靖	隆庆	万历	崇祯
数量	3	2	7	4	1	5	2

(3) 有毁城记录的仅见明初3例:盱眙县城、天长县城和宝应县城。其中后两城在明中后期又有修建。

由上,终明一代,除盱眙城外,南直隶几乎所有的城池均经过了不止一次的修建。

那么,明代南直隶如此大规模的建城运动,其背后的动因是什么? 在此过程中是否具有某些时代和地域特色? 影响地方建城的因素又有哪些? 这就是本文试图回答的问题。

二 元末修城

由于明代南直隶的府州县设置大部分承自元代,故其城之修建大部分也是在元代基础上进行的。因此,先看元末此区的修城情况:

元末,南直隶曾出现过一次较为集中的建城运动。其直接背景为:为了抵抗农民起义的进攻,自至正年间各地就不断修城,特别是在至正十二年夏四月"诏天下完城郭,筑堤防"❶之后,全国各地更是开始了大规模的城墙修筑。据成一农的研究,元末修筑城墙的城市共167座,在全国近1500座地方城市中比例并不算很高,但却存在很明显的地域差异❷。

整理南直隶地方志可得,元末此区修城共有35座,相关信息见表4,占当时全国修城总量的21%,亦相当于后期重新划定的南直隶范围内城池总数的32%,而修建原因则主要出于防御。另外,此期所修之城,至少有4座用到了砖石。

表4 南直隶地区在元末修城信息整理表(35)

编号	郡县	原文	参考文献
28	亳州	元张柔复城之	文献[10]:149
29	苏州府	至正十一年,兵起。复诏天下,缮完城郭。监郡六十太守高履,筑磊开濠,还辟胥门。至张士诚如据,增置月城	文献[20]
32	昆山县	元至正十七年,海寇方国珍犯境,始筑土城御之	文献[21]:50
33	常熟县	元筑土城……至元十六年,张士诚重甃以砖	文献[20]:23
34	吴江县	至正十六年,张士诚重筑	文献[20]:23
35	嘉定县	元至正十六年,张士诚遣其将吕珍再筑	文献[20]:24
36	太仓州	元至正十七年,张士诚据苏州;遣伪将一高智广始筑城,以备海寇	文献[26]:170
37	崇明县	城元时尝筑圮于海	文献[10]:202
38	松江府	元末,张士诚据吴时所筑	文献[72]:441

❶[明]宋濂 等撰.元史.卷四十二.本纪第四十二.顺帝五.北京:中华书局,1976:899
❷成一农.古代城市形态研究方法新探.北京:社会科学文献出版社,2009:211-215

续表

编号	郡县	原文	参考文献
44	无锡县	元至正十五年,重修。十七年,伪吴增广其制,甃以砖石	文献[73]
45	江阴县	至正十一年,兵起,诏天下:复缮治城郭。于是,州人黄傅摄州事,率乡民城之	文献[74]:46
46	宜兴县	元末加筑之	文献[10]:289
47	靖江	县旧有土城,在马驮东沙第三图境内,乃伪吴将徐太二所筑	文献[33]:928
56	高邮州	元末修筑知府李奇	文献[75]:282
58	宝应县	元至正十年,金院萧成增之,包以砖	文献[76]:476
59	泰州	元末,张士诚乱据堡城,仍葺旧城	文献[35]:47
61	通州	元行元帅李天禄修之	文献[77]:381
63	淮安府	元至正间,江淮兵乱时,守臣因土城之旧稍加补筑防守	文献[38]:290
65	盐城县	元至正十五年,知县秦曹经重修,然尚土城也	文献[40]:817
66	清河县	元至正十五年,兵乱,修筑东西北三面周围六里	文献[38]:290
71	赣榆县	元至正二十四年,平章王信修筑	文献[38]:290
72	邳州	元季毁而筑	文献[38]:290
75	庐州府	元末圮而复修	文献[10]:453
77	舒城县	城,元末土人许荣所筑	文献[10]:453
78	庐江县	城亦许荣所筑,后圮	文献[10]:453
79	无为州	元末赵普胜据州时当修筑之	文献[10]:454
80	巢县	元守帅王珪因旧基复筑之	文献[10]:454
82	英山县	元戊寅,筑土城	文献[49]:516
83	霍山县	城元末曹平章所筑	文献[10]:454
84	安庆府	元至正间,加修葺焉	文献[78]:272
95	宁国府	元至正中,廉访使道童重加甃甓	文献[56]:967
99	宁国县	至正乙未,白总管据县修城池	文献[79]:457
109	徽州府	元初修筑	文献[80]:135
118	滁州	元至元六年,以滁州城坏,诏帅守郭景祥修治之	文献[64]:25
125	沛县	元至正十七年,同金孔上亨据其地筑小土城	文献[70]:361

将此 35 城的位置落到明代南直隶行政地图上,得此区元末修城分布情况,如图 1 所示。这些地区也是元末争战较为激烈之处。其中又有 20 座在明初重加修建,即图中标有"□"之城。

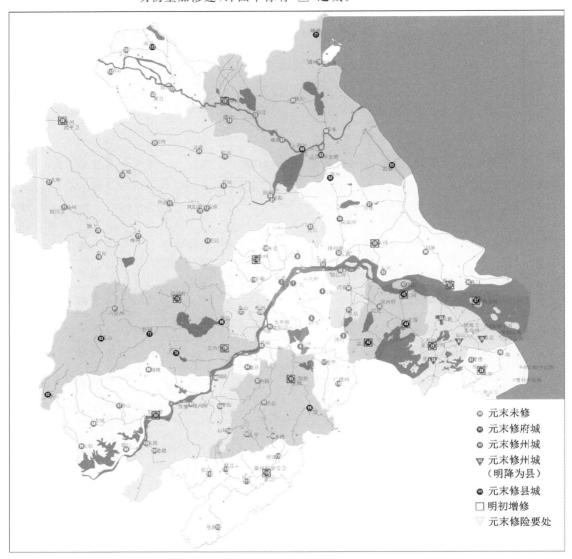

图 1　元末南直隶城池修建情况分布图
（自绘）

三　明初修城

由表 1 我们知道,南直隶在明初所修之城共有 48 座,绘制其分布情况,如图 2 所示。需要特别说明的是,此 48 城中的太仓城较为特殊,由于太仓州在明初尚无行政建置,故严格意义上来讲,不应计入地方城池之中,故明初所修之地方城池仅47座。

比较图1与图2。总体来讲,相较于元末,明初除继续修筑长江入海口附近、特别是江南地区的城池之外,又增加了长江、运河沿线以及应天府(南京)、凤阳府(中都)境内的城池。这些地方或为财赋重地、或为江海防御重点、或为中都和首都所在之政治敏感地,体现出明代在元末征战基础上防御重点的转移。

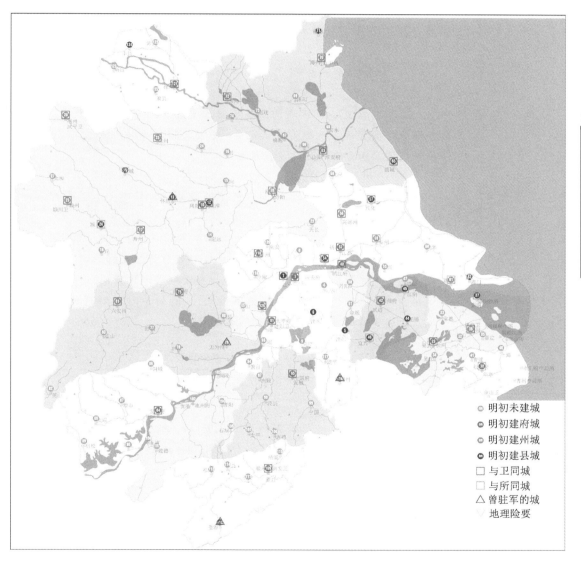

图2 明初南直隶城池修建情况分布图
(自绘)

下面主要考察此47城在明初的修城特点及原因:

1. 行政因素的影响

在明初所修 47 城中,涉及府城 12 座,州城 16 座,县城 19 座。与南直隶此期所设府、州和一般县的数量相对照,府城的修建率为 92%(仅池州府未见修筑),州城的修建率为 100%,县城的修建率(明初所设一般县仅 106 处)为 18%。即从行政等级角度来看,府、州城的修建率远高于县。但由县近 1/5 的修城率和图 2 所示的明初所修之城在区域内的空间分布特征来看,行政等级的差异并不足以成为明初修城的主要原因。

2. 军事因素的影响

查地方志中对此 47 城的修城负责人记载,仅 33 城有记,其中 26 城为军职官员负责,7 城为地方官员负责(表 5)。那么,明初所修之城与军事卫所的设置是否存在直接对应的关系呢?

(1) 在外卫所之城

据地方志统计,明代南直隶在外卫所设 40 处,其中实土卫所 7[❶]处、非实土卫所[❷]33 处。

我们先看非实土卫所。在 33 处非实土卫所中又有 3 对分别两两同城:镇海卫、太仓卫与太仓州治同城,大河卫、淮安卫与淮安府治同城,徐州卫、徐州左卫与徐州治同城。又由于太仓州在明初尚未建置,故镇海卫与太仓卫可暂不计入。这样以府州县为单位来计,明初卫(所)治同城的共有 29 处。由表 5 可见,此 29 处在明初均有修城。

表 5 南直隶地区明初所修地方城池信息整理表(47)

编号	郡县名	时间	负责人	对应卫所名	修建情况	参考文献
17	寿州	国初	指挥袁贤	寿州卫	修	文献[12]:109
20	泗州	国初	—	泗州卫	始甃以甓,合二城为一	文献[10]:147
23	宿州	洪武十年	—	宿州卫	依旧址修砌砖城	文献[7]:228
25	颖州	洪武九年	指挥金事李胜	颖川卫	砖石修葺北城	文献[7]:236
26	颖上县	国初	千户孙继达	颖上守御千户所	循故置修葺砖垣	文献[18]:801
28	亳州	洪武初	分守御	武平卫	修筑土城	文献[7]:243
29	苏州府	洪武	—	苏州卫	增饬之	文献[81]:228
37	崇明县	永乐十九年	知县高居正、王英相继	崇明守御千户所	创新城	文献[20]:25

[❶]实土卫所,指设置于未有正式行政区划的地域的卫所。
[❷]非实土卫所,指设于有正式行政区划的地域的卫所。

续表

编号	郡县名	时间	负责人	对应卫所名	修建情况	参考文献
38	松江府	洪武十九年	安远侯	松江守御千户所	因旧葺之	文献[72]:441
48	镇江府	明初	元帅耿再成	镇江卫	重立,甃以砖石	文献[34]:114
52	扬州府	国初	金院张德林	扬州卫	改筑	文献[35]:44
54	仪真县	洪武初	知州营世宝	仪真卫	合两翼城,增筑	文献[35]:45
56	高邮州	国朝丙午年	—	高邮卫	甃以砖,增橹堞	文献[35]:45
57	兴化县	洪武五年	守御千户郭德、刘德,元帅刘人杰	兴化守御千户所	包砖	文献[82]:112
59	泰州	国初	—	泰州守御千户所	修城	文献[10]:363
61	通州	国初	守御千户杨清、姜荣等	通州守御千户所	修筑	文献[77]:381
63	淮安府	国初	指挥时禹	大河卫 淮安卫	增筑	文献[10]:409
65	盐城县	永乐十六年	备倭指挥杨清、守御千户冯善	盐城守御千户所	易为砖城	文献[40]:817
70	海州	洪武二十三年	—	海州守御千户所	因故址修筑土城	文献[83]:34
		永乐十六年	千户殷轼	—	砌以砖石	
72	邳州	洪武十三年	守御邳州指挥金事王恒始立卫	邳州卫	因旧城用砖包砌	文献[38]:290
75	庐州府	明洪武初	虢国公俞通海	庐州卫	重筑浚濠	文献[84]:132
81	六安州	国朝甲辰	指挥王志守御	六安卫	初甃以甓	文献[49]:516
84	安庆府	洪武初岁庚午	指挥戈预	安庆卫	重修	文献[78]:272
91	太平府	明高帝渡江岁己亥	知府许瑗来守	建阳卫	修筑治濠	文献[53]:92
95	宁国府	洪武中	知府鞠腾霄	宣州卫	修葺	文献[54]:457
109	徽州府	丁酉年	总兵官邓愈	新安卫	加筑	文献[80]:135
118	滁州	洪武十六年	—	滁州卫	重修	文献[64]:24
121	徐州	洪武初	—	徐州卫徐州左卫	因旧城修筑;垒石甃甓	文献[66]:647

续表

编号	郡县名	时间	负责人	对应卫所名	修建情况	参考文献
126	和州	洪武初癸卯春	参军郭景祥	沈阳右卫	重修	文献[10]:676
42	常州府	洪武二年	守御官中山侯汤和	常州卫	改筑新城	文献[10]:287
45	江阴县	明兴龙凤三年	—	江阴守御千户所	甃砖叠石,增女墙	文献[74]:46
46	宜兴县	丙申年		宜兴守御千户所	增修	文献[32]:253
7	江浦县	洪武四年	命指挥丁德筑	应天卫	筑城	文献[5]:555
10	凤阳府	国朝置中都		中都留守司	土墙无濠	文献[7]:211
12	临淮县	洪武元年		凤阳卫	因旧基修砌	文献[7]:212
13	怀远县	国初		怀远卫	因旧重修	文献[10]:146
5	溧阳县	至正十五年	明太祖既渡江,命将士修筑	—	加甃以石,增筑瓮城	文献[3]:48
40	上海县	洪武十九年	安庆侯	—	—	文献[85]:38
112	婺源	戊戌年	枢密院判镇婺源		筑垒为城	文献[80]:137
116	广德州	国初至元丙申六月	元帅赵继祖、邵荣领军镇守		始建城池	文献[62]:65
6	溧水县	明初	知州邓鉴		重筑	文献[4]:234
19	蒙城县	明初	—	—	原筑土城	文献[8]:311
44	无锡县	洪武初	—		复加缮治	文献[31]:152
62	海门县	洪武元年	知县徐伯善		重修	文献[77]:381
71	赣榆县	洪武二年	知县郎廷珪		增修	文献[42]:264
79	无为州	元末明初	知州夏君详		督葺	文献[86]:119
124	丰县	洪武三年	知县傅时		即旧址修筑	文献[69]:159

再来看实土卫所的筑城情况。在7处实土卫所中,有5处为明初所设,查地方志所载,其在明初均已建有卫所城,即:

金山卫城:"洪武十九年,安庆侯等官领命沿海置卫,召嘉、湖、松等府卫军民土筑……永乐十四年、十六年,连被倭患,总督都指挥使谷详始令砖甃"[1]。

守御青村中前千户所城:"初与卫同召军民土筑"[2]。

---

[1] 张奎修.(正德)金山卫志.上志.卷1建设.城池.上海:上海传真社,1932
[2] 张奎修.(正德)金山卫志.上志.卷1建设.城池.上海:上海传真社,1932

守御南汇觜中后千户所城:"初与中前后所同召军民土筑"❶。

东海(守御千户所)城:"旧有大小二城……洪武元年调官军镇守。永乐十六年,淮安卫指挥周得辛增高……"❷。

吴淞江守御千户所城:"洪武十九年,荥阳侯郑遇春等筑土为之……二十二年千户施镇、永乐十六年都指挥谷祥、张翥等,相继增筑。"❸

而宝山守御千户所虽在嘉靖年间立所,但在明初也已建城:"宝山所城,在县东南清浦镇,旧名清浦旱寨。洪武十九年,指挥朱永建。三十年大仓卫指挥刘源奏立城堡"❹。

另,前述太仓州在明初虽未设州的行政建制,但卫城已建:"吴元年始置太仓卫,治于苏州之东三舍许,寔因昆山州之旧城。洪武巳未,复建镇海卫,相为守御,维时城门咸建楼橹瞻,烽堠"❺。

由上,明初南直隶在外卫所不论实土还是非实土,均有建城。如此,我们是否可以认为,表5中所列29座卫(所)治同城之城是因有卫所驻扎才在明初得以修建的呢?再看几条地方志中有关筑城原因的记载:

颍上城因设千户所而修城:"本县旧有土城。洪武元年,开设颍上守御千户所衙门,始修砌砖城。"❻

松江府城、金山卫城、青村城,"以上三城,俱洪武十九年,安远侯筑"❼,即卫治同城之城与卫所城同批修建。

松江守御千户所与松江府治同城,千户所专责守城:"《海防志》云:洪武三十一年十一月,始分金山卫-中千户所官军,立为松江守御千户所,专管守护城池。"❽

此三条文献显示,设置卫所是卫治同城之地方城池修建的主要原因。

(2)其他卫所之城

表5中另有7座地方城池的修建与其他卫所的设置相关。

常州府城、江阴县城、宜兴县城在明初均设过卫所,尽管随后裁撤,但在卫所存在之时已见城池修建。

江浦县城内设京卫,即应天卫,且是在先建军城的情况下才设县治,即"洪武四年,命指挥丁德筑浦子口城……九年创县治于城内"❾。

凤阳府城、临淮县城和怀远县城则分别设中都留守司、凤阳卫和怀远卫。其中凤阳府城的修建还与中都的设立有关"国朝启运建都,筑城于旧城西。土墙无濠……洪武七年,迁府治于此。"❿

这样,加上前面的29城,因设卫所而修之城就增至36座。可见卫所城也是明初所创之城防体系中的重要内容。

---

❶ 张奎修.(正德)金山卫志.上志.卷1建设.城池.上海:上海传真社,1932
❷ 郑复亨 纂.(隆庆)海州志.卷1舆图志.城池//天一阁藏明代方志选刊(14):34
❸ 林世元 修,王鏊 等纂.(正德)姑苏志.卷16城池//天一阁藏明代方志选刊续编(12):24
❹ 韩浚 等修.(万历)嘉定县志.卷6兵防下.城池//中国方志丛书,华中地方(421):1001
❺ 重建太仓南城楼训导金瑢记署//周凤岐 修,张寅 纂.(嘉靖)太仓州志.卷2.城池//天一阁藏明代方志选刊续编(20):172
❻ 柳瑛 纂.(成化)中都志.卷3.成郭.颍上县//天一阁藏明代方志选刊续编(33):242
❼ 陈威、喻时 修,顾清 纂.(正德)松江府志.卷9.城池//天一阁藏明代方志选刊续编(6):441-443
❽ 方岳贡 修,陈继儒 纂.(崇祯)松江府志.卷19.城池.府城//日本藏中国罕见地方志丛刊(10):490
❾ 沈孟化 修,张梦柏纂.(万历)江浦县志.卷5建置.城池//天一阁藏明代方志选刊(7):555
❿ 柳瑛 纂.(成化)中都志.卷3.成郭//天一阁藏明代方志选刊续编(33):211

(3) 未设卫所之城

依表5所列,明初还有11座城虽见修建,但在文献中却未找到设置过卫所的记载。这11城大致又可分为如下几种情况:

① 曾因驻军而修4城:

溧阳县城:"至正十五年,明太祖既渡江,命将士修筑界草市于外,而废青安门,复南唐旧址。越七年,命部使者郭景祥加甃以石"❶。

无为州城"元末土人赵普胜据之归明,后即命为守御,知州夏君详督葺。"❷

婺源县城:"至正壬辰,兵燹,居民逃避。邑人汪同集众保障乡土,以功历升浙东同知,副元帅国朝总兵官邓愈兵至,汪同归附。戊戌以枢密院判镇婺源,筑垒为城。"❸

广德州城:"至元丙申六月,我太祖高皇帝令元帅赵继祖、邵荣领军始建城池"❹。

② 险要之地修3城

如海门县城虽未设卫所,但因地势险要而于明初修城:"郡人顾养谦曰:外屏淮镇,远阻金陵,扼三韩而连诸越,其海门之象鼻,遐岛之鳌背也"❺。类似的还有无锡县城、赣榆县城,由图2可见,此3城均位于明初南直隶海防要地。

③ 其他3城

溧水县城:"明初,知州邓鉴重筑(时为溧水州)。洪武间,县令郭云重建"❻。未查到更为详细的建城原因,推测可能与其在明初曾设为州的行政建制或地处京畿的重要地位有关。

蒙城县城也没有找到明初具体的建城原因,但据《(康熙)蒙城县志》对建城必要性的论述,或可推知明初其建城也是出于军事防卫的原因:"蒙介淮北颍川之间,土宇平旷,人民繁聚,所谓四战之区耳。惟恃城隍百雉,屹然以卫此万姓。故昔戎马蹂躏皆赖金汤之蔽,烽燧无警以称,设险守国,庶几天堑之雄焉。"❼

丰县城也未找到其在明初的修城原因,然其所处之地势特点与蒙城相似,盖出于同一原因。

由以上各项分析,南直隶地区在明初所建各城中,有36城(77%)与卫所的设置直接相关,有7城(15%)与驻军防御直接相关,剩下3城虽未见明确证据,但筑城以防御的功能性目的还是较为明显的。

3. 明初建城的选择性

由表1所列的修城概况可知,除修城外,明初还有拆毁砖城现象的发生。地方志中对此也有较为详细的记载:

盱眙县城:"至永乐间,废之。相传建大河卫于淮安下流,以控漕运,列军盱眙、山阳之途,人持一甓传递而去。"❽

---

❶ 李景峄 等修,史炳 等纂.溧阳县志.卷1舆地志.城池//中国方志丛书,华中地方(470):48
❷ 张祥云 撰.庐州府志.卷7城署下.无为州//中国方志丛书,华中地方(726):119
❸ 彭泽 修,汪舜民 纂.(弘治)徽州府志.卷1地理一.城池.婺源县//天一阁藏明代方志选刊(21):137
❹ 李德中 等纂修.(万历)广德县志.卷2建置志.城池//中国方志丛书,华中地方(703):65
❺ 梁悦馨 等修,季念诒 等纂.(光绪)通州直隶州志.卷1疆域志.形胜//中国方志丛书,华中地方(43):533
❻ 傅观光 等修,丁维诚 等纂.(光绪)溧水县志.卷3建置制.城池//中国方志丛书,华中地方(12):234
❼ 赵裔昌 等修,何名隽 等纂.(康熙)蒙城县志.卷4城池.//中国方志丛书,华中地方(695):159
❽ 曾惟诚 撰.帝乡纪略.卷3.建置志.城池.盱眙城//中国方志丛书,华中地方(700):305

天长县城:"国初建扬州城,列军士于道,手授砖甓,运之于扬。"❶

宝应县城:"国初撤其砖以甃筑淮安城,惟旧址尚存。"❷对应的淮安府城也有记载:"洪武十年,指挥时禹增筑砖石,则取之宝应"❸。

可见,明初在集中修建部分地方城池的同时,还拆毁了某些元末留存之砖城,而拆砖之目的亦非常明确,乃在明初条件不足的情况下援建他城,而被援建之城均为重要的卫城。

另外,地方志中还可见一些"城因军而存"的案例,如前述广德州城为元末明初朱元璋令元帅赵继祖等所建,后"辛丑年,元帅赵去,城无军守,寻圮"❹。

由上,明初南直隶的地方城池修建具有较强的选择性。而这种现象的产生,又是与明初此区的城防部署直接相关的。明初,主要以卫所和巡检司的主动防御为主,地方城池并不承担主要的防御任务,而只是起到强化重点防御的辅助作用。

四 明中期修城

由表1可知,明中期有32座城经过1次以上的修建。除12座为在明初修筑基础上的增茸之外,另有20座城为明代首次新建或增修,而此20城又可分为以下两种情况:

(1)有8座只见增修城门及门楼,如六合县:"本县旧土城一座,周围七里许。岁久坍塌不存。止有遗址。成化十年,知县唐诏,以四旷无门、无以防御,乃构四门"❺,可见城门的修筑也是以防御为主要目的。在此8城中又有4城为明之前未见过修城记录的。

(2)另有12座城则见城墙之修建。考其修城原因,仅查到以下五条:

来安县城筑垣以限民:"宋元无考。皇明成化四年,知县赵礼始筑土垣,限民出入,四围有浅濠"❻。

英山县城因盗而修城:"逮入我明,凡莅兹土者,以倚山带河为险,城不复筑。成化间,知县徐纲令民沿河植柳以蔽。弘治己未,因盗起,主簿徐璋承檄筑城高一丈二尺,阔五尺。东南因河为濠,无城。"❼

靖江县于成化三年因"江盗弗靖"而设县❽,十年后又因海盗修城:"县旧有土城,在马驮东沙第三图境内,乃伪吴将徐太二所筑……成化十三年,知县张汝华因其址修筑;十七年,海盗刘通冲斥,巡捕御史王瓒命县再加修治。"❾

霍山县与靖江县类似,也是在弘治二年因盗即固镇巡检司设县,五年后修城:"古县废为故埠镇。元末曹平章保障其地,所筑城故址犹存。弘治七年,知府宋鉴奏准:改故埠镇为邑治,督知县崔中修筑"。

---

❶ 邵时敏 修,王心 纂.(嘉靖)皇明天长志.卷3 人事志.城池//天一阁藏明代方志选刊(26):177
❷ 闻人诠 纂修,陈沂 纂.(嘉靖)南畿志.卷28 郡县志25.城社.宝应//北京图书馆古籍珍本丛刊(24):363
❸ 郭大纶 修,陈文烛 纂.(万历)淮安府志.卷3 建置志.城池.府城.新城//天一阁藏明代方志选刊续编(8):290
❹ 胡文铨 修,周应业 纂.(乾隆)广德州志.卷6 营建志.城池//中国方志丛书,华中地方(704):427
❺ 董邦政 修,黄绍文、徐楠 等修.(嘉靖)六合县志.卷1 地理志.城池//天一阁藏明代方志选刊续编(7):757
❻ 周之冕 等纂修.(天启)来安县志.卷2 建置志.城池//中国方志丛书,华中地方(642):173
❼ 刘垓 修,李懋桧 纂.(万历)六安州志.卷2.营建志.城池.英山县//日本藏中国罕见地方志丛刊(11):516
❽ 刘广生 修,唐鹤征 纂.(万历)常州府志.卷3 地理志3.靖江县境图说.至到//南京图书馆孤本善本丛刊,明代孤本方志专辑
❾ 王叔杲,张秉铎 修,朱得之 纂.(隆庆)新修靖江县志.卷1 疆域.城池//稀见中国地方志汇刊(13):928

常州府城因成箅重甃:"成化十八年,巡抚兵部尚书兼都察院左副都御史王恕奉朝命,以成箅授知府孙仁重甃"❶

由此 5 条文献可推知,明中期修城也以防御为主要目的,修城的负责人虽为地方官,但多受到上级官员和政策的推动,如英山县主簿"承檄"筑城,靖江县由巡捕御史"命"知县修筑,霍山县则由知府"督"知县修筑。常州府"奉朝命"重甃❷。

以上,明中期,南直隶仅有 29% 的府、州、县有过零星修城记录,这些地区的修城亦多是在防御要求的推动下而进行的,其分布情况见图 3。对于未见修城记载之地区和时段,则城多已圮废。如

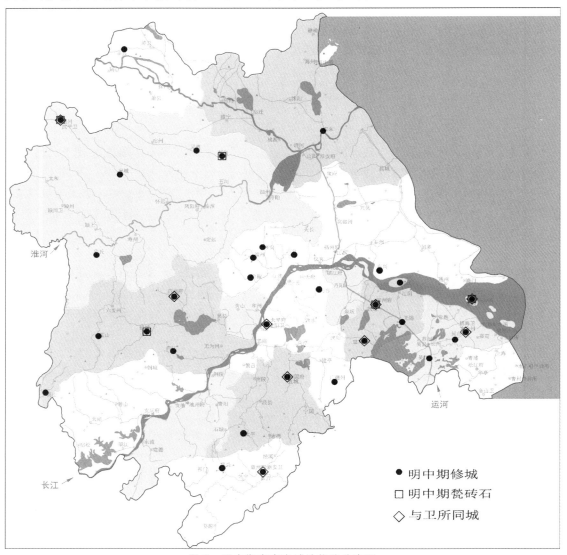

图 3 明中期南直隶城池修建分布图
(自绘)

---

❶ 刘垓 修,李懋桧 纂.(万历)六安州志.卷 2 营建志.城池.霍山城//日本藏中国罕见地方志丛刊(11):516
❷ 朱昱 撰.(成化)重修毗陵志.卷 2 地理二.城郭.本府//中国方志丛书,华中地方(423):249

婺源县城,虽经明初修建,但至弘治年间"(今)俱坍坏。城基及壕池地多为民居。惟天泽、临江二门,砖券犹存,以通出入"[1],又如灵璧县城,虽经弘治修筑土城,但"至正德改元,则巳就圮矣,荡无防蔽"[2]。如此,明中期南直隶大多数府、州、县基本都处于无城或城已圮废的状态之中。从时间特点来看,宣德至成化间修城较为零散,而进入弘治年后,修城数量明显增加,昭示着后期大规模修城运动的到来。

[1] 彭泽 修,汪舜民 纂.(弘治)徽州府志.卷1地理一.城池.婺源县//天一阁藏明代方志选刊(21):137
[2] 余鉴 纂修.(嘉靖)宿州志.卷6建置志.城池//天一阁藏明代方志选刊(23):183

五 明后期修城

由表1可得,明后期南直隶各地修城主要呈现两个特点:一为波及面广,不仅大量旧有城垣得到增修,而且无城的地方也多于此时创建城池,据统计此期南直隶96%以上的地方城池都有过不少于一次的修城记录;二为部分城池改土为砖。由于本文所用之地方志多为明后期编修完成,因此对此期修城细节及修城原因记载较详,可进行一个较为细致的考察。

1. 修城原因

先看旧有城垣增修的案例。由表1,约有82座旧城在明后期重修,整理地方志中所见之增修原因,共查到40条,涉及33城,见表6。

表6 明后期地方城池增修之原因举例(33)

编号	名称	修城原因及过程	参考文献
14	定远县	崇祯八年,**流寇陷郡**。知县卢春蕙署印陈鹏举,加城垾三尺,后知县李彬砖砌垛眼,建炮楼	文献[8]:309
20	泗州	嘉靖壬寅癸卯间,王守宗尹因城颓三百余丈,仍加修补。丁巳,**倭寇攻围**。之后,巡按马公斯臧大发赎金,委本府殷通判□宿速修,视旧加高,并添月城与楼	文献[13]:300
19	蒙城县	天启二年,山东白**莲妖镇邻**,知县吕希尚又修之	文献[8]:311
		崇祯八年,**闯贼猖獗**,知县王化澄增修雉堞,创瓮城	文献[8]:311
34	吴江县	嘉靖三十三年,**倭夷入寇**,知县杨芷复议增筑	文献[24]:160
35	嘉定县	正德间,**流贼泛江**据狼山,知县王应鹏筑土墙于上,备之	文献[25]:180
		嘉靖十九年,**海寇煽乱**,知县马麟增崇土墙,高可丈余	文献[25]:180
38	松江府	嘉靖间,**岛夷入寇**。知府方廉捐俸增葺	文献[28]:490

续表

编号	名称	修城原因及过程	参考文献
42	常州府	正德七年,知府李嵩携诸僚佐,请于巡抚都御史王缜辑尔新之,高因于旧,厚则倍之……时适**北寇渡江**,恃以无恐,遂收狼山之功。先是城址偏窄于濠,故筑虽坚而易圮,濠虽深而易淤,于是又委以治农通判温应壁址之外余地五丈,积土数尺,以卫址	文献[30]:17
		嘉靖乙卯,**倭夷入寇**,郡守金豪复筑德安、广化两瓮城,增筑诸敌台、卧铺,城制始备	文献[31]:112
44	无锡县	嘉靖甲寅,**南倭发难**,知县王其勤倡议修筑	文献[31]:152
47	靖江县	嘉靖八年,**海寇**侯仲、金政二窃发,知县郑翘修筑,加立警铺二十所	文献[33]:928
51	金坛县	明正德壬申,**流贼至江上**,知县董相率众广之,修筑土城	文献[34]:116
50	丹阳	明嘉靖三十四年,**倭寇内地**,知县陈奎始筑内城	文献[34]:114
52	扬州府	嘉靖丙辰之二月,时以**倭变**,用副使何城、举人杨守诚之议,而城也	文献[35]:44
55	泰兴县	嘉靖三十四年,**倭入寇**,巡抚都御使一郑晓议奏"城"。扬州属邑知县姚邦材,奉诏筑城	文献[35]:44
56	高邮州	嘉靖丙辰,**倭警**,知州赵河补其卑缺	文献[35]:45
57	兴化县	嘉靖三十六年,**倭寇逼境**,鼎新建设,垒土、崇甃	文献[35]:46
58	宝应县	嘉靖三十四年,**倭寇内犯**,知县廖言以建城请于当道,后历年增修	文献[37]
61	通州	万历丁酉,知州王之城议筑南城……特以**东倭戒严**,故得请城	文献[35]:47
63	淮安府	万历三十三年,**倭乱**,边海戒严,署所事推官曹于汴设敌楼四座	文献[39]:343
65	盐城县	嘉靖三十六年,本府检校祝□署篆盐城,闻**海上倭寇张甚**,申请重修	文献[40]:817
70	海州	万历壬辰,有**倭警**。知州周縢将西南二门铺筑月城,仍周围筑敌台九座,四隅角楼四座,以便守御	文献[42]:261
		天启二年,邹滕**妖人弄兵**。知州刘梦松虑沿西一带城卑难守,首捐俸率钱,加增各三尺	文献[42]:261
71	赣榆县	正德六年,**流贼**攻破。十一年,知县冯泽增筑,高二丈五尺,加雉堞,备四门及楼□,池深二丈	文献[38]:290
72	邳州	正德七年,**流贼**刘六扰乱郯邳,周尚化御之以城,西南二面阻沂泗可守,乃筑西北东南二隅	文献[43]
75	庐州府	正德中,知府徐钰**闻盗警**,虑水关难守;乃筑堡以障之	文献[46]:132
		崇祯乙亥,知府吴大朴筑石坝于东水关外,其南建敌台以拒贼。壬午,**流贼**张献忠从西门三铺湾袭城;雉堞尽毁。皖抚史可法督知府周有翼、知县黄锺鸣,完葺如故	文献[46]:132

续表

编号	名称	修城原因及过程	参考文献
79	无为州	崇正八年,**流寇**沿掠庐属,众议加城	文献[47]:50
80	巢县	崇正十一年,知县宁丞勋因**寇**增城浚濠	文献[48]:253
81	六安州	正德七年壬申,**流贼**寇六围三昼夜,几陷。九年,甲戌,知州李衮协智慧刘芳撤而新之,增置敌台二十七座	文献[50]:195
81	六安州	崇祯八年乙亥,**流寇抵境**,城守加严。十五年壬午五月,为贼革裹眼袭。八月,又为贼张献忠用地雷轰陷,杀戮殆尽,城楼灰烬所存旧堵仅百十之一。冬,安庐道张亮移驻六安,命署州事通判罗杰修治旧垣,历数年士民来归。知州徐潘修整各门,而楼橹未备	文献[50]:195
102	池州府	隆庆末,**江贼越城杀人**。万历初,兵备副使冯叔吉知府王顺乃增城而高之	文献[58]:165
112	婺源	嘉靖四十四年,知府何东序檄县丞胡邦耀度基议筑,以米贵未果。四十五年二月,**浙寇突入焚掠**,复申前议,凡三月而成	文献[61]:260
113	祁门	嘉靖四十五年,**流寇窃发**,知府何东序檄知县桂天祥营筑	文献[61]:262
115	绩溪	嘉靖四十五年,知府何东序因"**邻寇流突**"属知县郁兰筑城	文献[61]:263
124	丰县	崇祯九年,**河南流寇猖獗**,掠徐破萧;知县方遴借创建四门瓮城	文献[69]:59
126	和州	正德中,**流寇起**,总制都御史彭泽督知州孔公才同知黄桓于六门筑月城□濠,城小而固,亦江北之险也	文献[10]:676
126	和州	崇祯八年毁于流贼,九年知州万民戴重建城楼	文献[71]:74

再看创建新城的案例。由表1,明代创建之24城中有18城为明后期所建。整理地方志中所见之创建原因,共查到9条,涉及9城,见表7。

表7 明后期地方城池创建之原因举例(9)

编号	名称	原状	修城原因及过程	参考文献
9	高淳县	先是县未有城	明嘉靖,知县刘启东因县帑被盗,具白抚按,请所以为防卫者,乃治之东北迤迁皆冈阜,因其势筑土为垣	文献[87]:80
24	灵璧县	弘治始筑土城,至正德改元,荡无防蔽	正德六年辛未六月,楚陈伯安来知县事,**以流贼逼近淮甸**,始下议循故址而城之,为守御计	文献[17]:183
40	上海县	旧无城	嘉靖癸丑九月,知府方廉因**倭乱**,从邑人顾从礼建议筑浚。命通判李公国纪、同从礼旦暮督工兴筑,数月克就	文献[28]:490

续表

编号	名称	原状	修城原因及过程	参考文献
60	如皋县	本县,自昔无城	嘉靖三十三年,**县苦倭患**。巡抚都御史郑晓准致仕官李镇等告,建城池	文献[88]:47
62	海门县	民市聚野处,故无城垣	嘉靖甲寅,**倭复犯海门**,民奔命无所;巡抚都御史郑晓、知府吴桂芳始奏请筑城	文献[35]:48
69	沭阳县	旧无城池	明正德六年,**流寇入境**。七年,知县易瓒筑土城防御	文献[42]:265
73	宿迁县	本县自昔无城	正德六年,**山东流贼南突**,命知县邓时中率乡耆姜玘,南自新匀、北至马陵上址东偏一带,筑土城。	文献[44]:879
110	歙县	旧附郭为治,无城	明嘉靖三十三年,**倭入寇**。三十四年,知县史桂芳始建城	文献[61]:258
119	全椒县	城郭前无所考	嘉靖三十七年,知县顾迹,因**岛夷窃发**,始请于台泉诸司,为城	文献[64]:27

最后看"土城"改筑"砖石城"的案例。由表1,明后期约有36城改筑砖石,整理地方志中所见之改筑原因,共查到14条,涉及13城,见表8。

表8 明后期地方城池"土改砖石"的原因举例(13)

编号	名称	修城原因及过程	参考文献
14	定远县	正德戊寅,知县高璧奉**抚按檄**,用砖石修城,民皆乐从,乃坚固	文献[10]:146
16	虹县	正德间,**不戒于寇**。万历二十三年,知县任愚倡议创建砖城	文献[11]:95
18	霍丘县	正德七年,**流贼起**,知县孙诚加以砖石	文献[12]:109
19	蒙城县	正德六年,知县叶宽惩**流贼之变**,易以砖城	文献[8]:311
32	昆山县	嘉靖十三年,**恐有惊变**,无城可守,修葺旧基,甃以砖石	文献[21]:50
35	嘉定县	嘉靖三十二年,**倭入犯**,知县万思谦以"土壤难守"改甃以甓	文献[25]:180
45	江阴县	万历二十年,复有**倭警**。本府通判赵堪加编均派长赋者,增甃东、南、西三面城墙,又造敌台。于是,城制始备	文献[31]:223
47	靖江县	正德元年,**海盗**□天泰□东山人发,巡抚都御史艾璞委本府通判刘昂、知县周奇健加筑土墙于城上四门,易以陶甓	文献[33]:928
47	靖江县	三十二年,**因倭寇冲突**,江南北州县皆修筑城堡。知县汪玉承领郡藏分责殷实人户,甃以砖石敌台门楼女墙,俱如制	文献[33]:928
51	金坛县	嘉靖甲寅,**倭警**。知县赵圭甃以甓,叠石为基	文献[34]:116
54	仪真县	嘉靖三十五年,**倭夷寇江淮**,知县师儒议创,每门甃甓二十七丈有奇,高广与旧城准	文献[36]

续表

编号	名称	修城原因及过程	参考文献
79	无为州	嘉靖辛亥壬子间有**倭警**,创建砖甓	文献[47]:50
80	巢县	明嘉靖二年,知县李模筑土城。二十六年,因**倭寇薄维扬**,严宏复筑砖城	文献[48]:253
120	来安县	嘉靖三十五年秋,知县魏大用始造砖城,**以防倭警**	文献[65]:173

由以上三表可见,地方志中所载之增修、创建及改筑城墙的原因,多出于防御功能的考虑。或为倭警未至时的主动增修,或为惨遭寇扰之后的被动增筑。从修筑之建筑内容来看,除城墙外,还包括相关的防御设施,如门楼、雉堞等。从修筑结果来看,防御作用显著。如淮安府城:"嘉靖丁巳,知府刘崇文修后倭寇攻之不克"[1],盐城县城嘉靖三十六年修补:"(嘉靖)三十八年,倭寇大至。距城半里许,一酋跃马冲北城门,城上竞射之。酋中流矢而去,寇遂从庙湾下海"[2],昆山县城嘉靖年间甓以砖石:"城成后十有三年,倭夷奄至。城内居民及乡民迁入者,并免屠戮之惨"[3],建德县城:"崇祯癸未,左良玉兵溃南奔,士民皆入城保聚幸免俘掠"[4],沛县城嘉靖二十五年累石甓甃:"城成而鲁寇适张,邻邑骚动,沛独恃以无恐"[5],太和县城:"明嘉靖二年,流贼寇邑境,民赖城以安"[6],无锡县城嘉靖议筑:"凡七十日而成。成二日而倭夷来寇。初筑时,民颇有于思之歌,至是无不手额王公者矣"[7]。

整理各时段修城地点的分布情况如图4所示,可见正德年间、嘉靖年间、隆庆及万历年间、天启及崇祯年间各时段南直隶的修城情况呈现出较大的区域差异,分别与鲁寇、浙寇、倭夷等各种贼寇的出现时间和侵扰路线相关。如,从宿州城的"修巳"过程即可显见其修城之直接动因乃专为防御流贼:"嘉靖丙申春,河南寇急,远近惊怖。州卫佥议计在先浚城濠。于是自西而北则属之州,自南而东则属之卫,分力而治,大功方兴。乃未几而贼擒,旋复弛矣"[8]。

相较于明初和明中期,明后期大规模的修城运动有其独特的社会背景。一方面与包括流贼和倭夷侵扰在内的日益严重之社会危机所导致的各地防御要求激增直接相关;另一方面也与主动防御体系的日渐废弛直接相关,如《(万历)宁国府志》有:"明兴内设宣州卫,外列巡检司。百余年间,卫兵日耗徼巡法弛。成化初,郡邑始增置民兵,颇足救。时而训练无艺,猝难授甲缓急之备"[9],之后延及万历时期则已"卫兵既弱,民兵又弛"[10],如此,在明后期主动防御力度有限且社会危机严重的情况下,修城就成了地方自保的重要防御手段。对此,《(万历)扬州府志》中亦曾直言:"自嘉靖倭夷内寇,所在屠掠,有弗以依城保聚而免者乎?"[11]

---

[1] 郭大纶 修,陈文烛 纂.(万历)淮安府志.卷3建置志.城池.府城//天一阁藏明代方志选刊续编(8):290
[2] 杨瑞云 修,夏应星 纂.(万历)盐城县志.卷2建置志.城池//北京图书馆古籍珍本丛刊(25):817
[3] 周世昌 撰.(万历)重修昆山县志.卷1.城池//中国方志丛书,华中地方(433):50
[4] 刘权之 修,张士范 等纂.(乾隆)池州府志.卷14城池.建德//中国方志丛书,华中地方(636):954
[5] 费寀砖城碑记.//于书云 修,赵锡蕃 纂.(民国)沛县志.卷5建置志.城垣//中国方志丛书,华中地方(164).
[6] 耿继志 等修,汤原振 等纂.(康熙)凤阳府志.卷7城池.太和城//中国方志丛书,华中地方(697):314
[7] 刘广生 修,唐鹤征 纂.(万历)常州志.卷2无锡县境图说//南京图书馆孤本善本丛刊,明代孤本方志专辑:152
[8] 崔维岳 等纂修.宿州志.志3建置.城池//中国方志丛书,华中地方(667):88
[9] 陈俊 修,梅守德、贡安国 纂.(万历)宁国府志.卷7防圉纪//稀见中国地方志汇刊(6):246
[10] 庄泰弘 等纂修.(康熙)宁国府志.卷4城池.民兵//中国方志丛书,华中地方(692)217
[11] 杨洵 修,陆君弼、徐銮 纂.(万历)扬州府志.卷2郡县下.城池//北京图书馆古籍珍本丛刊(25):48

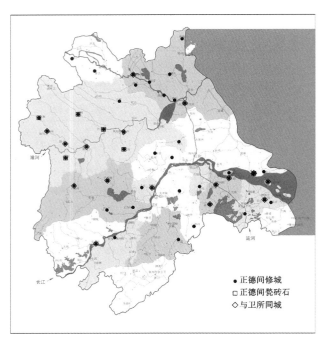
正德间修城

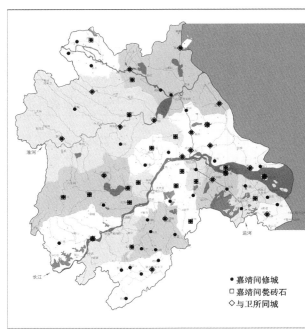
嘉靖间修城

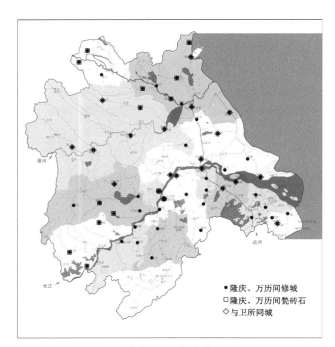
隆庆、万历间修城

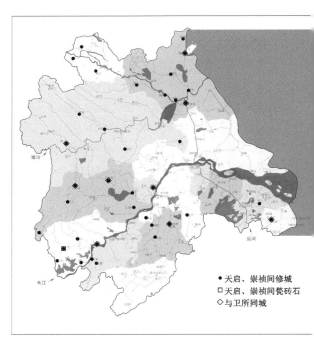
天启、崇祯间修城

图 4 明后期各时段修城分布图
（自绘）

2. 修城经费及修筑过程

各地因为战略地位及具体经济条件的不同,修城经费的来源也各不相同。明代南直隶修城经费主要有以下几种：

① 派拨,即动用中央或地方的官帑。如嘉靖三十五年宝应县修城经费:"依准令动支凤阳仓折粮银二万两,江都县湖滩地租银一千两,兴工创造"[1],又如如皋县城嘉靖三十三年修城经费"令奏发银二万八千两"[2]。

② 罚赎,即罪人以经济形式对所判刑罚进行抵偿。在明代,尤其是中后期赎刑已经相当发达[3]。此项收入也多被用于城池修建,如泗州城:"(嘉靖)丁巳,倭寇攻围。之后,巡按马公斯臧大发赎金,委本府殷通判□宿速修,视旧加高,并添月城与楼……(隆庆)庚午,巡按蔡公应旸又发赎金,委杨守化用甓包砌裹城"[4]。

③ 劝募,一般指地方正官捐己俸为倡,号召士绅百姓捐资出力。如松江府城修城经费:"嘉靖间,岛夷入寇,知府方廉捐俸增葺"[5],海州城修城经费:"天启二年,邹滕妖人弄兵。知州刘梦松虑沿西一带城卑难守,首捐俸率钱加增各三尺"[6],吴江县城修建经费:"嘉靖三十三年,倭夷入寇,知县杨芷复议增筑,乃劝义士四十人及诸缙绅捐资"[7]。

④ 摊派,即直接向百姓摊派银两或征派夫役。如松江府城修城经费:"(万历二十三年)工费无措,缙绅各照田乐助银六十两有奇,华亭令王公廷锡设处备用银三千有奇,共九千余两,给金点殷实富民分派。四门丈尺葺治,分工趋役。"[8]

⑤ 权宜,即根据各地具体情况而因地制宜。如太仓州城的修建经费取自二年"鬻鱼、售薪"之所得：

> "成化戊戌,备倭督指挥合肥郭公鋐来镇三吴,尝念太仓东濒大海,寔当要循而防御之备无所加意,先是南楼旧址尚存,欲图而新之,则用材之需无所取给。公乃夙夜靡宁,罄其区画。遂于城之四壕,咸畜以鱼,俟其潜尺则鬻于市;至岁暮,复取城内外薪木而售之,得其直皆贮于官帑。二载所积既盈,公则喜曰吾事济矣。于是首命把总指挥使武政、太仓卫指挥佥事郭炜董其事,于以庀工度材,殚力经营。其栋宇之峻起,簷阿之轩翔,基址之广袤,则有加于昔也"[9]。

地方志中所见,除具有重要战略意义的部分修城经费来自派拨之外,多取后4种方式,且多为各种方式的综合运用。由于各地经济状况、地方官的勤政程度、战事的紧要程度不同,呈现出不同的修建过程。以下暂举几例,即可见其中的差异：

---

[1] 陈煃 修,吴敏道 纂.(万历)宝应县志.卷2营缮.城池//南京图书馆孤本善本丛刊.明代孤本方志专辑.
[2] 童蒙吉 修,谢绍祖 纂.(嘉靖)重修如皋县志.卷2建置.城池//天一阁藏明代方志选刊续编(10):47
[3] 何朝晖.明代县政研究.北京:北京大学出版社,2006:159
[4] 曾惟诚 撰.(万历)帝乡纪略.卷3.建置志.城池//中国方志丛书,华中地方(700):300
[5] 方岳贡 修,陈继儒 纂.(崇祯)松江府志.卷19.城池//日本藏中国罕见地方志丛刊(10):490
[6] 唐仲冕 等修,汪梅鼎 等纂.(嘉庆)海州直隶州志.卷4城池.海州//中国方志丛书,华中地方(35):261
[7] 陈□蘾 等修,倪师孟 等纂.(乾隆)吴江县志.卷3城池//中国方志丛书,华中地方(163):160
[8] 方岳贡 修,陈继儒 纂.(崇祯)松江府志.卷19.城池.府城//日本藏中国罕见地方志丛刊(10):490
[9] 57 重建太仓南城楼训导金珵记畧.//周凤岐修,张寅纂.(嘉靖)太仓州志.卷2,城池//天一阁藏明代方志选刊续编(20):170

先看受经费限制未能及时修城的案例。如宝应县城:"嘉靖三十四年,倭寇内犯,知县廖言以建城请于当道,巡抚都御史郑晓谓:宜姑待稔岁"❶,又如婺源县城:"嘉靖四十四年,知府何东序檄县丞胡邦耀度基议筑,以米贵未果"❷。

与之相对是沛县修城的成功案例。嘉靖二十五年,边围孔棘关津戒严。时周泾任沛县令,虑民疾苦,采取了先发展经济再筹资修城的方式:

> 于是振穷苏困、节用平赋、开荒抚流、锄梗植良,专务修其政教。行之二年,民和岁丰,弊厘废举,曰民可劳矣。乃协丞吴元祥、薄齐邦与蒋廷瓒、史林大理集沛之缙绅父老与其秀子弟于廷,议厥砖城事,咸唯之。白诸当道,若巡抚都御史王公、喻公,巡按监察御史陈公,兵备副使王公,又咸可之。君于是下令,召陶暨、梓暨,厥圬墁,度工商,材各有成。画凡陶之薪,则征诸计亩;梓之材,圬之灰,石工之饩廪,则出诸公镪董役则简诸干勤若官者张进杨文焕者费不民敛,役不农妨,趋事子来,如治私作,工始于丙午季秋,讫于丁未孟夏。仅五月而告成。❸

有时,为了同时满足防御需要和地方的可承受度,还会缩减城池规模,如宝应县城:

> (嘉靖)三十六年五月初七日,倭寇突至,横罹刀铤者千余人,公私庐舍一炬而空。巡抚都御史王诰,以民益雕伤,费无所措,乃即旧址敛三之一。❹

又如崇明县城:

> 万历二十一年,县治坍。知县何懋官卜迁于今长沙,始立基七里九分;工未兴,遂迁去。接任李大经,念民贫岁,祲减为四里七分三厘四毫。❺

在战事严峻的时候,甚至会倾一县之全力而筑一城。如崇祯末年,流寇猖獗,为修建怀远新城,不惜"毁坛墙,废桥梁,不惟民间砖石,搜括一空,而力者罢,财者尽矣"❻。

可见,尽管明后期地方城池在南直隶的城防体系中发挥着重要的防御作用,但并不是每一次防御需要都对应一次同等程度的修城事例。可以肯定的是,限于明末修城工费之不足,每次修城都是地方政府权衡利弊后作出的艰难决定。

3. 修城负责人及推动力

明后期修城事例增多,负责监督推动和直接执行之参与修城的官员亦很多。由表6~8粗略统计,涉及从中央到地方的各级官员,如巡抚都御使、巡按、兵备副使、知府、知县、同知、通判、推官、检校等。值得一提的是,在卫所城中,多由军民共担,如高邮州城"抚按州修其七,卫修其三"❼。一般情况下,州县正官和佐贰官为地方城池修建的实际执行者,而知府及中央和省级官员则为主要的督建者。

---

❶ 陈煃修,吴敏道纂.(万历)宝应县志.卷2营缮,城池.//南京图书馆孤本善本丛刊.明代孤本方志专辑.

❷ 丁廷楗修,赵吉士纂.(康熙)徽州府志.卷1城池//中国方志丛书,华中地方(237):255.

❸ 费寀砖城碑记.//于书云修,赵锡蕃纂.(民国)沛县志.卷5建置志,城垣.//中国方志丛书,华中地方(164).

❹ 陈煃修,吴敏道纂.(万历)宝应县志.卷2营缮,城池.//南京图书馆孤本善本丛刊.明代孤本方志专辑.

❺ 朱衣点修,吴标等纂.(康熙)重修崇明县志.卷3建置志//稀见中国地方志汇刊(1).北京:中国书店,1992:811.

❻ 孙让等纂修.(嘉庆)怀远县志.卷7营建志//中国方志丛书,华中地方(733):433.

❼ 杨洵修,陆君弼、徐銮纂.(万历)扬州府志.卷2郡县志下.城池.高邮州//北京图书馆古籍珍本丛刊(25):45.

一般而言,推动修城行为的途径主要有两种:

① 从具体地区的实际防御需要出发,由下而上逐层申请,以期得到修城许可。申议人涉及从举人、地方官直至巡抚都御使等各级。如:

嘉靖年扬州府新城之修建乃"用副使何城、举人杨守诚之议"❶。

嘉靖三十六年盐城之修建乃"本府检校祝□署篆盐城,闻海上倭寇张甚,申请重修"❷。

嘉靖十三年如皋县城之修建乃"巡抚都御史郑晓准致仕官李镇等告建城池"❸

嘉靖间高淳县城之修建乃"知县刘启东因县帑被盗,具白抚按,请所以为防卫者"❹。

嘉靖间海门县城之修建乃"巡抚都御史郑晓、知府吴桂芳始奏请筑城"❺

② 从府域、地区乃至全国的防御角度出发,由上而下颁布檄文或诏令,推动地区或更大范围内的建城运动。颁布者涉及从府、巡抚乃至中央等各级。如:

黟县城承檄修建:"嘉靖四十五年,知府何东序檄知县宋介庆筑城"❻,类似的还有绩溪县城:"(嘉靖)四十五年,知府何东序因'邻寇流突'属知县郁兰筑城。"❼

铜陵县城承檄创建:"故无城。明万历十一年,兵备副使冯叔吉檄邑令姜天衢创筑"❽。

淮安府城承檄修筑:"正德十二年,巡抚都御史丛兰檄知府薛□修"❾。

上海县城承檄加高:"万历二十六年,知县许汝魁奉赵巡抚檄加五尺"❿。

崇祯年间,还颁布了全国的建城诏令:"崇祯八年,诏天下无城郡邑建城"⓫。在此次诏令之下,不宜建城之处也纷纷建城,如建平县:"地势卑下,南滨于溪,受桐玉万山之水,地多泥淤沙迹,故高墉之设维艰。明崇祯八年,县令侯佐奉宪檄议筑,照田派费,按丁出力"⓬。

可见,明后期南直隶的修城涉及从上到下,从官到民的各个层级,并形成了由官方推动的以防御为主要目的的大规模运动。

六 余 论

城墙虽是古代重要的防御手段,但在明代之前并未普遍设置,如南直隶地区有24城在明之前并无修城记录。

---

❶ 杨洵 修,陆君弼、徐銮 纂.(万历)扬州府志.卷2郡县志下.城池.扬州//北京图书馆古籍珍本丛刊(25):44
❷ 杨瑞云 修,夏应星 纂.(万历)盐城县志.卷2建置志.城池//北京图书馆古籍珍本丛刊(25):817
❸ 童蒙吉 修,谢绍祖 纂.嘉靖重修如皋县志.卷2建置.城池//天一阁藏明代方志选刊续编(10):47
❹ 李斯佺 修,芮城等 纂.(康熙)高淳县志.卷9邑防//稀见中国地方志汇刊(12):80
❺ 杨洵 修,陆君弼、徐銮 纂.(万历)扬州府志.卷2郡县志下.城池.海门县//北京图书馆古籍珍本丛刊(25):48
❻ 丁廷楗 修,赵吉士 纂.(康熙)徽州府志.卷1城池.黟县//中国方志丛书,华中地方(237):262
❼ 丁廷楗 修,赵吉士 纂.(康熙)徽州府志.卷1城池.绩溪//中国方志丛书,华中地方(237):263
❽ 刘权之 修,张士范 等纂.(乾隆)池州府志.卷14城池.铜陵//中国方志丛书,华中地方(636):943
❾ 郭大纶 修,陈文烛 纂.(万历)淮安府志.卷3建置志.城池.府城.旧城//天一阁藏明代方志选刊续编(8):290
❿ 方岳贡 修,陈继儒 纂.(崇祯)松江府志.卷9.城池.府城//日本藏中国罕见地方志丛刊(10):490
⓫ 李斯佺 修,芮城等 纂.(康熙)高淳县志.卷9邑防//稀见中国地方志汇刊(12):80
⓬ 卫廷璞 纂修.(雍正)建平县志.卷7城池//中国地方志集成,安徽府县志辑(38):399

有明一代，南直隶几乎所有的府、州和一般县均有修城，甚至某些附郭县（歙县）也见有修城，并在不同时期呈现出不同的阶段特色：明初为以卫所城为主的重点修筑，修城率达42%；明中期为局部修筑，修城率为29%；明后期为大规模的普遍修筑，修城率高达96%。

从负责督修的官员来看，明初多为军职人员，明中期加入地方官员，明后期则有从官到民、从中央到地方多层次的官员卷入城池修建之中。

从修城原因来看，无论明初、中期还是后期均以防御为主要目的。而不同时期修城数量和空间分布的差异主要取决于城在整体城防部署中所担负的不同作用：明初，南直隶城防体系以卫所和巡检司的主动防御为主，城只是起到强化重点防御的辅助作用，因此以卫所城的修筑为主；明后期随着主动防御体系日渐不足，同时社会危机日渐严重，城逐渐上升为地方自保的重要手段，从地方到中央重视度渐强，修城范围也从局部迅速扩展到整个区域，形成了大规模的建城运动。

从建置的必要性来看，明前及中期，南直隶大部分地区仍处于无城或城池圮废的状态，而明前未见修城记录的24城中有18城直至明后期才始创。可见，即使在明代的大部分时间，城也只是地方行政建置之充分但非必要的建筑内容。

从物质性来看，修城需要耗费大量人力物力，故地方上非必要并不轻言修城。历次修城事例必是物质与防御两相权衡取其重的结果。因此，明初的修城体现出较强的选择性，甚至在物质条件有限的情况下，拆地方城砖以修军城。而在明后期则多是通过广开渠道，多方筹措，或延迟修城，或缩减规模，在不得已的情况下甚至拆毁坛壝等地方建筑用以修城。

参 考 文 献

[1]王僖，杜槃 修.程文 纂.(弘治)句容县志.据明弘治九年(1496)刻本影印//天一阁藏明代方志选刊(11).上海：上海古籍书店，1982

[2]汪宗尹，程嗣功 修.陈舜任 等纂.(万历)应天府志.据明万历五年刻增修本//稀见中国地方志汇刊(10).北京：中国书店，1992

[3]李景峰 等修.史炳 等纂.(嘉庆)溧阳县志.据清嘉庆十八年修，光绪二十二年重刻本影印//中国方志丛书，华中地方(470).台北：成文出版社，民国72(1983)

[4]傅观光 等修.丁维诚 等纂.(光绪)溧水县志.据清光绪九年刊本影印//中国方志丛书，华中地方(12).台北：成文出版社，民国59(1970)

[5]沈孟化 修.张梦柏 纂.(万历)江浦县志.据明万历四十六年白下易志刻本影印//天一阁藏明代方志选刊(7).上海：上海古籍书店，1982

[6]刘启东 修.贾宗鲁 纂.(嘉靖)高淳县志.据明嘉靖五年(1526)刻本影印，嘉

靖四十一年(1562)重刻本影印//天一阁藏明代方志选刊(14).上海:上海古籍书店,1982

[7] 柳瑛 纂.(成化)中都志.据明天顺二年至成化二十三年修(1458～1487),弘治元年(1488)刻,隆庆万历间递修本影印//天一阁藏明代方志选刊续编(33).上海:上海书店,1990

[8] 耿继志 等修.汤原振 等纂.(康熙)凤阳府志.据清康熙二十四年刊本影印//中国方志丛书,华中地方(697).台北:成文出版社,民国74(1985)

[9] 孙维礼,杨均 纂修.(嘉靖)怀远县志.据明嘉靖十八年(1539)刻本影印//天一阁藏明代方志选刊续编(35).上海:上海书店,1990

[10] 闻人诠 纂修.陈沂 纂.(嘉靖)南畿志.据明嘉靖十三年刻本影印//北京图书馆古籍珍本丛刊(24).北京:书目文献出版社,1999

[11] 龚起翚 辑.(康熙)虹县志.据清康熙十七年刊本影印//中国方志丛书,华中地方(661).台北:成文出版社,民国74(1985)

[12] 栗永禄 纂修.(嘉靖)寿州志.据明嘉靖二十九年(1550)刻本影印//天一阁藏明代方志选刊(25).上海:上海古籍书店,1982

[13] 曾惟诚 撰.帝乡纪略.据明万历二十七年(1599)刊本影印//中国方志丛书,华中地方(700).台北:成文出版社,民国74(1985)

[14] 郭起元 等纂修.(乾隆)盱眙县志.据清乾隆十二年刊本影印//中国方志丛书,华中地方(648).台北:成文出版社,民国74(1985)

[15] 邵时敏 修.王心 纂.(嘉靖)皇明天长志.据嘉靖二十九年(庚戌1550)刻本影印//天一阁藏明代方志选刊(26).上海:上海古籍书店,1982

[16] 崔维岳 等纂修.(万历)宿州志.据东洋文库据明万历二十四年序刊本手抄本影印//中国方志丛书,华中地方(667).台北:成文出版社,民国74(1985)

[17] 余鋾 纂修.(嘉靖)宿州志.据明嘉靖十六年(1537)刻本影印//天一阁藏明代方志选刊(23).上海:上海古籍书店,1982

[18] 吕景蒙 修.胡袞 纂.(嘉靖)颍州志.据明嘉靖十五年(1536)刻本影印//天一阁藏明代方志选刊续编(35).上海:上海书店,1990

[19] 许晋纂 修.(乾隆)颍上县志.据清乾隆十八年刊本影印//中国方志丛书,华中地方(710).台北:成文出版社,民国74(1985)

[20] 林世元 修.王鏊 等纂.(正德)姑苏志.据明正德元年(1506)刻本影印//天一阁藏明代方志选刊续编(12).上海:上海书店,1990

[21] 周世昌 撰.(万历)重修昆山县志.据万历四年刊本影印//中国方志丛书,华中地方(433).台北:成文出版社,民国72(1983)

[22] 金吴澜 等修.汪堃 等纂.(光绪)昆新两县续修合志.据清光绪六年刊本影印//中国方志丛书,华中地方(19).台北:成文出版社,民国59(1970)

[23] 高士鹮,杨振藻 修.钱陆灿 等纂.(康熙)常熟县志.据清康熙二十六年(1687)刻本影印//中国地方志集成,江苏府县志辑(21).南京:江苏古籍出版社,1991.6

[24]陈□躒 等修.倪师孟 等纂.(乾隆)吴江县志.据清乾隆十二年修,石印本影印//中国方志丛书,华中地方(163).台北:成文出版社,民国64(1975)

[25]韩浚 等修.(万历)嘉定县志.据明万历三十三年刊本影印//中国方志丛书,华中地方(421).台北:成文出版社,民国72(1983)

[26]周凤岐 修.张寅 纂.(嘉靖)太仓州志.据明嘉靖二十七年(1548)刻本,崇祯二年(1629)刘彦心重刻本,清抄本影印//天一阁藏明代方志选刊续编(20).上海:上海书店,1990

[27]朱衣点 修.吴标 等纂.(康熙)重修崇明县志.据康熙(1662—1722)刻本影印//稀见中国地方志汇刊(1).北京:中国书店,1992

[28]方岳贡 修.陈继儒 纂.(崇祯)松江府志.据明崇祯三年(庚午1630)刻本影印//日本藏中国罕见地方志丛刊(10).北京:书目文献出版社,1992

[29]陈其元 等修.熊其英 等纂.(光绪)青浦县志.据清光绪五年刊本影印//中国方志丛书,华中地方,(16).台北:成文出版社,民国59(1970)

[30]张恺 撰.(正德)常州府志续集.据明正德八年刊本影印//中国方志丛书,华中地方(419).台北:成文出版社,民国72(1983)

[31]刘广生 修.唐鹤征 纂.(万历)常州府志.据明万历四十六年(1618)刻本影印//南京图书馆孤本善本丛刊.明代孤本方志专辑.北京:线装书局,2003

[32]朱昱 撰.(成化)重修毗陵志.据明成化二十年刊本影印//中国方志丛书,华中地方(423).台北:成文出版社,民国72(1983)

[33]王叔杲,张秉铎 修.朱得之 纂.(隆庆)新修靖江县志.据隆庆三年(1569)刻本影印//稀见中国地方志汇刊(13).北京:中国书店,1992

[34]高得贵,张九征 等纂.朱霖 等增纂.(乾隆)镇江府志.据清乾隆十五年(1750)增刻本影印//中国地方志集成,江苏府县志辑(27).南京:江苏古籍出版社,1991.6

[35]杨洵 修.陆君弼,徐銮 纂.(万历)扬州府志.据明万历三十二年(甲辰1604)刻本影印//北京图书馆古籍珍本丛刊(25).北京:书目文献出版社,1999

[36]申嘉瑞 修.李文,陈国光 纂.(隆庆)仪真县志.据明隆庆元年(1567)刻本影印//天一阁藏明代方志选刊(15).上海:上海古籍书店,1982

[37]陈煃 修.吴敏道 纂.(万历)宝应县志.据明万历二十二年(甲午1594)刻本影印//南京图书馆孤本善本丛刊.明代孤本方志专辑.北京:线装书局,2003

[38]郭大纶 修.陈文烛 纂.(万历)淮安府志.据明万历元年(1573)刻本影印//天一阁藏明代方志选刊续编(8).上海:上海书店,1990

[39]卫哲治 等纂修.陈琦 等重刊.(乾隆)淮安府志.据清乾隆十三年修,咸丰二年重刊本影印//中国方志丛刊,华中地方(397).台北:成文出版社,民国72(1983)

[40]杨瑞云 修.夏应星 纂.(万历)盐城县志.据明万历十一(癸未1583)刻本影印//北京图书馆古籍珍本丛刊(25).北京:书目文献出版社,1999

[41]卢士杰 纂修.钱启文 续修.(康熙)清河县志.据清康熙十七年(1678)刻本

[42]唐仲冕 等修.汪梅鼎 等纂.(嘉庆)海州直隶州志.据清嘉庆十六年刊本影

印//中国方志丛书,华中地方(35).台北:成文出版社,民国59(1970)

[43] 董用威 等修.鲁一同 纂.(咸丰)邳州志.据清咸丰元年刻本,清光绪二十一年重刊本影印//中国方志丛书,华中地方(34).台北:成文出版社,民国59(1970)

[44] 喻文伟 修.何仪,刘算 纂.(万历)宿迁县志.据明万历五年(1577)刻本影印//天一阁藏明代方志选刊续编(8).上海:上海书店,1990

[45] 侯绍瀛 修.丁显 纂.(光绪)睢宁县旧志.据清光绪十二年刊本影印//中国方志丛书,华中地方(134).台北:成文出版社,民国63(1974)

[46] 黄云 等修.林之望 等纂.(光绪)续修庐州府志.据清光绪十一年刊本影印//中国方志丛书(86)).台北:成文出版社,民国59(1970)

[47] 顾浩 修.吴元庆 等纂.(嘉庆)无为州志.据清嘉庆八年(1803)刻本影印//中国地方志集成,安徽府县志辑(8).南京:江苏古籍出版社,1998.4

[48] 舒梦龄 纂修.(道光)巢县志.据清道光八年刊本影印//中国方志丛书,华中地方(675).台北:成文出版社,民国74(1985)

[49] 刘垓 修.李懋桧 纂.(万历)六安州志.据明万历十二年(甲申1584)刻本(日本国会图书馆藏)影印//日本藏中国罕见地方志丛刊(11).北京:书目文献出版社,1992

[50] 金弘勋 等纂修.(乾隆)六安州志.据清乾隆十六年刊本影印//中国方志丛书,华中地方(616).台北:成文出版社,民国74(1985)

[51] 甘山 等修.程在嵘 等纂.(乾隆)霍山县志.据清乾隆四十一年刊本影印//中国方志丛书,华中地方(716).台北:成文出版社,民国74(1985)

[52] 张楷 纂修.(康熙)安庆府志.据清康熙六十年刊本影印//中国方志丛书,华中地方(634).台北:成文出版社,民国74(1985)

[53] 李敏迪 修.曹守谦 纂.(康熙)太平府志.据清康熙四十六年增修抄本影印//中国方志丛书,华中地方(607).台北:成文出版社,民国74(1985)

[54] 鲁铨 等修.洪亮吉 等纂.(嘉庆)宁国府志.据嘉庆二十年补修,民国八年重印本影印//中国方志丛书,华中地方(87).台北:成文出版社,民国59(1970)

[55] 庄泰弘 等纂修.(康熙)宁国府志.据清康熙十二年刊本影印//中国方志丛书,华中地方(692).台北:成文出版社,民国74(1985)

[56] 陈俊 修.梅守德,贡安国 纂.(万历)宁国府志.据明万历五年(丁丑1577)刻本(据日本国会图书馆藏)影印//稀见中国地方志汇刊(6).北京:中国书店,1992

[57] 苏宇庶 纂.(万历)旌德县志.据明万历二十七年(1599)刻本影印//南京图书馆孤本善本丛刊.明代孤本方志专辑.北京:线装书局,2003

[58] 李思恭 等修.丁绍轼 等纂.(万历)池州府志.据明万历四十年(1612)刊本影印//中国方志丛书,华中地方(635).台北:成文出版社,民国74(1985)

[59] 刘权之 修.张士范 等纂.(乾隆)池州府志.据清乾隆四十三年刊本影印//中国方志丛书,华中地方(636)台北:成文出版社,民国74(1985)

[60] 王崇 纂修.(嘉靖)池州府志.据明嘉靖二十四年(1545)刻本影印//天一阁藏明代方志选刊(24).上海:上海古籍书店,1982

[61] 丁廷楗 修.赵吉士 纂.(康熙)徽州府志.据清康熙三十八年刊本影印//中国方志丛书,华中地方(237).台北:成文出版社,民国64(1975)

[62] 李德中 等纂修.(万历)广德县志.据明万历四十年(1612)刊本影印//中国方志丛书,华中地方(703).台北:成文出版社,民国74(1985)

[63] 卫廷璞 纂修.(雍正)建平县志.据清雍正九年(1731)刻本影印//中国地方志集成,安徽府县志辑(38).南京:江苏古籍出版社,1998.4

[64] 戴瑞卿 修.于永亨 等纂.(万历)滁阳志.据明万历四十二年(甲寅1614)刻本影印//稀见中国地方志汇刊(22).北京:中国书店,1992

[65] 周之冕 等纂修.(天启)来安县志.据明天启元年刊本影印//中国方志丛书,华中地方(642).台北:成文出版社,民国74(1985)

[66] 梅守德,任子龙 等修.(嘉靖)徐州志.据明嘉靖间刊本影印//中国方志丛书,华中地方(430).台北:成文出版社,民国72(1983)

[67] 朱忻等 修.刘庠 等纂.(同治)徐州府志.据清同治十三年刊本影印//中国方志丛书,华中地方(4).台北:成文出版社,民国59(1970)

[68] 刘王瑗 纂修.(乾隆)砀山县志.据清乾隆三十二年刊本影印//中国方志丛书,华中地方(130).台北:成文出版社,民国63(1974)

[69] 姚鸿杰,李运昌 纂.(光绪)丰县志.据清光绪二十年刊本影印//中国方志丛书,华中地方(136).台北:成文出版社,民国63(1974)

[70] 罗士学 修.符令仪 纂.李汝让 增修.(万历)沛志.据明万历二十五年(1597)刻本,万历三十七年增刻本、抄本(据日本内阁文库抄本)影印//稀见中国地方志汇刊(14).北京:中国书店,1992

[71] 高照,朱大绅 等撰.(光绪)直隶和州志.据清光绪二十七年刊本影印//中国方志丛书,华中地方(720).台北:成文出版社,民国74(1985)

[72] 陈威,喻时 修.顾清 纂.(正德)松江府志.据明正德七年(1512)刻本影印//天一阁藏明代方志选刊续编(6).上海:上海书店,1990

[73] 吴翀 修.李庶 纂.(弘治)重修无锡县志.据明弘治九年(1496)刻本影印//南京图书馆孤本善本丛刊,明代孤本方志专辑.北京:线装书局,2003

[74] 赵锦修,张衮 等纂.(嘉靖)江阴县志.据明嘉靖二十六年(1547)刻本,明万历四十七年(1619)宋兰光重刊本影印//天一阁藏明代方志选刊(13).上海:上海古籍书店,1982

[75] 杨宜仑 修.夏之蓉 等纂.(嘉庆)高邮州志.据清嘉庆十八年冯馨等增修,清道光二十五年范凤谐等重校刊影印//中国方志丛书,华中地方(29).台北:成文出版社,民国59(1970)

[76] 汤一贤 纂修.(隆庆)宝应县志.据隆庆三年(1569)纂修本影印//天一阁藏明代方志选刊续编(9).上海:上海书店,1990

[77] 钟汪重 修.林颖 纂.(嘉靖)通州志.据明嘉靖九年(1530)刻本影印//天一阁藏明代方志选刊续编(10).上海:上海书店,1990

[78] 李逊 等纂修.(嘉靖)安庆府志.据明嘉靖三十三年(1554)刊本影印//中国

方志丛书,华中地方(632).台北:成文出版社,民国74(1985)

[79] 范镐 修.(嘉靖)宁国县志.据明嘉靖二十八年(1549)刻本影印//天一阁藏明代方志选刊续编(36).上海:上海书店,1990

[80] 彭泽 修.汪舜民 纂.(弘治)徽州府志.据宁波天一阁藏明弘治刻本景印//天一阁藏明代方志选刊(21).上海:上海古籍书店,1982

[81] 卢熊 撰.(洪武)苏州府志.据明洪武十二年钞本影印//中国方志丛书,华中地方(432).台北:成文出版社,民国72(1983)

[82] 欧阳东凤 修.严锜 等纂.(万历)兴化县新志.据明万历十九年手抄本影印//中国方志丛书,华中地方(449).台北:成文出版社,民国72(1983)

[83] 郑复亨 纂.(隆庆)海州志.据明隆庆六年(1572)刻本影印//天一阁藏明代方志选刊(14).台北:新文丰出版股份有限公司,民国74(1985)

[84] 黄云 等修.林之望 等纂.(光绪)续修庐州府志.据清光绪十一年刊本影印//中国方志丛书(86)).台北:成文出版社,民国59(1970)

[85] 郭经 修.唐锦 纂.(弘治)上海志.据明弘治十七年(1504)刻本影印//天一阁藏明代方志选刊续编(7).上海:上海书店,1990

[86] 张祥云 撰.(嘉庆)庐州府志.据清嘉庆八年刊本影印//中国方志丛书,华中地方(726).台北:成文出版社,民国74(1985)

[87] 李斯佺 修.芮城 等纂.(康熙)高淳县志.据清康熙二十二年(1683)刻本影印//稀见中国地方志汇刊(12).北京:中国书店,1992

[88] 童蒙吉 修.谢绍祖 纂.(嘉靖)重修如皋县志.据明嘉靖三十九年(1560)刻本影印//天一阁藏明代方志选刊续编(10).上海:上海书店,1990

明代《二园集》研究

贾　珺

（清华大学建筑学院）

摘要：《二园集》是明代刊刻的一部书籍，收录了北京官僚文人于正统二年（1437年）和弘治十二年（1499年）分别在杏园和竹园中举行雅集时所留下的写实图画和吟咏诗文，对于研究明代园林以及政治、文学、绘画具有重要的史料价值。本文以此书为基础，结合其他图像资料和历史文献，对这两次雅集的时代背景、参加人物、园林景致以及相关诗文进行考证和分析，并对雅集这种特殊性质的园林活动进行初步的追溯和总结。

关键词：明代，二园集，杏园，竹园，雅集

Abstract：Record of Two Gardens, a book printed in Ming Dynasty, collected the pictures and poems created for two gatherings of scholar bureaucrats in Beijing, which were held in Apricot Garden in 1437 and Bamboo Garden in 1499. Base on the book of great value to studies on garden, politics, literature and painting of Ming Dynasty and other materials, the author tires to research landscapes of two gardens, and the historical background, figures, and poems of these gatherings, and make further exploration to literati gatherings in Chinese ancient gardens.

Key Words：Ming Dynasty, Record of Two Gardens, Apricot Garden, Bamboo Garden, literati gathering

一　引　言

明代正统二年（1437年）三月初一正逢休沐日（即官员休假日），9名高官相约在大学士杨荣宅第中的杏园举行雅集，另一位与会的画家谢庭循当场绘制了一幅《杏园雅集图》，诸公分别题诗、作序，以作纪念。62年之后的弘治十二年（1499年）五月四日正值户部尚书周经60岁（虚岁）生日，故于五月初一在其宅第中的竹园举办寿宴雅集，邀请9位同僚赴宴，周经长子周孟、次子周曾和画家吕文英、吕纪也参与此次盛会。仿效杏园旧例，二吕合作绘制了一幅《竹园寿集图》，诸公各有诗文题咏。

两次盛会之后均由画工将原图临摹复制多份，与会者各藏一幅。弘治年间担任户部左侍郎的许进当年曾经出席竹园寿集，获赠一幅《竹园寿集图》，身后传与第八子许论。许论（1487—1559年）字廷议，号默斋，嘉靖五年（1526年）进士，历任兵部主事、礼部主事、南京大理寺丞、右副都御使等职，嘉靖二十九年（1550年）巡抚山西，在太原任职期间从周经之孙处借得一幅《杏园雅集图》，另摹一本，与旧藏《竹园寿集图》合为双璧。同僚闻知，纷纷求观，赞叹不已。嘉靖三十八年（1559年）许论奉旨总督蓟辽、保定军务，次年（1560年）特请画工将两幅彩墨长卷改绘为线描图，与图后原题

---

❶ 本文得到国家自然科学基金项目《中国北方地区私家园林研究与保护》（项目批准号：51178233）资助。

诗文一同刊刻成书,题名为《二园集》,以赠求观者。书中附有许论本人所作《二园集叙》,交代此书的来龙去脉:

> 正统丁巳,杨文贞❶题诸公会于杨文敏公❷之杏园,曰"雅集";弘治己未,屠襄惠❸诸公会于周文端公❹之竹园,曰"寿集"。各有绘像篇什,皆太平盛世也。寿集先襄毅公❺曾预其列,旧有卷。雅集卷则论巡抚太原时始得于文端公之孙而摹之,并藏于家。于是公卿闻者必求观,观者莫不慨然兴怀,若登唐虞❻之廷,睹皋夔❼之列,听明良之音,歆慕叹美之不足,甚至形之赞颂,有愿执鞭之想。
>
> 呜呼!诸公何以得此于人哉?盖至尊者道,至贵者德,有于身心则万民所望,加于上下则没世不忘,而况当重熙之朝,荷优礼之宠,不徒爵位之显荣,又得晏然于游览觞咏之间,钟鼎林泉,咸有其乐,是宜乎观者敬而美慕之也。
>
> 于时有善绘事者,乃命摹而刻之,名曰《二园集》,以应求观者之请,亦以告我后之人,思所以克肖云耳。名公题跋,并附于后。
>
> 嘉靖庚申❽三月朔日

❶ 杨文贞:杨士奇,谥号文贞。
❷ 杨文敏公:杨荣,谥号文敏。
❸ 屠襄惠:屠滽,谥号襄惠。
❹ 周文端公:周经,谥号文端。
❺ 先襄毅公:许论之父许进,谥号襄毅。
❻ 唐虞:指上古圣贤之君唐尧、虞舜,古人以为其统治时期为太平盛世。
❼ 皋夔:皋指皋陶,传说是虞舜时期的士师,主管司法;夔,传说是虞舜时期的乐官,主管乐舞。二人均为上古名臣。
❽ 嘉靖庚申:嘉靖三十九年(1560年),岁次庚申。

此书分为"杏园雅集"和"竹园寿集"两卷,卷首附图,刻工精良。原刊本问世已逾450年,存者寥寥,所幸美国国会图书馆藏有完整一套,封面题签"祝寿雅集"(图1),弥足珍贵。书中所录之图分别出自名画家之手,所录之诗、文均为著名官员兼文人所作,堪称明代两次京城高官园林聚会活动的重要史料,对于研究明代政治、园林、绘画、文学均有一定价值。笔者不避浅陋,特以美国国会图书馆所藏《二园集》为基础,结合《杏园雅集图》、《竹园寿集图》原图以及其他文献,对两次雅集的相关人物、诗文题咏和背后的园林图景进行考释,并从园林活动的角度作进一步的总结和分析。

图1　美国国会图书馆藏明代刊本《二园集》封面

二　杏园雅集

1. 人物

杏园主人杨荣的《杏园雅集后序》叙述了当年雅集的经过：

> 正统二年丁巳春三月朔，适休暇之晨，馆阁诸公过予，因延于所居之杏园。永嘉谢君廷循旅寓伊迩，亦适来会。时春景澄明，惠风和畅，花卉竞秀，芳香袭人，觞酌序行，琴咏间作，群情萧散，衎然以乐。谢君精绘事，遂用着色写同会诸公及当时景物……庐陵公❶喜题曰"杏园雅集"。既序其端，复与诸公赋咏成什，乃属予识其后❷。

明代黄佐《翰林记》载：

> 正统二年三月，馆阁诸人过杨荣所居杏园燕集，赋诗成卷，杨士奇序之，且绘为图，题曰"杏林雅集"，预者三杨、二王、钱习礼、李时勉、周述、陈循与锦衣千户谢庭循也。荣复题其后，入藏一本，亦洛社之余韵云。❸

正式参会者为杨荣、杨士奇、杨溥、王英、王直、钱习礼、李时勉、周述、陈循9位高官，加上锦衣卫千户谢庭循，一共10人，俱为当时名流，尤以三杨声名最著。

杨荣（1371—1440年），初名子荣，字勉仁，建安（今福建省建瓯市）人，建文二年（1400年）进士，授编修。明成祖朱棣篡位后，入值文渊阁参预机务，更名为荣，警敏通达，擅长筹划边防，数次跟随成祖出塞北征，深受成祖信任，永乐十六年（1418年）掌翰林院事，十八年（1420年）升文渊阁大学士。明仁宗继位，封太常寺卿，任太子少傅、谨身殿大学士、工部尚书，宣宗、英宗时期继续执掌内阁，正统五年（1440年）去世，谥文敏。杨荣以"才识"见长，既有武略，亦有文采，家资豪富，喜欢交接宾客，因为其宅第位于北京东城，世人称之为"东杨"。著有《训子编》、《北征记》、《两京类稿》、《玉堂遗稿》，后人为之编有《杨文敏公集》。

杨士奇（1365—1444年），名寓，字士奇，号东里，泰和（今江西省泰和县）人，幼年丧父，家境贫寒，勤奋好学，建文元年（1399年）由王叔英引荐入翰林院担任《太祖实录》编纂官。成祖登基后进入内阁，升任侍讲，永乐十五年（1417年）任翰林院学士，十九年（1421年）任左春坊大学士。仁宗继位，杨士奇升任礼部侍郎兼华盖殿大学士，宣宗时期继续留任内阁，改革财税制度，选拔人才，颇受称道。英宗继位后任辅政大臣，正统九年（1444年）去世，谥文贞。杨士奇一直以"学行"著称，先后主持编纂《太宗实录》、《仁宗实录》、《宣宗实录》，参与编著《文渊阁书目》，另有《三朝圣谕录》、《奏对录》、《历代名臣奏议》、《周易直指》、《西巡扈从纪行录》、《北京纪行录》、《东里集》等著作传世。因其居住在京城西部，人称"西杨"。

---

❶ 庐陵公：指杨士奇，其故乡泰和县旧属吉安府，古称庐陵。

❷ [明]杨荣. 杏园雅集后序. 见：文献[5]。

❸ 文献[6]. 卷20

杨溥(1372—1446年),字弘济,石首(今湖北省石首市)人,自幼家贫,勤学多才,建文元年(1399年)参加湖广乡试获得第一名,次年(1400年)得中进士,授翰林院编修。成祖登基,授太子洗马,永乐十二年(1414年)因太子接驾迟缓而与东宫其他属官一同下狱论罪。仁宗继位后获释,升任翰林院学士,执掌弘文阁,又升太常寺卿。宣宗继位后正式进入内阁,宣德九年(1434年)晋升礼部尚书。英宗继位后任辅政大臣,正统三年(1438年)任太子太保、武英殿大学士,正统十一年(1446年)去世,谥文定。杨溥为官清廉,待人恭谨平和,以"雅操"见长,因其故乡旧属南郡,人称"南杨"。

王英(1376—1450年),字时彦,号泉坡,金溪(今江西省金溪县)人,永乐二年(1404年)进士,授翰林院庶吉士,入读文渊阁,后为成祖掌机密文书,参修《太祖实录》,升任翰林院修撰、侍读。仁宗继位后晋升为右春坊大学士,宣宗宣德年间升少詹事,英宗正统元年(1436年)升礼部侍郎,十三年(1448年)任南京礼部尚书,两年后去世,谥文安。王英为人耿直凝重,擅长诗文、书法,著有《泉坡集》。

王直(1379—1462年),字行俭,号抑庵,泰和(今江西省泰和县)人,出身贫寒,刻苦读书,永乐二年(1404年)进士,授翰林院庶吉士,入读文渊阁,成祖欣赏其文才,纳入内阁,负责起草文书,授修撰,历经仁宗、宣宗二朝,累升为少詹事兼侍读学士。英宗正统三年(1438年)晋礼部侍郎,八年(1443年)任吏部尚书;正统十四年(1449年)土木之变发生后,与于谦、石亨等拥立郕王即位,坚守北京,击退瓦剌进攻,加太子太保衔。景泰年间,力主遣使奉迎英宗还都。天顺六年(1462年)去世,谥文端。王直为人老成端重,深孚众望,有《抑庵集》传世。

钱习礼(1373—1461年),名幹,字习礼,吉水(今江西省吉水县)人,永乐九年(1411年)进士,选任庶吉士,不久授检讨。仁宗继位,升任侍读;宣宗宣德元年(1426年)升侍读学士。英宗朝出任经筵讲官,因参与编写《宣宗实录》而晋为学士。正统十二年(1447年)致仕,天顺五年(1461年)去世,谥文肃。钱习礼好古守礼,擅长行草,有《钱文肃公集》传世。

李时勉(1374—1450年),名懋,字时勉,安福(今江西省安福县)人,先祖为南唐宗室,幼时家道败落,勤奋早慧,永乐二年(1404年)进士,授翰林院庶吉士,入读文渊阁,参修《太祖实录》,先后任刑部主事、翰林侍读。李时勉性情耿直,永乐、洪熙年间均因直言进谏而下狱。宣宗继位后赦免复职,宣德五年(1430年)升侍读学士,英宗正统三年(1438年)晋学士,掌院事兼经筵官,八年(1443年)代理国子监祭酒,十二年(1447年)致仕,景泰元年(1450年)去世,谥文毅,成化五年(1469年)改谥忠文,赠礼部侍郎。有《古廉集》传世。

周述(?—1439年),字崇述,号东墅,吉水(今江西省吉水县)人,永乐二年(1404年)甲申科殿试与其从弟周孟简分别名列榜眼和探花,一同进士及第,得到成祖奖赏,授翰林编修,入读文渊阁。曾经跟随成祖北征,官至左春坊谕德。宣德年间晋为左庶子,正统四年(1439年)去世。周述长于诗文,有《东墅诗集》传世。

陈循(1385—1462年)，字得遵，泰和(今江西省泰和县)人，永乐十三年(1415年)状元及第，授翰林编修，后充任成祖侍从。仁宗洪熙元年(1425年)升任侍讲，宣宗宣德初年入直南宫，任侍讲学士。英宗继位后，任经筵讲官，后晋翰林院学士，正统九年(1444年)入直文渊阁，参预机务，次年(1445年)任户部右侍郎。土木之变发生后，与于谦等一起守卫北京，封户部尚书。景泰二年(1451年)封太子少保兼文渊阁大学士，后加太子太傅、华盖殿大学士。景泰八年(1457年)夺门之变后英宗复位，陈循被刑杖一百并流放铁岭卫，天顺六年(1462年)赦免，不久去世。陈循富于学识，长于诗文，曾参与纂修《寰宇通志》，著有《芳洲集》、《东行百韵集句》、《芳洲年谱》。

谢庭循(生卒年不详)，名环，又名德环，字庭循、廷循，号梦吟、乐静，永嘉(今浙江省永嘉县)人，是南北朝时期著名山水诗人谢灵运之后，幼承家学，擅长诗文书画，尤其工于山水、人物画，著有《梦吟堂集》。永乐年间应征入京，宣德年间供奉宫廷画院，封锦衣卫千户，其画作深受宣宗欣赏。他以画家身份参加这次雅集，并亲笔创作《杏园雅集图》。

与会9位高官以"三杨"居首。三杨均为建文年间入仕，历永乐、洪熙、宣德各朝，先后进入内阁，执掌朝政，正统初年成为地位最显赫的五朝元老重臣。其余6人均为永乐年间入仕，历经四朝，正统初年分别担任侍郎、侍读学士、左庶子等官职。值得注意的是，9人中除了杨荣、杨溥之外的7人均为江西(明代称江西布政使司)人，有同乡关系；杨荣、杨溥俱为建文二年(1400年)庚辰科进士，而王英、王直、李时勉、周述均为永乐二年(1404年)甲申科进士，各有同年之谊。但这些大臣并未形成类似晚明东林党那样的政治集团，平时也有分歧、矛盾，不过在大事上大致能保持合作，尽忠职守，故被引为百官楷模。焦竑《玉堂丛语》论曰："西杨有相才，东杨有相业，南杨有相度。故论我朝贤相，必曰三杨。"❶其余诸公同样在明史上占有较高的地位，这幅《杏园雅集图》可算是当时政坛的代表人物难得的一次群像合影。

2. 图景

杏园雅集的举办地是杨荣的宅第之园。清初孙承泽《天府广记》载："杨文敏荣杏园：文敏随驾北来，赐第王府街，植杏第旁，久之成林。"❷此园位于北京崇文门内王府街，属于成祖所赐宅第的一部分，是当时著名的私家园林。

杨士奇《杏园雅集序》记述雅集的场景：

  乃正统丁巳三月之朔，当休暇，南郡公❸及予八人相与游于建安杨公之杏园，而永嘉谢君庭循来会，园有林木泉石之胜，时卉竞芳，香气芬菲。建安公喜嘉客之集也，凡所以资娱乐者悉具，客亦欣然，如释羁策，濯清爽而游于物之外者，宾主交适，清谭不穷，觞豆肆陈，歌咏并作，于是谢君写而为图。❹

杨荣《杏园雅集后序》描绘图上景象：

❶ 文献[7]：226

❷ 文献[13]：566

❸ 南郡公：指杨溥，其故乡石首旧属南郡。

❹ [明]杨士奇. 杏园雅集序. 见：文献[5]。

倚石屏而坐者三人：其左少傅庐陵杨公，其右为荣，左之次少詹事泰和王公。傍杏花而坐者三人：其中大宗伯南郡杨公，左少詹事金溪王公，右侍读学士文江钱公。徐行后至者四人：前左庶子吉水周公，次侍读学士安成李公，又次侍讲学士泰和陈公，最后至者谢君，其官锦衣卫千户。而十人者皆衣冠伟然，华发交映。又有执事及傍侍童子九人，治饮馔傔从五人，而景物趣韵，曲臻其妙。❶

❶[明]杨荣.杏园雅集后序.见:文献[5]

目前，传世的《杏园雅集图》彩绘长卷至少有两个版本，一藏于镇江博物馆（以下简称"镇博本"），原为金融家唐寿民旧藏；一藏于美国纽约大都会博物馆（以下简称"大都会本"），原为翁同龢后人翁万戈旧藏。两个版本的图差异很大，相比而言，镇博本与相关诗文记载完全吻合，应为当年谢庭循所绘原图或摹本，《二园集》所附木刻线描图也源自这一版本；而大都会本则与相关诗文不尽相符，应是他人描绘此次雅集的另一幅画作。二图均表现了杏园的局部景致，虽非全貌，亦有可观之处。

镇博本《杏园雅集图》（图2）纵宽37厘米，横长401厘米，右端起首处先绘一弯曲溪，两岸均设栏杆，水岸以虎皮石砌筑。溪上跨一拱桥，溪边古松偃侧，两名童子手捧包袱欲过桥，另一侧两名仆役挑着物品前行，最后到会的谢庭循正步向庭中，左侧周述、李时勉、陈循也在漫步。绿荫之下布置若干桌椅陈设，一张案子上摆好棋盘，旁设鼓墩和座椅，其旁为坐床，后倚天然石屏，屏后幽竹茂盛，杨荣、杨士奇、王直端坐床上谈天，三名童子随侍。图左在大块湖石后设一面格架式屏风，屏后杏花盛开，石前放置一张书桌，杨溥居中凭案而坐，王英和钱习礼分坐左右，四名童子侍候笔墨。最左端可见三间厅堂，阶旁溪流萦回，古松掩映，两只鹤游走其间，树下有石几，上承书籍、瓶盏，一童子正在烧炉烹茶，另一童子拭碗，一个仆人手捧杯盘。《二园集》中的7帧木刻线描插图（图3～图9）内容与之大致相同，但人物面貌、服饰以及一些景物细节有所出入，例如，镇博本上的谢庭循无胡须而线描图上有胡须，镇博本上右首之桥为拱形而线描图绘为三折桥，此外两只鹤的形态也不一样。

图2 镇江博物馆藏《杏园雅集图》
（引自文献[26]）

图 3 《二园集》所附《杏园雅集图》木刻线描图之一
（引自文献[5]）

图 4 《二园集》所附《杏园雅集图》木刻线描图之二
（引自文献[5]）

图 5 《二园集》所附《杏园雅集图》木刻线描图之三
(引自文献[5])

图 6 《二园集》所附《杏园雅集图》木刻线描图之四
(引自文献[5])

图 7 《二园集》所附《杏园雅集图》木刻线描图之五
(引自文献[5])

图 8 《二园集》所附《杏园雅集图》木刻线描图之六
(引自文献[5])

图 9　《二园集》所附《杏园雅集图》木刻线描图之七
(引自文献[5])

大都会本《杏园雅集图》(图 10)显然是另一版本,纵宽 36.6 厘米,横长 240.6 厘米,与镇博本相比,宽度相似,长度仅及 60%,图上只画了 9 位高官和 11 个童子,并无谢庭循形象,也未出现仆役,具体景物、家具陈设和人物造型均颇有不同。右侧首先画李时勉、陈循二人,身后有竹林,左侧有一株古松,松下设桌案、椅凳以及一张长长的石几,桌上设棋盘,周述拱手立于桌前,左侧横隔一座石屏,石屏另一侧杨荣、杨士奇、王直并排各坐一椅,背后立有湖石山峰,二童侍立,右侧有一鹤梳翎,左侧书桌上摆放着笔砚和石雕画屏,桌前设一竹椅,三童子立于一旁。再左侧杨溥、王英、钱习礼三人正在倚桌欣赏书画,三童随侍。左端树下可见一座硕大的茶炉以及建筑台基一角,三童子分别捧盆、提壶、捧杯盘。

这次雅集在三月初的春日举行,适逢园中杏花烂漫之时,但两种版本的图卷上并未见到很多杏树,反而绘制了多株枝干遒劲的松树。镇博本画卷上有溪流水景,未见叠山,散置的湖石姿态不凡,反映了当时文人官僚园林用石的欣赏品味。

杏树(Prunus armeniaca,蔷薇科李属)是一种落叶果木,以山杏(P. armeniaca varansu)最为常见,早春开花,呈粉红色。古代北京地区的园林中经常种植杏树,例如元代大都上东门外有一座杏花园,为董宇定别业,其中种植了千余株杏树❶。有的花园还以杏花作为梅花的替代品,以渲染春色,如清末醇亲王奕譞的适园中只种百株红杏,不种他树,号称"百株红杏作

❶ 文献[13]:563,载:"元人董宇定杏花园在上东门外,植杏千余株。"

图 10　美国纽约大都会博物馆藏《杏园雅集图》

（引自 share.iask.sina.com.cn）

梅看"❶。杏园以"杏"为名，同样当以杏林为胜，杨荣曾经作有一首《题〈杏林春晓图〉》："十年种杏已成林，知子能存济物心。万树彩霞凝艳色，满园晴旭散清阴。红芳浥露莺啼密，丹实垂金虎卧深。多少疲癃沾惠泽，看图聊为发长吟。"❷ 笔者推测这幅《杏林春晓图》和相关诗作所描绘的杏林正是杏园的景致。

3. 题咏

对于本次雅集的意义，杨士奇在《杏园雅集序》中说得很明白：

古之君子其闲居未尝一日而忘天下国家也，矧承禄儋爵以事君，而有自逸者乎？诗曰："夙夜匪懈，以事一人。"❸ 古之贤臣所以事其君也。今之居承明、延阁❹者，职在文学论思，然率寅而入、酉而出❺，恭勤左右，犹恒欿❻焉，虑毫分之或阙，矧敢自逸者乎？固尽其分之当然也。

---

❶ 文献[16]. 卷 6. 适园颐寿堂西有隙地一区葺屋三楹诗以示朴
❷ 文献[4]. 卷 6. 题《杏林春晓图》
❸ 夙夜匪懈，以事一人：语出《诗经·大雅·烝民》，意思是日夜勤劳，勤奋不懈，为天子尽职办事。
❹ 承明、延阁：承明原为宫廷建筑名，汉代刘向《说苑·修文》载："守文之君之寝曰左右之路寝，谓之承明何？曰：承乎明堂之后者也。"延阁原指宫廷藏书楼，汉代刘歆《七略》载："外则有太常、太史、博士之藏，内则有延阁、广内、秘室之府。"在此指代明代内阁。
❺ 寅而入、酉而出：指寅时（凌晨 3~5 时）入朝，酉时（傍晚 17~19 时）退直。
❻ 欿：忧愁，不自满。

若劳息张弛之宜,则虽古之人有所不废焉……嗟夫,一日之乐也,情与境会,而于冠义之聚,皆羔羊之大夫❶,备菁莪❷之仪,洽苔菜❸之意,又皆不忘乎卫武❹自警之心,可为庶几古之人者。题曰"雅集",不其宜哉,故遂序于图之次而诗又次焉。❺

文中多次引用《诗经》中的典故,以古代贤臣为榜样,强调虽偶尔逸乐,却时刻不忘国事。

杨荣《杏园雅集后序》称:

  仰惟国家列圣相承,图惟治化,以贻永久,吾辈忝与侍从,涵濡深恩,盖有年矣。今圣天子嗣位,海内宴安,民物康阜,而近职朔望休沐,聿循旧章,予数人者得遂其所适,是皆皇上之赐。图其事以纪太平之盛,盖亦宜也❻。

表达了感戴皇恩、夸饰盛世的意思。

9位高官各作一诗,题于画卷之后,《二园集》全部收录。明代永乐至成化年间的诗坛流行台阁体,以三杨等内阁重臣为代表人物,其诗多为应制、酬答、题赠而作,以"颂圣德,歌太平,施政教,适性情"为主题,风格追求雍容典雅,内容反映以程朱理学为主体的儒家思想和陶然自足的心态,同时与上层官场生活紧密相关。这种诗风在文学史上评价不高,但对当时的诗坛影响很大,不可忽视。杏园雅集所题诸诗基本上都是典型的台阁体,其中既描绘了杏园景致之美和雅集之乐,更蕴含了强烈的忠君爱国、为官尽职的理念。

杨士奇诗❼云:

  鞠躬奉臣职,肃肃恒自旦。朝下趋经纬,临夕出东观。鳌务❽日有常,黾勉❾在文翰。衰龄负宿痾❿,宁不怀泮涣⓫。兹辰属休沐,联镳⓬越闾闬⓭。适我同志良,萧爽坐林馆。维时天宇澄,青阳候过半。好鸟鸣交交,芳卉罗绚烂。朱弦一再弹,图快亦娱玩。中筵错肥甘,觞竿⓮行无算。偶斯一晌乐,沉郁豁舒散。雅咏含宫商,高怀薄云汉。合欢情所洽,辅仁道攸赞。各期励乃修,庶用表桢干⓯。

杨荣诗云:

  惠风扇和气,万物熙春阳。顾兹红杏园,花开正芬芳。在公稍休暇,况复遇时康。爰与众

---

❶羔羊大夫:《诗经·召南·羔羊》云:"羔羊之皮,素丝五紽。退食自公,委蛇委蛇。"在此以"羔羊大夫"比拟朝臣。
❷菁莪:《诗经·小雅·菁菁者莪》云:"菁菁者莪,乐育材也。"后世以"菁莪"比喻君子育才。
❸苔菜:《晏子春秋·内篇杂下》载:"晏子相齐,衣十升之布,食脱粟之食、五卵、苔菜而已。"后世以"苔菜"比喻为官者生活俭朴。
❹卫武:指卫武公,西周时期卫国国君,据说《诗经·大雅》中的《抑》篇即其所作,借以自警并向周厉王进谏。
❺[明]杨士奇. 杏园雅集序. 见:文献[5]
❻[明]杨荣. 杏园雅集后序. 见:文献[5]
❼以下诸诗均引自文献[5]。
❽鳌务:指日常政事。
❾黾勉:勉力尽职,《诗经·邶风·谷风》云:"黾勉同心,不宜有怒。"
❿宿痾:久治不愈的旧病。
⓫泮涣:自由放纵。
⓬镳:指马嚼两端露出嘴外的部分。
⓭闾闬:古代里坊之门。
⓮竿:古代酒器。
⓯桢干:原指古代筑墙所用的木柱,比喻骨干人物。

❶洛中会:指北宋洛阳耆英会,详见后文。
❷九老:指唐代参加洛阳香山之会的九老,详见后文。
❸蟋蟀诗:《诗经·唐风》有《蟋蟀》一诗,感叹生命短促,希望人们珍惜时光,"好乐无荒",既要及时行乐,也要勤于职事。
❹伐木:《诗经·小雅·伐木》描绘宴请亲朋的场景。

❺翚蜚:《诗经·小雅·斯干》以"如鸟斯革,如翚斯飞"来形容建筑屋檐的飘逸形态。
❻调鼎:原指烹调食物,后比喻宰相治理国家。
❼万汇:万物。

❽谖:忘记。
❾山阴游:南朝刘义庆《世说新语·言语》载:"山阴道上行,山川自相应发,使人应接不暇。"山阴道位于会稽(今浙江绍兴)西南郊,著名的兰亭即在道旁,东晋时期的士人喜来此游观清谈。

君子,开筵泛华觞。群情惬清赏,为欢殊未央。缅怀洛中会❶,九老❷皆令望。娱意今则同,抚迹非所当。幸逢圣明主,恭己临万方。吾侪忝在职,岂敢忘赞襄。载歌蟋蟀诗❸,好乐期无荒。

杨溥诗云:

　　大和畅群芳,斯文属清暇。况复名园中,乐事夐幽雅。达观不遐遗,同仁仰神化。顾兹春阳辉,遍照覆盆下。

王英诗云:

　　胜日游名园,欣时遂休沐。逍遥列冠盖,俯仰窥化育。清风扇微暄,鸣鸟出幽谷。林杏花正繁,芳蒲叶初绿。群卉一何妍,纷敷播清馥。举觞瞩丽景,主劝宾屡复。一饮咏台菜,再饮歌伐木❹。为欢情所孚,既醉礼尤肃。惭余属末座,咳唾乏珠玉。趋陪幸无弃,道义永相笃。

王直诗云:

　　穆穆春阳,杏花既繁。爰与君子,乐此中园。鸣鸟在上,芳草在下。惠风徐来,心焉孔豫。岂无旨酒,亦有佳肴。载劝载酬,以永今朝。时之和矣,物亦遂只。天子万年,德音不已。

周述诗云:

　　东城地佳丽,独此名园胜。维时春日暄,绕径皆红杏。馆阁属休暇,共喜逢明圣。群公遂过从,济济冠缨盛。觞酌屡献酬,雍容相爱敬。方投颖中辖,且尽关西兴。岂无丝竹音,雅咏足怡性。久坐酒欲醒,徐行天未暝。丹青托容貌,秀气森相映。良会欣在兹,非才愧难称。为此今日欢,谁言昔贤迥。高风谅可追,愿与洛中并。

李时勉诗云:

　　疏雨过城关,草木生华滋。良辰得清暇,可以遂遨嬉。杏园既幽雅,亭馆亦翚蜚❺。林深日色净,花发香风随。鹤舞临广除,莺鸣在高枝。景会神已超,目畅心自怡。从来调鼎❻资,能斡造化机。万汇❼各有适,而我亦奚为。陶然发孤咏,焉知西日微。

钱习礼诗云:

　　日出天宇净,惠风泛芳园。杏花暖始繁,幽鸟时自喧。朝回一来集,隆隆驻轻轩。君子雅好客,文燕忘嚣烦。嘉肴陈广席,旨酒盈华尊。抽毫发浩倡,倾座聆清言。良辰属休沐,皆云荷君恩。嘉会谅难遇,斯乐焉可谖❽。

陈循诗云:

　　济济儒林彦,晨下玉堂直。时和景物丽,驾言适所适。芳园负城隅,坦荡嚣氛隔。长松荫仙葩,流泉湛寒碧。展席蔼兰熏,开尊注琼液。主宾谐瑟琴,赓歌协金石。萧散乐和洽,从容见仪则。视彼山阴游❾,清谈竟奚益。

诸公诗中提及园中环境幽雅,亭轩别致,红杏绚烂,长松掩映,泉流萦绕,鹤舞与鸟鸣相和;雅集之时陈列美酒佳肴,又有丝竹伴奏,其乐融融。

举行杏园雅集的正统二年(1437年)距离明代开国已经69年,其间太祖剪灭群雄、扫荡元庭,成祖靖难夺位、迁都北京、北征蒙古;仁宗、宣宗在位时期无大的战事,朝政较为清明,经济发展,社会稳定,史称"仁宣之治";英宗幼龄继位,太皇太后张氏主政,重用以三杨为代表的老臣,仁宣时代的政治格局得到延续,呈现出一派祥和兴旺的局面,这次杏园雅集正是当时朝野安定、群臣恬然的太平盛世景象的生动写照。但正统年间也是明代盛衰转折的重要节点,杏园雅集之后不久,张太后与三杨陆续辞世,大太监王振擅权,随即发生惨痛的"土木之变",英宗被俘,京师告急,国势日渐动荡。回想正统二年的这次杏园雅集,恍如隔世。

三　竹园寿集

1. 人物

弘治十二年(1499年)举行的竹园寿集称得上是杏园雅集的翻版,吴宽《竹园寿集序》记录了前后经过:

> 太子太傅吏部尚书鄞屠公、太子太保户部尚书阳曲周公、都察院右都御使郓城侣公同生正统庚申,至今弘治己未,同跻六十。侣公之生差先,屠公稍后,介其中为周公,乃五月四日也。是日❶,诸僚友若户部尚书祥符王公、太子少保左都御使乌程闵公、吏部尚书右侍郎舒城秦公、户部左侍郎灵宝许公、右侍郎睢州李公、右副都御使临淮顾公及予七人即周公私第之后园,置酒合贺,觞豆既陈,冠裳辉映,劝酬交错,俯仰有容。及就坐,清风习习入窗槛来,若破新暑,酒政斯行,乐音具举,谈笑欢呼,起坐成旅,情好甚洽,宾主尽醉,皆以为自有寿筵以来若无此盛者。予忝预兹集,乃首赋四韵❷为倡,诸公咸和之;秦公别集古句,诸公又和之;周公复自有作,又咸和之。皆以为自有寿章以来亦无若此盛者……是集也,坐有善绘事者,为锦衣二吕君,屠公授宣德初❸馆阁诸老杏园雅集故事,曰:"昔有图,此独不可图乎?"二君遂欣然模写,各极其态,按其次第,系于卷中……园中草木非一种,而竹多且茂,故以"竹园寿集"题卷首,卷成转写,各得一卷藏于家,又出屠公之意云❹。

参会者除主人周经外,包括屠浦、侣钟、许进、李孟旸、顾佐、吴宽、王继、闵珪、秦民悦 9 位高官,周经长子周孟、次子周曾和画家吕文英、吕纪也列席其中,宾主共 14 人。

周经(1440—1510年),字伯常,号松露山人,阳曲(今山西省阳曲县)人,刑部尚书周暄之子,天顺四年(1460年)进士,任庶吉士,授检讨;成化年间历任侍读、中允,曾经陪伴太子朱祐樘(即后来的孝宗)读书。孝宗继位后,任太常少卿兼侍读,弘治二年(1489年)升礼部右侍郎,后改礼部左侍

❶ 是日:此处吴宽记载有误。周经《序竹园寿集图诗后》称"以吾竹园清敞,可聚而乐也,预属治具,乃五月庚申朔诸公毕至,而锦衣二吕用谢庭循故事亦拉以来",屠滽当日作诗曰"节到端阳隔四辰",可见寿集举行之日并非五月四日而是五月初一(庚申朔),距离五月初五端阳节还差 4 天。

❷ 首赋四韵:实际上吴宽先作诗两首。

❸ 宣德初:原文如此,实际上杏园雅集发生在正统初年,非宣德初年。

❹ [明]吴宽. 竹园寿集序. 见:文献[5]。

郎,九年(1496年)任户部尚书,十三年(1500年)获准退休,加太子太保。武宗继位后封为南京户部尚书,因丁忧未到任,正德三年(1508年)复征为礼部尚书,任职数月后因病辞职,五年(1510年)去世,谥文端。周经一生刚介清正,敢于直谏,深受宦官、贵戚忌惮,擅长诗文书法,名重一时。参加竹园雅集的长子周孟当时为国子监生,次子周曾中过进士,当时任刑部主事,后来官至浙江右参政。

屠滽(1440—1512年),字朝宗,号丹山,鄞县(今属浙江省宁波市)人,成化二年(1466年)进士,历任监察御史、都察院右佥都御使、右都御使、左都御使等职,弘治十年(1497年)加太子太保,次年升吏部尚书,加太子太傅、进柱国,后因被弹劾而致仕。武宗继位后复出任吏部尚书、左都御使、太子太傅,正德七年(1512年)去世,谥襄惠。屠滽为人公允,能推举贤才,著有《丹山集》,后人为之编纂《屠襄惠公遗集》。

侣钟(1440—1511年),字大器,号独山,郓城(今山东省郓城县)人,成化二年(1466年)进士,历任监察御史、两淮巡盐使、大理寺右丞、右少卿、右副都御使巡抚保定,升刑部右侍郎,一度贬任知府,后改任大理寺左少卿,迁左副都御史巡抚苏松诸府兼总粮储,再升户部左侍郎总督京储,改任吏部侍郎,晋都察院右都御史,弘治十三年(1500年)任户部尚书,十七年(1504年)致仕,十八年(1505年)加封荣禄大夫,正德六年(1511年)去世。

许进(1437—1510年),字季升,号东崖,灵宝(今河南省灵宝市)人,成化二年(1466年)进士,封御史,曾在甘肃、山东等地任职,弘治元年(1488年)任右佥都御使,巡抚大同,七年(1494年)任陕西按察使,八年(1495年)任右佥都御使巡抚甘肃,因收复哈密封右副都御使。次年(1496年)巡抚陕西,先后封户部右侍郎、左侍郎,十三年(1500年)因大同御敌无功而退休。武宗即位后复出任兵部左侍郎,正德元年(1506年)封兵部尚书,不久改任吏部尚书,加太子太保,后遭大太监刘瑾压制而被免职,正德五年(1510年)刘瑾被处死后朝廷复招,许进未及闻诏即已去世,嘉靖五年(1526年)追谥襄毅。此人颇有才干,能任用贤才,次子许诰、三子许赞、幼子许论均中进士且出任高官,门第显赫。

李孟旸(1432—1509年),字时雍,号南冈,睢州(今河南省商丘市睢县)人,成化八年(1472年)与其弟孟晊同榜得中进士,授户科给事中,升都给事中,后来历任湖广左参政、广西布政使、右副都御史总督南京粮储、左副都御史,弘治十一年(1498年)任户部右侍郎,十三年(1501年)升左侍郎,十五年(1503年)任南京工部尚书,正德元年(1506)致仕,四年(1509年)去世,著有《南冈吟稿》《南冈集奏议》,主持编纂《睢州志》。

顾佐(1443—1516年),字良弼,号简庵,临淮(今安徽省凤阳县)人,成化五年(1469年)进士,授刑部主事,先后任郎中、河间知府,弘治年间出任大理寺少卿,升右佥都御使巡抚山西,又任左副都御使、户部左侍郎、右侍郎,正德年间出任户部尚书,受刘瑾迫害去职,身后追赠太子太保。

吴宽(1435—1504年),字原博,号匏庵,长洲(今江苏省苏州市)人,年轻时就很出名,成化八年(1472年)状元及第,授修撰,孝宗继位后迁左庶子,参修《宪宗实录》,晋少詹事兼侍读学士。弘治八年(1495年)升任吏部右侍郎,改左侍郎,掌詹事府,入东阁负责诰敕,弘治十六年(1503年)任礼部尚书。吴宽为官清正,喜欢藏书,富有学识,擅长诗文、书法,著有《匏翁家藏集》。弘治十七年(1504年)去世,谥文定,赠太子太保。

王继(生卒年不详),祥符(今河南省开封县)人,成化二年(1466年)进士,先后任福建按察使,又以都御使身份巡抚福建,弘治年间出任户部尚书。

闵珪(1430—1511年),字朝瑛,乌程(今属浙江省湖州市)人,天顺八年(1464年)进士,授御史,出按河南,成化六年(1470年)任江西副使,历任广东按察使、右佥都御使巡抚江西、广西按察使。孝宗继位后升为右副都御使,巡抚顺天,后入朝为刑部右侍郎,晋右都御使,总督两广军务,弘治七年(1494年)任南京刑部尚书,改左都御使,十一年(1498年)加太子少保,十三年(1500年)任刑部尚书加太子太保,正德二年(1507年)加少保致仕,六年(1511年)去世,谥庄懿,赠太保,有《闵庄懿集》传世。

秦民悦(1436—1512年),字邦约,又字崇化,舒城(今安徽省舒城县)人,家贫好学,天顺元年(1457年)进士,授行人;成化元年(1465年)任工部员外郎,后出任广平知府、江西参政,晋右副都御使,巡抚蓟州等地,迁南京吏部尚书,身后谥庄简,赠太子少傅,有《傲庵集》传世。

列席寿集的两位画家都姓吕。吕文英(1421—1505年)为括苍(今属浙江省丽水市)人,吕纪(生卒年不详)字廷振,号乐愚、乐渔,鄞县(今属浙江省宁波市)人,二人在弘治年间应征进入宫廷画院,封锦衣卫千户,深受孝宗喜爱,吕文英擅长人物画,吕纪擅长花鸟、山水,是当时院体画风的代表人物,二人合作完成的《竹园寿集图》同样被视为明代美术史上的杰作。

参加竹园寿集的10位高官分别担任尚书、都御使、侍郎等职,虽然也算得上位高权重,但尚无人取得内阁大学士这样的最高职衔,且屠滽、侣钟、王继、秦民悦等人在《明史》中无传,无论是当时的威望还是历史地位都明显不及杏园雅集中人。诸公籍贯各异,并无同乡关系,其中屠滽、侣钟、许进、王继4人均为成化二年(1466年)丙戌科进士,也有同年之谊。

2. 图景

竹园寿集的举办地是大臣周经的京城宅园,具体位置不详。按吴宽序中所言,此园原本并不叫"竹园",因为竹子茂盛而临时定名。

周经《序竹园寿集图诗后》一文提及当日景况:

地幽景清,肴丰酒洌,于是交相献酬,礼仪卒度,谈谑以畅情,丝竹以助欢,何其适哉? 况先是 天济以雨而浮尘浥,是日复雨而炎暑消,茂竹挺翠,薰风送爽,天意人情于是乎交悦焉❶

❶[明]周经. 序竹园寿集图诗后. 见:文献[5]。

吴宽《竹园寿集序》详细描述了《竹园寿集图》的场景：

> 其始并湖石坐者，左为侣公，右为许公，一童子拍手导鹤舞以娱之；周公坐稍远，使其二子共具，伯曰太学生孟，捧杯前行，仲曰刑部主事曾，方拱立听命。并立竹间者，左为李公，右为顾公，皆凝然有思，若索句状。屠公则章已成，一童子捧砚从竹下书。据石案而题卷首者为予，共案坐而持笺者为王公，执尘尾者为闵公。亦若有所思者，独坐而握卷则为秦公，其集句已就之时欤？若二君，左为纪，右为文英，展画并观，而图终焉。❶

❶ [明]吴宽. 竹园寿集序. 见：文献[5]。

现故宫博物院藏有一幅《竹园寿集图》彩绘长卷（图11），卷首有屠滽隶书"竹园寿集"四个大字，署名"丹山"，卷后有吴宽所书《竹园寿集序》。《二园集》所附7帧木刻线描图（图12～图18）据彩绘长卷本改绘而成，内容基本相同，细节则略有出入。

寿集当日已进入炎热的夏季，所幸之前连续降雨，天朗气和，园中一片清爽。卷右首先绘一株参天古树，树下露出一座建筑的歇山屋顶，檐脊之上设有兽吻，二童子从其后的另一座厅堂中拾阶而下，一捧盘，一提壶，阶前花坛中竖立一块奇巧玲珑的大型湖石，与小径对面的另一块湖石相对，地上和石几上摆设几件盆景，另一童子在一侧的竹丛中吹火生炉烹茶。侣钟与许进并坐在一个大型湖石山峰之前，身前二白鹤翩翩起舞，一童子拍掌导引，石后桌案上陈列酒壶、盘碗，一侧设立格架式屏风。左侧周经端坐椅上，其旁次子周曾拱手侍立，二童子分别捧壶、捧盒，长子周孟捧杯前行。其左有

图11 故宫博物院藏《竹园寿集图》局部
（引自 www.shufacn.com）

图 12 《二园集》所附《竹园寿集图》木刻线描图之一
(引自文献[5])

图 13 《二园集》所附《竹园寿集图》木刻线描图之二
(引自文献[5])

图 14 《二园集》所附《竹园寿集图》木刻线描图之三
（引自文献[5]）

图 15 《二园集》所附《竹园寿集图》木刻线描图之四
（引自文献[5]）

图 16 《二园集》所附《竹园寿集图》木刻线描图之五
（引自文献[5]）

图 17 《二园集》所附《竹园寿集图》木刻线描图之六
（引自文献[5]）

图 18 《二园集》所附《竹园寿集图》木刻线描图之七
（引自文献[3]）

大片竹林，李孟旸、顾佐、屠浦三人立于林中，李、顾二人正在交谈，屠浦则执笔欲书，一童子捧砚而立。竹林外散置二石，可充坐凳，又临一方池，池中荷花盛开，一对鸳鸯在其中遨游。再左绘一张石案，后倚天然石屏，吴宽据座而书，王继持扇坐中，闵珪持拂尘坐于另一侧，皆若有所思。秦民悦一人独坐树下，一童子打扇。再左二童子展开画卷，吕文英、吕纪二人正在画上指指点点。画卷左端可见土山起伏，松树蟠然，桃树果实累累，山后筑石栏杆，雌雄双鹿在山下嬉戏，一童子背负包裹，二仆役肩挑食盒正向园中走来。

《竹园寿集图》的构图、人物形态乃至山石、家具都与《杏园雅集图》较为相似，二者之间显然有一定的继承和模仿的关系。相比而言，《竹园寿集图》对园林景致的表现更为丰富，其中展现的厅堂建筑、方形莲池、湖石、土山、竹林以及各种花木、盆景均为明代北京私家园林的典型景象，格调雅致。

竹（Bambu soideae，禾本科竹亚科）是中国园林常见的植物类型，素有君子之喻，表现出清新脱俗的气质，很受历代文人学士的喜爱。《帝京景物略》曾称："燕不饶水与竹"[1]，意思是北京地区缺水，不太适合竹子的生长，但实际上北京私家园林中一向不乏精彩的竹林之景，明代驸马万炜的曲水园就以竹为胜，周经的竹园同样幽篁丛生，很有情趣。

[1] 文献[11]:63

3. 题咏

参加竹园寿集的高官分别作诗多首,总数达到 45 首,大大超过杏园雅集的 9 首,内容除了品赏园景之外,仍以忠君感恩、歌颂太平为主,另外还含有为周经、屠滽、侣钟三人祝寿的贺词,正如吴宽《竹园寿集序》所云:

> 三公所以有今日者,固出于自致,亦惟其身之遭际耳。盖生全盛之世,立重熙之朝,赖圣天子在 上,优礼之愈加,信任之不贰,得以成其寿且乐者。不然,岂可得哉?众以为然,乃更举觞以祝三公,曰:愿自今跻于上寿,黄发在位,益竭谋猷,以副圣天子倚毗之心。三公亦举觞以酬,曰:愿诸公同心,以辅圣政,流无穷之闻❶。

值得一提的是,自正统之后,台阁体逐渐衰微,诗风向茶陵派演变,更富有清雅的山林之气,吴宽正是当时诗坛的代表人物之一,从诸公的竹园题咏中也略可看出其间的细微差异。

吴宽首作两首七律❷:

> 七客同期贺寿辰,古诗三寿句犹新。合为一百八十岁,总是东西南北人。露下高松如细雨,风回修竹满清尘。杏园雅集今重见,良使当筵亦写真。

> 余惟乙卯是生辰,老大无闻白发新。韩子立朝犹此秩❸,温公❹入会独何人(温公入真率会亦年六十五)。瞥然一世同惊电,瞠若三公岂后尘。更待他年为此集,香山容我作刘真❺。

屠滽和诗 3 首:

> 寿喜三山共一辰(周公号松露山人,侣公独山,予丹山也),萧萧华发渐添新。争如伯玉能希圣(蘧伯玉❻行年六十而化),徒仰宣尼❼善诱人(孔子六十而耳顺)。我已龙钟携短策(古人八十杖于乡❽),谁能瞿铄净边尘(马援❾六十二征武陵蛮)。梦中曾学斑斓舞,惆怅醒来却不真(老莱子❿年七十着斑斓衣,学婴儿戏,以乐其亲。予家君在堂,不能归侍,临纸怅然。)

> 忆昔岁君今日辰(会日直庚申),恍疑花甲又更新。鹤雏秀顶不离母,鹿女养茸常避人。樽傍绿云倾白酒,卤涵苍雪洗红尘。叮咛二吕休停笔,修竹青青待写真。

---

❶ [明]吴宽. 竹园寿集序. 见:文献[5]。
❷ 以下所录竹园寿集诸诗均引自文献[5]。
❸ 韩子立朝犹此秩:"韩子"指唐代文学家韩愈,"秩"指官阶品级,韩愈晚年曾担任吏部侍郎,而吴宽本人此时也任吏部侍郎之职,与韩愈相同。
❹ 温公:北宋名臣司马光(身后追赠温国公),罢相后曾经在洛阳组织真率会,与诸老宴集,时年65,与吴宽当时的年纪相同。
❺ 刘真:唐代隐士,字伯寿,永年人,曾任磁州刺史,后在嵩山下筑室隐居,曾经参加白居易组织的香山九老会。
❻ 蘧伯玉:指蘧瑗,字伯玉,春秋时期卫国的贤人。
❼ 宣尼:西汉元始元年(1年)追谥孔子为褒成宣尼公,后世称孔子为"宣尼"。
❽ 古人八十杖于乡:典出《礼记·王制》:"五十杖于家,六十杖于乡,七十杖于国,八十杖于朝,九十者天子欲问焉,则就其室。"
❾ 马援:东汉开国名将,建武二十四年(48 年)以 62 岁高龄请求率军南征武陵五溪蛮。
❿ 老莱子:春秋晚期楚国思想家,也是著名的孝子,72 岁高龄仍身穿彩衣,扮婴儿状,以取悦父母,后世将"老莱娱亲"列为二十四孝之一。

节到端阳隔四辰,枭羹❶蒲酒预尝新。已从天上颁丝缕(先是三日蒙赐五彩丝缕),何用门前挂艾人。凤尾竹长添秀色,马樱花发落香尘(即夜合花)。诸公笑我成狂客,剡曲湖山待季真❷。

周经和诗:

宦途多少叹参辰,幸盍朝簪❸乐事新。祝寿独怜松露愧,济时当继杏园人。阶翻夜合香飘席,窗绕筼筜净绝尘。弦管嗷嗷杯斝送,襟怀益觉醉来真。

王继和诗:

华甲欣同值诞辰,衣冠共荷宠恩新。称觞北冀崇三友,祝寿南山恰七人。风细竹溪鸣碎玉,雨香花坞浥芳尘。几回舞袖喧弦管,醉却樽前露性真。

闵珪和诗2首:

夏五初临第一辰,小园幽雅物华新。高朋自古称三寿,贺客于今见七人。家在帝城稀有竹,门临阛阓却无尘。斯文燕集衣冠盛,写入丹青定逼真。

三卿华诞总芳辰,甲子循环又复新。解愠微风频动竹,催诗凉雨更留人。谩听曲奏南飞鹤,笑看波扬东海尘。草色满庭松露湿,此君相对意清真。

侣钟和诗:

佳会叨倍❹在此辰,竹园雨过一番新。衣冠盛事传良史,宾主欢情胜故人。文字饮酣留月色,管弦声沸拂梁尘。殷勤为语同庚客,百岁相期此意真。

秦悦民和诗:

天生诸老际昌辰,佑我皇明事业新。好学远宗东鲁叟,豪吟近逼盛唐人。弼成中夏遵王道,坐使边疆息虏尘。一弛一张文物事,杯行杯让见天真。

许进和诗:

嘉筵傍竹爱兹辰,况复三公寿酒新。甲子元无终竟地,乾坤合有老成人。清风他日应留节,好雨先朝似洗尘。台省高勋惭乏颂,短歌聊尔道吾真。

李孟旸和诗:

雨恬风静值良辰,物意人情与共新。台揆联阶官八座,庚申周甲寿三人。亭开东郭余芳韵,燕集西城踵后尘(东郭草亭❺在杨鸿胪处,西城燕集在王学士处❻,皆正统间故事)。比德试看庭下竹,天然标格更清真。

顾佐和诗:

芳筵初启庆佳辰,好景园亭竹树新。三寿乃同天下老,百年期遇会中人。飞觥畅饮浑无算,拂尘清谈迥绝尘。盛事自应成故事,写图还藉

❶枭羹:以枭肉烹制的羹汤,古代夏至日皇帝常以此羹赐臣下,据说有除绝邪恶之意。

❷季真:唐代诗人贺知章,字季真,越州永兴(今浙江省杭州市萧山区)人,晚年请归乡里,玄宗赐镜湖剡溪一曲作为其隐居养老之所。

❸朝簪:原指朝官的冠饰,也指代京官。

❹倍:同"陪"。

❺东郭草亭:东郭草亭位于北京东南郊,为明代兴济伯杨善的别墅园林,杨善(?—1458年)字思敬,大兴人,历任鸿胪寺卿、礼部左侍郎、左副都御史等职,经常在东郭草亭举行宴集。

❻西城燕集在王学士处:具体所指不详,笔者推测或指正统年间大臣王英的西郊园林,曾经是翰林院诸学士的觞咏之地。

彩毫真。

秦悦民又集《诗经》句做诗3章：

绿竹如箦（《淇奥》），乐彼之园（《鹤鸣》）。凯风自南（《凯风》），宾之初筵（《宾之初筵》）。朋酒斯飨（《七月》），伐鼓渊渊（《采芑》）。乐只君子（《南山有台》），寿考万年（《信南山》）。

绿竹如箦（《淇奥》），鸟鸣嘤嘤（《伐木》）。淑人君子（《鸤鸠》），展也大成（《车攻》）。笾尔笾豆（《常棣》），鼓瑟吹笙（《鹿鸣》）。于胥乐兮（《有駜》），既和且平（《那》）。

三寿作朋（《閟宫》），为龙为光（《蓼萧》）。敬慎威仪（《民劳》），黻衣绣裳（《终南》）。肆筵设席（《行苇》），并坐鼓簧（《车邻》）。之屏之翰（《桑扈》），以畜万邦（《节南山》）。

屠浦和诗3首：

有客有客（《诗·有客》），游于北园（《驷铁》）。依彼平林（《车牽》），围布几筵（《春秋左传》）。献酬交错（《诗·楚茨》），秉心塞渊（《定之方中》）。以佐天子（《六月》），天子万年（《江汉》）。

彼狡童兮（《诗·狡童》），眘欻嘤嘤❶（韩文）。彼君子兮（《诗·有杕之杜》），迪用有成（《维清》）。今夕何夕（《绸缪》），吹丛箫之笙（《续仙传》）。以介寿眉（《诗·七月》），终和且平（《伐木》）。

岂弟君子（《诗·旱麓》），邦家之光（《南山有台》）。服其命服（《采芑》），裳锦褧裳（《丰》）。今夕何夕（见前章），调笙竽笆簧（《礼记》）。以介寿眉（见前章），揉此万邦（《诗·崧高》）。

周经和诗3首：

嘉宾式燕以乐（《南有嘉鱼》），无踰我国❷（《将仲子》）。酌彼康爵（《宾之出筵》），或肆之筵（《行苇》）。鹳鸣于垤（《东山》），鱼跃于渊（《旱麓》）。德音孔韶（《鹿鸣》），胡不万年（《鸤鸠》）。

卉木萋萋（《出车》），鸟鸣嘤嘤（《伐木》）。宜言饮酒（《女曰鸡鸣》），无弃尔成（《云汉》）。洗爵奠斝（《行苇》），鼓瑟吹笙（《鹿鸣》）。和乐且耽（《常棣》），四方既平（《江汉》）。

邦人诸友（《沔水》），休有烈光（《载见》）。正直是与（《小明》），与子同裳（《无衣》）。自公退食（《羔羊》），吹笙鼓簧（《鹿鸣》）。媚兹一人（《下武》），保其家邦（《瞻彼洛矣》）。

侣钟和诗3首：

竹园雅集，拟之杏园。彼美主人，对竹开筵。载歌载赓，清思如渊。以乐侑觞，以庆寿年。

竹园雅集，笑语嘤嘤。于斯公暇，燕乐初成。薰风南来，鸟韵若笙。

❶眘欻嘤嘤：语出唐代韩愈《送穷文》，均为象声词，形容急促而低沉的声音。

❷无踰我国：原文有误，从《诗经·郑风·将仲子》原文和本诗韵脚来看，应为"无踰我园"。

愿言匪懈,答此升平。

竹园雅集,樽俎之光。庭鹤起舞,缟衣玄裳。更爱松涛,如奏丝簧。一时盛世,传之家邦。

许进和诗3首:

莫莫葛藟(《诗·旱麓》),近周家园(《闲居赋》)。绿竹纯茂(《魏都赋》),授几肆筵(《曲水诗序》)。假乐君子(《诗·假乐》),其心塞渊(《燕燕》)。寿考维祺(《行苇》),于斯万年(《下武》)。

黄鸟于飞(《诗·葛覃》),关关嘤嘤(《东京赋》)。式燕嘉会(陆士龙[1]诗),福禄来成(《诗·凫鹥》)。酌言醻之(《瓠叶》),左籥右笙(子建[2]《七启》)。讌歌以咏(陆士衡[3]诗),四宇和平(枚乘《七发》)。

岂弟君子(《诗·泂酌》),休有烈光(《载见》)。礼仪卒度(《楚茨》),玄衮丹裳(潘安仁[4]诗)。酌彼兕觥(《诗·卷耳》),以振幽簧(《笙赋》)。宜其遐福(《诗·鸳鸯》),论道经邦(《书·周官》)。

李孟旸和诗3首:

籊籊竹竿(《诗·竹竿》),贲于丘园(《易》)。来游来歌(《诗·卷阿》),度堂以筵(《周礼》)。乐只君子(《诗·南山有台》),秉心塞渊(《定之方中》)。式燕且喜(《车牵》),寿考万年(《信南山》)。

绿竹青青(《诗·淇奥》),孤鸟嘤嘤(潘岳赋)。乐只君子(《诗·南山有台》),福禄来成(《诗·凫鹥》)。穆穆厥声(《那》),切于竽笙(晋成公绥《啸赋》)。式燕以衎(《诗·南有嘉鱼》),四方既平(《常武》)。

温温恭人(《诗·小宛》),谦尊而光(《易》)。式序在位(《诗·时迈》),裳锦褧裳(《丰》)。彼何人斯(《巧言》),巧言如簧(《巷伯》[5])。胡不相畏(《雨无正》),保其家邦(《瞻彼洛矣》)。

周经又作七律:

三人生年同庚申,雅集卜吉复此辰。雨师涤炎岂天意,宪狱停鞫如我因。伟矣七贤才冠世,美哉二史笔有神。竹园竹园尔何幸,佳图高咏传无垠。

屠滽和诗3首:

楼台雨过日已申,苍凉光景还如辰。莲叶龟来似有意,花间鹊噪偏知因。诸老春风常满座,二方 秋水同为神(周公二子长名孟,国子生;次名曾,刑部主事)。酒阑花暮出门去,白云一片横海垠。

凉薄宁思福禄申,幸逢二老同生辰。荏苒光阴届六袠,侵寻衰病论三因。酒吸碧筒易酪酊,诗题 粉节偏精神。嘱付黄鹂莫留客,高山流水思朱垠。

迂疏常愧甫与申,竭忠报国当斯辰。四方幸际圣明日,庶职肯究饥

---

[1] 陆士龙:西晋诗人陆云,字士龙。
[2] 子建:汉末三国时期诗人曹植,字子建。
[3] 陆士衡:西晋诗人陆机,字士衡。
[4] 潘安仁:西晋诗人潘岳,字安仁。
[5] 原注有误,实际上"彼何人斯"出自《诗经·小雅·何人斯》,非《巧言》;"巧言如簧"出自《诗经·小雅·巧言》,非《巷伯》。

寒因。陟罚从来出天子，操存谁敢欺明神。愿言各守圣贤训，辅翊明皇安九垠❶。

王继和诗：

维岳英灵生甫申❷，华辰又际太平辰。歌声送酒原无算，花气侵人似有因。竹底吟成新句语，笔端摹出旧精神。叨陪此日真嘉会，嬴❸得名留满八垠。

闵珪和诗2首：

花甲齐周五遇申，还同听履上星辰。酒宜介寿应无算，馔不求奢似有因。松竹当轩坚晚操，葵榴着雨□精神。弧南县象德星聚，光烛三台动八垠。

休衙每自日过中，竹圃开筵正及辰。暑酷欲凭风暂解，狱停可是两相因。人跻寿域天重眷，客到诗坛笔有神。愧我稀年无寸补，只宜归钓五湖垠。

侣钟和诗：

嵩岳百年生甫申，愧我何人同此辰。高情不随时态变，盛会似有夙世因。对酒何须问尔汝，开谈便觉惊鬼神。共期努力事明主，留取清名传九垠。

吴宽和诗：

莫较生年卯与申（宽乙卯生，公庚申），悉登科甲亦为辰（公庚辰进士，宽壬辰）。固知三寿今难并，幸作同官旧有因。节挺岁寒依竹祖，阴连夜合对花神。吾皇锡福真能助，愿筑春台遍九垠。

秦悦民和诗：

天天气象复申申，三寿齐高值此辰。岳降匡时端有为，天留华国岂无因。宾客飘洒温如玉，诗思清新捷似神。嘉会筠园今盛事，定应传播及边垠。

许进和诗：

三老诗名过白申，更看寿集及良辰。生年共值金行位，报德难忘玉烛因。花到筵前偏酝藉，竹当雨后倍精神。披图谩说兰亭好，兹会风流讵有垠。

李孟旸和诗：

岳降真应自甫申，竹生况是日逢辰（旧传种竹用辰日，山谷竹须辰日斫是也，是日会竹园，故云）。贤才间出信非偶，物理潜窥似有因。勋业光明昭汗简，画图潇洒莹风神。寿觞三百诗千首，兴倚蓬山乐为垠。

顾佐和诗：

川岳降灵生甫申，明良千载逢昌辰。阶崇保传德乃称，任专风纪才所因。南山寿同天与福，北海尊满诗有神。斯文之交岂浪集，美谈会见夸八垠。

❶朱垠：指南方极远之地，西汉班固《东都赋》曰："南燿朱垠。"
❷维岳英灵生甫申：典出《诗经·大雅·崧高》："崧高维岳，骏极于天。维岳降神，生甫及申。""甫"指甫侯，"申"指申伯，二人都是周代贤臣。
❸嬴：通"赢"。

诸诗多次赞美竹园景致佳妙,池溪清幽,花坞绚丽,园中植物除了茂密的竹林之外,还提到园中有松、葵、石榴、合欢(古称楹、合昏,又名夜合花、马缨花)以及莲花,可与图卷互相补充映证。

《二园集》下卷中收录了不少嘉靖年间官员为许氏家藏《竹园寿集图》彩绘长卷所作的题跋,均盛赞弘治时期朝政清明、人才鼎盛,颇有羡慕之意,如嘉靖十九年(1540年)严嵩《竹园寿集跋》曰:"本朝治理人物至弘治间号称极盛矣。孝皇躬亲庶政,简任贤隽,登之大僚而优礼敬焉。故仕于时者,咸得发舒其蕴,以尽辅理承化之责,又获以其暇日徜徉于文墨罇俎之间,观斯图者尚可想见当时之盛,使人歆慕叹美,有欲执鞭之想也。"❶嘉靖三十三年(1554年)大学士姚李本之跋曰:"语有之太平时人多寿,德寿足以致太平,予观《竹园寿集》卷而知斯言之非虚也。弘治间文恬武熙,时和岁丰,海内晏然,有以哉!"❷山西按察使李纶题曰:"国朝称治化之际,人文之盛,必稽诸孝庙云,然岂待传考而后知哉?即以今默斋翁❸所授《竹园寿集》观之,亦大略见矣。"❹如此不胜枚举。

明朝国势自英宗正统年间开始由盛转衰,宪宗成化年间大太监汪直专权,朝政昏暗。孝宗朱祐樘继位后,励精图治,严格约束宦官,选拔人才,又厉行节约,减免百姓税赋,使得国势大有改观,史称"弘治中兴",竹园寿集正是在此背景下举行。但是好景不长,弘治十八年(1505年)孝宗驾崩,武宗继位,荒唐逸乐,宦官刘瑾专权,形势再度转衰;世宗嘉靖年间因"大礼议"之争导致君臣不睦,奸臣严嵩长期擅权,朝政糜烂;此后虽有万历初年的一度复兴,但明朝的政治从总体上不断走向颓败,最终在内忧外患的打击下彻底灭亡。回顾这次竹园寿集,可算是对明朝中后期短暂太平时光的一点珍贵的纪念。

四 余 论

在园林中举行文人雅集是中国一项重要的文化传统。

西汉梁孝王刘武在封地睢阳(今河南省商丘市)兴造规模宏大的菟园,召集很多文士居于园中,著名者如司马相如、枚乘、邹阳、严忌、公孙诡、羊胜等,留下若干辞赋名篇;东汉末年丞相曹操在封地邺城的西园聚引建安文士,亦有诗赋传世,东晋顾恺之曾绘《清夜游西园图》。这两段历史被后人视为文学史上的盛事,但与后世流行的纯粹意义上的文人园林雅集性质不完全相同。

西晋太康六年(296年)石崇金谷园中举办的"金谷宴集"是最早有文献记录的典型文人雅集之一,据石崇《金谷诗序》记载:

> 有别庐在河南县界金谷涧中……时征西大将军祭酒王诩当还长安,余与众贤共送往涧中,昼夜游宴,屡迁其坐,或登高临下,或列坐水滨,时琴瑟笙筑合载车中,道路并作,及住令与鼓吹递奏,遂各赋诗以叙中怀,或不能者罚酒三斗❺。

❶[明]严嵩. 竹园寿集跋. 见:文献[5]。
❷[明]姚李本. 竹园寿集跋. 见:文献[5]。
❸默斋翁:许论号默斋。
❹[明]李纶. 竹园寿集跋. 见:文献[5]。
❺[晋]石崇. 金谷诗序. 见:文献[8]. 卷5。

这次盛会集游乐、欢宴、赏乐、吟咏于一体,奠定了此类园林雅集的基本模式,诸人各自赋诗,汇集成册。后来潘岳、左思、陆机、陆云、刘琨、挚虞、欧阳建等著名文士经常应石崇之邀在金谷园聚会,号称"金谷二十四友",名垂史册,后人常有诗文和图画重现其场景(图19)。

图19 明代仇英绘《金谷园图》
(引自文献[23])

东晋永和九年(353年)三月谢安、孙绰、王羲之等41人在会稽山阴(今浙江省绍兴市)的兰亭举行"修禊"之会,曲水流觞,饮酒赋诗,王羲之为此而作的《兰亭序》步石崇《金谷诗序》后尘,被视为书法史和文学史上的不朽杰作。此次雅集选择风景优美的自然山林地带,"有崇山峻岭,茂林修竹,又有清流激湍,映带左右"❶,虽非严格意义上的园林环境,却对后世造园和园林活动产生更加深远的影响,宋代以来多位画家曾绘《兰亭修禊图》(图20、图21)。

❶ 文献[1].卷80.王羲之传(引《兰亭序》)

图20　元代钱选《兰亭集贤图》局部
(清华大学建筑学院提供)

图21　明代文徵明绘《兰亭修禊图》
(引自 ishare.iask.sina.com.cn)

东晋高僧慧远在庐山虎溪东林寺住持,曾会集僧俗十八贤士结社研修佛学,因庭院水池多白莲,故称"莲社",明代仇英所绘《莲社图》描绘了一群高士在山地寺院园林中坐谈论道的场景(图22),相比兰亭修禊而言,具有浓厚的宗教色彩。

南北朝时期的南朝宋、齐、梁时期的上层文人喜欢在园林中聚会,画家宗测(字敬微)曾经画过一幅《东林客会图》描绘相关场景,被视为后世雅集图的重要源头,可惜原图失传。

图 22　明代仇英绘《莲社图》

（引自文献[23]）

唐初秦王李世民在长安开设文学馆，招罗杜如晦、房玄龄、陆德明等18位贤人在此值宿，号称"十八学士"，李世民登基后曾令阎立本绘图纪念，藏于内府；开元年间唐玄宗又在上阳宫召集张说、徐坚、贺知章等18人，亦称"十八学士"，令董萼画像，御书赞铭。这两段历史与西汉睢阳菟园、东汉邺城西园旧事相似，并不是典型的文人雅集，但也有一些共性，之后宋、明、清各朝常以唐初十八学士为题材作《十八学士图》，均以园林为背景，众学士或作书，或抚琴，或对弈，情态悠闲（图23）。

图23　明人绘《十八学士图》局部
（台北故宫博物院藏）

唐代园林中的文人雅集以"香山九老之会"最为著名。唐代会昌五年（845年），著名诗人白居易（晚年号香山居士）与胡杲、吉旼、刘真、郑据、卢贞、张浑7位老人在洛阳履道坊白氏宅园聚会，饮酒赋诗，后来李元爽与禅僧如满也加入其中，合称"九老"，常同游洛阳香山龙门寺。白居易专门请画师绘制了一幅《九老图》，并作《九老图诗序》记录雅集经过："会昌五年三月，胡、吉、刘、郑、卢、张等六贤于东都敝居履道坊合尚齿之会。其年夏又有二老，年貌绝伦，同归故乡，亦来斯会，续命书姓名、年齿，写其形貌，附于图右，与前七老题为《九老图》。"❶此次雅集开创了专门绘图记录人物和园景的先河，得到后世进一步的仿效（图24）。

❶ 文献[2]．九老图诗（并序）：472

图 24　传宋人绘《香山九老图》
（引自 go.yenching.edu.hk）

宋代园林更加流行文人雅集。北宋元丰五年（1082年），太尉、潞国公文彦博留守洛阳，追慕唐代香山九老之会，邀请洛阳退休官员之年高德劭者在洛中名园集，称"耆英会"或"耆年会"，并请画工闽人郑奂在妙觉寺僧舍作《耆英会图》壁画。与会者包括文彦博、富弼、席汝言、王尚恭、赵丙、刘况、冯行己、楚建中、王谨言、张问、张焘、王拱辰12人，均年过七十，另请未满七十的司马光入会，对此沈括《梦溪笔谈·人事》有记："元丰五年，文潞公守洛，又为耆年会，人为一诗，命画工郑奂图于妙觉佛寺，凡十三人。"❶（图25）

❶文献[3]:69

北宋时期最著名的一次文人集会同样发生在元丰初年的西园雅集，以苏轼为首的文坛学士在驸马都尉王诜的开封府园中聚会，除二人外还有苏辙、黄庭坚、米芾、蔡肇、李之仪、李公麟、晁补之、张耒、秦观、刘泾、王钦臣、郑嘉会以及道士陈景元和日本僧人圆通，共16人，极一时之选。与会的名画家李公麟（字伯时，号龙眠居士）亲笔绘制了一幅《西园雅集图》（图26），米芾为此作《西园雅集图记》，并称："李伯时效唐小李将军为着色，泉石云物、草木花竹皆妙绝动人，而人物秀发各肖其形，自有林下风味，无一点尘埃气，不为凡笔也。"❷并详细记述了图中各人的服饰、姿态。美国学者梁庄爱论（Ellen Johnston Laing）曾作《理想还是现实——"西园雅集"和〈西园雅集图〉考》一文❸，考证真实的西园雅集在历史上并不存在，李公麟的画和米芾的图记均为后人虚构伪托，在美术史界引发了很大的争议，至今尚无定论。但无论这次

❷[宋]米芾.西园雅集图记.见：文献[9].卷584。
❸[美]梁庄爱论.理想还是现实——"西园雅集"和《西园雅集图》考.见：文献[20]:211-231。

雅集是否子虚乌有,都已经成为中国文化史上一个符号性的事件,对北宋之后的园林雅集及相关诗文、绘画均产生了巨大的影响(图26~图30)。

图 25　传宋人绘《文潞公耆英会图》
(引自 book.163.com)

图 26　题北宋李公麟绘《西园雅集图》局部
(清华大学建筑学院提供)

图 27　南宋马远绘《西园雅集图》局部
(引自 www.wenhuacn.com)

图 28　题元代赵雍绘《西园雅集图》局部
(美国国会图书馆藏)

图 29　明代唐寅绘《西园雅集图》
（清华大学建筑学院提供）

宋徽宗赵佶精擅书画，曾御笔绘有一幅《文会图》，可能以古代文人聚会或唐代十八学士为主题，图上古树垂荫，曲栏环绕，众文士在树下饮茶清谈（图 31），应该也是当时文人园林雅集的常见景象。

唐宋时期的园林雅集不但是当时的绘图题材，后世也经常以此为题材创作画卷，南宋和明代的宫廷画院尤其喜欢这类主题，通常以园林庭院或山水环境为背景，重点以写实的笔法描绘人物，在中国绘画史上形成了一种特别的类型，称"雅集图"或"文会图"，留下了不少经典作品。例如，南宋马远与刘松年、元代赵孟頫、明代李士达与唐寅、仇英、尤求等名家均曾画过《西园雅集图》，又如《杏园雅集图》的作者谢庭循也画过一幅《香山九老图》。

元代大都的私家园林中同样举办过类似的文人雅集，如孙承泽《天府广记》曾记载董氏杏花园的一次觞咏之会："至顺辛未，王用亨与华阴杨廷镇、南安张质夫、莆阳陈象仲谦集。是日风气清美，飞英时至，巾幅杯盘之上皆有诗。虞集为之记，周伯琦、揭傒斯、欧阳玄和其诗，京师一时盛传。"❶又如元代平章张九思在大都南郊建有遂初堂，"常以休沐与公卿贤大夫觞咏于此，从容论说古今，以达于政理，非直为游乐也。"❷曾任中书平章政事的畏吾儿（维吾尔）族大臣廉希宪也喜欢在其别墅万柳堂中召集文人雅士，某次请到书画家赵孟頫（号松雪）和诗人卢挚（号疏斋），赵孟頫特意赋诗并作《万柳堂图》（图 32）留念，图上描绘了当时主宾在座、名妓持花劝酒的场景。

❶ 文献[13]：563

❷ 文献[15]：2515-2516 引《明一统志》

图 30　清代丁观鹏摹仇英《西园雅集图》

(引自文献[22],第 15 册)

图 31　北宋赵佶绘《文会图》

（引自文献[22]，第 1 册）

图 32　元代赵孟頫绘《万柳堂图》局部
（台北故宫博物院藏）

明代京城官僚文人更加热衷于在园林中举行这类聚会活动,并赋予一定的政治含义,杏园雅集和竹园寿集是其中最重要的两次。这两次雅集都明确以前代香山九老会、洛阳耆英会、开封西园雅集作为仿效的对象,正如杨荣《杏园雅集后序》所称:

> 昔唐之香山九老、宋之洛社十二耆英,俱以年德高迈致政闲居,得优游诗酒之乐,后世图之,以为美谈,彼固成于休退之余,此则出于任职之暇,其适同而其迹殊也。然考其实,爵位履历非同出一时、联事一司。今予辈年望虽未敢拟昔人,而膺密勿之寄,同官禁署,意气相孚,追视昔人,殆不让矣。后之人安知不又有美于今日者哉?虽然感上恩而图报,称因宴乐而戒怠荒,予虽老,尚愿从诸公之后而加勉焉。❶

周经《序竹园寿集图诗后》也说:

> 高年相会而为寿,同道相聚而为乐,古之人往往有之。如宋文潞公之耆英会、苏东坡之西园雅集,最为盛事。盖寿其所宜寿,乐其所可乐,有诗文以纪其实,有绘史以图其像,故称于当时,传之后世,使人景慕之至,于今不衰。本朝正统初,杨文贞公诸老作雅集于杨文敏公之杏园,盖有慕乎苏也;成化末,尚书王宗贯❷诸贤以"寿俊"名会,在南都之天界寺,盖有慕乎文也。❸

经过时光的洗礼,这两次雅集本身又成为后世新的样板,把其中蕴含的典故意义继续传承下去。

明代其他著名的京城园林雅集还有弘治二年(1489年)吴宽在亦乐园中举办的赏菊诗会,吴宽本人《海月庵冬日赏菊图序》称:"弘治二年十月二十八日,翰林诸公会余园居为赏菊之集,既各有诗,宽又以为宜有图置起首,乃请乡人杜堇❹写之。"❺本次雅集由著名画家杜堇执笔绘图,可惜未见流传,而故宫博物院所藏的《甲申十同年图》❻(图33)和《五同会图》❼(图34)

❶ [明]杨荣.杏园雅集后序.见:文献[5]。

❷ 王宗贯:王恕(1416—1508年)字宗贯,明代正统十三年(1448年)进士,曾任南京刑部左侍郎、南京兵部尚书兼左副都御使等职,成化二十二年(1486年)曾经与成国公朱仪等15人一起在南京天界寺组织"寿俊会"雅集。

❸ [明]周经.序竹园寿集图诗后.见:文献[5]。

❹ 杜堇:明代成化、弘治年间著名画家,原姓陆,字惧男,号柽居、古狂、青霞亭长,丹徒(今江苏省镇江市)人,擅绘楼台、人物、花草、鸟兽。

❺ 文献[12].卷65.引《海月庵冬日赏菊图序》。

❻ 甲申十同年图:刑部尚书闵珪、南京户部尚书王轼、吏部左侍郎焦芳、礼部右侍郎谢铎、工部尚书曾鉴、工部右侍郎张达、都察院左都御使戴珊、户部右侍郎陈清、兵部尚书刘大夏、户部尚书李东阳10位官员均为天顺八年(1464年)甲申科进士,特于弘治十六年(1503年)在闵珪宅园之举行雅集,请画工绘制《甲申十同年图》,并附李东阳《甲申十同年图诗序》和18首彼此唱和的诗作。

❼ 五同会图:明代弘治年间礼部尚书吴宽、礼部侍郎李杰出、南京左副都御使陈璚、吏部侍郎王鏊、太仆寺卿吴洪5位苏州籍官员在某宅园雅集,画家丁彩为此次雅集绘有《五同会图》。

图33 明代《甲申十同年图》局部

(引自文献[18])

图 34 明代《五同会图》局部

(引自文献[18])

则是弘治年间另外两次京官园林雅集的生动写照,与《杏园雅集图》、《竹园寿集图》性质类似,图上主要表现人物形象,而园林作为背景只描绘局部景致。北京西北郊的米万钟勺园和武清侯李氏清华园也是文人雅集的重要场所,万历四十三年(1615年)三月上巳日画家吴彬曾绘《勺园祓禊图》(图35)(园主米万钟另摹一幅,题为《勺园修禊图》)。著名文人袁中道曾记万历年间清华园中举办"海淀大会"的场景:"西直门北十余里,地名海淀,李戚畹园在焉……是日,伯龄做主,词客龙君御而下若干人,工弈棋书画者若干人,亦一时之胜会也。各分韵,号为'海淀大会诗'。"❶ 此次雅集盛况空前,可惜没有图画传世。

❶ 文献[10]:1362

图 35 明代吴彬《勺园祓禊图》中的文人雅集场景

(北京大学图书馆藏)

这一风尚一直延续到清代，冯溥之万柳堂、王熙之怡园、明珠之后海府园、法式善之诗龛皆为京城著名的文人聚会觞咏之地。道光年间大臣朱为弼曾经在北京一座宅园中举行"乙丑同年会"，邀请师承瀚、陈宗畴、那清安等18位嘉庆十年（1805年）乙丑科同科进士宴集，并请画师于道光十一年（1831年）至十四年（1834年）间绘制了一幅《乙丑同年雅集图》，原本不知所踪，故宫博物院藏有一幅咸丰八年（1858年）的摹本（图36），图上可见小桥流水、湖石草木，诸公意态闲雅，颇有前贤风范。又如晚清大臣荣庆的日记中记载了光绪三十四年（1908年）四月十一日邀请张之洞等14位客人至其西城茜园举行雅集的盛况："东园雅集，或围坐清谈，或倚栏赏花，或临水，或据石，主宾直率，形迹不拘，极终日之乐。他日当倩林琴南❶图之，以志鸿雪。"❷

❶ 林琴南：林纾（1852—1924年），字琴南，号畏庐，福建闽县（今属福建省福州市）人，近代文学家，擅长绘画。
❷ 文献[17]：132

图36 清代《乙丑同年雅集图》局部
（引自文献[19]）

直至民国时期此风犹存，当时北京（北平）的一些上层文化人士经常在社稷坛改建而成的中央公园（中山公园）和由乐善园、继园（又名可园、三贝子花园）合并而成的农事试验场举行诗赋雅集，还模仿兰亭修禊，留下了不少诗作；著名藏书家傅增湘先生的藏园和大收藏家张伯驹先生的丛碧山房也都多次举办类似的活动。尤其值得一提的是民国十三年（1924年）三月初三上巳节由曹秉章、王式通、郭则沄、黄濬领衔邀请郑孝胥、宋小濂、樊增祥、陈宝琛、傅增湘、周树谟、邓镕、周肇祥等37位名士在继园旧址举办的一场雅集以"可园"为韵，各赋诗二首，著名画家徐燕孙、吴光宇、胡佩衡、吴习勤、吴镜汀等于17年后的民国三十年（1941年）仿古人雅集图的形式合作绘制了一幅手卷以作纪念（图37），齐白石先生为之题写篆额"鬯春❸修禊"，画面上的名士高冠博带，非民国装扮，以示复古之意。这些事例上承金谷、

❸ 鬯春：农事试验场中有一座清代所建的鬯春堂，在旧继园（可园）范围内。

西园之前典，下续杏园、竹园之余脉，体现了连绵不断的文化传统。限于篇幅，本文不再一一赘述，留待日后另作详细的专题讨论。

图37 民国《邕春修禊图》局部
（北京画院美术馆藏）

综上所述，《二园集》收录了明代京城官僚文人两次重要园林雅集的相关图画和诗文，保存了珍贵的史料信息。到了数百年后的今天，无论杏园还是竹园都早已不存，但我们依然能够通过《二园集》精致的插图和典雅的诗文来约略了解雅集这种特殊的古代园林活动形式，感受当时的园景之优美、人物之雍容，仍可算是一件幸运的事情，故聊记于此，以备续考。

（本文在研究过程中得到美国国会图书馆亚洲部居蜜（Mi Chu）博士和潘铭燊（Mingsun Poon）博士的帮助，并承清华大学建筑学院郭黛姮教授、王贵祥教授指导，博士生黄晓同学提供珍贵资料，特此致谢！）

参 考 文 献

[1]［唐］房玄龄. 晋书. 北京：中华书局，1974
[2]［唐］白居易. 白香山诗集. 上海：世界书局，1935
[3]［宋］沈括. 梦溪笔谈. 长沙：岳麓书社，2002

[4] [明]杨荣. 杨文敏公集. 中国台北:文海出版社,1970

[5] [明]许论 编. 二园集. 明代嘉靖三十九年(1560年)刊本(美国国会图书馆藏)

[6] [明]黄佐. 翰林记. 北京:中华书局,1985

[7] [明]焦竑. 玉堂丛语. 北京:中华书局,1981

[8] [明]梅鼎祚 编. 西晋文纪. 清代乾隆年间文渊阁四库全书本

[9] [明]贺复征. 文章辩体汇选. 清代乾隆年间文渊阁四库全书本

[10] [明]袁中道. 珂雪斋集. 上海:上海古籍出版社,1989

[11] [明]刘侗,于奕正. 帝京景物略. 北京:北京古籍出版社,1980

[12] [清]孙承泽. 春明梦余录. 清代光绪七年孔氏三十三万卷堂本

[13] [清]孙承泽. 天府广记. 北京:北京古籍出版社,1984

[14] [清]张廷玉. 明史. 北京:中华书局,1974

[15] [清]于敏中. 日下旧闻考. 北京:北京古籍出版社,1985

[16] [清]奕䜣. 九思堂诗稿续编. 清代光绪年间刊本

[17] [清]荣庆. 荣庆日记. 西安:西北大学出版社,1986

[18] 杨新. 明清肖像画. 香港:商务印书馆,2008

[19] 故宫博物院. 清史图典. 第7册. 乾隆朝下. 北京:紫禁城出版社,2001

[20] 洪再新. 海外中国画研究文选. 上海:上海人民美术出版社,1992

[21] 张㧑之,沈起炜,刘德重. 中国历代人名大辞典. 上海:上海古籍出版社,1999

[22] 国立故宫博物院编辑委员会. 故宫藏画大系. 中国台北:国立故宫博物院,1994

[23] [明]仇英. 仇英画集. 天津:天津人民美术出版社,2001

[24] 付阳华. 由文人雅集图向官员雅集图的成功转换——析明代《杏园雅集图》中的转换元素. 美术,2010(10):98-103

[25] 李若晴. 玉堂遗音——《杏园雅集图》卷考析. 美术学报,2010(4):60-69

[26] Musée Albert Kahn. Le Jardin du Lettre. Besançon: LesÉditions de L'Imprimeur, 2004

高檐巨桷的郭峪居住建筑

李秋香

（清华大学建筑学院）

摘要：郭峪村坐落山西晋城的北留镇樊溪河谷中游，从明代起冶铁业大发展，晋商的阳城帮便从贩铁开始壮大。经济的发展促进了文化事业，明清时期村里出了十几名进士，村中既有官宦累世，更有商贾大户，他们积极参与村落的建设，修建的房屋十分讲究，高墙耸立磨砖对缝，雕饰细巧，气势不凡。郭峪是个杂姓村落，大户有大户居住的讲究，小户有小户的建造需求，村落居住建筑形制为此十分丰富多样。而今很多村民们仍居住在坚固实用的明清老建筑中，一如既往地过着他们的生活。

关键词：村落，建筑，住宅，建筑形制

Abstract: Guoyu Village sits in the middle reaches of Fanxi River basin, Beiliu Town, Jincheng of Shanxi. Iron industry boomed since the Ming Dynasty and fostered the rise of Yangcheng Gang which was part of the Jin Merchants. Economic growth facilitated cultural development which could be proven by over ten Jinshi (the successful candidate of a national civil examination) in the Ming and Qing dynasties. Guoyu Village was home to both aristocratic families and commercial giants who made great contributions to local construction. Their houses are exquisite and grand with lofty walls of rubbed brickwork and fine decorations. A settlement of various families, Guoyu Village exhibits a variety of architectural forms presented by the riches and the averages. Till today, many villagers live with loyalty to the traditional life in the aged yet substantial buildings dated back to the Ming and Qing dynasties.

Key Words: village, architecture, residential houses, architectural form

郭峪村几乎与山西省的阳城县一样古老，它位于阳城与晋城之间，明清时期一条从阳城到晋城的大道，即官道，就通过郭峪村。郭峪周围有两个重镇：距郭峪西南5公里的润城镇及距郭峪正南5公里的北留镇。

晋东南阳城县一带有丰厚的煤、铁资源，润城到明代时已成为阳城地区重要的冶铁镇，著名的"火龙沟"就在润城向北，沟中的上、中、下三个庄子距润城只有1公里。明代润城有户口300户。到清代光绪年，润城有人口8000多，"居民稠密，商贾辐辏"，与小城市相仿。比1998年（笔者调查时）还多一倍，可以想象明清时期润城的繁荣热闹。

自明代以来，靠煤铁资源富裕的村落中，许多是官宦累世，更有商贾大户，因此他们所修建的居住建筑十分讲究。同治《阳城县志-阳城白巷里免城役记》中载："尝窃观明之盛时，往往为其臣出官帑治居第，高檐巨桷，形髹雕焕。"这白巷里内的上庄，曾有王国光为万历时吏部尚书加太子太保，中庄和下庄也有名宦，所以上庄、中庄、下庄的房屋至今还巍然可观。郭峪村在明末清初也有功名卓著的人，如明末蓟北巡抚张鹏云，他在郭峪村的南沟街建起的七幢住宅也和三庄的官宦之家一样，用官帑建造。

历史上郭峪村由三部分组成，即郭峪、侍郎寨和黑沙坡。明崇祯年间，郭峪村修建了郭峪城，

郭峪城共有三门。村子西南角有一处水门,称西水门,是为防洪而建的。村中街道从东到西依次为后街、前街、中街,还有上街和下街与之相连,形成一个繁琐的街巷网络,不同姓氏的人家通过街巷网格划分成一个个住宅区。至今,郭峪村仍保留着近40幢老住宅,其中明代十几幢,清代20幢。尽管许多宅子历经几百年的风霜战乱,有些已破损,有些已部分倒塌,但仍可从那砌筑得挺拔磨砖对缝的高墙,气势不凡的幢幢门楼,粗壮的梁架,以及各类雕饰细巧和手艺高超的木雕、石雕、砖雕中看到当年辉煌的印迹。

由于郭峪村是个有四十多个姓氏的杂姓村落,除了若干官宦商贾外,不同阶层的百姓生活在这里,住宅各取所需自然形成了丰富多样的建筑型制(图1～图3)。

图1　郭峪村俯瞰❶

图2　郭峪村住宅群

---

❶文章中的照片为李秋香拍摄,插图为邓曼衢、陈寒凝、尚世叡、傅昕、周宇平、唐钧、李永强、关磊等绘制。

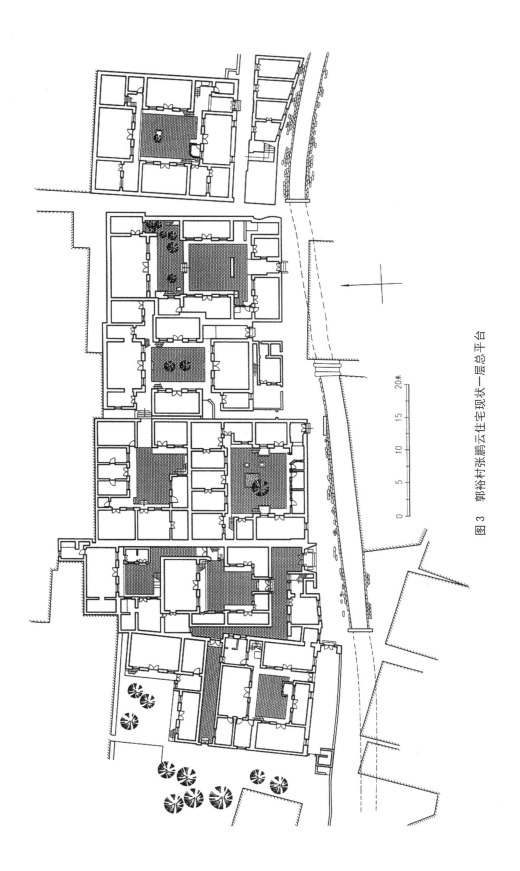

图 3 郭裕村张鹏云住宅现状一层总平台

一　基本住宅型制

由于经济条件较好，郭峪村的住宅大都采用砖木结构，这类房子一种为全部砖墙参加承重，另一类全以木材为承重构件。承重的墙，墙体很厚，通常均在70厘米左右。为节约用砖，墙的内外皮用好砖砌上一层，有的全部采用顺向砌法，有的隔行改为一顺一丁或三顺一丁的砌法，内部则填入碎砖及黄泥。为了墙体结实牢固，有些高大的建筑还在墙内砌上小木杆，使内外皮砖墙相联结。由于外表为整齐美观的砖墙面，人们便称这种做法为"砖包房"。

采用木柱承重的建筑，砖墙多为空斗墙，包住木柱。外面看不到木柱。不论砖包房还是木材承重，建筑上部均为抬梁式木结构，用排架组成若干间单体房屋。

住宅的基本型制是内院式的，由三幢或四幢三开间的单体房屋围合成三合院或四合院。院落大多坐北朝南。

一般的住宅由三部分构成，一是主宅院，一是附属院，三是花园或菜园。

主宅院是家庭主要成员居住的院落。为招待宾客，院中常建有厅房，兼作主人的书房。有的讲究气派，则专设厅房院、书房院，所以主宅院可能包含两座甚至三座院落。如前街东侧的"恩进士"王维时住宅。东西两座四合院并列，东院为屋主家庭居住，西院为待客用，两院相通。王维时宅还另辟第二个院为书房院，位置在前街西侧，比较宁静。

附属院包括厨房院、马房院等，位于主宅院的左右或背后，有自己独立的大门，也有与主宅院相连的小门。许多老宅都有园地，种花或种菜，地段很不规整，有的是剩余的房基地，有的专门占一块适宜的地段，并不都与住宅相连。位于东门内上街北侧的"两院"，据说最早为皇城村陈廷敬大管家安三泰住宅，马房院就在主宅院的东侧，中间隔一条小巷。而花园位于主宅院的西侧，紧连主宅院，有门相通。花园的北侧另有书房院。

1. 四合院和三合院

四合院是郭峪村及其附近村落中运用最多的一种住宅空间型制，即中间为院落，四面建房子。为取得好的朝向，院子大多坐北朝南，北房为正房，当地称上房（或堂房）。上房为三开间，二层或三层楼，底层一明两暗，当心间开门。左右次间为槛窗。东西厢房也是三开间，一明两暗。倒座房与上房相对，三开间。厢房与倒座都是两层。上房、厢房、倒座的楼层都有前檐廊，以悬臂梁从下层挑出，底层并无檐柱。多数住宅四面楼层的前檐廊不连接，少数连接成跑马廊。紧靠南沟东头北岸的徐姓四合院住宅，因房基窄小，只建起三面房，而在西侧贴院墙建起挑廊，与其他三面的廊子围成一圈。

左右厢房的前檐均在上房及倒座房两侧山墙之外，而且上房及倒座的前檐又在厢房山墙外约1~1.5米的距离，以致院落面积有100多平方米。在上房和倒座房的两端，又各建两小间耳房，称为厦房。这种形式的平面称为"四大八小"，即四幢大房为"四大"，八间耳房为"八小"，也有的只有四间。倒座房东端的厦房中有一间做大门。有些住宅因地段所限，厢房及倒座房进深缩小，四角只各建一小间厦房，凑成"四大四小"，称为"紧四合"。

上房的楼梯设在厦房内,有木楼梯,也有砖石砌筑的。左右厢房及倒座房在次间与前檐墙平行做楼梯登上前檐廊,都是木楼梯,有的最下三五步用砖石砌,凡楼上的前檐廊四周能交圈走通的,倒座房一般不再做楼梯。

厦房的层高低于上房很多,所以总高度相等而楼层比上房多一层,通常上房二层,则厦房为三层;上房为三层,则厦房为四层。有些住宅,上房有一侧厦房高出上房之上一两层,叫"风水楼",为的是挡住"北煞",顶层里供奉"老爷"(即狐仙)。它们或左或右的位置和高度由风水堪舆决定。这些楼造成住宅轮廓的变化,大大活泼了村子的景观。

风水术还按照"大游年法",根据住宅的朝向和大门的位置,定出四合院中的"上位",即"吉星"所在的那一间房子。在它的上方屋顶上立"吉星石",或称"福星",使"上位"在宅内为最高点。但"吉星石"高度的计算为"一砖高一丈,一瓦高一尺",是个象征性的处理(图4~图11)。

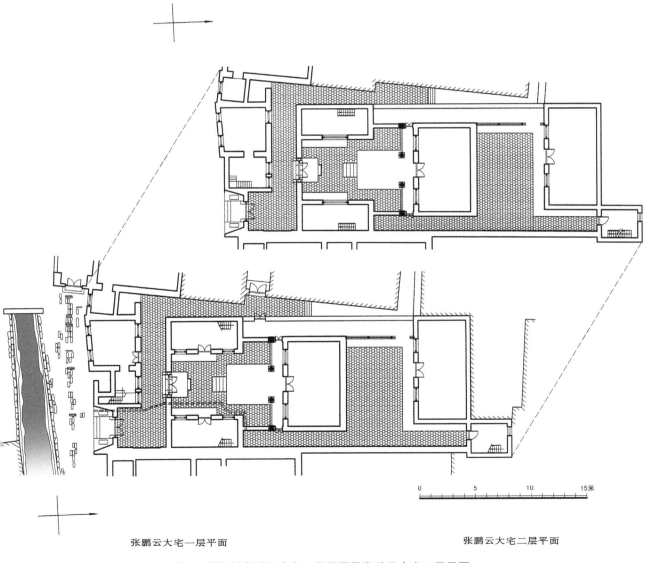

张鹏云大宅一层平面　　　　　　　　　张鹏云大宅二层平面

图4　郭裕村张鹏云大宅一层平面及张鹏云大宅二层平面

图 5　郭裕村张鹏云大宅大门立面

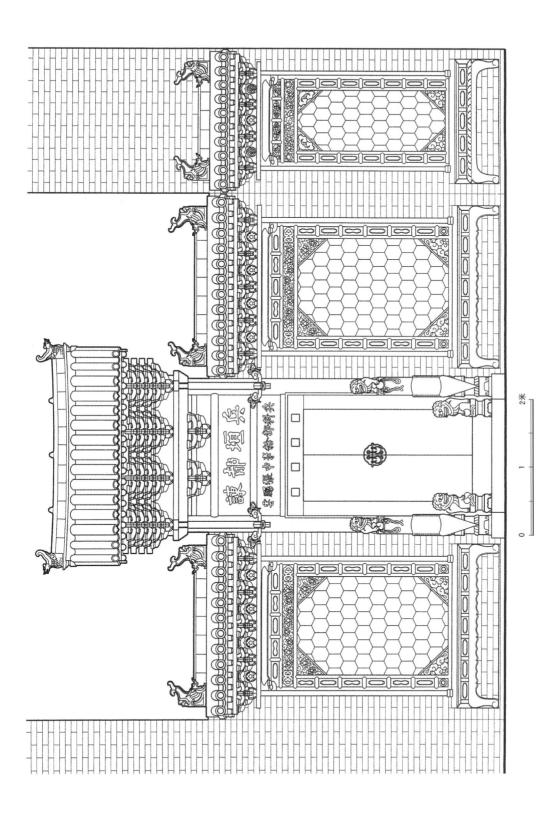

图 6 郭裕村张鹏云大宅二门立面

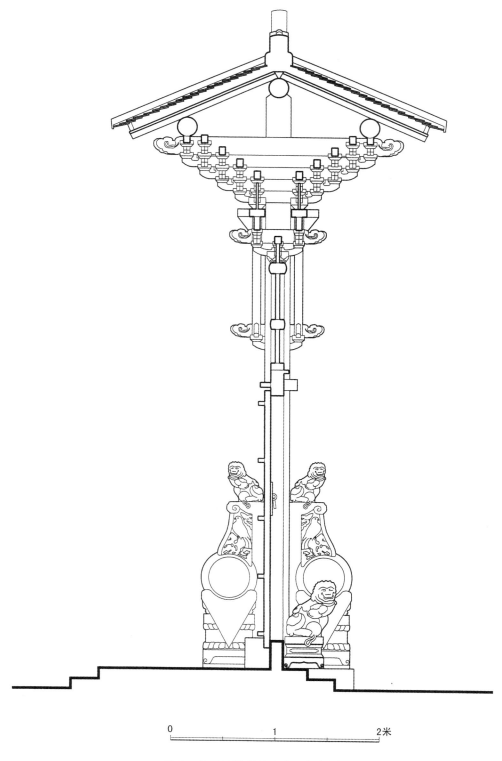

图 7 郭裕村张鹏云大宅二门剖面

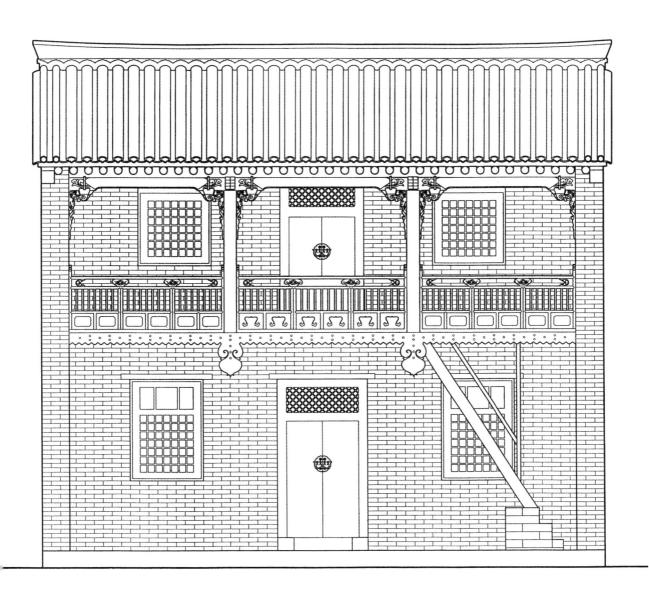

图 8　郭裕村张鹏云大宅正房立面

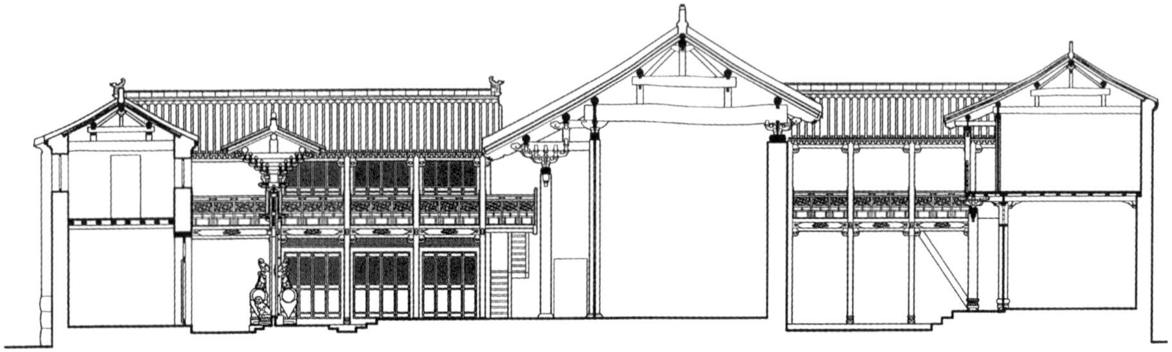

图 9 郭裕村张鹏云大宅复原纵剖面及张鹏云大宅复原一层平面

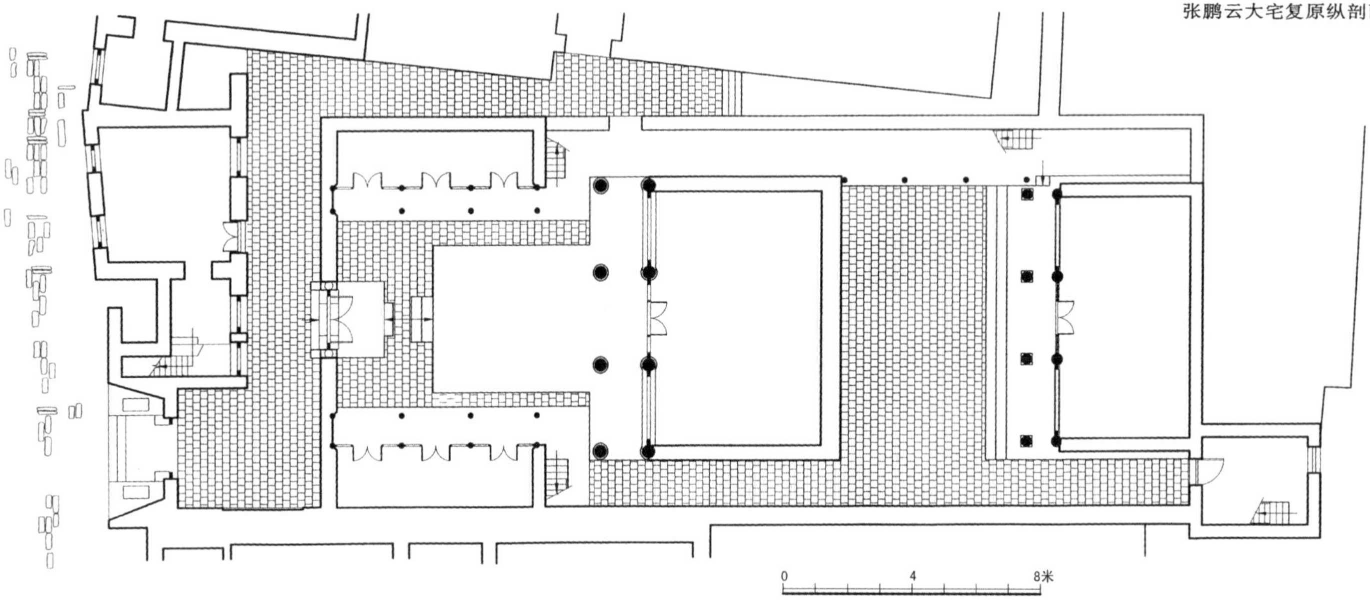

张鹏云大宅复原纵剖面

张鹏云大宅复原一层平面

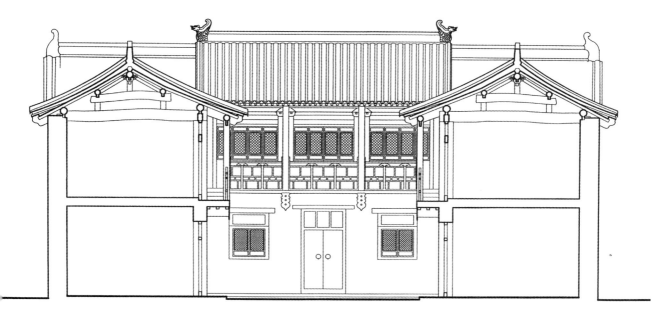

图 10 郭峪村张鹏云四宅横剖面

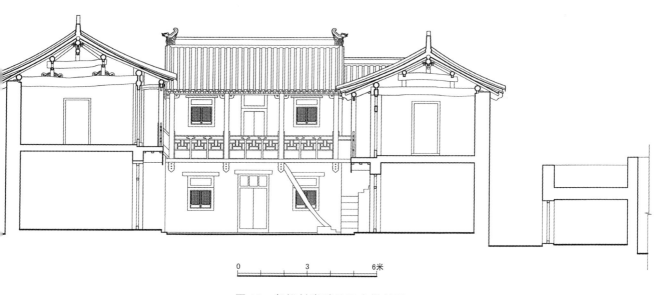

图 11 郭峪村张鹏云四宅纵剖面

四合院虽是独家居住的理想住宅，但小户人家建一幢四合院并不容易，于是有几户不同姓氏的人凑钱合建。在郭峪村内东北部叫"塌城口"的处所，就有两个这样的大院，由赵、卢、郭、王等八户人家合力建造，房产分归各家，就是一个大杂院。

三合院因平面形式如簸箕，称为"簸箕院"。郭峪村只有两幢独立的三合院，一幢位于南沟西头的南侧,原是柴姓的阴阳先生的宅子,门前有影壁;另一座是位于侍郎寨的"槐荫"院,因院前有一带透空的花格墙,又被称为花墙院。

2. 前后进式住宅

较大的住宅有前后两院,各有上房和厢房。前院没有倒座房,前墙正中为大门。通常在大门前还要建一个前院,前院的门开在院子的一边,不与大门直对,如张鹏云的大宅便是这种做法,前院窄小,宽度只相当于一个普通巷道。前街上的谭家院,当地称为"一连三院式",在大门前又建起一个有两厢和倒座房的前院。厢房与倒座房均为箍窑房,即砖砌的拱窑,与正规院落房的等级相差很大。

前后进式住宅,第一进院上房为接待和礼仪性的厅房,单层。第二进院上房为二层或三层楼房,形成前厅后楼的格局。厅房为穿过式,也称过厅,后壁正中有门通后院。一般厅房及它的厢房均出前檐廊。厅房用斗栱,饰彩绘,规格比后院上房高。有些厅房和过厅前有月台,如侍郎寨的侍郎府。

郭峪村曾有7幢前后进式住宅,可惜大都损毁,现在还剩3幢保存完好,两幢仅剩前进,一幢已无厅房。

3. 群组式住宅

有一些大型住宅由几个院落组成,这些院落的空间型制和功能有的近似,有的差别很大。群组式的住宅大致有以下几种:

其一,不考虑分居的。中国传统社会里,虽然大多数家庭代代分居,但也有四世或五世同堂的,并因此受到表彰。郭峪村的张、陈、王三姓仕宦大户都是几世同堂。如张鹏云的老宅院,曾是一组六个院落组合的住宅群,除了三个主要用于居住的院落,还有专给未出嫁女儿住的小姐院,待客的厅房院,厨房院,还有用于储藏和伙计住的杂务院以及菜园兼花园等。院子因不同的使用而等级不同,大小不同,但均为四合院或三合院。三合院是全宅的外院,即待客的厅房院。它没有倒座房,而在正中开全宅的大门。为了方便,各院还有独立的外门,相互间有小门相通。

其二,考虑分居的。商人大户,财盈资丰,为将来后人分家方便,大宅由若干个相似的单元组成。如位于窦家胡同北侧的窦家大院,将四幢四合院住宅组成紧凑的"田"字形平面,每幢住宅大小相当,布局一致。有一条前后纵向巷道将它们分割成左右两部分,每侧前后两院,都向巷道开门,院之间有相通的小门。这布局很像一副象棋盘,叫"棋盘院"。巷道如楚河汉界被称为"河"。"棋盘院"四周方正,外墙高大封闭,一旦遇有紧急情况,可关闭巷道大门躲入宅中。可惜窦家大院已毁,仅剩下其中一个院落。位于前街和上街丁字路口的陈经正老宅,原也是棋盘院,大格局目前还在,但房屋本身已被拆改很多,面目全非了。阳城这种棋盘院很普遍,如距郭峪村东5公里的西封村,有一座保存完好的棋盘院。这座院落是西封村贾家兄弟在清康熙年间经商发财后建造的。

其三,商人们成年在外,南来北往,见识较多。他们见到南方清新幽雅、秀丽别致的小花园,便有意学习,将一些做法移到自家宅院中来,建起园林式的住宅。

郭峪村的北门外,有些老房子,靠村有三棵大槐树,便称为三槐庄。这里有一处陈家花园,与城墙隔北沟相对,建在由北门到樊溪河河滩的陡坡上。居住部分在坡上部,院内有居室、轩厅、书房、望景廊、眺台及厨房等,俗称上花园,大门已毁。二门门额为"麟图衍庆","岁次已未蒲月初三日题"。坡下,靠河滩是以树木花卉为主的园地,俗称下花园。花园隔樊溪对着苍翠秀美的松山,园门题额"拱翠园"。上下两园地势高差很大,有层层错落的台阶转折上下。村人传说,花园的书厅最早是陈廷敬的曾孙陈法于建造的。陈法于(1706—?),字金门。他身材矮小,口微吃,由于身有缺陷,从小在家学习,长大不应科举,却博学多才,"非买书览胜足不入城市,有古隐君子之风"(见《黄城陈氏诗人遗集》)。虽然没有任何直接的文字资料可证明这花园书厅确为陈法于所建,但他的《山居》一诗所描写的景色,却很像陈家花园:"东山山色佳,高楼面山起。凭栏一以眺,日暮山青紫。樊水东北来,浩浩流无止。时复开卷吟,吟亦徒尔尔。王屋去匪遥,一访烟萝子。"面对松山,凭栏远眺,只有在上下花园才可以。据老人们讲,陈家平时居住在上花园内,夏季为了凉爽到临溪的下花园居住。下花园内原有鱼池、假山、水塘、葡萄架,有桂花树、枣树、柿树,还专辟一个花园,种蔬菜、花卉和一部分药材,供给家用。这里坐对松山,满目秀丽,临溪听泉,陶冶性情,是一处居住、休闲、观景的佳地。上花园住宅东立面造型活泼,变化丰富,向东开外窗,有很强的装饰性和构图美。

侍郎寨也是一个花园式建筑群。据现在仍住在侍郎寨的张天顺(1921年生)回忆,当年侍郎寨的两寨门建在山坡西北角的樊溪东岸,进入寨门先要从溪边曲折弯转踏上约3米高的层层石阶。寨门是个高大的木牌楼门,左右一对石狮,门额上题有"山环水绕"四个大字。木牌楼门背后紧靠城墙,相对的是券形城门洞。进入城门,有约20米长的曲折的爬山廊,将人引到侍郎府下的四合院,然后从院的侧门出来,折转进到侍郎府。侍郎府有六座大院,它们的南面还曾有张氏宗祠和一座尼姑庵,后改成关帝庙。这里地段较宽,原建有花园,种植花草树木,有清泉活水常年流淌,景色幽雅(图12～图17)。

图12 郭裕村住宅青砖大瓦房

图 13　郭裕村住宅大门

图 14　住宅庭院

图 15 四大八小住宅院落

图 16 住宅二层出挑形,形成跑马廊

图 17　住宅室内，火炕与灶台

二　住宅主要部分的组成与使用

1. 上房

院落中坐北朝南的上房是整个住宅中最好的部分。上房一般为二层，比厢房和倒座房都高。三开间的大通间，不做隔断，称为"四梁八柱"。底层除了居住外，还放置礼仪性的"中堂"，所以叫堂房。堂房也是全家团聚和议事的场所，建造等级最高。阳城四乡有一句民谣："有钱住堂房，冬暖夏天凉。"堂房由家中长辈带着未成年子女居住，成年子女一般住厢房及倒座房。二层作贮藏之用，人口多了，也可住人。有些上房建成三层，当地称"三节楼"，第三层有用来瞭望、观景或夏季乘凉用的，也有当做读书之所使用的。

"中堂"大多设在堂房后墙正中，少数靠东山墙。它是一组礼仪性的陈设。墙上挂中堂画，两侧有对联，前面放条案一张，案前有八仙桌，左右各放一把椅子。长案上中间摆着镜屏，两侧多数有瓷瓶或帽筒。屏、镜谐音"平平静静"。村中大多数姓氏没有宗祠，上四代祖先牌位供奉在长子长孙家的堂房内。放在条案的右侧，左侧供"老爷"神位。老爷就是"狐仙"。前面置香烛。每年的大年初一早起，收起中堂画，挂上祖先像，家庭齐集堂房，祭拜先祖，焚香磕头，然后晚辈再拜长辈们。长子长孙家的堂房是一个家庭最重要的活动场所，起着小宗祠的作用。堂房为一家之主所居，长辈过世后，长子住进堂房，成为新的一代家长，承担起家庭的责任。

没有专用的厅房的住宅，客人来家，便请到堂房里就座，休息喝茶。如需留客用餐，男主人陪客人在堂房八仙桌上吃饭，而家中的其他成员均在厨房，或一人盛一碗饭随便去吃了。

在堂房的两个次间，靠窗户，通常均盘一个大炕，炕边垒个炉台。炕内没有炕道，不与炉台相通，称为冷炕。据说这种炕睡着不上火，又无阴风，妇女生孩子坐月子睡在炕上不会因有冷风得产后病。郭峪一带均产优质无烟煤，炕边炉台既不用烟囱，也不做排烟道。冬季里，在炉台上做饭，炉火也给房子供暖。夏季将炉火熄了，在厦间做饭。妇女在家看孩子做家务，大都在炕上。为防止孩子睡觉时从炕上滚到炉边，炕与炉台之间有专用的挡火石。挡火石高约30厘米，长约40~50厘米，厚约3~10厘米不等。有些挡火石上雕动物及花卉纹样。室内温度不高，给幼儿压被子有专用的"铁娃娃"，铸铁的，大多为男孩形和女娃形，也有母抱子形的。长约20厘米多一点，重约3~4千克。由于室内均用清水砖墙，不抹灰刷白，为了清洁，进而为了美观，沿炕边墙上贴炕围纸，高出炕面40~60厘米。纸上绘画，最常用的是蓝花纸和红花纸。

堂房为上房的底层，有的有前檐廊，有的没有。上房的二层通常都有出挑的木构前檐廊，三间通长。檐廊通常宽约1~1.2米。有秀美的栏杆、栏板，在承托檐廊的出挑梁头上，装饰着几何、卷草等花式的拍风板或雁翅板。由于檐廊出挑轻盈，形式透剔，素木本色，装饰变化有致，与平实的灰砖墙面搭配在一起，显得活泼而丰富。再加上正脊通常用堆塑花卉的脊瓦，又有适当的华丽。

距郭峪村不远的上庄利一带，上房二层也有出挑的檐廊，但多数只在当心间前出挑，犹如一个小阳台，十分清秀。当地人传说，这种楼的形式是万历皇帝赐给太子太保上庄村王国光的，这显然是附会。更多的人说是到南方经商的人或为官者从南方学来的。在阳城的屯城村也建有这样的房子，它是明末南京吏部尚书张慎言在崇祯十三年（1640年）所建。当他在南京任上接到在乡的儿子张履施"小筑告成"的消息后，兴奋之余，为新建的住宅题诗一首："但索有窗皆映竹，须教无槛不临花，日洒空翠来湘箔，篆袅青烟出绛纱。"江南建筑的风姿和韵味确实可能对阳城的建筑发生了影响。

位于下街北侧的"西院"，上房两层，一、二层均出前檐，一层的前檐柱与前金柱均为方形石柱，柱础为香炉座式。除柱头上有斗栱外，每间另有两组平身科斗栱，出一翘，上承大梁头及檐檩。二层前檐柱、前金柱较下层柱向外移出一个柱径。在前金柱位置，楼下当心间为四扇槅扇门，次间为曲线形斜格槛窗。楼上三间均为四扇槅扇门，并漆以朱红色。由于有高大的石柱，出挑的斗栱及雕饰华丽的栏杆，这幢建筑格外气派。厢房的规格与普通主宅院的厢房做法大致相同，倒座房也采用"四梁八柱"的做法，但前檐廊较窄，雕饰也较为简洁。由于安三泰为陈廷敬的管家，虽有势力和钱财，却身份较低，这套雕梁画栋的大宅正脊不允许安置脊兽，为此全村只有这座大院为清水脊头，社会的等级分野很鲜明。

上房的另一种立面形式称为镜面楼。这种做法在阳城一带十分普遍，但郭峪村现仅存三幢。一幢是王维时老宅的上房，另一幢是"光怡世泽"院的上房，还有一幢是"耕心种德"，又称为"大院"的上房。镜面楼的特点是，整个建筑的立面为平实的砖墙，不出挑木构檐廊。一层中间有一个门，二层只在厚重的砖墙上开不大的天圆地方的窗，三层则开槅扇窗，立面整洁无装饰。由于楼的外形方整，人们又称这种形式的建筑为"一封书"。镜面楼比起有檐廊的有三大优点：第一是全部采用砖墙承重，节省木料；第二是防火；第三没有前檐廊遮挡，能改善屋内的采光及通风。但由于没有檐廊，镜面楼的立面形式显得呆板，不如有檐廊的轻快而富有对比变化。距郭峪村不远的窑沟、西封、上庄等村，上房多做成镜面房，有二层的，更多是三层、四层的，高达十余米，楼前建有宽大的月台,使简洁的镜面楼显得格外雄浑庄严。

2. 厅房院

在群组式大型住宅中,大多专建厅房院,接待宾客,一般均与主宅院并列。较富足的大户在生活上、生意上应酬很多,朋友客人往来纷繁,需要一处专门的场所,一方面避免干扰内眷,一方面显示自己的身份和地位。

厅房院有三合院和四合院两种。大型住宅的外院多为三合式的厅房院,前面是大门,厅房为上房,多数为单层,高度却与一般两层的楼房相同,由于下面有高大的基座,正脊要超出厢房不少。

厅房为三通间大厅,用当地称为"四梁八柱"的高规格做法。即三开间共四根大梁,八根柱子,这八根柱架起四根大梁,被称为"四梁八柱"。进深通常较大,多在5米左右,有前檐廊。面阔也较大,当心间最宽的可达5米,次间在3米以上。厅房用来招待宾客,要体面、气派,因此建造等级很高,用料粗壮,雕饰较多,采用斗栱,绘有彩画。郭峪村共约有10幢"四梁八柱"的厅房。例如现谭家院内的厅房,据说建于清道光年间,台基高90厘米。前檐廊宽1米左右,檐柱采用石质梅花柱,金柱为石质方柱。柱础采用高大的香炉座式,十分华丽。檐柱高约58米,柱顶上置木制大斗,斗上承托着如月梁形的木枋,其上又有横枋,横枋之上再设斗栱,每开间四组。斗栱尺度较大,出一翘。金柱上斗栱为一斗三升。当心间为四扇槅扇门,左右次间也是四扇槅扇,中间两扇为门,其余两扇为窗。平时厅房只开当心间中央两扇槅扇门,有重大事情才打开全部槅扇门。不使用次间槅扇门时,在门扇外侧装上一个木屉,形如菱花窗子。

厅房通常在中央放长条几和八仙桌,有的则在西侧次间靠山墙放置条几和八仙桌。条几上有镜屏、帽筒、古玩等各种摆设,条几之上的墙壁挂字幅、对联等。八仙桌左右还有椅子。室内是清水砖墙,很朴素,但门窗和木柱子均漆以朱红色,梁架及斗栱等木构件全部绘上亮丽鲜艳的旋子彩画,整个厅房富丽堂皇。夏季里厅房内高敞通透,十分凉爽舒适。为了满足冬季的使用,在厅房东次间或西次间前垒冷炕,炕边生炉火。客来时,可上炕谈话。

郭峪村商人往往将账册或书籍放在厅房。据村人说,谭家的厅房内原有书架和书柜,体现了宅主的儒雅气质。

有的厅房前还建月台。如王维时家、张鹏云家的厅房院和侍郎府的前院。月台与厅房前的台明等高,宽约与明间相等,进深2.5米左右。月台前的垂带台阶还有石狮、石抱鼓等。台阶前用石板铺装1米多宽的甬道。王维时主宅上房脊檩上有题记为:"大明崇祯十二年岁次乙未四月十三日亥时宅主庠生王维时同男克敬、克仁创建,谨志。"厅房院大约建于同时。据说,当年王维时在外地当官(官职无可考),每年仅回家一两趟,每次回来,便召集王姓家族的人在厅房院开会,只有王维时站到月台上,家人都站在月台下。如赶上年节回家,王维时常请戏班来家唱堂会,月台就是戏台。夏季宴客,在月台上搭起凉棚设席。

为了与华丽的厅房相配,左右厢房也建得很讲究。王维时宅、谭家院、张鹏云宅的厢房均为两层楼屋,上下都做檐廊,在前金柱位置做桶扇门窗,楼上檐廊的栏杆做工精细,栏板雕饰华丽,有吉祥图案,如凤凰富贵、松鹤长春、福禄寿禧等,并饰以彩绘(图18~图21)。

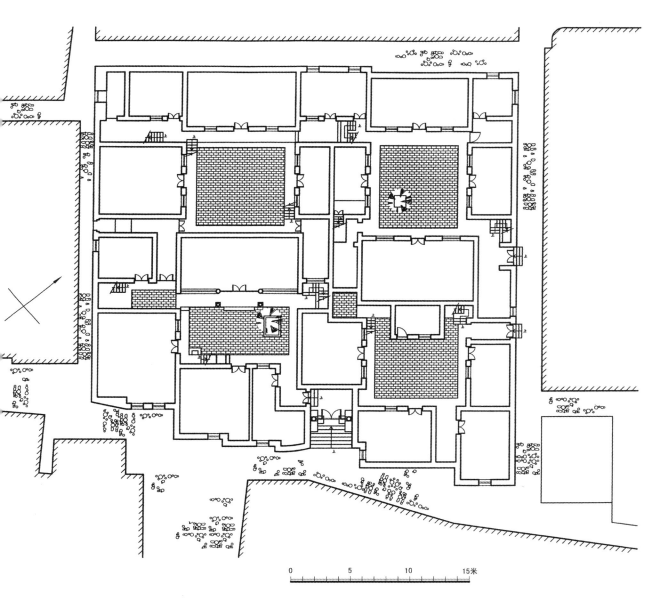

图 18 郭裕村陈廷敬祖居一层平面

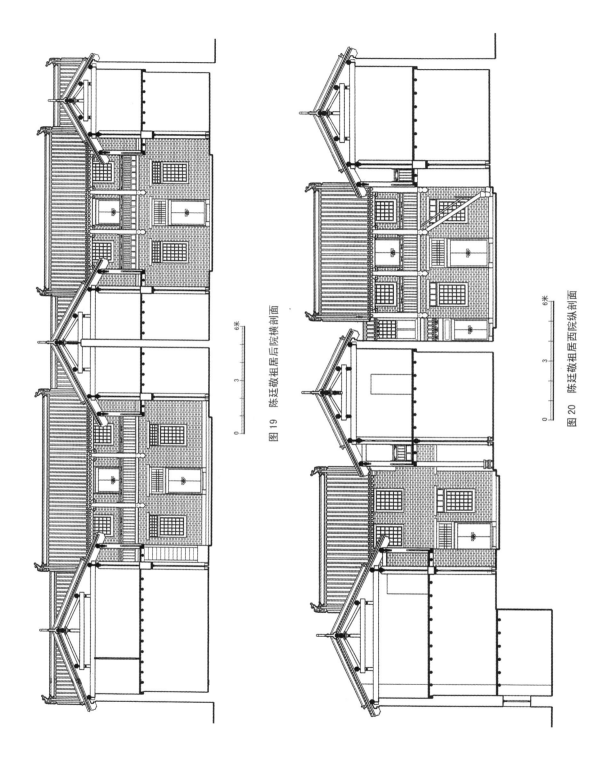

图 19 陈廷敬祖居后院横剖面

图 20 陈廷敬祖居西院纵剖面

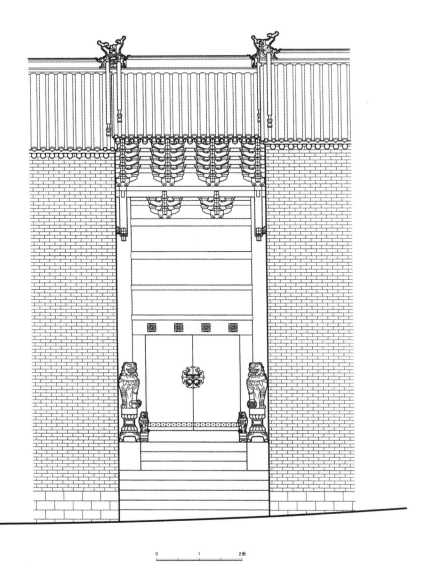

图 21 陈廷敬祖居大门立面

3. 书房院

为了给子弟们创造一个读书学习的良好环境,稍有财力的人家,均有独立的书房院,它们大多与住宅相连,有的另辟地段建在环境幽雅宁静的地方。例如,北门外的陈家上下花园中就有书房院,岚光溪色,四时景色宜人。

没有山光水色映衬的也力求院落高雅。如王维时家书房院为一幢四大八小式的四合院,坐北朝南,北房为书房厅,单层,其他两面均为上下两层楼屋。书房厅前也有月台,青砖铺地,院子里摆着盆花,整洁宁静。西侧还有一个花园,内有石榴树、枣树、槐树和各种花卉。闲暇之时,孩子及私塾先生都可以到园子里休息、赏玩。

又如下街北侧的"西院",书房院位于住宅西侧大花园的西北,是个很小的四合院,整个院子占地约 120 平方米,院心只有 30 多平方米。房子为小三开间,单层,进深很浅。它的位置僻静,环境幽雅,院小而紧凑,很适合读书学习。

有些人家没有独立书房院,在主宅院厢房内设书房,如谭家院,书房就在前院厢房的楼上。张鹏云、张好古、王维时宅除有独立的书房院外,在主宅院的厢房仍辟有书房。为了使书房内光线充足,门窗都做得较为开敞,多采用槅扇门和槅扇窗。

在书房院中,上房为书房厅,当心间的后壁正中,放着条几和八仙桌,供奉孔子的牌位,每逢开学或有子弟参加乡试,都要先来焚香磕头。这里是个十分严肃的地方,平时孩子们不得在这里玩耍。学童们不好好学习或犯了学规,塾师就会在孔子牌位前给他惩罚。

平时书房院不住人,但家中人口多时,书房院的厢房及倒座房也会住上人。郭峪村西北角上有个钟家院,称"容安斋",是两组前后进并列组合成的群组式住宅。整个住宅群坐西向东。在宅子的西北角,紧靠城墙建一座独立的书房院,专给小孩读书用。为了成人学习看书,在住宅的东侧院的后进,原来也有一个书房厅,但后来钟家三兄弟分家,人口增多,房屋紧张,这间书房厅便住进了人(图 22～图 28)。

图 22　陈廷敬祖居大门局部❶

---

❶ 上刻有陈氏家族入庠、中举等科举成就。

图 23　黄城村石牌楼❶

图 24　郭裕村

图 25　砖门头

---

❶从郭裕村迁出的陈姓分支，位于距离郭裕仅一里路的黄城村，村门处立有石牌楼，上面的内容与陈廷敬祖居大门上一致。

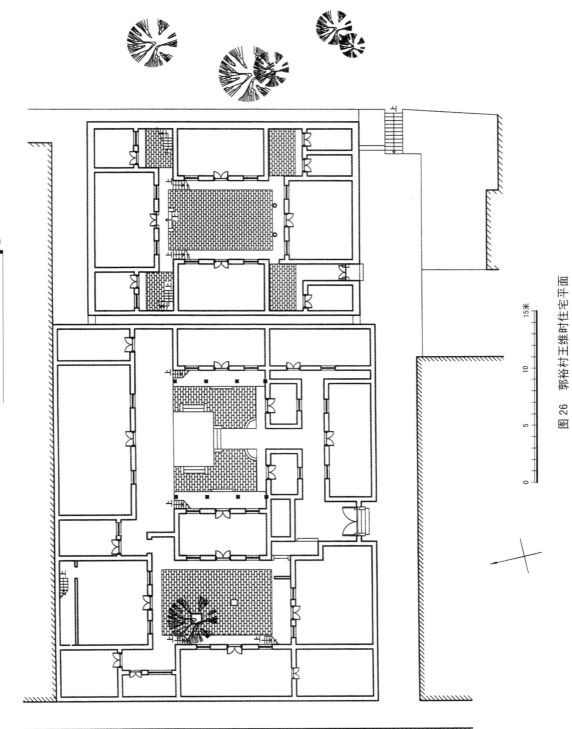

图 26 郜裕村王维时住宅平面

图 27　郭裕村王维时住宅大门立面，上面刻着恩进士

图 28 王维时住宅大影壁立面

4. 厨房院

一般人家，在上房和厦房内设厨房。但除了夏季及过年时（过年要做大量糕饼等），都只在炕边的炉上做饭。郭峪村人虽多以经商为主，比较富裕，但他们日常生活仍十分简单。明代沈思孝在《晋录》中说："晋中俗俭朴，古有唐虞夏之风，百金之家，夏无布帽；千金之家，冬无长衣；万金之家，食无兼味。"村民以小米、玉米、高粱、豆子为主食，只有过年过节才能吃到白面，肉类、蛋类吃得就更少。山坡地种植蔬菜很难，夏季产些萝卜、白菜、南瓜、豆角、土豆等，能吃到一些新鲜菜，冬季就靠窖藏的或腌制的一点酸菜、咸菜度日。蔬菜太少，人们就将萝卜叶、豆叶也采来当菜吃。家住黄城村的陈廷敬写了一首《豆叶》诗：

> 我家溪谷间，隘狭砠田多。
> 细岭驱羸牛，如蚁缘嵯峨。
> 高秋八九月，豆叶纷交加。
> 妇子散北野，采撷穷烟萝。
> 盛之维筐筥，湘之匪成醝。
> 菹之老瓦盆，濯之清流河。
> 洁比金薤露，美如琼山禾。
> 条枚感时节，调饥发吟哦。

由于缺油少菜，平日一般人家过日子均不炒菜吃，也没有围桌吃饭的习惯。通常开饭时，一人端一大碗，主食为小米饭或玉米面疙瘩，就一点腌菜或酸菜，坐在街头巷尾吃，那里就叫"饭场"。家里来了客人，也只做碗素拉面，因此郭峪一带娶媳妇，除了身板好能干农活，就是要会做面食。普通人家平时多不吃炒菜，炕边炉台做饭不易清洁卫生。碰上办婚丧嫁娶的大事或过年，再单起厦房内厨房的灶火。

尽管日常饭食简单，但仍需不小的地方来储藏粮食、油、盐、酱、酒。当地盛产柿子，喜欢用柿子面做各种年节祭祀的食品，还要有专门存放柿饼、柿面的器具。厦房的二层常用作贮藏。燃料煤就堆在檐下，煤多了，全宅各处都堆。以前吃水都到井窑去挑，为了方便，厨房中备有两三口甚至四五口水缸。

大户住宅中有专门的厨房院，与普通的四合院基本一样，适用于几代不分家的大家庭。厨房集中在一个院内，做饭方便，还有利于储藏粮食、煤炭、各类杂物，并供佣工居住。管家或当家媳妇也易于统一管理，并能保持主宅院清洁整齐。大户人家，年节酿酒、做糕、制粉条等等，要有较大的空间，厨房院就成了小作坊。

每年的腊月二十三晚上，家家要祭灶神。据说这天晚上灶神要上天向玉皇大帝汇报民家善恶，人们为他送行，要给灶神坐骑准备草料，即用纸糊成不大的草料袋，盛上草料焚烧；要用糖瓜在灶火口四周涂抹，以糊住灶君的嘴，祈求他"上天言好事，下地保平安"。在厨房内祭祀过之后，还要到堂房炉台上来祭，有的在堂房内炉台边山墙上设一个龛放灶神，不再到厨房里祭祀（图29～图35）。

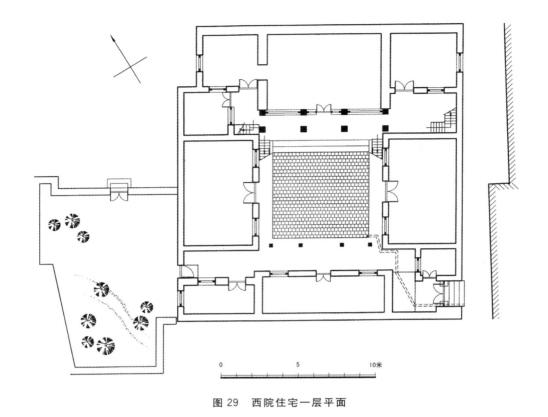

图 29　西院住宅一层平面

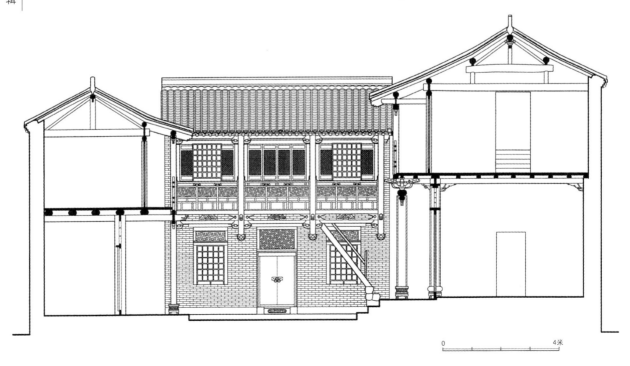

图 30　西院住宅纵剖面

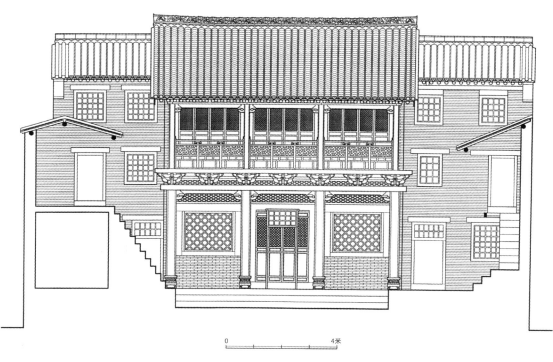

图 31　西院住宅正房立面

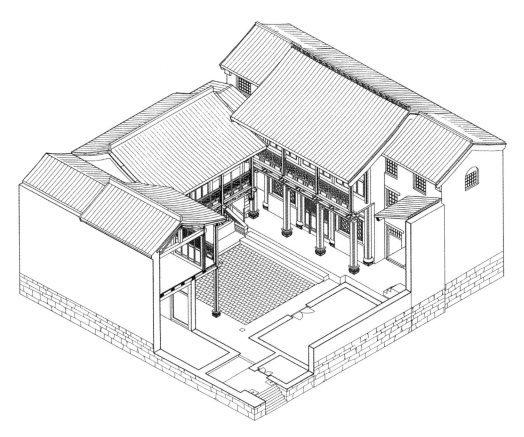

图 32　西院住宅透视图

图 33 百姓生活

图 34 老人家

图 35　生活

5. 马房院

北方农耕和交通运输多用骡马等大牲口,大户人家往往喂几头至十几头牲口,小户人家也会养一头毛驴。饲养牲口需要占用不小的空间。牲口厩房大多是简易的砖砌或土坯砌的窑洞。大户人家厩房多了,便要形成院落,即马房院。马房院是住宅中很重要的一个辅助院落,同时起着杂务院的作用,通常位于住宅院落组的边缘,如下范家院的马房院,在住宅西侧豫楼之南的一长条空基上,与住宅不相通,有自己独立的院墙和大门。有一种马房院则是利用房基地高差而形成的。郭峪村地形起伏变化较大,有时为建一幢住宅,需要将高差2米上下的地段垫平,如夯土垫石,费工费时,于是人们巧妙地在低处建起一排石窑或砖窑,在窑顶上填土,使上面的地段平整,成为房基。如王维时住宅、谭家院、常家院、申明亭北陈家大院、"耕心种德"院,均是这种做法。为垫房基地而造的窑洞,很适于养牲口。

养牲口的马房院,也被当做杂务院。一般都有六七孔窑洞,个别的可达十来孔。除了养大牲口外,有些窑洞里面养鸡、养羊,也有碾窑、磨窑、杂物窑等。有的还利用这里开作坊,如前街的下范家院和谭家院,均在马房院内开专门的油坊、粉坊。

牛、马、磨均有保护神,每年春节前,要向马房院中的各类神明进香,贴上红联红符。现在简单多了,常见的有鸡舍中贴"公鸡勤打鸣,母鸡多产蛋";骡马圈中贴"日行千里,夜行八百",上面横批"马力如牛"。碾上、磨上都要贴大红"福"字,祈求来年平安顺畅,万事如意。

6. 茅厕、水井

茅厕是人们生活中不可或缺的部分,在传统的农业社会,粪是庄稼唯一的肥料。俗话说:"庄稼一枝花,全靠粪当家。"因此,粪肥可作为商品买卖。郭峪村清顺治七年《城窑公约》载:"西水门内南房二间,付与守门人居住,即作工食,不出租银。其房后楼坑厕一所,即托管窑者卖粪入社,每年得银若干,即登南而窑租账内。"

茅厕气味很重,被称为"恶",因此建宅时,要将茅厕放存院内九宫的凶星位置上,如绝命、五鬼、六煞、祸害,"以恶制恶"。尽量使茅厕隐蔽,门要小。通常只做一个厕位。为了积存粪肥,厕位下埋一口大缸,或砌一个很深的方形池子。出粪口在院墙外街巷上,用石条或砖在墙脚发一个券洞。洞口掩一块石板,出粪时移开石板。有些人家,石板上甚至浮雕月梁斗栱之类的装饰。北门内东边的孙家大院,由于近塌城口处,地势高差较大,为垫高地基建了窑洞,他家的厕所位于窑顶之上,而粪坑在窑下,《郭峪村志·张季纯谈郭峪》有一则生动的记载:"孙家大院的厕所很深,有三层楼房那么高。小孩喜欢去。拉出来的屎好大一会方能掉下去,冬天屎山冻得很高。"

生活用水的主要来源是井。郭峪村内原有14口水井,散布在各个巷子中,平时各家吃水均到井上来挑。为了保持井水干净,并使打水人免除风沙雨雪的侵犯,井上都盖井窑或井棚。井口设辘轳。井窑壁设灯龛,供晚间打水方便。水井多数为附近几家人合建共用。如村西北角的钟家院,即"容安斋",有两组前后进住宅,在两个前进院中间夹建着一间井窑。井窑坐西朝东敞开,南、西、北三面为封闭的墙,墙壁各开一个洞,穿过每个洞口各安一段石质水槽,距地面高约50厘米左右。槽的一端在井窑内,另一端分别在两个院内及厨房间。从井中提上水来,倒入某个水槽,就可通到需要水的院子或厨房,在出水口用水桶接住,免除了担水之劳。这座井窑之上还建有二层房,为钟家的粮仓,粮仓的门开在宅院内,有楼梯上下。

水井每年春初都要掏挖清淤,保持卫生。井有井神。每到春节要在井窑内祭井神并在辘轳上贴红符,如:"水清水旺水常有。"以前郭峪村内的水井,水位很高,有的深1米左右为水面,最深的也不过10米左右。以后随着林木被伐,煤矿不断向深处挖掘,破坏了地下水脉,到20世纪80年代,村中水井已多半干涸,甚至樊溪河水也多半年断流。现在村民吃水全靠村里3座600多米深的机井来供应。

7. 院落中的生活

院落是住宅中最富有生活气息的场所。男女老少,一年四季有许多时间在院落里度过。日常生活、生产劳作、婚丧大事,都离不开院落。村民们重视院落,用青砖或者方正的石板把它整整齐齐墁铺起来,不露土,很干净,为保持清爽、明亮,为迎纳阳光,更为了避免虫子,院内不种树木。

院子的正中,供奉着保佑一家平安的神。按风水术"大游年法"九宫格的格局,院子在中宫位置,于是便称这位神为"中宫爷"。中宫爷就是姜太公。姜太公热爱平民百姓,在伐纣成功之后,大封诸神,自己却悄然来到平民百姓家里,保护他们。中宫爷的神位有明中宫和暗中宫两种形式。明中宫大多是在院心中间砌起一个小小的台子,可方可圆,径不过30厘米,高不过40厘米左右。也可以用一个石墩、石鼓代替。暗中宫的神台不露出地面,有的在院心地下埋一个方墩,也有的埋一块普通的石头。采用暗中宫是因郭峪村在风水上被称为"蜂窝城",村中央有一座高大的豫楼,比为"蜂窝柄",是统管整个村落的重要建筑,所以凡是房基地高于豫楼地面的住宅院落,中宫爷均做成暗的,否则就会破坏村落的整体风水。不论明中宫还是暗中宫,人们对它都十分尊重,不得踩踏中宫,或坐到中宫上,更不能对它抛污物泼污水。每月初一、十五,都要祭祀中宫爷,点一支香,供一碗饭。

秋收时院子成为晾晒玉米的场地，四周房子的墙上、廊檐下也挂满了一串串金黄的玉米棒。这时柿子也熟了，一串串鲜红的柿子和玉米挂在一起，有时整个墙面和楼上檐廊栏杆上全部挂满，在阳光照耀下，宅院灿烂辉煌，一派喜气。

郭峪一带盛产柿子，自古以来，就用柿子做成各种食品，如柿饼、柿瓣、柿面以及用柿面做成的专门用来祭祀的糕点。柿树抗灾能力强，灾荒之年，柿子是人们最主要的粮食，所以乡民们喜欢种柿树。一到秋天，满山坡上柿子成熟，绿叶衬着火红的果实，把沟谷点染得如锦似绣，引起过许多人的诗兴。清代阳城人田懋有《柿林》诗：

> 家园少枫叶，柿林良可代。
> 珊瑚百千株，点染秋山态。
> 相对亦停车，晚风偏坐爱。
> 离枝俨春华，不逐红紫队。
> 更夸火齐珠，硕果枝头在。

家住黄城的陈廷敬也有《怀七柿滩》诗来描写这一景色："洞阳风落满林霜，萍蔗甘寒味许长。解道黄柑三百颗，不如红柿熟千章。"每逢这个季节，人们采柿、晾晒、加工，既繁忙又兴奋。看着挂满墙头檐下的果实映红了窗纱，家园便温暖着村民们的心。

院落内均挖有薯窖，存放土豆、红薯、萝卜，供冬春两季食用。也有用来储藏粮食的。窖多建在倒座房一边的角上，上盖石板。风水术上讲，院中有井不吉利，而院中有窖却是大吉，因为井无底而"漏财"，窖有底而"聚财"。

对内院的排水很重视。院内不设明沟，也不设暗沟，通常是院落墁砖做出一点泛水来。整个院落的最低处位于院门边，然后由墙洞将水排出院外，流到街巷里。

除日常生活、生产外，遇到家中的大事，如婚丧嫁娶，一些仪式要在院中进行。

婚嫁是人生大事，要办得隆重热烈才有面子，因而程序繁复，十分讲究。先要提亲、开礼单，然后接帖，双方互送礼品。礼品必有彩色面馍，称为"喜相逢"。面馍下用面做面托，将面做成的如意、石榴、彩蝶，甚至龙、凤安在上面。到了迎娶当天，男家要在院中用五彩布搭起一个喜棚。从街巷口开始，大门、二门及院内各房门口，全部贴上红色的喜联和斗方。如："当门花并蒂，迎户树交柯"；"午夜鸡鸣欣起舞，百年举案喜齐眉"；"琴瑟永偕千岁乐，芝兰同介百年春"。窗户格间贴上祥和喜庆的剪纸花。室内及喜棚内要悬挂起亲友们的贺幛。喜棚里，正对堂房放一张八仙桌，将平时供在堂房东窗外窗台上的天地爷牌位请到桌上，置好香烛及供品。早饭后，男方花轿启程接新娘。在花轿回到男方家的村边时，要先放三声铳，男方家的鼓乐出迎。轿到门前，再放三声铳，鞭炮齐鸣。新娘在大门口下轿，沿红毯经院子一直走到新房，举行一种叫"起缘"的仪式。

然后，新娘出来到喜棚里，礼宾唱："行大婚礼"，新郎新娘并排站在天地爷牌位前，焚香磕头。然后再拜高堂，再夫妻对拜。礼毕之后，新郎新娘在鼓乐声中进入洞房。

喜棚内则搭起席面，开始宴请宾客。一个院不够用时，在两个、三个院中一同设宴，场面热烈红火。

郭峪是杂姓村，绝大多数姓氏没有宗祠，丧葬仪式只能在家中进行。人死后，最初尸体停放在死者原住的房内，门口贴上白纸，地上铺起谷草。请阴阳先生"打单"，即写出"出魂"日子、"做七"时间和避忌事项，贴于各房的门上。然后向亲友报丧。选择吉祥的单日入殓。出魂升天之日要请道士到家中做法事超度，鸣炮敲锣，惊走死魂灵。一般停灵五至七日后，就要将灵柩移到宅院中来。移灵的前一天,院内搭上灵棚,棚内摆上白纸扎,棚门上贴起挽联,并在大门外贴上"当大事"三字。灵棚内摆上供桌,送葬的亲人来到之后便在灵棚中祭祀,献祭品、上香、烧纸、跪拜、举哀,等等。祭过之后,在相邻的宅院中开席宴请。移灵那天早饭后,烧过纸,即行起丧。由鼓乐僧侣导行,金银纸马、童男童女等丧葬仪品随后,孝子扶灵柩,长孙执引魂幡,长女抱岁柳,八人将棺木抬出宅院,开始了出殡过程。

凡庆寿诞、做满月、贺新居等,也要在宅院中进行。

庆寿通常在花甲(60岁)以上才举行。整十为大庆,其余为小庆。有钱人家,大庆时遍邀亲朋,十分隆重。为了宴请宾客,也要在院内搭彩棚,贴上大红对联。棚内放着各种礼品。有时家里请来戏班,在彩棚内演些小戏,一片吉祥热烈的气氛。

生下小孩满月要庆贺。旧时陋习,生男为大喜则大庆,生女为小喜则小贺。姥姥家要送"花托",即一种面馍。亲朋均送各种贺礼。主家就在院内搭棚置酒席招待。

乔迁新居也是一件大事,通常都要请戏班来热闹一番,唱几段小戏,亲朋邻里都来祝贺,俗称"暖房"。主家也置办酒席来招待。

8. 大门及其影壁

郭峪一带建宅院很迷信风水,每当起屋造房都要先请地理师,谨慎地把握宅院的朝向和大门的方位。大门是全宅的出入之口,财源喜气可以从大门进入,灾难祸凶也会从大门溜进来。大门又是一幢宅院的门脸,它的型制和形式是宅主人身份、社会地位及文化修养的体现。

大门约有三大类形式,每一类中还有大同小异的变化。

第一类,牌楼式门楼。即在宅门口建造一座高大的牌楼。这类门等级最高,斗栱层叠,建造质量最好,样式最华丽。能建造这样大门的人家通常都是科第官宦。在江南血缘村落中,凡子弟们中了进士往往在祠旁或街上建造宏丽的"进士牌楼",而郭峪村为杂姓村落,凡中进士的,便只将自家大门造成木牌楼,作为功名的标志。郭峪村原有七座牌楼式大门,为丁字路口陈氏大宅正门、"西都世泽"大门(原属陈氏家族),现"谭家院"大门(原属陈氏家族),王维时住宅院门,张好古宅院大门,张鹏云住宅大门,侍郎寨的侍郎府大门。这几户宅主除王维时为"恩进士"(乡进士)外,其他均为常科进士。现在"西都世泽"和侍郎府牌楼门已毁。

牌楼式门都是双柱式,单开间,宽在2米左右。从台明到牌楼顶约7至8米高。整个大门可分为三部分,即门身部分、字牌部分及斗栱屋檐部分。其中门身部分的双柱,有木圆柱和石方柱两类,门柱内外侧做有素面夹杆石,高约1.3米,有的门柱内侧为夹杆石,外侧做成高约1.2米的抱鼓石,上刻几只活泼淘气的小狮子。还有的门柱外侧置高大威严的蹲狮,下有约1米高的石质须弥座,从基座底算起到石狮子头顶,总高度可达1.8米多。在门枕石上又做一对小石狮。狮子不但表示宅主的身份,还有风水上的意义。《阳宅十书》上载:"修宅造门,非甚有力之家难以卒办。纵有力者,非迟延岁月亦难遂成。若宅兆既凶又岁月难待,惟符镇一法可保平安。"镇符可有许多种,除了"石敢当"、"山海镇"、"太极"、"八卦"等,还有"对狮"。

民间传说,门口置一对门枕石上的小石狮子是商人捐官的标志,柱子前一对大狮或一对抱鼓石是科第官宦的标志,又有抱鼓石又有小狮子是两者都有的标志。

但这种说法还有待考证。

牌楼式大门通常做有二至三层门额字牌,当地称为"间楼"。如丁字路口的陈氏大宅,做有三层门额字牌,高度在1.4米左右。上面浅刻填墨陈氏家族中累代显赫人物的姓名和官职,最上一层的字牌为:

"陕西汉中府西乡县尉陈秀
直隶大名府滑县尉赠户部主
事陈珏
嘉靖甲辰科进士中顺大夫陕
西按察司副使陈天祐"

中间的一层字牌为:

"万历恩选贡士河南开封府
荥县教谕陈三晋
赠儒林郎浙江道监察御史陈
经济
崇祯甲戌科进士儒林郎浙江
道监察御史陈昌言"

最下层的字牌为:

"顺治甲午恩选贡生敕封翰
林院庶吉士陈昌期
顺治己亥科进士钦授翰林
院庶吉士陈元
顺治戊戌科进士钦授翰林内
秘书院检讨陈廷敬"

门柱上的楹联是总结性的,写的是:"德积一门九进士,恩荣三世六翰林。"所有这些字牌和对联内容都和黄城村的冢宰牌坊上的大体相同,不过黄城村牌坊上陈廷敬尚为举人,可见早于这道牌楼门。

这座牌楼门有两层斗栱,上下均为四组,下层前后出两翘,上层前后出四翘。两层斗栱之上承托着牌楼顶子,上做瓦面,正脊两边还有龙头吻饰。

张好古宅牌楼门为木柱,有夹杆石及一对门枕石上的小石狮。间楼为上下两层,上层题"科第世家"四个大字。下层为"嘉靖癸未进士张好古,正德甲戌进士张好爵,万历癸酉举人张以渐,顺治己亥进士张于廷"。间楼之上为四组斗栱,前后出四翘,上承楼顶。在前后檐位置均有垂莲柱,楼的上部十分丰满。

张鹏云宅的大门,正面上层字牌写"兵垣都谏",下层字牌为"兵科都给事中张鹏云"。背面间楼上为"祖孙兄弟甲"六字,下层字牌书"兄张庆云中天启丁卯科举人、弟张鹏云中万历己酉科举人、丙辰进士、孙张尔素中崇祯丙子科举人"。按张尔素于顺治丙戌中进士,则此牌楼门必建于崇祯丙子(1636年)与顺治丙戌(1646年)之间。

牌楼式大门色彩华丽。木柱和枋子都为黑色。大门扇也为黑色,有的做上金属泡钉,四角镶有铁饰及不同图案的铺首。间楼内为白底黑字。斗栱及以上部分为青、绿、白三彩绘的彩画。衬在渐渐泛出土黄色的青砖墙前,是最精彩夺目、豪华气派之处。

牌楼式大门有临街而建的,如陈氏大宅;有前面再加一个前院的,如张鹏云宅。王维时宅门前有自家私有的一条小巷,巷前端有过街楼和守门人更室。进街门后,小巷两侧距地面大约50厘米高处有左右成对的凹洞,晚上插上水平的木杠,使盗贼行动极为困难。牌楼门左右一股还有上下马石,骑马的、坐轿的均借此上下。

第二类,门洞式大门。这类大门使用最广,最普通,多用于没有功名的一般殷实人家的独院式住宅,或多院式住宅的一个院落。它占住宅院倒座厦房的一间。厦房的二层依旧可以存放杂物。大门抱框装在距厦房外墙面30~50厘米处。下部有门枕石,多为方形素面,个别宅门的门枕石上也置小石狮。大门装双扇木板门,有黑漆素面的和带泡钉的两种。门额只有单层,或题家族的郡望,如"西都世泽";或题宅名,如"仁安居"、"有那居"、"德为邻"、"集益居"、"崇善门";或题道德伦理格言,如"勤俭持家"、"光怡世泽"、"耕心种德"、"世承友顺"、"耕读"、"吉庆有余"、"听其无逸"、"知止"、"唯吾德馨"、"怀德维宁";还有借景的,如"晓山接翠"、"清涵玉照"等。门抱框较宽,每逢过年过节,还要贴上大红对联,多是祈福颂吉的,如"天泰地泰三阳泰,家和人和万事和"、"新年纳余庆,佳节号长春"、"多财多福多吉利,好年好景好运气"、"时新世泰春光艳,人寿年丰淑气新"等。

门洞式大门的门头大致有三种做法,其一为披檐式,即在大门洞之上做披檐,檐下有简单的丁头栱,挑梁承托垂莲柱,柱上架挑檐檩。也有的从砖墙上出挑一个斜撑,承托挑梁头,上面架挑檐檩。为了美观,有的将垂莲柱悬得很低,在莲花之上还有称为"帽翅"的云纹式横向透雕构件,十分奇特。其二在门洞外沿上部做挂落式的花饰。有单层的,也有用小枋子或月梁划分上下层的。纹样有几何形,有卷草。有的花饰题材很丰富,如牡丹、菊花、芍药、梅花,还有商人们在江南见到的一些花卉,如佛手,均有吉祥福寿之含义。由于有了这一层装饰,大门洞增加了一个空间层次,丰富了大门的外观。其三是小户人家简单的大门,除门本身的功能构件外,不再有任何装饰。大门扇上四角均钉有各种纹饰的铁片,以如意头居多,保护门扇而且美观。门扇有不同形式的铺首,圆的、六角形的。铺首右侧还有小小的铁片饰物,如剔空的福、禄、寿字或鱼鸟、花卉等,十分精巧,为的是防止铁门栓外端开关时磨坏门板。

第三类,独立式随墙门屋。多用于三合院或住宅的前院。独立式随墙门屋为前后两坡,单开间,采用硬山顶,大门前檐常用斗栱出挑,或做垂莲柱,门额题写着宅名,如"槐庄",位于郭峪村南沟的东侧高坡上,住着姓卫的人家。又如在南沟西头的南侧风水师柴先生宅。

为避免大门打开看通住宅,独立式随墙门屋在内侧正对门口有屏门,四扇或两扇。平时人们入宅从屏门左右两侧进入院落,一旦家里有重大事情,如婚丧嫁娶、寿诞百日才打开屏门,即中门。

影壁与大门有着十分密切的关系,进门,门里有影壁,出门,门外有影壁。影壁的设置一是为了美观漂亮,炫耀家门的气派,另一方面是加强住宅的私密性,使生活更安宁。此外,又有风水迷信的说法。风水术中,宅门忌直来直去。《水龙经》说,"直来直去损人丁",门直通会使家族不旺。

装点漂亮的影壁确实给住宅增添了喜气。影壁有大有小,门外的影壁大多独立建造,门内的大多附于厢房的山墙。影壁面上均为方砖斜角对缝,装饰着砖雕。中央开光盒子里是主题性的雕刻,内容十分丰富,花鸟鱼虫、山石林木、人物故事、福禄寿喜,各种纹样都有。有些有边框,多为柿蒂形或如意形,有些没有边框。雕饰手法也十分丰富,有浅雕、深雕甚至圆雕,大多是混用。影壁四周边有带状的砖雕装饰,题材有几何纹样,有饱满的牡丹花,也有在花丛中加上些松鼠、鸣禽之类的。它们使住宅最终展现给人的是典雅高洁而又华贵的品味。

南宋以降地方志中的"形胜"与城市的选址评价：
以永州地区为例

孙诗萌

（清华大学建筑学院）

摘要：在中国古代很早已有"形胜"的概念，作为在自然山水环境中城市选址的笼统评价。至南宋，"形胜/形势"逐渐成为地方志中的固定体例，在明清更产生出相对固定的表述类型和格式语汇。地方志中的"形胜/形势"篇记录了当时人们对城市选址的思考与评价，其中所体现的基本原则和理想模式也正是指导城市选址实践的重要理论。本文通过梳理方志中"形胜/形势"篇目在内容和格式上的变化来考察这一概念的形成与固定；并通过明清时期永州地区诸府县城选址的实际特点考察当时"形胜/形势"理念对人居环境选址的重要影响。

关键词：形胜，形势，城市选址，地方志，永州

Abstract：The concept of "XingSheng" has formed since ancient times in China as a general evaluation of the city site selecting from natural environment. It became a fixed part of chorography until Southern Song Dynasty, and has its own representation structures and vocabularies in Ming and Qing Dynasties. These parts recorded the planners' understanding about the natural environment and how they select the city site, from which we can find the principles and ideal mode of their city site selecting practice. The article firstly reviewed the generation and transformation of "XingSheng" in chorography from Song to Ming and Qing Dynasties. secondly studied on the city site selecting practice in Yongzhou area in Ming-Qing period to explain the relationship between the "XingSheng" description in chorography and the actual city site selecting and evaluation.

Key Words：XingSheng, XingShi, City Site Selecting, Chorography, Yongzhou Area

中国古代很早就产生了关于人居环境选址及评价的相关理论，"形胜"是其中颇为重要的一种。所谓"形胜"，以"形"相"胜"也，是一种基于对自然山水环境的形态观察和感性认知而评价该地作为人居环境选址性能的理论。"形胜"思想及其作为人居环境选址评价的特定理论是古人在漫长的人居环境营建历史中经过大量的实践、遭遇无数的失败而逐渐获得的，它由感性认知上升为理性思考，并最终成为一种被广泛接受的思想和理论。

一 "形胜"概念的早期内涵

"形胜"最初是兵法中的概念,《孙子兵法》❶中最早提到:"胜者之战,若决积水于千仞之谿者,形也。"在银雀山汉墓竹简《奇正》篇中,"战者,以形相胜者也❷。形莫不可以胜,而莫知其所以胜之形。形胜之变,与天地相敝而不穷。"这里的"形"是相对于"势"而言的有形可见的、静态的军事实力,"形胜"即是凭借"己所素备、易见易知"❸的客观实力而取胜。孙子讲:"兵法:一曰度,二曰量,三曰数,四曰称,五曰胜。地生度,度生量,量生数,数生称,称生胜";可知土地、粮食、兵力都是"形"的具体指标。这时的"形胜"还并不是特指"地利"的概念。

到战国末年,"形胜"逐渐成为对综合性地理优势的专门评价。《荀子·强国》云:"其固塞险,形势便,山林川谷美,天材之利多,是形胜也。"❹两汉"形胜"的说法并不十分流行;《史记》、《汉书》中仅见言"秦,形胜之国,带河阻山,县隔千里"❺一处。魏晋以降,"形胜"一词的出现频率开始逐渐增加:如梁沈约(441—513年)《宋书》中出现6处,北齐魏收(507—572年)《魏书》中出现8处,唐房玄龄(579—648年)《晋书》中出现16处等。不过这一时期的"形胜"概念(相对于宋以后而言)仍然是较为笼统的、宽泛的;它主要强调城邑选址具备一种地势险要、易守难攻的军事防御天然优势;所谓"形胜之地"、"形胜之区",其所以"胜"者无非"险"与"要"。

当然,随着魏晋以降自然审美的普遍发现,"形胜"概念中也逐渐增加了风景审美的意味。如《魏书》载周世宗令冯亮"周视嵩高形胜之处"造闲居佛寺❻,《旧唐书》载唐玄宗令司马承祯"于王屋山自选形胜"置坛室以居❼,都表明"形胜"之"胜"还在于山水风光之美、居处环境之便。

二 宋代"形胜"评价的日益重要

如果说早期的"形胜"概念还只是一种被"偶然"使用的、关于人居环境选址在军事防御、居利便生、风景审美诸方面综合优势的"笼统"评价的话,那么到宋代以后,"形胜"逐渐成为地方志中的固定体例,并形成相对固定的内容和表述形式,则说明其对城市的选址评价活动已日趋重要。

---

❶ 传为春秋时吴人孙武所著之《吴孙子》。关于《吴孙子》(即《孙子兵法》)的作者和成书年代,学界历来有不同看法;李零认为该书为"孙武后学在齐国集结成书",时间应定在"战国中期"。(李零.《孙子》十三篇综合研究. 北京:中华书局,2006:7)

❷ 孙子兵法. 形第四.《孙子兵法》中并没有直接出现"形胜"一词,但这一概念在《形》、《势》诸篇中均存在。

❸ 李零. 兵以诈立:我读《孙子》. 北京:中华书局,2006:158

❹ 本段引文是荀子对范雎所问"入秦何见"的回答。据钱穆《先秦诸子系年》考定,荀子赴秦见昭王应侯在秦昭王四十一年至五十二年之间,即公元前266—前255年间(钱穆. 先秦诸子系念. 149 荀卿赴秦见昭王应侯考. 北京:商务印书馆,2001:529)。《强国篇》既然有"孙卿子曰"等语,则说明该篇乃荀子弟子所作,时间更在此之后。

❺ 史记. 卷8. 高祖本纪第8;汉书. 卷1. 高帝纪第1

❻ 魏书. 卷90. 列传78. 逸士·冯亮:"世宗给其(冯亮)工力,令与沙门统僧暹、河南尹甄琛等,周视嵩高形胜之处,遂造闲居佛寺。林泉既奇,营制又美,曲尽山居之妙。"

❼ 旧唐书. 卷192. 列传142. 隐逸·司马承祯:"玄宗令承祯於王屋山自选形胜,置坛室以居焉。"

在全国性的地理总志中,南宋王象之编纂的《舆地纪胜》中首次列入了"风俗形胜"条。稍晚成书的《方舆胜览》则将"形胜"单独列出。这两部南宋地理总志在体例上明显不同于之前的《元和郡县志》、《太平寰宇记》、《元丰九域志》、《舆地广记》等其他唐宋地理总志,不仅内容大大丰富,体例上亦有相当创新(表1);"形胜"篇的增加即是其表现之一。有学者指出这一变化深受当时地方志体例的影响❶;不过仅就"形胜"条的设置和内容而言,似乎并不仅仅是单向的承袭和影响。

表 1　唐宋全国地理总志所列篇目

全国总志		州/县下所列篇目
《元和郡县图志》	州下列	(户)、(乡)、(沿革)、州境、八到、贡赋
	县下列	(沿革)、(山川)、(土产)、(古迹)
《太平寰宇记》	州下列	(沿革)、(管辖)、州境、四至八到、户、风俗、人物、土产
	县下列	(沿革)、(山川)、(古迹)
《元丰九域志》	州下列	(沿革)、地里、土贡、领县
	县下列	(区位)、(领乡镇)、(物产)、(山川)
《舆地广记》	州下列	(沿革)
	县下列	(沿革)、(山川)、(古迹)
《舆地纪胜》	州下列	州沿革、县沿革、**风俗形胜**、景物、古迹、官吏、封建、人物、仙释、碑记、诗、四六
《方舆胜览》	州下列	建置沿革、郡名、风俗、**形胜**、土产、山川、井泉、楼阁、堂馆、亭榭/亭轩、古迹、祠庙、名宦、人物、名贤、题咏、四六

注:括号内为未明确列出类目、但实际上有涉及的内容。

据笔者统计,在现存较完整的 29 种宋代地方志❷中有 4 部列有"形胜"或"形势"❸相关篇目,分别是《嘉定镇江志》、《绍定澉水志》、《宝祐仙溪志》和《景定建康志》。但这 4 部志书中"形胜"相关篇目的名称及类属各不相同(表 2),如《镇江志》有"攻守形势"篇列于《风俗志》下❹;《澉水志》有"形势"篇列于《地理志》下❺;《仙溪志》有"星土面势"篇列于《叙县志》下❻;《建康志》有"形势"篇列

---

❶李勇先指出:"到了南宋王象之《纪胜》一书的问世,在广泛吸收以前地理总志及地方志编纂体例的基础上,加以创造性地运用,使地理总志的编纂体例又发生了很大的变化,并基本上突破了以前地理总志以郡县为纲的编纂体例,确立起了全新的以州县沿革、风俗形胜、景物、古迹、官吏、人物、仙释等为主体的地理总志的编纂体例和主题结构。这是因为王象之对地理知识的兴趣主要来自于广泛收藏和阅读当时流传的各种方志,他对各种史料的判断和处理上必然受到这些方志编纂体例的影响。可以肯定地说,《纪胜》一书所有门类都是王象之从所能见到的方志中直接承袭或者加以创造性地综合运用。"([宋]王象之 著.李勇先 校点.舆地纪胜.成都:四川大学出版社,2005:前言 43)
❷八卷本《宋元方志丛刊》所收入的 41 种宋元方志中有 29 种为宋代方志。(中华书局编辑部 编.宋元方志丛刊.北京:中华书局,1990)
❸在方志体例中,"形胜"与"形势"常常混用,就其内容而言并不存在明显的差别。
❹嘉定镇江志.卷 3.风俗志//宋元方志丛刊(3):2339
❺绍定澉水志.卷 1.地理志//宋元方志丛刊(5):4660
❻宝祐仙溪志.卷 1.叙县志//宋元方志丛刊(8):8271

于《武备志》下[1]。这4部方志均修纂于南宋嘉定至景定年间（1213—1264年），与《舆地纪胜》和《方舆胜览》的编纂时间大致相近，因此对它们的"形胜/形势"相关内容进行对比，能够较为真实地反映出在当时社会普遍观念中"形胜/形势"概念的基本情况。

[1] 景定建康志. 卷38. 武备志//宋元方志丛刊(2): 1956

表2 六部列有"形胜/形势"篇的南宋志书相关情况比对

书名	成书年代	形胜篇名	卷目	总卷	卷下同列其他篇目
《嘉定镇江志》	嘉定六年（1213年）	攻守形势	风俗志	22+1	风俗、攻守形势
《舆地纪胜》	嘉定末至宝庆末（1220—1227年）	风俗形胜	—	—	见表1
《绍定澉水志》	绍定三年（1230年）	形势	地理门	8	沿革、风俗、形势、户口、税赋、镇名、镇境、四至八到、水陆路
《方舆胜览》	嘉熙间（1237—1240年）	形胜	—	—	见表1
《宝祐仙溪志》	宝祐五年（1257年）	星土面势	叙县志	4	叙县、星土面势、道里、乡里、官廨、仓库（附税务教场）、县郭、坊表、市镇、宸翰、学校、学田祀田、社稷、风俗、户口、财赋、夏税、产盐、秋税、物产、货殖、果实、花、草、木、竹、禽、兽、水族、药品
《景定建康志》	景定二年（1261年）	形势	武备志	50	形势、攻守、江防

1. 四部宋代方志中的"形胜/形势"相关篇目内容

先来看4部地方志中的相关情况。其中《嘉定镇江志》之"攻守形势"篇现存段落完全是关于历代军事攻守的记叙，并无对地理"形胜/形势"的描述，故暂不将其列入讨论。其余3段"形胜/形势"篇（表3）则呈现为三种不同表述类型：

（1）地理综述型 如《绍定澉水志》之"形势"篇。这一类型是对该地地理形势的综合描述与评价，主要交代地理区位、四向山川要素及其空间关系等。这一类型后来也成为明清方志"形胜/形势"体例中最为常见和基本的表述方式。

（2）风水综述型 如《宝祐仙溪志》之"星土面势"篇。这一类型是从风水（形势宗）角度对该地地理形势所作的专门性描述。它通常使用风水的专门术语勾勒出一个隐含的理想风水"形局"，或者说是用这个理想形局来重新梳理该地真实的山水要素及其空间关系，其中不免有牵强附会的成分。这一类型也是后来明清方志"形胜/形势"体例中十分常见的表述方式,且充分表现出风水先生(形家)对人居环境选址评价活动的高度参与。

(3)语录汇编型 如《景定建康志》之"形势"篇。这一类型是编者将历代文献中有关该地"形胜/形势"的描述或评价纂辑汇编而成。因为并非编者有目的地重新撰写,故其内容往往零散而简略。也会因为编者的侧重不同而有较大的差别,如《景定建康志·形势》篇所辑诸条皆偏重于军事地理性能,而相同时代的《舆地纪胜》和《方舆胜览》之"形胜"篇所辑条目则包含更多方面。

上述三种类型在明清方志中均有不同程度的继承;又以前二种最为常见,并发展出一整套完整的格式和语汇,成为明清方志"形胜/形势"篇的固定体例。

表3 三部南宋地方志中的"形胜/形势"相关篇目内容

南宋地方志	"形胜/形势"条内容
《澉水志》形势	镇南镇西诸山峻秀,东与北多低矮白山,不种林木,东枕大海,相望秦驻跴山,实为险要。(卷1.地理门·形势:4660)
《仙溪志》星土面势	考县治旧在大飞山南五里。唐垂拱二年始迁于旧治之南三十步。主山来自九座山,蜿蜒百里,蠢为大飞、山亡二峰。演迤度脉,繇(同"由")亥位折旋为冈阜,降南而县,宅焉。西接飞山,东列石鼓,北枕瀑布,南带仙溪,夹以二塘水。县艮出文笔峰,铜鼎环列,其旁水绕山蟠,面势环合,真东南之壮邑也。(卷1.叙县·星土面势:8271)
《建康志》形势	诸葛亮曰:钟阜龙蟠,石城虎踞,真帝王之宅。丹杨记曰:石头因山为城,因江为池,地形险固,尤有奇势。李纲曰:天下形胜,关中为上,建康次之;宜以长安为西都,建康为东都。卫膚敏曰:建康实古都,外连江淮,内控湖,为东南要会之地。刘玉曰:金陵天险,前据大江,可以固守。张浚曰:东南形势,莫重于建康,实为中兴根本。陈亮曰:旧日台城在钟阜之侧,据高临下,东环平岗以为安,西城石头以为重,带元武湖以为险,拥秦淮河以为阻,是以王气可乘而运动如意。江默曰:自淮而东,以楚泗广陵为之表,则京口秣陵得以遮蔽;自淮而西以寿庐历阳为之表,则建康姑孰得以襟带,表里之形合,东南之守不孤,其来尚矣。余见江防。(卷38.武备志·形势:1956)

2.《舆地纪胜》与《方舆胜览》中的"形胜"条目内容

再来看两部南宋地理总志《舆地纪胜》与《方舆胜览》中的"形胜"内容。鉴于地理总志卷帙繁多、信息量巨大,我们将选择一定区域——即湖南南部的永、道二州——为例进行相关考察(表4)。因为永、道二州在后续讨论中还将作为案例出现,这里有必要对其基本概况和选取原因进行一定说明。

表 4 《舆地纪胜》与《方舆胜览》中的"形胜"内容(以永、道二州为例)

		"形胜"条目内容	内容性质
		卷56 永州·风俗形胜	
《舆地纪胜》	1	湘水一曲,渊洄旁山。(元结《浯溪铭》)	风景
	2	湘江东西,中直浯溪。石崖天齐,可磨可镌。(元结《中兴颂》文)	风景
	3	南去湘水八里,去潇水三十步。(《寰宇记》)	山川、关系
	4	州因永水为名。(《元和郡县志》)	沿革、山川
	5	古泉陵一县之地。(《零陵志》云:"隋置永州之后,割营道、永阳置道州,冯乘为贺州,又析湘源、灌阳二县为全州,所存者惟零陵、祁阳尔。本朝虽析零陵增置东安为三县,然大要不过古泉陵一县之地云。")	沿革
	6	南接九嶷,北接衡岳。(《旧经》云云:见白鹤山下。)	山川、关系
	7	背负九嶷,面傃潇湘。(周行中撰《元次山祠堂记》)	山川、关系
	8	居楚越间,其人鬼且机。(柳宗元《永州龙兴寺息壤记》)	风俗
	9	无土山,无浊水。(刘梦得云:"潇湘间无土山,无浊水,民乘是气,往往清慧而文。")	山川
	10	清慧而文。(同上)	风俗
	11	湘川嘉致(王仲诗:"湘川嘉致有浯溪")	风景
	12	二水所会。(柳子厚《湘口馆记》云:"潇湘二水所会也。")	山川、关系
	13	九嶷之麓。(柳子厚《新堂记》曰:"永州实九嶷之麓")	山川、关系
	14	岂独草木土石水泉之适。(同上。……)	风景
	15	环以群山,延以林麓。(即柳子厚《陪崔使君游宴南池序》……)	山川、关系
	16	观游之佳丽。(同上。……)	风景
	17	山水奇秀,殆非中州所有。(宣和庚子倪均父《题浯溪词序》)	风景
	18	零陵富山水。而浯溪之名独取重于天下。(《三吾序》云云,自元次山始也。)	风景
	19	压湘源之会。(郡守柳拱辰《风土记》)	山水、关系
	20	地多蝼蚁,泽无鼋鼍。(柳拱辰《风土记》)	资源
	21	竞船举棹则有些声,樵夫野老之歌则有欸乃声。(柳拱辰《风土记》云……)	风俗
	22	大舜南巡,所憩之处。(见《晏公类要》焦山下)	古迹
	23	浯溪水石,为湘中之冠。(周行中撰《元次山祠堂记》)	风景
	24	编木为城。(《后汉书》云:"零陵太守陈球先为郡,下湿,土城不得,乃编木为城。")	城建
	25	风浮俗鬼。(《柳集》:"惟是楚南,风浮俗鬼")	风俗
	26	山水之胜,一经柳司马品题,遂号佳郡。(《零陵志序》)	风景、名贤
	27	贡香茅以缩酒。(《吴录》)	土产
	28	永州于楚为最南,状与越相类。(柳文《与李建书》)	区位、风俗
	29	潇湘参百越之俗。(柳文《谢李吉甫相公启》云……)	风俗
	30	左袒居椎髻之半,可垦乃石田之余。(柳子厚《代韦永州谢上表》)	风俗、资源

续表

		"形胜"条目内容	内容性质
		卷58 道州·风俗形胜	
《舆地纪胜》	1	郡城营水之南。（《元和郡县志》云："以郡城营水之南，故名营州。"）	山川、关系
	2	庳国之地。（《舆地广记》）	沿革
	3	江、汉之阳，亘九嶷，为长沙。（《汉书·表》）	山川、关系
	4	南楚之表，道为名郡。（掌禹锡《鼓角楼记》）	区位
	5	湘水导其源，嶷山盘乎险。南控百越之徼，北凑三湘之域。（掌禹锡《鼓角楼记》）	山川、关系
	6	元、阳二贤。（掌禹锡《壁记》）	名贤
	7	唐室多以名儒刺部，阳城以优政擅其美，元结以雄藻推其高。（掌禹锡《鼓角楼记》）	风俗、名贤
	8	李唐开国，多闻人刺部。（掌禹锡《壁记》）	风俗
	9	地居越徼，俗兼蛮獠。（掌禹锡《壁记》）	风俗
	10	僻在岭隅。（永泰二年，元次山请于朝曰："臣州僻在岭隅，其实边裔。"《舂陵志》）	风俗
	11	与五岭接，虽有炎热，而无瘴气。（《寰宇记》）	山川、气候
	12	俗尚韶歌。（《晏公类要》云……）	风俗
	13	岛夷卉服。（《晏公类要》引《风俗记》云："别有山猺、白蛮、獠人三种，类与百姓异名，亲俗各别，《书》曰'岛夷卉服'是也"。）	风俗
	14	州产侏儒。（《阳城传》……）矮奴。（《晏公类要》……）	风俗
	15	苍梧之山，其中有九嶷山焉。（《山海经》注曰："苍梧之山，其中有九嶷山焉。舜之所葬，在零陵县界。"）	山川
	16	九嶷三湘之佳丽。（刘禹锡《含晖洞述》云："江华者，九嶷三湘之佳丽地也。"）	风景
	17	搜览佳处，被之诗歌。（元结，字次山。永泰中为刺史，当支吾日，不暇给时，犹搜览佳处，被之诗歌，由是此邦山水甲天下。）	风景
	18	此邦山水甲天下。（同上）	风景
	19	水之名不一，营与潇最著。（山之大者曰九嶷云云）	山川
	20	山有异禽，水有嘉鱼。（《舂陵旧图经》云："九嶷山，山有异禽，水有嘉鱼"。）	土产
	21	山有九峰，峰有一水。四水流灌于南海，五水北注于洞庭。（一曰朱明峰，湘水出焉；二曰石城峰，沱水出焉……）	山川
	22	父庆其子，长励其幼，化用兴行，人无争讼。（唐柳宗元《道州文宣王庙碑》云……）	风俗
	23	舂陵故地。（《元次山集》云："此州是舂陵故地，故作《舂陵行》以达下情。"）	沿革

续表

		"形胜"条目内容	内容性质
《方舆胜览》	\multicolumn{2}{c}{卷25 永州·形胜}	
	1	北接衡岳。(旧经:南接九嶷,云云。)	山川、关系
	2	面傃潇湘。(周中行撰《元结祠堂记》:背负九嶷,云云。)	山川、关系
	3	古泉陵一县地。(零陵志:隋置永州之后,割营道、永阳置道州,冯乘为贺州,又析湘源、灌阳二县为全州,存者惟零陵、祁阳尔。本朝虽析零陵增置东安为三县,然大要不过云云。)	沿革
	4	九嶷之麓。(柳宗元《新堂记》:永州实云云。)	山川、关系
	5	山水奇秀。(倪均《题浯溪序》:云云。)	风景
	\multicolumn{2}{c}{卷26 道州·形胜}	
	1	僻在岭隅。(元结曰:臣州云云,其实边裔。)	区位
	2	有九嶷山。(《山海经》注云:苍梧之山,云云,在零陵界。)	山川
	3	与五岭接。(《寰宇记》:云云,虽有炎热,而无瘴气。)	区位
	4	南控百粤之徼。(掌禹锡《壁记》:云云,北凑三湘之域。)	区位

宋代的永、道二州(以下简称"永州地区"),在明清时合并为永州府,隶湖南省。永州地区位于湘、粤、桂三省区交汇处(图1);地理上处于五岭山脉北麓、潇湘流域上游。其地貌为丘陵山地,整体上呈"三山夹围两盆地"的格局❶(图2)。清代永州府领州一县七(零陵县、祁阳县、东安县、道州、宁远县、江华县、永明县、新田县),其中除新田县外的其他辖县在宋代均已完全固定下来(无论县名或辖域),只是分属于永、道二州❷。八座府县城即分布在两个盆地之中及其边缘的山麓地带。选取永州地区为例的原因,一方面是因为它在中国历史上的极为"普通"甚至"边缘",即它并非中国历史上政治、经济、军事特别重要的地区,故其"形胜/形势"的相关描述和评价能排除不必要的干扰而反映出更为一般性的特征。另一方面则是因为这里的自然山水环境丰富且具有典型性,风水学说在当地人居环境的选址评价领域亦有较普遍的影响;这些自然地理和历史人文条件均使这一地区极适合作为古代"形胜"研究的地区案例。

回到关于两部南宋地理总志的讨论。《舆地纪胜》是全国性地理总志中首次出现"形胜/形势"相关篇目的一部。鉴于该书的编纂目的是"收拾山川之精华以借助于笔端,取之无禁,用之不竭,使骚人才士于一寓目之倾而山川具若效奇于左右"❸,其"形胜/形势"篇在体例上主要表现为"语录汇编型"。不过当时的分类显然还比较粗糙,王象之不仅将"风俗"与"形胜"并置,而且事实上其中

---

❶ "三山"指永州地区境内三条西南-东北斜亘的山脉:越城岭-四明山绵延于西北,都庞岭-阳明山斜贯中部,萌渚岭-九嶷山耸立其南。三条山系皆为崇山峻岭、层峦叠嶂。三山之间形成南北两个半封闭盆地。位于北部的"零祁盆地"面积约855.4万亩;南北西三面环山,东北向衡阳盆地敞开。位于南部的"道江盆地",面积约1024.27万亩,东部向郴州、永兴盆地开口,西南呈狭长谷地向江华、江永延伸;形成联通湖广的交通走廊。
❷ 宋代永州辖零陵、祁阳、东安三县,道州辖营道、宁远、江华、永明四县。
❸ [宋]王象之 著.李勇先 校点.舆地纪胜.成都:四川大学出版社,2005:22

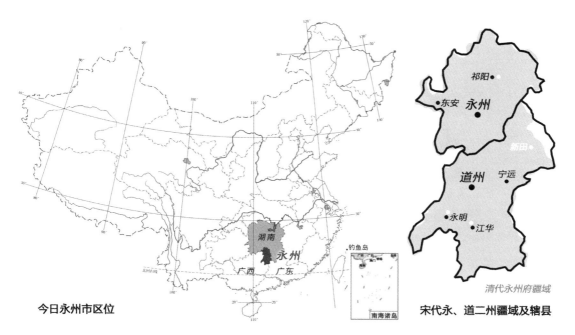

图1 今日永州市区位与宋代(含清代)永、道二州疆域辖县❶

所罗列的内容还不只这两类,甚至包括有历史沿革、物产资源、风景名胜、名人事迹等多项内容。以表4中永州"风俗形胜"所辑30条语录为例,涉及沿革者2条,风俗者7条,物产资源者2条,古迹者2条,山川/关系者8条,风景者9条。道州"风俗形胜"所辑23条中,涉及沿革者2条,区位者1条,风俗者8条,物产资源者1条,名贤者1条,山川/关系者7条,风景者3条。这种编辑上的杂乱,一方面是因为作为一部在体例上有极大创新的鸿篇巨制❷,《舆地纪胜》难免有尚欠成熟之处❸;但另一方面也是更主要的,说明当时的"形胜"概念仍较为模糊,所包含内容广泛且并不固定,但可以肯定的是,此时的"形胜"概念已远远超越了早先对军事地理性能的专门关注。

略晚几十年成书的《方舆胜览》在这方面则表现出较大的改善,其将"风俗"与"形胜"分别设置,内容划分更为清晰。《方舆胜览》中的"形胜"条内容仍然属于"语录汇编型",但所收录范围已大大缩小:以交代地理区位、境内主要山川及其空间格局和山水风景等为最主要的几方面内容;这基本上已形成了明清方志中"形胜/形势"描述的内容边界。

综上所述,一方面,从南宋地理总志和地方志中均已不同程度出现了以"形胜/形势"命名的专门篇目来看,说明"形胜/形势"概念及其作为对一地人居环境选址评价的表述方式在当时社会的普遍观念和知识体系中已日趋重要,为明清时期的发展和定型奠定了重要基础;另一方面,从并不整齐的篇目名称和类属关系以及尚显繁杂零乱的内容来看,"形胜/形势"概念在当时还尚未获得一种统一且清晰的定位,自然也还称不上是能直接指导人居环境选址实践的理论。

---

❶本文中图片除注明出处外,皆为作者所绘或拍摄。
❷《舆地纪胜》多达200卷。
❸一方面,《舆地纪胜》在类目划分上有较多重复之处,如与"风俗形胜"并列者已有"沿革"、"景物"、"古迹"、"人物"等类目,但"风俗形胜"中仍然出现了许多本应属于其他分类的内容。另一方面,在内容编排次序上也显得杂乱。

图 2 "三山夹围两盆地"的自然地理格局

三 明清方志中的"形胜/形势"体例与城市选址的形胜评价理论

在明清两代的地方志中,"形胜/形势"篇目的独立设置已十分普遍,甚至出现了相对固定的表述格式和专门语汇。从中我们可以清晰地读到"形胜/形势"评价与人居环境选址之间的深刻关联:对一地"形胜/形势"若干方面的考察皆以获得一个适宜人类居处的理想环境和城市选址为其根本目标。因此我们说,"形胜/形势"概念及其相应的原则方法已逐渐形成一种人居环境的选址/

评价理论而指导当时人们的观念和实践。方志中记载此类内容的目的,正是为了说明该城市选址的合理性与优越性。同时,其逐渐固定的表述格式和语汇,也说明了当时的选址/评价活动具有相对固定的规则。

以下我们将以明清两代永州府县方志中的"形胜/形势"相关内容为例进行考察。在笔者主要参考的永州地区 17 种明清府县方志❶中,有 11 种列有专门的"形胜/形势"条目❷(表5)。虽然其中仍有少数属"语录汇编型",但其余大部分是对当地"形胜/形势"的专门性概括❸;即便是汇编型,其所辑语录也大多是旧志中的专门性概括(如表5中《光绪零陵县志·形势》)。在这些"专门性概括"中,就其涉及内容和表述方式而言主要存在两种类型,即前面已经提到的"地理综述型"和"风水综述型";以下我们将分别对二者的内容和特点进行说明。

表 5　明清永州地区 11 种府县方志中的"形胜/形势"篇内容

		明清永州府县方志中的"形胜/形势"篇内容
洪武永州府志		【形胜】 【本府】按《方舆胜览》云:北接衡岳,南连九嶷,□□□……皆负九嶷。曹荣表云:惟二水之名□□,负九嶷之旧,□依列嶂,复瞰重江,大概若此。 【全州】(略) 【道州】按《方舆胜览》云:南控百粤之徼,□□嶷接。
永州府	隆庆永州府志	卷七封提志【形胜】 北接衡岳,南连九嶷(《方舆胜览》); 环以群山,延以林麓(唐柳宗元《游宴南池记》); 湘水导其源,嶷山盘乎险,南控百粤,北凑三湘(宋掌禹锡记); 山水奇秀(宋倪均父《题浯溪序》); 青玻璃盆插千岑,湘水之清无古今(黄山谷诗); 永为佳山水郡,女墙云矗,雉堞天峻,侯国之眉目,邦人之嵩华(吴之道记); 极江山岩壑之胜,尽人物邑聚之繁,潇湘雅趣皆在目前(元黄霖龙《思乐亭记》); 南九嶷,北衡岳,接五岭,凑三湘,控百粤,瞰重江,山川奇秀(《一统志》);…… 【按】永扼水陆之冲,居楚越之要,衡岳镇其后,九嶷峙其前,潇水南开,湘江西会,此形胜大都也。乃若群山秀丽,众水清淑,昔贤品第,彩溢缥缃。若【零陵】则谓其为九嶷之零,翠霭遥临,钟奇毓粹;北为【祁阳】,则祁水环拱献秀,邑实当之;西为【东安】,则文壁清溪,著奇南服;南为【道州】,潇水所自出,夹两山而流逶迤百里陆,瞰不测之渊,水多错陈之石,一郡金汤,良在于兹;若【宁远】则九嶷三江,【永明】则都庞瀑带;【江华】则白芒沱洑,并称壮丽奇险。而永岿然居乎其中,尽有州邑之胜。故以之用兵则易守难攻,以之利民则可樵可渔,以之登览则可以展文人学士之才,发幽人迁客之思。或者谓其少人多石,殆寓言耳。呜呼!自濂溪先生崛起营道,取象月岩,发国书之秘,遂为万世理学宗,地灵人杰,不信矣哉。是故先论形胜,后叙山川。

❶分别为洪武《永州府志》、隆庆《永州府志》、嘉靖《湖广图经志书》(卷十三永州)、康熙《永州府志》、道光《永州府志》、光绪《零陵县志》、乾隆《祁阳县志》、同治《祁阳县志》、光绪《东安县志》、光绪《道州志》、嘉庆《宁远县志》、光绪《宁远县志》、万历《江华县志》、同治《江华县志》、康熙《永明县志》、光绪《永明县志》、嘉庆《新田县志》17 种。

❷有些县志(如江华、永明、东安等)中虽无专门的"形胜/形势"条目,但在其他卷目(如山水、古迹等)中明显存在着"形胜/形势"的概念和相关描述。它们说明"形胜/形势"理念的影响是十分广泛且深刻的。

❸指编纂者为叙述当地"形胜/形势"而专门撰写的一段文字或一篇文章,以区别于对古代语录的汇编。

		明清永州府县方志中的"形胜/形势"篇内容
永州府	嘉靖湖广图经志书	**卷十三永州【形胜】** 【本府】南接九嶷,北接衡岳(旧经);石崖天齐(唐元结《中兴颂》);背负九嶷,面俟潇湘(周中行撰《元次山祠堂记》);环以群山,延以林麓(唐柳宗元《游宴南池记》);后依列嶂,前瞰重江(唐曹中《永州谢表》);山水奇秀(宋倪均父《题浯溪序》); 【零陵】大约同府;【祁阳】东瞻衡岳,西望九嶷(旧志);祁山枕其北,潇湘□其南(□□□□□);山峻披而水清深(苏天爵《书院记》);【东安】北则凤山,东则象岭,文壁拱峙乎前,清溪环绕乎后(旧志);【道州】与五岭接(《寰宇记》);道州与五岭接,有炎熟而无瘴气);南控百越,北凑三湘(宋掌禹锡《道州鼓角楼记》);湘水导其源,嶷山盘乎险,南控百越,北凑三湘);山有九嶷,九峰各有一水(旧志);【宁远】南近九嶷,东连衡岳,地接两广,水合潇湘(旧志);【永明】限压叠嶂,父子森罗,都庞连荆峡之险,河流会三湘之孤(旧志);【江华】禾山峙险,秦岩潆纡(旧志)。(卷十三.永州·形胜:1097)
永州府	康熙永州府志	**卷二舆地志【形势】** 【按】永据水陆之冲,居楚越之要;遥控百粤,横接五岭。衡岳镇其后,九嶷峙其前;潇水南来,湘江西会;此形胜大都也。乃若群山秀杰,众水清驶,昔贤品第,纸不胜录。 若【零陵】则为九嶷之零,翠霭遥临,钟奇毓粹;北为【祁阳】,则祁山祁水环拱献秀,邑实当之;西为【东安】,则文壁清溪,著奇南服;南为【道州】,潇水所自出,夹两山而流逶迤百里陆瞰不测之渊,水多□陈之石,合郡金汤,良在于兹;若【宁远】则九嶷三江;【永明】则都庞瀑带;【江华】则白芒沱泱并称,壮丽奇险;而【永】岿然居乎其中,雄据州邑之胜。 故以之用兵则易守而难攻,以之生聚则种植樵渔无所不宜,至于相阴阳、揣刚柔、度燥湿,因土兴利,依险设防,是在守土者时因变通矣。赞曰:榛莽天辟,奠此南荒;周遭崖岭,襟带潇湘;远控百粤,天府称强;韫奇毓秀,骏发而祥。(卷二.舆地·形势:40)
零陵县	光绪零陵县志	**卷一舆地志【形势】** 《方舆纪要》曰:列嶂拥其后,重江绕其前,联粤西之形胜,壮荆土之屏藩,亦形要处也; 王元弼《志》云:零陵九嶷峙其南,衡岳镇其北,西控百越,东接二岭,而潇水湘流襟带城郭; 太史公曰:楚粤之交,零陵一大都会也,不信然哉; 武占熊《志》云:近眺则嶠峰秀特,迴望则祁山环拱,西顾则湘流宛转,南指则潇水逶迟,衡岳镇其后,嶷山表其前,而零陵岿然居中,以附郭之首邑,具全郡之大观矣。(卷一舆地·形势:141)
道州	光绪道州志	**卷一方域志【形势】** 尝考道州有庳旧封营阳古郡,应轸星而分野,割楚徼以开疆;据潇湘之上游,藉江永为外障;西连百粤,东控九嶷;北有麻滩木垒之雄,南有横岭乱石之险。永安关隘,气压崤函;泷路崎岖,魂飞折坂。并春陵而连亘,鱼垒高撑;会沱淹以争流,营波直泻。若夫虞山挺秀,本舜帝过化之乡,濂溪涵清,是周子钓游之地。三台五老峰名上应天文,九井七泉水脉下通地轴。岂独月岩悬象,妙悟图书,而且元石题名,祥钟科甲,固所称雄胜之国,而实为理学之区也。 尔乃详观图象载,考州龙初发脉于营阳,蜿蜒百里,继分枝于宜岭,突兀三峰。由是立城池则面水背山;建廨署则居高临下。左右溪交流城外,东西洲并峙河中,备三穿九漏之奇,联七坊四村之盛。廛市在西门以外,客货联云;溪流汇南岸之前,估帆如织。千顷之桑麻在望,四郊之烽燧无惊。语有之"天下大乱,此处无患;天下大旱,此处得半"。观此而一州之形势可知矣。(卷一.方域·形势:146-147)

		明清永州府县方志中的"形胜/形势"篇内容
江华县	万历江华县志	**卷一【形胜】** 南控百粤,北接三湘,阳华峙于左,沱山耸于右。
永明县	康熙永明县志	**卷一舆地志【形胜】** 　　立国者不恃险,然亦未尝不因地以制险。易曰:王公设险以守其国。子舆氏曰:天时不如地利。春秋传曰:表里山河必无害也。乃知山川阨塞熟于为国者所以筹胜于樽俎之前也。 　　永明县**北接灌阳、南连富川、西距恭城**,三面皆粤,惟东一线路通舂陵。今不隶始安而隶芝城,何哉?得毋以芝为楚之藩篱,**永为芝之藩篱**。岭右居我上游,所属如桂平一带猺峒杂处,叛服靡常。卒或蠢动入犯,永其发难之始乎。所仗县治**四顾皆山,环带俱水,挂榜案于前,都庞屏于后,潇江环诸左,桃川绕诸右**。纵非金汤,亦扼控险塞,守土者苟以时绸缪之,永可坐而安也,永安而芝城亦安。犬牙相制,昔人隶芝城之深意欤?呜呼!形势虽胜,经理在人,除戎御暴诚不可一日不戎也。(卷一舆地·形胜:18)
宁远县	嘉庆宁远县志	**卷首【形势】** 　　宁远县治自宋建设于此。其山镇曰九嶷,曰舂陵;其浸曰泠水,曰舂水,曰潇水。竹木之饶,谷植之富,亦一都会也。 　　论其形势:**地脉来自两粤**,至三分石融结一峰,高不可插霄汉。一支由西南转北,为鲁女观、经洪洞、大阳,一路岩岩岣衍,至黄岭屹然而住;一支向东行直趋而北,历下灌洞,至金牛岭,干霄蔽日,竞秀争奇,有如万马奔腾,衔枚却顾。又如千官鹄立,撐笏雍容,锵锵崔崔,不可名状。由金牛岭过峡,逶迤曼衍至大富山,忽转而南,陡然而止,是为县治落脉。如骏马下坡,临崖一勒,卸为平地。复突起逍遥岩,□崒苍翠,独立不倚。四面皆平原沃壤,蜿蜒起伏如牵丝曳线。至四朝冈复微微隆起,县治丽焉。对面则鳌头、印山东西两峙,以束其气。大富山右又分一支,为平冈,突为二砠,又起为二岭,至虎山雄踞右盼,与南来之黄岭会,石骨交运,夹束狭隘,为县治之小关键。大富山左又转东行,为大谷,为大冈,复东为上流,又折而北为舂陵,亦名洛阳,为北方巨障,东西二乡众山之主。北分一支,连零祁界阳明诸山,遮拥其后,乃卸为乡石岭。又西行为乐山,复约行七十余里,缭青亘白绵跨郊坰,统曰西山。直至渡口,以收舂泠二水,而不见其西去之迹,为县治之大关键。水则泠水发源于今舜源峰,会仙政诸水,自南而东,又西行经县治前以贯其中。舂水出舂陵山,与五豀俱会以随其后。潇水出三分石,合子母二江,过大阳溪,以环其外。仁水复自西来入焉舂会泠为两河口。泠舂会潇为江口。仁会三水为小江口。**重重包束,山峙水渟,流而不泄,真气内藏,实风水聚会之区也**。 　　今统其大势:内则大富山为其入脉,逍遥岩为其主脑,鳌印二峰为其朝揖。外则南有九嶷,北有舂陵,东有上流,西有西山,以为屏障。又有三水为之宣流导气,以资灌溉而利舟楫。相其阴阳,辨其方位,江山环固,水土和平,县治所居,诚得中和之气焉。况乎南为虞帝宅真府,北为汉祖发祥之基,毓灵钟秀,又非他处一丘一壑之所能及也已。(卷首·形势:43-46)
	光绪宁远县志	**【星野·形势】** 　　内容同上(星野·形势:26-28)

明清永州府县方志中的"形胜/形势"篇内容		
新田县	嘉庆新田县志	**卷二地舆志【形势辩】** 　　新邑分自宁远,地脉由宁远后脉大富山之东角分枝,因而北行数十余里顿起春陵山,为一方巨镇。从春陵山分枝迤逦又数十余里复起高山如屏,从中抽出一支迥转南向,即地理家之挂钩形也。到头结太极岭,岭下连起三珠,贯串入首而县治丽焉。治后屏山又分数枝,左护关拦,随龙水到治前;右护即来脉,龙身亦关拦,随龙水到治前;左为东河,右为西河,两水夹送,会合于城之南,即南方委折而去,自是由南转东,北出常宁之白沙河,而入于大河矣。水口直出,似乎大顺,而高山遮护不见其顺去之迹,故真气内藏,实为灵秀所钟。且后有翠屏,前有天马,相为拱照;登高一望,众山包里,无少欠缺,足经久远。 　　然设险守固,必有城池。前明开创之,始立城开壕,固如金汤。至国朝康熙年间,邑令钟运泰捐俸修理,自是无修继者,遂倾圮而难与更始矣。然莅斯土者果能教养有方,训练有素,则有形之固不如无形之固也已。(卷二.地舆・形势辨:84-88)

1."地理综述型"的内容及特点

"地理综述型"是明清方志"形胜/形势"篇中最常见的表述方式,它主要继承了传统的地理学描述。有时也与"风水综述型"同时出现,如表5中《光绪道州志・形势》篇即是在地理学描述中夹杂有少量风水形局的说明。这种类型在所涉及内容、考察目标、格式语汇等方面主要有以下一些基本特点。

（1）涉及内容

以交代一地的地理区位、四向主要山水要素及其空间结构、以及这一自然地理环境对于城市选址的优势为主;有时也介绍当地的代表性自然风景、物产资源甚至文化古迹。在对上述内容的客观描述中,总是隐含着或明确谈到人居环境的选址规划问题,即交代这一"形胜"作为城市选址的主要优势以及在规划设计中对其利用的特殊考虑。如《光绪道州志・形势》篇在简要介绍当地的山水格局之后紧接着说"由是立城池则面水背山,建廨署则居高临下"❶。特定自然山水环境对于人居环境选址规划具有特定意义,正是古人重视"形胜评价"的根本原因。

❶光绪道州志.卷一.方域・形势:146-147

（2）考察目标

作为人居环境选址的重要依据,"形胜"评价所考察的最主要方面一是"攻守",二在"生聚"。如《永州府志・形势》评价永州府城的总体形胜:"以之用兵则易守而难攻,以之生聚则种植樵渔无所不宜";二者兼具,是为形胜也。再如《道州志・形势》所云:"千顷之桑麻在望,四郊之烽燧无惊。语有之天下大乱,此处无患;天下大旱,此处得半。"这种对大尺度山水格局及其攻守、生聚性能的把握和判断,正是人居环境选址的重要基础。在这一"形胜/形势"大格局选定之后，下面具体的定基、规划、布局则可由守土者"因时变通"了。

（3）隐含格局

在"地理综述型"所包含的多项内容中，对城市周围中尺度自然山水要素的位置、形态以及它们与城市空间关系的描述和评价总是占据最多篇幅。这些描述中遵循着一个统一而固定的"空间架构"，即背山面水、前屏后靠、左右环护的山—水—城空间格局；环护之"中"即是府治、县治之所在。这说明，能称之为"形胜"者，需要自然环境符合人们特定的理想格局预设；而这种理想格局是在古人长期且大量的选址实践中逐渐总结形成的。

（4）格式语汇

在形成这一理想山水格局的同时，也形成了一套相对固定的表述格式和专门词汇。它们主要是用于描述位置关系（如方位、远近等）和形态关系（如向背、环拱等）两项内容。

表示位置关系者，如"前"、"后"、"左"、"右"；"东"、"西"、"南"、"北"；"遥"、"近"、"横"、"纵"等，其中隐含着一个不言自明的"中"的概念。表示形态关系者：如"接"、"联"、"拥"、"据"、"控"、"扼"；"倚"、"靠"、"负"、"枕"；"向"、"面"、"沿"、"临"等字专门用于描述"主体"之于"环境要素"的关系的，它们形象地表现出主体的"向背姿态"、对周围环境要素的"控制"；仿佛威坐朝堂、临视群臣的帝王。又如"峙"、"镇"、"表"、"拱"、"环"、"绕"、"来"、"会"、"限"、"迤"、"映带"、"夹流"、"护布"、"荟萃"等字则专门用于表述"环境要素"之于"主体"的关系；以表现环绕、拱卫、庇护的形态。再如"屏障"、"襟带"、"堂奥"等词，以拟物、拟人的方式形象地说明了这种理想的"包围"、"环护"之势。这些词汇和表述格式也说明了"形胜/形势"概念的本质是一种对自然环境的"人文化"理解和创造。

2."风水综述型"的内容及特点

除去上述基于"四向格局"的传统地理综述型之外，有些方志中的"形胜/形势"篇则大量使用风水术语和格式，表现为对一地"风水形局"的完整描绘。其实在前述南宋《宝祐仙溪志》中，这种形式已经存在。明清永州诸府县方志中，《嘉庆宁远县志》和《嘉庆新田县志》的"形胜/形势"篇均属此类。其中，宁远一例相当完整：从"地脉"来龙讲到县治"落脉"，"主山"、"主脑"、"应山"、"朝揖"齐全，又有"小关键"、"大关键"、"小明堂"、"大明堂"，最后总结"内"层形势如何，"外"围形势如何，"水"系形势如何；层次分明，格局清晰；落点在"重重包裹，山峙水渟，流而不泄，真气内藏，实风水聚会之区也"；表明这一风水形局对人居环境选址的种种裨益。这些术语和句式显然出自风水先生（形家）之手，或许又经过了文人的润色；它们真实地反映出风水先生及其理念影响人居环境选址评价的事实。

无论套用风水的逻辑和术语怎样变化,仍未跳出上面一个"背山面水、前屏后靠、左右环护"的理想格局。"风水综述型"通常表现得神秘、复杂、变化多端,但就其本质而言与传统"地理综述型"并无二致。

四 明清"形胜评价"理论指导下永州诸城的选址特点

从上述对明清永州地区府县方志中"形胜/形势"篇的考察中可以清晰地看到,"形胜/形势"评价最关注的是一地的"自然山水格局"——即自然山水要素与城市选址之间的空间关系。而在明清两代永州诸县的真实选址规划实践中,也能够非常清楚地看到周围大、中尺度自然山水要素及其空间关系对于城市选址规划的深刻影响,这正说明了"形胜评价"理论对城市选址规划的指导作用。

这里需要说明的是,明清永州 8 座府县城中有 3 座(祁阳、江华、新田)是在明代重新选址建设的,另外 5 座均不同程度地沿用了明代以前的选址,但在明代进行了大规模的规划重建。对于这 5 座城,虽然不是重新选址,但"沿用"本身也包含了对该选址的"重新评价",这至少说明,该历史选址是符合明清时期的选址评价理论的。深受"形胜评价"理论影响的永州地区诸府县城选址,在城市与自然山水环境的空间关系上主要表现为以下三个方面的突出特点,可以简要概括为"水抱"、"山环"、"以高阜为基"。

1. 水抱:选址多在二水交汇处的凸岸地带

潇湘二水是贯穿永州全境的主要水系,永州 8 座府县城均选址在潇湘二水及其主要支流之畔,尤其多在主要河流与其支流交汇口的凸岸地带(图3)。其中永州府城选址于潇湘交汇口略靠潇水上游的凸岸。潇水的环绕之势使永州城几乎三面环水;配合东部的崇山峻岭,正如古人所云"不池而深,不墉而高"❶。道州城明代重建于潇水与其支流营水(濂溪)交汇处之北岸高阜,该基址上恰有东、西两条由北向南汇入潇水的小溪(名左溪、右溪),州城遂以潇水及二溪为界限定了城圈范围,不能不说是天然"形胜"。祁阳县城明景泰三年(1452年)新选址于湘水与其支流祁水(小东江)交汇口之西北高地(图4)。江华县城明天顺六年(1462年)从冯水(潇水上游支流)南岸迁建于冯水与沱水(潇水上游)交汇口之东北岸,较其旧址交通更加便捷、用地也更加宽阔(图5)。新田县城于崇祯十三年(1640年)选址于东、西河交汇口之北岸,直接以二水为池限定出城市形态。宁远县城亦选址于东西向泠水(潇水支流)与南来之溪流交汇口之西北隅,以二水为界决定了县城东、南二面的形态。永明、东安二县城则分别紧临潇水上游和紫水(湘水支流)而建。

❶[康熙]永州府志.卷十九.艺文.永州内谯外城记:539

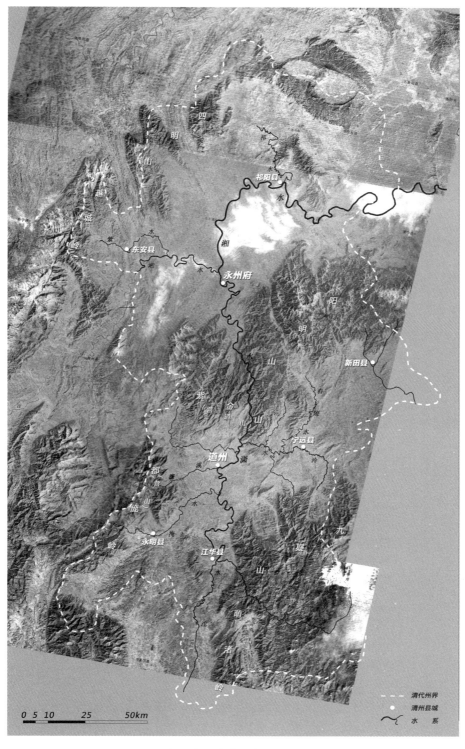

图 3　永州府县城选址与水系分合关系

图 4 祁阳县城二水交汇形势
(从城东南隅看祁水入湘水口)

图 5 江华县城二水交汇形势
(从豸山巅凌云塔看冯、沱二水合流处与县城)

无论紧临一水、二水交汇、或多水环绕，"水抱"之势在永州地区诸府县城选址中是一突出特点。永州地区人居环境的建立和维系极大地依赖于水系，这一方面是因为生活生产、交通运输需要靠近水源，另一方面攻守用兵亦要求"以水为池"、"凭溪为阻"的天然形势。而选址于水系交汇之处，不仅有着更为丰富的水资源、更为宽阔的冲击小平原腹地，一般也是客货汇聚的交通枢纽，并且利用多条天然河道筑城守备也更能节省人工材用，同时二水交流往往也蕴藏着更奇丽的山水景观资源。永州地区河流众多、水资源丰沛，虽然诸府县所依水系有大有小，但将城市选址在水系交汇处却几乎是所有府县城的共同选择。

2. 山环：选址皆后以高山为依，周有横岭为屏

永州诸府县城选址均基本符合"后有高山为依，周有横岭为屏"的原则，这一点正是方志"形胜/形势"篇中所尤其强调的群山环抱之势（图6）。

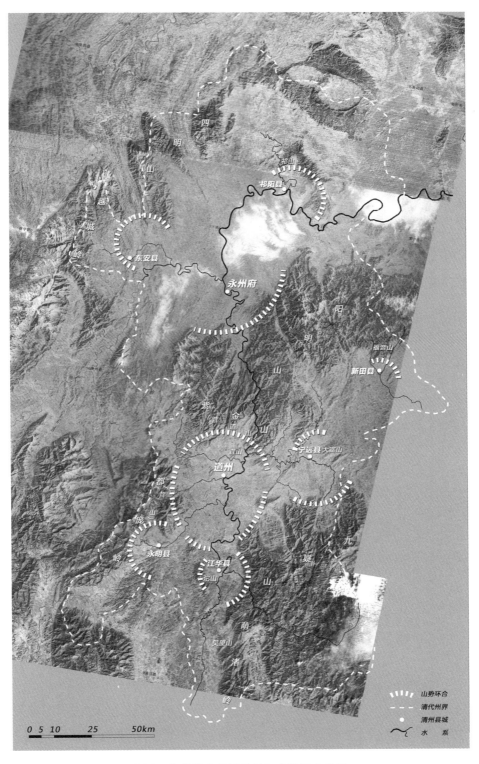

图 6　永州诸府县城选址与山势环合关系

"后有高山为依"的意义,一方面在于抵挡冬季北部冷风,形成北高南低的向阳缓坡地势;另一方面也和"镇山"与长治久安、步步高升的心理关联有关。城市背靠的大山(北方为主)通常被视为府县之镇山或主山,如道州以州北15里宜山为镇,祁阳以县北15里祁山为镇,新田以东北15里福音山为镇,宁远以县东北5里大富山为镇,江华以县西沱岭为镇等。其他方位和距离更远的群山一般则被视为"天然屏障",形成"周有横岭为屏"之势。这一格局主要起到地理区隔、限定边界、安全防御、形成小气候、构成外部景观等多重作用。最理想的是四周群山环抱的盆地,永州地区以道州最为典型(图7)。道州城位于一个"以道江镇为中心的凹陷盆地,四周是海拔高达1000多米的大山"❶:其东有把截大岭(东北-西南走向,长26公里,平均海

❶ 道县志编纂委员会 编. 道县志. 北京:中国社会出版社,1994:65

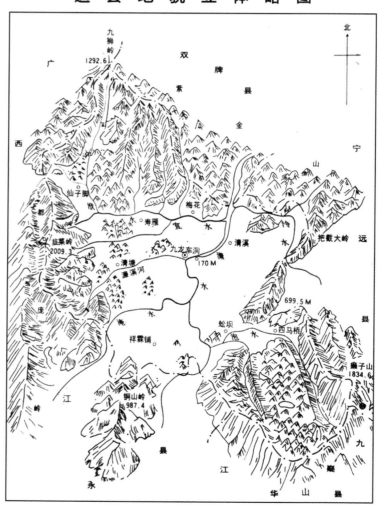

图7 道县"盆地"地貌(1994道县志:69)

拔 420.4 米），东南有九嶷山（千米以上高峰 90 多处），南有铜山岭（南北走向，主峰海拔 987.4 米），西有都庞岭（东北-西南走向，长 37 公里，千米以上高峰 39 处，主峰海拔 2009.3 米），北有紫金山（东南-西北走向，长 29 公里，千米以上高峰 21 处，主峰海拔 1292.6 米），中部则地势低平，最低海拔 170 米❶。据今道县史志办李世荣主任介绍，道县盆地所形成的"天然温室"效应十分明显，这里年平均气温约 18.5℃，较周围诸县更温暖，气温能高出 1-2 度；冬季冷风吹不进来，更适宜农作物的生长，在湖南省 17 个蔬菜基地县中，道县是唯一一个重点基地。道州是永州地区最早设县的行政单元之一，也说明了这一盆地选址的合理性和持久性。天然盆地不可多得，若山势有断续环合、或一至二侧可资依凭者，虽略逊一筹但仍然是好的选址。永州地区其他府县城选址均处于周围群山不同程度的环护之中；如祁阳县城处在自北至东绵亘近百里的祁山山脉环抱之中；新田县城"前有天马，后有翠屏"（图 8）；江华县城"阳华峙于左，沱山耸于右"；宁远县城则前有九嶷，后有春陵，"重重包束，山峙水淳"。

❶ 道县志编纂委员会 编. 道县志. 北京：中国社会出版社，1994：65

图 8　新田县"后有翠屏，前有天马"之势
（自城南翰林山北望县城及福音山）

3. 高阜为基：选址多以高阜、山麓为基

永州诸府县城大多定基（即府县治署）于平原中的高地、缓坡，或丘陵的山麓地带；这是出于防洪、防守、壮威等多方面的综合考虑。永州地区大多数县城规模不大（明初规模多在 360～540 丈之间），因此甚至有整座县城都建于高阜之上的情况。治署则总是定基在城内地势最高处。永州 8 座府县城中，以道州、新田、江华三县最为典型，这三座治署皆建于城中小尺度山丘之巅或南麓（图 9）；其地势特点在今天仍清晰可见。

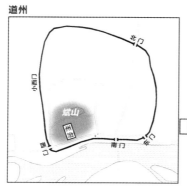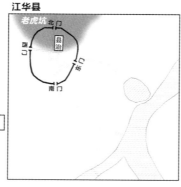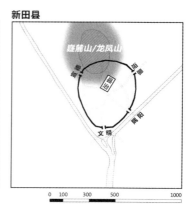

图 9　道州、江华、新田三县治署所据城中高阜地势

道州城中以治署为中心的主要官署建筑几乎都位于紧邻潇水北岸的高岗上[1]；从城中各处均可明显地看到这一独特的高阜地势，坡度较大。新田县城则选址于城北巍麓山向南缓缓泻落的坡地上，全城地势西北隅最高，即疑麓山（又名虎头岭、龙凤山）山麓，治署即定基于此。《嘉庆新田县志·公署》中描述了这一选址定基的过程："县署在西北门内之高峻处，左右四望，诸山内向，群峰环拱；形家所谓'前有天马，后有翠屏'，居高临下，诚莫善于此也。崇祯十三年，衡州府司马张公徇定基于此"[2]。江华县城同样选址于一片西北高东南低（即从西北群山向东南沱水泻落）的缓坡地带；县治、文庙、书院等主要建筑毫无例外地位于城中地势最高处。

永州诸府县城与周围自然山水环境所形成的空间格局，均与方志中"形胜/形势"篇的描述或评价相符，并且突出表现为"山环"、"水抱"、"以高阜为基"的特点，这也正是地方志"形胜/形势"篇中所极力强调的理想山水格局和选址原则。

五　小　结

中国历史上很早就产生了"形胜"的概念，它最初源于兵法，之后很长一段时间是对某地自然地理环境适宜作为城市选址的笼统评价，主要强调地势险要、易守难攻的军事防御性能，同时也兼具资源丰富、风光佳美等含义。至南宋，在全国性地理总志和地方志中开始出现专门记叙一地"形胜/形势"的篇目，其表述方式主要可概括为"地理综述型"、"风水综述型"、"语录汇编型"三种。这说明"形胜/形势"概念在当时的社会普遍观念和知识体系中已日趋重要。但从其并不统一的篇目名称、隶属类别以及尚显杂乱的内容来看，这一概念仍然比较模糊，缺乏清晰而准确的定位。

[1] 道州城规模较大，周围5里96步。城南地势高亢，城中西北有大量低洼田地，为战备之用。

[2] 嘉庆新田县志.卷三.建置·公署:120

至明清时期,地方志中单独纂辑"形胜/形势"篇的做法已十分普遍。这些对当地"形胜/形势"的专门描述和评价尤其旨在强调其自然山水环境相对于城市选址的合理性与优越性。在涉及内容与表述方式方面,这些"形胜/形势"篇也逐渐形成了固定的模式,主要有"地理综述型"和"风水综述型"两种。前者最为基本和常见,以交代一地的地理区位、四向主要山水要素及其所空间格局为最主要内容;这一自然山水格局对于城市选址性能的考察与评价主要侧重"攻守"与"生聚"两个方面;其表述格式渐渐固定,并隐含一个"背山面水、前屏后靠、左右环护"的理想山—水—城格局,并产生出一系列相应的专门词汇辅助表达。后者大量使用风水的专门术语和表述逻辑,表现为对一地"风水形局"的完整描述,这些内容明显出自风水先生之手,又经过文人的润色。虽然它们表现得神秘、复杂、变幻莫测,但本质上仍然与"地理综述型"所强调的山水格局并无二致。

明清方志中的"形胜/形势"描述与评价表现出城市选址的基本原则与理想模式,以及在真实自然环境中的"适应"与"调整";它是对现实的概括与提炼,具有一定的理想性和理论性。而在真实的城市选址实践中,这个理想山水格局同样清晰可见。以明清永州地区八座府县城选址为例,它们在与周围自然山水环境的关系中突出表现为处于二水交汇处凸岸地带、后有高山为依、周有横岭为屏、以平原高阜或山麓为基三个特点,即"形胜评价"理论中理想的"水抱"、"山环"、"以高阜为基"的山水格局。

参 考 文 献

[1] [唐] 李吉甫. 元和郡县图志. 北京:中华书局,1983

[2] [宋] 乐史 撰. 王文楚 等点校. 太平寰宇记. 北京:中华书局,1985

[3] [宋] 王存 撰. 王文楚,魏嵩山 等点校. 元丰九域志. 北京:中华书局,1984

[4] [宋] 欧阳忞 撰. 李勇先,王小红 校注. 舆地广记. 成都:四川大学出版社,2003

[5] [宋] 祝穆 撰. 祝洙 增订. 方舆胜览. 北京:中华书局,2003

[6] [宋] 王象之 著. 李勇先 校点. 舆地纪胜. 成都:四川大学出版社,2005

[7] [宋] 罗叔韶 修. 常棠 纂. 绍定澉水志(8卷. 宋绍定三年/1230修. 清道光十九年/1839刻本)//中华书局编辑部 编. 宋元方志丛刊(5). 北京:中华书局,1990:4659-4677

[8] [宋] 赵与泌 修. 黄岩孙 纂. 宝祐仙溪志(4卷. 宋宝祐五年/1257修. 清瞿氏铁琴铜剑楼抄本)//中华书局编辑部 编. 宋元方志丛刊(8). 北京:中华书局,1990:8269-8333

[9] [宋] 马祖光 修. 周应合 纂. 景定建康志(50卷. 宋景定二年/1261修. 清嘉庆六年/1801金陵孙忠□祠刻本)//中华书局编辑部 编. 宋元方志丛刊(2). 北京:中华书局,1990:1311-2180

[10] [宋]史弥坚 修.卢宪 纂.嘉定镇江志(22卷首1卷.宋嘉定六年/1213修.清道光二十二年/1842丹徒包氏刻本)//中华书局编辑部 编.宋元方志丛刊(3).北京:中华书局,1990:2607-2946

[11] [明]虞自明,胡琏 纂修.[洪武]永州府志(12卷).洪武十六年刻本.国家图书馆古籍馆,缩微胶卷

[12] [明]史朝富 纂修.[隆庆]永州府志(17卷).隆庆五年刻本.国家图书馆古籍馆,缩微胶卷

[13] [明]薛刚 纂修.吴廷举 续修.(嘉靖)湖广图经志书(卷十三永州).据嘉靖元年刻本影印//日本藏中国罕见地方志丛刊.北京:书目文献出版社,1990

[14] [清]刘道著 修.钱邦芑 纂.[康熙]永州府志(24卷).据康熙九年刻本影印//日本藏中国罕见地方志丛刊.北京:书目文献出版社,1992

[15] [清]嵇有庆 修.刘沛 纂.[光绪]零陵县志.台北:成文出版社有限公司,1975

[16] [清]李莳 修.旷敏本 纂.[乾隆]祁阳县志(8卷).据乾隆三十年刻本影印//中国地方志集成.湖南府县志辑(40).南京:江苏古籍出版社,2002

[17] [清]陈玉祥 修.刘希关 纂.[同治]祁阳县志(24卷首1卷).据清同治九年刊本影印.台北:成文出版社有限公司,1970

[18] [清]黄心菊 修.胡元士 纂.[光绪]东安县志(8卷).据清光绪二年刊本影印.台北:成文出版社有限公司,1975

[19] [清]李镜蓉 修.许清源 纂.[光绪]道州志(12卷首1卷).据清光绪三年刊本影印.台北:成文出版社有限公司,1976

[20] [清]曾钰纂 修.[嘉庆]宁远县志(10卷).据清嘉庆十六年刊本影印.台北:成文出版社有限公司,1975

[21] [清]张大煦 修.欧阳泽闿 纂.[光绪]宁远县志(8卷).据清光绪元年刊本影印.台北:成文出版社有限公司,1975

[22] [明]刘时徽,滕元庆 纂修.[清]王克逊,林调鹤 补修.[万历]江华县志(4卷).万历二十九年刻清修本.国家图书馆古籍馆,缩微胶卷

[23] [清]刘华邦 纂修.唐为煌 纂.[同治]江华县志(12卷首1卷).据同治九年刊本影印.台北:成文出版社有限公司,1975

[24] [清]周鹤修,王缵 纂.[康熙]永明县志(14卷).据康熙四十八年刻本影印//中国地方志集成.湖南府县志辑(49).南京:江苏古籍出版社,2002

[25] [清]万发元 修.周铣诒 纂.[光绪]永明县志(50卷).据光绪三十三年刻本影印//中国地方志集成.湖南府县志辑(49).南京:江苏古籍出版社,2002

[26] [清]黄应培 等修.乐明绍 等纂.[嘉庆]新田县志(10卷).据清嘉庆十七年刊本.民国二十九年翻印本影印.台北:成文出版社有限公司,1975

[27] 钱穆.先秦诸子系年.北京:商务印书馆,2001

[28] 李零.《孙子》十三篇综合研究.北京:中华书局,2006

[29] 方拥.形胜概念在若干古汉字中的痕迹.新建筑,2002(2)

[30] 李辉.我国古代地理学"三形"思想初探.自然科学史研究,2006(1)

英文论稿专栏

Networking for Monument Preservation in China:
Ernst Boerschmann and the National Government in 1934

Eduard Kögel

(Berlin Institute of Technology)

Abstract: In 1931, Zhu Qiqian, the founder of the Society for Research in Chinese Architecture, appointed Ernst Boerschmann as corresponding member to the Society. During his stay in Nanjing in 1934, Boerschmann discussed monument preservation with several members of the national government. Boerschmann prepared memorandums on the topic, which he brought into the discussion via Teng Gu, a German-educated art historian employed in the Republican government in Nanjing. He also prepared proposals for the preservation of two sites-the Liang tombs near Nanjing and the Shandao Pagoda near Xi'an. He travelled the country in 1934 in the company of the architect and art historian Hsia Changshi. In Beijing Boerschmann met with Zhu Qiqian and the architectural historians Liang Sicheng and Liu Dunzhen. He praised their work and hoped for a joint research project, which never materialised. During discussions with the principal of Tongji University, Weng Zhilong, in Shanghai Boerschmann proposed the establishment of architectural education with a focus on the documentation of historic monuments. After his return to Germany, in 1937 the Republican government in Nanjing awarded Boerschmann the Jade Order for his lifetime achievements in the documentation of Chinese architecture. After the Second Sino-Japanese War broke out in 1937, all field research was suspended and Ernst Boerschmann worked on the collected material in Germany without direct exchange with Chinese colleagues.

Key Words: Chinese monument preservation, Ernst Boerschmann, Nanjing government, Zhu Qiqian, Teng Gu, Society for Research in Chinese Architecture, Liang Sicheng, architectural education in China, Liang tombs, Shandao Pagoda, Hsia Changshi.

摘要：1931年，中国营造学社的创始人朱启钤，接纳恩斯特·鲍希曼成为学社的一员。1934年，鲍希曼在南京与联合政府的一些成员讨论到古迹保护的问题。鲍希曼就这个主题做了记录，并通过滕固将之带入讨论，滕固是一位就职于南京共和政府的、有德国教育背景的艺术史家。鲍希曼还为两座古迹的保护准备了提案——南京附近的梁墓和西安附近的善导塔。1934年，他与作为建筑师和艺术史家的夏昌世一起游历了中国。在北京，鲍希曼遇到了朱启钤和建筑历史学家梁思成和刘敦桢。他称赞他们的工作，并提出合作研究的希望，但此愿最终抱憾。在与同济大学校长翁之龙的讨论中，鲍希曼提出建筑教育的建立应注重历史古迹的记录。1937年，在鲍希曼回到德国之后，南京联合政府授予他一枚玉勋章，以感谢他在中国建筑记录方面的终身成就。1937年中日战争爆发之后，所有的田野调查都中断了，恩斯特·鲍希曼在德国致力于已收集资料的研究，未与中国同行进行直接交流。

关键词：中国古迹保护，恩斯特·鲍希曼，南京政府，朱启钤，滕固，中国营造学社，梁思成，中国的建筑教育，梁墓，善导塔，夏昌世。

When Ernst Boerschmann (1873—1949) published his second book about Chinese architecture and religious culture (Gedächtnistempel) in 1914, he stated in the preface that his aim was to compile a list of all the historic monuments in China. The gazetteer included in the book is a first step towards that goal. According to the preface, he had instigated such an undertaking in 1909 in Beijing, when he was nearing the end of his three-year research trip in the country.❶ The China Monument Society, under the directorship of the American journalist Frederick McCormick, published such a list in 1912 with the intention of preventing further vandalism by foreign collectors and Chinese looters.❷ McCormick's list was based on references provided by foreigners, mainly missionaries. Boerschmann deeply regretted that during his time in China between 1906 and 1909 he had never met with a Chinese official who showed interest in establishing a monument preservation agency (Fig.1).

Fig.1 Ernst Boerschmann in Shanghai, 1934. Published with courtesy of the Boerschmann family

More than twenty years later, in 1933 Ernst Boerschmann again had the opportunity for an official sixteen-month trip to China. By then, he was well-known in Germany for his expertise in traditional Chinese architecture and had taught at the Technische Hochschule Charlottenburg (Berlin) since 1927 as professor of Far Eastern Architecture. One of his major interests was monument preservation in China and he hoped to discuss the issue with high-ranking politicians during his sojourn. He further thought that an institutionalised network would help him to get better access to means for his own research projects, which would have much more influence with Chinese partners.

When he wrote in the mid 1920s about his visit to the Buddhist grottoes at Mount Tianlong (EB. T'ien Lung Shan)❸ in 1908, Boerschmann also included some aspects of preservation of antiques in China, which documents his unique position among the foreign researchers. In 1908 he already recorded some missing heads from the sculptures in the grottoes. Further heads of Buddhist sculptures

---

❶ Ernst Boerschmann: Die Baukunst und religiöse Kultur der Chinesen. Einzeldarstellungen auf Grund eigener Aufnahmen während dreijähriger Reisen in China. Band II: Gedächtnistempel, Tzé táng. Berlin, 1914: VI.

❷ Frederick McCormick: "China's Monuments," Journal of the North China Branch of the Royal Asiatic Society, 1912: 129-188. Foreigners organized the China Monuments Society as a committee in Peking in 1908. After a first inventory made by the members in the different provinces, a list of 374 monuments was published in the above named article.

❸ Names in this text are normally given in Pinyin. However, Boerschmann used different transcriptions for names and places. Therefore Boerschmann's transcriptions follow in brackets and are indicated by the initial EB.

documented by Boerschmann and Osvald Sirén had been removed by the early 1920s by looters and collectors. He commented: "This is the sinister and daemonic effect of the work of European and Japanese researchers and collectors. Veneration of the art memorials in the country is the unalterable basis for all earnest engagement with them and will be the measurement for real understanding. Hopefully in the New China the time is over, in which, under the flag of art research, those destructions have been possible."[1] Ernst Boerschmann's concern for the cultural assets in China was based on his experience as a traveller in China, where he had met foreign collectors, and reports from newspapers about looting and destruction of monuments by warlords. For instance the German magazine *Ostasiatische Zeitschrift* reported the looting of a royal tomb in the Eastern Qing Tombs by a warlord in 1928. In this context the editors called for "broadminded monument preservation" in China, because, they argued, other monuments were also in danger.[2]

On 18 July 1931, Beijing-based German art historian Gustav Ecke (1896—1971) mentioned the new Society for Research in Chinese Architecture and their president Zhu Qiqian (EB. Chu Ch'i-ch'ien, 1872—1964) in a letter to Ernst Boerschmann. Ecke wrote that Zhu had edited the old building manual *Yingzhao Fashi*, of which Boerschmann had got a copy in 1926.[3] Zhu had appointed Ecke as foreign honorary adviser for the Society. Boerschmann already knew about the Society through Paul Radermacher, a German railway expert, who was a member of the industry mission to China in 1930. Boerschmann had asked the Chinese legate in Berlin, Lone Liang (1894—1967), to inform Zhu that he wished to become a member of the Society. In October 1931, Zhu elected him as corresponding member and sent him three issues of the Society's periodical.[4] Boerschmann praised the "noble material" he got and immediately returned some of his latest publications to Zhu, who mentioned his appreciation of the material to Ecke.[5] On his advice, Boerschmann sent a copy of his latest book *Pagoden* to the Society for review in their periodical.[6] The official announcement of Boerschmann's appointment as a corresponding member ("P'ing i") was published in the *Ostasiatische Zeitschrift* in the last issue of 1931.[7] At this time,

---

[1] Ernst Boerschmann: "Die Kultstätte des T'ien Lung Shan. Nach einem Besuch am 7. Mai 1908," *Artibus Asiae* 1.1925/26, 262-279, here: 276.

[2] Verschiedenes. *Ostasiatische Zeitschrift*, Neue Folge (NF), 4. Jg. 4/1927: 222 (very strange!). The looting took place in July 1928 by warlord Sun Dianying. Most probably the magazine was printed with much delay?

[3] Letter, 18.7.1931, Ecke to EB, published in Hartmut Walravens (ed.): " Und der Sumeru meines Dankes würde wachsen," *Beiträge zur ostasiatischen Kunstgeschichte in Deutschland* (1896—1932). Wiesbaden, 2010: 123. For the *Yingzhao Fashi* see page 104, letter, 23.6.1926, EB to Ecke. (In further footnotes the initials EB stand for Ernst Boerschmann.)

[4] *Bulletin of the Society for Research in Chinese Architecture*. See letter, 7.10.1931, EB to Ecke, published in Walravens, 2010: 128.

[5] Letters, 3.10.1931, 27.12.1931, Ecke to EB, published in Walravens, 2010: 130 + 140.

[6] Letter, 22.1.1932, EB to Ecke, published in Walravens, 2010: 143. The book was from Ernst Boerschmann: *Die Baukunst und religiöse Kultur der Chinesen. Einzeldarstellungen auf Grund eigener Aufnahmen während dreijähriger Reisen in China*. Band III: *Pagoden*, Pao Tá. Berlin/Leipzig, 1931.

[7] Personalia, *Ostasiatische Zeitschrift*, NF, 7. Jg. 6/1931: 247.

Ernst Boerschmann was a member of the board of directors at the *Gesellschaft für Ostasiatische Kunst* (Society for East-Asian Art) in Berlin. At the annual meeting on 24 February 1932, Boerschmann requested the corresponding membership of Zhu Qiqian and the *Gesellschaft* board appointed him (Fig. 2,Fig.3).❶

Fig.2 Title of the book Pagoden, published in 1931 by Ernst Boerschmann

---

❶ "Mitteilungen der Gesellschaft für Ostasiatische Kunst," *Ostasiatische Zeitschrift*, NF, 8. Jg. 1-2/1932: 90.

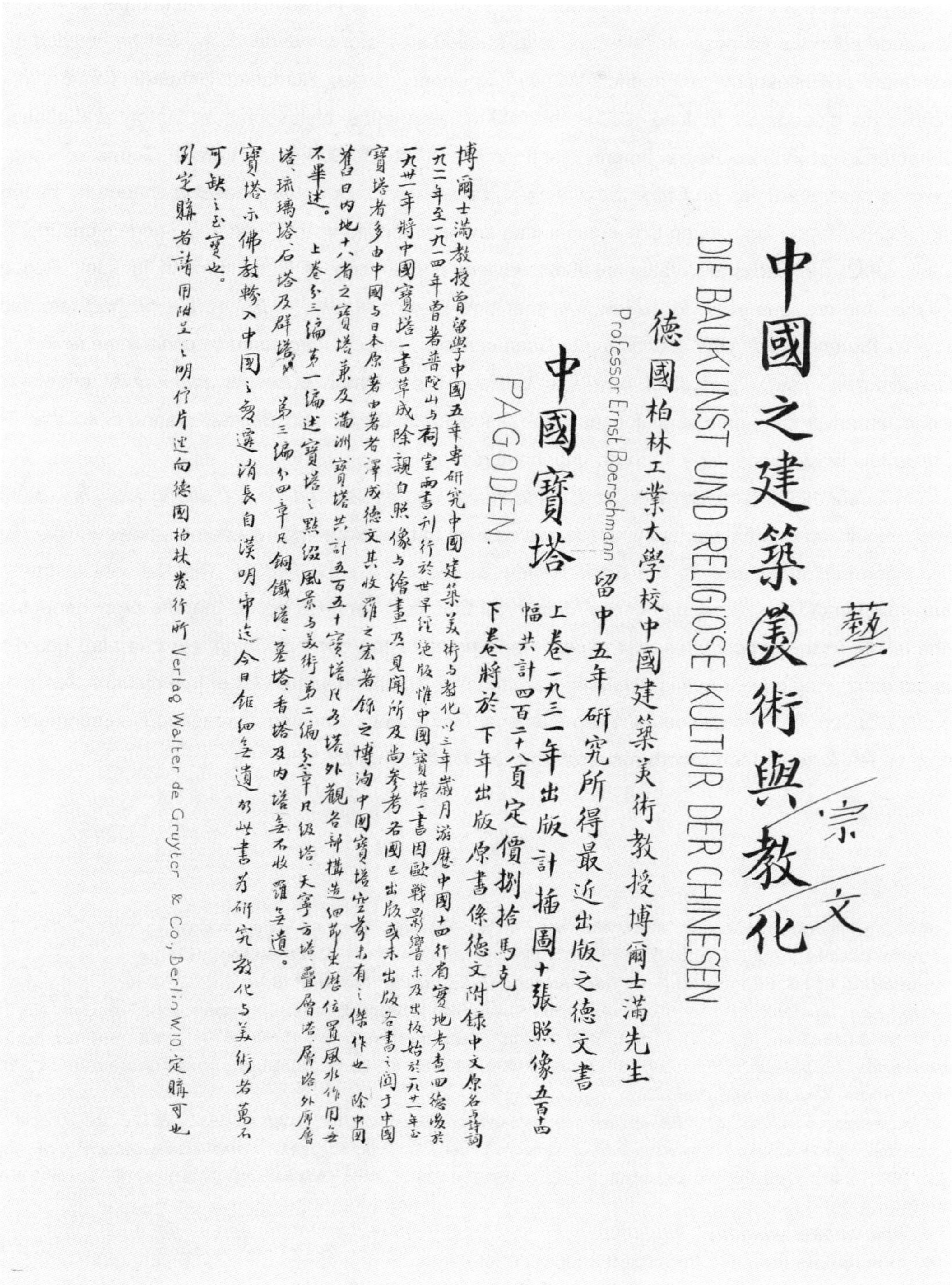
中國之建築園術與教化
藝 宗 文
DIE BAUKUNST UND RELIGIÖSE KULTUR DER CHINESEN
德國柏林工業大學校中國建築美術教授博爾士滿先生
Professor Ernst Boerschmann
留中五年研究所得最近出版之德文書
中國寶塔
PAGODEN.
上卷一九三一年出版計插圖十張照像五百四
幅共計四百二十八頁定價捌拾馬克
下卷將於下年出版原書係德文附錄中文原名与詩詞
博爾士滿教授曾留學中國五年專研究中國建築美術与教化以三年歲月遊歷中國十四行省實地考查回德後於
一九一二年至一九一四年曾著普陀山与祠堂兩書刊行於世早經絕版惟中國寶塔一書因歐戰影響未及出板始於一九廿一年至
一九卅一年將中國寶塔一書草成除親自照像与繪畫及見聞所及尚參考各國已出版或未出版各書之關于中國
寶塔者多由中國与日本原著由著者譯成德文其收羅之宏著錄之博洵中國寶塔空前未有之傑作也 除中國
舊日內地十八省之寶塔兼及滿洲寶塔共計五百五十寶塔凡各塔外觀各部構造細節來歷位置風水作用無
不畢述。 上卷分三編第一編述寶塔之點綴風景与美術第二編分六章凡級塔、天寧方塔、疊層塔、層塔、外廊層
塔、琉璃塔、石塔及群塔 第三編分四章凡銅鐵塔、墓塔、香塔及內塔無不收羅無遺。
寶塔示佛教輸入中國之變遷消長自漢明帝迄今日鉅細無遺故此書爲研究教化与美術者萬不
可缺之至寶也。
欲定購者請用附呈之明信片逕向德國柏林發行所 Verlag Walter de Gruyter & Co, Berlin W.10. 定購可也

Fig. 3 First proposal for advertisement of the book Pagoden in Chinese, around 1932. Published with courtesy of the Boerschmann family

The Chinese art historian Teng Gu (EB. Teng Ku, 1901—1941) was an interesting personality, who was educated in the Chinese classics and later studied art history in Japan.[1] In 1931 he enrolled in the Department of Philosophy at Friedrich Wilhelm University (today Humboldt University) in Berlin and defended his dissertation in June 1932 in the field of "aesthetics, philosophy, art history and especially architectural history", as Boerschmann mentioned in a letter.[2] During his time in Germany, Teng Gu published several articles on Chinese painting and art history, but nothing about architectural history.[3] Teng's dissertation focuses on Chinese painting and art theories in the Tang and Song Dynasties.[4] On 26 July 1932, the publisher Walter de Gruyter sent him a copy of Boerschmann's book *Pagoden*, published the previous year, for review.[5] At that time Teng still lived in Berlin, but he had returned to China by the end of the year. According to Boerschmann, Teng Gu promised to publish the review in an unspecified art history periodical based in Beijing. The German publisher had earlier promised to conduct an advertising campaign for the book *Pagoden* in China, and Boerschmann hoped that Teng Gu's review would encourage such an undertaking.

On 2 July 1933, Teng Gu wrote to Boerschmann and apologised for not writing after his return to China, explaining that he was busy and spending a lot of time travelling. Meanwhile, however, his review of *Pagoden* had come out in *The Book Review*, a periodical published by The National Institute for Compilation and Translation, part of the Ministry of Culture.[6] Teng Gu hoped that the prominent placing of the review in the periodical's first pages would promote the book in China. He had also heard that Boerschmann would be travelling to China that autumn. The hand written letter in excellent German, on the official paper of "The Executive Yuan, National Government Nanking",[7] reached Boerschmann just before he left for a sixteen-month research trip to China in August 1933.[8]

---

[1] For an introduction of Teng Gu's education see Guo Hui: *Writing Chinese Art History in Early Twentieth-Century China* (Dissertation). Leiden, 2010: 55f. (https://openaccess.leidenuniv.nl/handle/1887/15033) accessed 7.9.2012.

[2] Letter, 26.7.1932, EB to de Gruyter, Private Archive of Boerschmann Family (PAB).

[3] Ku Teng: "Zur Bedeutung der Südschule in der chinesischen Landschaftsmalerei," *Ostasiatische Zeitschrift*, NF, 7. Jg. 5/1931: 156-163. Ku Teng: "Su Tung P'o als Kunstkritiker," *Ostasiatische Zeitschrift*, NF, 8. Jg. 3/1932: 104-110. Ku Teng: "Tuschespiele," *Ostasiatische Zeitschrift*, NF, 8. Jg. 6/1932: 249-255. Ku Teng: "Einführung in die Geschichte der Malerei Chinas," *Sinica*, X Jg., 5-6/1935: 199-243.

[4] For the announcement of his dissertation see *Ostasiatische Zeitschrift*, NF, 8. Jg. 4-5/1932: 236. For the publication of the dissertation see Ku Teng: "Chinesische Malkunsttheorie in der T'ang und Sungzeit," *Ostasiatische Zeitschrift*, NF, 10. Jg. 5/1934: 157-175, and *Ostasiatische Zeitschrift*, NF, 10. Jg. 6/1934: 236-251, and *Ostasiatische Zeitschrift*, NF, 11. Jg. 1-2/1935: 28-57.

[5] Letter, 2.8.1932, de Gruyter to EB, PAB.

[6] The review was attached to the original letter, but is lost today.

[7] The Nanking government was organized in five branches, each called Yuan-literally court. They were Executive, Legislative, Judicial, Control and Examination Yuan.

[8] Letter, 12.7.1933, Teng Gu to EB, PAB. Translation of the German original by the author.

In 1933, Teng Gu published a photo book featuring fourteen very early photos and one map of the destroyed Yuan Ming Yuan in Beijing.❶ The German customs official Ernst Ohlmer (1847—1927) took the photos of the ruins of the European garden buildings at Yuan Ming Yuan in 1872, some years after the destruction by Anglo-French forces. Ohlmer's widow gave the glass negatives to Ernst Boerschmann, from whom Teng Gu got them for the reproduction.❷

I Networking in Nanjing (1934)

Ernst Boerschmann arrived in Hong Kong in September 1933 for his sixteen-month research trip financed by German institutions, and stayed in Guangzhou until mid-December. He travelled in the province and documented several temples and pagodas. However, Boerschmann was not very satisfied with monument preservation and the documentation of historic buildings in general. As an example he mentioned the removal of the city wall in Guangzhou, which was only documented by the private initiative of the archaeologist and artist Zhao Haogong (EB. Chao Hao-kung, 1881—1947), who had collected several hundred bricks with inscriptions dating back to the Han Dynasty. "Unfortunately his work is only literary, the chance of recording scientific findings about the development of the city and the wall was missed" Boerschmann recalled in a report to German institutions.❸

On 7 November 1933 Shanghai-based Fozhien Godfrey Ede (after 1949 Xi Fuquan, 1902—1983) wrote to his former professor Ernst Boerschmann in Guangzhou to inform him that he had not succeeded in finding an appropriate draftsman for further trips throughout China for the year 1934.❹ However, he proposed Hsia Changshi (1905—1996) as a possible candidate. Hsia had just returned the previous year from his studies in Germany.❺ He had received his Diplom-Ingenieur as an architect from Technische Hochschule Karlsruhe and his doctoral degree in art history from the University of Tübingen. Hsia was employed at the Ministry of Railways in Nanjing. Ede had talked to him, and Hsia had announced his willingness to accompany Boerschmann on the proposed research trips. He advised Boerschmann to talk to the minister of railways and request that Hsia be temporarily released from his duties. Ede also mentioned that the ministry seemed willing to continue the payment of Hsia's salary too (Fig.4).❻

---

❶ Teng Gu (ed.): *Yuanmingyuan Oushi gongdian canji* [Ruins of the European Palaces of the Yuan Ming Yuan]. Shanghai, 1933.

❷ Régine Thiriez: *Barbarian Lens. Western Photographers of the Qianlong Emperor's European Palaces*. Amsterdam, 1988: 87.

❸ Report, 24.1.1934, EB to Notgemeinschaft der Deutschen Wissenschaft, PAB. Translation of the German original by the author.

❹ Under the supervision of Boerschmann, in 1930 F.G. Ede became the first Chinese architect to successfully defend a dissertation in Germany. Fozhien Godfrey Ede: *Die Kaisergräber der Tsing Dynastie in China. Der Tumulusbau* (Dissertation). Berlin-Neukölln, 1930.

❺ For Hsia's education and relationship to Germany see Eduard Kögel: "Between Reform and Modernism. Hsia Changshi and Germany," *South Architecture* (Guangzhou) 2/2010: 16-29. Hsia Changshi's dissertation in 1932 was titled: *Die spätgotischen Hallenkirchen im nördlichen Frankreich* [The Late Gothic Hall Churches in Northern France]. He fulfilled all formal requirements for the doctoral degree, except the final publication of the dissertation. The manuscript is held at the Archive of Tübingen University. Without the formal publication, Hsia was most properly never officially awarded the title.

❻ Letter, 7.11.1933, Ede to EB, PAB.

Fig. 4　Ernst Boerschmann in Nanjing. The image shows Hsia Changshi (first from left), Ernst Boerschmann (second from left), John Woo Shaoling (third from left), the German wife of Hsia Changshi, Ottilie Bretschger (fourth from left), and two unidentified persons on Christmas Eve in 1934 in Nanjing. Published with courtesy of the Bretschger family

At the end of 1933, Boerschmann moved from Guangzhou to Shanghai, and continued to Nanjing in the first week of 1934. On 7 January 1934, Ernst Boerschmann wrote a letter, or, as he later said, "almost a memorandum", to Wang Shijie (EB. Wang Shih-chieh, 1891—1981)[1], Minister of Education between 1933 and 1938 in the Nanjing government (Fig. 5). They had met several times to discuss Boerschmann's proposed research project. Boerschmann asked Wang to support his aim of documenting Chinese architecture in plans and photos, in order to inventory the historic monuments for preservation. He mentioned the education of young architects in China as a "national concern". In addition, Boerschmann reported about the many ongoing restorations he had witnessed in Guangdong during his visit in autumn the previous year. However, he argued, this should not be an affair for the local administration, but of national interest. He recalled his thirty years of experience of documenting historic buildings in China and proposed the structure of monument preservation in Germany as an example to follow. Boerschmann praised the "private" Society for Research in Chinese Architecture in Beijing, but demanded that the government take further steps. An important first move would be, he wrote, to allow Hsia Changshi to accompany him on his research trips, because Hsia was such an excellent architect and art historian. Boerschmannsaw this as a first step towards setting up a legal structure for monument preservation and demanded further negotiations with the Academia Sinica and other personalities. However, he did not mention the Central Commission for the Preservation of Antiquities, which was founded in 1928. Furthermore the government had set up some regulations and laws for monument preservation on a national level between 1930 and 1933, which were never discussed by

---

[1] Wang Shijie studied in London and Paris, and moved to Taiwan after 1949. He issued a recommendation card for Boerschmann, which permitted him to take photographs in old temples. Premier Wang Jingwei also issued him a big pass" for the same purpose. However, for the research Boerschmann still needed prior approval from the local authorities. See letter, 16.8.1934, EB to local authorities in Kuling (Lushan), PAB.

Boerschmann.❶ But he mentioned his meeting with Premier Wang Jingwei (EB. Wang Ching-wei, 1883—1944) on 6 January 1934, at which he got the impression that the Premier was sympathetic to his ideas. Finally, he asked Wang Shijie to discuss the issue of full payment and further daily allowance during Hsia's leave of absence with the railway minister.❷ The letter was translated into Chinese by the German consulate in Nanjing, and one copy was sent to the Ministry of Education and a further copy to Teng Gu at the Executive Yuan. Boerschmann also asked Teng Gu for support regarding Hsia Changshi's proposed leave of absence.❸ On 9 January, Boerschmann wrote directly to Gu Mengyu (EB. Ku Meng-yu, 1888—1972), minister of the railways, where Hsia was employed (Fig.6). He stressed in the letter the practical effect of the results for new constructions of bridges or civil engineering works.❹ On 22 January the decision was made and the Ministry of Railways provided full payment for Hsia Changshi to accompany Boerschmann for the next three months.❺ By the end of January, Hsia was ready to help make translations and document the visited temples and pagodas.❻

Fig.5 Dr. Wang Shijie, Minister of Education in the Republican Government in Nanjing. Photo from Tang Liang-li (ed.): Reconstruction in China. Shanghai, 1935: no pagination for the image

---

❶ I thank Zhao Juan for this hint. It is unclear whether Ernst Boerschmann did not know about this legal development, or whether he simply left the German institutions in the faith that the Chinese government needed German help to set up such a legal structure. A brief discussion about the development of monument preservation in Republican China is found in Peter J. Carroll: Between Heaven And Modernity: Reconstructing Suzhou, 1895—1937. Stanford, 2006: 206ff.

❷ Letter, 7.1.1934, EB to Wang Shiji, PAB.
❸ Letter, 8.1.1934, EB to Teng Gu, PAB.
❹ Letter, 9.1.1934, EB to Teng Gu, PAB.
❺ Letter, 22.1.1934, EB to Trautmann, PAB. The leave was later extended to the end of June and Hsia helped Boerschmann even later until he returned to Germany in February 1935.
❻ Letter, 25.1.1934, Hsia to EB, PAB.

Fig. 6 Gu Mengyu, Minister of Railways in the Republican Government in Nanjing. Photo from Tang Liang-li (ed.): Reconstruction in China. Shanghai, 1935: no pagination for the image

Already in February, after the abovementioned meetings with several ministers and Premier Wang Jingwei, Boerschmann wrote to the Foreign Office in Berlin that he had discussed about establishing a monument preservation agency at national level, directly connected to the national government, without mentioning the Central Commission for the Preservation of Antiquities. He demanded an inventory of all monuments in the country and, connected to this survey, a plan for scientific research and reconstruction. Part of the proposal was anchored in education, specifically in the inclusion of a seminar on "classical Chinese architecture" in the curriculum. Boerschmann met with several directors of universities as well as architects like Dong Dayou, Yang Tingbao and Tong Jun. He twice discussed his ideas with Cai Yuanpei (EB. Tsai Yüan-pai, 1868—1940), the head of Academia Sincia (Fig.7, Fig.8). Cai promised to support academic research in architecture.❶ Because he studied philosophy in Leipzig and Berlin between 1907 and 1912, Cai Yuanpei spoke fluent German, as did the Minister of Railways Gu Mengyu and the Minister of Communications Zhu Jiahua (EB. Chu Chia-hua, 1893—1963), who had also studied in Germany. The close ties of these people to Germany and the German language simplified Boerschmann's negotiations about national monument preservation.

After all the discussions in Nanjing with politicians and members of the cultural elite, Cai Yuanpei urged Boerschmann to fly to Beijing for a meeting with Zhu Qiqian and Liang Sicheng (EB. Liang Ssu-cheng, 1901—1972). They met in February 1934 for the first time and Liang showed

---

❶ Report, 9.2.1934, EB to Foreign Office (4 pages): 3, Political Archive of the Foreign Office in Berlin.

Fig. 7 Cai Yuanpei, President of the Academia Sincia. Photo from Tang Liang-li (ed.): Reconstruction in China. Shanghai, 1935: no pagination for the image

Fig. 8 Zhu Jiahua, Minister of Communications in the Republican Government in Nanjing. Photo from Tang Liang-li (ed.): Reconstruction in China. Shanghai, 1935: no pagination for the image

him not only his research results, but also the newly completed Renli Rugs Company Store in Wangfujing Street, which he and his wife had designed the previous year. It is so far unknown what happened during this meeting, but further contact between Boerschmann, Zhu and Liang is not documented on Boerschmann's side. Boerschmann returned to Beijing in late 1934 and most probably met with Liang again. On the first visit, Boerschmann brought a second copy of the pagoda book as a gift for the Society, and Liang later used one of Boerschmann's drawings of the pagoda at the Temple of Azure Clouds (Biyunsi) from *Chinesische Architektur*, a two-volume book published in 1926, to illustrate his own work.❶ We can thus be certain that Liang was well acquainted with Boerschmann's major works. His book on pagodas was also discussed in the *Bulletin of the Society for Research in Chinese Architecture*.❷ However, the research concept chosen by Ernst Boerschmann was fundamentally different to that of Liang Sicheng. While Liang employed systematic field work in his search for the oldest timber buildings in order to decode the more than 900 years old building manual *Yingzhao Fashi* from the Song Dynasty, Boerschmann simply collected material for later classification. Boerschmann ignored the history of timber construction and focused instead on space and spatial relations on a local and regional scale.

---

❶ Liang Sicheng: *Pictorial History of Chinese Architecture*. Cambridge, Mass. 1984: 165.

❷ Boerschmann and his book on pagodas were mentioned many times in the different issues of the *Bulletin of the Society for Research in Chinese Architecture*. See for instance Vol. III, No. 1, 1932: 192 for the books received as a gift from other scholars by the Society. Boerschmann's pagoda book was mentioned there and on page 186 translations were even mentioned. See also "News of the Society," Vol. III, No. 2, 1932: 162, where Zhu Qiqin wrote that Boerschmann announced to send his book about "towers". See also Pao Ting: "Pagodas of the T'ang and Sung Periods," Vol. VI, No. 4, June 1937. In some other cases Boerschmann's name was also mentioned. Unfortunately the transcription of his name was not always the same.

According to Wilma Fairbank (1910—2002), Liang Sicheng did not like Ernst Boerschmann's approach because the latter disregarded *Yingzhao Fashi*.❶ She does not reveal any further details, and other sources regarding the case have not yet come to light. When the two men met in 1934 in Beijing, Boerschmann hoped for a joint project with the Society. This wish was never fulfilled, perhaps due to the abovementioned opposition of Liang to Boerschmann's approach and work. But besides these speculations, there are other facts. Boerschmann, born in 1873, came to China with the German military forces after the Boxer Rebellion and his research trip between 1906 and 1909 was financed by the German Reichstag, whereas Liang, born in 1901-a young architect and patriot-was in search for the basis of the new national history of architecture, challenged by interpretations from outside. The two men represented very different approaches and times, with different political agendas. It was challenging in the eyes of the Chinese elite that foreigners like German Ernst Boerschmann, Swedish Osvald Sirén (1879—1966), Japanese Tadashi Sekino (1868—1935) or Ito Chuta (1868—1954) and others, could give fundamental interpretations of traditional architecture. However, until the 1930s, most Chinese intellectuals had not seen any need for field studies. They focused on the interpretation of literature, like Yue Jiazao (1868—1944) with his book *Chinese Architectural History* in 1933, or scholar, writer and poet Wang Guowei (1877—1927) with his fundamental study on the *Ming Tang* (Hall of Light), translated into German in 1931 by Jonny Hefter (1890—1953), a close collaborator of Boerschmann.❷ The intellectual Kan Duo (EB. K'an To) contacted Boerschmann in 1933 in order to exchange his new book about "Old Chinese Architecture" and his re-publication of the book on garden art (Yuanye) by Ji Cheng from 1631 with Boerschmann's new publications.❸

It seems that the traditionally minded Chinese intellectuals and German affine scholars and politicians somehow showed interest in Boerschmann's ideas, whereas Liang Sicheng searched for the *order* and *grammar* of Chinese architecture, based on the history of timber construction. However, as mentioned above, the members of the Society had different backgrounds and different opinions on research. But a more important aspect concerning why they could not work together may lie in the financial support. The Society partly financed its activities by private means and was always searching for additional funding. Boerschmann knew that the German government would not continue to financially support his studies in Chinese architecture as before, and his search for a joint research project or a teaching position in China must be seen in this context.❹ It is hitherto unknown what was discussed in Beijing, because Boerschmann never referred to the content of the meetings with Liang or Zhu Qiqian , with the exception of

---

❶ Wilma Fairbank: *Liang and Lin. Partners in Exploring China's Architectural Past*. Philadelphia, 1994: 29.

❷ Johnny Hefter: "'Ming-t'ang-miao-ch'in-t'ung-k'ao: Aufschluß über die Halle der lichten Kraft, min-t'ang, über den Ahnentempel miao, sowie über Wohnpaläste [Wohngebäude] ch'in. Von Wang Kuo-wei, aus Hai-ning. Zum ersten Mal aus dem Chinesischen übersetzt von Jonny Hefter," *Ostasiatische Zeitschrift*, NF, 1/1931: 17-35 and NF, 2/1931: 70-86.

❸ Letter, 27.4.1933, Walter Fuchs to EB. Published in Hartmut Walravens: *Zur Biographie des Sinologen Walter Fuchs (1902—1979)*. *Nachrichten der Gesellschaft für Natur- und Völkerkunde Ostasiens*, 2005: 120. The reprint of *Yuanye* (The Garden Treatise or The Craft of Gardens) from 1631 by Ji Cheng was published by Kan Duo in 1932.

❹ Earlier he was asked by the Chinese Embassy in Berlin to send his papers to Nanjing, because they discussed awarding him a guest-professorship. Officially this was rejected due to lack of money.

general praise of their results. "The Society works ideally under the leadership of the architects Liang and Liu [Dunzhen]", he wrote in a report to the German Legation.[1] Boerschmann was especially pleased that Chinese architects were undertaking field trips to document buildings on site.

In summer 1934, Boerschmann focused on networking in Nanjing, were he lived for a full year from February. In a letter dated 30 July 1934, Ernst Boerschmann thanked the Minister of Railways Gu Mengyu for the leave of absence he had granted to Hsia Changshi. Their last big trip took them to Henan (EB. Honan) and Shaanxi Province (EB. Shensi), returning via the city of Wuhan (EB. Hankow) to the capital Nanjing. The Ministry of Railways had further supported their research with a free ticket for all railway lines in the country. Boerschmann compiled a set of photos for Gu Mengyu, and Hsia took the responsibility of writing a report on the trip and the documented buildings for the Ministry. Boerschmann also promised to send the Ministry any future publications based on the collected material.[2]

In a report to the German authorities Boerschmann wrote that the ministers Zhu Jiahua and Gu Mengyu had been of great assistance. Further, he continued, Premier Wang Jingwei supported his ideas about monument preservation and education of architects. A second chapter in the report was entitled "Monument Preservation". Boerschmann referred to two projects he carried out under the commission of official bodies. The first was in Nanjing, were he was commissioned by the Ministry of Culture to prepare a proposal and a memorandum for the reconstruction of a tomb with some Liang Dynasty stone chimeras, and the second was a proposal for safeguarding the dilapidated Shandao Pagoda near Xi'an. "My proposals will probably already be practically implemented this year, as long as the means are provided", he wrote to the German Legation.[3] The means had still not been provided when he left in February 1935 and we can be certain that nothing happened before the Second Sino-Japanese War began in July 1937.

Ⅱ Practical projects

The first project to prove the necessity and practicability of preservative reconstruction was given to Boerschmann by the Minister of Education, Wang Shijie. Wang had asked him to look at the tombs from the Liang Dynasty (505—557) around Nanjing and waited for proposals addressing how to preserve the sculptures and the surroundings of the tombs.

In his report Boerschmann first focused on the importance of preserving all the Liang Dynasty tombs around the capital .[4] He continued that currently monuments were only preserved by private

---

[1] Report, 28.8.1934, EB to German Legation (25 pages): 3, PAB. Translation of the German original by the author.
[2] Letter, 30.7.1934, EB to Gu Mengyu, PAB.
[3] Report, 28.8.1934, EB to German Legation (25 pages): 12, PAB. Translation of the German original by the author.
[4] For an introduction to the period of the Liang Dynasty see Fu Xinian: "The Three Kingdoms, Western and Eastern Jin, and Northern and Southern Dynasties," in Fu Xinian, Nancy Shatzman Steinhardt: *Chinese Architecture*. New Haven, Beijing, 2002: 61-90.

initiative. As an example he mentioned the nearby Sheli Pagoda at Qixia Temple (EB. Chi hsia sze), which originally dates from 601 and was rebuilt in 945. The head of the Examination Yuan, Dai Jitao (1891—1949), had commissioned repair in early 1930s. The Liang tombs, Boerschmann argued, would attract tourists, because the strange animals placed at the spirit way and the long history would not only add fame to the capital, but bring money to the places directly.❶ He referred to publications by Chinese and foreign experts about the Liang tombs in Nanjing.❷ "The eyes of a good part of the academic community look at those monuments." He argued that it made no sense to rebuild the lost parts, but rather save what is left to keep them as "worthy monuments". In his opinion, the chimeras in the northeast of Nanjing were especially suited to this purpose.

Boerschmann focused on the spirit way of the most complete set at the tomb of Xiao Xiu († 518), the younger brother of Xiao Yan, Emperor Wu of Liang (also Wudi, 464-549) and the founder of the Liang Dynasty.❸ The tomb is located in the northeast of Nanjing in the village of Ganjia (EB. Kan chia hsiang). A farmhouse blocked the area and the local farmers used the site to grow vegetables. Two sculpted stone chimeras (bixie, EB. lions) next to the house, followed by two tortoises, two columns and another pair of tortoises lined the spirit way. The first two tortoises had lost their original stone slabs with inscriptions. The last two still carried the stone slabs on their backs, but one of them was strongly weathered, dangerously inclined to the point of collapsing. Boerschmann was sure that the other two had also collapsed and that the farmers had used them as building material. Of the two fluted columns only one was present. The column rested on a base decorated with animals (the base of the lost column was still there). Of the two tortoises without slabs, one was buried. The area was neglected, and no attempts had been made to prevent further decay. The people of the village treated the site carelessly. Boerschmann proposed immediate action to avoid further damage. Besides fixing the parts that were in danger of collapsing and unearthing the covered parts, the site needed fundamental reorganisation. He proposed first removing the farmhouse and compensating the farmer with a new home nearby. The space between the two rows of sculptures needed levelling and surfacing with gavel to allow rainwater to drain. The space around the sculptures also needed levelling and paving with simple stone slabs. A simple half-meter high, rough stonewall should define the site. The villagers should use the space for meetings, and they should be educated about its value. He further proposed that the complex should be the gem of the village and the children shall use the animals as a playground, as they already had done for centuries (Fig.9 – Fig.15).❹

---

❶ For images of the chimeras see Barry Till: "Some Observations on Stone Winged Chimeras at Ancient Chinese Tomb Sites," *Artibus Asiae*, Vol. 42, No. 4, 1980: 261-281.

❷ Most probably he referred to the following publications. Victor Segalen: "Recent Discoveries in Ancient Chinese Sculpture," *Journal of the North China Branch of the Royal Society*, No. 48, 1917; Victor Segalen: *Mission Archéologique en Chine* (1814—1917). Paris, 1923/1924; and Mathias Tchang: *Tombeau des Liang*. Shanghai, 1912. Many images of the tombs from the first quarter of the 20th Century are today in the Musée Guimet in Paris.

❸ For a sketch of the reconstructed three-dimensional arrangement see Albert E. Dien: *Six Dynasties Civilization*. New Haven, 2007: 190.

❹ Today the site is preserved, but simply covered by a corrugated iron box, which acts as the entrance to the local school.

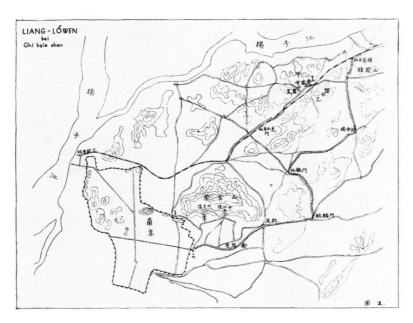

Fig. 9　Site plan of the Liang tombs from the sixth century near Nanjing, prepared by Ernst Boerschmann. The numbers I, II, III and IV indicate the different locations of his findings. Published with courtesy of the Boerschmann family

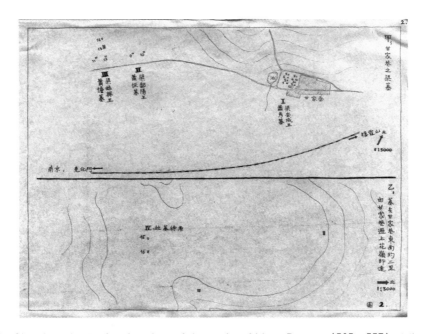

Fig. 10　Site plan with the four locations of the tombs of Liang Dynasty (505—557) at the village Ganjia near Nanjing. Number I indicates the tomb of Xiao Xiu (? 518); number II indicates the tomb of Xiao Hui; number III indicates the tomb of Xiao Dan and IV is not yet clear. Published with courtesy of the Boerschmann family

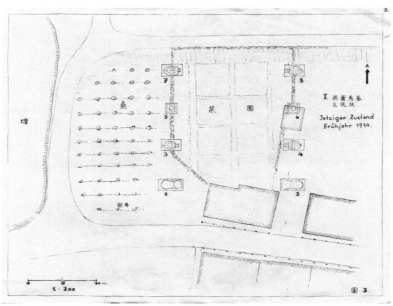

Fig. 11 Site plan of the tomb of Xiao Xiu-condition of 1934, documented by Boerschmann. 1 and 2-placement of the chimeras, 3 and 4-placement of the tortoises, 5 and 6-placement of the fluted columns, 7 and 8-placement of the tortoises with stone slabs on their backs. Published with courtesy of the Boerschmann family

Fig. 12 Photo of chimera at the spirit way at the tomb of Xiao Xiu by Osvald Sirén. In the background the buildings of the village are visible. See Osvald Sirén: Histoire des arts anciens de la Chine, Vol. 3, La sculpture de l'époque Han a l'époque Ming. Paris, 1930: Plate 43

Fig. 13 Photo of tortoise with stone slab on its back at the spirit way at the tomb of Xiao Xiu by Osvald Sirén. See Osvald Sirén: Histoire des arts anciens de la Chine, Vol. 3, La sculpture de l'époque Han a l'époque Ming. Paris, 1930: Plate 46

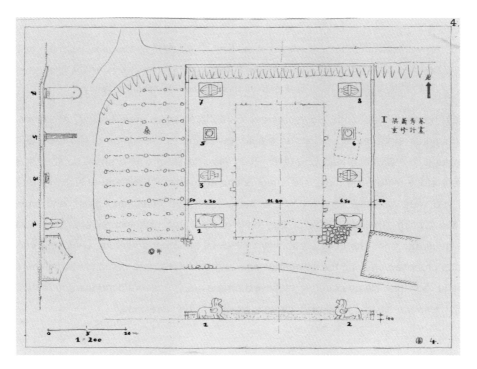

Fig. 14 New site plan for the preservation of the tomb of Xiao Xiu by Ernst Boerschmann in 1934. Published with courtesy of the Boerschmann family

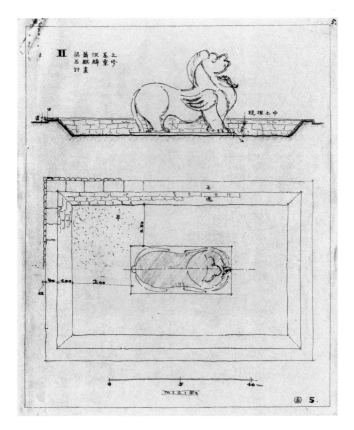

Fig. 15　New site plan for the preservation of the tomb of Xiao Hui by Ernst Boerschmann in 1934. He proposed to dig out the space around the sculptures and to fix the edges with a small stone wall. Published with courtesy of the Boerschmann family

Besides the mentioned tomb, Boerschmann visited three more sites nearby. A quarter of an hour away four chimeras stood in two groups in a field, belonging to the tombs of the two half-brothers of Wudi, Xiao Hui (576—526) and Xiao Dan (478—522). Next to them was a small booth that sheltered a Tang Dynasty stone tablet. The three-meter high stone chimeras of the tomb of Xiao Hui stood isolated in the field and were strongly weathered. One had a damaged head, and grass and shrubbery was growing in the cracks. The other pair at the tomb of Xiao Dan was incomplete. One sculpture was missing its head, but under its belly a cub was visible. Of the other sculpture, only the torso remained. Boerschmann proposed clearing the overgrown site and sculpture, and demanded that the fissures be closed against moisture. He proposed to clear and pave a small space around the sculptures, which the farmers must respect. Nearby a covered tortoise needed to be unearthed.❶

---

❶ The chimeras of the two tombs are preserved and today integrated into a public space, but without protection from the weather. Comparing their current status to photos of Osvald Sirén or Victor Segalen from early twentieth century reveals that the appearance of the sculptures has changed a lot in the last eighty/ninety years due to weathering.

Two kilometres southeast of the village, behind a ridge in a wide valley, two other chimeras stood alone in a field. The sculptures were less archaic, but impressive with open mouths, long tongues and wings. The sculptures stood 26 meters apart and were half buried in the ground. In one case the head lay broken off beside the body. The second chimera seemed intact, as was the cub under its belly. Boerschmann proposed the same restoration measures as in the previous case.

In the calculation for all the measures he included some money for the elder villagers to keep the site in good order and calculated a time span of three months for carrying out the work. Finally, Boerschmann listed what effects the measures would have: The government could gain experience in a small-scale project for national monument preservation; the people in the villages would be educated in the national spirit; the architects involved would learn for their contemporary projects; the landscape would be "refined" by the protected ruins; and the academic research would stimulate direct benefits in national education.❶

In the accompanying letter he again referred to the need for a national monument protection agency and offered to help with its implementation. He further mentioned that Premier Wang Jingwei had also asked for a copy of this report, which proved to him that Wang Jingwei had a significant interest in monument preservation.❷ Boerschmann sent the copy for Wang Jingwei to Teng Gu and asked to discuss the topic with the Premier. Again he offered Teng Gu further help with the establishment of a national monument protection agency.❸ However, no direct response to either letter is found in the archive of Ernst Boerschmann.

A second chance to illustrate the need for practical monument preservation came on his trip to Shaanxi Province. In Xi'an (EB. Sianfu) Boerschmann met the local head of the political administration, Zhang Ji (EB. Chang Chi, 1882—1947), who was responsible for the reconstruction of the old capital in the west of the country. Together they visited the Shandao Pagoda at Xiangji Temple (EB. Hsiang chi sze) on 12 June 1934 and Boerschmann prepared a memorandum for the reconstruction.❹ He wrote that the pagoda was built in the mid Tang Dynasty, without giving an exact date,❺ and saw a close relationship to the Small Wild Goose Pagoda (707—709) near the South Gate of Xi'an. Together with the Giant Wild Goose Pagoda (652) and the pagoda for the Buddhist monk Xuangzang (EB. Hsüan Tsang, 602—664) in the Xingjiao Temple (EB. Hing chiao sze), Boerschmann saw the Shandao Pagoda as part of a set of remarkable square pagodas from the Tang Dynasty. He argued that all of them had to be conserved as important monuments of Xi'an, the ancient Chang'an, capital of the Tang Dynasty.

---

❶ Report: Die Liang-Löwen, 18.5.1934, EB to Wang Shih-chieh (8 pages text, 5 drawings, 7 pages with photos), PAB. It is unknown where the photos are today.

❷ Letter, 18.5.1934, EB to Wang Shih-chieh, PAB.

❸ Letter, 18.5.1934, EB to Teng Gu, PAB.

❹ Report, 28.8.1934, EB to German Legation (25 pages): 12, PAB. For a brief introduction of the pagoda see Luo Zhewen: Chinas alte Pagoden. Beijing, 1994: 206, (there is also an English version of this book available).

❺ Luo Zhewen gives the year 706 as date of construction. See Lu Zhewen, 1994: 206.

The renovation of the Giant Wild Goose Pagoda a few years earlier could act as an example, he added in the report to Zhang Ji. Boerschmann made the survey on site together with Hsia Changshi. His final report is tri-partite: first he addresses the current condition, secondly the necessary technical improvement and finally the artistic aims (Fig.16–Fig.19).

(a)　　　　　(b)　　　　　(c)　　　　　(d)　　　　　(e)

Fig.16　The Shandao Pagoda as published by Ernst Boerschmann in his book Pagoden in 1931.
Osvald Sirén took the photo. See Boerschmann, 1931: 91

Fig.17　Sketch of the Shandao Pagoda by Ernst Boerschmann based on the photo by Osvald Sirén.
Published with courtesy of the Boerschmann family

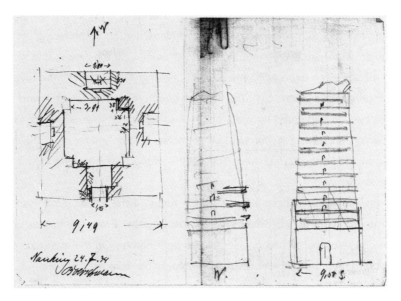

Fig.18 Sketch of the Shandao Pagoda by Ernst Boerschmann, which accompanied his report to Zhang Ji after his inventory in 1934. Published with courtesy of the Boerschmann family

Fig.19 The Shandao Pagoda as published by Luo Zhewen in 1994. The broken top is still in the state of 1934. See Luo Zhewen: Chinas alte Pagoden. Beijing, 1994: 210

The side length of the square floor plan measured 9.5 meters. Three of the four arched openings on each side of the ground floor formed niches on the outside. Only the south-facing arched opening gave access to the interior. But there everything had been lost, including the ceiling and stairs. The entrance was reduced with masonry, so there was only a small opening. The interior of the tower was hollow and the intermediate floorings had been lost. The vertical structure was organized with a high first floor, followed by ten storeys, all separated by artful and rich external cornices. On each floor the four sides had an arched opening, in turn open as window or niche. Boerschmann gave the original height as twelve storeys, but in 1934 only ten survived. The outline of the tower is described as almost straight, with a slight curve at the top.

On all sides they discovered deep cracks, which ruptured the whole upper part to the north. He referred to the same problems at the Small Wild Goose Pagoda. From the lowest cornice the cracks extended from the centre of the arched opening to the right corner. On the east side a crack extended all across the façade to the third cornice, which was also visible from the interior. The west side showed almost the same damage. From these findings Boerschmann concluded that the north foundation had subsided. He proposed measures to avoid further subsidence on the north side and the two corners. The cracks on the south side, he wrote, were only of minor significance.

The proposals for the improvement of the structural safety included a call for further detailed research on the basement and the foundation. Only the careful excavating of the ground walls and the basis of the foundation would bring the needed information to decide how to proceed. He speculated that the stones in the foundation could be broken or the earth could have moved. To rebuild the foundation, he proposed opening the ground piece-by-piece and building it up with bricks and cement. Boerschmann referred to the successful rebuilding of ancient towers in Europe with this method. For the interior he suggested a secondary construction for a new ceiling, which could be used for the enforcement of the corners. To secure the upper parts of the tower he proposed strapping steel bands around the third and fourth cornices. These straps should be inserted into the bricks so as not to interfere with the exterior appearance.

His proposals for the interior and the exterior included a new blinding of the jointing between the bricks. The cornices should be reconstructed true to their original form, following the example from the Small Wild Goose Pagoda. He proposed first drawing a detailed façade with the curve of the upper part and the imagined lost two storeys and then deciding whether to rebuild the lost part or to leave the top in its ruined state. Boerschmann did not dare to give any advice about the plastering and colour, because he thought further investigations after the installation of the scaffolding would bring more detailed information.❶

---

❶ According to Luo Zhewen the surface of the façade is articulated with reliefs of pillars, consoles and window grilles, painted in red, "which is seldom in this type of pagoda". See Luo Zhewen, 1994: 210.

The Buddhist monks in the temple asked for the reconstruction of the interior as a chapel and required a concrete stairway to be built to the top floor, which should be covered with a cupola.[1]

Fifteen photos of the damage were included in his memorandum. The correct height was excluded, since he was unable to measure it on site.[2] The accompanying sketch shows a ground floor plan and two very basic elevations of the west and south sides.[3] No official reaction to Boerschmann's memorandum has been found in the German archives.

As early as 3 April 1934 Boerschmann wrote to the Prussian Ministry of Science, Art and Education in Berlin asking them to support both the proposed ideas on education in ancient Chinese architecture and the establishment of an agency for monument preservation on the national level. He asked the ministry to send corresponding regulations from Germany to the German Legation in Nanjing as a guideline for the structure of the institutions in China.[4]

In a further letter to the legation in August Boerschmann stressed the fact that he had discussed the topic of monument preservation many times with relevant ministers. Already in June 1934 the Chinese Ministry of Culture had appointed a commission of archaeologists and historians with the explicit purpose of addressing the questions of monument preservation. Boerschmann requested that the information he had ordered about "Monument Preservation in Prussia" should be sent as quickly as possible from Germany to Nanjing, in order to give the Chinese colleagues a German example to work with. The Chinese government planned to centralize the administration, which would offer the possibility to anchor the topic of monument preservation within the different national institutions. Boerschmann named for instance the head of the Examination Yuan, Dai Jitao (EB. Tai Chi tao), who had often directed the renewal of historic buildings. As an example he again cited the Sheli Pagoda at Qixia Temple (EB. Chi hsia sze) near Nanjing, which had been completely restored under Dai's supervision. The architect in charge had used old materials found on site, but only renewed the lost basement. In addition, the Academia Sinica commissioned some research on buildings in Luoyang, Xi'an and Changde, but without enough know-how from the side of archaeologists and architects, which Boerschmann regretted (Fig.20–Fig.23).[5]

---

[1] Memorandum, 21.8.1934, EB to Chang Ji (8 pages), PAB.
[2] According to Luo Zhewen the pagoda is 33 meters high. See Luo Zhewen, 1994: 206.
[3] Letter, 21.8.1934, EB to Chang Ji, PAB. The fifteen images are not yet found in any of the consulted archives.
[4] Letter, 3.4.1934, EB to Prussian Ministry of Science, Art and Education, PAB.
[5] Report, 28.8.1934, EB to German Legation (25 pages): 13, PAB.

Fig. 20 Dai Jitao, President of the Examination Yuan in 1935. Photo from Tang Liang-li (ed.): Reconstruction in China. Shanghai, 1935: no pagination for the image

Fig. 21 Sheli Pagoda at Qixia Temple near Nanjing in a photo by Osvald Sirén. See Osvald Sirén: Histoire des arts anciens de la Chine, Vol. 4, L'architecture. Paris, 1930: Plate 87

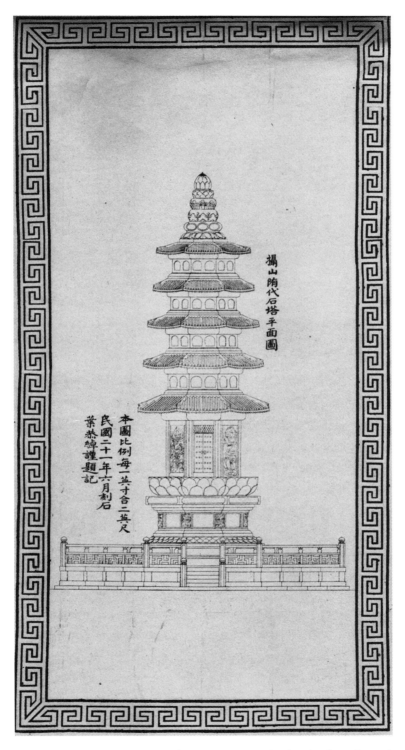

Fig. 22 Drawing of Sheli Pagoda at Qixia Temple near Nanjing by Ernst Boerschmann after 1934. Published with courtesy of the Boerschmann family

Fig. 23　Photo by Tadashi Sekino of the base of Sheli Pagoda with the caption: "Nirvana-One of the eight events in the life of Sakyamuni." Boerschmann took the image from Daijo Tokiwa, Tadashi Sekino: Buddhist Monuments in China, Part IV. Tokyo, 1937: plate 10

Ⅲ　Education

As already seen in the letters, Ernst Boerschmann stressed the issue of monument preservation in education. In 1934 the principal of Tongji University in Shanghai was Weng Zhilong (EB. Ong Chi-lung, 1896—1963), educated in Germany in medicine between 1920 and 1923. Early in February 1934 he offered Boerschmann a meeting to discuss a new curriculum for the education of architects. At that time, Tongji University only had courses for engineers. Boerschmann answered that he welcomed the opportunity to discuss this issue any time.❶ Some weeks later the German engineer Erich Reuleaux (1883—1967) from Technische Hochschule Darmstadt became dean of the engineering department at Tongji University. In May, Boerschmann asked him for a meeting to discuss the proposed architectural department together with principal Weng.❷ Reuleaux replied that he had heard there would be no money for the establishment of an architectural department. However, he was to meet with Principal Weng a few days later and asked Boerschmann to join the meeting.❸ Afterwards Boerschmann prepared a memorandum for the establishment of an architectural department at Tongji University. Structured around three main points, he laid down his fundamental thoughts about the education of architects in China.

---

❶ Letter, 13.2.1934, EB to Ong, PAB.
❷ Letter, 5.5.1934, EB to Reuleaux, PAB.
❸ Letter, 6.5.1934, Reuleaux to EB, PAB.

① Reasons for the establishment of an architectural department

He argued, in every technical university the engineers are educated next to the architects and they need each other, because only together can they master complex building processes. He continued that it is not only about perfect engineering, but also about the "architectural pervasion". Technical education alone is not enough, especially at Tongji University. So far he had only seen the beginnings of architectural education in Nanjing and Guangzhou, but did not yet have a fixed idea of what an architect in China should know in order to develop local solutions. The architects active at universities had been educated mainly in the USA, and, he continued, lacked the ability to develop an artistic new Chinese style (sic). Due to the fact that many architects still went abroad for education, they lacked a basic understanding of Chinese tradition. "And yet the premise for the creation of a modern, but specific Chinese architecture is a detailed study of the hitherto existing Chinese architecture by the students in the first semester, which is similar to the case in Europe with classical Greek and Roman architecture."[1] He bemoaned the "architectural mess" of new buildings, which did not yet show a satisfying direction. The new Chinese architecture should neither copy the past nor foreign development; instead it should be based in the needs of the modern society.

② Aims in the education of Chinese architects

The rich crafts tradition in China had to build the basis for education, he noted. Furthermore, the originality of the people must be reflected in the new style. There should be no precondition of foreign or historic styles. This should be a national aim in education. He was convinced that the high ranked officials in the government were searching for exactly such an approach. With will and power, an institution like Tongji could take the lead in this field.

③ Structure of the departments

Boerschmann demanded an immediate announcement that the course would begin in autumn 1934. First, a German and a Chinese architect should staff the department. To give the professors time for the development of the curriculum, he hoped that at the beginning only a few students would enrol. Both professors should be young and be given enough time to study the relevant literature already available. However, it should be compulsory that the students start very early with the documentation of existing buildings, to get them acquainted with the correct material.

Boerschmann noted that there were already some young Chinese architects in Shanghai, who had been educated in Germany and could begin with teaching, and stressed the connection to practicing architects as important. They could teach part-time. An institute should be founded to do academic and scientific research in the field of technical questions, but also develop ideas for architectural style in the different parts of the country. This work could be done together with the Society for Research in Chinese Architecture in Beijing. But everything should be looked at from a practical point of view. Finally he offered his help in the implementation, provided that the course would begin soon.[2]

---

[1] Memorandum, 19.5.1934, EB to Ong (6 pages), PAB. Translation of the German original by the author.
[2] Memorandum, 19.5.1934, EB to Ong (6 pages), PAB.

Weng answered directly that he would go to the Ministry of Education to ask for the establishment of an architectural department at Tongji University.[1] However, no further documents about the case are left in the German archives and most probably the abovementioned shortage of means did not allow such a course to be established at that time.

IV Monument preservation in China (1934)

On 27 September 1934 Boerschmann wrote to Zhu Jiahua, Minister of Communication in the national government. He complained that already from the beginning of his stay in Nanjing he had demanded the foundation of an "orderly preservation of ancient monuments", without giving any reference to the Central Commission for the Preservation of Antiquities already established in 1928. Although he had written earlier to the Ministry of Culture and sent several memoranda and proposals, it seemed that no practical move had yet been made. "It would be desirable for me to speak directly to you about this matter (…). Before the departure at the end of the year to Germany I would like to see the plans promoted."[2] Zhu answered promptly and offered a meeting on 1 October at the ministry to discuss his proposals.[3] However, no minutes of the meeting or other documents are available.

On the boat, which brought him back to Europe in February 1935, Boerschmann wrote several reports and notes to be sent to Germany from Singapore and be published before his arrival in Germany.[4] One of the notes was entitled "Monument Preservation in China". There he reports that the Chinese government had installed a commission for monument preservation with an office directly under the lead of Premier Wang Jingwei. As important members he named Teng Gu and a former minister (Ye Gongchao?, EB. Ye Kungtso). Teng Gu was then a senior legal secretary in the office of Prime Minister Wang Jingwei. According to the note by Boerschmann, the commission had decided to use the German model as a basis for their own structure. He also added that he was appointed "honorary adviser" to the board of the commission for monument preservation. He further expressed his confidence in taking part in the future development of the commission.[5] However, no further documents are available in German archives and it is almost certain that no further communication took place between Boerschmann and any Chinese institution.

Guo Hui wrote in her dissertation in 2010 that Teng Gu became "administrative commissioner of the Central Antique Preservation Committee (Zhongyang guwu baoguan weiyuanhui) from 1933".[6]

---

[1] Letter, 28.5.1934, Ong to EB, PAB.
[2] Letter, 27.9.1934, EB to Chu, PAB. Translation of the German original by the author.
[3] Letter, 29.9.1934, Chu to EB, PAB.
[4] His announcement was published under Verschiedenes. *Ostasiatische Zeitschrift*, NF, 10. Jg. 6/1934: 275. Most probably the last issue of the magazine in 1934 was only ready in spring of 1935.
[5] Letter, 20.1.1935, EB to D.A.Z., PAB.
[6] Guo Hui, 2010: 57.

In her text it remains unclear where she got the information and she does not focus on the committee's work. However, it is clear that Teng Gu in his role as commissioner of the Central Commission for the Preservation of Antiquities assigned a *Collection of laws and regulations regarding the preservation and management of ancient objects from various foreign countries* in 1935, edited by Fu Lei (1908—1966), in which the German example is not included.❶ Maybe it was not necessary to include the German example, because Boerschmann already delivered a translation in 1934? Further investigations are needed in Chinese archives to reveal the role of Teng Gu in the named commission and the impact of the discussions mentioned by Boerschmann. On the basis of material found in the German archives about Ernst Boerschmann's stay in 1934, it remains unclear whether or how Chinese authorities adopted a German or Prussian model in monument preservation. According to Guo Hui, Teng Gu became trustee at the Palace Museum in 1934. In 1937 he founded the Chinese Research Association of Art History together with others. As the principal of the National Art Academy he moved to Sichuan in 1939 where he died two years later.❷

Nevertheless, according to Guo Hui it is clear that Teng Gu promoted Western research methods in Chinese art history and archaeological studies. He tried to adapt Swiss art historian Heinrich Wölfflin's (1864—1945) art theory about formal analyses into the Chinese discourse.❸ This brought him close to Boerschmann's approach to formally compare the pagodas, regardless of their time of construction and location. But Teng Gu also worked with leading Chinese archaeologists like Huang Wenbi (1893—1966)❹ on materials from the Han and Song Dynasties. In 1934, for example, he published a report about a Han tomb in Shaanxi province❺ and in 1936 an essay about "Animal Patterns on Eave Tiles in the Southern Capital of Yan".❻ Most probably he knew the book of Ernst Boerschmann on "Chinesische Baukeramik" [Chinese Architectural Ceramics] from 1927, where he briefly referred to tile heads of the Han Dynasty.❼ In the 1930s Teng translated many German books and articles on art history into Chinese. Guo Hui summarised his approach: "We can deduce, from all the information he supplied to Chinese readers, that Teng Gu had an unprecedented acquaintance with German developments in art history. While other Chinese scholars still

---

❶ Maybe this is the case because compiler Fu Lei, who studied in France and translated from French and English, did not speak German? In this case Teng Gu could have helped. I thank Zhao Juan for the tip about the publication of Fu Lei: *Geguo guwu baoguan fagui huibian* [Collection of laws and regulations regarding the preservation and management of ancient objects in various foreign countries]. Nanjing, 1935.

❷ Guo Hui, 2010: 57.

❸ Guo Hui, 2010: 173.

❹ Huang Wenbi was member of the Sino-Swedish Scientific Expedition to the North-Western Provinces of China between 1927 and 1935.

❺ Guo Hui, 2010: 59.

❻ Guo Hui, 2010: 78. The article was announced in Germany as Teng Ku: Animal Ornaments on Semicircular Tile Heads found in the Lower Capital of Yen (ca. 300-200 B.C.) I-Hsien, Hopei. (6 T. Nanking Journal VI 2.). *Ostasiatische Zeitschrift*, NF, 13. Jg., H. 6, 1937: 201.

❼ Ernst Boerschmann: *Chinesische Baukeramik*. Berlin, 1927: 8.

understood Western art historical studies superficially, Teng Gu was the first Chinese researcher-probably the only one in Republican China-to possess such a comprehensive knowledge of modern German scholarship."❶ However, in the field of architectural research, it seems that Teng Gu's research and publications only touched some aspects related to archaeology. For the institutional structure for monument preservation in 1934, it appears that the politicians were concerned with other topics and the shortage of funds was a serious additional problem. The nation-building effort of Republican China was still in an early stage with many unsolved political questions and conflicts. The state invested first in building up a modern infrastructure and, in the cultural realm, the political elite launched the New Life Movement to establish a new ideology streamlined for the political system of the Chinese Nationalist Party, Guomindang. When in 1935 the propaganda book *Reconstruction in China* was published, monument preservation was barely mentioned. Only in the section about the development of Beijing the editor wrote, "over half a million [dollars] will be spent on repairs and renovations to historic buildings" in order to turn the former capital into a "Tourist Resort".❷

V Conclusion

The motivation for Ernst Boerschmann to push the idea of monument preservation was based on his experience from the research trip between 1906 and 1909 in late Qing Dynasty China. After the first Revolution in 1911/12 he foresaw the upcoming problem with the temples for ancient heroes as well as the state temples, which no longer received funding and lost their function. Soon buildings were neglected, looted or reused for a different purpose without attention being paid to the original use or arrangement. When Boerschmann came to Nanjing in 1934, he immediately focused on the intellectuals and politicians who received their education in Germany to promote a monument preservation agency based on a German model. He also intended to establish a basis for his own future research and searched for common ground with Chinese colleagues in order to gain influence in the ongoing debate about preservation and classification of historic architecture. His focus on Qing and Ming buildings, however, was an obstacle for the Chinese experts like Liang Sicheng. Whereas Liang's team focused on the oldest findings of timber constructions and archaeological remains from earliest possible dates, Boerschmann looked at "a living culture", which he saw as a continuation throughout the centuries without reference to time of construction. In contrast, for the Republican government it was a precondition to overcome the last dynasty and establish a new order based on contemporary ideas, rooted in a "cloudy" ancient Chinese history, before the "foreign rule" of the Manchu of Qing Dynasty. The impact of Ernst Boerschmann on the development of monument preservation in China around

---

❶ Guo Hui, 2010: 65.
❷ Tang Leang-li (ed.): *Reconstruction in China*. Shanghai, 1935: 352.

1934 remains unclear, but it seems possible that his persistent questioning and proposals led to reactions and quickened the establishment of regulations. Due to the domestic and the external political struggle in that period, success in such a delicate issue was hard to achieve. The will of the young Chinese elite to define an approach to history and the classification of monuments differed in many aspects from Boerschmann's proposals. But as shown in this study, his focus was clearly different from other foreigners, who saw in China a huge store of ancient objects to be bought and displayed in the new museums in Europe or the USA.

Postscript: On 13 October 1937 Ernst Boerschmann was awarded the "Jade-Orden am weißen Band mit rot-blauer Kante" [Jade Order on white ribbon with red-blue edge] for his lifetime achievements on China in the Chinese Embassy in Berlin (Fig. 24).[1] The German authorities only allowed him to accept this honour a year later on 26 September 1938, and this was never published in any magazine or newspaper. As the Second Sino-Japanese War broke out on 10 July 1937, perhaps the delay of the authorities and the silence in the press has to be seen in the context of shifting relations between Germany, Japan and China. Early in 1938, the German government recognised Manchukuo as an independent nation and shifted step by step its political allegiance from China to Japan. But on 12 April 1938, following a proposal by Ernst Boerschmann, the Gesellschaft für Ostasiatische Kunst (Society for Research in East-Asian Art) in Berlin appointed Liang Sicheng as corresponding member.[2] However, Liang Sicheng and his family had already left Beijing in September the previous year, after the Japanese army arrived in the city, as Gustav Ecke wrote to Ernst Boerschmann. Ecke told Boerschmann that he and his Chinese friends in Beijing were very happy about this honour. He had just received a letter from Liang and promised to send the official letter from Berlin to his new address.[3] Liang Sicheng followed his father Liang Qichao (1873—1929) who was a corresponding member at the abovementioned Society until his death.[4]

When Zhu Jiahua, President of the Chinese-German Cultural Organization (Chinesisch-Deutscher Kulturverband) and former Minister of Communications, published a statement about the common projects in cultural exchange in February 1939, the political reality of war between Japan and China shifted the focus to fundamental aspects, and criticism of the German support of Japan stood between the lines. However, the ideas of monument preservation were not mentioned, and Zhu saw the cooperation of the two nations endangered by "unexpected political obstacles".[5] After Boerschmann left China in February 1935, he worked on the collected material for the following

---

[1] Archive of Humboldt University Berlin, Ernst Boerschmann, 1940/44, 301.
[2] "Mitteilungen der Gesellschaft für Ostasiatische Kunst," Ostasiatische Zeitschrift, NF, 13. Jg. 6/1937: 260.
[3] Letter, 5.7.1938, Ecke to EB, published in Walraven, 2010: 159.
[4] "Mitteilungen der Gesellschaft für Ostasiatische Kunst," Ostasiatische Zeitschrift, NF, 5. Jg. 2/1929: 93.
[5] Chu Chia-hua: "Chinas Aufbauarbeit und Deutschland," Sinica, 1-2/1939: 29-31. Reprinted in Mechthild Leutner: Deutschland und China 1937—1949. Politik, Militär, Wirtschaft, Kultur. Berlin, 1998: 304. Leutner used Pinyin for his name (Zhu Jiahua). The Republican government of China declared war against Germany on 9 December 1941 after the Japanese attack on Pearl Harbour two days earlier.

fourteen years, but had little or no opportunity to publish the results. He never joined any German National Socialist Party organisation and helped Chinese students during the difficult wartime in Germany. He continued teaching about ancient Chinese architecture until 1944 at Technische Hochschule Berlin-Charlottenburg and at Friedrich Wilhelm University (today Humboldt-University) in Berlin, where he received an additional lectureship in 1940 after the Jewish professors of art history had either been killed by the National Socialists or escaped to other countries. Following the end of the Third Reich, due to the fact that Boerschmann had never joined any organisation of the National Socialists, he was called to Hamburg as head of the Department of Sinology at the age of 72 to replace politically charged colleagues. He continued his work and teaching at the University of Hamburg until his death in 1949.

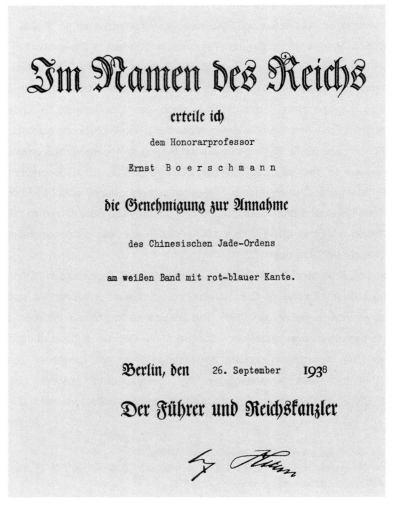

Fig.24 "In the name of the Reich, I impart the Honorary Professor Ernst Boerschmann approval for adoption of the Chinese Jade Order on white ribbon with red-blue edge. Berlin, 26 September 1938. The Führer and Reichs Chancellor [signature] A. Hitler." Published with courtesy of the Boerschmann family

Reference

[1] Ernst Boerschmann: *Die Baukunst und religiöse Kultur der Chinesen. Einzeldarstellungen auf Grund eigener Aufnahmen während dreijähriger Reisen in China. Band II: Gedächtnistempel, Tzé táng*. Berlin, 1914

[2] Ernst Boerschmann: "Die Kultstätte des T'ien Lung Shan. Nach einem Besuch am 7. Mai 1908," *Artibus Asiae* 1.1925/26: 262-279

[3] Ernst Boerschmann: *Chinesische Baukeramik*. Berlin, 1927

[4] Ernst Boerschmann: *Die Baukunst und religiöse Kultur der Chinesen. Einzeldarstellungen auf Grund eigener Aufnahmen während dreijähriger Reisen in China. Band III: Pagoden, Pao Tá*. Berlin/Leipzig, 1931

[5] Peter J. Carroll: *Between Heaven And Modernity: Reconstructing Suzhou, 1895—1937*. Stanford, 2006

[6] Chu Chia-hua: "Chinas Aufbauarbeit und Deutschland," *Sinica*, 1-2/1939: 29-31. (Reprinted in Mechthild Leutner: *Deutschland und China 1937—1949. Politik, Militär, Wirtschaft, Kultur*. Berlin, 1998: 304)

[7] Albert E. Dien: *Six Dynasties Civilization*. New Haven, 2007

[8] Fozhien Godfrey Ede: *Die Kaisergräber der Tsing Dynastie in China. Der Tumulusbau* (Dissertation). Berlin-Neukölln, 1930

[9] Wilma Fairbank: *Liang and Lin. Partners in Exploring China's Architectural Past*. Philadelphia, 1994

[10] Fu Lei: *Geguo guwu baoguan fagui huibian* [Collection of laws and regulations regarding the preservation and management of ancient objects in various foreign countries]. Nanjing, 1935

[11] Fu Xinian: "The Three Kingdoms, Western and Eastern Jin, and Northern and Southern Dynasties," in Fu Xinian, Nancy Shatzman Steinhardt: *Chinese Architecture*. New Haven, Beijing, 2002: 61-90

[12] Guo Hui: *Writing Chinese Art History in Early Twentieth-Century China* (Dissertation). Leiden, 2010. (https://openaccess.leidenuniv.nl/handle/1887/15033) accessed 7.9.2012

[13] Johnny Hefter: "Ming-t'ang-miao-ch'in-t'ung-k'ao: Aufschluß über die Halle der lichten Kraft, min-t'ang, über den Ahnentempel miao, sowie über Wohnpaläste [Wohngebäude] ch'in. Von Wang Kuo-wei, aus Haining. Zum ersten Mal aus dem Chinesischen übersetzt von Jonny Hefter," *Ostasiatische Zeitschrift*, NF, 1/1931: 17-35 and NF, 2/1931: 70-86

[14] Eduard Kögel: "Between Reform and Modernism. Hsia Changshi and Germany," *South Architecture* (Guangzhou) 2/2010: 16-29

[15] Liang Sicheng (edited by Wilma Fairbank): *Pictorial History of Chinese Architecture*. Cambridge, Mass. 1984

[16] Luo Zhewen: *Chinas alte Pagoden*. Beijing, 1994

[17] Frederick McCormick: "China's Monuments," *Journal of the North China Branch of the Royal Asiatic Society*, 1912: 129-188

[18] Pao Ting: "Pagodas of the T'ang and Sung Periods," *Bulletin of the Society for Research in Chinese Architecture* Vol. VI, No. 4, June 1937

[19] Victor Segalen: "Recent Discoveries in Ancient Chinese Sculpture," *Journal of the North China Branch of the Royal Society*, No. 48, 1917

[20] Victor Segalen: *Mission Archéologique en Chine (1814—1917)*. Paris, 1923/1924

[21] Tang Leang-li (ed.): *Reconstruction in China*. Shanghai, 1935

[22] Mathias Tchang: *Tombeau des Liang*. Shanghai, 1912

[23] Ku Teng: "Zur Bedeutung der Südschule in der chinesischen Landschaftsmalerei," *Ostasiatische Zeitschrift*, NF, 7. Jg. 5/1931: 156-163

[24] Ku Teng: "Su Tung P'o als Kunstkritiker," *Ostasiatische Zeitschrift*, NF, 8. Jg. 3/1932: 104-110

[25] Ku Teng: "Tuschespiele," *Ostasiatische Zeitschrift*, NF, 8. Jg. 6/1932: 249-255

[26] Teng Gu (ed.): *Yuanmingyuan Oushi gongdian canji* [Ruins of the European Palaces of the Yuan Ming Yuan]. Shanghai, 1933

[27] Ku Teng: "Einführung in die Geschichte der Malerei Chinas," *Sinica*, X Jg., 5-6/1935: 199-243

[28] Ku Teng: "Chinesische Malkunsttheorie in der T'ang und Sungzeit," *Ostasiatische Zeitschrift*, NF, 10. Jg. 5/1934: 157-175, and *Ostasiatische Zeitschrift*, NF, 10. Jg. 6/1934: 236-251, and *Ostasiatische Zeitschrift*, NF, 11. Jg. 1-2/1935: 28-57

[29] Régine Thiriez: *Barbarian Lens. Western Photographers of the Qianlong Emperor's European Palaces*. Amsterdam, 1988

[30] Barry Till: "Some Observations on Stone Winged Chimeras at Ancient Chinese Tomb Sites," *Artibus Asiae*, Vol. 42, No. 4, 1980: 261-281

[31] Hartmut Walravens (ed.): "Und der Sumeru meines Dankes würde wachsen," *Beiträge zur ostasiatischen Kunstgeschichte in Deutschland* (1896—1932). Wiesbaden, 2010

[32] Hartmut Walravens: Zur Biographie des Sinologen Walter Fuchs (1902—1979)," *Nachrichten der Gesellschaft für Natur- und Völkerkunde Ostasiens*, 2005

[33] "Verschiedenes," *Ostasiatische Zeitschrift*, Neue Folge (NF), 4. Jg. 4/1927: 222

[34] "Mitteilungen der Gesellschaft für Ostasiatische Kunst," *Ostasiatische Zeitschrift*, NF, 5. Jg. 2/1929: 93

[35] "Personalia," *Ostasiatische Zeitschrift*, NF, 7. Jg. 6/1931: 247

[36] "Mitteilungen der Gesellschaft für Ostasiatische Kunst," *Ostasiatische Zeitschrift*, NF, 8. Jg. 1-2/1932: 90

[37] "Verschiedenes," *Ostasiatische Zeitschrift*, NF, 10. Jg. 6/1934: 275

[38] "Mitteilungen der Gesellschaft für Ostasiatische Kunst," *Ostasiatische Zeitschrift*, NF, 13. Jg. 6/1937: 260

Reconstructing the Residential Wards in Tang Period Chang'an Based on a Theoretical Ward Categorization System

C. K. Heng and Y. Wang

(Department of Architecture, School of Design and Environment, National University of Singapore)

Abstract: Chang'an (长安) was the capital of the Tang (618 to 906 AD) Empire. Scant historical and archaeological evidences made it impossible to carry out in-depth study of the characteristics of Chang'an's individual residential wards. In the current study, we categorize the wards according to certain parameters in order to construct a framework that allows us to better understand them. The wards were grouped by their form, size and content. This systematic approach provides a framework to understand the physical form and structure of these wards. It also provides the foundation on which the cityscape inside these wards can be reconstructed and visualized. Three representative wards were chosen for digital reconstruction. These wards are then populated with compounds of different types and sizes depending on historical records of their owners' social status. The systematic method used to reconstruct the three chosen wards could be generally applied to all Chang'an's wards, providing us eventually with a theoretical city model that could serve as a platform for discussion and exchange of new research on Chang'an.

Key Words: Tang period Chang'an, residential wards, ward categorization system, digital reconstruction

摘要：长安是唐帝国的首都（公元618—906年）。历史与考古证据的不足，制约了对长安街区特征的深入研究。在最近的研究中，我们按照某些参数对街区进行分类，以构建更易于理解的框架。这些参数为形式、规模和内容。这种系统研究法提供了一个理解街区物理形式和结构的框架。它也为街区中城市景观的重建和想象提供了基础。论文选取三个典型街区进行数字重建。按照文献记载，这些街区当时依照主人的社会地位填充着不同类型和规模的院子。重建三个选区的这种系统方法，适用于长安的所有街区，它为我们提供了一个理论城市模型，可用作讨论和交换关于长安新研究的平台。

关键词：唐长安，居住区，分区系统，数字重建

I Urban paradigm of Chang'an and Resources for studying the residential wards in Chang'an

The magnificent capital city of the Tang Empire, Chang'an (长安), was first built in 582AD by the order of Sui Wendi, the ambitious founder of the Sui Empire.

Measuring 9.7 km by 8.6 km, it was the largest city ever built before the modern world. Its unprecedented urban scheme influenced many Asian cities. In one of my earlier studies of the city, I had proposed that the planning of Chang'an was a combination of two traditions of capital planning in Chinese history.❶ One was advocated in *Kaogongji*（考工记）, which emphasizes the central location of the palaces and the importance of having 9 north-south and 9 east-west streets in the capital. The other was the tradition of the tribal people in the North with their palace and its associated functions located in the north section of the city.

The gridiron plan of Chang'an ordered the city into clear functional zones. Fourteen latitudinal and eleven longitudinal streets divided the city into an axially symmetrical plan of, theoretically, 130 blocks, large and small. 16 blocks in the north centre were occupied by the Palace city and Imperial city. The 2 markets each took up 2 blocks. Qujiang Lake（曲江）and Furong Garden（芙蓉园）at the southeast corner filled up an area of 2 blocks, leaving 108 blocks for residential purposes. The 108 residential blocks, or wards, were where Chang'an residents' daily life took place. Understanding the residential wards which made up about 7/8 of the city area is therefore indispensable to unveil the long lost urban landscape of Tang Chang'an.

Archaeological reports are the best sources to uncover the physical aspect of Chang'an's wards. However, there are little archaeological findings to begin with; those on residential wards are even scantier compared to those of palaces and markets in Chang'an. There is no archaeological investigation on the scale of an entire ward. Most archaeological excavations in the residential wards were core drillings or excavations of small areas that focused primarily on particular remains inside the ward, such as temples and workshops. From these, it is difficult to get a complete picture of the internal structure of a ward such as the street form, residential land parcellation and the layout of the houses. The current rapid urbanization in Xi'an exacerbates the situation. Most of the remains from the Tang period are now either underneath the modern city, damaged by construction, or permanently lost when they were discarded as construction waste.

Another type of primary resources for studying the residential wards are the books about Tang history and monographs on Tang Chang'an such as *Chang'an zhi*（长安志）and *Tang liangjing chengfang kao*（唐两京城坊考）. The contents about the residential wards in these books are far from sufficient to render the landscape inside any particular ward in Chang'an. Take *Tang liangjing chengfang kao* for example, it listed some buildings that existed in the wards and provided the name of some owners. The locations of the buildings were often mentioned in an approximate manner such as "southeast corner", "west of the south gate" or "southwest junction". Few properties' sizes were indicated.

---

❶ Heng Chye Kiang. A *Digital Reconstruction of Tang Chang'an*［in English and Chinese］. Beijing: Zhongguo jianzhu gongye chubanshe, 2006: 109-129. The theoretical work on inventing Chang'an's planning paradigm was earlier published as Heng Chye Kiang. "Modulus in the planning of Chang'an and its influence on Heijo (Nara), Nagaoka, and Heian", in *World Architecture*（世界建筑）, 151 (2003): 101-107

The scantiness of evidences made it impossible to carry out in-depth study on an individual ward to understand all the characteristics of residential wards in Chang'an. Instead, we choose to categorize the wards according to certain parameters in order to construct a framework that allows us to better understand them. Archaeological findings and historical records showed that the residential wards in Chang'an were of different dimensions and the urban structures inside the wards were not all the same. The population in the wards varied too. Diverse activities took place inside these wards. Here we choose the following three parameters to sort the wards in Chang'an: form, size and content.

Form includes physical aspects such as the shape and dimension of the wards, the structure of the road networks, and the like. Size refers to population size and populationdensity. Content is about land use and hence the activities that took place within the residential wards. Inside these wards, besides residential compounds of various sizes, there were also temples, governmental offices, entertainment areas, restaurants, wineshops, etc.

II The form of residential wards in Chang'an

The 100 plus residential wards of different sizes in Chang'an can be classified generally into 5 major categories, although archaeological records show variations within each category (Fig.1)[1].

The five-category classification of the wards by their dimension is a straight-forward way to classify the wards by form. Another way to look at the form of the wards is to examine the land division inside the wards. There are at least two different types of internal structures among them. Except for the four columns of wards located south of the Imperial City, which were divided into 2 parts by a 15-meter wide street running east-west and further partitioned into 12 sectors, all others were subdivided into quarters by 2 crisscrossing roads, each about 5 to 6 meters wide, and further organized into 16 sectors[2].

For a ward of 2 Tang *li* by 1 Tang *li* (1064m x 532m), 1/16 of it (i.e. a sector of 266m × 133m) covered an area of 3.6 hectares. Such a large area must be further divided into smaller land plots for houses and fields of the common folks. Archaeological evidence showed that there were tertiary orthogonal network of *xiang* (巷) and even narrower *qu* (曲), or streets and alleyways besides the major and minor roads that divided a ward into either 16 or 12 sectors. How the streets and alleyways subdivided the large sectors in the wards still remains unclear due to the absence of extensive and in-depth archaeological survey.

---

[1] Ma Dezhi (马得志). "Tang Chang'an Cheng Anding fang faju ji" (唐长安城安定坊发掘记, Record of the Excavation of Anding Ward of Tang Period Chang'an), *Kaogu*(考古, Archaeology). No. 4 (1989): 319-23

[2] Seo Tatsuhiko (妹尾达彦). "Weishu De Liangjing xinji yu ba shiji qianye de Chang'an" (韦述的《两京新记》与八世纪前叶的长安, Wei Shu's Liangjing Xinji and Chang'an City in the Early 8th Centruy), *in Tang Yanjiu* (唐研究, Research on Tang Dynasty), edited by Rong Xinjiang (荣新江). Beijing: Peking University Press, 9-52

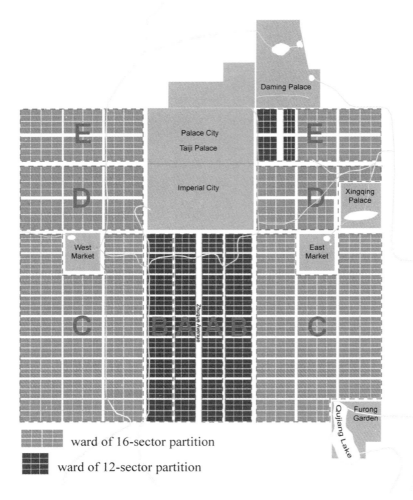

Fig. 1　Five different dimensions of residential wards in Chang'an and two types of internal land division inside the wards

III Population sizes of Chang'an wards

1. Population of Tang period Chang'an

Historical and archeological resources indicate that the entire city of Chang'an was not evenly populated. As in contemporary cities, location was the most important factor affecting the population density of a ward in Tang Chang'an. Historical records and archaeological evidences indicate that the west side of the city was more populated than the east side, while the north side and the area around the two markets were more occupied than the south 4 rows of wards.

For the whole city's population, various scholars had different estimates ranging from half million to one million[1]. Seo Tatsuhiko examined the previous studies on Tang Chang'an's population and suggested a population of 700,000 around the first half of the 8th century and at the beginning of the 9th century[2]. The area of Tang Chang'an was about 84.2 km^2. The area of Daming Palaces（大明宫）where the emperor and those related to him lived was 3.6 km^2. 700,000 residents in the area of about 88 km^2 translates to an average density of 7900 people/km^2, or 1580 families/km^2（assuming the average household size was 5 people）.

2. Typical ward of 2 Tang *li* by 1 Tang *li*: Yongning ward and Qinren ward

Historical records with specific numbers for the population in individual wards of Chang'an are very limited. In my earlier attempt to reconstruct the cityscape of Yongning ward at the peak of the Tang period, I had proposed a theoretical plan for a typical Tang Chang'an ward（Type C in Fig.1）of 2 *li* by 1 *li*（600 paces x 300 paces, i.e. 1064m x 532m, or about 0.5km^2 in area）based on the analyses of Tang Luoyang（洛阳）, the contemporary Japanese cities of Heijo（平城）, Nagaoka（长冈）and Heian（平安）, as well as Longquan Fu（龙泉府）of the Bohai Kingdom 渤海国[3]. According to the theoretical

---

[1] Zhang Tianhong (张天虹). "Zailun Tangdai Chang'an Renkou De Shuliang Wenti-Jianping Jin Shiwu Nianlai Youguan Tang Chang'an Renkou Yanjiu" (再论唐代长安人口的数量问题——兼评近 15 年来有关唐长安人口研究, on the Population of Chang'an in the Tang Dynasty—Concurrently Commenting on Studies About Population of Chang'an in Tang Dynasty During the Latest 15 Years), in *Tangdu xuekan* (唐都学刊, Tangdu Journal). No. 3 (2008): 11-14

[2] Seo Tatsuhiko (妹尾达彦). "Tangdu Chang'an Cheng De Renkoushu Yu Chengnei Renkou Fenbu" (唐都长安城的人口数与城内人口分布, the Population and Population Distribution in the Tang Capital City of Chang'an), in *Zhongguo gudu yanjiu* (中国古都研究, Studies on the Traditional Chinese Capitals), edited by Society of the traditional Chinese capitals. Taiyuan: Shanxi renmin chubanshe, 1994

[3] Heng Chye Kiang. *Settings of Daily Life in Tang Chang'an*. International Symposium: Landscape Architecture and Living Space in the Chinese Tradition. Kyoto, Japan, 2007

ward plan, a ward of 2 *li* by 1 *li* such as Yongning（永宁坊）could be divided into 1024 land plots of 30m by 15m, or 450 m^2. With each of these land plots housing one family, Yongning can accommodate 1024 families, or a population density of 2048 households/km^2 or 10,240 people/km^2（Fig.2（a））.

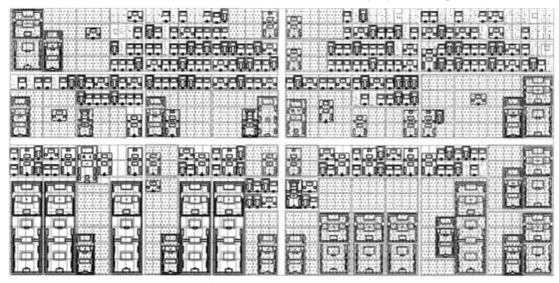

Fig.2

(a) Yongning ward subdivided into 1024 plots of land

Qinren ward（亲仁坊）, just north of Yongning ward, is one of the very densely populated wards. According to *Tang liangjing chengfang kao*, the residence of the famous general Guo Ziyi（郭子仪）, which took up a quarter of Qinren ward, had some 3000 people living in it[1]. Assuming that the residential density of a large residential compound such as that of Guo Ziyi is similar to that of smaller ones, the total number of people that could be accommodated in Qinren ward would have been around 12,000, roughly 2400 families（equivalent to 4800 households/km^2 or 24,000 people/km^2）, more than twice the number of families in Yongning ward. To arrive at the approximate density of Qinren ward, I further subdivided each of the 30m x 15m land plots in the theoretical ward plan into two 15m x 15m plots. As Qinren ward is immediately adjacent to the East Market, it would have been a ward of high population density and the 2400 or so families would probably represent the upper limit of population density, at least for this part of the city [Fig.2(b)]. The wards around the West Market would be even more densely populated considering the more popular nature of that section of Chang'an.

---

[1] Xu Song (徐松, 1781—1848). *Tang liangjing chengfang kao* (唐两京城坊考, Study of the Walls and Wards of the Two Tang Capitals), henceforth abbreviated as *TLJCFK*. First published in 1848, reissued in 1985 by Beijing: Zhonghua shuju: 61.

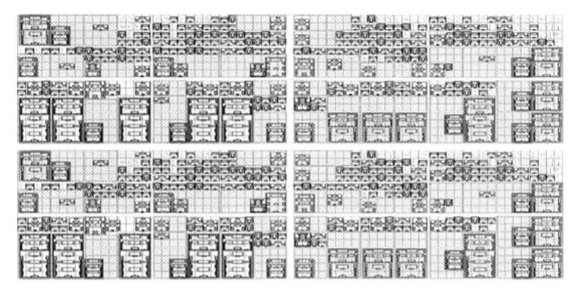

Fig. 2

(b) Yongning ward subdivided into 2048 plots of land, which is close to the population density in Qinren ward)

3. Xingdao ward

The record of a flooding incident in Xingdao ward(兴道坊) found in *Tang liangjing chengfang kao* provides us with one more specific figure about the number of households in a ward[1]. After a heavy rain in 721 AD, Xingdao ward was inundated. 500 families in the ward were flooded. Xingdao ward, immediately south of the Imperial City, was located in the lowest-lying area in Chang'an, bound by two of the six land spurs traversing the city (Fig.3). It was very likely that the entire ward was flooded after the heavy rain, although it is also possible that only part of the ward was flooded and only 500 families were afflicted. As we are unable to ascertain any further the area of inundation, let us assume that the whole ward was inundated and that 500 was the total number of families inside the ward in 721AD.

Xingdao ward measured about 562m 500m, or about 0.28km^2 in area, according to archaeological record. With 500 families living in the ward, we obtain a density of 1785 households/km^2 or 8925 people/km^2. The result is higher than the city's average population density and a little lower than Yongning's density. 1785 households/km^2 would be considered the lower limit for the ward's density. Applying Yongning's density of 2048 households/km^2 to the area of Xingdao ward of 0.28 km^2, and we will get 573 households. This is about 15% higher than the historical account of 500 families affected by the flood.

---

[1] TLJCFK. Vol 2: 35

If we take into account of the convenient location of Xingdao ward, it is conceivable that a ward like Xingdao would be quite popular for Chang'an's residents, especially for officials (ranked or not ranked) working in the Imperial City. Hence, it is possible that the actual density of Xingdao ward was higher than the city's average density and was about the same as Yongning ward. This was likely the case before the nation's political centre shifted in 662 AD, during Emperor Gaozong's reign, to Daming Palace northeast of the Taiji Palace (Fig.3). For a ward like Xingdao located at the lowest-lying spot of the city, it would have lost most of its attraction to the uppper-class residents of Chang'an who always tried to live near the political centre. Many of the prestigious residents of Xingdao ward must have moved to the east side in order to stay close to the throne.

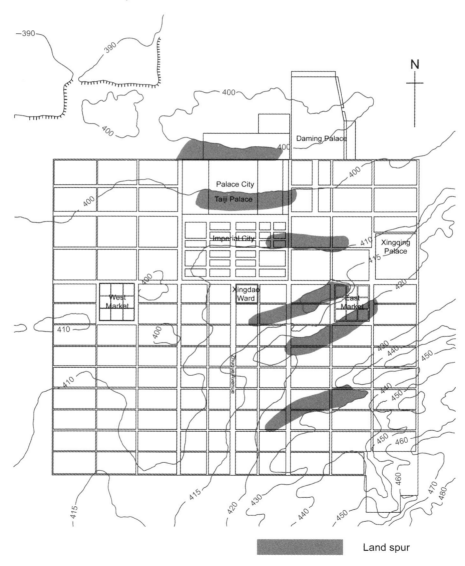

Fig.3 Chang'an terrain with Xingdao ward highlighted

4. Population density groups of the residential wards in Chang'an

Based on the above analysis, we can make the following observations about population density in the aforementioned wards:

(a) The city's average population density is 1580 households/km^2.
(b) Xingdao ward's density at about 1785 households/km^2 is higher than the city's average.
(c) Yongning ward's density at about 2048 households/km^2 is higher than that of Xingdao ward.
(d) Qinren ward's density at 4800 households/km^2 is higher than that of Yongning ward.

The three wards, Yongning, Qinren and Xingdao all had a population density higher than that of the city's average due to their convenient locations. Although we do not have any example with specific population information for the southernmost four rows of wards, it is conceivable that their density is much lower than the city's average. This gives us two groups of different population density, high and low. Among the wards in the high density group, those immediately next to the two markets, like Qinren ward, were more densely populated than the ones that are not right next to the markets, such as Yongning and Xingdao wards,. We could further split the high density group into two groups: high and medium density. Together with the low density group, we now have 3 groups of wards of different density levels: high, medium and low (Fig.4).

The highest density group includes the wards in the middle four rows around the two markets as well as Yining ward (义宁坊). Yining ward was to the immediate south of the origin of Silk Road, Kaiyuan Gate (开远门), and only one block away from the West Market. The population density in these wards may be higher than 2048 households/km^2 and, for some of them, could be as high as 4800 households/km^2. The south four rows of wards along with the four wards, Xiuzhen ward (修正坊), Anding ward (安定坊), Xiude ward (修德坊) and Puning ward (普宁坊) in the northwest corner of the city, belong to the low density group. The four wards in the northwest corner of the city had many architectural remains from the Han period which resulted in lower residential density. The population density of the wards in this group must be much lower than the city average number of 1580 households/km^2. The rest of the wards were in the medium density group. Their density is estimated to vary from about 1580 households/km^2 to 2048 households/km^2.

With very few historical records providing specific number of households in the residential wards and a lot of variables as well as uncertainties, the three groups of population density with upper and lower limits are necessarily conceptual and approximate.

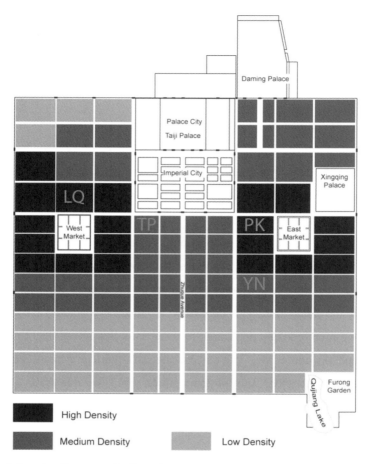

Fig.4　Population density groups in Chang'an. Wards highlighted in the figure: LQ-Liquan ward, TP-Taiping ward, PK-Pingkang ward, YN-Yongning ward

Ⅳ　The content of the residential wards of Chang'an

The residential wards were where the daily life of Chang'an residents took place. Archaeological findings and historical records revealed that the contents of these wards were more than purely residential. Various activities happened inside these wards as non-residential institutions and places existed among the homes. Identifying the contents of the wards will be especially helpful for the visualization of the cityscape of the wards. The different types of buildings of various functions would provide us with clues about the size and layout of the individual buildings/courtyards as well as the spatial relationship between them.

Among the residential houses of common people and governmental officials, there were all sorts of temples (Fig.5), family shrines, local prefectural agencies, regional liaison offices, entertainment areas, small scale commercial establishments and handcraft workshops. Although the resources we have in hand only provide limited information about the life and activities inside the residential wards, it is not hard to imagine how dynamic and colorful the daily life was in the wards of Tang Chang'an. Historical and archaeological records about the non-residential contents provide us with the chance to further explore the structure of the wards with different types of building compounds.

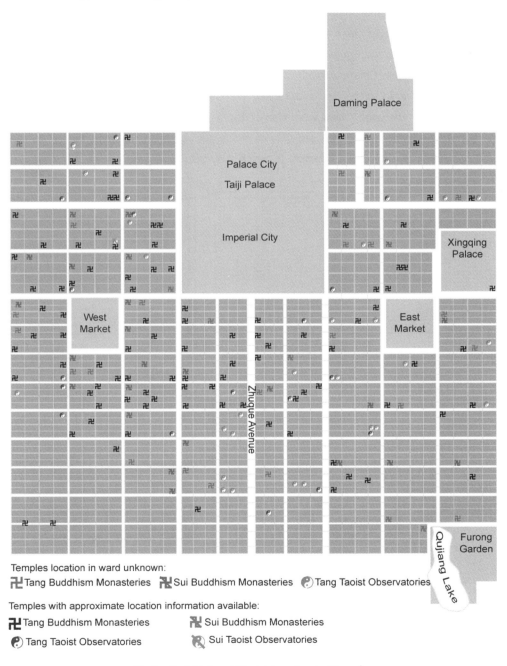

Fig.5　Buddhist and Taoist temples in Chang'an

V reconstrction of typical wards

We have chosen three wards for digital reconstruction based on the ward categorization. Pingkang ward (平康坊) was chosen for the unique record of its entertainment area and the concentration of large properties owned by its upper class residents. Taiping ward (太平坊) was the only ward among the three that had a 12-sector road network and medium population density. Liquan ward (醴泉坊) was one of the biggest wards in Chang'an with a convenient location right next to the West Market. It was the most international area in the city and housed various religious sites. Several pottery workshops were also found within the ward. There were also some residents of high social status.

We subdivided these wards into small land plots, one for each common family, to reach the estimated population density of the category to which they belong (Fig.6).

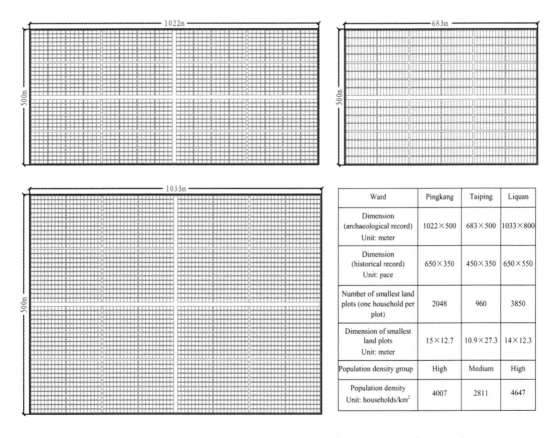

Fig.6 Land parcellations for Pingkang ward (top left), Taiping ward (top right) and Liquan ward (bottom left) based on estimated population density

Following such land parcellations based on population density, we populated them with courtyard compounds, large and small (Fig.7~ Fig.9). Contemporary Japanese court orders provided us with some clues on the sizes of residential lands by the owner's official rank in court (Table 1). However, land allocations in Chang'an were certainly smaller given Chang'an's great population. In the current reconstruction of the 3 wards, the compound sizes are based on those reached in my earlier research on Yongning ward[1].

Table 1 Sizes of residential lands for ranked officials and none ranked residents in Heijo-kyo[2]

Rank	3 and above	4-5	6	6-7	7	7-8	8	No rank
Residential land size (m^2)	67,000	16,000	8,000	4,000	2,000	1,000	500	250
Equal to Tang mu (亩)	128.3	30.7	15.3	7.7	3.8	1.9	0.96	0.48

(Note: 1 tang mu = 240 pace^2 = 522 m^2, 1 pace = 1.475 m)

VI Conclusion

Although the land parcellations for the three chosen wards are theoretical and based mainly on estimated population density, they demonstrate that, with the ward categorization system, it is feasible to approach the residential wards in Chang'an from an architectural and urban design perspective, even though there are only very limited research resources. New evidences could be incorporated into this categorization system if any becomes available in the future, which will in turn improve the classification.

The systematic approach used to reconstruct the three chosen wards may be expanded to all the wards in Chang'an; we could eventually have a theoretical urban model of Chang'an with a visual density commensurate with that of the city's peak population. This model could function as a platform for storing and sharing historical data, and allow scholars to make new connections of their knowledge in 3-D space. New type of research on Chang'an could also be expected, such as simulating floods in wards, traffic flow in the city, itinerary taken by historical personalities, fictional or otherwise, and the like.

---

[1] For details regarding the digital reconstruction of Yongning ward, see Heng Chye Kiang. "A Digital Reconstruction of Tang Period Chang'an with Particular Emphasis on Its Wards"

[2] Nara National Cultural Properties Research Institute (奈良国立文化财研究所). *Exhibition Heijo-Kyo: Reconstruction of Nara City* (平城京展:再现された奈良の都). Edited by the Asahi Shimbun Osaka Head Planning Department (朝日新聞大阪本社企画部編), 1989. Quoted in He Congrong (贺从容). *Research on the Structure inside Wards of Chang'an in Sui and Tang Dynasty*. Ph.D thesis. Tsinghua University, Beijing, 2008: 220, Fig 6.6

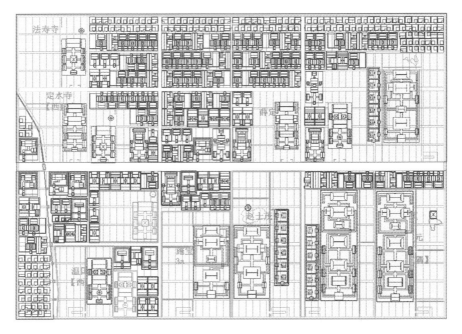

Fig. 7　Taiping ward populated with courtyards of various sizes

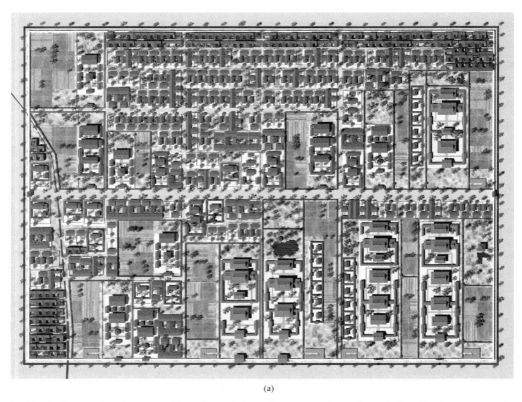

(a)

Fig. 8　Renderings of the chosen residential wards based on the estimated population density groups, showing the distribution of residential compounds, network of streets and alleys, etc.

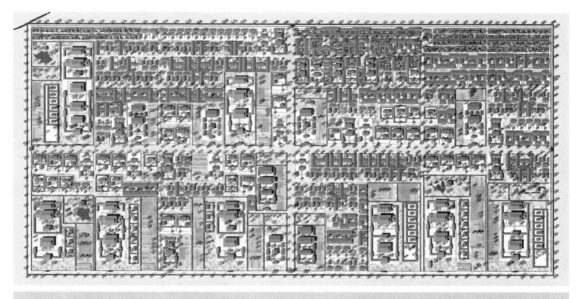

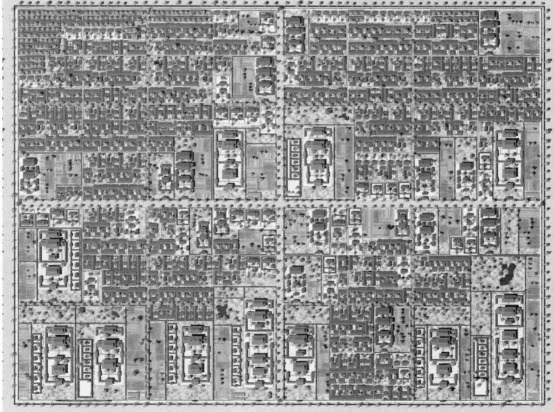

(b)

Fig. 8　Renderings of the chosen residential wards based on the estimated population density groups, showing the distribution of residential compounds, network of streets and alleys, etc. (Continued)

Fig. 9 3-D aerial views of Yongning Ward

The Pillnitz Castle and the Chinoiserie Architecture in Eighteenth-Century Germany

Chen Liu

(School of Architecture, Tsinghua University)

Abstract: The aspect of chinoiserie as a transient style in European decorative and pictorial arts has been much stressed in art historical studies. In contrast, chinoiserie architecture, which flourished at various European courts throughout the 18th-century, has scarcely been treated as an individual subject, partly due to the fact that many chinoiserie buildings were ephemeral. Traditional views consider these buildings as "follies", but such description looses its validity in the case of a complete, functional work like the Pillnitz Castle in Dresden, characterized by its grand "Chinese roofs". Beginning with a brief overview of the evolvement of chinoiserie, this study presents a survey of important chinoiserie architectural works in 18th-century Germany, followed by an account of the construction history of the Pillnitz Castle. Particular attention is given to the question of possible sources and precedents of its main feature, the Wasserpalais, which was designed by the German Baroque architect Matthäus Daniel Pöppelmann. Through a detailed analysis of the many ingenious approaches exhibited in this building, the author argues that its quality far exceeds other chinoiserie works that only superficially imitate Chinese architecture. In essence, the Wasserpalais is a successful example of an intelligent and imaginative approach to a foreign style.

Key Words: Chinoiserie, Pillnitz Castle, Wasserpalais, 18th-Century Chinoiserie architecture, Chinese architecture

Introduction

The Pillnitz Castle (*Schloss Pillnitz*) is a pleasure palace originally built in the eighteenth century for Augustus II the Strong, Elector of Saxony and King of Poland. Its principal feature, the *Wasserpalais*, was designed by the well-known German architect Matthäus Daniel Pöppelmann (1662—1736). It is an attractive group of three pavilion-shaped buildings and their architectural forms are quite distinctive (Fig.1). The main structure and the two flanking smaller ones all have grand roofs spreading outward in elegant concave curves. And the gray tone of the roofs forms a strong contrast with the yellowish walls. Beneath the overhanging eaves, there are also decorative paintings on the cornice (Fig.2). These features rarely appear in the European architectural tradition, thus suggesting an unusual style and taste. Actually this strange building complex at Pillnitz is one of the most famous architectural works in the so-called *chinoiserie* style.

Fig.1 Pillnitz Castle on the Elbe River
(Source: http://commons.wikimedia.org/wiki/Schloss_Pillnitz? uselang= de)

Fig.2 Pillnitz Castle: painted cornice of the Wasserpalais
(Photo:LIU Chen)

The term "chinoiserie", coined in the late nineteenth century, is derived from French, which literally means "Chinese style". But in essence it denotes a European artistic style influenced by the Chinese designs, reflecting Chinese qualities or motifs. Chinoiserie started in the seventeenth century, reached its peak of popularity around the middle of the eighteenth century and gradually fell out of fashion by the early nineteenth century. Though usually treated as a decorative style associated with interior designs, furniture, ceramics, textiles and other ornaments, chinoiserie also influenced architecture and garden design.❶

Though geographical distance made direct contact with China extremely difficult, Europeans always had a great curiosity and interest in China. Earlier travelers had already evoked an imagination toward the Far East through their more or less exaggerated descriptions of their experiences. The most famous example is no doubt the Venetian merchant and adventurer Marco Polo (1254—1324), who traveled with his father and uncle all the way from Venice to Beijing, then capital of the Yuan Dynasty. Legend has it that soon after his return to Europe in 1295, Marco Polo was caught in the naval battle between the fleets of Venice and Genoa, and, while in prison, he offered a vivid account of the extended period he spent at Kublai Khan's court, which was written down by Rustichello da Pisa in old French. Hence the famed book, *The Travels of Marco Polo* (known in Italian as *Il Milione*) appeared. The book was quickly translated into other European languages upon its initial publication, which attested to its overwhelming popularity. Whether Marco Polo had truly made his journey to China has long remained a topic of hot debate, and it is doubtful that he had a good command of the Chinese language. But still, the fantastic wealth and splendor that Marco Polo described fired the Westerners' longing for "*Cathay*" and even more romantic ideas about China. ❷

In 1554, Europe finally established direct trade relationship with China through the Portuguese, which was followed rapidly by the founding of the British East India Company in 1600 and that of the Dutch East India Company two years later.❸ Soon these commercial activities brought a great variety of oriental goods into Europe, including tea, spice, textiles, lacquerware and the famous blue-and-white porcelain. These luxury goods found their ways to European courts and became symbols of wealth and status. It is noteworthy that in the Chinese artistic tradition, there are no strict distinctions between fine arts and decorative arts. Artifacts such as porcelain, lacquerware and even furniture were treated as art works in their own right along with scroll paintings and calligraphic works. Although the objects exported to Europe were often made to order, as in the case of blue-and-white porcelain, and of a humbler taste,

---

❶ In recent years, as a new wave of China fever began to emerge in a global context, there has appeared a renewed scholarly interest in chinoiserie studies. Apart from traditional approaches, quite a few of these studies turn to more specified topics, such as Noel Fahden Briceno, *The Chinoiserie Revival in Early Twentieth-century American Interiors*, University of Delaware Press, 2008; or Francesco Morena, *Chinoiserie: the Evolution of the Oriental Style in Italy from the 14th to the 19th Century*, trans. Eve Leckey, Firenze: Centro Di, 2009. But overall, the focus is still on decorative arts, e.g. ceramics, frescoes and other interior designs; as far as the author knows, chinoiserie architecture is treated at most in book chapters or as one aspect of the Rococo style, rather than as an individual subject in its own right.

❷ In *Il Milione*, China is addressed as "Cathay", which is actually the name of the nomadic people that founded the Liao Dynasty (907—1125) and ruled much of northern China. Before Marco Polo, Some Europeans and Arabs had already made their way to China, calling northern China ruled by the Mongolians as "Cathay", while referring to southern China as "Manji". Marco Polo followed this custom, causing the Europeans continue to regard "China" and "Cathay" as two distinctive nations in the succeeding three centuries. It was not until the beginning of the 17th century that they began to realize that the two terms actually referred to one and the same nation, and to address it as "China".

❸ The Portuguese had been considered as pirates and so barred from trading in Guangzhou, southern China until 1554, when a trade agreement called the Luso-Chinese Agreement was signed between the Portuguese and the authorities of Guangzhou. It legalized the Portuguese trade in China on condition of paying taxes. Two years later, a Portuguese Dominican friar called Gaspar da Cruz traveled to Asia and wrote one of the earliest accounts of China as seen through the Europeans' eyes.

they still reflected the special qualities of Chinese art, which justified Europeans' interest in these works. They were eagerly sought after by the kings and nobles and large collections soon came into being. At first, Chinese art objects such as porcelains were displayed in cabinets of curiosities (*Kunstkammern* or *Wunderkammern*) along with other exotica and rarities such as drinking vessels made of ostrich eggs and nautilus shells.❶ However, it was soon realized that Chinese porcelains and other art objects were more than exotic curiosities. Profoundly impressed by their aesthetic qualities, the Europeans took great delight in the material, forms, colors and decorative motifs of these works and began to imitate them in native products. In the 1620s, some lacquer cabinets in imitation of "Chinese style" were produced in England, and soon craftsmen all over Europe found themselves busy imitating the charming scenes on oriental imports.

The period from the beginning of the seventeenth century to the end of the eighteenth century marks an important episode in the Chinese history, bracketing the fall of the Ming Dynasty and the flourishing of the Qing under the reign of three successive emperors: Kangxi, Yongzheng and Qianlong. In 1567, thanks to Emperor Longqing's wise decision to terminate the notorious ban on maritime activities, China resumed its sea trade with Europe. Many Jesuits took the opportunity to travel to China, and, upon returning to their homelands, brought along precious knowledge of this great civilization. Their accounts triggered an intense enthusiasm toward the cultural and artistic life of the Chinese people. Every European, from kings and nobles to the general populace, caught the fever of chinoiserie. It even influenced, and indeed infiltrated into another artistic style of French origin: the *Rococo*. By the early eighteenth century, both styles had spread from France to other European countries, especially Germany and Austria.

In architecture, the "Chinese taste" was formed relatively late. The first attempt to erect a Chinese style building was perhaps made by Louis XIV, King of France. In 1668, he purchased a small village called Trianon on the outskirts of Versailles, and commissioned the court architect Louis Le Vau (1612—1670) to design a porcelain palace there for Madame de Montespan, who at the time was the King's *maîtresse en titre*. The construction of this legendary palace, known as *Trianon de Porcelaine*, began in the winter of 1670 and was completed two years later. However, it was not a very successful attempt, since its façade was covered with tiles made of blue-and-white faïence, a material too fragile to sustain the harsh winter in France. By 1687, the tiles had deteriorated so badly that the King had the entire structure demolished. But the fashion it started soon reached other European courts, especially Germany, where the French influence in arts was increasingly felt. Although in general there is a lack of restraint in the German taste for chinoiserie compared with the French taste, the eighteenth-century Germany produced some of the most delightful and creative chinoiserie architectural works in Europe. The Pillnitz Castle is one of the best examples.

---

❶ This kind of cabinets of curiosities first appeared in 1550 at the Habsburg ruler Ferdinand I's court. It developed quickly in the second half of the 16th century, representing an important period in the history of collection. See more discussion in Thomas DaCosta Kaufmann, *Court, Cloister, and City: the Art and Culture of Central Europe 1450—1800*, Chicago: the University of Chicago Press, 1995, pp.167-171.

Ⅰ The Chinoiserie Architecture in Germany

The earliest German chinoiserie buildings were erected in Dresden and its vicinity for Augustus Ⅱ the Strong, who was Elector of Saxony as Frederick Augustus Ⅰ before ascending the Polish throne.[1] He was best remembered as a great patron of the arts and architecture. He particularly admired fine Chinese porcelain, and funded the research and experimentation to create a local porcelain industry in Meissen, near Dresden. It was Ehrenfried Walther von Tschirnhaus, the minister of finance and an amateur chemist, together with Johann Friedrich Böttger, the most talented alchemist at Augustus' court, who discovered the secret of porcelain. They developed the proper formula to produce hard-paste white porcelain by fusing china clay (*kaolin*) and china stone (*petunse*) at high temperature. In 1710, the first successful porcelain manufacturing in Europe began in Meissen at the newly established Royal Porcelain Factory in the Albrechtsburg. The fame of Meissen porcelain spread rapidly and it dominated the style of European porcelain for nearly half a century. [2]

Augustus Ⅱ the Strong owned a superb collection of Chinese and Japanese ceramics. To find a proper place to display his collection, he ordered the court architect Pöppelmann to convert his "Dutch Palace" (*Holländisches Palais*) into a "Japanese Palace" (*Japanisches Palais*, Fig.3). Being for the most part a redecoration project, the palace retained its Baroque essence, while its oriental appearance was suggested mainly in the overhanging roof in a concave shape, and in the mandarin caryatids on the pilasters of the façade (Fig.4). The king also conceived an original palace, some sort of exotic pleasure house, at Pillnitz. His first plan was to make a building completely paneled and roofed with porcelain, an idea not so different from that of the *Trianon de Porcelain* at Versailles.[3] However, this oriental dream was bound to be fruitless. Instead, the large "Indian Palace" (*Indianisches Lustschloss*) came into being, which will be discussed in detail in the next sections.

---

[1] Augustus inherited the Electorate from his father in April 1694. In 1697, with financial supports from Imperial Russia and Austria, he was elected King of the Polish-Lithuanian Commonwealth, though some questioned the legality of his elevation. During the Great Northern War (1700—1721), Sweden's King Charles XII defeated Augustus's Polish army. In September 1706, Charles invaded Saxony and forced Augustus to yield the Polish throne. Three years later, again under the protection of the Imperial Russia, Augustus returned to the Polish throne and reigned until his death in 1733. An ambitious ruler, he made persistent attempts to establish an absolute monarchy in the Commonwealth. See a full account in Karl Czok, *August der Starke und seine Zeit: Kurfürst von Sachsen, König in Polen*, Leipzig: Piper Verlag GmbH, 2006.

[2] See more details in Dawn Jacobson, *Chinoiserie*, New York: Phaidon Press, 2001, pp. 38, 98, 100-103.

[3] Discussed in Hugh Honour, *Chinoiserie: the Vision of Cathay*, London: J. Murray, 1961, p.112. Honour seems to have confused the timeline of the Japanese Palace and the Pillnitz Palace, suggesting that the latter was built after the former. Actually, the Dutch Palace was converted into the Japanese Palace in 1727 (see Fritz Löffler, *Das alte Dresden*, *Geschichte seiner Bauten*, Leipzig: E.A. Seemann, 2012, pp. 142-143, 475), half a decade after the main structure of the *Wasserpalais* was completed at Pillnitz.

Fig. 3　Dresden: Japanese Palace
(Photo: LIU Chen)

Fig. 4　Dresden: Japanese Palace, mandarin caryatids on the pilasters of the façade
(Source: Bundesarchiv, Bild 183-1995-1125-003; Photo: Häßler Ulrich)

Apart from Augustus II the Strong, other German rulers were also building their own chinoiserie fantasies. Elector Max Emanuel of Bavaria and his son Clemens August, Archbishop-Elector of Cologne, were counted among the most enthusiastic sinophils. Max Emanuel built the Pagodenburg in the park of Nymphenburg, and Clemens August refurbished the magnificent Augustusburg Palacein Brühl, in which the Indian Lacquer Cabinet (*Indianisches Lackkabinett*) featured an entire interior decorated with scenes of chinoiserie. Following the German trend of employing French artists and artisans to embellish their palaces, Clemens August also commissioned François de Cuvilliés the Elder (1695—1768) to design another Indian Cabinet for his handsome little hunting-lodge in Brühl, the *Falkenlust*. However, these buildings displayed a chinoiserie style only in the interior decoration rather than in the overall architectural design. Clemens August did make an attempt to erect a complete chinoiserie building in his park at Brühl, the so-called "Chinese House" (*Chinesisches Haus*), which was finished by 1750. Unfortunately it no longer exists except for the mandarin fountain (Fig.5). In about 1734, Elector Karl Albrecht of Bavaria, the elder brother of Clemens August, called Cuvilliés back to Munich to work on the Amalienburg hunting lodge in the park of Nymphenburg. Regarded as one of the greatest masterpieces of Rococo decoration, this exquisite garden pavilion marks the height of Cuvilliés' career as the chief architect and decorator in the Bavarian-Rococo style. Here chinoiserie is less dominating than rococo in a stylistic sense, but it still plays a fairly noteworthy part.

Fig.5   Augustusburg Palace in Brühl: Chinese House
(Source: http://commons.wikimedia.org/wiki/File:Chinesicher_Pavillon_Augustusburg.JPG)

In Prussia, it was the first king, Friedrich I, who introduced the chinoiserie taste into his court. He was also the patron of Gerhald Dagly (c.1653—after1714), the royal court artist and one of the greatest craftsmen of European lacquer, who embellished Friedrich's palace with richly lacquered walls through his skillful imitation of Oriental prototypes. Dagly's chinoiserie works exercised a far-reaching influence in Europe, particularly in France where chinoiserie became very popular.❶ The Oriental taste of Friedrich I was inherited by his famous grandson, Frederick the Great, the third King of Prussia, who was also an amateur architect. He was renowned for his lasting friendship with the venerated French Enlightenment writer Voltaire. Through their exchange of letters, the two discussed various topics regarding China. Friedrich the Great's chinoiserie ideas were realized in two works, one of which is his Chinese Teahouse (*Chinesisches Teehaus*), erected in 1757 in the Sanssouci Park in Potsdam (Fig.6). It was said that the king designed this pavilion himself, while the German architect Johann Gottfried Büring provided technical aids. It is arguably the most bizarre chinoiserie building ever erected in Germany. The other one is the Dragon House, built between 1770 and 1772 on the south slope of a hill to the north of the Sanssouci Park (Fig.7). It roughly imitates the form of a Chinese pagoda, in an octagonal plan and with four stories, the first two of which having on the corners of their concaved roofs a total of sixteen "dragons".❷

Fig.6 Sanssouci Park in Potsdam: Chinese Teahouse

[Source: http://commons.wikimedia.org/wiki/Category:Chinese_House_(Sanssouci)]

---

❶ See more on Gerhald Dagly and his work in Dawn Jacobson, *Chinoiserie*, New York: Phaidon Press, 2001, pp. 41-43.
❷ Much different than the mythical animal in Chinese traditional culture, these "dragons" look more like the legendary creature with a pair of bat wings and two pairs of lizard legs, as depicted in European folklores.

Fig. 7 Sanssouci Park in Potsdam: Dragon House
(Photo: LIU Chen)

During the first half of the eighteenth century, chinoiserie architectural ventures were mostly confined in the form of interior decoration and small single building designs. In the next few decades more ambitious attempts were made to put grand oriental dreams into reality. In 1781, a complete Chinese village called *Moulang* was created for Charles I, Landgrave of Hesse-Kassel, at his mountain retreat (*Bergpark Wilhelmshöhe*) in Kassel. This imaginary village consisted of a number of little buildings scattered around a creek, which was crossed by a charming, arched bridge presumably fretted in Chinese pattern. It was considered the last great chinoiserie "folly" created in Germany and also one of the strangest. The village does not survive, and the best record of its existence might be found on a faïence plate.[❶]

Through the intermarriages among the princely courts, chinoiserie also spread into northern Europe along with Frederick the Great's numerous siblings. In Sweden, the Chinese Summer House at Drottningholm is no doubt the most renowned example of Scandinavian chinoiserie architecture. Legend has it that Frederick sketched out the original design for this delightful garden pavilion, which was first built in 1753 and presented as a birthday gift to Queen Louisa Ulrika, a

---

[❶] Mentioned in Hugh Honour, *Chinoiserie: the Vision of Cathay*, London: J. Murray, 1961, p. 114. See more discussion of this village in Christopher Thacker, *The History of Gardens*, Berkeley: University of California Press, 1979, p.176.

sister of Frederick. In a letter to her mother, the Queen described this pavilion as a "real fairy land".[1] It was, however, erected only as a temporary wood structure. A decade later the Chinese House was rebuilt in stone and survives to present day (Fig.8).

Fig.8 Sweden: Chinese Summer House at Drottningholm
(Photo: LIU Chen)

In summary, the German rulers showed an enduring enthusiasm for chinoiserie architecture throughout the eighteenth century. Yet the content of chinoiserie varies greatly in the finished architectural works: some are only decorated in the interior and others have some architectural features in the "Chinese style". The planning of large building complex and garden design also appeared in practice, of which the best example is Augustus II the Strong's Pillnitz Castle.

II Construction History of the Pillnitz Castle

Augustus II the Strong was not a very successful ruler in political or military affairs, which included a devastating defeat in the Great Northern War that lasted for twenty years and ruined Poland economically. Despite this ill-conceived adventure, he was still considered the most popular Saxon ruler. The main reason is that he contributed greatly to the rising of Dresden as a significant center of cultural and artistic life in Europe.

The king had a true passion for chinoiserie, and it was closely related to his interest in decorative arts, especially porcelain. In Dresden, his enthusiasm for the Far East resulted in a characteristic court art fashioned by chinoiserie. Cabinetmakers, lacquerers and jewelers all gathered at his court to create

---

[1] "I was surprised suddenly to see a real fairy-land, for His Majesty had ordered a Chinese pavilion to be built, the most beautiful ever to be seen…" Quoted in Oliver R. Impey, *Chinoiserie: the Impact of Oriental Style on Western Art and Decoration*, Oxford: Oxford University Press, 1977, p.9.

complete "Chinese" rooms, which were filled with porcelains of both oriental imports and local manufactures. Johann Melchior Dinglinger (1664—1731), the most famous goldsmith of his time, spent six years working on the festival decoration for the birthday of the Mogul Emperor Aurangzeb.[1] Made of 165 enameled gold figures on a silver-gilt stage, this fantastic piece showed strong oriental inspiration. Conceived by Augustus himself, it suggested the ideal of absolutist regime combined with the dreams for the Far East, which was to culminate in the great architectural work at Pillnitz.

Pillnitz is located a few kilometers up the Elbe River to the east of Dresden. The earliest mention of the village of Pillnitz appeared in 1335, and a castle on this site was first mentioned in 1403, since when it began to change owners. In 1609 a summer house with pleasure garden emerged. Seven years later, the original castle was expanded into an extensive, four-wing palace with imposing gables and a scroll tower. At the time there was also a three-story building along the riverbank. Both structures were in the late-Renaissance style.[2]

In 1694 the Pillnitz property was bestowed by Elector Johann Georg IV (brother of Augustus II the Strong) to his mistress Sibylle von Neitschütz. Both of them died unexpectedly in the same year and Augustus succeeded his elder brother as Elector of Saxony. The Pillnitz estate went back to the Wettin House by means of a purchase in 1706, and in the following year Augustus gave it to his own beloved mistress, Countess Anna Constantia von Cosel. Unfortunately the countess fell out of favor ten years later and the king expropriated major properties under her name, including Pillnitz and the *Taschenbergpalais* in Dresden.[3]

In 1718, right after Augustus II had taken back Pillnitz, a festival site was being sought for a significant royal event, the wedding of Augustus' son, Friedrich August and Maria Josepha, daughter of the Holy Roman Emperor Joseph I. However, Pillnitz was not taken into consideration for the ceremony; it seems that the late Renaissance style of the old Pillnitz castle was out of fashion at that time and so did not attract the king to hold celebrations there. But soon Augustus reminded himself of Pillnitz because of its attractive site on the Elbe. He began to conceive a kind of pleasure house alongside the riverbank, where he could hold magnificent festivals that would have a unique charm by allowing him to arrive from a gondola trip. Furthermore, the new pleasure house could serve as a garden hall for the festival of the Order of the White Eagle (*Weissen Adlerorden*), which was to be held in the summer of 1721. From the beginning, he intended the new building project to have an "oriental style". Yet he thought of no temporary makeshift but a new structure as permanent replacement for the original Renaissance building on the site.

---

[1] See more about Dinglinger and his work in *Johann Melchior Dinglinger: Der Goldschmied des deutschen Barock*, Berlin: Erna von Watzdorf, 1962.

[2] For a general account of the history of Pillnitz see Hans-Günther Hartmann, *Schloss Pillnitz: Vergangenheit und Gegenwart*, Dresden: Verlag der Kunst, 2008, pp.1-76.

[3] Basic historical information of the Pillnitz property can be found in Fritz Löffler, *Das alte Dresden, Geschichte seiner Bauten*, Leipzig: E.A. Seemann, 2012, pp. 136-137.

With these ideas in mind, Augustus II started the building activity in 1720. Count A. Christoph von Wackerbarth was the general director of the project, who also had some experience as an architect. The king himself was staying in Warsaw during the time of construction, but he was kept informed of the project's progress and expressed his new ideas in a series of letters to Wackerbarth.❶ Disturbed by the situation that the king always came up with something new rapidly, Wackerbarth had to rely on his own judgments to make the massive project progress smoothly. Thanks to Wackerbarth's decisiveness, the construction work was timely completed for the festival of the Order of the White Eagle, but the king's numerous ideas were left unfulfilled. By the end of 1720, three pavilions with concave-curved roofs and wide hollow-molding cornices were completed, which was the first appearance of the *Wasserpalais*. At this stage, the three pavilions were not yet connected to one another, whose looks can be found in an enamel painting on a goblet by Johann Heinrich Meyer.❷

Augustus arrived for the festival in the summer of 1721. However, he was not fully content with the new building. Right after the festival, he required that the hall of the central pavilion be cellared to fit around a sinkable table, so that the grand space could be used for either a banquet or a ball. More significantly, He asked for two substantial changes to be made for the exterior of the buildings. One was to the raise the central pavilion; the other was to add a columned portico on the garden façade of the central pavilion. After these alterations were made, he also had single-story connecting galleries erected between the three pavilions in 1724. Hence the *Wasserpalais* began to taken the familiar shape of a triple-group (Fig.9).

During the construction of the *Wasserpalais*, Augustus II the Strong also commissioned designs for a great extension plan to develop Pillnitz into a large palace complex of buildings and pleasure gardens, which would use *Wasserpalais* as an architectural prototype. Wackerbarth strongly recommended one design to Augustus.❸ It includes a square-shaped central palace with four corner-towers, and a series of two-story pavilions arranged in a regular pattern around the central palace, connected by railings. Together the buildings form an enclosed court, laid out in an east-west direction parallel to the Elbe River. This distribution of buildings echoes the layout of the Zwinger extension plan.

Apart from the *Wasserpalais*, three more building groups were planned on either side of the central palace complex. Of these, only one group, the *Bergpalais*, was built in 1723 as a mirror structure of the *Wasserpalais* (Fig.10). Following its successful completion, the king celebrated his name day on the

---

❶ Some original texts of these letters are cited in Hermann Heckmann, *Matthäus Daniel Pöppelmann und die Barockbaukunst in Dresden*, Stuttgart: Deutsche Verlags-Anstalt, 1986, pp. 116-117

❷ Mentioned in Fritz Löffler, *Das alte Dresden, Geschichte seiner Bauten*, Leipzig: E.A. Seemann, 2012, p. 120, see pl.148.

❸ The design was probably made by Zacharias Longuelune. See *Matthäus Daniel Pöppelmann 1662—1736, Ein Architekt des Barocks in Dresden*, Staatliche Kunstsammlungen Dresden, 1987, p.96.

5th of March in the same year, after which a variety of festivals were held at Pillnitz throughout the year. In front of the Elbe side of the *Wasserpalais*, a gondola harbor was also designed for the king. To connect the palace with the harbor, a pair of widely curved staircases were constructed from the main

Fig.9 Pillnitz Castle: river façade of the Wasserpalais (drawing by Pöppelmann, circa 1722)
(Source: http://commons.wikimedia.org/wiki/Schloss_Pillnitz? uselang= de)

floor down to a grand terrace framed by stone balustrades, and stairs with curved ends continued from the terrace down to the Elbe. The stair works were completed in the year 1724. Finally, around 1725, two sandstone sphinxes carved by the sculptor François Coudray were placed on the balustrades of the lower stairs, which marked the end of the building activities at Pillnitz during the king's lifetime. Sitting above the scenery Elbe River, they still seem to gaze into the far distance anticipating the arrival of the king's gondola.

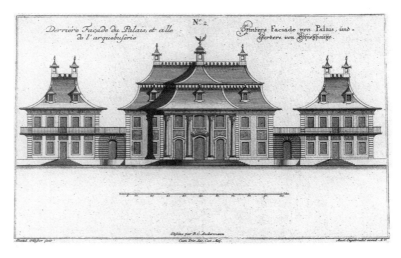

Fig.10　Pillnitz Castle: garden façade of the Bergpalais (engraving, circa 1730)
(Source: http://commons.wikimedia.org/wiki/Schloss_Pillnitz? uselang= de)

The Pillnitz extension plan also included a magnificent garden, featuring orangerie and menagerie, fountains and canals, hedged squares and avenues, labyrinth, playground, garden theatre, etc. However, the building activities of the 1720s had exhausted the financial resources of Augustus II and the extension plan remained unexecuted. Had the King been able to realize it completely, Pillnitz would have been counted as one of the greatest European palace and garden projects.

After 1724, the French architect Zacharias Longuelune was commissioned to provide extensive plans for a new palace complex, yet none of them were carried out. After a suspension of more than half a century, building activities at Pillnitz resumed under the reign of Elector Friedrich August III of Saxony, who asked his chief state architect Christian Friedrich Exner to enlarge the Pillnitz Castle into his summer residence. At this time, the unique "Chinese roof" of the Wasserpalais had become an architectural form of historical significance, which was generally followed in the extension designs. By 1783, the German architect Christian Traugott Weinlig had created an entire series of palace plans for Pillnitz, which were after Longuelune's earlier design.❶ Between 1788 and

---

❶ Discussed in Fritz Löffler, Das alte Dresden, Geschichte seiner Bauten, Leipzig: E.A. Seemann, 2012, p.138.

1791, Exner directed the addition of four smaller structures as the wings for Wasserpalais and Bergpalais, as well as the quarter-circle galleries connecting the wings to the two triple groups. These were after the designs by Weinlig or Johann Daniel Schade. In 1795, the original one-story connecting galleries in each of the two triple groups were raised. All these later additions had "Chinese" roofs in formal consistency with the existing structure of the Wasserpalais and Bergpalais.

Architectural works at Pillnitz continued into the early nineteenth century. In 1804, architect and garden designer Christian Friedrich Schuricht built a Chinese Pavilion (Chinesischer Pavillon) in the park (Fig. 11). But the design of this work was probably after the well-known engravings by the Scottish architect Sir William Chambers, and its architectural concepts and forms were fundamentally different from that of the Wasserpalais. In 1818, the old Renaissance castle at Pillnitz was burned down. An extensive structure, the New Palace (Neue Palais), was erected on its site between 1818 and 1826 (Fig. 12, Fig. 13). Schuricht was also the architect for this project but his approach differed from the ChinesePavilion he designed before. Instead of following the more "authentic" Chinese architecture known at his time, he adopted the "Chinese" roofs of Wasserpalais for the new buildings (Fig. 14). In this way, he concluded the century-long history of chinoiserie architecture at Pillnitz.

Fig.11 Pillnitz: Chinese Pavilion
(Source: http://commons.wikimedia.org/wiki/Schloss_Pillnitz? uselang= de)

Fig.12　An engraving of 1818 showing the Pillnitz Castle
(Source: http://commons.wikimedia.org/wiki/Schloss_Pillnitz? uselang= de)

Fig.13　An engraving of 1825 showing the Pillnitz Castle
(Source: http://commons.wikimedia.org/wiki/Schloss_Pillnitz? uselang= de)

Fig.14 Pillnitz Castle: garden façade of the Neue Palais
(Photo: LIU Chen)

Ⅲ Pöppelmann and the Puzzle of the Sources for the Pillnitz Castle

The designer for both triple-groups at Pillnitz, the *Wasserpalais* and the *Bergpalais*, was Matthäus Daniel Pöppelmann, who was appointed as the chief state architect (*Oberlandbaumeister*) to the court of Augustus Ⅱ the Strong in 1718. His most important work is the Zwinger Palace in Dresden, a well-known late-Baroque building and garden complex full of innovative decorations. As the harbinger of the Oriental cult in architecture, Pöppelmann also designed and built the middle section of the *Taschenbergpalais*, where a "Turkish" style was attempted. But in this case the major interest was in the embellishment of the building façade.❶ He also designed the Japanese Palace that we mentioned before, which was also a redecoration work rather than an original design. It was at Pillnitz that Pöppelmann first encountered the challenge of creating more genuine "Chinese" architecture.

To further understand the design of the Pillnitz Castle, we need to clarify the meaning of its name. From the beginning it was called the "*Indianisches Lustschloss*", probably named by Augustus Ⅱ himself. But the *Wasserpalais* was obviously built in the "Chinese style" and its chief feature, the concave-curved roofs have nothing to do with Indian architecture or decoration. The cause of this confusion of nomenclature has to be found in the king's attitude towards the oriental architecture. Augustus the Strong clearly had an enormous taste for all things oriental, but his taste could hardly be described as selective. In his building activities, he was able to succumb to any fanciful ideas and imagination about foreign countries. Before Pillnitz, he started the oriental

---

❶ See a detailed account of the *Taschenbergpalais* in Fritz Löffler, *Das alte Dresden, Geschichte seiner Bauten*, Leipzig: E.A. Seemann, 2012, pp. 125-126.

fashion with a "Turkish" style in the *Taschenbergpalais*, originally erected for Countess Cosel; then he ordered the remodeling of Übigau in a "Persian" style, though it was stuck in plan; when he conceived the idea of an oriental pleasure palace at Pillnitz, his imagination was seized upon by even further regions in the mysterious Orient, thus an "Indian" style was formed. Apparently the king was unable to distinguish among various Oriental styles, and the term "*Indianisch*" was used as a generic term for the entire Far East, including, of course, China and Japan.

Such confusions prompt another question regarding the original design of *Wasserpalais*: how could Pöppelmann generate a precise concept of the desired Oriental form, when it was called by such elusive name from the beginning? There seem to be many possible answers to this question but none is totally satisfactory. First of all, we can exclude the possibility that he had seen any authentic source material from China. Traditional Chinese buildings were mainly of wooden construction based on a module system, following a complete set of rules from the initial determination of the structural framing, to the design of ornamental painting as well as the estimation of materials and workforce. In the Song Dynasty, the modular components, their measurements, and the different ways in which modules were combined into units were codified in a voluminous manual on building standards, the *Yingzao fashi*.❶ It was compiled by Li Jie, superintendent of the Department of Construction at the court of Emperor Hui Zong, and was published in 1103. It is the first government manual in Chinese architectural history that provides the most comprehensive and systematic instructions for building design and execution. However, its status as a classic canon on Chinese architecture was only recognized in the twentieth century; over the eight and a half centuries since its first publication it remained scarcely known in China, let along being circulated elsewhere. Such fate of the *Yingzao fashi* is very much like that of Vitruvius' *De Architectura* (*Ten Books on Architecture*), which remained in obscurity throughout the Middle Ages and was "rediscovered" only in the early fifteenth century. Both works are characterized by a formidable technical terminology and extremely intricate wording. In their respective cultures, architects and architectural theorists have made tremendous efforts to interpret their terms and passages, with some mysteries still left unsolved. If a work like these was hardly readable even for the native specialists, it would be most incomprehensible to, let along offering practical aid for those architects from a different cultural context.

For an eighteenth-century European, the obvious source to get some idea about Chinese architecture was from the decorative painting on imported Chinese art objects. Buildings, bridges, and gardens have long been depicted on porcelain and lacquerware, but they were often drawn in highly stylized forms and patterns, without much consideration for proportions and scales.

---

❶ See Lothar Ledderose, *Ten Thousand Things: Module and Mass Production in Chinese Art*, Princeton: Princeton University Press, 2000, pp. 132-137, which provides a lucid introduction of this Chinese canon in English language. Modern study on this subject is exemplified in Liang Ssu-Ch'eng, *Chinese Architecture, a Pictorial History*, ed. Wilma Fairbank, New York: Dover Publications, 2005, pp. 14-21.

Furthermore, they were usually painted freehand with little attention to details and structural elements. No wonder that the Europeans acquired an impression of Chinese architecture as something fantastic or even frivolous. But in fact, there is a special branch of Chinese painting devoted to the representation of architecture, called "*jiehua*", literally "boundary painting". The term was first employed by a Northern Song painter in a passage on architectural representation, referring to drawing with *jiebi* (line-brush) and ruler, two tools used to produce straight lines.❶ The buildings and their details are thus neatly depicted with admirable precision. The strict technical requirements for jiehua painters can be glimpsed from a passage in the Song imperial painting catalogue compiled around 1120:

"When painters took up these subjects [buildings, boats, etc.] and completely described their formal appearance, how could it have been simply a question of making a grand spectacle of terraces and pavilions, or doors and windows? In each dot or stroke one must seek agreement with actual measurements and rules. In comparison with other types of painting, it is a difficult field in which to gain skill."❷

The very point of "agreement with actual measurements and rules" concerns a central issue in architectural representation, e.g. transferring three-dimensional space onto two-dimensional surface. In this regard, *jiehua* adopts a peculiar approach, the axonometric projection, which is very different than the "scientific" rules of linear perspective developed by Renaissance artists. While the latter has its problem of distortion caused by foreshortening, as already criticized by Leon Battista Alberti in his *De re aedificatoria* (*On the Art of Building*), the axonometric method could represent the exact proportions by means of parallel, instead of converging lines.❸ The gist of this approach is best described by the Song painter Guo Ruoxu in his treatise *Tuhua jianwen zhi* (*A Survey of the Painting Knowledge*):

"When one paints wooden constructions, calculations should be faultless, and the linear brushwork should be robust. [The architecture] should deeply penetrate space. When one line goes, a hundred lines slant. This was true of the work of painters of the Sui, Tang, and Five Dynasties down to Guo Zhongshu and Wang Shiyuan [tenth century] at the beginning of this dynasty. Their paintings of towers and pavilions usually show all four corners with brackets

---

❶ The most comprehensive introduction of *jiehua* available in English is Anita Chung, *Drawing Boundaries: Architectural Images in Qing China*, Honolulu: University of Hawaii Press, 2004, see Chapter 1: "The *Jiehua* Tradition", pp.9-16, with a good selection of illustrations.

❷ *Xuanhe huapu*, vol.8, cited in Anita Chung, *Drawing Boundaries: Architectural Images in Qing China*, Honolulu, University of Hawaii Press, 2004, p.12.

❸ Alberti famously clarified the distinction between architects' representational methods and those of painters: "Between the design of the painter and that of the architect, there is this difference, that the painter by the exactness of his shades, lines and angles, endeavours to make the parts seem to rise from the canvass, whereas the architect, without any regard to the shades, makes his relieves from the design of this platform, as one that would have his work valued, not by the apparent perspective, but by the real compartments founded upon reason." See Leon Battista Alberti, The Ten Books of Architecture, the 1755 Leoni edition, translated into Italian by Cosimo Bartoli, New York: Dover Publications, 1986, p. 22.

arranged in order. They made clear distinctions between front and back without violating the rules."❶

Compared to such truthful representation of buildings from overall appearance down to minute details, the pictorial scenes found on porcelain and lacquerware appear too simplified to the point of being misleading. Had Pöppelmann seen the buildings represented in *jiehua*, he would have certainly marveled at the complexity and completeness of Chinese architecture, thus acquiring a relatively solid idea about its design and construction. Unfortunately, though highly developed in the Song dynasty, this type of architectural painting fell victim to criticism by literati scholars due to its emphasis on techniques, and gradually receded into oblivion in later periods. By the time Augustus II and Pöppelmann began to conceive an oriental pleasure palace on the German soil, the *jiehua* tradition had already declined in China.

In summary, the lack of direct reference, together with the unconvincing second-hand knowledge from decorative architectural motifs, puts the imitation of authentic Chinese architecture out of question. To find the source of Pöppelmann's design, we need to turn to the European tradition of chinoiserie, which includes precedents in both theory and practice.

In the early eighteenth century, Germany as well as many other Central European courts looked to French model in almost every aspect of cultural life, especially in arts. The taste for the Far East also arrived by way of France.❷ The *Trianon de Porcelain* at Versailles was the only complete chinoiserie structure before the *Wasserpalais* at Pillnitz. However, when Pöppelmann made his study trip to Paris in about 1715, the *Trianon* was already demolished and what remained of this legendary palace were only contemporary descriptions and engravings (Fig. 15). According to the latter, it had a main pavilion in the center, with smaller pavilions on both sides laid out around a court, behind which expanded a lush, formal garden created in a distinctively French manner. This layout is arguably close to the Chinese principle of symmetrical distribution of buildings in a palace complex. But the *Trianon* buildings, with distinctive central pediment and giant pilasters, were unmistakably designed in the European classical tradition. Though covered with blue-and-white ornamental faïence tiles, their roofs still maintained the French mansard form. In comparison, Pöppelmann's *Wasserpalais* has large curved roofs with overhanging eaves, thus making it very difficult to argue that *Trianon* is a source for Pöppelmann's design. In fact, the *Wasserpalais* resembles neither an authentic French château nor one "dressed-up" in the Oriental fashion.❸ The only "French impress" at Pillnitz seems to consist in the formal gardens.

---

❶ *Tuhua jianwen zhi*, vol.1, cited in Anita Chung, *Drawing Boundaries: Architectural Images in Qing China*, Honolulu, University of Hawaii Press, 2004, p.10.

❷ As Honour rightly points out, "Thus chinoiserie came to Germany as part of the Louis XIV style and nearly all its manifestations dating from the first quarter of the eighteenth century bear a French impress." See Hugh Honour, *Chinoiserie: the Vision of Cathay*, London: J. Murray, 1961, p. 63.

❸ "…so that merely by dressing up a normally classical building in 'Chinese' trappings it could be made into an Oriental Palace – such was Pillnitz in Saxony." See Oliver R. Impey, *Chinoiserie: the Impact of Oriental Style on Western Art and Decoration*, Oxford: Oxford University Press, 1977, p.143; elsewhere Impey uses this critique on other chinoiserie buildings.

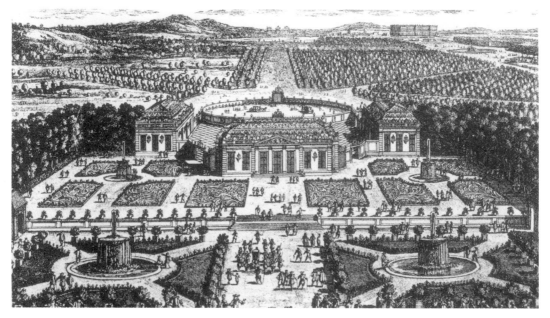

Fig. 15　Paris: Trianon (engraving, circa 1675)
(Source: Dawn Jacobson. *Chinoiserie*. New York: Phaidon, 2001: 35)

　　There still exists the possibility that illustrated books might have taken a part in stimulating the original design of the *Wasserpalais*. It has been suggested that the idea of the *Trianon* was derived from a "porcelain pagoda" in Nankin, illustrated and described in the Dutch traveler Johan Nieuhoff's book "*An embassy from the East-India Company of the United Provinces, to the Grand Tartar Cham, Emperor of China*".❶ As the purser of the Dutch East Indian Company, Nieuhoff visited China between 1655—1657 with special instructions to observe farms, rivers, towns, buildings, etc. and to record them faithfully in drawings. He passed many places and cities, from Canton to Nankin and Peking, always keeping his eyes keen and his pencil busy. The illustrations in his book include various Chinese scenes, among which are buildings. The Nankin pagoda which he carefully depicted and extolled with great enthusiasm became the best-known Chinese building in Europe.❷ (Fig. 16) However, this octagonal-shaped, nine-story high pagoda, with each story accentuated by delicately curved and widely overhanging eaves, seems unlikely to have served as the prototype for the *Trianon* design. Rather, the French design was probably inspired by the description of its "glazed and painted porcelain tiles" than by the tower's architectural form, though the French architect did not know that such titles were actually not made of porcelain but glazed terracotta.

---

　　❶ Johan Nieuhoff's travel account with more than a hundred engravings was first published in Dutch in 1665. It was soon translated into French (1665), German (1666), Latin (1668) and English (1669).

　　❷ The Porcelain Pagoda of Nanjing is the main feature of *Da Bao'en Si* (literally "Temple of Repaid Gratitude"), a historical site located on the south bank of the Yangtze River in the city of Nanjing. The Pagoda was constructed between 1412 and 1428. At the time it was one of the largest buildings in China, rising up to a height of 79m. Unfortunately this unique Pagoda was destroyed in 1856, when the Taiping Rebellion took over Nanjing during the civil war.

Fig. 16　Nankin Pagoda, from Johan Nieuhoff. *An embassy from the East-India Company of the United Provinces, to the Grand Tartar Cham, Emperor of China*
(Source: Dawn Jacobson. *Chinoiserie*. New York: Phaidon, 2001: 34)

The distinctive rooflines of the Nankin Pagoda may have provided some inspiration for the "Chinese roof" of the *Wasserpalais*, but the unique building type of this pagoda would have presented enormous practical difficulties for Pöppelmann to adopt its roof in his design. Besides the Pagoda, Nieuhoff's book also has an engraving of the Imperial Palace in Peking, which could have provided Pöppelmann with a more adequate idea about the form of Chinese palaces. However, it must be pointed out that Nieuhoff's engravings could only serve as a starting point for a serious design, since they were for the most part pictorial works rather than accurate architectural illustrations. Nieuhoff was a skillful draftsman, but he had no expertise of an architect or surveyor, and therefore was ignorant of the architectural principles implied in the building forms.

Compared to Nieuhoff's work, another book could have served as a more accessible and useful source of architectural ideas for German-speaking architects. This is the *Entwurf einer historischen Architektur*, written by Pöppelmann's Austrian contemporary, Johann Bernhard Fischer von Erlach (1656—1723), who was a strikingly original architect, sculptor, and architectural historian. Being his only theoretical writing, this book demonstrates a surprisingly wide range of knowledge and is probably the first comprehensive and comparative history of architecture dealing with every known civilization at the time. In expanding architectural history into cultures beyond the European tradition, Fischer's book is undoubtedly a groundbreaking work. The book was initially presented to Emperor Charles VI in manuscript form in 1712. When it was published in Vienna in 1721, it included ninety engraved plates in addition to a text in German and French. A second edition was printed in Leipzig in 1725. Fischer von Erlach was also fascinated with the arts and architecture of the Oriental world. In Book III, he included many examples of Arabian, Turkish, Persian, Indian, Siamese, as well as Chinese and Japanese architecture, illustrated in engravings with explanatory notes.❶ Yet it is very difficult to determine the influence of Fischer von Erlach's book on Pöppelmann's chinoiserie design, because the *Wasserpalais* was already finished one year before the publication of the *Entwurf*. The problem is further complicated by the fact that Pöppelmann made an earlier visit to Vienna and could have seen Fischer von Erlach's manuscript. Before going any further in this direction, it is necessary to point out that the *Entwurf* showed that its author had quite limited knowledge of Chinese architecture. He had only secondary materials from descriptions and engravings of travel accounts to work with. In the section on Chinese monuments he included an engraving of the Porcelain pagoda at Nankin, which was obviously based on Nieuhoff's engraving of the same pagoda.❷ In comparison, Nieuhoff's depiction of the up-turned eaves is more faithful, which even implies the bracketing structure underneath, whereas such details were neglected in Fischer's engraving and the curves of the eaves were exaggerated (Fig.17). To sum up, Fischer might not be more informed of Chinese architecture than Pöppelmann.

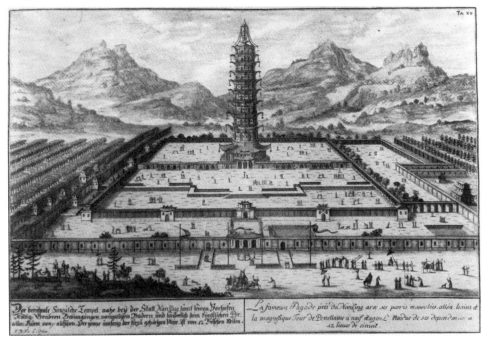

Fig.17 Nankin Pagoda, from Johann Bernhard Fischer von Erlach. *Entwurf*

(Nankin Pagoda, from Johann Bernhard Fischer von Erlach. *Entwurf*)

---

❶ See Hans Aurenhammer, *J. B. Fischer von Erlach*, Cambridge: Harvard University Press, 1973, pp. 153-158, which includes a short discussion of Fischer von Erlach's book. A thorough study is found in George Kunoth, *Die historischen Architektur Fischers von Erlach*, Düsseldorf: Verlag L. Schwann, 1956, with complete illustrations of original engravings.

❷ Kunoth, 1956, pl. 91: Porzellanpagode von Nanking, and pl. 90: Nieuhoff's Porcellanea; other plates show Fischer's engravings of Chinese palaces in Peking, in comparison with the ones taken from Nieuhoff, on which Fischer based his own models. But in neither case does the engraved image bear any significant sense of the essential quality of Chinese architecture, partly due to the extremely small size, and partly due to the way of depiction.

IV The Genuine Characteristics of the Pillnitz Castle

With only these meager materials, it is unlikely to determine the exact source for Pöppelmann's design. Now we need to focus more on the architecture of the Pillnitz Castle per se. The first significant fact to accentuate is that it was intended from the beginning to be a permanent structure, while most chinoiserie buildings were erected as temporary structures or decorative elements in gardens. When Augustus II the Strong conceived the idea of an Oriental pleasure house, he wanted a real palace, not a makeshift work or an experimental showpiece, thus requiring careful considerations of its overall planning and function.

We have already noted that Augustus II also contributed to the final shape of the *Wasserpalais*. The two exterior changes he made proved to be rational ideas than whims. On the one hand, by elevating the central pavilion to a more dominant position, the layout of the triple-group became more harmonious and its symmetry more pronounced; on the other hand, the addition of a column-portico on the garden side of the central pavilion lent a sense of dignity and even monumentality to the building group. Yet the most urgent problems still lay in the roof, which had to be solved by Pöppelmann the architect. It was generally known to the Europeans that the Chinese roofs have concave curves, but this rough impression was far from sufficient for an architect to raise a roof in such shape and with accurate proportion. He had to know all the details. For example, he was to calculate the overall proportion of the roof to the building façade, and the depth of the overhanging of the eaves as well. In real Chinese buildings, these fine points were determined by codified rules in the building manuals such as *Yingzao fashi*, but a European architect had to invent the rules by himself. Fortunately, what was important in the case of *Wasserpalais* was not authenticity but implication of Chinese forms. Even though, this did not make the job much easier because it required unusual imagination and creativity on the part of the architect.

In the end, the "Chinese roofs" invented by Pöppelmann do not fall into any category of European architectural tradition, whether classical or gothic, but such feature is generally agreed to be a success in aesthetic terms. The best angle to observe the roofs is from the garden front of the triple-group (Fig. 18). First we notice that the imposing roofs have a proportion of almost one to one to the walls, which give the pavilions a sense of nobility and stability. In the central pavilion, the roof has two tiers with individual concave curvatures, which are neither too exaggerated nor vague. On the lower tier of the roof, the clerestory windows also have smaller concave-curved tops, repeating the shape of the upper roof. The recurrence of these curves gives the central structure a prevailing rhythm, which unifies its appearance.

Pöppelmann's treatment of the cornice showed that he was conscious of the formal rhythm enforced by the roofs on the whole building: the molding of the cornices is carved into a unique curve which is precisely the inverse of the slightly concave curve of the eave (Fig.19). Apart from echoing the rooflines, the cornices also strengthened the thin protruding eaves. All these efforts made the large "Chinese roof" an organic part of the whole structure instead of an exotic cap on a classical body underneath.

Fig.18 Pillnitz Castle: garden façade of the Wasserpalais
(Source: http://commons.wikimedia.org/wiki/Schloss_Pillnitz? uselang= de)

Fig.19 Pillnitz Castle: cornice of the Wasserpalais
(Photo: LIU Chen)

The accent details on the roofs and cornices are also very interesting. There are three camouflaged chimneys on the main pavilion with top finials. In the drawing, the central finial is of an ogee shape reminiscent of the familiar Baroque domes in Dresden, such as the crown at the entrance of the Zwinger, which was also designed by Pöppelmann. Yet in the finished building of the Wasserpalais, the central finial was trimmed into a more regular shape with four sides and the curved form followed closely that of the roof. Another interesting addition to the roof is the acroterions at the corners of the eaves and the tips of the clerestory windows, in the shape of a ball or vessel with bird-like figure standing upon it (Fig.20). This type of acroterion is a rare motif both in its form and in its position on the building. Pöppelmann apparently wanted to use them to give prominence to the ridge and corners of the roof. This treatment both clarified the roofing structure and added visual interests to the building. Actually the function of these acroterions may remind us of their original usage on the pediment of a classical Greek temple.

Fig.20 Pillnitz Castle: roof details of the Wasserpalais
(Photo: LIU Chen)

Now we should have a close look at the columned portico on the garden front. As we know, the proportions of the classical orders are meticulously determined by mathematical relationships. It was the great achievement of Renaissance Architects to rediscover these proportions and codify them in architectural treatises, the best known of which being Andrea Palladio's *Four Books on Architecture*. Compared to the Corinthian order shown in an illustration in the *Four Books*, Pöppelmann kept the architrave in the form of three fascias but merged the frieze and cornice into a smooth curved-out form, echoing the eaves (Fig.21, Fig.22). Bold as it was, this treatment did not greatly alter the original proportions among the capital, architrave and the upper portions now in the shape of a curved cornice. The naturalness of the portico's appearance is very much determined by the preservation of the classical proportion. Furthermore, the spreading out of the curved cornice also subtly echoes the shape of the capitals. It is also interesting to note that Pöppelmann used the ornamental motif of drooping floral flowing out of the Corinthian capitals, which had appeared on numerous pilasters in the façade of the

Zwinger Palace. Such details further enlivened the look of the portico. In summary, this harmonious combination of four giant classical columns with a "Chinese roof" must be regarded as a testament to Pöppelmann's unusual perception of form.

Fig.21 Pillnitz Castle: architrave on the garden façade of the Wasserpalais

(Photo: LIU Chen)

Fig.22 Andrea Palladio. *Four Books on Architecture*: Corinthian capital

The treatment of color is also brilliant. Overall, the triple-group is dominated by the gray shingle roof. The walls were painted in a cheerful yellow enlivened by the cream tone of the window frames and columns of the portico. In the central pavilion, the cornice was painted with a red background to separate the sober gray of the roof and the lighter colors of the structure underneath, which also emphasized the horizontal eave lines. Mandarin figures and chinoiserie scenes were painted in blue on both cornices and wall panels discreetly, neither too striking to pop out nor too weak to be indistinguishable from a distance. On the two side pavilions, the color scheme of the cornice was ingeniously reversed: red for the painting and yellow for the background. On the garden front, the side pavilions have long railings underneath the second story windows. The support for the railings was built in the same form as the curved cornice above and was also painted and decorated in similar manner (Fig.23). On the river front, same treatment was also granted to the long railings of the central pavilion. Finally, it is necessary to point out the golden acroterions and finials, which added a sense of festivity and gaiety to the whole building. After all, this is an "Oriental pleasure house" built for the festivals and celebrations of a pleasure-loving prince.

Fig.23　Pillnitz Castle: railings and brackets on the garden façade of the Wasserpalais
(Photo: LIU Chen)

By all accounts, the *Wasserpalais* is a remarkable achievement. Augustus II the strong must have been extremely satisfied with the well-proportioned and graceful roofs on the triple pavilions, as they became an original archetype for almost all later structures starting with the *Bergpalais*, also designed by Pöppelmann. The general form of the roofs was also maintained in both Exner's additions of the wing buildings and in Schuricht's large *Neue Palais*. But in terms of architectural invention and formal sophistication, these later additions were inferior to Pöppelmann's original work.

Ⅴ The Chinoiserie of the Pillnitz Castle: Imitation or Creation?

Western art historians and critics have often described chinoiserie architecture as "folly". The term has multiple layers of meaning in this context. First, it points to the less serious attitude of the princes, who commissioned such works to fulfill their fantasies of the exotic Far East; second, it describes the irrational architectural forms or decorations of such buildings, usually from the viewpoint of Western classical architecture in the Greco-Roman tradition; third, it means that chinoiserie buildings were often neither functional nor economical but were some kind of expensive showpieces.

One of the most famous examples of this type of architectural "folly" is the Chinese Teahouse at Potsdam. This building provoked the most sarcastic scorns by contemporary critics for its conical pagoda roof and palm-tree pillars (Fig.24,Fig.25). Here is a particularly amusing piece of criticism of such kind:

"We know, at any rate, that the Chinese, though they put pagodas and images of their gods inside their temples, did not put them on their roofs, ⋯, and whether they planted palm-trees at regular intervals, in order later on, when they were sufficiently grown, to build roofs on their green stems and to erect dwelling houses under them, is extremely doubtful. ⋯ and generally speaking, the house would not have been sufficiently characteristic and distinct, had not these palm-trees and effigies of Chinese amusing themselves introduced an obviously Chinese element, seeing that neither real palm-trees nor real Chinese were to be had." [1]

Fig.24 Sanssouci Park in Potsdam: statue on the rooftop of the Chinese Teahouse
(Photo: LIU Chen)

---

[1] Cited in Hugh Honour, *Chinoiserie: the Vision of Cathay*, London: J. Murray, 1961, p. 113.

Fig. 25　Sanssouci Park in Potsdam: palm columns and statues of the Chinese Teahouse
(Photo: LIU Chen)

This criticism itself is an interesting historical document of chinoiserie. It seems that the commentator had some knowledge of Chinese architecture and correctly regarded the sculpture on top of the building and the palm columns as pure fantasies than anything authentically Chinese. Furthermore, he pointed out that Chinese elements were more in the themes implied in the effigies and decorations than in the forms of the architecture.

Yet similar criticism would be totally inapplicable to the Pillnitz Castle. First of all, it is a large building and garden complex created in the period of a century, in opposition to most chinoiserie buildings that were often individual structures or non-functional decorative buildings such as pagodas and small garden pavilions. Besides, the Pillnitz Castle is not just a nominally "Chinese" building with only ornamental Chinese features, as in the cases of the Chinese Teahouse and Augustus II the Strong's own Japanese Palace. Instead, the buildings at Pillnitz are distinguished by their instantly recognizable "Chinese roofs". In terms of its function, the Pillnitz Castle was initially conceived as a pleasure palace for festivals but later enlarged to become the summer residence of Friedrich August III, suggesting that it can be used as a regular palace for a princely court. Its gracious chinoiserie style might be unsuitable for a place that serves the symbolic function of the court's authority but it was perfectly appropriate for a relaxing and luxurious place to stay during the summer. To summarize, we must not treat Pillnitz palace as a "folly" but as a serious and functional architectural work.

Since the Pillnitz Castle was built in a "Chinese style", it is natural to compare it with the real Chinese architecture. However, anyone with a basic knowledge of Chinese architecture will understand that it is essentially inimitable by the Europeans. The fundamental reason is that the main Chinese building material is timber instead of stone as used in Europe. Traditional Chinese architecture is based on a system of pillar and beam construction, while the walls are usually non-weight bearing "curtain walls". The most significant element of ancient Chinese buildings, the large roof with deeply overhanging eaves is a functional necessity, because the eaves may carry rainwater away while protecting the structure beneath; they also provide valuable shading from the fierce sun in summer. The concave curve of a Chinese roof is the result of using a flexible roof-truss system, which also helps to form deep overhanging eaves. Both roofs and eaves are covered with terra-cotta tiles, thus how to sustain the heavy protruding eaves became a critical structural challenge in Chinese architecture. The solution reached is something totally unique in architecture around the world, which is a bracket system made of wood blocks in a great variety of forms called *Dougong*. The ornaments in Chinese buildings generally follow the tectonic elements. The pillars, beams, pulins and brackets are all painted in different colors, while the ridge of the roof and the corner of the eave are emphasized with decorative motifs. In summary, the forms and decorations of Chinese buildings are fundamentally determined by their structural properties. The eighteenth-century Europeans obviously could not understand that Chinese architecture was essentially rational and practical. No wonder their chinoiserie buildings were usually superficial and exotic.[1]

In the case of the Pillnitz Castle, it would be unreasonable if we insist on evaluating its architectural qualities as the result of an "imitation" of Chinese architecture, because it has none of the necessary components of a Chinese building in the first place, such as pillars, beams, brackets, tiles, etc. Judging from the structural point of view, it is a purely European building with columns, weight bearing walls and mechanically rigid roof truss covered by lightweight roofing material. Therefore, it would make more sense to consider the Pillnitz Castle as an example of architectural innovation *within* the European tradition. In the analysis above, we have shown that the *Wasserpalais*' success primarily consists in the sensible and imaginative treatment of architectural forms by Pöppelmann, who deftly integrated the vast concave-curved hip roofs with the classical structure underneath.

Curiously, the rational solutions reached in the Pillnitz Castle are often comparable to similar features in real Chinese buildings, though they are structurally different from each other. The most

---

[1] For a general introduction to the structures and functions of Chinese architecture, see William Willetts, *Foundations of Chinese Art from Neolithic Pottery to Modern Architecture*, New York: McGraw-Hill, 1965, pp.380-392.

noticeable example is the generous proportion of the roof, which is also true in traditional Chinese architecture. The emphasis on horizontality in the *Wasserpalais* – through the eaves, curved cornices, and railings-is a significant character of Chinese architecture as well. The highlighting of the roof ridges and eave corners with decorative motifs is shared by both the *Wasserpalais* and a typical Chinese building. Another important similarity is the disposition of the buildings into a central structure flanked symmetrically by two smaller structures, which is a general principle in Chinese architecture. To explain these similarities, we should recognize that rationality is the common sense shared by both European and Chinese architectural tradition. It is also interesting to point out a little detail: the female sphinxes sitting in front of the river side of the *Wasserpalais*. Curiously, at the main entry of a Chinese palace, there also appears a pair of stone-carved lions, which are known to have a foreign origin since lion is not a native animal in China. In this example, both European and Chinese architectural practices may have a common source in the ancient cultures of Egypt or Mesopotamia.

Another important aspect to notice is that, while almost every chinoiserie building as seen in contemporary illustrations featured up-turned eaves, this detail was disregarded in the *Wasserpalais*. Pöppelmann must have made a conscious decision not to follow this fashion, because it would destroy the balance of the cornice and roof curves and the building would sacrifice its dignity and horizontal stability. In comparison, the Chinese Pavilion at Pillnitz designed by Schuricht has multiple up-turned eaves. Though generally considered a more authentic chinoiserie building by Western art historians, it is in fact a pastiche from a Chinese point of view, since up-turned eaves can be neither visually acceptable nor psychologically comfortable without the structural support of a complete bracketing system underneath.

To sum up at this stage, the *Wasserpalais* at Pillnitz is a highly innovative work in almost every aspect and it must be appreciated and evaluated in its own terms, instead of being treated as an imitation of Chinese architecture based on second- or even third-hand sources. Its form is achieved through the architect's efforts in combining both rational choice and imaginative creation. In the meanwhile, we should remember that its patron, Augustus II the Strong also made contributions to its final appearance. In short, it is a natural and organic product of the inventive architectural tradition of Dresden. As a German chinoiserie building, the quality of the *Wasserpalais* far exceeds both of its French precedent and the British examples that dominated the second half of the eighteenth century. Whereas the *Trianon* existed for only seventeen years, the *Wasserpalais* survives to present day, its form and color still revealing a courtly grandeur. Alternatively, The English taste for chinoiserie has an "academic" tone, expressed in the influential work of Sir William Chambers' *Designs of Chinese Buildings, Furniture, Dresses, Machines and Utensils*, published in 1757. The meticulously executed architectural illustrations in this volume include elevations, sections, as well as perspectival views of buildings (Fig.26). Such knowledge was based on Chambers' study in Canton, the only place he visited in China. The only extant building designed by him, the great Pagoda in Kew Gardens, is often recognized as the nearest thing to Chinese architecture in eighteenth-century Europe (Fig.27). However, like Schuricht'sChinese Pavilion, it is just a superficial imitation, without serious understanding of the structural and aesthetic essence of the Chinese prototype. Nowadays, we can regard these works as simply a reminder of an ephemeral fashion of the past, while the *Wasserpalais* stands out triumphantly as an original work of imagination.

(a)

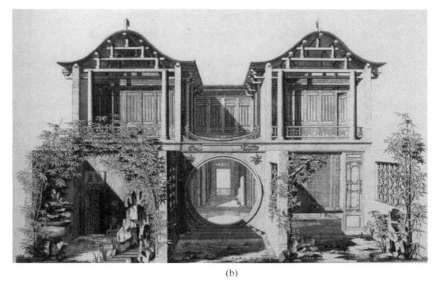

(b)

Fig.26　Sir William Chambers. *Designs of Chinese Buildings, Furniture, Dresses, Machines and Utensils*: engravings
(Source: Dawn Jacobson. *Chinoiserie*.New York: Phaidon, 2001: 127)

Fig.27　London, the great Pagoda in Kew Gardens
(Source: http://commons.wikimedia.org/wiki/Kew_Gardens)

Another important aspect of the chinoiserie style is its significance in the social life of the eighteenth century. In Germany as in other European countries, chinoiserie was for the most part a courtly and secular style, which was clearly inappropriate in an ecclesiastical setting. For example, Pöppelmann built the Vineyard Church (*Weinbergkirche*) at Pillnitz for the demolished Palace Chapel (*Schlosskapelle*), which is a regular country chapel and has nothing to do with chinoiserie. It is interesting to notice that the Jesuits also built their churches in China solely in the Western style. Furthermore, even within the secular commissions, chinoiserie was not applicable to everything. No rulers had their residences built this way. As has been suggested by some scholars, there is a fundamental difference in function between a ruler's residence and his pleasure or country house.❶ A residence is where regular ceremonies and customs are at play, and therefore it is necessary to adhere to tradition in terms of architectural style. In contrast, a pleasure house has much more flexibility, where a prince could impose his special taste and fulfill his personal ambitions in

---

❶ Discussed in Thomas DaCosta Kaufmann, *Court, Cloister, and City: the Art and Culture of Central Europe 1450—1800*, Chicago: University of Chicago Press, 1995, p. 308.

ınd for all to ourselves as Master⋯"

ıdian Palace" at Pillnitz provided an extravagant opportunity for the King to
express his ardent passion for the Orient.

oiserie is, after all, a European artistic style. The inspirations drawn from
ts had to be absorbed and integrated with the European tradition to create
ılue. Our study of the *Lustschloss* at Pillnitz has shown that this magnificent
uated as an excellent example of an intelligent and imaginative approach to a
e, what is impressive of this German work and its long history is not only the
ıt but also the passion and interest it showed of the Europeans in the
rds foreign cultures. This engaging cultural attitude must also count as a
as truly as the beautiful architectural works produced by it.

Reference

ɔrti. Joseph Rykwert, Neil Leach, and Robert Tavernor, trans. On the Art of Building in
ſ Press, 1988
er. J. B. Fischer von Erlach. Cambridge: Harvard University Press, 1973
wing Boundaries: Architectural Images in Qing China. Honolulu: University of Hawaii

ɔt der Starke und seine Zeit: Kurfürst von Sachsen, König in Polen. Leipzig: Edition

ırtmann. Schloss Pillnitz: Vergangenheit und Gegenwart. Dresden: Verlag der

ınn. Matthäus Daniel Pöppelmann und die Barockbaukunst in Dresden. Stuttgart:
1986
ıoiserie: the Vision of Cathay. London: J. Murray, 1961
ːhinoiserie: the Impact of Oriental Style on Western Art and Decoration. Oxford: Oxford

—

ed to Chinese architectural tradition as well: the Qing Emperor Qianlong had European-style
gardens built in *Yuan Ming Yuan* (the Old Summer Palace) to satisfy his exotic taste, but the
ıctly maintained in the architecture of the Forbidden City, where formal ceremonies were held.
sta Kaufmann, *Court, Cloister, and City: the Art and Culture of Central Europe 1450—1800*,
ɔ Press, 1995, p. 325, n. 38.

[9] Dawn Jacobson. Chinoiserie. New York: Phaidon Press, 2001

[10] George Kunoth. Die historischen Architektur Fischers von Erlach. Düsseldorf: Verlag L. Schwann, 1956

[11] Thomas DaCosta Kaufmann. Court, Cloister, and City, the Art and Culture of Central Europe 1450—1800. Chicago: University of Chicago Press, 1995

[12] Fritz Löffler. Das alte Dresden, Geschichte seiner Bauten. Leipzig: E. A. Seemann, 2012

[13] Lothar Ledderose. Ten Thousand Things: Module and Mass Production in Chinese Art. Princeton: Princeton University Press, 2000

[14] Liang Ssu-Ch'eng. Wilma Fairbank, ed. Chinese Architecture, a Pictorial History. New York: Dover Publications, 2005

[15] Chen Liu. Between Perception and Expression: the Codex Coner and the Genre of Architectural Sketchbooks. Princeton: Princeton University, Ph. D. Dissertation, 2011

[16] Matthäus Daniel Pöppelmann 1662—1736, Ein Architekt des Barocks in Dresden. Staatliche Kunstsammlungen Dresden, 1987

[17] Christopher Thacker. The History of Gardens. Berkeley: University of California Press, 1979

[18] William Willetts. Foundations of Chinese Art from Neolithic Pottery to Modern Architecture. New York: McGraw-Hill, 1965

皮尔尼茨堡与18世纪德国的中国风建筑

刘 晨

(清华大学建筑学院)

摘要："中国风"向来被看作十八世纪在欧洲流行一时的装饰艺术风格,而同一时期涌现的中国风建筑却极少成为独立的研究对象。绝大多数的艺术史家和评论家认为这类建筑"华而不实",外形怪诞,无章可循。但这样的批评对德累斯顿的皮尔尼茨堡来说却不适用。这座为萨克森选帝侯奥古斯特二世而建的行宫最显著的特征是它的"中国屋顶"。整个建筑群规模宏大,施工经历了一个世纪,从形态到功能都很完整。本文以中国风的历史渊源和文化背景为基础,详细分析皮尔尼茨堡主建筑水景楼的特点和设计理念。笔者认为,这一作品与通常意义上的中国风建筑有本质区别:它远非对中国建筑的肤浅摹仿,而是建筑师结合理性与想象对外来风格进行演绎的优秀案例。尽管就建筑来说,"中国风格"在外表形式底下有自身独特的逻辑,无法完全移植到另一种文化环境中,但是却可以在适当的变异之后找到与当地建筑传统的契合点,从而诞生出新的形式。这是皮尔尼茨堡留给我们的启示。同时,它还见证了十八世纪欧洲人对东方文化和艺术的高度热情,具有文化遗产的珍贵意义。

关键词:中国风,皮尔尼茨堡,水景楼,中国风建筑,中国建筑

Abstract: The aspect of chinoiserie as a transient style in European decorative and pictorial arts has been much stressed in art historical studies. In contrast, chinoiserie architecture, which flourished at various European courts throughout the 18th-century, has scarcely been treated as an individual subject, partly due to the fact that many chinoiserie buildings were ephemeral. Traditional views consider these buildings as "follies", but such description looses its validity in the case of a complete, functional work like the Pillnitz Castle in Dresden, characterized by its grand "Chinese roofs". Beginning with a brief overview of the evolvement of chinoiserie, this study presents a survey of important chinoiserie architectural works in 18th-century Germany, followed by an account of the construction history of the Pillnitz Castle. Particular attention is given to the question of possible sources and precedents of its main feature, the Wasserpalais, which was designed by the German Baroque architect Matthäus Daniel Pöppelmann. Through a detailed analysis of the many ingenious approaches exhibited in this building, the author argues that its quality far exceeds other chinoiserie works that only superficially imitate Chinese architecture. In essence, the Wasserpalais is a successful example of an intelligent and imaginative approach to a foreign style.

Key Words: Chinoiserie, Pillnitz Castle, Wasserpalais, 18th-Century Chinoiserie architecture, Chinese architecture

引　言

　　从德国东部萨克森州首府德累斯顿市中心出发,沿着蜿蜒的易北河向东行约十五公里,便来到了风景秀丽的小镇皮尔尼茨❶。这里盛产葡萄酒,仍保留着以往的乡村式结构,民风淳朴。最有名的是依山傍水而建的园林建筑群皮尔尼茨堡(图1)。从河对岸望去,建筑外观错落有致,呈完美的对称布局,当中一组三体式楼阁临水最近,橙黄色的墙面衬托出深灰色屋顶;两翼略向后退,粉墙衬着天青色屋顶。整组建筑沿着河岸水平舒展开来,气势恢宏,色彩明丽,与其水中倒影和草色天光构成了一幅赏心悦目的图画。最惹眼的是覆在主体建筑和两翼上方的大屋顶,优美的弧线向外延伸,缓缓勾勒出恰到好处的坡度。走近了看,在出挑的檐楣上还有装饰性彩绘(图2)。这些特点在欧洲建筑传统里十分罕见,隐约之间似有中国建筑的影子。熟悉中国建筑的人乍一见皮尔尼茨堡,甚至会联想到20世纪50年代建国初期在北京兴建的一批传统风格的大型公共建筑。实际情况则与这一印象大相径庭:皮尔尼茨堡是十八世纪为波兰国王奥古斯特二世所建的一座行宫,是所谓的"中国风"流派里最著名的建筑作品之一。临河的三体式楼阁是它的核心,名为"水景楼"(Wasserpalais),作者是德国著名的巴洛克建筑师马特哈乌斯·丹尼尔·波波尔曼(Matthäus Daniel Pöppelmann, 1662—1736)。

图1　易北河畔的皮尔尼茨堡

(http://commons.wikimedia.org/wiki/Schloss_Pillnitz? uselang=de)

---

❶德累斯顿位于易北河谷地,临近捷克边境,北距德国首都柏林200公里。作为历代萨克森选帝侯和国王的首府,几个世纪以来德累斯顿孕育出自己的灿烂文化和艺术,尤以巴洛克和洛可可时期的精美建筑闻名,有"珠宝匣"和"易北河上的佛罗伦萨"之美称。但这座城市在纳粹期间一度成为德国的地狱。第二次世界大战接近尾声时,英国皇家空军和美国陆军航空队联合发动了对德累斯顿的大规模空袭,将整个市中心夷为平地。德意志民主共和国时期,经过四十多年的不懈努力,市中心许多重要的历史性建筑得以重建。1990年东、西德合并后,德累斯顿再度成为德国及整个欧洲的文化、艺术、教育和经济重镇,更多的重建项目如雨后春笋般涌现。笔者有幸在2005年10月30日造访德累斯顿,恰逢持续13年之久的圣母教堂重建工程竣工。皮尔尼茨起初是个小村落,后来发展为镇,1950年作为一个市区并入德累斯顿。1945年的大空袭中,皮尔尼茨堡因远离市中心并未遭到严重摧毁,主要的宫殿建筑得以保留。相关背景可参阅:Hans-Günther Hartmann. *Schloss Pillnitz*: *Vergangenheit und Gegenwart*(汉斯-君特·哈特曼. 皮尔尼茨堡:过去与现在). Dresden: Verlag der Kunst, 2008: 1-78

图 2　皮尔尼茨堡水景楼檐下彩绘
（刘晨 摄）

"中国风"这一说法源于法语"*Chinoiserie*"，顾名思义乃是中国风格，指的是以中华传统文化或广义的东方文化为依据，凸显中国元素的艺术风尚或生活方式。它本质上是一种受中国设计手法影响的欧洲艺术风格，有时也译作"中国热"。近代欧洲的中国风始于十七世纪初，在十八世纪中叶达到流行的顶峰，十九世纪之后逐渐消退。这一风格通常出现在室内陈设与装饰艺术中，同时也影响了建筑和园林设计[1]。

说起中国风，绕不开东西方交流的话题。数百年以前，由于复杂的地理因素，同处一个大陆的欧洲与东亚之间的联系还相当困难。但欧洲对中国向来充满强烈的好奇心和兴趣。早先的旅行家跋山涉水来到中国，以游记的形式记录下所见所闻并带回家乡。他们那不乏夸张的描述唤起了欧洲人对远东的想象。最富传奇色彩的莫过于威尼斯商人、探险家马可·波罗（Marco Polo，1254—1324）的经历。据称他于1271年跟随从事远东贸易的父亲和叔父从威尼斯乘船出发，经黑海从陆路辗转于1275年抵达元大都（今北京）。聪明机智的马可深得元世祖忽必烈喜爱，以皇帝使者的身份造访过中国的许多地方，亲眼目睹到比欧洲先进的文化成就。1292年马可·波罗一

---

[1] 值得注意的是，*chinoiserie* 一词既指"（欧洲十八世纪摹仿的）中国艺术风格"，又指具有这种风格的物品。迄今为止，对此作专门研究的大多仍是欧美学者，最近二十年来，随着新一股"中国热"在全球化背景下再度掀起，多种关于中国风的专著相继问世，在传统的以十八世纪欧洲中国风为研究对象的基础上，还开辟了新的研究方向和专题，例如二十世纪初美国的室内设计中出现的"中国风复兴"现象。总的来说，这方面的研究仍将中国风看作一种装饰艺术风格，所谈论的重点大多在瓷器、绘画和室内设计。就笔者所知，"中国风建筑和园林"最多作为一个章节，或作为洛可可建筑风格的一部分出现在文献里，绝少成为独立的研究对象。

家从泉州出发,护送蒙古公主前往伊儿汗国成婚,完成使命后转路于1295年返回欧洲。不久,马可·波罗在一次威尼斯与热那亚的海战中被俘,在狱中给同伴讲述了自己在远东的旅行经历,由比萨人鲁斯蒂开罗(Rustichello da Pisa)执笔,写成著名的《马可·波罗游记》❶。马可·波罗是否真正到过中国、懂不懂汉语一直以来都是争议的热点,但游记中描绘的奢华生活和灿烂文化激起了欧洲人对"契丹"这个东方国度的无限憧憬❷。

1554年,欧洲终于通过葡萄牙人建立了与中国的直接贸易联系。此后,不列颠东印度公司与荷兰东印度公司分别于1600年和1602年成立并迅速发展壮大。这些远东贸易组织将茶叶、香料、丝绸、漆器、青花瓷器等种类繁多的东方物产带到欧洲。它们作为奢侈品出现在各地宫廷,成为财富和地位的象征。值得注意的是,在中国的艺术传统里并无"美术"和"装饰"之间的严格界定,如瓷器、漆器、家具之类与绘画和书法一起被看作艺术品。尽管像青花瓷一类进口到欧洲的器物经常是按欧洲人的审美习惯和特殊要求订制而成,且在品相上略逊一筹,但它们仍然反映出中国艺术的独特风格,因而欧洲人对这类器物有持久的热情。君主和贵族们求之若渴,颇具规模的收藏很快形成。最初,久负盛名的中国瓷器得以在"奇珍馆"里展示,与之同放异彩的还有其他来自异域的珍宝,比如以鸵鸟蛋壳和鹦鹉螺壳制成的酒具❸。然而欧洲人不久便意识到,中国的瓷器和漆器并不仅仅是带有异国情调的珍玩。他们为这类工艺品在材质、造型和色彩等方面所体现出来的美感深深打动,并开始在本土制作的产品中进行摹仿。1620年间,仿中国风格的漆面柜橱在英国出现,之后整个欧洲的工匠开始忙于仿制从东方进口的工艺品并临摹上面描绘的人物和美景。

十七世纪初至十八世纪末正值中国从明朝灭亡逐渐演变至康雍乾盛世这段重要历史时期。得益于明朝中后期的隆庆开关,许多耶稣会士得以到中国传教。其中一部分回到欧洲,带回了他们的见闻和著作,使欧洲人对丰富多彩的中国文化产生了浓厚兴趣。1700年世纪之交,法国国王路易十四身着华丽的中式服装,乘八抬大轿在凡尔赛宫的盛大舞会上现身,博得满堂喝彩。中国风逐渐渗透到欧洲人生活的各个层面,从日用器物、室内陈设到建筑和园林。无论王室贵族或寻常百姓,无不对其狂热追捧。它甚至影响了另一种源于法国的艺术风格,即"洛可可"。十八世纪三十年代,两种高度发展的艺术形式皆已从法国传播到德国、奥地利、西班牙等其他欧洲地区,并与当地风格相融合。

---

❶ 鲁斯蒂开罗写该书时用的是古法语,书成之后很快被翻译成其他欧洲语言并广泛流传。这在印刷术尚未出现的当时是非常难得的。原书稿今已不存,而几个翻译的版本在内容上皆有出入。

❷ 在《马可·波罗游记》里,"中国"被称为"Cathay",即"契丹"。在马可·波罗之前,已有欧洲人和阿拉伯人到过中国,他们将蒙古人统治的中国北方地区称作"Cathay",而南方叫做"Manji"(蛮子),即仍在宋朝统治范围内的地区。马可·波罗延续了这一习惯,以至于之后的三百多年里,欧洲人一直误认为"China"和"Cathay"是文化迥异的两个国家,直到十七世纪才意识到两者实际上指的是同一个国家,并以"China"取代"Cathay"的叫法。

❸ "奇珍馆"的说法源于德语"Kunstkammer"或"Wunderkammer",最初出现于1550年。当时中欧各地王室大兴收藏之风,但缺乏系统的鉴别和分类。哈布斯堡王朝的斐迪南一世(Ferdinand I)率先将散落在王宫各处的珍宝和绘画整理出来,单独放在一个房间里,称之为"奇珍馆"。此类奇珍馆在十六世纪后期的中欧迅速发展,代表着收藏史上一个非常重要的时期。相关背景可参阅:Thomas DaCosta Kaufmann. *Court, Cloister, and City: the Art and Culture of Central Europe 1450—1800* (托马斯·达考斯塔·考夫曼. 宫廷、修道院与城市:中欧的艺术与文化). Chicago: the University of Chicago Press, 1995: 167-171.

在建筑领域,中国风的流行相对晚一些。率先尝试中国风格建筑的乃是太阳王路易十四。1668年,他委任宫廷建筑师路易·勒·沃(Louis le Vau,1612—1670)在凡尔赛宫西北侧为其宠妃蒙蒂斯潘侯爵夫人设计一座离宫,史称"大特里亚农宫",又称"瓷宫",是欧洲历史上第一件中国风建筑作品。瓷宫于1670年冬完成,但这一尝试却注定昙花一现,因为用以装饰主体建筑的"瓷瓦"其实是上了青白釉的陶制瓦片,不适应法国冬季寒冷的气候。瓷宫不久便被拆毁,但它所开创的时尚却很快蔓延至其他欧洲宫廷,在日益受法国影响的德国尤其流行。总的来说,与法国相比,后者对中国风的追逐与表达更为自由。欧洲留存下来的最赏心悦目和最具创造力的几件中国风建筑作品大都来自于十八世纪的德国。

一 近代"中国风"建筑在德国

德国最早的"中国风"建筑出现在德累斯顿及其周边地区,均为奥古斯特二世所建。在成为波兰国王之前,他是神圣罗马帝国的萨克森选帝侯[1]。奥古斯特二世酷爱艺术与建筑,尤其崇尚中国的瓷器。他在迈森镇的阿尔布莱希特城堡创建了皇家瓷器厂,为发展本土的瓷器工业倾注了大量资金和心血。奥古斯特二世的财政大臣曾感慨道:"中国已经成为萨克森的一只流血的碗"[2]。考虑到"中国"与"瓷器"这两个词同为"china",这位财政大臣的话可谓一语双关。迈森瓷器闻名遐迩,其制造基于当地盛产的高岭土,又称"瓷土"。正是奥古斯特二世雇用的炼金术士约翰·弗里德里希·伯特格尔发现了在高温下用高岭土制瓷的正确公式,于1709年制造出了欧洲第一件白色硬瓷;翌年,欧洲最早的一批瓷器得以在新开办的皇家瓷器厂成功制造[3]。

除了大力扶持本土瓷器生产,奥古斯特二世还是一位眼光锐利的鉴赏家和收藏家。他收藏的中国和日本瓷器皆属上乘之作。为了给这些藏品提供一个展示空间,他命宫廷建筑师波波尔曼将自己的"荷兰宫"改建成了一座"日本宫"(图3)。这一重新装修后的宫殿糅合了巴洛克传统与东方特色:四座角楼皆有两折式内凹弧状坡屋顶,而当地巴洛克建筑立面上常见的装饰"女像柱"摇身一变,在这里成了留着长须、身穿宽袍的汉人(图4)。奥古斯特二世还打算在皮尔尼茨建一座崭新的、充满异国情调的行宫。他最初的构思是一栋立面上做格子镶板装饰、屋顶覆以"瓷瓦"的建筑,与凡尔赛的大特里亚农"瓷宫"有类似之处。同样因为气候的原因,奥古斯特二世的这一东方梦想注定无法实现。取而代之的是"印度行宫"。我们将在后面对其作详细讨论。

除了奥古斯特二世,其他日耳曼统治者也在追逐他们自己的中国梦。在巴伐利亚地区,选帝侯伊曼纽尔及其子、科隆大主教克雷门斯最崇尚中国。伊曼纽尔命人在宁芬堡宫(Schloss Nymphenburg)

---

[1] 神圣罗马帝国(Holy Roman Empire)全称"德意志民族(或日耳曼民族)神圣罗马帝国"(德语:Heiliges Römisches Reich deutscher Nation),是公元962年至1806年存在于中欧的封建帝国。在从中世纪到早期现代的这段历史中,皇帝最初的实权逐渐弱化,地方势力崛起,帝国逐渐演变成由公侯国、宗教贵族领地和帝国自由城市构成的政治联合体。这颇似中国历史上的战国时代。神圣罗马帝国与德国的历史密切相关,被德国历史学家定义为"第一帝国"。"选帝侯"指的是拥有选举"罗马人民的国王"和"神圣罗马帝国皇帝"的权力的诸侯。

[2] 引自:Dawn Jacobson. *Chinoiserie*(唐·雅克布森. 中国风). New York: Phaidon Press, 2001: 98

[3] 有关迈森瓷器的详细历史,可参阅:Dawn Jacobson. *Chinoiserie*(唐·雅克布森. 中国风). New York: Phaidon Press, 2001: 38, 98-103

图 3 德累斯顿日本宫
(刘晨 摄)

图 4 德累斯顿日本宫立面上由女像柱演变而来的汉人雕像
(图片来源：Bundesarchiv；Bild 183-1995-1125-003 由 Häßler Ulrich 拍摄)

的花园里建造了一座中国茶楼,名之为"宝塔楼"。这座两层、八面的小阁楼从外观看并无中国特色,但二层的房间却是典型的中国风装饰❶。克雷门斯在布吕尔有一座宏伟的宫殿,叫"奥古斯都堡"(Augustusburg Palace),其中"印度漆楼"的整个室内装饰都是中国风格。当时德国流行雇用法国艺术家和匠人来装点王公贵族的府邸,克雷门斯追随这一潮流,将法国的装饰设计大师、建筑师弗朗索瓦·德·屈维利埃(François de Cuvilliés the Elder)请到布吕尔,为其精美的猎趣园(Falkenlust)设计另一座"印度楼"❷。但这些建筑物所表现出来的中国风仅限于室内装饰,而不在整体的设计风格。1750 年左右,克雷门斯的确在布吕尔的奥古斯都堡庄园内尝试修建了一座完整的"中国楼",可惜该建筑除了一处中国池塘外已荡然无存(图 5)。约 1734 年,克雷门斯的长兄阿尔布莱希特将屈维利埃召回,命其修建宁芬堡宫的猎趣园。这一亭式花园建筑被尊为洛可可装饰的经典作品,标志着屈维利埃的事业巅峰。就风格而言,这里占主导地位的虽是洛可可,但中国风所扮演的角色仍值得关注。

图 5 布吕尔奥古斯都堡庄园里的"中国楼"

(http://commons.wikimedia.org/wiki/File:Chinesicher_Pavillon_Augustusburg.JPG)

---

❶ 位于慕尼黑的宁芬堡宫是为选帝侯费迪南·玛丽亚及其妻子营建的一座夏宫,由意大利建筑师设计,是典型的巴洛克风格,主体建筑落成于 1675 年。伊曼纽尔在位期间对宁芬堡宫进行了大规模扩建。
❷ 1984 年,布吕尔的奥古斯都堡宫殿建筑群和猎趣园一起被联合国教科文组织列入世界文化遗产。

在普鲁士一带,将中国风介绍到宫廷的是第一位普鲁士国王腓特烈一世。他也是宫廷艺术家、欧洲最富才华的漆艺大师葛哈德·达格利的惠助人。达格利以其对东方漆艺惟妙惟肖的摹仿,为腓特烈一世的王宫做了丰富绚丽的室内漆画装饰。他的作品也因此在欧洲产生了深远影响,在中国风日趋流行的法国尤其受到欢迎❶。腓特烈一世的孙子,史称"腓特烈大帝"的普鲁士王腓特烈二世继承了祖父的东方品味。这位国王也是一位业余建筑师。他与法国大文豪伏尔泰的友谊为世人津津乐道,两人在信函往来中频繁谈论关于中国的各类话题。腓特烈大帝的中国梦在两件作品里得到了充分体现,其一是波茨坦"无忧宫"的"中国茶楼",由国王亲自设计,建筑师约翰·戈特弗里德·伯亨担任技术顾问,落成于1757年,是德国所有的中国风建筑里最古怪的一例(图6)❷。其二是1770至1772年间建造的"龙塔",位于无忧宫北侧一座小山的南面山坡上,外形大致摹仿中国的宝塔,四层、八面,每层的屋檐轮廓微向内凹,第一、二层屋檐的檐角共饰有十六条"龙",是以得名(图7)❸。

图6 波茨坦无忧宫中国茶楼
(http://commons.wikimedia.org/wiki/Category:Chinese_House_(Sanssouci))

---

❶ 关于葛哈德·达格利及其作品,可参阅:Dawn Jacobson. *Chinoiserie*(唐·雅克布森. 中国风). New York:Phaidon Press, 2001:41-43

❷ 1990年,联合国教科文组织将波茨坦无忧宫的宫殿建筑与园林列为世界文化遗产,称其为"普鲁士的凡尔赛宫"。

❸ 这里的"龙"面目狰狞,形态粗笨,与中国传统文化里龙的形象还有相当的距离,它们更像欧洲传说里带有邪恶寓意的"龙",即生有一双蝙蝠翅膀的大蜥蜴。

图 7　波茨坦龙塔
(刘晨 摄)

　　十八世纪上半叶的中国风建筑在创意方面大多仍囿于室内装饰和单体设计。其后的几十年间，人们做了更为大胆的尝试，将恢宏绚丽的东方之梦付诸实践。据文献记载，1781 年间，卡塞尔城的伯爵领主曾在其城北的威汉姆斯霍山庄营建了一座名为"木兰"的完整的中国式村落[1]。在这座虚构的村落里，精巧的房舍散布于一条溪流两岸，一座中式拱桥横跨水面，桥上的雕花栏杆玲珑剔透。整个建筑群是在日耳曼土地上奏响的最后一首"中国风"狂想曲，也是最大胆的作品之一。该村落没能留存下来，它存在的最佳证据保存在一只彩釉陶盘上。我们今天能看到的实物仅仅是一座后来重建的"中国亭子"。

　　腓特烈大帝家系庞大，得益于王室成员间的互相联姻，中国风也逐渐吹向北欧地区。在瑞典首府斯德哥尔摩郊外的卓宁霍姆宫（Drottningholm Palace，又译"王后岛宫"），有一座别致的亭楼式花园建筑，名为"中国楼"，是斯堪的纳维亚的中国风建筑里最著名的例子。这座楼阁的设计草图由腓特烈大帝亲自绘制，并于 1753 年落成后作为生日礼物送给他的妹妹、瑞典女王路易莎·乌尔瑞卡。在给母亲的一封信中，女王将这座"中国楼"描述为一处"真正的仙境"[2]。但它当时只是一座临时性的木构建筑；十年之后"中国楼"以石材重建，并留存至今（图 8）。

---

[1] 更多的关于"木兰村"的资料可参阅：Christopher Thacker. *The History of Gardens*（克里斯托夫·塞克. 园林史）. Berkeley：University of California Press, 1979：176

[2] 该信的内容详见：Dawn Jacobson. *Chinoiserie*（唐·雅克布森. 中国风）. New York：Phaidon Press, 2001：94-96

图 8　瑞典卓宁霍姆宫中国楼

(刘晨 摄)

总之,整个十八世纪的日耳曼统治者对中国风建筑有着持久的热情。而这一风格在建成作品中的具体表达却有很大差异:有些作品仅在室内装饰上运用中国风,另一些将其表现在单体建筑的外观设计上,而更大规模的中国风格则渗透在园林景观或建筑群的设计中;这最后一类的代表作品正是奥古斯特二世的皮尔尼茨堡。

二　皮尔尼茨堡建造始末

奥古斯特二世有个著名的绰号,叫"强力王"。但他作为军事和政治统帅可谓徒有虚名,在持续二十年的大北方战争中,他功亏一篑,使波兰陷于财政瘫痪[1]。尽管如此,他仍是最受萨克森人民欢迎的统治者。德累斯顿能够崛起为欧洲的文化和艺术重镇,奥古斯特二世功不可没。

国王对中国风格的追逐与其对瓷器等装饰艺术的浓厚兴趣密切相关。他的远东热情在德累斯顿酝酿出一种以中国风为时尚的宫廷艺术。漆艺家、橱柜匠人和珠宝设计师都聚集在他的宫廷里,创造出完整的中国风格的房间;来自东方的和本地生产的各式瓷器将它们点缀得琳琅满目。当时最负盛名的金匠约翰·梅尔基奥·丁林格花费了六年工夫为莫卧儿皇帝奥朗则布的寿诞庆典做装饰设计[2]。完成的作品是一座由 165 个釉彩金人组成的镀银戏台,带有强烈的东方色彩。这一作品的原创构思来自奥古斯特二世本人,是他将远东的灵感与梦幻糅合在绝对君权的理想中,而这一独特隐喻将在皮尔尼茨堡的设计里得到最大程度的彰显。

---

[1] 欧洲历史上的大北方战争持续了二十一年(1700—1721 年),是沙皇俄国与瑞典争霸波罗的海之战。战争结束时,俄国夺取了霸权,而瑞典从此退出欧洲列强。奥古斯特二世起初与俄皇彼得大帝结成联盟共同对抗瑞典国王查理七世,后者击溃了奥古斯特的波兰军队,于 1706 年入侵萨克森,迫使奥古斯特退位。1709 年,在俄皇的支持下,奥古斯特再次登上波兰王位。相关历史背景可参阅:Karl Czok. *August der Starke und seine Zeit*：*Kurfürst von Sachsen*，*König in Polen*(卡尔·曹克. 奥古斯特二世和他的时代). Leipzig：Edition Leipzig, 1997。终其一生,奥古斯特试图建立起绝对君权,并将这一雄心灌注在对艺术和建筑的追求中。

[2] 奥朗则布是莫卧儿—印度帝国第六任皇帝,其父便是建造著名的泰姬陵的沙贾汗。

"皮尔尼茨"这个名字第一次被提到是在 1335 年，当时还只是一个小村落。1403 年后，皮尔尼茨最初的城堡开始不断易主。1609 年，一座花园和夏季别墅在皮尔尼茨建成。1616 年，城堡经扩建成为一座气势雄伟的四翼围合式建筑，有轩昂的山墙和带涡卷装饰的钟塔；沿河岸还有一座三层高的楼。这两处建筑物均带有明显的晚期文艺复兴风格。

1694 年，当时的萨克森公爵、选帝侯约翰·格奥尔格四世（即奥古斯特二世的兄长）将皮尔尼茨的房产赐给了他的情妇。二人在同一年相继辞世。奥古斯特继承了兄长爵位并成为萨克森选帝侯。1706 年，奥古斯特买下了皮尔尼茨的房产，并于翌年将其赐给自己的情妇珂赛尔伯爵夫人。但后者在十年后失宠，奥古斯特二世剥夺了她名下的大部分财产，包括皮尔尼茨以及德累斯顿的塔申堡宫❶。

1718 年，奥古斯特将皮尔尼茨收回之后立刻就遇到一件迫在眉睫的宫廷大事：王子弗里德里希即将迎娶神圣罗马皇帝约瑟夫一世之女玛利亚，国王要为二人的婚庆大典选址。最初皮尔尼茨并未在考虑之列，因其文艺复兴风格已经过时，不足以吸引王室贵胄在此举行大典。但国王惦记着皮尔尼茨在易北河畔的优越地理位置，于是开始构想一座行宫，在此既可游赏河岸风光，又可举办盛大节庆；他甚至由易北河联想到威尼斯大运河，他乘坐的一叶扁舟"刚朵拉"从远方悠悠驶来，泊靠在他的宫楼前。行宫一旦建成，还可以用来举办 1721 年的"白鹰勋爵"庆典❷。从一开始，奥古斯特二世就打算把这处新行宫设计成"东方风格"；但值得注意的是，他构想的并非临时性建筑，而是要永久取代原先的文艺复兴式城堡。抱着这些想法，国王很快下令动工修建新的皮尔尼茨堡。

1720 年，曾有建筑师经历的萨克森元帅克里斯托夫担任项目总监。当时奥古斯特二世身在华沙，通过与克里斯托夫的书信往来把握着项目的进程，并提出自己的新想法❸。国王不断冒出的奇思异想给这位元帅总监造成了很大困扰，使其有时不得不基于自己的判断作决定，以保证施工按时进行。但这样一来国王的很多构想就无法得到实现。1720 年底，主体的三座亭楼竣工，它们有内凹弧状坡屋顶和宽阔的檐楣，是水景楼最初的面貌。这组亭楼取代了原先位于河边的文艺复兴式建筑，但此时三座亭楼尚未彼此相连❹。

1721 年，奥古斯特二世返回德累斯顿参加白鹰勋爵庆典。国王对新建筑并不满意，庆典过后，他立刻命人将中央大厅的宴会桌改成了可沉降式，并在下面做了一个容纳它的窖室，这样大厅空间既可用来宴请嘉宾，又能举办舞会。更重要的是，他对建筑的外观作了两处大改动，其一是增加中间那座亭楼的高度，其二是在该亭楼的花园立面上加一个柱廊。这些改动完成后，他又于 1724 年命人在三座亭楼间搭建了单层连廊。至此，水景楼才有后人熟悉的三亭相连式外观（图 9）。

---

❶ 这一段历史详见 Fritz Löffler. *Das alte Dresden*, *Geschichte seiner Bauten*（弗里兹·劳福勒. 老德累斯顿的建筑）. Leipzig：E. A. Seemann, 2012：136-137.

❷ "白鹰勋章"是波兰授予普通市民和军官的最高勋章，由"强力王"奥古斯特二世于 1705 年正式建立。

❸ 奥古斯特二世与克里斯托夫元帅通信的具体内容可参阅：Hermann Heckmann. *Matthäus Daniel Pöppelmann und die Barockbaukunst in Dresden*（赫尔曼·赫克曼. 波波尔曼与德累斯顿的巴洛克建筑艺术）. Stuttgart：Deutsche Verlags-Anstalt, 1986：116-117.

❹ 水景楼的这一面貌出现在当时宫廷的一只高脚酒杯的釉彩画里，参阅：Fritz Löffler. *Das alte Dresden*, *Geschichte seiner Bauten*（弗里兹·劳福勒. 老德累斯顿的建筑）. Leipzig：E. A. Seemann, 2012：120.

图 9　皮尔尼茨堡水景楼沿河立面（波波尔曼绘于 1722 年左右）
(http://commons.wikimedia.org/wiki/Schloss_Pillnitz? uselang=de)

在"水景楼"施工期间，奥古斯特二世还为皮尔尼茨堡征集了大规模扩建方案，以容纳更多的厅堂馆舍和园林景观，而其中的建筑物都将以"水景楼"为蓝本。克里斯托夫元帅向国王竭力推荐了如下方案：一座正方形的、有四座角楼的宫殿位于中心，周围有一系列规则布置的双层亭楼将其环绕，亭楼彼此间以栏杆相连❶。它们共同构成一个封闭式庭院，沿东西走向依河而建。这一布局实际上与德累斯顿的茨温格宫的扩建方案相呼应。

---

❶这一方案很可能出自法国建筑师撒迦利亚·朗格吕之手。参阅：德累斯顿国家美术馆 编. *Matthäus Daniel Pöppelmann 1662—1736* , *Ein Architekt des Barocks in Dresden*（波波尔曼：德累斯顿的巴洛克建筑大师）. Dresden：Die Kunstsammlungen，1987：96

在皮尔尼茨扩建方案里,除水景楼之外,本来另有三组建筑物环绕在中心宫殿周围,但只有一组得以在1723年建成,即水景楼对面的"山景楼"(Bergpalais)。两者在外观上一般无二,仿佛彼此的一面镜子(图10)。随着山景楼的竣工,这一年有各类庆典在皮尔尼茨举行。在水景楼的沿河一侧还专为国王修建了一处"刚朵拉"船港。人们从水景楼的主楼层出来,沿着一对弯曲的大阶梯从两侧款款而下,来到环绕着大理石栏杆的宽阔露台,再拾阶而下,来到河边。这一系列阶梯于1724年完成。最终,1725年,由雕塑家弗朗索瓦·库德海设计的一对花岗岩狮身人面像矗立在沿河的阶梯栏杆上,标志着皮尔尼茨堡的建造在国王有生之年告一段落。从迤逦的易北河岸望去,这对狮身人面雕像凝视着远方,似乎仍在期待"强力王"奥古斯特驾一叶刚朵拉乘风归来。

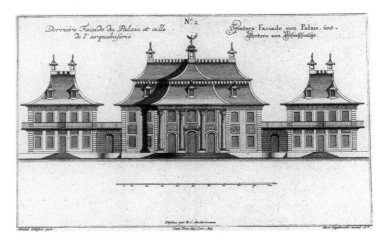

图10　皮尔尼茨堡山景楼花园立面(1730年左右的木刻版画)
(http://commons.wikimedia.org/wiki/Schloss_Pillnitz?uselang=de)

皮尔尼茨扩建方案中还有一座华丽的园林,里面有柑橘温室和野生兽栏,喷泉和水渠,精心修剪的藩篱和宽阔的林荫道,以及迷宫和花园剧场。但1720至1730年间的工程早已耗尽了奥古斯特二世的财政储备,增建园林的宏愿也就从未实现。倘若国王当时有财力完成整个工程,皮尔尼茨堡将会是欧洲最壮观的宫殿和园林建筑群。

1724年之后,奥古斯特二世曾委任法国建筑师撒迦利亚·朗格吕为皮尔尼茨的扩建提供一组新的宫殿建筑设计方案,但也未能得以实施❶。在搁置了半个多世纪以后,皮尔尼茨项目在萨克森选帝侯弗里德里希·奥古斯特三世的任期内再度开工。他令总建筑师克里斯蒂安·弗里德里希·埃克斯将皮尔尼茨堡扩建成自己的夏宫。此时,水景楼那独一无二的"中国式大屋顶"作为建筑元素已经具备了历史性意义,从而在进一步的扩建方案里被尊为典范。1783年,建筑师克里斯蒂安·陶格特·万里希在朗格吕方案的基础上为皮尔尼茨设计了一整套宫殿建筑;1788和1791年之间,埃克斯主持完成了作为水景楼和山景楼侧翼的四组建筑物,以及连接它们的弧形柱廊;1795年,原先连接水景楼三座亭楼的单层连廊变为双层。所有这些后来扩建的结构都有"中国式屋顶",与水景楼和山景楼在形式上一脉相承。

---

❶ 有关朗格吕设计方案的详细情况,可参阅:Fritz Löffler. *Das alte Dresden*, *Geschichte seiner Bauten*(弗里兹·劳福勒. 老德累斯顿的建筑). Leipzig:E. A. Seemann,2012:138

皮尔尼茨堡的建筑工程一直延续到十九世纪初。1804 年，建筑师兼园林设计师克里斯蒂安·弗里德里希·舒里希特在皮尔尼茨花园中修建了一座"中国亭"（Chinesischer Pavillon，图 11）。该设计很可能是由苏格兰著名建筑师、造园家威廉·钱伯斯勋爵的铜版画而来，代表着更"真实可信"的中国风格，其建筑理念和形式都与数十年前的水景楼有着本质区别。1818 年，皮尔尼茨原先的文艺复兴式城堡被一场大火烧毁。此后的八年间，舒里希特在其旧址上修建了一座"新宫（Neue Palais）"（图 12，图 13）。而此番他又重新启用了水景楼的"中国式屋顶"，这一举措为在皮尔尼茨延续了一个世纪的中国风建筑画上了圆满句号（图 14）。

图 11　皮尔尼茨中国亭

（http：//commons.wikimedia.org/wiki/Schloss_Pillnitz? uselang＝de）

图 12　1818 年的皮尔尼茨堡：大火中的文艺复兴城堡（铜版画）

（http：//commons.wikimedia.org/wiki/Schloss_Pillnitz? uselang＝de）

图 13 1825年的皮尔尼茨堡：左侧为山景楼，右侧为水景楼，中间是在文艺复兴城堡旧址上修建的新宫（铜版画）

(http://commons.wikimedia.org/wiki/Schloss_Pillnitz? uselang=de)

图 14 皮尔尼茨堡新宫花园立面

（刘晨 摄）

三　建筑师波波尔曼与皮尔尼兹堡设计源泉之谜

皮尔尼茨堡水景楼和山景楼的设计者都是波波尔曼。1718年,奥古斯特二世任命他为首席宫廷建筑师,其最重要的代表作乃是德累斯顿的茨温格宫,以晚期巴洛克风格的建筑与花园著称,富有独具一格的装饰❶。为东方时尚的先行者,波波尔曼还运用"土耳其风格"设计建造了前述塔申堡宫的中间部分,但此处的着眼点在于建筑立面装饰。前面提到的"日本宫"也是出自他的手笔,同样属于装饰范畴。只有在皮尔尼茨设计更完整的"中国风格"建筑时,波波尔曼才第一次遇到真正的挑战。

为了更好地分析皮尔尼茨堡建筑,这里有必要先澄清一下其名称的由来及含义。从一开始,国王奥古斯特二世就将他的皮尔尼茨堡称作"印度行宫",但主体建筑水景楼明显是按"中国式样"建造的,其主要特征弧形坡屋顶类似中国古代建筑的反宇,与印度建筑或装饰毫无联系。如此名称混淆的根源要从国王对东方建筑的理解和态度中寻找。奥古斯特显然对一切东方的事物都怀有极大好奇心,但他的兴趣同时又是不加区别的。在他的建筑项目里,任何关于异域的传说都会激发他的想象力。在皮尔尼茨堡之前,他已通过"土耳其宫"开启了东方风尚;之后又命人按"波斯风格"为德累斯顿西北郊的一处宫殿做了改建方案;当他开始构想在皮尔尼茨建一座东方行宫的时候,他的想象飞到了更遥远而神秘的东方,于是"印度风格"应运而生。奥古斯特本人从未踏上东方的土地,很明显,这位异想天开的国王无法区分种类繁多的东方风格,而"印度"只是他用来指代整个远东的通称,这其中除了印度,自然还包括中国和日本。

在风格定义杂糅不一的背景下,波波尔曼如何为水景楼找到某种特定的东方风格?❷关于这一问题似乎有很多答案,却没有一种完全令人满意。首先我们可以肯定的是,波波尔曼从未接触过任何有关中国建筑的第一手资料。中国传统的木结构建筑自成体系,从设计、估工、算料、装饰、构造到工种划分和施工管理等各环节都有章可循。北宋熙宁年间,将作监奉敕开始编修《营造法式》,元祐六年(1091年)成书,但因缺乏用材制度、工料过宽等疏漏而未能刊行。绍圣四年(1097年),李诫受皇命重新编修《营造法式》。他以自己在将作监供职十余年的丰富经验为基础,参阅喻浩的《木经》及大量前人典籍,历经三年编纂成书,并进呈宋徽宗。宋崇兴二年(1103年),该书奉敕正式刊行。《营造法式》是中国古代第一部官方刊印的最为系统、完整的建筑设计与施工规范典籍,标志着中国古代建筑发展到宋代在技术上已极为成熟,且具备谨严的体例和丰富的内容。然而它之后的数百年间几经散佚,直到二十世纪初才重新发现完整的手抄本❸。几个世纪里,它在中国几乎无人问津,更别提流传到国外了。西方建筑史上的经典之作维特鲁威《建筑十书》的流传

---

❶塔申堡宫设计的详细情况可参阅:Fritz Löffler. *Das alte Dresden*, *Geschichte seiner Bauten*(弗里兹·劳福勒. 老德累斯顿的建筑). Leipzig: E.A. Seemann, 2012: 125-126

❷现有的文献多谈到皮尔尼茨堡的建造历史,但极少关注水景楼东方风格的来源。

❸[宋]李诫. 营造法式. 北京:中国书店,2006:1-8. // Liang Ssu-ch'eng. Wilma Fairbank, ed. *Chinese Architecture: a Pictorial History*(梁思成 著. 费慰梅 编. 图像中国建筑史). New York: Dover Publications, 1984:14-18 //[德]雷德侯 著. 张总 等译. 万物:中国艺术中的模件化和规模化生产. 北京:三联书店,2005:183-185

也遭遇了类似的命运。两部典籍还有一个相似之处,即它们那艰涩的语言和繁复的专门术语。在各自的文化背景下,建筑师和建筑理论家们曾皓首穷经地研究它们,某些细节直至今日尚未成定论。以母语解读尚且如此,足可想象两部典籍在跨文化语境里解读之艰难,遑论其对建筑创作的实际参考价值。

对十八世纪的欧洲人来说,有关中国建筑的概念大多源于从中国进口的工艺品上的图画。亭台楼阁以及风景园林素来在瓷器和漆器上都有描绘,但它们基本上都以高度程式化的外观呈现,并无准确的比例和尺度。此外,徒手绘制的这些建筑物往往省略了结构细节。难怪它们给欧洲人留下这样一种印象:中国的建筑奇异轻巧,华而不实。除了出现在器皿上,建筑也曾是古代绘画的一个重要题材,即所谓"界画",也称"宫室"或"屋木",因使用界尺辅助毛笔作画而得名,是中国传统绘画的一个特殊门类❶。此类绘画端庄工丽,能准确细致地再现房宇楼舍,细部构造也清晰可见。中国古代建筑因木质易损,经过岁月侵蚀,许多已荡然无存。正是历代流传下来的界画作品保留了传说中名楼宝刹的形象。1971年陕西出土的唐代懿德太子墓《阙阁图》是中国年代最早的大型界画,用线缜密,气势恢宏,为唐代阙楼建筑艺术的成就提供了有力佐证❷。宋代的《黄鹤楼》、《滕王阁图》等都是界画名作,此时恰逢中国绘画发展的鼎盛时期,界画的地位不断上升,在《宣和画谱》所列诸画种里位居第三,几与山水画比肩。在大批涌现的界画家中,最有成就的当推郭忠恕,其《唐明皇避暑宫图》用笔工细,结构严谨,使人观后如身临其境❸。至于张择端的《清明上河图》,在界画里已是登峰造极之作。元代的界画延续了宋代传统,在构图和技巧方面又有所突破,但此类追求笔法精密、造型准确的绘画已开始遭到文人贬斥,界画家数量因此骤减。至明代,界画衰败之相更甚,《明画录》里仅提到两位界画家。清代以后,界画几乎绝迹❹。

这不但是中国绘画史里令人感喟叹惋的事情,在世界艺术史上也是一桩缺憾,因为同样是在二维平面上表现三维的建筑与空间,"界画"所用的技法殊异于西方绘画自文艺复兴以来逐渐成熟的"科学透视法":前者实际上是结合轴测投影与散点透视的一种特殊技法,而后者在十八世纪之前基本上以一点透视和两点透视为主。界画既可通过"轴测"法再现建筑各立面之间的比例关系,使观者在视觉和心理上都得到"正确"的感受,又可通过"散点透视"法演绎浩大的场面,有包罗万象的气势。最好的例子便是《清明上河图》。郭若虚在《图画见闻志》里曾对这种特殊的表现技法及其效果做出很好的概括,"画屋木者,折算无亏,笔画匀壮,深远透空,一去百斜。如隋唐五代已

---

❶ "界画"一词始见于宋代郭若虚《图画见闻志》卷一:叙制作楷模,"今之画者,多用直尺,一就界画,分成斗栱,笔迹繁杂……"但它的起源可上溯至晋代,到了隋唐已成为独立的画种。元末明初,陶宗仪在《南村辍耕录》卷二十七里列出"画家十三科",其中有"界画楼台"一科。

❷《阙阁图》现存陕西省历史博物馆。

❸ 据《宣和画谱》卷八记载,"故宫室有量,台门有制,而山节藻棁,虽文仲不得以滥也。画者取此而备之形容,岂徒为是台榭、户牖之壮观者哉?虽一点一笔,必求诸绳矩,比他画为难工,故自晋宋迄于梁隋,未闻其工者。粤三百年之唐,历五代以还,仅得卫贤以画宫室得名。本朝郭忠恕既出,视卫贤辈,其余不足数矣。"这一段首先客观肯定了界画技法的难度,然后对郭忠恕的成就给予了高度评价。

❹ 清朝徐沁在《明画录》卷一"宫室"的开头说,"画宫室者,胸中先有一卷木经,始堪落笔。昔人谓屋木折算无亏,笔墨均壮深远空,一点一画,皆有规矩准绳,非若他画可以草率意会也。故自晋宋唐迄于五代,三百年间,仅得一卫贤。至宋郭忠恕之外,他无闻焉。有明以此擅场者益少。近人喜尚元笔目界画者,鄙为匠气,此派日就渐灭矣。"这里既道出界画家必须具备系统的建筑知识和严谨的表现技法,又总结了这一画种因"匠气"而遭贬斥的命运。

前,洎国初郭忠恕、王士元之流,画楼阁多见四角,其斗栱逐铺作为之。向背分明,不失绳墨。"❶ 相比之下,西洋绘画里的透视法虽能表现正对观者的建筑立面的比例,其他方面却因向灭点聚拢而失真,就连文艺复兴初期的建筑师、建筑理论家阿尔伯蒂都批评此类建筑表现技法之不可信❷。令人遗憾的是,曾在六世纪至十四世纪蓬勃发展的界画艺术,此后的六百多年几乎销声匿迹。它的价值既然在本土得不到认可,遑论流传海外❸。奥古斯特二世和波波尔曼生活的那个年代,正是界画在中国走向衰亡之际。倘若波波尔曼有缘一睹这类作品中表现的中国建筑,必定叹为观止,再将其与瓷器、织物上所绘中式楼台作比,孰真孰幻,必能得出正确结论。

总之,第一手资料的缺失,加上器皿图画所提供的第二印象造成的误导,使欧洲人几乎无从对真实的中国建筑进行揣摩、仿效。这样一来,像波波尔曼这样从未到过中国的建筑师在创作时便只能从欧洲业已流行的中国风里寻找依据。需要注意的是,当中国风渗透到建筑领域时,已经是在欧洲自身文化背景下发生了变异的风格,与中国艺术原型的真实面貌已有相当的距离。

在十八世纪早期,德国及其他中欧的王室在文化艺术生活的各个方面都以法国为楷模。对远东的爱好也不例外。"中国风"实际上是作为"路易十四时尚"的一部分来到德国的,其所有的表现形式都带有法国的印记❹。凡尔赛的大特里亚农宫是皮尔尼茨堡之前唯一完整的中国风建筑。但是当波波尔曼于 1715 年来到巴黎学习时,大特里亚农宫已被拆毁,这座富于传奇色彩的离宫仅存于当时的文字记载和铜版画里(图 15)。据后者的描绘,其主体由一座中央亭楼和两侧的小亭楼构成,三者都是单层建筑,围成一个庭院,四周是豪华的法国花园,精心修剪过的草木花圃排列出各种几何造型。建筑的布局可以说符合中国宫廷建筑的对称原则,而就建筑式样而言,正中的三角墙和嵌入墙面的大壁柱等却无疑体现着欧洲古典传统。的确,从铜版画来看,整个园林建筑群是典型的巴洛克风格。之所以称其为"中国风",是因为它的装饰,如室内的中式家具和室外栏杆上点缀的中国花瓶,还有屋顶上覆盖的青白釉"瓷瓦",尽管如此,屋顶仍保持着地道的四向双坡式"曼萨特"造型❺。相比之下,皮尔尼茨堡水景楼的屋顶显得高大疏阔,有中式反宇和明显的挑檐,因此很难说波波尔曼在建筑设计中参考了大特里亚农宫。事实上,在整个皮尔尼茨堡,唯一带有特里亚农宫印记的是它那造型规整的巴洛克园林。

---

❶ [宋]郭若虚. 图画见闻志. 卷一. 叙制作楷模

❷ 阿尔伯蒂把建筑师和画家的表现手法明确区分开来,认为画家用透视法在二维平面上再现三维空间,实际上具有"欺骗性",而建筑师在作图时应摈弃这种技法,只以正投影的方式(如平面和立面)来表现建筑物的各个方面,这样才是理性的、真实的。参阅:Leon Battista Alberti. Joseph Rykwert, Neil Leach, and Robert Tavernor, trans. *On the art of building in ten books*. Book II. Chapter One.(列昂·巴蒂斯塔·阿尔伯蒂 著. 约瑟夫·里科维特 等译. 建筑十书. 第二书. 第一章). Cambridge: MIT Press, 1988:34

❸ 《明皇避暑宫图》经辗转而至日本,藏于大阪市立美术馆,但此类绘画在东亚之外仍鲜为人知。

❹ 关于"中国风"与"路易十四时尚"之间的联系,可参阅:Hugh Honour. *Chinoiserie: the Vision of Cathay*(休·奥那. 中国风:东方古国之梦). London: J. Murray, 1961:63

❺ "曼萨特屋顶"(mansart roof)又叫"法式屋顶"(French roof)或"复斜屋顶"(curb roof),是一种四坡、两段式屋顶,上段较平缓,下段陡峭,有嵌窗,相当于一层楼。最早的曼萨特屋顶是法国建筑师皮埃尔·勒斯考(Pierre Lescot)于 1550 年左右设计的,出现在卢浮宫的一些建筑上。它的流行则要归功于十七世纪法国著名的巴洛克建筑师弗朗索瓦·曼萨特(François Mansart, 1598—1666)。这一样式在十九世纪下半叶拿破仑三世统治的时代尤其盛行。

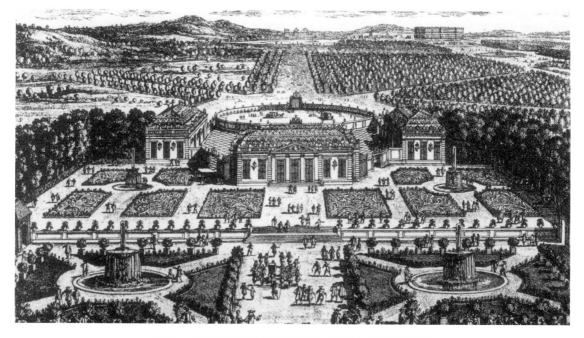

图 15　法国凡尔赛大特里亚农宫（1675 年间的铜版画）

（图片来源：Dawn Jacobson. Chinoiserie（唐·克布森. 中国风）. New York：Phaidon，2001：35）

当然，书里的插图也有可能为皮尔尼茨堡水景楼的创意提供了灵感源泉。西方学者普遍认为，大特里亚农宫的原型是中国南京的一座"瓷塔"。1655 年左右，荷兰旅行家约翰·尼霍夫代表荷兰东印度公司来到中国，负责观察沿途经过的所有农庄、城镇、河流和房屋，并将它们以最直观的形式描画出来。三年中，尼霍夫的足迹遍及大江南北，从广东一直到北京。他不但眼光敏锐，且画得一手好画，从而出色地完成了使命，将其所见所闻生动而详尽地记录下来。尼霍夫盛赞"南京瓷塔"和北京的紫禁城，不惜笔墨地描绘它们。1665 年，经过整理的尼霍夫游记以荷兰语正式出版，并很快有了法文（1665）、德文（1666）、拉丁文（1668）和英文译本（1669）。该书名为"东印度公司大使拜谒中国皇帝之旅"，所附的一百多幅铜版插图都是基于作者游历中国期间现场绘制的素描，向此前只能凭借文字想象中国的欧洲人展示了清代初期中国的城市面貌和建筑形态。这些插图对此后一百多年里欧洲的中国风建筑和室内设计产生了深远影响❶。从插图中可以看到，"南京瓷塔"是一座九层、八面的翘檐塔，秀丽挺拔，高耸入云，四周环绕着长长的柱廊，外面有对称的四座双层楼阁隐现在茂密的林木中，再远方是起伏的山峦（图 16）。这座宝塔正是史称"天下第一塔"的南京大报恩寺琉璃塔，建于明永乐十年至宣德三年（1412 年至 1428 年）。该塔通体按皇宫标准营建，施工极其考究，塔身饰有赤、橙、绿、白、青五色琉璃砖，塔顶镶嵌金银珠宝，檐角下悬挂风铃。就形式而言，它与大特里亚农宫相去甚远，后者所仿效的仅限于尼霍夫游记中描述的"瓷瓦"装饰，而非建筑造型。但是当时的法国建筑师并不知道这种流光溢彩的"瓷瓦"其实是以陶土为胎，经高

---

❶ 关于尼霍夫游记的详细介绍，参阅：Dawn Jacobson. *Chinoiserie*（唐·雅克布森. 中国风）. New York：Phaidon Press，2001：19-20，34-36

温烧制后在表面涂釉,再送入低温窑烧制而成。令人扼腕的是,1856 年,屹立了四百多年的琉璃塔与整座大报恩寺湮灭在战火中。昔日金碧辉煌的宝塔如今只能在南京博物馆保存的残余琉璃构件中窥见一斑,而"南京瓷塔"得以扬名欧洲,成为中国古代建筑的经典标志,还要归功于尼霍夫的忠实记录和悉心描画。

图 16　南京瓷塔,《尼霍夫游记》铜版画

(图片来源:Dawn Jacobson. Chinoiserie(唐·雅克布森. 中国风). New York:Phaidon,2001:34)

　　尼霍夫游记插图里"南京瓷塔"优美的造型或许能为波波尔曼设计"中式"建筑提供些许灵感,但若将其构造独特的屋檐照搬到楼阁上,则意味着难以克服的技术困难。除了南京大报恩寺琉璃塔,尼霍夫游记中还描绘了北京的紫禁城;从类型的角度说,它与波波尔曼要设计的宫殿建筑更接近一些。即便如此,书中的铜版插图也无法为体量宏大的水景楼提供严肃的依据,因为这类插图毕竟不是精确测绘的成果,既未按严格的比例绘制,又无尺寸标注;尼霍夫初次接触中国建筑,显然不会参透其外表形式下蕴含的构造原理和细节。客观地说,他所表现的建筑物虽然形象仿佛,实则经不起推敲。

　　除了尼霍夫的游记,另一种出版物或有可能为德国建筑师提供更直接有益的帮助。这便是《历史建筑图典》,其作者乃是与波波尔曼同时代的奥地利建筑师约翰·伯恩哈特·费舍·冯·埃拉赫(Johann Bernhard Fischer von Erlach,1656—1723)。作为奥地利最有影响力的巴洛克建筑大师,他设计的作品以惊人的创意闻名于世,在很大程度上决定了哈布斯堡王朝的建筑品味[1]。冯·埃拉赫同时还是一位颇有造诣的雕塑家和建筑历史学家。《历史建筑图典》是他唯一的一部理论

---

[1] 费舍·冯·埃拉赫的代表作集中在奥地利首都维也纳,包括坐落在西南部的美泉宫和位于市中心卡尔广场的查理教堂。前者为哈布斯堡王朝的约瑟夫一世设计,其气势磅礴的宫殿和园林几乎可与凡尔赛媲美,1996 年被联合国教科文组织列为世界文化遗产。费舍·冯·埃拉赫在意大利度过了他的青少年时代,曾师从大艺术家伯尼尼(Gian Lorenzo Bernini,1598—1680),在古典建筑方面奠定了深厚素养,同时熟悉当时的风格与理念。他的设计手法不拘一格,几乎每件作品都由多种不同的元素构成;他有意识地将这些充满内在张力的元素放在一起,在制造对比的同时赋予它们总体的和谐感。有关费舍·冯·埃拉赫的生平、建筑创作和理论,可参阅:Hans Aurenhammer. *J. B. Fischer von Erlach*(汉斯·奥亨海默 著. 费舍·冯·埃拉赫). Cambridge:Harvard University Press,1973

著作,也可以说是第一部世界建筑史的集大成研究,内容涵盖当时已知的所有文明,其知识面之广令人叹服。冯·埃拉赫将建筑历史从欧洲拓展到其他文化,本身就是突破性的。1712 年,该书首先以手稿的形式呈献给神圣罗马皇帝查尔斯六世,至 1721 年在维也纳正式出版时,已有 90 幅铜版插图,文字部分则是德语和法语对照。第二版于 1725 年在莱比锡印制❶。冯·埃拉赫对东方艺术和建筑尤为着迷,书的第三章列举了大量实例,囊括阿拉伯、土耳其、印度、暹罗,以及中国和日本的建筑。作者不但提供了插图,还做了注释。但我们很难确定《历史建筑图典》对波波尔曼设计水景楼所起到的帮助,因为它在此书出版的前一年便已竣工。波波尔曼早先曾到过维也纳,有可能见到过冯·埃拉赫的手稿,但不管怎样,从该书的文字和插图来看,冯·埃拉赫对中国建筑的了解毕竟有限。他本人从未到过亚洲,参考的是前人游记中的叙述和插图,而这些已经是二手资料。《历史建筑图典》中的"南京塔"显然是由尼霍夫游记的铜版画而来,后者对塔檐的描绘更接近实物,甚至隐约可分辨出挑檐下斗栱的外形;冯·埃拉赫的插图完全忽略了这些细节,对塔檐的飞翘却作了更夸张的处理(图 17)❷。总之,我们可以说冯·埃拉赫对中国建筑的认知未必较波波尔曼多。

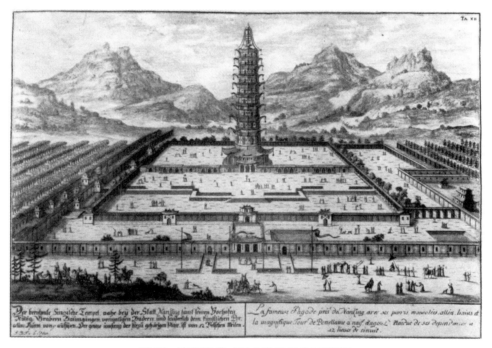

图 17　南京瓷塔,《历史建筑图典》铜版画

(图片来源:George Kunoth. Die Historische Architektur Fischers von Erlach(乔治·库诺斯 编. 费舍·冯·埃拉赫的历史建筑). Düsseldorf:Verlag L. Schwann,1956:图 91)

---

　　❶参阅:George Kunoth. Die Historische Architektur Fischers von Erlach(乔治·库诺斯 编. 费舍·冯·埃拉赫的历史建筑). Düsseldorf:Verlag L. Schwann,1956.该书对费舍·冯·埃拉赫原著中的图版及其来源作了详细说明。
　　❷冯·埃拉赫的插图采用的表现方法以一点透视、两点透视和全景鸟瞰为主,很少用到正投影平面和立面。第三章里的中国建筑除南京塔(原书图版 12)之外,还有北京紫禁城(原书图版 11),也是基于尼霍夫游记的插图。紫禁城以鸟瞰一点正透视绘成,强烈渲染了皇宫的中轴线对称布局,且将山川人物一并纳入图中。但因画面有限,人小如蚁,建筑细节也无法辨认,唯一直观的印象是中轴线上几座宫殿的屋顶和经过明显夸张处理的翘檐。

四　皮尔尼茨堡的真面目

的确，从这些一鳞半爪的现存资料中很难找出皮尔尼茨堡水景楼的创作源泉。我们最终还是要回到建筑物本身。这里有个不容忽略的事实，即皮尔尼茨堡从一开始就是作为永久性建筑来设计的，而绝大多数中国风建筑都是临时性的，或最多作为小品点缀在园林里。即便华丽宏伟如大特里亚农瓷宫，其存在也是短暂的。"强力王"奥古斯特二世在构想他的东方行宫时，要的不是可资炫耀的实验性展品，而是一座真正的宫邸，这就要求建筑师严肃认真地考虑整体布局和功能。

前面已经提及，奥古斯特二世本人的想法对水景楼的最终面貌起到了一定的影响。国王对建筑外观所作的两处改动绝非异想天开，而是经过深思熟虑的理性决策。一方面，拔高中间的亭楼增强了这一组建筑总体的和谐感与对称效果，突出了布局的中轴线；另一方面，花园立面的柱廊为水景楼添上了典雅庄重的一笔。但亟待解决的问题仍在屋顶，这只能依赖建筑师波波尔曼自己来完成。当时欧洲人大约知道中国建筑的屋顶轮廓线向内弯曲，但仅凭这一点笼统地印象远不能造出比例恰当的中式屋顶，因为在屋顶之下还有繁复的构造，如林徽因在《〈清式营造则例〉绪论》中所言，"这曲线之由来乃从梁架逐层加高而成，称为'举架'，使屋顶斜度越上越峻峭，越下越和缓。"[1] 欧洲建筑师既然无从了解这"举架"的奥妙及其精密复杂的规则，就不得不自己发明一套规则。好在就所谓的"印度行宫"而言，奥古斯特二世所追求的并非内在构造的真切，而是形式上的仿佛。但从另一个角度来看，这并未使工作变得简单，反而对建筑师的想象力和创造力提出了巨大挑战。

最终，波波尔曼设计的"东方"屋顶无法被纳入任何欧洲建筑传统，无论是古典的，中世纪的，还是文艺复兴的。但从审美的角度看，它无疑是一件令人满意的作品。漫步在花园里，可以找到很好的角度来欣赏水景楼的屋顶（图18）。我们的第一印象是，屋顶的高度几乎与墙高呈1∶1的比例，从而赋予整组建筑端庄、稳重之感。中央亭楼是两段式坡屋顶，各有内凹弧线，不深不浅，恰到好处，令人遥想到中国古代宫殿建筑里的重檐屋顶。两侧亭楼则是单檐，屋面上的嵌窗也有弧状顶，与亭楼的大屋顶轮廓彼此呼应。这些弧度适中的曲线重复出现，富于韵律，既增添了整组建筑顶部轮廓线的趣味，又强调了外形的统一。

屋顶韵律很大程度上决定了建筑整体的节奏感，这也反映在波波尔曼对檐楣的处理手法上。他将檐楣的线角也做成内凹的弧形，从侧面看几乎是近檐口部分那一段屋面曲线的映射（图19）。檐楣横向贯穿整个立面，成为屋顶和墙面之间婉转而通畅的过渡，不但如此，它还起着巩固挑檐的作

---

[1] 林徽因."绪论".载于：梁思成.清式营造则例.北平：中国营造学社,民国二十三年(1934年)

用。所有这些举措都表明,水景楼的"中国式屋顶"是整个建筑的有机组成部分,而非扣在欧洲古典墙面上的一顶异域风情的帽子。

图18　皮尔尼茨堡水景楼花园立面
(http://commons.wikimedia.org/wiki/Schloss_Pillnitz? uselang=de)

图19　皮尔尼茨堡水景楼檐楣的处理手法
(刘晨　摄)

仔细观察，屋顶和檐楣在细节上的处理也是匠心独具。中央亭楼和侧楼的屋顶上都有烟囱，除了中间那只烟囱的尖顶呈对称"S"形，仍带有些许德累斯顿常见的巴洛克尖顶（比如茨温格宫入口的尖顶）的影子，其余烟囱的尖顶都呈简洁的单段内凹弧线，再次与屋顶的轮廓相呼应。另一处有趣的细节是出现在檐角和嵌窗顶端的金饰，它们下部呈球状，上面立着双翼舒展的飞鸟（图20）。这类金饰就其形式和功能而言都非常罕见。波波尔曼显然是想用它们来加强檐角的视觉效果。说来有趣，这里金饰的用法倒与古希腊罗马建筑里出现在三角墙顶端和两侧的雕饰有类似之处。

图20　皮尔尼茨堡水景楼屋顶细部处理手法
（刘晨 摄）

再来看一下水景楼花园立面的柱廊。古典柱式的比例是严格按照数学关系定义的，到了文艺复兴时期，建筑理论家们重新发现了这些古典比例，并将其系统整理成规则，这是那时的伟大成就，最有影响的当属帕拉蒂奥的《建筑四书》。每种完整的柱式包括基座、柱身、柱头和柱上楣构等部分，而柱上楣构又可细分为下楣、中楣和上楣三部分。水景楼的柱廊，单从柱头看大致是柯林斯式，把它与《建筑四书》里的柯林斯柱式相比，却可以看到波波尔曼对柱上楣构进行了改造：保留了下楣部分，将中楣和上楣合为一体，即前面提到的内凹弧状檐楣（图21，图22）。这一手法看似大胆，却并未从本质上改变古典柱式里柱头与柱上楣构之间的比例关系。正是因为保留了这样的古典比例，柱廊看上去才自然。向外、向上舒展的弧形檐楣还微妙地呼应着柱头的外形。总之,四根古典柱子与具有中国特色的屋顶巧妙和谐地结合在一起,见证了波波尔曼卓越的造型能力。

图 21　皮尔尼茨堡水景楼花园柱廊柱上楣构的处理手法
（刘晨 摄）

图 22　帕拉蒂奥《建筑四书》木刻插图:柯林斯柱式

水景楼的色彩处理也很聪明。整组建筑屋瓦的灰色是主调,墙面则是欢快明亮的黄色,间以窗棂和廊柱的乳白色。在中央亭楼,橙红色的檐楣将屋顶的灰调与墙体的亮调分开,反衬出挑檐疏阔的水平线。檐楣和墙面的中式人物绘画以不愠不火的中性色调呈现。而在两侧的亭楼,檐楣色彩的图底关系恰好反过来:黄色为背景,绘画则是橙红色,可谓别具匠心。在花园立面上,两侧亭楼在主楼层的窗下还有栏杆,而栏杆下的支撑再现了檐楣的内凹弧线,其绘饰也类似(图23)。同样的处理手法被用在中央亭楼临河立面二层的栏杆上。最后要指出的是烟囱和嵌窗顶部的金饰,它们为整座建筑带来了富贵喜庆之感。毕竟这座东方行宫是为一位喜好节日庆典的国王设计的。

图23　皮尔尼茨堡水景楼花园柱廊栏杆及其支撑的处理手法
(刘晨 摄)

总而言之,水景楼是一件非常优秀的建筑作品。"强力王"奥古斯特二世显然对它那比例和谐、外形优雅的屋顶感到满意,因为波波尔曼后来设计建造的堡宫和其他次要建筑都以此为原型。埃克斯于1788至1791年间设计增建的翼楼,以及舒里希特于1818至1826年间在烧毁的文艺复兴式老宫遗址上建造的新宫都保留了这一样式。

五　皮尔尼茨堡的"中国风":模仿,抑或创造?

西方的艺术史学者和评论家在形容"中国风"建筑时常用的一个词是"folly",这个词有许多意思,除了"愚笨、愚蠢、傻念头"之外,还指"花费巨大而无益的事",在建筑语境里指的是"华而不实的建筑"。这里又有两重含义:首先是说这类建筑极尽奢华,但外形怪诞,无章可循,这一看法的出发点通常是以古希腊罗马传统为依据的西方古典建筑；再就是说那些对中国风尚倍加推崇的王公贵族们是一时兴起，心血来潮，营建的中国风建筑仅停留在肤浅的异国情调层面上。

这类"华而不实的建筑"最有名的例子要算波茨坦无忧宫的中国茶楼了。从体量来看，这座圆形的亭楼不算宏伟，但金碧辉煌，淡绿色的墙面与镀金的棕榈树柱子交替出现，镀金的人物雕像环绕周遭，或立或坐，载歌载舞，亭楼上部是塔状锥形屋顶，最上面是一尊糅合了中国传说和想象而制成的猴王雕像，猴王手持华盖，怡然自得。这些雕像虽身着华服宽袍，发髻精美，冠带飘扬，依稀有中国人的样子，但仔细看来，其形态、姿势又有西方古典雕像的影子，当真是有些不伦不类的戏谑趣味（图24，图25）。这也难怪，亲自构想中国茶楼的腓特烈二世从未到过亚洲，他只能依赖自己的想象构建传说中神秘浪漫、富裕华丽的东方古国。他为中国茶楼颇费了心思，但所有这些异想天开、在似与不似之间的东方元素都成为当时评论家的众矢之的。其中一位的挖苦颇有戏剧色彩："我们知道，尽管中国人会将宝塔和神像供在庙里，却无论如何不会把它们放在屋顶上……至于他们会不会像布置柱子那样间隙均匀地种植棕榈树，并在它们长成之后在绿枝上造个屋顶，在下面盖起房子，则很值得怀疑……。但不管怎样，这些雕像惟妙惟肖地描绘出中国人是如何载歌载舞，自得其乐，倘若不是它们所引入的中国元素，这座茶楼将索然无趣；想想看吧，这里哪会有真正的棕榈树和中国人！"❶这段批评本身就佐证了那个年代的欧洲人对中国风的态度。这位评论家能正确指出棕榈柱和屋顶的人物雕像纯属想象，说明他对中国建筑有一定的了解。不但如此，他还能认识到，这座茶楼的中国元素是暗喻在雕像和装饰里，而非显现于建筑外形。

❶ 引自：Hugh Honour. Chinoiserie：the Vision of Cathay（休·奥那.中国风：东方古国之梦）. London：J. Murray, 1961：113，笔者译。

图24　波茨坦无忧宫中国茶楼屋顶雕像
（刘晨 摄）

图 25 波茨坦无忧宫中国茶楼棕榈柱及人物雕像
（刘晨 摄）

然而类似的批评对皮尔尼茨堡却不适用。首先，这座行宫规模宏大，施工历经一个世纪，相比之下大多数中国风建筑都是单体或花园小品。再者，皮尔尼茨堡建筑群最显著的特征是"中国屋顶"，与波茨坦无忧宫的中国茶楼和奥古斯特二世的"日本宫"这类仅以中国元素作装饰的建筑有很大区别。就功能而言，这座行宫最初是为"强力王"奥古斯特二世举办大型庆典而建，后经增建，成为弗里德里希·奥古斯特三世的夏宫，说明该行宫完全可以用作君主的宫邸。它的中国气质或许不能作为欧洲统治者权威的象征，但对一处消夏寝宫来说却非常适宜。

皮尔尼茨堡作为中国风建筑，从形态到功能都很完整，但它对真正意义上中国建筑的摹仿却十分有限。这听起来似乎是个悖论，仔细揣摩却是必然，因为任何对中国古典建筑有基本知识的人都明白，这一建筑类型在本质上是无法照搬到其他文化里的。其根本原因在于，传统的中国建筑以木构架为主，而西方古典建筑则以石料为主❶。前者的核心是梁柱体系，墙本身一般不承重，如林徽因在《〈清式营造则例〉绪论》里所说，"中国木造结构方法，最主要的就在构架（structural frame）之应用。北方有句通行的谚语，'墙倒房不塌'，正是这结构原则的一种表征。其用法则在构屋程序中，先用木材构成架子作为骨干，然后加上墙壁，如皮肉之附在骨上，负重部分全赖木架；毫不借重墙壁……这种结构法与欧洲古典派建筑的结构法，在演变的程序上，互异其倾向。"❷再就是屋顶，前面已提到，屋顶的形式是特殊的屋架系统的外部体现。整个屋面覆以陶瓦，加上出挑的檐口，为结构带来极大挑战，由此才出现了构造巧妙、形式多变的斗栱。这在世界建筑史上是独一无二的发明。中国建筑的装饰基本上也是按严格的构件类型和等级设计

❶关于中国古代木结构建筑与西方石结构建筑的区别及造成这种差别的原因，王贵祥教授曾就目的、文化取向和建筑理念三方面给出精辟见解，参阅：王贵祥."中国古代建筑为何以木结构为主".中国古代木构建筑比例与尺度研究.北京：中国建筑工业出版社，2011：8-9

❷林徽因."绪论".载于：梁思成.清式营造则例.北平：中国营造学社，民国二十三年（1934年）

的。柱、梁、檩、椽、瓦等元素都有各自的色彩，屋脊、檐角等处也都有鲜明的装饰。总之，传统中国建筑从外观到细部都是由其结构属性决定的，是一种理性的、实用的建筑。十八世纪的欧洲人显然对此缺乏基本认识，难怪他们做出的"中国风"建筑仅停留在表面的异国情调，经不起推敲，甚至有时会显得不伦不类。

实际上，将皮尔尼茨堡作为对中国建筑的模仿来评鉴是不合情理的，因为它本来不具备传统中国建筑内在的必要构件。从结构的角度来说，它其实是地道的欧洲建筑：材料基本上为石质，承重的是墙体，屋顶是机械的桁架构造，屋瓦材质轻盈。我们应该将皮尔尼茨堡看作在西方建筑传统背景下具有独创性的作品。前面已经分析过，水景楼的成功之处恰在其中式"反宇"屋顶与西式主体结构的巧妙融合。

值得思考的是，尽管皮尔尼茨堡的建筑与真正的中国建筑在结构上大相径庭，但就设计的理性而言两者颇有异曲同工之处。首先，水景楼屋顶的大尺度与中国的宫殿建筑十分仿佛。中国建筑外形上最"庄严美丽"的大屋顶是功能与形式的统一，其坡面和出檐既有利于雨天排水，又能在艳阳日提供阴凉。而水景楼大屋顶的处理手法也有实际的地理因素，德国地处阿尔卑斯山以北，冬季严寒多雪，因此传统建筑都有显著的坡屋顶以防止雪载过重而造成坍塌。皮尔尼茨堡建筑群的坡顶显然是符合当地气候特点的。倘若同样的屋顶出现在阿尔卑斯山以南的意大利，就不那么合理了。再者，水景楼对屋檐、檐楣、栏杆等水平元素的强调，以及屋脊、檐角的装饰处理也是中国建筑里常见的手法。至于在中央亭楼两侧各置一座小亭楼的对称布局，更是中国传统建筑的核心理念之一。这些相似之处不难理解，因为理性原则是欧洲古典建筑和中国古代建筑所共有的❶。

说到理性，还有一点值得注意：当时几乎所有出现在瓷器、织物、书籍插图里的中国建筑都有翘起的檐角，但水景楼却偏偏没有理会这一特征。波波尔曼肯定想象到，卷翘的檐角会破坏檐楣和屋面轮廓的平衡，整个建筑也会失去庄重感和稳定感，因而有意识地不去追逐这股翘檐之风❷。相比之下，舒里希特设计的重檐式"中国亭"檐角卷翘，虽被西方的艺术史家看作更有说服力的一件中国风建筑作品，从真正中国建筑的角度来看却最多不过是肤浅的摹仿，因为没有完整的斗栱结构承托的翘檐在视觉上和心理上都是难于接受的。

现在来总结一下：皮尔尼茨堡的水景楼从各方面来讲都称得上是极富创意的作品，必须就其本身的品质作评鉴，而不宜将其看作基于二手甚至三手资料的中国建筑仿作。同时，它与一般意义上"华而不实"的中国风建筑也有很大不同。它的造型乃是建筑师理性思维与想象力相辅相成的结果。我们也不应忘记，"强力王"奥古斯特二世本人也为其最终形式做出了贡献。德累斯顿建筑传统素来注重创造性，皮尔尼茨堡正是在这一背景下酝酿出来的。作为德国的中国风建筑，它的性质远超过法国的先例和风行十八世纪下半叶

❶ 这里顺便指出一个有趣的细节，即水景楼临河一面大台阶栏杆上端坐着一对狮身人面像。我们知道，在中国古代，达官贵人的府邸大门前都有一对石狮子，而狮子本就来自异域，非中土之兽。

❷ 我们知道，传统中国建筑有南、北之别，与北方相比，南方建筑的飞檐和翘角明显而夸张得多。十七世纪的时候，因为明朝闭关锁国，绝大多数欧洲传教士和旅行家到中国后只能停留在广东一带，极难到达北方，自然对中国建筑的印象主要来自南方。依笔者所见，檐角飞翘的形式在欧洲中国风建筑里盛行不衰，与此有很大关系。

❶ 参阅：Dawn Jacobson. *Chinoiserie*（唐·雅克布森. 中国风）. New York: Phaidon Press, 2001: 126-127。威廉·钱伯斯勋爵（Sir William Chambers, 1723—1796）出身苏格兰商人家庭，生于瑞典，早年曾受瑞典东印度公司的派遣来到中国，研究过中国建筑和装饰艺术。回到欧洲后，他又在法国和意大利游学五年，1755年定居伦敦，正式开始建筑实践。钱伯斯勋爵最重要的作品是位于伦敦泰晤士河南岸的萨默塞特府（Somerset House），即今天的科陶德艺术学院（Courtauld Institute of Art）。此外他还为 1768 年英国皇家艺术学的创立做出了重要贡献。除《中国房屋、家具、服饰及器皿设计》（*Designs of Chinese Buildings, Furniture, Dresses, etc.*）一书之外，钱伯斯勋爵还撰写了一本关于东方造园艺术的著作（*Dissertation on Oriental Gardening*）。

的英国实例。凡尔赛的"瓷宫"只存在了十七年，水景楼却留存至今。与水景楼相比，英国的中国风则带有学院派味道，这表现在一本铜版插图书里，书名为《中国房屋、家具、服饰及器皿设计》，作者正是前面提到的苏格兰建筑师、园林家钱伯斯勋爵❶。该书初版于 1757 年，影响深远，书中房屋部分的铜版插图按比例精绘而成，从立面、剖面到透视一应俱全（图 26）。插图依据的乃是钱伯斯勋爵在中国广东的亲身见闻。他惟一存世的作品是伦敦郊外邱园里的中国塔，被普遍认为是十八世纪欧洲留存下来的最接近中国建筑的实例（图 27）。但正如舒里希特设计的中国亭，它只是外表的仿佛，而无结构和美学的会意。今天，这一类作品只能令我们想起历史上某个时期昙花一现的流行风尚，而水景楼则因其富于想象的创意留在人们记忆中。

(a)

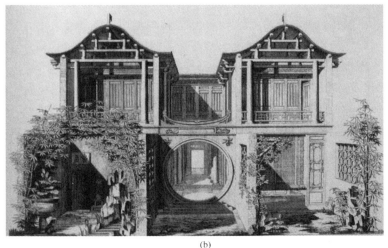

(b)

图 26　威廉·钱伯斯勋爵：《中国房屋、家具、服饰及器皿设计》铜版画

（图片来源：Dawn Jacobson. *Chinoiserie*（唐·雅克布森. 中国风）. New York: Phaidon, 2001: 127）

图 27 伦敦邱园中国塔

(http://commons.wikimedia.org/wiki/Kew_Gardens)

  皮尔尼茨堡还向我们揭示了中国风在十八世纪欧洲的社会生活里所扮演的特殊角色。那时,中国风在很大程度上是一种世俗的风格,显然不适合宗教场所。波波尔曼在皮尔尼茨设计建造的葡萄山小教堂乃是常规的乡村礼拜堂风格,与中国风毫无联系。而耶稣会士在中国建造的教堂也无一例外是西方样式。另一方面,即便在世俗建筑里,中国风也不具备普适性。没有哪一位君主以这种风格来建造他们的正宫。正如一位西方学者指出的那样,就功能而言,统治者在朝堂的正宫与他在郊外的寝宫有着本质区别:正宫乃是料理朝政,举办正规仪式的场所,因此在建筑风格上须遵循传统;而寝宫则要灵活得多,它给君主充分展示个人想象和品味的机会,使其梦想和抱负得以在建筑中实现[1]。奥古斯特二世曾说:"……我们自己(指如他一样的统治者)出于对建筑艺术的特殊爱好(因为我们在建筑里尤其能自娱自乐),在此之前已创造出丰富多彩的方案,把它们记录在纸上,然后请建筑师代表我们将方案付诸实现……而最后的判断则在我们——建筑的主人……"[2] 由此推断,皮尔尼茨堡的"印度行宫"恰是为国王提供了绝好的机会,让他"自娱自乐"并充分表达他对东方的热切憧憬。

  归根到底,中国风是一种在欧洲文化背景下衍生出来的艺术风格。从中国艺术得来的灵感只有经过欧洲传统的吸收,与其融合之后,才能酝酿出

[1] 参阅:Thomas DaCosta Kaufmann. *Court, Cloister, and City: the Art and Culture of Central Europe 1450—1800*(托马斯·达考斯塔·考夫曼. 宫廷、修道院与城市:中欧的艺术与文化). Chicago: the University of Chicago Press, 1995:308。值得注意的是,这一观点不但适用于欧洲建筑,反过来也映射出中国建筑的传统:如果我们把当年京郊圆明园里的西式建筑、喷泉和装饰看作"欧洲风",那么这股风是不可能吹进皇宫紫禁城的。

[2] 转引自:Thomas DaCosta Kaufmann. *Court, Cloister, and City: the Art and Culture of Central Europe 1450—1800*(托马斯·达考斯塔·考夫曼. 宫廷、修道院与城市:中欧的艺术与文化). Chicago: the University of Chicago Press, 1995:325,笔者译。

意义深远的作品。具体到建筑,"中国风格"在外表形式底下有自身独特的逻辑,无法完全移植到另一种文化环境中,但是却可以在适当的变异之后找到与当地建筑传统的契合点,从而诞生出新的形式。皮尔尼茨堡便是结合智性和想象力对外来风格进行演绎的优秀案例。作为历史性建筑,它还记录着十八世纪欧洲人对东方文化和艺术的追求,因此具有文化遗产的珍贵意义。

参 考 文 献

[1] [宋]李诫.营造法式.北京:中国书店,2006

[2] 梁思成.清式营造则例.北平:中国营造学社,民国二十三年(1934)

[3] 王贵祥.中国古代建筑为何以木结构为主.中国古代木构建筑比例与尺度研究.北京:中国建筑工业出版社,2011

[4] Leon Battista Alberti. Joseph Rykwert, Neil Leach, and Robert Tavernor, trans. On the Art of Building in Ten Books. Cambridge: MIT Press, 1988

[5] Hans Aurenhammer. J. B. Fischer von Erlach. Cambridge: Harvard University Press, 1973

[6] Anita Chung. Drawing Boundaries: Architectural Images in Qing China. Honolulu: University of Hawaii Press, 2004

[7] Karl Czok. August der Starke und seine Zeit: Kurfürst von Sachsen, König in Polen. Leipzig: Edition Leipzig, 1997

[8] Hans-Günther Hartmann. Schloss Pillnitz: Vergangenheit und Gegenwart. Dresden: Verlag der Kunst, 2008

[9] Hermann Heckmann. Matthäus Daniel Pöppelmann und die Barockbaukunst in Dresden. Stuttgart: Deutsche Verlags-Anstalt, 1986

[10] Hugh Honour. Chinoiserie: the Vision of Cathay. London: J. Murray, 1961

[11] Oliver R. Impey. Chinoiserie: the Impact of Oriental Style on Western Art and Decoration. Oxford: Oxford University Press, 1977

[12] Dawn Jacobson. Chinoiserie. New York: Phaidon Press, 2001

[13] George Kunoth. Die historischen Architektur Fischers von Erlach. Düsseldorf: Verlag L. Schwann, 1956

[14] Thomas DaCosta Kaufmann. Court, Cloister, and City, the Art and Culture of Central Europe 1450-1800. Chicago: University of Chicago Press, 1995

[15] Fritz Löffler. Das alte Dresden, Geschichte seiner Bauten. Leipzig: E. A. Seemann, 2012

[16] Lothar Ledderose. Ten Thousand Things: Module and Mass Production in Chinese Art. Princeton: Princeton University Press, 2000

[17] Liang Ssu-Ch'eng. Wilma Fairbank, ed. Chinese Architecture, a Pictorial History. New York: Dover Publications, 2005

[18] Chen Liu. Between Perception and Expression: the Codex Coner and the Genre of Architectural Sketchbooks. Princeton: Princeton University, Ph. D. Dissertation, 2011

[19] Matthäus Daniel Pppelmann 1662-1736, Ein Architekt des Barocks in Dresden. Staatliche Kunstsammlungen Dresden, 1987

[20] Christopher Thacker. The History of Gardens. Berkeley: University of California Press, 1979

[21] William Willetts. Foundations of Chinese Art from Neolithic Pottery to Modern Architecture. New York: McGraw-Hill, 1965

古代建筑测绘实例

山西平顺古建筑测绘图

张亦驰（整理）

（清华大学建筑学院）

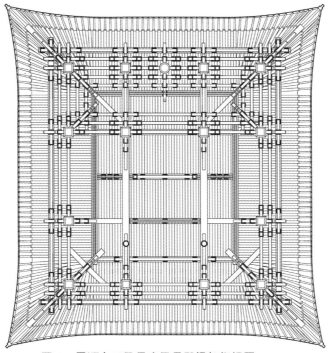

图1 平顺九天圣母庙圣母殿梁架仰视图
（测绘：赵波；指导教师：刘畅，青锋）

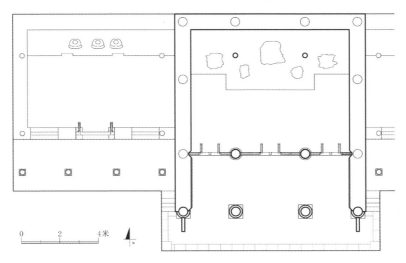

图2 平顺九天圣母庙圣母殿及耳房平面图
（测绘：李清纯，吴夏冰；指导教师：刘畅，青锋）

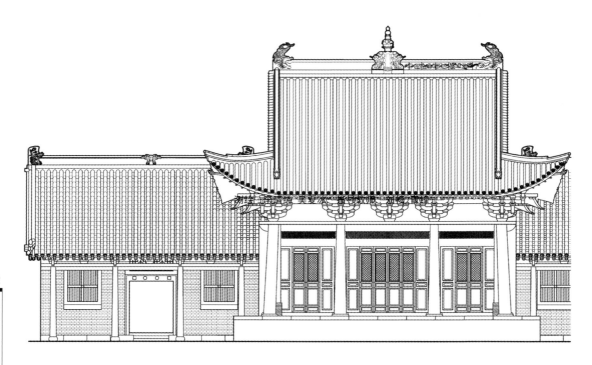

图 3　平顺九天圣母庙圣母殿及耳房正立面图
（测绘：魏炜嘉，吴夏冰，王敬舒；指导教师：刘畅，青锋）

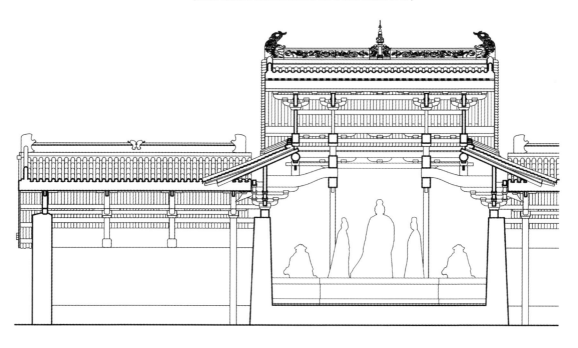

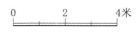

图 4　平顺九天圣母庙圣母殿及耳房纵剖面图
（测绘：李清纯，吴夏冰；指导教师：刘畅，青锋）

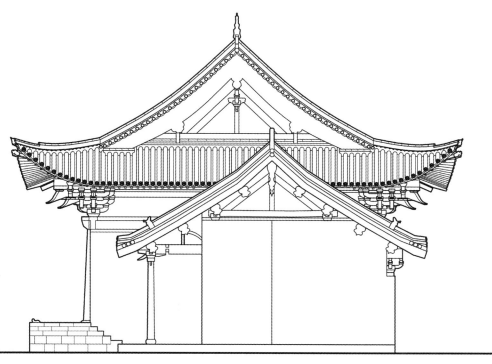

图 5　平顺九天圣母庙圣母殿及耳房侧立面图
（测绘：魏炜嘉，吴夏冰，王敬舒；指导教师：刘畅，青锋）

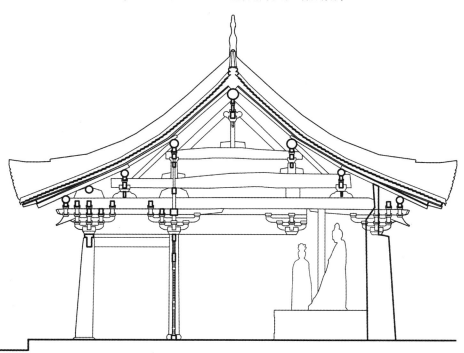

图 6　平顺九天圣母庙圣母殿明间纵剖面图
（测绘：赵波，李清纯；指导教师：刘畅，青锋）

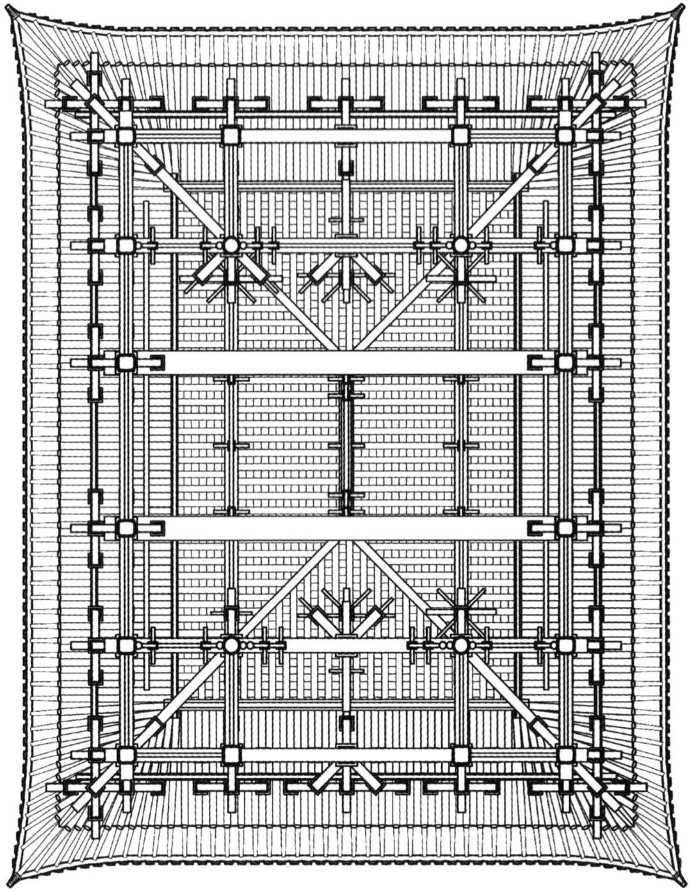

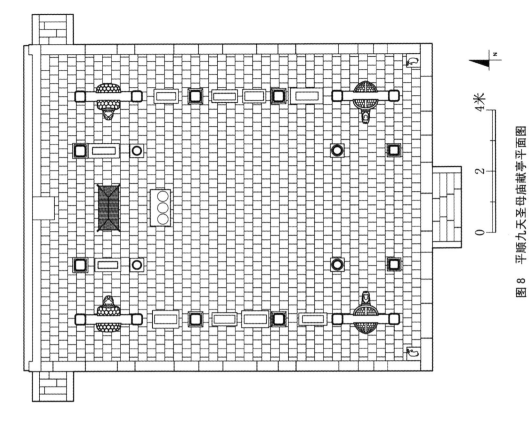

图 7 平顺九天圣母庙献亭梁架仰视图
（测绘：李金泰；指导教师：刘畅，青锋）

图 8 平顺九天圣母庙献亭平面图
（测绘：葛裴芙子；指导教师：刘畅，青锋）

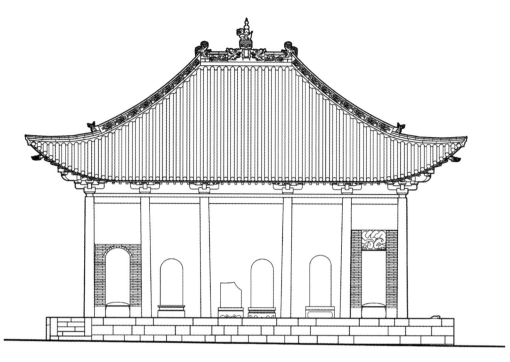

图 9　平顺九天圣母庙献亭立面图
（测绘：黄怡然，陈襞君；指导教师：刘畅，青锋）

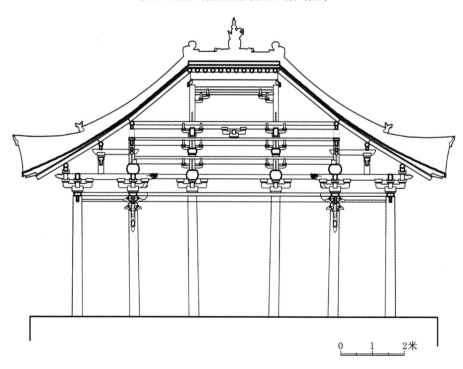

图 10　平顺九天圣母庙献亭纵剖面图
（测绘：陈襞君；指导教师：刘畅，青锋）

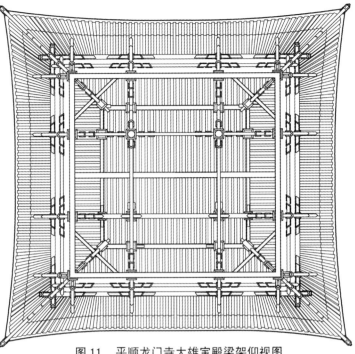

图 11 平顺龙门寺大雄宝殿梁架仰视图
(测绘：张博雅，卜倩，秦祎珊，伍一，李昂扬；指导教师：贺从容)

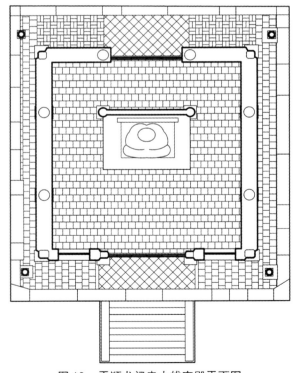

图 12 平顺龙门寺大雄宝殿平面图
(测绘：张博雅，卜倩，秦祎珊，伍一，李昂扬；指导教师：贺从容)

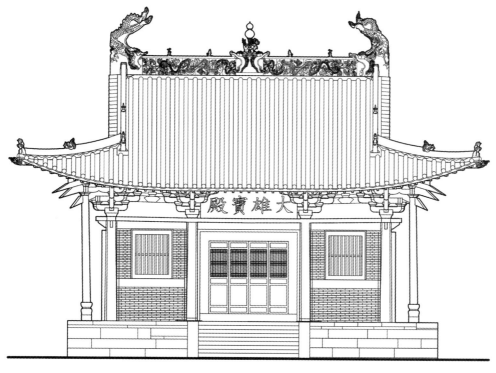

图 13　平顺龙门寺大雄宝殿正立面图
(测绘：张博雅，卜倩，秦祎珊，伍一，李昂扬；指导教师：贺从容)

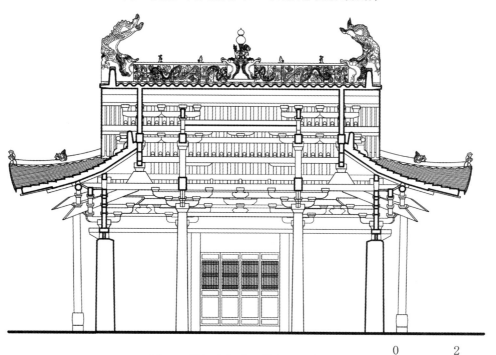

图 14　平顺龙门寺大雄宝殿纵剖面图
(测绘：张博雅，卜倩，秦祎珊，伍一，李昂扬；指导教师：贺从容)

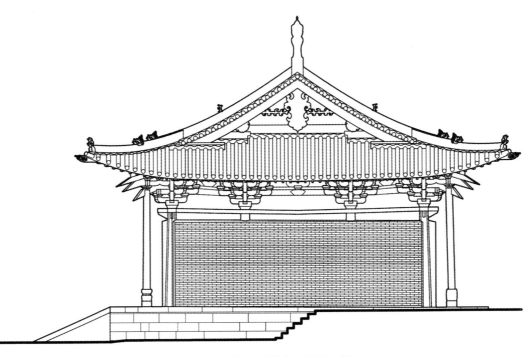

图 15　平顺龙门寺大雄宝殿侧立面图
（测绘：张博雅，卜倩，秦祎珊，伍一，李昂扬；指导教师：贺从容）

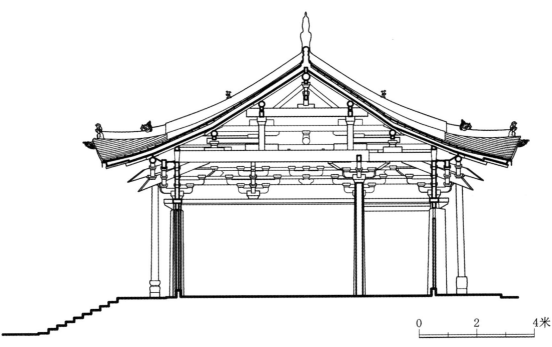

图 16　平顺龙门寺大雄宝殿横剖面图
（测绘：张博雅，卜倩，秦祎珊，伍一，李昂扬；指导教师：贺从容）

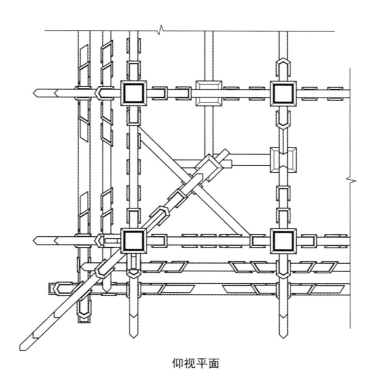

仰视平面

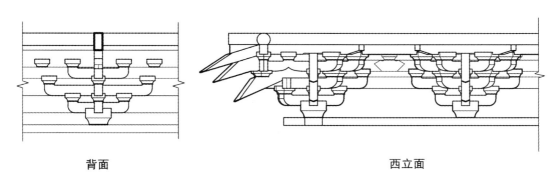

背面　　　　　　　　　　西立面

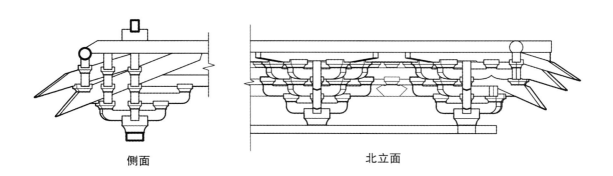

侧面　　　　　　　　　　北立面

图 17　平顺龙门寺大雄宝殿铺作大样图
（测绘：张博雅，卜倩，秦沛珊，伍一，李昂扬；指导教师：贺从容）

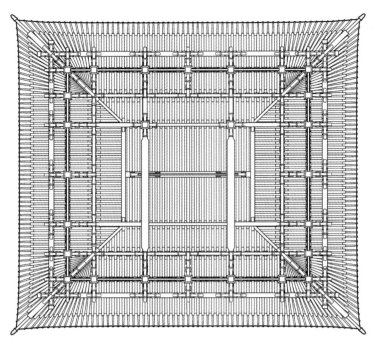

图 18　平顺大云院弥陀殿梁架仰视图
（测绘：王吉力；指导教师：贾珺）

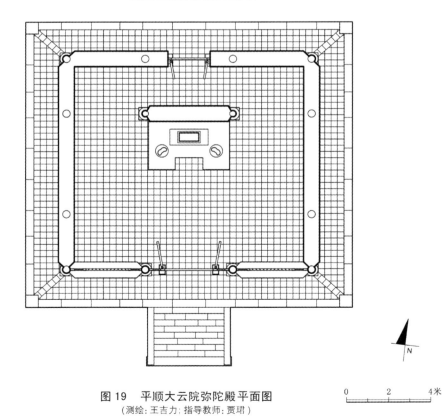

图 19　平顺大云院弥陀殿平面图
（测绘：王吉力；指导教师：贾珺）

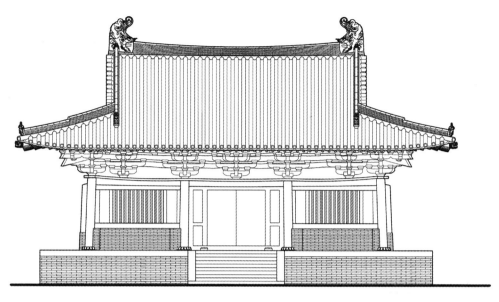

图 20　平顺大云院弥陀殿正立面图
（测绘：殷婷云，吴嘉宝，金旖；指导教师：贾珺）

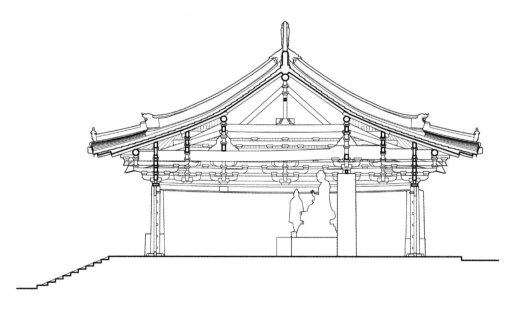

图 21　平顺大云院弥陀殿明间横剖面图
（测绘：殷婷云，张华西；指导教师：贾珺）

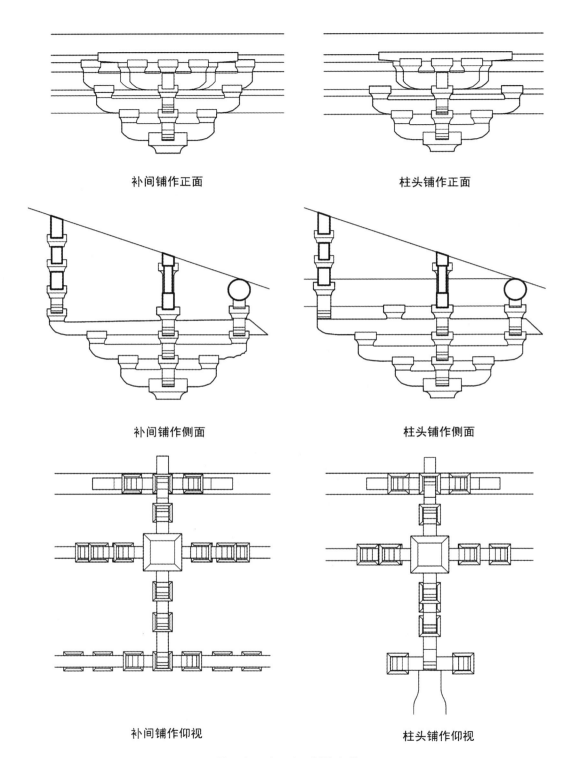

图 22 平顺大云院弥陀殿铺作大样图
(测绘:张华西,吴嘉宝,金旖,王吉力;指导教师:贾珺)

《中国建筑史论汇刊》稿约

一、《中国建筑史论汇刊》是由清华大学建筑学院主办,清华大学建筑学院建筑历史与文物建筑保护研究所承办,中国建筑工业出版社出版的系列文集,以年辑的体例,集中并逐年系列发表国内外在中国建筑历史研究方面的最新学术研究论文。刊物出版受到华润雪花啤酒(中国)有限公司资助。

二、**宗旨**:推展中国建筑历史研究领域的学术成果,提升中国建筑历史研究的水准,促进国内外学术的深度交流,参与中国文化现代形态在全球范围内的重建。

三、**栏目**:文集根据论文内容划分栏目,论文内容以中国的建筑历史及相关领域的研究为主,包括中国古代建筑史、园林史、城市史、建造技术、建筑装饰、建筑文化以及乡土建筑等方面的重要学术问题。其着眼点是在中国建筑历史领域史料、理论、见解、观点方面的最新研究成果,同时也包括一些重要书评和学术信息。篇幅亦遵循国际通例,允许做到"以研究课题为准,以解决一个学术问题为准",不再强求长短划一。最后附"测绘"栏目,选登清华建筑学院最新古建筑测绘成果,与同好分享。

四、**评审**:采取匿名评审制,以追求公正和严肃性。评审标准是:在翔实的基础上有所创新,显出作者既涵泳其间有年,又追思此类问题已久,以期重拾"为什么研究中国建筑"(梁思成语,《中国营造学社汇刊》第七卷第一期)的意义,并在匿名评审的担保下一视同仁。

五、**编审**:编审工作在主编总体负责的前提下,由"专家顾问委员会"和"编辑部"共同承担。前者由海内外知名学者组成,主要承担评审工作;后者由学界后辈组成,主要负责日常编务。编辑部将在收到稿件后,即向作者回函确认;并将在一月左右再次知会,文章是否已经通过初审、进入匿名评审程序;一俟评审得出结果,自当另函通报。

六、**征稿**:文集主要以向同一领域顶级学者约稿或由著名学者推荐的方式征集来稿,如能推荐优秀的中国建筑历史方向博士论文中的精彩部分,也将会通过专家评议后纳入文集,论文以中文为主(每篇论文可在2万字左右,以能够明晰地解决中国古代建筑史方面的一个学术问题为目标),亦可包括英文论文的译文和书评。文章一经发表即付润毫之资。

七、**出版周期**:以每年1~2辑的方式出版,每辑15~20篇,总字数约为50万字左右,16开,单色印刷。

八、**编者声明**:本文集以中文为主,从第捌辑开始兼收英文稿件。作者无论以何种语言赐稿,即被视为自动向编辑部确认未曾一稿两投,否则须为此负责。本文集为纯学术性论文集,以充分尊重每位论者的学术观点为前提,惟求学术探索之原创与文字写作之规范,文中任何内容与观点上的歧异,与文集编者的学术立场无关。

九、**入网声明**:为适应我国信息化发展趋势,扩大本刊及作者知识信息交流渠道,本刊已被《中国学术期刊网络出版总库》及CNKI系列数据库收录,其作者文章著作权使用费与本刊稿酬一次性给付,免费提供作者文章引用统计分析资料。如作者不同意文章被收录入期刊网,请在来稿时向本刊声明,本刊将做适当处理。

来稿请投:E-mail:xuehuapress@sina.cn;或寄:北京 清华大学建筑学院305室《中国建筑史论汇刊》编辑部,邮编:100084。

《中国建筑史论汇刊》编辑部

Guidelines for Submitting English-language Papers to the *JCAH Journal of Chinese Architecture History*

The Journal of Chinese Architecture History (JCAH) provides the scholars an opportunity to publish significant source material and the results of original research. The scholarly articles focus on every period in the history of the built environment in China as well as East Asia, including the history of design, landscape and urbanism.

Ⅰ Manuscript Submission

JCAH is strongly committed to intellectual transparency, and advocates the dynamic process of open peer review. Authors are responsible to adhere to the standards of intellectual integrity, and acknowledge the source of previously published material. Likewise, authors should submit original work that, in this manner, has not been published previously in English, nor is under review for publication elsewhere.

Manuscripts should be written in good English suitable for publication. Non-English native speakers are encouraged to have their manuscripts read by a professional translator, editor, or English native speaker before submission. Please contact us if you are having problems in finding professional language services.

Manuscripts should be sent electronically to the following email address: xuehuapress@sina.cn.

For further information, please visit the JCAH website, or contact our editorial office:

Tsinghua University / JCAH Editorial Office

Caizhi guoji dashou B-601 / Zhonguancun East Road 18

China, Beijing, Haidian District 100083

北京市海淀区 100083 / 清华大学 / JCAH 编辑部 / 中国中关村东路 18 号 / 财智国际大厦 B-601 室

Tel（Zhang xian 张弦 / MA Dongmei 马冬梅）: 0086 10 826000864

Email: xuehuapress@sina.cn

http://blog.sina.com.cn/u/1784570417

Submissions should include the following separate files:

1) **Main text file in MS-Word format** (labeled with "text" + author's last name). It must include the name(s) of the author(s), name(s) of the translator(s) if applicable, institutional affiliation, a 150-word abstract, 6 keywords, the main text with footnotes, acknowledgments if necessary, and a bibliography. The text of this file should not exceed 10,000 words.

2) **Caption file in MS-Word format** (labeled with "caption" + author's last name). It should list illustration captions and sources.

3) Up to 30 illustration files preferable in JPG format (labeled with consecutive numbers according to the sequence in the text + author's last name). Each illustration should be submitted as an individual file with a resolution of 300 dpi and a size not exceeding 1 megapixel.

Authors are notified upon receipt of the manuscript. If accepted for publication, authors will receive an edited version of the manuscript for final revision (MS-Word format), and upon publication, automatically a PDF version of the article (no gratis bound journal copy).

Ⅱ Text Style and Formatting Guidelines

Manuscripts should follow the Chicago Manual of Style, 16th Edition (http://owl.english.purdue.edu/owl/resource/717/01/).

Spelling should follow the Merriam-Webster Collegiate Dictionary, 11th Edition (http://www.merriam-webstercollegiate.com).

Pages should be formatted for A4 paper and numbered consecutively. Paragraphs should be justified with a first-line indent of 0.7 cm. Text (12pt type, e.g. Calibri or Times New Roman) should be single-spaced, with an extra line space before and after headings.

1. Asian Language Romanization

Foreign-language names of persons, places and buildings should not be italicized; special isolated words and technical terms can be italicized. Asian characters can follow the transliteration when necessary. Foreign-language names can either be literally translated into English, or phonetically transcribed using Pinyin (Chinese), Hepburn (Japanese) and McCune-Reischauer (Korean) Romanization systems.

Example

The Garden of Perfect Brightness 圆明园, Yuanmingyuan 圆明园

Temple of the Jade Emperor 玉皇庙, Yuhuangmiao 玉皇庙

Hall of Cultural Origins 文源阁, Wenyuange 文源阁

bracket set 斗栱, dougong 斗栱

Foreign-language quotations should be translated in the text and blocked when exceeding five lines.

2. Headings

Three levels of divisions should be used, with centered headings in headline style/title case:

Example

I Chinese Buddhist Monasteries

1. History of Buddhist Monasteries in China

1) *Development of the Pure Land Sect during the Tang Dynasty*

Ⅲ Footnotes (FN) and Bibliography (B)

References should be given in footnotes (FN), with subsequent references shorter than the first one. A bibliography page (B) at the end is required.

Personal names of authors

Distinction should be made between personal names of Western authors and Asian authors:

Western names Person's name Family name

Asian names Family name person's name

Even if the Chicago Manual of Style recommends switching firstname and lastname in the bibliography, we prefer not to reverse the order.

In-text Citations and Footnotes (FN)

Please note that the Chicago Manual of Style recommends a comma before the page number (FN style), but we prefer a colon.

Example (FN) Klaus Zwerger notes the importance of technology for regional style building.⁶

⁶ *Klaus ZWERGER, Wood and Wood Joints: Building Traditions of Europe, Japan and China* (Boston: Birkhaeuser Press, 2012): 51.

⁷ Ibid., 54.

Book

Example (FN) Klaus ZWERGER, *Wood and Wood Joints: Building Traditions of Europe, Japan and China* (Boston: Birkhaeuser Press, 2012): 51.

Example (B) Klaus ZWERGER. *Wood and Wood Joints: Building Traditions of Europe, Japan and China*. Boston: Birkhaeuser Press, 2012.

Book not Translated

Example (FN) WANG Guixiang 王贵祥, LIU Chang 刘畅, and DUAN Zhijun 段智钧, *Zhongguo gudai mugou jianzhu bili yu chidu yanjiu* 中国古代木构建筑比例与尺度研究 (Study of Proportion and Scale of Traditional Chinese Timber Frame Architecture) (Beijing: Zhongguo jianzhu gongye chubanshe, 2011): 11.

Example (B) WANG Guixiang 王贵祥, LIU Chang 刘畅, and DUAN Zhijun 段智钧. *Zhongguo gudai mugou jianzhu bili yu chidu yanjiu* 中国古代木构建筑比例与尺度研究 (Study of Proportion and Scale of Traditional Chinese Timber Frame Architecture). Beijing: Zhongguo jianzhu gongye chubanshe, 2011.

Translated Book

Example (FN) Hanno-Walter KRUFT, *A History of Architectural Theory: From Vitruvius to the Present*, trans. Ronald Taylor (New York: Princeton Architectural Press, 1996): 23.

Hanno-Walter KRUFT 汉诺·沃尔特·克鲁夫特, *Jinzhu lilun: cong Weiteluwei dao xianzai* 建筑理论史:从维特鲁威到现在 (A History of Architecture Theory: from Vitruvius to the Present), ed. WANG Guixiang 王贵祥 (Beijing: Zhongguo jianzhu gongye chubanshe, 2005): 20.

Example (B) Hanno-Walter KRUFT. *A History of Architectural Theory: From Vitruvius to the Present*. Translated by Ronald Taylor. New York: Princeton Architectural Press, 1996.

Hanno-Walter KRUFT 汉诺·沃尔特·克鲁夫特. *Jinzhu lilun: cong Weiteluwei dao xianzai* 建筑理论史:从维特鲁威到现在 (*A History of Architecture Theory: from Vitruvius to the Present*). Edited by WANG Guixiang 王贵祥. Beijing: Zhongguo jianzhu gongye chubanshe, 2005.

Article

Example (FN) Nancy STEINHARDT, "The Tang Architectural Icon and the Politics of Chinese Architectural History," *Art Bulletin* 2 (2004): 230.

Example (B) Nancy STEINHARDT. "The Tang Architectural Icon and the Politics of Chinese Architectural History." *Art Bulletin* 2 (2004): 228-254.

Thesis

Example (FN) Alexandra HARRER, *Fan-shaped Bracket Sets and Their Application in Religious Timber Architecture of Shanxi Province* (Ph. D. thesis, University of Pennsylvania, 2010): 190.

Example (B) Alexandra HARRER. *Fan-shaped Bracket Sets and Their Application in Religious Timber Architecture of Shanxi Province*. Ph. D. thesis, University of Pennsylvania, 2010.

Online Sources (FN + B)

Entire Website - Example

Tsinghua University. *School of Architecture*. http://www.arch.tsinghua.edu.cn/eng/

Blog - Example

JCAH Editorial Office. *Journal of Chinese Architecture History* (blog). http://blog.sina.com.cn/u/1784570417

Article in an Online Magazine Example

Eduard KÖGEL. "Researching Ernst Boerschmann in Berlin." *China Heritage Quarterly* 24 (2010).

http://www.chinaheritagequarterly.org/features.php?searchterm=024_research.inc&issue=024

Ⅳ Illustrations

Captions of images and tables should include information, as much as reasonable, about the architect, name of the building or object, location, date, and source.

Example Figure 1, West Side Hall of Longmensi, Pingshun county in Changzhi prefecture of Shanxi province, Later Tang dynasty (d. 925), author's photo (2010)

图书在版编目（CIP）数据

中国建筑史论汇刊·第捌辑 / 王贵祥主编. — 北京: 中国建筑工业出版社, 2013.10
ISBN 978-7-112-15867-6

Ⅰ.①中… Ⅱ.①王… Ⅲ.①建筑史—中国—文集 Ⅳ.①TU-092

中国版本图书馆CIP数据核字(2013)第221223号

责任编辑：徐晓飞
责任校对：姜小莲　刘　钰

执行编辑：张　弦　袁增梅
编　　务：马冬梅　毛　娜

中国建筑史论汇刊·第捌辑
王贵祥　主　编
贺从容　副主编
清华大学建筑学院　主办

*

中国建筑工业出版社出版、发行（北京西郊百万庄）
各地新华书店、建筑书店经销
北京雅昌彩色印刷公司制版
北京雅昌彩色印刷公司印刷

*

开本：787×1092毫米　1/16　印张：36 3/4　字数：801千字
2013年10月第一版　2013年10月第一次印刷
定价：**68.00元**
ISBN 978-7-112-15867-6
(24626)

版权所有　翻印必究
如有印装质量问题，可寄本社退换

（邮政编码 100037）